Springer-Lehrbuch

Springer

Berlin
Heidelberg
New York
Barcelona
Budapest
Hongkong
London
Mailand
Paris
Santa Clara
Tokyo

Horst Wupper

Elektronische Schaltungen 1

Grundlagen, Analyse, Aufbau

Mit 344 Abbildungen

Springer

Prof. Dr.-Ing. Horst Wupper
Düsterstr. 2
44797 Bochum

ISBN 3-540-60624-6 Springer-Verlag Berlin Heidelberg New York

Die Deutsche Bibliothek - CIP-Einheitsaufnahme
Elektronische Schaltungen / Horst Wupper ; Berlin ; Heidelberg , New York ; Barcelona ; Budapest ; Hong Kong ; London ; Mailand ; Paris ; Tokyo : Springer.
(Springer-Lehrbuch)
NE: Wupper, Horst
1. Grundlagen, Analyse, Aufbau.-1996
ISBN 3-540-60624-6

Satz: Reproduktionsfertige Vorlage des Autors
SPIN: 10522096 62/3020 - 5 4 3 2 1 0 - Gedruckt auf säurefreiem Papier

Vorwort

Dieses Buch wendet sich primär an Studierende der Elektrotechnik an Hochschulen, es ist aber gleichermaßen geeignet für Nicht–Elektrotechniker (z. B. Informatiker, Physiker, Mathematiker), die sich in das Gebiet der elektronischen Schaltungen einarbeiten wollen; es kann ferner als Nachschlagewerk beim praktischen Arbeiten eingesetzt werden. Vorausgesetzt werden relativ geringe Vorkenntnisse in den Grundlagen der Elektrotechnik und in Mathematik.

Es war mir ein besonderes Anliegen, eine möglichst geschlossene Darstellung zu erreichen und den Aufbau derart vorzunehmen, daß der Stoff in kleinen, gut nachvollziehbaren Schritten entwickelt wird. Dazu gehört unter anderem auch, daß die benötigten mathematischen Verfahren — auf die jeweiligen Anwendungen zugeschnitten — bereitgestellt werden und daß die einzelnen Kapitel prinzipiell ohne Rückgriff auf weitere Literatur bearbeitet werden können. Das Buch enthält außerdem eine große Zahl von teils recht umfangreichen Beispielen, die insbesondere helfen sollen, die häufig naturgemäß etwas abstrakten Darstellungen für praktische Anwendungen besser begreifbar zu machen; einem ähnlichen Zweck dienen die Aufgaben am Schluß der meisten Kapitel, zu denen auch ausführliche Lösungsvorschläge gemacht werden. Dadurch kann dieses Buch sehr gut für ein Selbststudium des gesamten Stoffes oder einzelner Teilbereiche genutzt werden.

Ein weiteres Ziel bestand darin, die übergeordneten Zusammenhänge auf dem Gebiet der elektronischen Schaltungen deutlich werden zu lassen. Daher werden über notwendiges Faktenwissen hinaus methodische und systematische Vorgehensweisen intensiv behandelt; die Vertrautheit damit ist unter anderem besonders wichtig für den effizienten Einsatz von Simulationsprogrammen, Entwurfssoftware und anderen breit zur Verfügung stehenden Softwarewerkzeugen. Bei jedem Buch muß natürlich eine Beschränkung hinsichtlich des Stoffes erfolgen. Ich habe eine Begrenzung in erster Linie hinsichtlich der Menge der behandelten Schaltungen vorgenommen; dies fiel mir umso leichter, als es bewährte Standardwerke gibt, denen man im Einzelfall einen Schaltungsvorschlag als Lösungsansatz für eine weitergehende Schaltungsentwicklung entnehmen kann.

Der gesamte Inhalt des Buches ist auf zwei Bände verteilt, eine Aufteilung auf zwei Semester kann in entsprechender Weise vorgenommen werden. Im ersten Band werden die Grundlagen stärker betont, während der zweite Band in größerem Umfang den Schaltungsaufbau berücksichtigt. Der vorliegende Band beginnt mit der Modellierung elektronischer Schaltungen, die die Basis für eine systematische Behandlung und insbesondere für die Analyse des Schaltungsverhaltens bildet. Daran schließt sich die Beschreibung von Signalen an, die als zu verarbeitende Signale, als Testsignale oder als Störungen auftreten können. Verschiedenen Analyseverfahren zur Untersuchung des Schaltungsverhaltens ist das dritte Kapitel gewidmet. Im vierten Kapitel werden Grundschaltungen behandelt, die besonders bei linearen Anwendungen (aber nicht nur dort) zum Aufbau komplexerer Schaltungen verwendet werden. Darauf folgt eine Behandlung der Vorteile negativer Rückkopplung und der Probleme, die mit unerwünschten Schwingungen zusammenhängen. Im letzten Kapitel des ersten Bandes werden Verfahren zur Untersuchung des Rauschens in elektronischen Schaltungen behandelt.

Beim Schreiben dieses Buches hat mich Herr U. Niemeyer, der auch Koautor des zweiten Bandes ist, durch viele Diskussionen und kritische Hinweise unterstützt. Herr Dr. W. Zhang hat das Manuskript sorgfältig gelesen und eine Reihe von Verbesserungen angeregt. Frau U. Janoth hat bei der Durchführung von Computer–Simulationen mitgewirkt und Frau M. Filthaut bei Teilen der Texterfassung; die Herren A. Weigel, D. Weigel und S. Kasselmann haben die Schaltbilder in eine computergerechte Form gebracht. Ihnen allen sei an dieser Stelle gedankt. Ferner danke ich dem Springer–Verlag, namentlich Herrn Dr. D. Merkle, für die sehr angenehme Zusammenarbeit. Mein besonderer Dank gilt meiner Frau Cai für die verständnisvolle Hinnahme des umfangreichen Verlustes an gemeinsamer Freizeit.

Bochum, im Frühjahr 1996 Horst Wupper

Inhaltsverzeichnis

Häufiger verwendete Symbole

f	Frequenz
ω	Kreisfrequenz
φ	Phasenwinkel
t	Zeit
T	Periodendauer
T_r	Anstiegszeit
T_f	Abfallzeit
T_S	Einschwingzeit
$u(t)$	Spannung, zeitlicher Verlauf
$\dot{u}(t)$	du/dt
$\lvert u(t)\rvert$	Betrag von $u(t)$
$\overline{u(t)}$	zeitlicher Mittelwert von $u(t)$
U	Gleichspannung; Spannung, komplexe Amplitude
U^*	konj. Kompl. zu U
V_{CC}, V_{DD}	positive Versorgungsspannung
V_{EE}, V_{SS}	negative Versorgungsspannung
$e(t)$	Quellenpannung, zeitlicher Verlauf
E	Quellen–Gleichspannung; Quellenspannung, komplexe Amplitude
$i(t)$	Strom, zeitlicher Verlauf
I	Gleichstrom; Strom, komplexe Amplitude
$q(t)$	elektrische Ladung, zeitlicher Verlauf
R	Widerstand
G	Leitwert
Z	Impedanz
Y	Admittanz
C	Kapazität
L	Induktivität

A	Leerlaufverstärkung eines Operationsverstärkers
A_0	Gleichspannungs–Leerlaufverstärkung
A	Dämpfung $[dB]$
V	Verstärkungsfaktor
AF	Schleifenverstärkung
$H(s)$, $H(j\omega)$	Übertragungsfunktion
$a(t)$	Sprungantwort
$h(t)$	Impulsantwort
s	komplexe Frequenz, Laplace–Variable
$X(s)$, $\mathcal{L}\{x(t)\}$	Laplace–Transformierte von $x(t)$
$X(j\omega)$, $\mathcal{F}\{x(t)\}$	Fourier–Transformierte von $x(t)$
$\bullet\!\!-\!\!\circ$ $\circ\!\!-\!\!\bullet$	Symbole für die Fourier– bzw. Laplace–Transformation
$*$	Faltungssymbol
$E\{\,.\,\}$	Erwartungswert
S	Rauschleistungsdichte
j	$\sqrt{-1}$
τ	Zeitabschnitt, Zeitkonstante
Δ	(kleine) Differenz
$\boldsymbol{A}$	Matrix A
$\mathbf{1}$	Einheitsmatrix
$\boldsymbol{x}$	Vektor x
$+$	Addition; *ODER*–Verknüpfung
$\cdot$	Multiplikation; *UND*–Verknüpfung
$\oplus$	Exklusive *ODER*–Verknüpfung
$>$	größer als
$\geq$	größer oder gleich
$\gg$	groß gegen
$<$	kleiner als

$\leq$	kleiner oder gleich
$\ll$	klein gegen
$\forall$	für alle
$\in$	Element aus
$\mathbb{C}$	Menge der komplexen Zahlen
$\mathbb{R}$	Menge der reellen Zahlen
$\mathbb{Z}$	Menge der ganzen Zahlen
$\mathbb{N}$	Menge der natürlichen Zahlen

1 Modellierung elektronischer Schaltungen

Elektronische Schaltungen bestehen aus miteinander verbundenen Bauelementen. Der Begriff "Bauelement" (oder auch einfach "Element") soll in diesem Buch so verstanden werden, daß z. B. Widerstände, Transistoren usw. unter dieser Definition zusammengefaßt sind; im allgemeinen Sprachgebrauch werden integrierte Schaltungen häufig ebenfalls als Bauelemente bezeichnet, sie werden hier jedoch als Schaltungen und nicht als Bauelemente betrachtet.

Modellierung elektronischer Schaltungen bedeutet, eine mathematische Beschreibung für die Analyse oder die Simulation des Schaltungsverhaltens zur Verfügung zu stellen. Sie setzt sich zusammen aus der Beschreibung der Bauelemente und deren Verbindungen. Anders ausgedrückt: Es werden Gleichungen aufgestellt, die das elektrische Verhalten der Zusammenschaltung von Bauelementen charakterisieren. Für diese Aufgabe stehen zwei grundsätzlich unterschiedliche Arten von Gleichungen zur Verfügung. Auf der einen Seite sind es die Kirchhoffschen Gleichungen, die die Topologie einer Schaltung beschreiben, auf der anderen diejenigen Gleichungen, welche die Strom–Spannungs– Beziehungen der einzelnen Bauelemente kennzeichnen.

Hinsichtlich der Bauelemente, die wir behandeln werden, machen wir folgende Abgrenzungen. Aus der Vielzahl der Halbleiterbauelemente werden wir Sperrschichtdioden, Bipolar– und Feldeffekt–Transistoren als die wichtigsten berücksichtigen. Ferner werden wir uns bezüglich des Frequenzbereiches derart beschränken, daß die Beschreibung dynamischer Vorgänge durch gewöhnliche Differentialgleichungen möglich ist. Dies bedeutet insbesondere, daß alle Bauelemente als sogenannte konzentrierte Elemente behandelt werden; verteilte Elemente, die durch partielle Differentialgleichungen beschrieben werden, sind dagegen ausgeschlossen. Allerdings werden wir im letzten Kapitel auf die Beschreibung von Verbindungsleitungen auf der Basis partieller Differentialgleichungen eingehen.

Die soeben beschriebene Art der Modellierung beruht auf einer möglichst genauen Erfassung und Beschreibung der physikalischen Vorgänge; sie bietet daher die beste Basis für eine mathematische Beschreibung des Verhaltens elektronischer Schaltungen. Daneben existieren weitere Möglichkeiten der Modellierung, denen gemeinsam ist, daß sie auf globaleren Beschreibungsansätzen beruhen und daher weniger aufwendig sind; sie liefern möglicherweise aber auch weniger genaue Ergebnisse. Hier sind z. B. die sogenannten Makromodelle, etwa für Operationsverstärker, zu nennen.

Die Modellierung auf der Basis der physikalischen Größen "Strom" und "Spannung" wird im folgenden im Vordergrund stehen. Insbesondere bei digitalen Schaltungen werden wir jedoch auch nicht–physikalische Modellierungen verwenden.

1.1 Passive Bauelemente

1.1.1 Eintorelemente

Wir werden hier ideale Elemente behandeln, wobei "ideal" bedeutet, daß die einzelnen Elemente jeweils das für sie angegebene Strom–Spannungs– Verhalten aufweisen; in realen Elementen tritt unter anderem das Verhalten weiterer Elemente als Störung des idealen Verhaltens hinzu. Ein realer Widerstand etwa läßt sich bei genauer Modellierung nicht allein durch das (lineare) Ohmsche Gesetz beschreiben, sondern es müssen z. B. Zuleitungsinduktivitäten, Streukapazitäten usw. in das Modell einbezogen werden.

Bei der Elementbeschreibung spielt der Begriff "Tor" häufig eine Rolle. Unter einem Tor werden zwei Klemmen verstanden, welche die Besonderheit aufweisen, daß der in die eine Klemme hineinfließende Strom gleich demjenigen ist, der aus der anderen Klemme herausfließt (Abb. 1.1). Besitzt ein

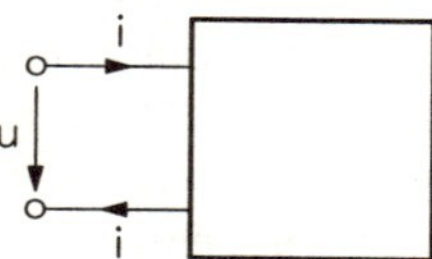

Abb. 1.1 Zum Begriff des Tores

Element nur zwei Klemmen, so bilden sie aufgrund der Kirchhoffschen Knotengleichungen immer ein Tor; ein solches Element wird auch als Zweipol bezeichnet. Bei Elementen mit mehr als zwei Klemmen ist die Zuordnung von Klemmen und Toren nicht mehr trivial.

Ein Eintor wird als passiv bezeichnet, falls die aufgenommene Wirkleistung (vgl. Abschnitt 2.6.1) nicht negativ werden kann.

Die hier betrachteten passiven Eintorelemente sind in Tabelle 1.1 zusammengefaßt; Halbleiter–Bauelemente werden getrennt behandelt.

Element	Symbol	Strom– Spannungs– Beziehung
Wider–	i, u	allgemein: $i = i(u)$ bzw. $u = u(i)$
stand	i, R, u	linear: $u = R \cdot i$
Kapa–	i, +, q, u	allgemein: $q = q(u) \quad i = dq/dt$
zität	i, C, u	linear: $i = C \cdot du/dt$
Indukti–	i, φ, u	allgemein: $\varphi = \varphi(i) \quad u = d\varphi/dt$
vität	i, L, u	linear: $u = L \cdot di/dt$

Tabelle 1.1 Ideale Eintorelemente

Widerstand

Der Widerstand ist ein Element, in dem elektrische Energie in Wärme umgesetzt wird und das keine Energie speichert. Im allgemeinen Fall ist der Zusammenhang zwischen Spannung und Strom an einem Widerstand nichtlinear. Der besonders wichtige lineare Fall ist durch die Beziehung

$$u = R \cdot i \tag{1.1}$$

gekennzeichnet; der Widerstand $R \in \mathbb{R}$ ist eine Konstante (Ohmscher Widerstand).

Kapazität

In einer Kapazität kann elektrische Ladung gespeichert werden, wobei die gespeicherte Ladung q im allgemeinen eine nichtlineare Funktion der Klemmenspannung ist; die Ladung kann sich nur stetig ändern. Für den durch die Kapazität fließenden Strom i gilt

$$i = \frac{dq}{dt} \ . \tag{1.2}$$

Im Falle einer linearen Kapazität C lautet der Zusammenhang zwischen der Ladung q und der Spannung u

$$q = C \cdot u \ , \tag{1.3}$$

so daß sich in diesem Fall mit (1.2) für den Strom die Beziehung

$$i = C \cdot \frac{du}{dt} \tag{1.4}$$

ergibt.

Induktivität

Eine Induktivität ist in der Lage, den magnetischen Fluß φ zu speichern, der im allgemeinen Fall eine nichtlineare Funktion des durch die Induktivität fließenden Stroms i ist. Für den Zusammenhang zwischen dem Fluß φ und der Klemmenspannung u gilt allgemein

$$u = \frac{d\varphi}{dt} \ , \tag{1.5}$$

und im Falle einer linearen Induktivität L ergibt sich wegen

$$\varphi = L \cdot i \tag{1.6}$$

die Beziehung

$$u = L \cdot \frac{di}{dt} \ . \tag{1.7}$$

Zeitlich veränderliche Elemente

Unter der zeitlichen Veränderung sollen hier nicht Alterungsprozesse oder Schwankungen infolge von Umgebungseinflüssen verstanden werden, sondern bewußt vorgenommene Variationen der Elementwerte; praktisch wichtig sind etwa Elemente, deren Werte periodische Funktionen der Zeit sind. Wir beschränken uns hier auf lineare Elemente. Für die Strom–Spannungs–Beziehungen an einem Widerstand $r(t)$, einer Kapazität $c(t)$ und einer Induktivität $l(t)$ gilt dann unter Verwendung von (1.1), (1.2, 1.3), (1.5, 1.6)

$$u_r = r(t) \cdot i \tag{1.8}$$

$$i_c = c(t) \cdot \frac{du}{dt} + u \cdot \frac{dc(t)}{dt} \tag{1.9}$$

$$u_l = l(t) \cdot \frac{di}{dt} + i \cdot \frac{dl(t)}{dt} \ . \tag{1.10}$$

1.1.2 Zweitorelemente

Idealer Transformator

Das erste Zweitorelement, das wir betrachten wollen, ist der ideale Transformator, auch idealer Übertrager genannt. Kennzeichnende Größe eines idealen Transformators ist sein Übersetzungsverhältnis n. Unter Berücksichtigung des Symbols[1] für den idealen Transformator in Abb. 1.2 und der dort

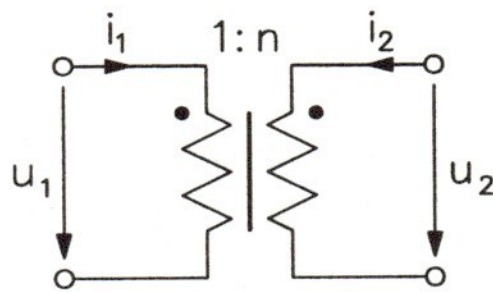

Abb. 1.2 Idealer Transformator

angegebenen Zählrichtungen ist dieses Zweitorelement durch die folgenden Gleichungen definiert:

$$u_2 = nu_1 \tag{1.11}$$
$$i_1 = -ni_2 \,. \tag{1.12}$$

Da der *ideale* Transformator, wie aus seinen Definitionsgleichungen hervorgeht, ein frequenzunabhängiges Element ist, überträgt er auch Gleichspannungen und -ströme (man sollte sich den idealen Transformator daher nicht als etwas vorstellen, das aus Drahtspulen besteht). Der hier betrachtete ideale Transformator läßt sich im übrigen in der Weise verallgemeinern, daß ein Element mit mehr als zwei Toren entsteht.

Beispiel 1.1 ———

Es soll der Eingangswiderstand $R_1 = u_1/i_1$ eines idealen Transformators bestimmt werden, der an seinen Ausgangsklemmen mit einem Widerstand R_0 abgeschlossen ist.

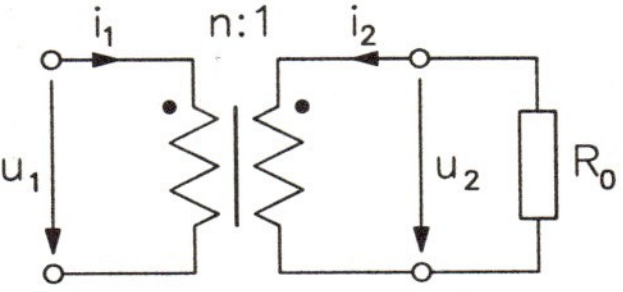

Die Elementgleichungen für den idealen Transformator lauten

$$u_1 = nu_2$$
$$i_1 = -i_2/n \,.$$

[1] Durch die beiden im Symbol enthaltenen Punkte wird festgelegt, daß für positives Übersetzungsverhältnis n und die eingezeichneten Zählrichtungen die Definitionsgleichungen in der angegebenen Weise gelten. Falls keine Unklarheiten zu befürchten sind, werden wir die Punkte weglassen; es sind dann die hier festgelegten Verhältnisse unterstellt.

Werden diese beiden Gleichungen durcheinander dividiert, ergibt sich für den Eingangswiderstand

$$R_1 = \frac{u_1}{i_1} = -n^2 \frac{u_2}{i_2} \ .$$

Aus der Abbildung lesen wir nun noch $u_2 = -R_0 i_2$ ab und damit erhalten wir schließlich als Ergebnis

$$R_1 = n^2 R_0 \ .$$

Gekoppelte Induktivitäten

Als nächtes Zweitorelement behandeln wir zwei gekoppelte Induktivitäten; das zugehörige Symbol zeigt Abb. 1.3. Wir beschränken uns hier auf den

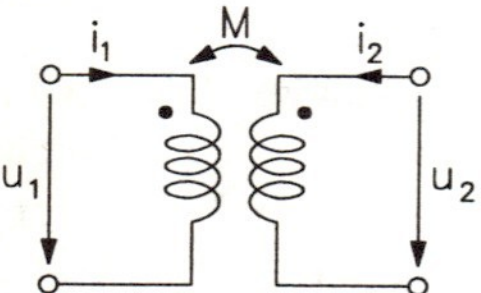

Abb. 1.3 Gekoppelte Induktivitäten

Fall, daß die beiden gekoppelten Induktivitäten zeitlich konstant und unabhängig von den durchfließenden Strömen sind; die Definitionsgleichungen lauten dann[2]

$$u_1 = L_{11} \cdot \frac{di_1}{dt} + L_{12} \cdot \frac{di_2}{dt} \qquad (1.13)$$

$$u_2 = L_{21} \cdot \frac{di_1}{dt} + L_{22} \cdot \frac{di_2}{dt} \ , \qquad (1.14)$$

mit den Bedingungen

$$L_{11} > 0 \quad L_{22} > 0 \quad L_{21} = L_{12} = M \quad M^2 \leq L_{11} L_{22} \ ;$$

die Größe M wird Gegeninduktivität genannt; sie kann positives oder negatives Vorzeichen haben.

Die hier für zwei gekoppelte Induktivitäten gegebene Definition läßt sich entsprechend auf mehr als zwei Induktivitäten erweitern.

[2]Die im Zusammenhang mit dem idealen Transformator eingeführten Kennzeichnungen durch Punkte gelten hier entsprechend.

1.2 Quellen

Verhältnismäßig allgemein und abstrakt formuliert, versteht man unter einer Quelle ein Klemmenpaar (Tor), an dem elektrische Energie abgenommen werden kann. Der derart eingeführte Begriff einer Quelle berücksichtigt nicht, woher die elektrische Energie kommt, das heißt, welche Umwandlungsprozesse stattgefunden haben, um etwa die zur Verfügung stehende Primärenergie (z. B. fossile Brennstoffe, Wasserkraft, Sonnenenergie) in elektrische Energie umzusetzen.

1.2.1 Unabhängige Quellen

Unter einer unabhängigen (autonomen) Quelle verstehen wir eine Quelle, bei der die charakteristische Größe "Quellenspannung" bzw. "Quellenstrom" nicht durch eine angeschlossene Schaltung beeinflußt wird.

Die ideale Spannungsquelle ist durch die Beziehung

$$u = e \tag{1.15}$$

definiert. Durch das Adjektiv "ideal" wird die Eigenschaft der Quelle gekennzeichnet, daß die Klemmenspannung u unabhängig vom Strom i immer gleich der Quellenspannung (Urspannung, eingeprägten Spannung) e ist. Quellenspannungen kennzeichnen wir mit dem Buchstaben e. Das Pluszeichen am Quellensymbol kennzeichnet die angegebene positive Zählrichtung.

Für eine ideale Stromquelle gilt unabhängig von der anliegenden Spannung

$$i = j \; . \tag{1.16}$$

Symbole und Beziehungen sind in Tabelle 1.2 zusammengestellt.

Quellentyp	Symbol	Spannungs– bzw. Strom–Beziehung
Ideale Spannungsquelle	e, +, i, u	$u = e$
Ideale Stromquelle	j, i, u	$i = j$

Tabelle 1.2 Ideale unabhängige Quellen

Quellenspannungen bzw. -ströme durch besondere Buchstaben zu symbolisieren, mag auf den ersten Blick unnötig erscheinen. Diese Maßnahme schafft jedoch begriffliche Klarheit: eine Quellenspannung e ist immer Ursache, eine Spannung u dagegen kennzeichnet eine (durch e hervorgerufene) Wirkung. Entsprechendes gilt bei Strömen.

Die Aufgabe einer Quelle ist es immer, eine elektrische Leistung abzugeben. Wird diese Leistung abgegeben, ohne daß die Klemmenspannung sehr stark durch die Belastung beeinflußt wird, sprechen wir von einer Spannungsquelle; ist der Strom verhältnismäßig unabhängig von der Last, heißt eine Quelle Stromquelle. Aus dieser weichen Formulierung läßt sich schon folgern, daß in vielen Fällen eine Quelle als Spannungs– oder auch als Stromquelle angesehen werden kann; lediglich im Fall der idealen Quellen (Tabelle 1.2) ist eine eindeutige Zuordnung gegeben.

Die ideale Spannungs– bzw. Stromquelle sind Quellen, die sich nur approximativ realisieren lassen. Bei einer realen Spannungsquelle wird es immer so sein, daß die Klemmenspannung eine Funktion der Quellenspannung und der Belastung ist. Entsprechendes gilt für Stromquellen. Eine reale Spannungsquelle läßt sich häufig mit Hilfe einer idealen Quelle und eines Widerstandes modellieren (Abb. 1.4). Für die Klemmenspannung u dieser Quelle lesen wir

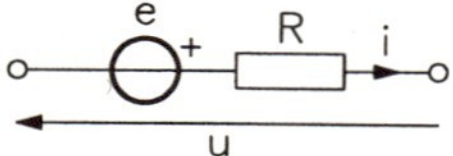

Abb. 1.4 Reale Spannungsquelle

aus Abb. 1.4 die Beziehung

$$u = e - Ri \tag{1.17}$$

ab. Analog läßt sich die reale Stromquelle gemäß Abb. 1.5 modellieren. Hier

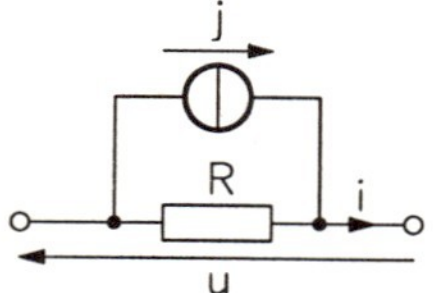

Abb. 1.5 Reale Stromquelle

lautet die der Gleichung (1.17) entsprechende Beziehung

$$i = j - Gu \ , \tag{1.18}$$

mit $G = 1/R$. Es sei betont, daß die Abb. 1.4 und die Abb. 1.5 *Modelle* darstellen, die das reale Verhalten beschreiben; die tatsächlichen Quellen sind nicht unbedingt derart aufgebaut.

Den Reihenwiderstand R in Abb. 1.4 bezeichnet man als Innenwiderstand der (realen) Spannungsquelle, den Parallelleitwert $G = 1/R$ in Abb. 1.5 als Innenleitwert der (realen) Stromquelle. Da an dem Innenwiderstand (–leitwert) der Quellen Verlustleistungen entstehen, das heißt Leistungen, die zwar aufgebracht werden müssen, aber an den Klemmen nicht verfügbar sind, bezeichnet man die realen Quellen auch als verlustbehaftete Quellen.

Wir zeigen nun noch, daß sich reale Spannungsquellen und reale Stromquellen ineinander umwandeln lassen. Dazu lösen wir (1.17) nach i und (1.18) nach u auf und erhalten so die beiden Gleichungen

$$i = \frac{e}{R} - \frac{u}{R} \qquad (1.19) \qquad\qquad u = Rj - Ri \; . \qquad (1.20)$$

Durch (1.19) ist eine einer realen Spannungsquelle äquivalente Stromquelle gegeben, durch (1.20) ist eine Spannungsquelle gegeben, die einer realen Stromquelle gleichwertig ist. Diese Umwandlungen sind in Tabelle 1.3 dargestellt. Obwohl es also grundsätzlich gleich ist, welches der beiden Modelle

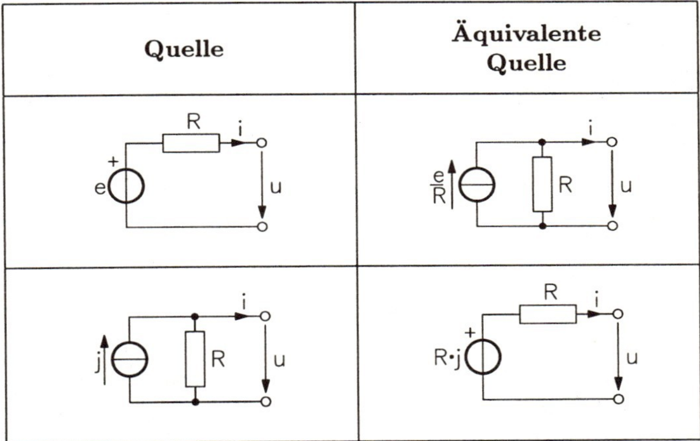

Tabelle 1.3 Quellen–Umwandlungen

man zur Beschreibung einer realen Quelle benutzt, beschreibt im Einzelfall das eine Modell die Realität möglicherweise sehr viel besser als das andere, da im jeweiligen Betriebsfall das tatsächliche Quellenverhalten dem einen Idealverhalten mehr ähnelt als dem anderen. Würde man z. B. die übliche Netzsteckdose als Stromquelle auffassen, könnte man böse Überraschungen erleben.

Beispiel 1.2

Gegeben ist die in Abb. a dargestellte Zusammenschaltung aus einer Gleichstromquelle J, einer Gleichspannungsquelle E sowie den Widerständen R_1 und R_2. Dieser Anordnung ist die in Abb. d wiedergegebene Quelle bezüglich des Klemmenpaars $1 - 1'$ äquivalent; die Urspannung E' und der Innenwiderstand R' der Ersatzspannungsquelle sind zu bestimmen.

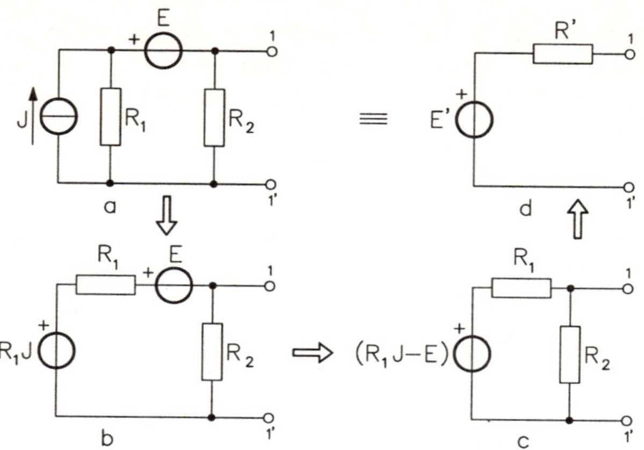

Zunächst wandeln wir die reale Stromquelle (ideale Quelle J, Widerstand R_1) in eine äquivalente Spannungsquelle um und erhalten so Abb. b Danach fassen wir die beiden Spannungsquellen zu einer einzigen zusammen, so daß sich Abb. c ergibt. Daraus lassen sich nun die gesuchten Größen leicht bestimmen. Die Quellenspannung E' ist diejenige Spannung, die zwischen den Klemmen $1-1'$ liegt, falls diese nicht belastet werden; aus Abb. c lesen wir

$$E' = \frac{R_2}{R_1 + R_2}(R_1 J - E)$$

ab. Für die Bestimmung des Innenwiderstandes R' bestehen zwei Möglichkeiten. Im ersten Fall nehmen wir in Abb. c $J = 0$ sowie $E = 0$ an und bestimmen den Widerstand zwischen den Klemmen $1-1'$; auf diese Weise ergibt sich

$$R' = \frac{R_1 R_2}{R_1 + R_2}.$$

Der zweite Weg besteht darin, zunächst mit Hilfe von Abb. c den Kurzschlußstrom I_k zu berechnen, der zwischen den Klemmen $1-1'$ fließt, wenn diese miteinander verbunden werden; es ergibt sich

$$I_k = \frac{R_1 J - E}{R_1}.$$

Damit folgt dann für den Innenwiderstand bezüglich der Klemmen $1-1'$

$$R' = \frac{E'}{I_k} = \frac{R_1 R_2}{R_1 + R_2}\ .$$

1.2.2 Gesteuerte Quellen

Neben unabhängigen existieren solche Quellen, bei denen die Quellenspannung e bzw. der Quellenstrom j in irgendeiner Weise durch eine weitere elektrische Größe (Spannung, Strom, Ladung) beeinflußt wird. Derartige Quellen werden als gesteuerte (abhängige) Quellen bezeichnet. Die Quellenspannung e oder der Quellenstrom j können insbesondere durch eine Spannung oder durch einen Strom gesteuert werden; damit sind vier Varianten möglich, wenn wir davon ausgehen, daß steuernde und gesteuerte Größen jeweils unterschiedlichen Klemmenpaaren (Toren) zuzuordnen sind. Gesteuerte Quellen bilden unter anderem die Basis für Transistor–Modelle.

Quellentyp	**Symbol**	**Strom–/Spannungs–Beziehung**
Spannungs–gesteuerte Spannungs–quelle	$i_1=0$, u_1, e, i_2, u_2	allgemein: $u_2 = e = f(u_1)$ linear: $u_2 = e = Ku_1$
Spannungs–gesteuerte Strom–quelle	$i_1=0$, u_1, j, i_2, u_2	allgemein: $i_2 = j = f(u_1)$ linear: $i_2 = j = Gu_1$
Strom–gesteuerte Spannungs–quelle	i_1, $u_1=0$, e, i_2, u_2	allgemein: $u_2 = e = f(i_1)$ linear: $u_2 = e = Ri_1$
Strom–gesteuerte Strom–quelle	i_1, $u_1=0$, j, i_2, u_2	allgemein: $i_2 = j = f(i_1)$ linear: $i_2 = j = Ki_1$

Tabelle 1.4 Gesteuerte Quellen

Bei den gesteuerten Quellen unterscheiden wir auch wieder zwischen idealen und realen Quellen. Eine ideale gesteuerte Quelle hat zum einen die Merkmale der entsprechenden idealen unabhängigen Quelle, zusätzlich ist sie noch dadurch gekennzeichnet, daß ihre Steuerung leistungslos erfolgt. Ist also die steuernde Größe eine Spannung, dann fließt kein Steuerstrom; im Falle eines Stromes als Steuergröße ist die Spannung zwischen den Steuerklemmen gleich Null.

Die vier idealen gesteuerten Quellen sind in Tabelle 1.4 dargestellt. Darin sind die linken Klemmenpaare jeweils die Steuerklemmen, an den rechten Klemmenpaaren können die gesteuerten Quellengrößen abgenommen werden; durch $f(.)$ ist jeweils eine im allgemeinen nichtlineare Funktion gekennzeichnet, die Parameter K, R und G zur Kennzeichnung linearer gesteuerter Quellen sind reelle Konstanten.

Beispiel 1.3

Ein Gyrator ist ein Zweitor, das durch das folgende Symbol, den Gyratorwider-

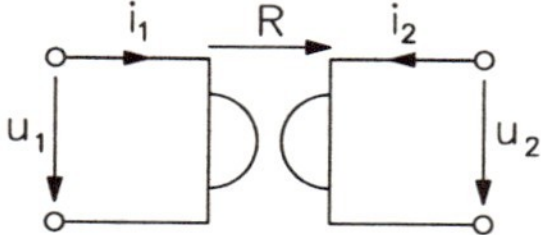

stand R sowie das Gleichungssystem

$$\begin{aligned} u_1 &= -Ri_2 \\ u_2 &= Ri_1 \end{aligned}$$

gekennzeichnet ist; man kann den Gyrator auch in der Weise definieren, daß das Minuszeichen in der zweiten Gleichung auftritt. Er läßt sich beispielsweise mit Hilfe von zwei spannungsgesteuerten Stromquellen realisieren (s. Aufgabe 1.2). Wird ein Gyrator gemäß der folgenden Abbildung mit einem Widerstand R, der gleich dem Gyratorwiderstand ist, zusammengeschaltet, so läßt sich diese

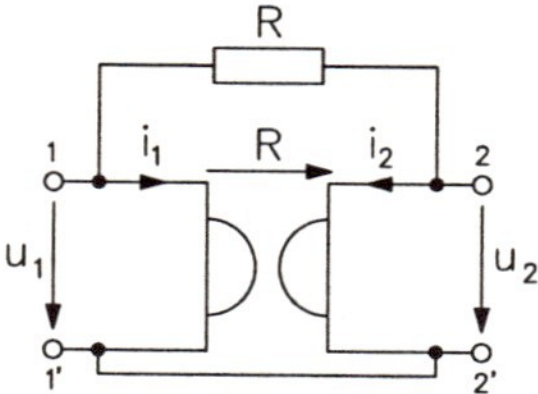

Schaltung durch eine (reale) gesteuerte Quelle ersetzen, wie nachfolgend gezeigt wird.

Zunächst berechnen wir die Ausgangsspannung u_2 in Abhängigkeit von der Eingangsspannung u_1. Wir lesen aus der Schaltung

$$u_2 = u_1 - Ri_2$$

ab; aufgrund der ersten Definitionsgleichung gilt $i_2 = -u_1/R$, und damit ergibt sich

$$u_2 = 2u_1 \ .$$

Für den Eingangswiderstand

$$R_1 = \frac{u_1}{i_1 + i_2}$$

erhalten wir unter Verwendung der Definitionsgleichungen

$$R_1 = \frac{Ru_1}{u_2 - u_1} \ .$$

Da $u_2 = 2u_1$ ist, folgt daraus $R_1 = R$. Aus Symmetriegründen gilt auch

$$R_2 = \frac{u_2}{i_1 + i_2} = R \ .$$

Damit können wir folgende Ersatzschaltung bezüglich der Klemmenpaare $1 - 1'$ und $2 - 2'$ angeben:

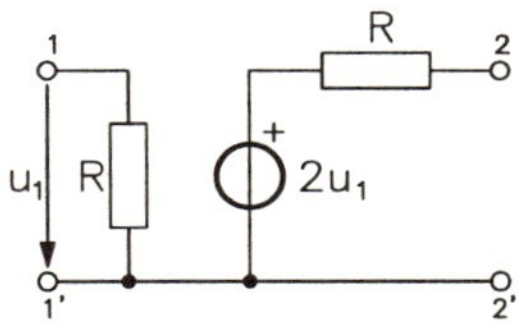

In Tabelle 1.4 sind gesteuerte Quellen aufgeführt, bei denen die steuernde und die gesteuerte Größe jeweils zwei unterschiedlichen Klemmenpaaren (Toren) zugeordnet sind. Es ist jedoch auch möglich, gesteuerte Quellen in Form von Eintoren anzugeben. Abb. 1.6 zeigt derartige gesteuerte Quellen, und man

Abb. 1.6 Widerstand R und äquivalente gesteuerte (Eintor–) Quellen

überzeugt sich leicht, daß die angegebenen Identitäten bestehen. Gesteuerte Eintorquellen sind z. B. nützlich für Modell–Umformungen.

1.3 Die Sperrschichtdiode

Das "Kernstück" der weitaus meisten bipolaren Halbleiterbauelemente ist der sogenannte pn–Übergang. Aus der Verwendung eines einzigen pn–Übergangs resultiert als einfachstes Element die Sperrschichtdiode. In Abb. 1.7a ist das Symbol für dieses Halbleiterelement zusammen mit den als positiv gewählten Zählrichtungen für die Dioden–Gleichspannung U_D und den Dioden–Gleichstrom I_D angegeben. Für den Zusammenhang zwischen Spannung und

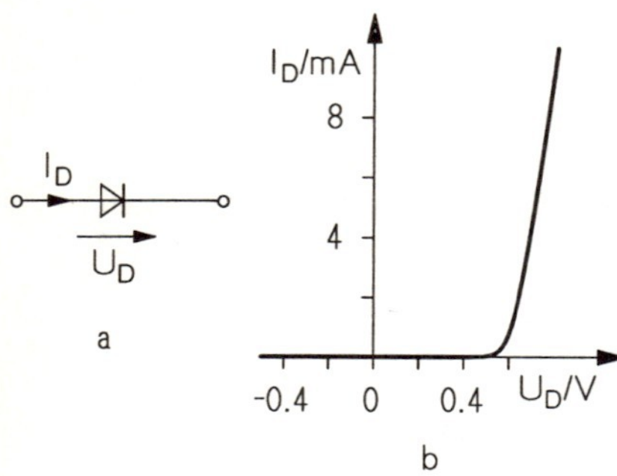

Abb. 1.7 Sperrschichtdiode a. Symbol b. Typische Kennlinie

Strom läßt sich in guter Näherung die Beziehung

$$I_D = I_S \left(\mathrm{e}^{U_D/U_T} - 1 \right) \tag{1.21}$$

angeben; darin ist $I_S > 0$ der Sättigungsstrom (in Sperrichtung), der eine für jede Diode spezifische (temperaturabhängige) Größe ist, und es ist

$$U_T = kT/e, \tag{1.22}$$

$$\begin{array}{lcll} k & = & 1.3807 \cdot 10^{-23} VAs/K & \text{(Boltzmann- Konstante)} \\ e & = & 1.6022 \cdot 10^{-19} As & \text{(Elementarladung)} \\ T & = & \text{(absolute) Temperatur} & \end{array}$$

Die Größe U_T wird als Temperaturspannung bezeichnet; ihr Wert beträgt bei Raumtemperatur (20^{0}C) etwa $25\,mV$.

Da der Sättigungsstrom sehr klein ist (z. B. Bruchteile eines Picoampere), kann nur in der als positiv angenommenen Richtung ein nennenswerter Strom (z. B. einige Milliampere) fließen; daher wird die hier als positiv angegebene Richtung als Durchlaßrichtung, die Gegenrichtung als Sperrichtung bezeichnet.

Die durch (1.21) charakterisierte Diode stellt, verglichen mit einer realen Diode, unter anderem insofern eine Idealisierung dar, als die Erzeugung und Rekombination von Ladungsträgern in der Raumladungsschicht nicht berücksichtigt ist. Eine bessere Übereinstimmung mit der Realität erhält man in vielen Fällen, wenn man anstelle von (1.21) die Beziehung

$$I_D = I_S \left(e^{U_D/(\gamma U_T)} - 1 \right) \tag{1.23}$$

benutzt, wo in der Regel $\gamma = 1...2$ zu setzen ist (Germanium: $\gamma \approx 1$, Silizium: $\gamma \approx 2$); der Parameter $\gamma > 1$ wirkt sich also wie eine Erhöhung der Temperatur aus. Da die grundsätzlichen Verhältnisse ungeändert bleiben, werden wir der Einfachheit halber die Beziehung (1.21) verwenden.

Gleichung (1.21) verknüpft Gleichstrom und Gleichspannung bei einer Diode miteinander; sie beschreibt daher das statische Strom–Spannungs–Verhalten einer Diode. Es zeigt sich jedoch in der Praxis, daß diese Gleichung auch zur Beschreibung des dynamischen Verhaltens bei tiefen Frequenzen benutzt werden kann, wobei der Geltungsbereich natürlich von der geforderten Genauigkeit abhängt und außerdem typenabhängig ist. Näherungsweise gilt also auch

$$i_D(t) = I_S \left(e^{u_D(t)/U_T} - 1 \right) . \tag{1.24}$$

Genauer läßt sich das dynamische Verhalten einer Diode jedoch durch das in Abb. 1.8 dargestellte Modell beschreiben. Für den Diodenstrom gilt Glei-

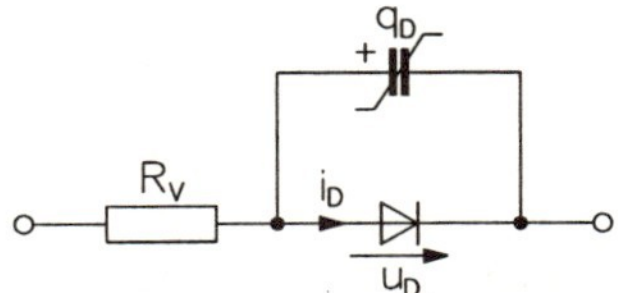

Abb. 1.8 Dynamisches Modell einer Sperrschichtdiode

chung (1.24) in entsprechender Weise:

$$i_D = I_S \left(e^{u_D/U_T} - 1 \right) .$$

Mit Hilfe der nichtlinearen Kapazität läßt sich die in der Diode gespeicherte Ladung berücksichtigen. Zwischen der Ladung q_D und der Spannung u_D besteht der Zusammenhang

$$q_D = \tau_t I_S \left(e^{u_D/U_T} - 1 \right) + C_0 \int_0^{u_D} \left(1 - \frac{x}{\phi_B} \right)^{-m} dx . \tag{1.25}$$

Der erste Term dieser Beziehung ist formal Gleichung (1.24) sehr ähnlich und enthält als zusätzlichen Parameter die Transitzeit τ_t, durch welche die von den injizierten Minoritätsträgern herrührende Ladung erfaßt wird. Der Parameter τ_t läßt sich meßtechnisch aus Verzögerungsmessungen mit pulsförmigen Signalen ermitteln. Der zweite Term, gekennzeichnet durch die Parameter C_0, ϕ_B, m, modelliert die in der Sperrschicht gespeicherte Ladung. Die Parameter lassen sich über Kapazitätsmessungen bestimmen; das Potential ϕ_B hat für Silizium einen Wert von $0.7 \ldots 0.9\,V$ und der Exponent m beträgt ungefähr $0.3 \ldots 0.5$.

Aus (1.25) läßt sich ein Ausdruck für eine nichtlineare Kapazität $c_D(u_D)$ ableiten. Unter Verwendung von $q_D = q_D(u_D)$ und $u_D = u_D(t)$ können wir, ausgehend von Gleichung (1.2),

$$i_D = \frac{\partial q_D}{\partial u_D} \cdot \frac{du_D}{dt}$$

schreiben; der Vergleich mit (1.4) legt die Definition der nichtlinearen Kapazität

$$c_D = c_D(u_D) = \frac{\partial q_D}{\partial u_D} \tag{1.26}$$

nahe; für sie ergibt sich dann aus (1.25)

$$c_D(u_D) = \frac{\tau_t I_s}{U_T} \cdot \mathrm{e}^{u_D/U_T} + C_0 \left(1 - \frac{u_D}{\phi_B}\right)^{-m} . \tag{1.27}$$

Der Widerstand R_V in Abb. 1.8 repräsentiert die in der Diode auftretenden Verluste.

1.4 Der Bipolar–Transistor

1.4.1 Modelle für das statische Großsignalverhalten

Ein Bipolar–Transistor besteht aus zwei pn–Übergängen, wobei zwei Varianten möglich sind, nämlich, daß beiden Übergängen entweder eine p–dotierte Zone (npn–Transistor) oder eine n–dotierte Zone (pnp–Transistor) gemeinsam ist. Die Symbole für diese beiden Transistorarten sind in Abb. 1.9 aufgeführt (B $\widehat{=}$ Basis, C $\widehat{=}$ Kollektor, E $\widehat{=}$ Emitter).

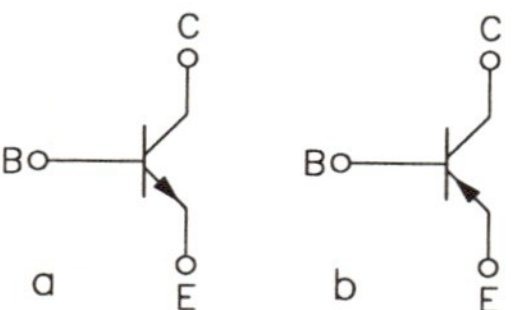

Abb. 1.9 Transistor–Symbole: a. npn–Transistor b. pnp–Transistor

Bevor wir uns der modellhaften Beschreibung von Transistoren zuwenden, sollen einleitend zunächst einige grundsätzliche Bemerkungen zu diesem Thema gemacht werden. Die wichtigste ist die, daß man prinzipiell eine Vielzahl von Modellen zur Verfügung hat, um den jeweiligen Erfordernissen gerecht zu werden. So wird man etwa für eine Rauschanalyse ein anderes Transistormodell einsetzen als bei der Berechnung des Arbeitspunktes. Aber auch hinsichtlich der Modellkomplexität, die ganz wesentlich die Genauigkeit der Modellierung bestimmt, gibt es Unterschiede. CAD-Programme (z. B. das weitverbreitete Analyseprogramm Spice) enthalten daher sehr komplexe

Transistor–Modelle mit derart vielen Parametern, daß sie für eine anschauliche Beschreibung kaum geeignet sind.

Bevor jedoch eine Schaltung mit Hilfe eines Analyseprogramms sinnvoll untersucht werden kann, muß man zunächst einmal ihre Funktion verstehen. Dies gilt sowohl für den Fall, daß man sich eine neue Schaltung ausdenkt als auch für den, daß man Schaltungen oder Teile davon aus der Literatur übernimmt. Für dieses Verständnis ist die Verwendung hochkomplexer CAD-Modelle ungeeignet, da man mit ihnen die grundsätzliche Wirkungsweise einer neuen Schaltung kaum überblicken kann; es ist vielmehr zweckmäßig, in diesem Fall eine Beschränkung auf die modellhafte Beschreibung der prinzipiellen Funktion vorzunehmen. Hat man im übrigen die einfachen Modelle verstanden, fällt das Verständnis der komplexeren nicht mehr sehr schwer.

Derartige einfache Modelle sollen im folgenden betrachtet werden; dazu beginnen wir mit einem stark idealisierten Modell eines Transistors, dem von Ebers und Moll [1] entwickelten Injektions–Modell für das statische Verhalten, also für das Verhalten bei Gleichstrom. Wir betrachten zuerst den npn–Transistor und führen die in Abb. 1.10 eingezeichneten positiven Zähl-

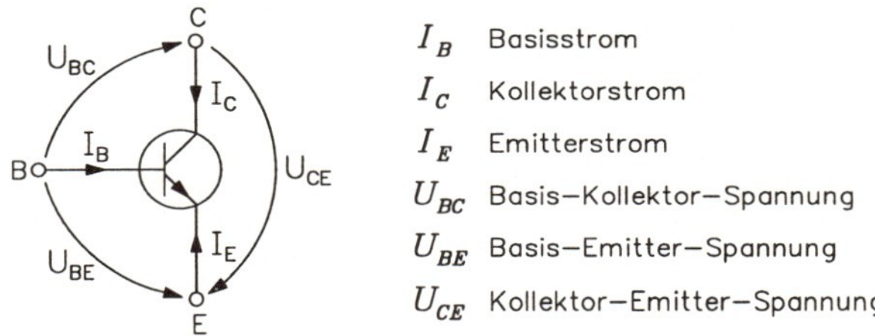

Abb. 1.10 Symbol eines npn–Transistors mit positiven Zählrichtungen für Ströme und Spannungen

richtungen für Ströme und Spannungen ein; die positive Zählrichtung für die Spannungen läßt sich dabei aus der Reihenfolge der Spannungs–Indizes ablesen; es ist sinnvoll, die Stromrichtungen allgemein anzunehmen, auch wenn z. B. I_E meistens in die umgekehrte Richtung fließt. Die entsprechende Beschreibung von pnp–Transistoren kann dann — wie wir sehen werden — sehr einfach aus den gewonnenen Ergebnissen abgeleitet werden; die betreffenden Beziehungen stellen wir nach der Behandlung des npn–Transistors zusammen. Unter Zugrundelegung der Zählrichtungen gemäß Abb. 1.10 gelten für den Emitterstrom I_E und den Kollektorstrom I_C die Beziehungen

$$I_E = -I_{ES}\left(e^{U_{BE}/U_T}-1\right)+\alpha_R I_{CS}\left(e^{U_{BC}/U_T}-1\right) \qquad (1.28)$$

$$I_C = \alpha_V I_{ES}\left(e^{U_{BE}/U_T}-1\right)-I_{CS}\left(e^{U_{BC}/U_T}-1\right). \qquad (1.29)$$

Darin ist U_T durch (1.22) gegeben, und $\alpha_V, \alpha_R, I_{ES}, I_{CS}$ sind Kostanten, die noch erläutert werden. Diese beiden Gleichungen werden als Ebers–Moll–Gleichungen bezeichnet. Da gemäß der Kirchhoffschen Knotenregel

$$I_B + I_C + I_E = 0$$

gilt, folgt mit (1.28) und (1.29) für den Basisstrom I_B

$$I_B = (1-\alpha_V) I_{ES} \left(\mathrm{e}^{U_{BE}/U_T} - 1 \right) + (1-\alpha_R) I_{CS} \left(\mathrm{e}^{U_{BC}/U_T} - 1 \right). \qquad (1.30)$$

Vergleichen wir nun (1.28,1.29) mit (1.21), so sehen wir, daß sich zur Entwicklung eines Netzwerkmodells für einen Bipolar–Transistor die Verwendung von Sperrschichtdioden anbietet. Wir erkennen in den Ebers–Moll–Gleichungen sofort zwei Terme, die das Strom–Spannungs–Verhalten von Dioden kennzeichnen, nämlich

$$I_{ES} \left(\mathrm{e}^{U_{BE}/U_T} - 1 \right) \qquad \text{und} \qquad I_{CS} \left(\mathrm{e}^{U_{BC}/U_T} - 1 \right) .$$

Der erste Term beschreibt das Verhalten der "Emitterdiode", insbesondere erkennbar an dem Auftreten der Basis–Emitter–Spannung U_{BE} zusammen mit dem Sättigungsstrom I_{ES} dieser Diode. Der zweite Term gibt in entsprechender Weise das Verhalten der "Kollektordiode" an; man hüte sich aber vor der Vorstellung, ein Transistor sei einfach der Zusammenschaltung zweier Dioden äquivalent. Betrachten wir nun unter diesem Gesichtspunkt noch einmal Gleichung (1.28), so stellen wir fest, daß der Emitterstrom I_E eine Linearkombination des Stroms durch die Emitterdiode und des Stroms durch die Kollektordiode ist. Den Strom durch die Emitterdiode können wir im Modell direkt durch den Strom einer Sperrschichtdiode zwischen Basis und Emitter repräsentieren. Da die Kollektordiode zwischen Basis und Kollektor liegt — also keine unmittelbare Verbindung zum Emitter hat —, berücksichtigen wir ihren Einfluß auf den Emitterstrom durch eine stromgesteuerte Stromquelle, bei der der Strom durch die Kollektordiode die steuernde Größe ist. Aus der Gleichung (1.29) lassen sich entsprechende Betrachtungen für den Kollektorstrom ableiten.

Die Stromverstärkungsfaktoren α_V und α_R ($V \mathrel{\widehat{=}}$ Vorwärts, $R \mathrel{\widehat{=}}$ Rückwärts) sind die Steuerungskoeffizienten der gesteuerten Quellen. Anstelle der Bezeichnungen "vorwärts" und "rückwärts" sind auch die Zusätze "normal" und "invers" gebräuchlich; wir werden diese Bezeichnungen in Kürze näher erläutern. Bisweilen wird α mißverständlich als "Stromverstärkungsfaktor in Basisschaltung" bezeichnet; der Stromverstärkungsfaktor ist jedoch unabhängig von der Art der Schaltung. Da Transistoren in der Regel nicht symmetrisch aufgebaut sind, ist $\alpha_V \neq \alpha_R$; es gilt aber stets $0 < \alpha_R < \alpha_V < 1$.

Führen wir die beiden Definitionen

$$I_V = -I_{ES} \left(\mathrm{e}^{U_{BE}/U_T} - 1 \right) \qquad (1.31)$$

$$I_R = -I_{CS} \left(\mathrm{e}^{U_{BC}/U_T} - 1 \right) \qquad (1.32)$$

ein, so läßt sich jetzt das in Abb. 1.11 gezeigte statische Netzwerkmodell

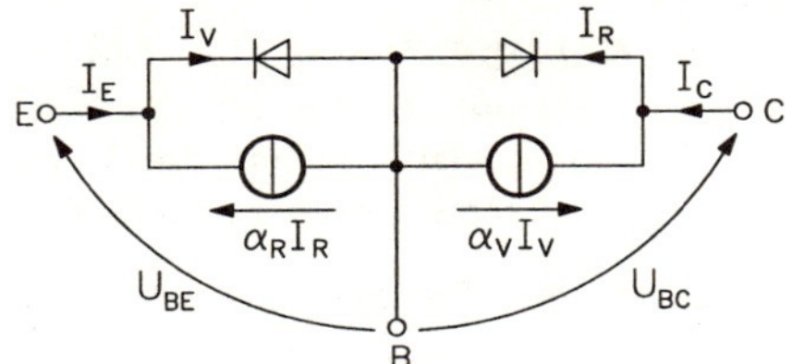

Abb. 1.11 Statisches Netzwerkmodell eines npn–Transistors

für einen npn–Transistor angeben. Durch (1.31) wird die Emitterdiode beschrieben, durch (1.32) die Kollektordiode. Wir überzeugen uns leicht, daß natürlich auch Gleichung (1.30) durch dieses Modell erfüllt wird, wenn wir die Gleichungen (1.31) und (1.32) entsprechend berücksichtigen.

Verweilen wir nun noch einen Augenblick bei Abb. 1.11 und versuchen, dem Modell eine anschauliche Deutung zu geben. Die beiden Dioden spiegeln gewissermaßen die geometrische Struktur des Transistors wieder, nämlich die beiden pn–Übergänge mit der Basiszone als dem gemeinsamen Bereich; die aufgrund des Ladungstransports auftretenden Verkopplungen zwischen den beiden pn–Übergängen werden durch die beiden gesteuerten Stromquellen repräsentiert.

Für die praktische Anwendung des Modells in Abb. 1.11 ist es von Nachteil, daß die beiden durch (1.31) und (1.32) definierten Ströme I_V und I_R nicht Ströme in den außen zugänglichen Klemmen des Transistors sind und sich dadurch zum Beispiel einer direkten Messung entziehen. Wir wollen deshalb aus dem in Abb. 1.11 dargestellen Modell ein äquivalentes entwickeln, in dem die gesteuerten Quellen durch den Emitterstrom bzw. den Kollektorstrom gesteuert werden. Zu diesem Zweck multiplizieren wir zuerst die Gleichung (1.29) mit α_R und addieren dazu Gleichung (1.28). Entsprechend multiplizieren wir (1.28) mit α_V und addieren dann (1.29). Unter Verwendung der Abkürzungen

$$I'_{ES} = (1-\alpha_V\alpha_R)I_{ES} \tag{1.33}$$

$$I'_{CS} = (1-\alpha_V\alpha_R)I_{CS} \tag{1.34}$$

erhalten wir schließlich die den Gleichungen (1.28) und (1.29) äquivalenten Beziehungen

$$I_E = -\alpha_R I_C - I'_{ES}\left(\mathrm{e}^{U_{BE}/U_T}-1\right) \tag{1.35}$$

$$I_C = -\alpha_V I_E - I'_{CS}\left(\mathrm{e}^{U_{BC}/U_T}-1\right). \tag{1.36}$$

Aus diesen Gleichungen läßt sich das Modell gemäß Abb. 1.12 ableiten. Obwohl es aus den zu den beiden Modellen gehörigen Gleichungen hervorgeht,

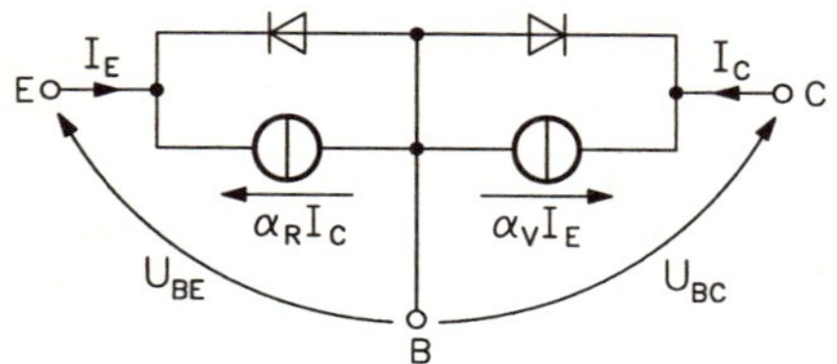

Abb. 1.12 Statisches Modell eines npn–Transistors, in dem die abhängigen Quellen durch Klemmenströme gesteuert werden

soll besonders darauf hingewiesen werden, daß sich die Sättigungsströme der Dioden in Abb. 1.11 und Abb. 1.12 um den Faktor $(1-\alpha_R\alpha_V)$ unterscheiden.

Beispiel 1.4

Der Zusammenhang zwischen den Strömen I_V und I_R sowie den Strömen I_E und I_C läßt sich sehr einfach berechnen, wenn man die Ebers–Moll–Gleichungen in Matrixform schreibt. Ausgehend von

$$\begin{pmatrix} I_E \\ I_C \end{pmatrix} = \begin{pmatrix} -1 & \alpha_R \\ \alpha_V & -1 \end{pmatrix} \begin{pmatrix} I_{ES}\left(\mathrm{e}^{U_{BE}/U_T}-1\right) \\ I_{CS}\left(\mathrm{e}^{U_{BC}/U_T}-1\right) \end{pmatrix}$$

ergibt sich unter Verwendung von (1.31) und (1.32)

$$\begin{pmatrix} I_E \\ I_C \end{pmatrix} = \begin{pmatrix} 1 & -\alpha_R \\ -\alpha_V & 1 \end{pmatrix} \begin{pmatrix} I_V \\ I_R \end{pmatrix}.$$

Durch Inversion erhält man daraus

$$\begin{pmatrix} I_V \\ I_R \end{pmatrix} = \frac{1}{1-\alpha_V\alpha_R} \begin{pmatrix} 1 & \alpha_R \\ \alpha_V & 1 \end{pmatrix} \begin{pmatrix} I_E \\ I_C \end{pmatrix}.$$

In den Gleichungspaaren (1.28), (1.29) bzw. (1.35), (1.36) treten neben den unabhängigen Variablen U_{BE} und U_{BC} noch die vier freien Parameter α_V, α_R und I_{ES}, I_{CS} auf. Es läßt sich jedoch zeigen, daß diese Parameter nicht alle voneinander unabhängig sind, sondern daß vielmehr die Beziehung

$$\alpha_V I_{ES} = \alpha_R I_{CS} \tag{1.37}$$

gilt, oder äquivalent

$$\alpha_V I'_{ES} = \alpha_R I'_{CS}. \tag{1.38}$$

Somit sind in Wirklichkeit nur drei voneinander unabhängige Parameter vorhanden.

Die bisherigen Ergebnisse für npn–Transistoren können wir in der Weise auf pnp–Transistoren übertragen, daß wir in allen Gleichungen U_{BE}, U_{BC} durch $U_{EB} = -U_{BE}$, $U_{CB} = -U_{BC}$ sowie I_{ES}, I_{CS} durch $-I_{ES}$, $-I_{CS}$ ersetzen. Die sich auf diese Weise ergebenden Resultate sind nachfolgend zusammengestellt. Emitterstrom und Kollektorstrom eines pnp–Transistors sind also durch die Gleichungen

$$I_E = I_{ES}\left(e^{U_{EB}/U_T}-1\right) - \alpha_R I_{CS}\left(e^{U_{CB}/U_T}-1\right) \quad (1.39)$$

$$I_C = -\alpha_V I_{ES}\left(e^{U_{EB}/U_T}-1\right) + I_{CS}\left(e^{U_{CB}/U_T}-1\right) \quad (1.40)$$

gegeben. Damit ergibt sich das Netzwerkmodell in Abb. 1.13a, in dem für die

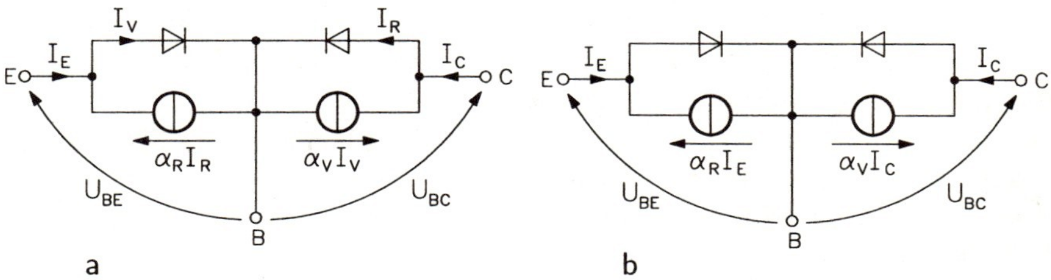

Abb. 1.13 Statisches Modell eines pnp–Transistors a. Injektions–Modell b. Modell, bei dem die abhängigen Quellen durch Klemmenströme gesteuert werden

Ströme I_V bzw. I_E die Abkürzungen

$$I_V = I_{ES}\left(e^{U_{EB}/U_T}-1\right)$$

$$I_R = I_{CS}\left(e^{U_{CB}/U_T}-1\right)$$

gelten. Zur Herleitung eines Modells, in dem die gesteuerten Stromquellen jeweils durch den Emitter- bzw. Kollektorstrom gesteuert werden, formen wir (1.39) und (1.40) um in

$$I_E = -\alpha_R I_C + I'_{ES}\left(e^{U_{EB}/U_T}-1\right) \quad (1.41)$$

$$I_C = -\alpha_V I_E + I'_{CS}\left(e^{U_{CB}/U_T}-1\right). \quad (1.42)$$

In diesen Gleichungen sind I'_{ES} und I'_{CS} wieder durch (1.33) und (1.34) gegeben. Das unter diesen Voraussetzungen entstehende Modell zeigt Abb. 1.13b. Die für den npn–Transistor angegebenen Beziehungen (1.37) und (1.38) gelten ebenfalls für den pnp–Transistor.

Bevor wir darauf eingehen, auf welche Weise die idealisierten Modelle, die aus den Ebers–Moll–Gleichungen folgen, dem realen Transistorverhalten etwas besser angepaßt werden können, sollen zwei Kennlinienfelder aus diesen Gleichungen abgeleitet werden; Kennlinienfelder helfen unter anderem, das Transistorverhalten anschaulicher zu machen. Wir betrachten zwei wichtige Konfigurationen, in denen Transistoren betrieben werden, nämlich die Basis– und die Emitter–Schaltung. Sie sind in Abb. 1.14

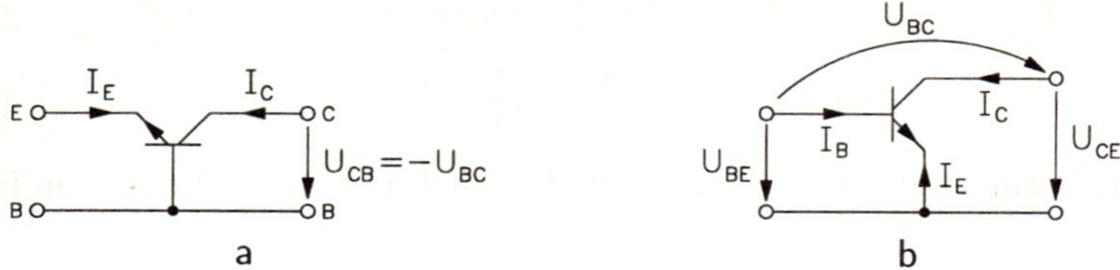

Abb. 1.14 a. Basis–Schaltung b. Emitter–Schaltung

dargestellt. Die Bezeichnungen rühren daher, daß im ersten Fall die Basis die gemeinsame Klemme für Eingang und Ausgang ist und im zweiten Fall der Emitter. Wir beschränken uns auf die Behandlung von npn–Transistoren und wenden uns zuerst der Basis–Schaltung zu. Unter Verwendung der Ebers–Moll–Gleichungen leiten wir eine Beziehung für den Kollektorstrom I_C in Abhängigkeit von der Kollektor–Basis–Spannung $U_{CB} = -U_{BC}$ mit dem Emitterstrom I_E als Parameter her. Dazu setzen wir (1.34) in (1.36) ein und erhalten

$$I_C = -\alpha_V I_E - (1 - \alpha_V \alpha_R) I_{CS} \left(\mathrm{e}^{-U_{CB}/U_T} - 1 \right). \tag{1.43}$$

Diese Gleichung beschreibt das sogenannte Ausgangskennlinienfeld eines npn–Transistors in Basis–Schaltung; durch dieses Kennlinienfeld wird das Verhältnis der Ausgangsgrößen U_{CB} und I_C mit der steuernden Eingangsgröße I_E als Parameter dargestellt. Für ein Beispiel ist es in Abb. 1.15 wiedergege-

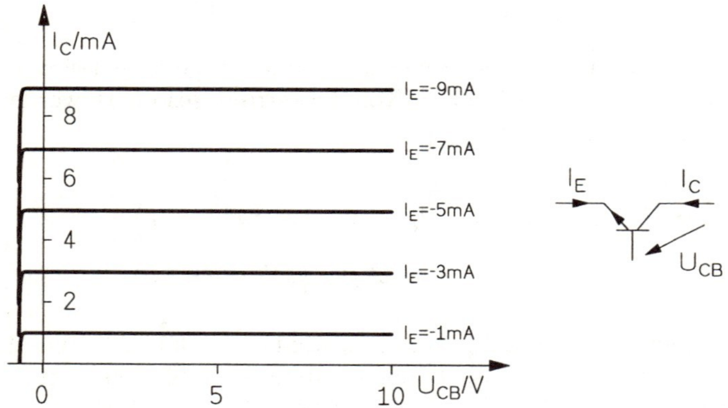

Abb. 1.15 Aus den Ebers–Moll–Gleichungen abgeleitetes Ausgangskennlinienfeld eines npn–Transistors in Basis–Schaltung

ben; dabei wurde $\alpha_V = 0.99$, $\alpha_R = 0.5$, $I_{CS} = 10^{-14} A$ und $U_T = 26\,mV$ angenommen. Für positive Werte der Kollektor–Basis–Spannung U_{CB} ergeben sich also in sehr guter Näherung Parallelen zur Abszisse. Es sei jedoch an dieser Stelle vermerkt, daß bei realen Transistoren verschiedene Effekte auftreten, die in den Ebers–Moll–Gleichungen nicht berücksichtig sind; dadurch ergeben sich gewisse Abweichungen gegenüber den hier dargestellten (idealisierten) Kennlinien, auf die wir noch eingehen werden.

Für die Berechnung des Ausgangskennlinienfeldes eines npn–Transistors in Emitter–Schaltung, das durch den Graphen der Funktion $I_C = f(U_{CE})$ mit dem Basis–Strom I_B als Parameter gebildet wird, gehen wir von den Gleichungen (1.35,1.36) aus und ersetzen dort den Emitterstrom I_E durch die Beziehung $I_E = -I_C - I_B$. Auf diese Weise lassen sich die Gleichungen

$$\begin{aligned} I'_{ES}\left(\mathrm{e}^{U_{BE}/U_T} - 1\right) &= (1-\alpha_R)I_C + I_B \\ I'_{CS}\left(\mathrm{e}^{U_{BC}/U_T} - 1\right) &= (\alpha_V - 1)I_C + \alpha_V I_B \end{aligned}$$

gewinnen, die sich leicht nach U_{BE} bzw. U_{BC} auflösen lassen:

$$\begin{aligned} U_{BE} &= U_T \ln\left[\frac{(1-\alpha_R)I_C + I_B}{I'_{ES}} + 1\right] \\ U_{BC} &= U_T \ln\left[\frac{(\alpha_V - 1)I_C + \alpha_V I_B}{I'_{CS}} + 1\right] . \end{aligned}$$

Wegen (vgl. Abb. 1.14b)

$$U_{CE} = U_{BE} - U_{BC}$$

können wir dann

$$\frac{U_{CE}}{U_T} = \ln\left[\frac{I'_{CS}}{I'_{ES}} \cdot \frac{(1-\alpha_R)I_C + I_B + I'_{ES}}{(\alpha_V - 1)I_C + \alpha_V I_B + I'_{CS}}\right]$$

schreiben und erhalten nach einiger Rechnung unter Berücksichtigung von

$$|I'_{ES}| \ll |(1-\alpha_R)I_C + I_B| \qquad |I'_{CS}| \ll |(\alpha_V - 1)I_C + \alpha_V I_B|$$

sowie der Beziehung (1.38) die Näherung

$$I_C = \frac{\beta_R\left(\mathrm{e}^{U_{CE}/U_T} - 1\right) - 1}{\beta_R\,\mathrm{e}^{U_{CE}/U_T} + \beta_V}\,\beta_V I_B \,, \tag{1.44}$$

wobei zur Abkürzung

$$\beta_V = \frac{\alpha_V}{1-\alpha_V} \tag{1.45}$$

und

$$\beta_R = \frac{\alpha_R}{1-\alpha_R} \tag{1.46}$$

gesetzt wurde. Die Gleichung (1.44) läßt sich auf die Form

$$I_C = \left(1 - \frac{\beta_V + \beta_R + 1}{\beta_V + \beta_R\,\mathrm{e}^{U_{CE}/U_T}}\right)\beta_V I_B$$

bringen. Das Ausgangs–Kennlinienfeld des npn–Transistors in Emitter–Schaltung besteht also für höhere U_{CE}–Werte aus Parallelen zur U_{CE}–Achse mit I_B als Parameter. Dies verdeutlichen wir nachfolgend mit Hilfe eines Beispiels; für $\alpha_V = 0.99$ und $\alpha_R = 0.1$ (oder äquivalent $\beta_V = 99$ und $\beta_R = 0.11$) erhalten wir

$$I_C = \left(1 - \frac{100.11}{99 + 0.11\,\mathrm{e}^{U_{CE}/U_T}}\right) \cdot 99 I_B \ .$$

Damit ergibt sich das in Abb. 1.16 dargestellte Kennlinienfeld. Die drei

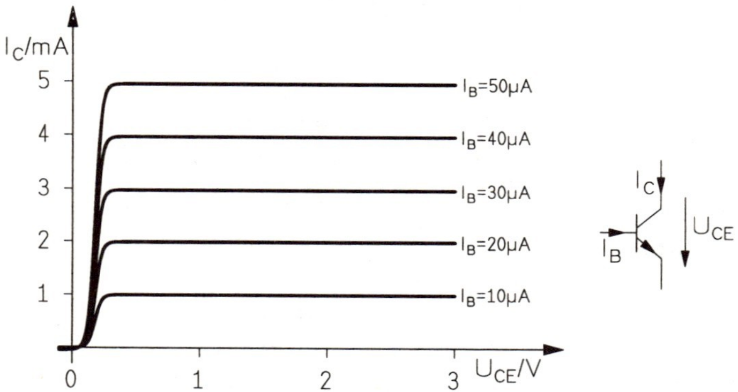

Abb. 1.16 Ausgangskennlinienfeld eines npn–Transistors in Emitter–Schaltung

folgenden Punkte der Kennlinie lassen sich besonders einfach bestimmen:

$$\begin{array}{llllll} U_{CE} & = & 0 & : & I_C & = & -\dfrac{\beta_V I_B}{\beta_V + \beta_R} = -0.999 I_B \\ U_{CE} & \to & -\infty & : & I_C & = & -(1+\beta_R) I_B = -1.111 I_B \\ I_C & = & 0 & : & U_{CE} & = & U_T \ln(1/\alpha_R) = 59.87\,mV \ (\text{für } U_T = 26\,mV) \ . \end{array}$$

Daraus läßt sich auch insbesondere erkennen, daß die Kennlinien im dritten Quadranten in ausreichender Näherung durch $I_C = -I_B$ angegeben werden können.

1.4.2 Vereinfachtes Modell für den aktiven Bereich vorwärts

Wir gehen von Abb. 1.11 aus sowie den Gleichungen (1.31,1.32), die wir hier wiederholen:

$$\begin{aligned} I_V &= -I_{ES}\left(e^{U_{BE}/U_T}-1\right) \\ I_R &= -I_{CS}\left(e^{U_{BC}/U_T}-1\right) . \end{aligned}$$

Da in dem betrachteten Bereich der Kollektor gegenüber der Basis positiv ist, ist die Kollektor–Basis–Diode gesperrt. Schon ab einer Kollektor–Basis–Spannung von etwa $120\,mV$ kann man $e^{U_{BC}/U_T} \ll 1$ schreiben, so daß $I_R \approx I_{CS}$ gilt. Weiterhin kann aber I_{CS} gegenüber den anderen Komponenten des Kollektor– bzw. Emitterstroms, nämlich $\alpha_V I_V$ und $I_{ES}\,e^{U_{BE}/U_T}$ vernachlässigt werden. Damit läßt sich das Modell gemäß Abb. 1.11 für den betrachteten Transistoreinsatz — er wird als aktiver Bereich vorwärts bezeichnet — vereinfachen und es ergibt sich Abb. 1.17; dabei wurde auch noch

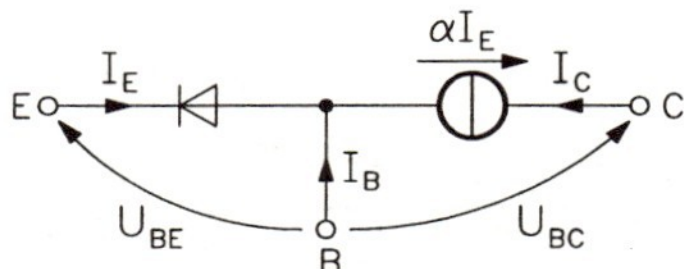

Abb. 1.17 Vereinfachtes Modell eines npn–Transistors für den aktiven Bereich vorwärts

die Bedingung $e^{U_{BE}/U_T} \gg 1$ berücksichtigt. Hier gelten also, immer noch auf der Basis der Ebers–Moll–Gleichungen, die näherungsweise gültigen Beziehungen (der Index “V” ist der Einfachheit halber fortgelassen)

$$I_C = \alpha I_{ES}\,e^{U_{BE}/U_T} \tag{1.47}$$

$$I_E = -I_{ES}\,e^{U_{BE}/U_T} \tag{1.48}$$

$$I_C = \beta I_B . \tag{1.49}$$

Auf diese Gleichungen werden wir uns beziehen, wenn ein npn–Transistor im aktiven Bereich vorwärts betrieben wird.

1.4.3 Berücksichtigung des Early–Effekts

Die Ebers–Moll–Gleichungen und die daraus abgeleiteten Modelle sind besonders gut dazu geeignet, eine anschauliche Vorstellung von der Wirkungsweise von Bipolar–Transistoren zu gewinnen. Für das reale Transistorverhalten müssen aber, wie bereits erwähnt, zusätzliche Effekte berücksichtigt werden. Mit diesem Gesichtspunkt werden wir uns im folgenden beschäftigen.

Zuerst wenden wir uns noch einmal dem Kennlinienfeld in Abb. 1.16 zu. Steigt hier die Kollektor–Emitter–Spannung über einen bestimmten Wert U_{CEsat} — für das gewählte Beispiel liegt er bei etwa $300\,mV$ — an, so ist I_C von U_{CE} unabhängig. Bei realen Transistoren beobachtet man jedoch sehr wohl eine Abhängigkeit des Kollektorstroms von der Kollektor–Emitter–Spannung. Dieses Verhalten soll in einem verbesserten Modell berücksichtigt werden.

Der sogenannte Early–Effekt [2] durch den ein Ansteigen des Kollektorstroms mit wachsender Kollektor–Emitter–Spannung bewirkt wird, beruht auf folgendem Mechanismus. Mit steigendem U_{CE} wird die Raumladungszone zwischen Kollektor und Basis ausgeweitet ("Basisweitenmodulation"), was zu einer Verringerung der Basisweite führt, woraus dann wieder ein Ansteigen des Kollektorstroms resultiert. Dieses Verhalten kann man im Modell berücksichtigen, indem man (1.49) durch

$$I_C = \left(1 + \frac{U_{CE}}{U_{Early}}\right) \beta I_B \tag{1.50}$$

ersetzt. Damit hat das Ausgangs–Kennlinienfeld eines npn–Transistors qualitativ das Aussehen von Abb. 1.18, wenn man den Early–Effekt einbezieht;

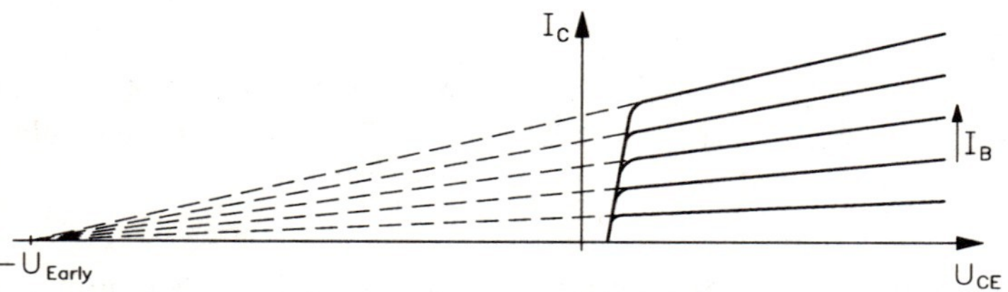

Abb. 1.18 Zum Einfluß des Early–Effekts

je höher U_{Early} ist, desto flacher verlaufen also die Kurven. Gleichung (1.50) legt es nahe, einen effektiven Stromverstärkungsfaktor

$$\beta_{eff} = (1 + U_{CE}/U_{Early})\beta \tag{1.51}$$

einzuführen. Unter Verwendung von (1.45) kann daraus auch

$$\alpha_{eff} = \frac{(1 + U_{CE}/U_{Early})\beta}{1 + (1 + U_{CE}/U_{Early})\beta} \tag{1.52}$$

abgeleitet werden. Die Abhängigkeit des Parameters α_{eff} von U_{CE} ist wesentlich geringer als die des Stromverstärkungsfaktors β_{eff}. Auf eine detaillierte Berechnung wollen wir hier verzichten und nur diese Tendenz anschaulich erläutern; aus (1.52) folgt für $\beta_V \gg 1$ die Näherung $\alpha_{eff} \approx 1$, also ein von U_{CE} unabhängiger konstanter Wert. Das bedeutet unter anderem, daß die Kennlinien der Basisschaltung in Abb. 1.15 durch den Early–Effekt relativ wenig verändert werden.

Für eine genauere Modellierung müssen auch die sogenannten Bahnwiderstände R_b, R_c, R_e berücksichtigt werden, insbesondere der Basis–Bahnwiderstand R_b; Abb. 1.19 zeigt die entsprechende Anordnung.

Abschließend sind in den Abbildungen 1.20a...c zum Vergleich Kennlinienfelder eines npn–Transistors (2N2222A) und eines pnp–Transistors (2N3906) dargestellt.

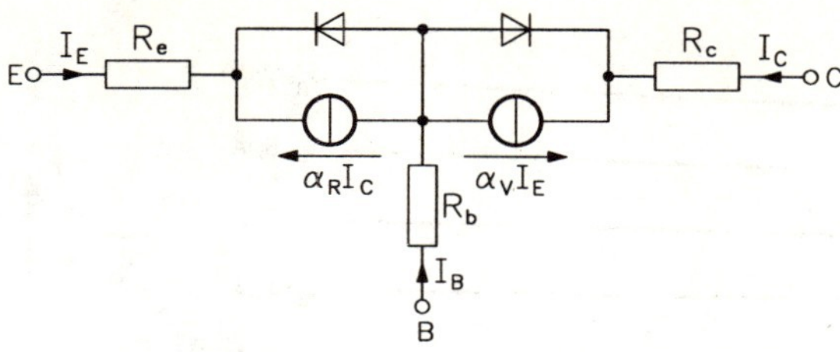

Abb. 1.19 Berücksichtigung der Bahnwiderstände im Modell gemäß Abb. 1.12

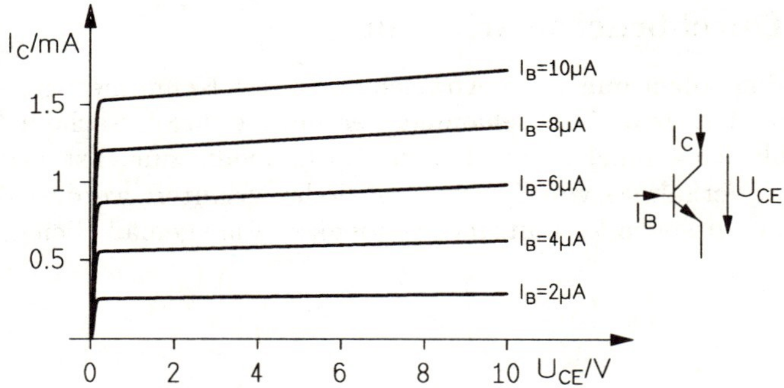

Abb. 1.20a Kennlinien des npn–Transistors 2N2222A in Emitterschaltung

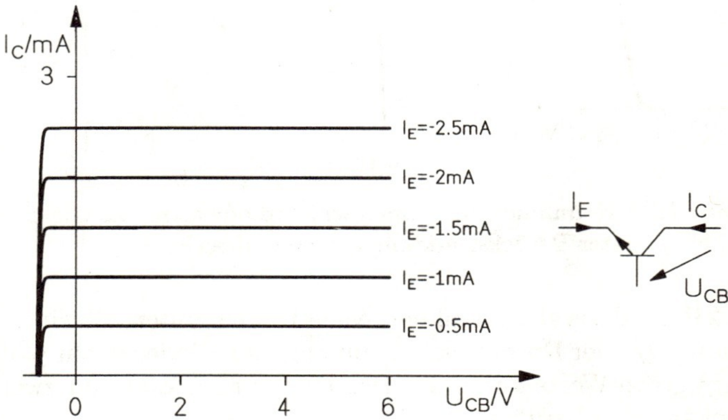

Abb. 1.20b Kennlinien des npn–Transistors 2N2222A in Basisschaltung

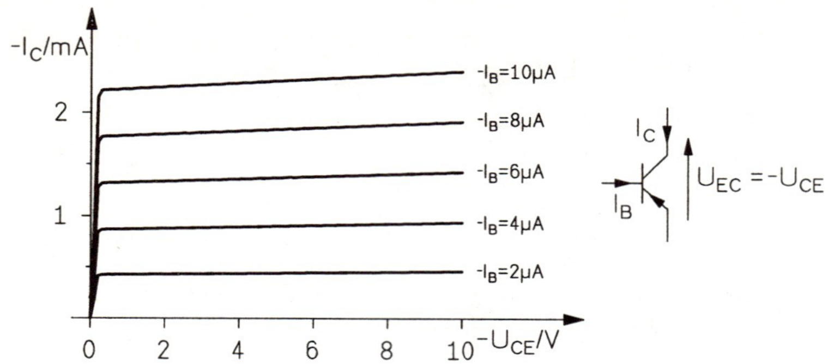

Abb. 1.20c Kennlinien des pnp–Transistors 2N3906 in Emitterschaltung

1.4.4 Durchbruchserscheinungen

Im folgenden sollen nun noch Abweichungen der Kennlinien gegenüber denen in Abb. 1.15 bzw. 1.16 behandelt werden, die ihre Ursache in sogenannten Durchbruchserscheinungen haben. Diese sollen zunächst grundsätzlich anhand des Verhaltens von Sperrschichtdioden erläutert werden. Abb. 1.21a zeigt den prinzipiellen Verlauf einer Diodenkennlinie gemäß Gleichung (1.21).

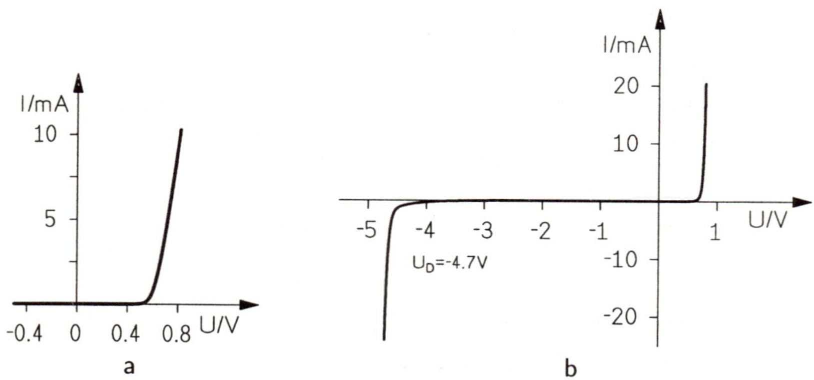

Abb. 1.21 Kennlinien einer Sperrschichtdiode a. gemäß Gleichung (1.21) b. unter Berücksichtigung des Durchbruchs

In Abb. 1.21b ist dargestellt, daß bei realen Dioden unterhalb einer bestimmten Spannung U_D, der Durchbruchsspannung, der Diodenstrom plötzlich (betragsmäßig) große Werte annimmt. Der Durchbruch kann auf zwei verschiedenen Mechanismen beruhen.

Im ersten Fall, bei "normalen" Sperrschichtdioden, verleiht eine hohe elektrische Feldstärke den Minoritätsträgern in der Sperrschichtdiode eine derart hohe Energie, daß sie neue freie Ladungsträger erzeugen, die ihrerseits diesen Prozeß weiter fortsetzen. Als anschauliches Bild bietet sich hierfür der "Lawinen–Effekt" an, weshalb diese Art des Durchbruchs als Lawinen–Durchbruch bezeichnet wird. Unter Berücksichtigung dieser Erscheinung kann die Diode näherungsweise durch

$$I = \begin{cases} I_S \left(\mathrm{e}^{U/U_T} - 1\right) & U > U_D \\ -\dfrac{I_S}{1 - (U/U_D)^n} & U \approx U_D \qquad n = 3 \ldots 6 \end{cases} \tag{1.53}$$

charakterisiert werden.

Die zweite wichtige Art des Durchbruchs wird als Zener–Durchbruch bezeichnet; sie kommt auf folgende Weise zustande. Bei hinreichend hoher Spannung in Sperrichtung wird durch das elektrische Feld in der Raumladungszone eine derart hohe Kraft auf die Valenzelektronen ausgeübt, daß einige von ihnen aus dem Valenzband abgelöst werden. Die so entstehenden Elektron–Loch–Paare vergrößern abrupt die Zahl der freien Ladungsträger. Damit dieser Zener–Durchbruch auftritt, ist eine hohe Dotierung des Halbleitermaterials erforderlich. Ein nennenswerter Lawinen–Effekt ist mit dieser Art des Durchbruchs nicht verbunden.

Die an sich unerwünschten Erscheinungen lassen sich, kontrolliert eingesetzt, zur Schaffung eines neuen Bauelementes verwenden, der Zener–Diode; diese Bezeichnung wird auch bei Ausnutzung des Lawinen–Durchbruchs benutzt. Das Symbol der Zener–Diode ist in Abb. 1.22 angegeben. Zener–

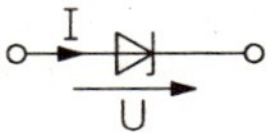

Abb. 1.22 Symbol einer Zener–Diode

Dioden können zur Erzeugung von Referenzspannungen verwendet werden.

Beispiel 1.5

Wir betrachten die folgende einfache Schaltung.

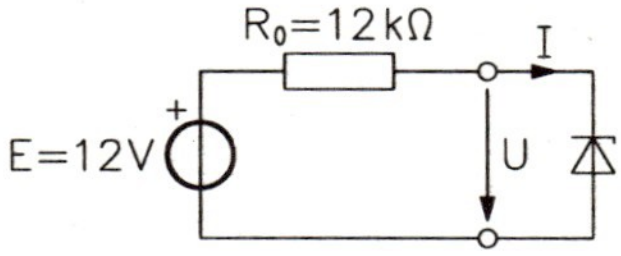

In dieser Schaltung gelte für den Zusammenhang zwischen I und U für $U > 0$:

$$I = 1\,mA \cdot \mathrm{e}^{(U - 5.6\,V)/(15 U_T)} \quad .$$

Damit erhalten wir für die Schaltung

$$E = U + 7\,\mu V \cdot \mathrm{e}^{U/(15 U_T)} \quad .$$

Die Lösung dieser Gleichung (vgl. Unterabschnitt 3.1.3) liefert $U = 5.37\,V$. Nun verändern wir die Schaltung in der folgenden Weise:

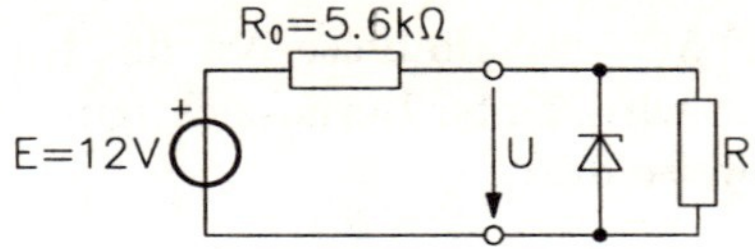

Es gelte weiterhin der obige Zusammenhang zwischen I und U. Wir untersuchen, in welchen Grenzen U schwankt, falls der Widerstand R Werte zwischen $10\,k\Omega$ und $5\,k\Omega$ annimmt. Aus der Gleichung

$$E = \left(1 + \frac{R_0}{R}\right) U + 3.25\,\mu V \cdot \mathrm{e}^{U/(15 U_T)}$$

folgen die Lösungen

$$\begin{aligned} U_{R=10\,k\Omega} &= 5.42\,V \\ U_{R=5\,k\Omega} &= 5.04\,V\ . \end{aligned}$$

Das heißt, eine Erhöhung der Belastung auf das Doppelte hat nur eine Verringerung der Spannung um 7% zur Folge.

Wir wenden uns nun den Durchbruchserscheinungen in Bipolar–Transistoren zu und betrachten zunächst die Basis–Schaltung gemäß Abb. 1.14a sowie die zugehörige Gleichung (1.43). Aus ihr folgt, daß der Kollektorstrom aufgrund der Ebers–Moll–Gleichungen durch

$$I_C = -\alpha_V I_E \tag{1.54}$$

gegeben ist, sobald U_{CB} mehr als wenige hundert Millivolt beträgt. Aufgrund des Lawineneffekts in der (in Sperrichtung betriebenen) Kollektor–Basis–Diode gilt aber in der Nähe der Kollektor–Basis–Durchbruchsspannung U_{CBD}

$$I_C = -\frac{\alpha_V I_E}{1 - (U_{CB}/U_{CBD})^n} \qquad U_{CB} \approx U_{CBD} \qquad n = 3 \ldots 6\ . \tag{1.55}$$

Die Durchbruchsspannung U_{CBD} ist keine Konstante, sondern nimmt mit wachsendem Emitterstrom ab; für $I_E = 0$ hat sie den maximalen Wert U_{CBD0}. Abb. 1.23 zeigt qualitativ das Aussehen des Ausgangs–Kennlinienfeldes eines npn–Transistors in Basisschaltung unter Berücksichtigung des Durchbruchs.

Wir untersuchen nun das Ausgangs–Kennlinienfeld eines npn–Transistors in Emitterschaltung (vgl. Abb. 1.14b). Aufgrund der Kirchhoffschen Knotengleichung gilt

$$I_B + I_C + I_E = 0\ ,$$

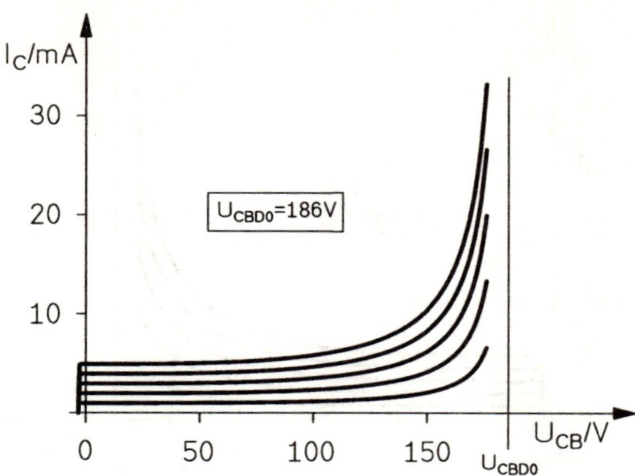

Abb. 1.23 Ausgangs–Kennlinienfeld eines npn–Transistors in Basisschaltung bei Berücksichtigung des Durchbruchs

und damit kann aus (1.55)

$$I_C = \frac{\alpha_V I_B}{1 - \alpha_V - (U_{CB}/U_{CBD})^n} \tag{1.56}$$

abgeleitet werden. Da die Basis–Emitter–Diode in Durchlaßrichtung betrieben wird und U_{BE} nur wenige hundert Millivolt beträgt, kann für die vorliegenden Betrachtungen näherungsweise $U_{CE} = U_{CB}$ gesetzt werden. Wegen

$$I_C \to \infty \qquad \text{für} \qquad U_{CE} \to U_{CED} \ ,$$

wobei U_{CED} die Kollektor–Emitter–Durchbruchsspannung bezeichnet, gilt

$$1 - \alpha_V - (U_{CED}/U_{CBD})^n = 0 \ ,$$

woraus

$$U_{CED} = \sqrt[n]{1 - \alpha_V}\, U_{CBD}$$

folgt; mit (1.45) gilt auch

$$U_{CED} = \frac{U_{CBD}}{\sqrt[n]{\beta_V + 1}} \ . \tag{1.57}$$

Aus dieser letzten Gleichung läßt sich besonders deutlich ablesen, daß die Durchbruchsspannung eines in Emitterschaltung betriebenen Transistors beträchtlich unter derjenigen eines Transistors in Basisschaltung liegt. Die Abbildung 1.24 zeigt qualitativ das Ausgangs–Kennlinienfeld eines npn–Transistors in Emitterschaltung unter Berücksichtigung des Early–Effekts und des Durchbruchs.

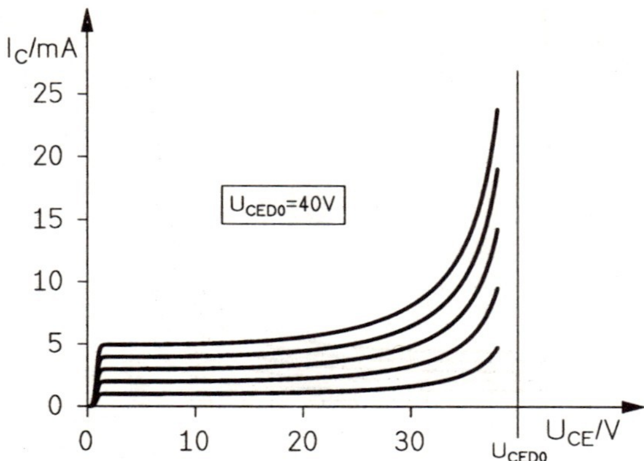

Abb. 1.24 Ausgangs–Kennlinienfeld eines npn–Transistors in Emitterschaltung unter Berücksichtigung des Durchbruchs

Es sollte darauf hingewiesen werden, daß in der Praxis zwar einige Einschränkungen hinsichtlich der Gültigkeit von (1.57) gelten, die grundsätzliche Tendenz der Aussage jedoch erhalten bleibt.

Die Durchbruchsspannungen stellen Grenzwerte dar, die nicht erreicht werden dürfen, da ein Transistor sonst zerstört werden könnte. Aber auch schon ein Arbeiten in der Nähe der Durchbruchsspannungen kann nachteilig sein, da sich Schaltungseigenschaften wegen der einsetzenden Kennlinienverzerrungen ändern.

Bislang haben wir nur den Durchbruch der Basis–Kollektor–Diode betrachtet; jetzt wenden wir uns noch kurz der Basis–Emitter–Diode zu. Wird der Transistor im aktiven Bereich vorwärts betrieben, so arbeitet diese Diode in Durchlaßrichtung und Durchbruchsphänomene treten nicht auf. Ist dagegen die Basis–Emitter–Diode gesperrt, so müssen sie natürlich in Betracht gezogen werden. Da zur Erzielung eines hohen Stromverstärkungsfaktors die Basis–Emitter–Diode sehr viel höher dotiert ist als die Basis–Kollektor–Diode, liegt die Basis–Emitter–Durchbruchsspannung nur bei etwa 6 bis 8 Volt. Dies ist natürlich vielfach störend; man kann aber aufgrund dieses Verhaltens die Basis–Emitter–Diode als Zener–Diode einsetzen, etwa in monolithisch integrierten Schaltungen.

1.4.5 Dynamisches Großsignal–Modell

Werden Bipolar–Transistoren für die Verarbeitung von zeitlich veränderlichen Signalen eingesetzt, etwa zur Verstärkung von sinusförmigen Spannungen in linearen Schaltungen oder zur Verarbeitung von rechteckförmigen Signalen in Digitalschaltungen, so muß ihr dynamisches Verhalten natürlich bei der Modellbildung Berücksichtigung finden. Dazu ergänzen wir die Dioden in Abb. 1.11 entsprechend Abb. 1.8 um nichtlineare Kapazitäten und fügen die

Bahnwiderstände (Abb. 1.19) hinzu; auf diese Weise entsteht Abb. 1.25.

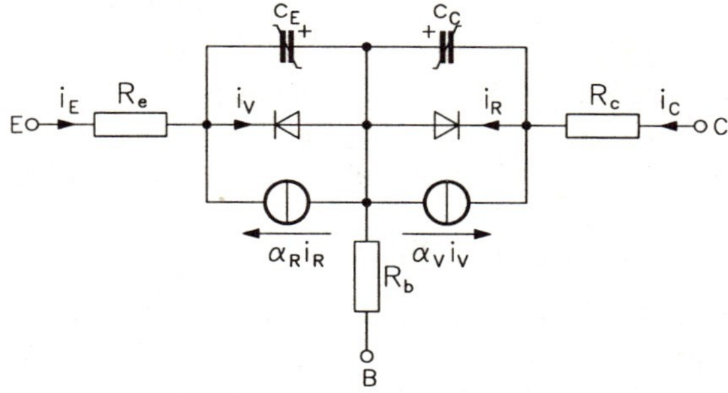

Abb. 1.25 Dynamisches Modell eines npn–Transistors

Analog zu (1.27) gilt für die beiden nichtlinearen Kapazitäten

$$c_E = c_E(u_{BE}) = \frac{\tau_{tE} I_{ES}}{U_T} \cdot \mathrm{e}^{u_{BE}/U_T} + C_{E0}\left(1 - \frac{u_{BE}}{\phi_{BE}}\right)^{-m_E} \tag{1.58}$$

$$c_C = c_C(u_{BC}) = \frac{\tau_{tC} I_{CS}}{U_T} \cdot \mathrm{e}^{u_{BC}/U_T} + C_{C0}\left(1 - \frac{u_{BC}}{\phi_{BC}}\right)^{-m_C} . \tag{1.59}$$

Die Potentiale ϕ_{BE}, ϕ_{BC} liegen wieder zwischen $0.7 \ldots 0.9\,V$ (für Silizium) und die Exponenten m_E, m_C haben Werte $0.3 \ldots 0.5$. Early–Effekt und Durchbruchserscheinungen müssen hier gegebenenfalls zusätzlich berücksichtigt werden.

1.4.6 Modelle für geringe Aussteuerung

Die bisher behandelten Modelle für Bipolar–Transistoren gelten allgemein; sie können bei linearen analogen Schaltungen oder bei Digitalschaltungen verwendet werden. Im folgenden werden wir uns mit Modellen beschäftigen, die aus den allgemeinen abgeleitet sind und besonders auf die Verwendung in linearen Schaltungen zugeschnitten sind mit dem Ziel, durch die Spezialisierung eine vereinfachte Handhabung zu erreichen.

Lineare Schaltungen unter Verwendung von Transistoren aufzubauen, mag auf den ersten Blick widersprüchlich erscheinen, da Transistoren in hohem Maße nichtlineare Bauelemente sind. Damit steht natürlich von vornherein fest, daß die Schaltungen nur näherungsweise linear sein können. Das Prinzip, nichtlineare Halbleiter–Bauelemente für die lineare Signalverarbeitung einzusetzen, werden wir zunächst am Beispiel einer Sperrschichtdiode demonstrieren, wobei wir von der Schaltung in Abb. 1.26 ausgehen. Die Quelle liefert eine Gleichspannung $E_0 > 0$, der eine zeitlich sich ändernde — z. B. sinusförmige — Spannung $e(t)$ überlagert ist; dabei soll $|e(t)| \ll E_0$ gelten.

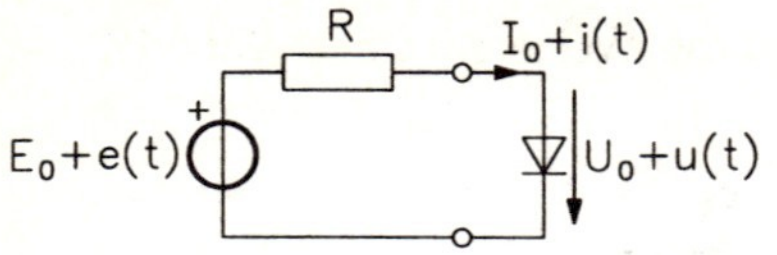

Abb. 1.26 Stromkreis mit einer Sperrschicht–Diode

Sowohl der Strom durch den Widerstand als auch die Dioden–Spannung weisen Gleichanteile auf, nämlich I_0 bzw. U_0, und dazu die zeitlich veränderlichen Anteile $i(t)$ bzw. $u(t)$. Aus der Schaltung kann man zunächst

$$E_0 + e(t) = R[I_0 + i(t)] + U_0 + u(t) \tag{1.60}$$

ablesen. Die Diode sei durch (1.21) charakterisiert. Zur Vereinfachung wollen wir allerdings annehmen, daß die Spannung an der Diode (in Durchlaßrichtung) immer einige hundert Millivolt beträgt, so daß in guter Näherung

$$I_0 + i = I_S \,\mathrm{e}^{(U_0+u)/U_T}$$

gesetzt werden kann. Entwickeln wir die Funktion e^{u/U_T} in eine Taylor–Reihe, so können wir

$$I_0 + i = I_S \,\mathrm{e}^{U_0/U_T} \left[1 + \frac{u}{U_T} + \frac{1}{2}\left(\frac{u}{U_T}\right)^2 + \frac{1}{3!}\left(\frac{u}{U_T}\right)^3 + \ldots\right] \tag{1.61}$$

schreiben. Setzen wir nun diesen Ausdruck in die Gleichung (1.60) ein, so ergibt sich

$$E_0 + e = RI_S \,\mathrm{e}^{U_0/U_T} \left[1 + \frac{u}{U_T} + \frac{1}{2}\left(\frac{u}{U_T}\right)^2 + \frac{1}{3!}\left(\frac{u}{U_T}\right)^3 + \ldots\right] + U_0 + u \,. \tag{1.62}$$

Diese Gleichung enthält eine "Großsignal"–Nichtlinearität, gekennzeichnet durch den Term e^{U_0/U_T}, sowie eine durch die Reihenentwicklung gekennzeichnete "Kleinsignal"–Nichtlinearität. Wir unterstellen nun ein Verhältnis u/U_T derart, daß

$$\frac{1}{2}\left(\frac{u}{U_T}\right)^2 + \frac{1}{3!}\left(\frac{u}{U_T}\right)^3 + \ldots \ll 1 + \frac{u}{U_T}$$

erfüllt ist. Dann gilt näherungsweise anstelle von (1.62)

$$E_0 + e = R \underbrace{I_S \,\mathrm{e}^{U_0/U_T}}_{I_0} + R \cdot \underbrace{\frac{u I_S \,\mathrm{e}^{U_0/U_T}}{U_T}}_{i} + U_0 + u \,.$$

Gehen wir davon aus, daß $e = e(t)$ ist, so lassen sich daraus zwei Gleichungen gewinnen, nämlich

$$E_0 = RI_0 + U_0 \tag{1.63}$$
$$e = Ri + u\,. \tag{1.64}$$

Dabei gilt

$$I_0 = I_S\,\mathrm{e}^{U_0/U_T} \tag{1.65}$$
$$i = \frac{I_S\,\mathrm{e}^{U_0/U_T}}{U_T}\cdot u\,. \tag{1.66}$$

Zuerst untersuchen wir das Gleichstromverhalten, indem wir Gleichung (1.63) in Verbindung mit (1.65) mit Hilfe von Abb. 1.27 interpretieren. Wir sehen,

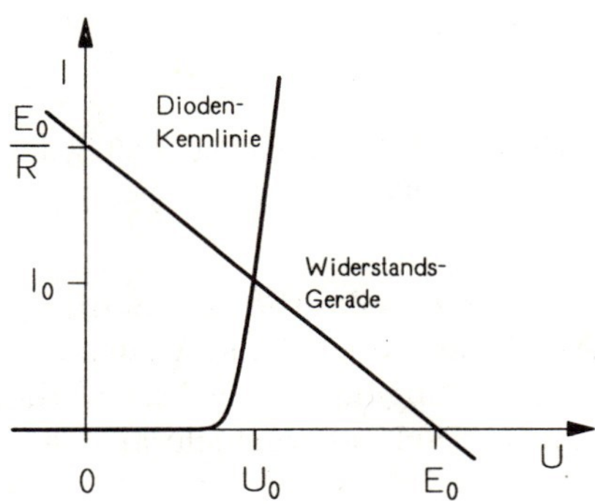

Abb. 1.27 Zur Bestimmung des Schnittpunktes von Dioden–Kennlinie und Widerstands–Gerade

daß U_0 die Lösung der nichtlinearen Gleichung

$$\frac{E_0 - U_0}{R} = I_S\,\mathrm{e}^{U_0/U_T}$$

ist; dem Spannungswert U_0 entspricht I_0 gemäß dem durch (1.65) festgelegten Zusammenhang. Die Koordinaten (U_0, I_0) kennzeichnen den Arbeitspunkt der Schaltung, um den herum die durch $e(t)$ hervorgerufenen Auslenkungen erfolgen. Letztere ergeben sich aus (1.64) in Verbindung mit (1.66). Bevor wir dieses Verhalten diskutieren, werden wir eine Vereinfachung der Notation vornehmen.

Gleichung (1.66) legt nahe, einen Diodenleitwert

$$G_D = \frac{I_0}{U_T} \tag{1.67}$$

einzuführen. Ausgehend von der Diodengleichung (1.21)

$$I = I_S\left(\mathrm{e}^{U/U_T} - 1\right)$$

läßt sich G_D allgemein als

$$G_D = \left.\frac{\partial I}{\partial U}\right|_{I=I_0} \tag{1.68}$$

definieren. Anschaulich ist G_D also die Steigung der Dioden–Kennlinie im Arbeitspunkt. Der differentielle Diodenwiderstand ist $R_D = 1/G_D$. Beide Größen sind arbeitspunktabhängig; für einen einmal eingestellten Arbeitspunkt sind sie jedoch Konstanten, weshalb wir sie durch große Buchstaben kennzeichnen.

Unter Verwendung des Diodenleitwerts läßt sich (1.64) dann in der Form

$$e = RG_D u + u \tag{1.69}$$

schreiben. Dazu gehört die lineare Schaltung in Abb. 1.28, die ein Modell zur

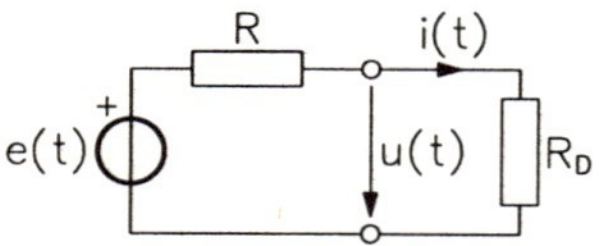

Abb. 1.28 Zu Gleichung (1.69) gehörige Schaltung

Berechnung der "Kleinsignale" $u(t)$ bzw. $i(t)$ darstellt. Die Aufspaltung in "Groß–" und "Kleinsignal–Verhalten" vereinfacht natürlich die Analyse ganz wesentlich. Es müssen aber immer die Randbedingungen beachtet werden. Das Vorgehen zur Berechnung des Kleinsignalverhaltens geschieht also in der Weise, daß die Dioden–Kennlinie in Abb. 1.27 im Arbeitspunkt (U_0, I_0) durch ihre Tangente ersetzt wird. Dies ist zulässig, solange $|i(t)| \ll I_0$ ist.

Das Kleinsignal–Modell einer Sperrschichtdiode gemäß (1.21) ist also ein Widerstand $R_D = U_T/I_0$; neben der Temperatur ist er also von dem durch die Diode fließenden Gleichstrom abhängig. Soll außerdem die in der Diode gespeicherte Ladung berücksichtigt werden, ist von dem (Großsignal–) Modell in Abb. 1.8 auszugehen. Es ergibt sich dann das in Abb. 1.29 wiedergegebene

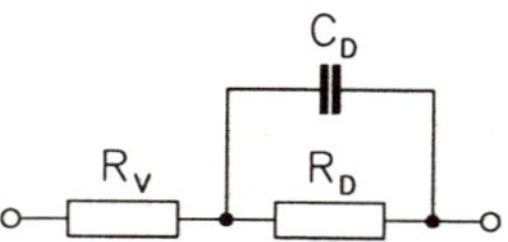

Abb. 1.29 Dynamisches Kleinsignal–Modell einer Sperrschicht–Diode

dynamische Kleinsignal–Modell. Für die Kapazität C_D läßt sich aus (1.27) unter Verwendung von (1.65) und (1.67) der Ausdruck

$$C_D = \tau_t G_D + C_0 \left(1 - \frac{U_0}{\phi_B}\right)^{-m} . \tag{1.70}$$

herleiten.

Nach diesen Überlegungen ist nun der Übergang zur Entwicklung von Kleinsignal–Modellen für Bipolar–Transistoren verhältnismäßig einfach. Da

— wie wir gesehen haben — das Kleinsignalverhalten getrennt vom Verhalten bei Gleichstrom betrachtet wird, gelten die im folgenden hergeleiteten Ergebnisse sowohl für npn– wie pnp–Transistoren.

In linearen Schaltungen werden Transistoren nahezu ausschließlich im aktiven Bereich vorwärts betrieben. Aus diesem Grunde bietet das Modell in Abb. 1.17 einen guten Ausgangspunkt für die Entwicklung eines Kleinsignal–Modells für diesen Arbeitsbereich; allerdings nur für tiefe Frequenzen, da in ihm keine Ladungsspeicherungen berücksichtigt sind. Wie Abb. 1.30 zeigt,

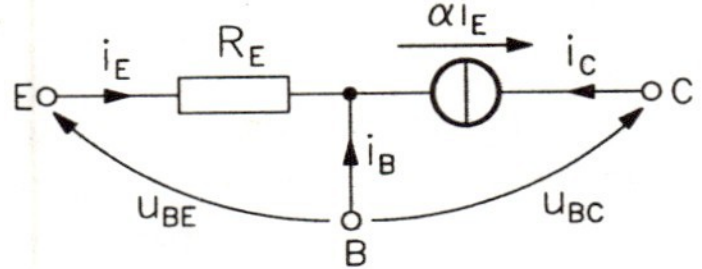

Abb. 1.30 Kleinsignal–Modell eines Bipolar–Transistors für niedrige Frequenzen

muß die Basis–Emitter–Diode in Abb. 1.17 durch einen Widerstand der Größe

$$R_E = \frac{U_T}{|I_{E0}|} \tag{1.71}$$

ersetzt werden, wobei I_{E0} den Emitterstrom im (gewählten) Arbeitspunkt bezeichnet ($R_E \approx 26\,\Omega$ bei Raumtemperatur und $1\,mA$ Emitterstrom). Wie bei der Diode werden wir alle Arbeitspunkt–Größen durch den zusätzlichen Index “0” kennzeichnen.

Bezüglich des Stromverstärkungsfaktors α ist noch eine Erläuterung erforderlich. In Abb. 1.17 werden durch α Gleichstromgrößen miteinander in Relation gebracht. Aufgrund von (1.47,1.49) gilt dort für $\alpha_V = \alpha$ die Beziehung

$$\alpha = -\frac{I_C}{I_E} \ .$$

In Abb. 1.30 verknüpft α die differentiellen Größen i_C und i_E miteinander; folglich gilt hier

$$\alpha = \left.\frac{dI_C}{dI_E}\right|_{I_E=I_{E0}} \ .$$

Da Gleichstromverhalten und Kleinsignal–Wechselstromverhalten getrennt behandelt werden können und somit keine Verwechslungen zu befürchten sind, wurde zur Vereinfachung der Schreibweise in beiden Fällen derselbe Buchstabe verwendet. Entsprechendes gilt natürlich für den Stromverstärkungsfaktor $\beta = \alpha/(1-\alpha)$.

Das Modell eines Bipolar–Transistors gemäß Abb. 1.30 ist wegen seiner Einfachheit besonders dazu geeignet, das grundsätzliche Schaltungsverhalten zu untersuchen, man kann sich dieses Modell im übrigen auch leicht merken. Die Anwendung soll mit Hilfe der folgenden Beispiele demonstriert werden, welche die drei Grundschaltungen darstellen, in denen ein Transistor in linearen Schaltungen eingesetzt wird.

Beispiel 1.6

Wir betrachten einen Transistor, der gemäß der folgenden Abb. a aus einer

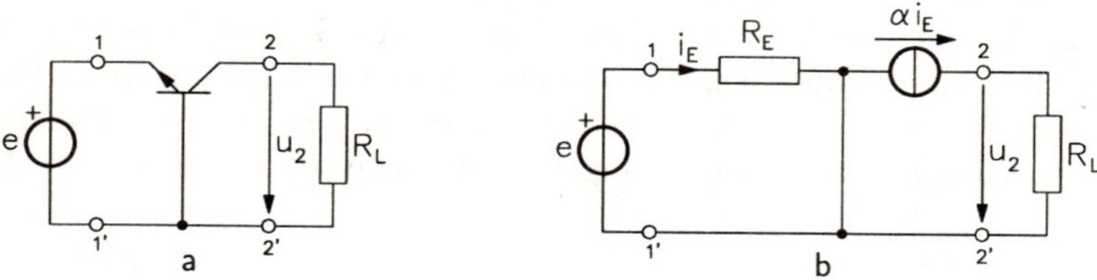

Spannungsquelle $e = e(t)$ gespeist wird; Basis und Kollektor des Transistors sind über den Lastwiderstand R_L verbunden. Die in der obigen Abb. gewählte Darstellung zeigt nicht den kompletten Schaltungsaufbau. Alle Elemente und Quellen, die lediglich der Einstellung eines geeigneten Arbeitspunktes dienen, um den der Transistor ausgesteuert wird, sind in der Abb. nicht enthalten; wir gehen davon aus, daß ihr Einfluß auf das Wechselstromverhalten der Schaltung in den Größen e und R_L berücksichtigt wurde. Die hier gewählte Darstellung ist also eine Ersatzschaltung zur Berechnung des Kleinsignalverhaltens. In dieser Weise werden wir Schaltungen immer darstellen, solange wir uns ausschließlich für das Verhalten der Transistoren bei kleiner Aussteuerung interessieren; welche Maßnahmen zur Arbeitspunkteinstellung erforderlich sind und wie sie in Ersatzschaltungen berücksichtigt werden, behandeln wir später.

Wir berechnen zuerst die Ausgangsspannung u_2 der oben dargestellten Basisschaltung. Dazu ersetzen wir den Transistor gemäß Abb. 1.30 und erhalten auf diese Weise das neben der Schaltung angegebenen Modell (Abb. b). Daraus können wir nun sofort

$$u_2 = R_L \alpha i_E \qquad \text{und} \qquad i_E = \frac{e}{R_E}$$

ablesen; aus diesen beiden Gleichungen ergibt sich dann das gesuchte Resultat

$$u_2 = \frac{\alpha R_L}{R_E} \cdot e \, .$$

Die Größe $V = \alpha R_L / R_E$ ist die Spannungsverstärkung der Basisschaltung.

Als weitere Größe der Basisschaltung berechnen wir nun den Eingangswiderstand bezüglich der Klemmen $1-1'$. Unter Verwendung des in Abb. 1.30 wiedergegebenen Transistormodells läßt sich zu diesem Zweck die folgende Abbildung angeben.

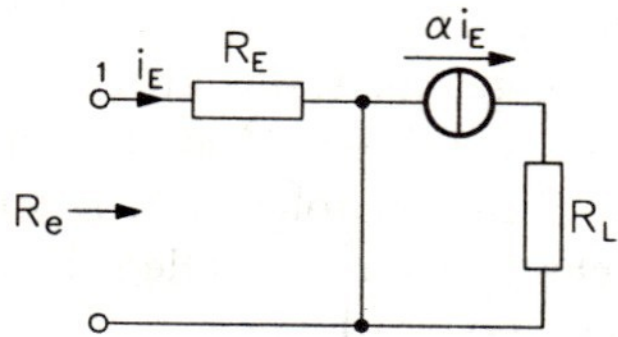

Da die gesteuerte Stromquelle nicht auf die Eingangsklemmen wirkt und der Widerstand R_L den Eingang auch nicht beeinflußt, können wir für den Eingangswiderstand sofort $R_e = R_E$ ablesen. In bezug auf die Ausgangsklemmen $2-2'$ verhält sich die Basisschaltung (bei dem hier zugrunde gelegten Transistormodell) wie eine ideale Stromquelle mit dem Urstrom

$$j = \alpha \cdot i_E = \frac{\alpha \cdot e}{R_E} \; .$$

Beispiel 1.7

Analog zum letzten Beispiel betrachten wir die Emitterschaltung, deren für Wechselstrom relevanter Teil in der folgenden Abb. (a) dargestellt ist; Abb. (b) dient als Basis für die Berechnung.

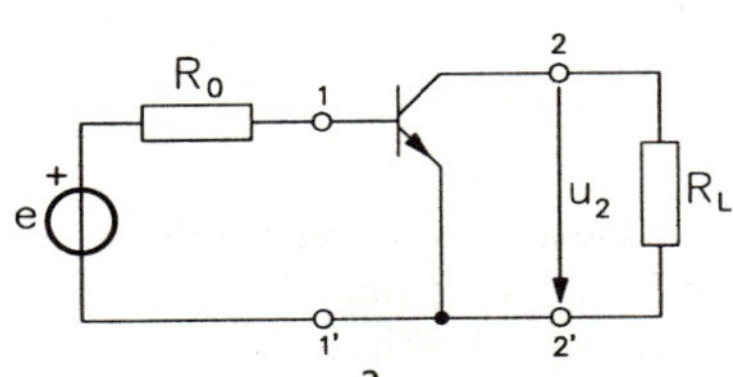

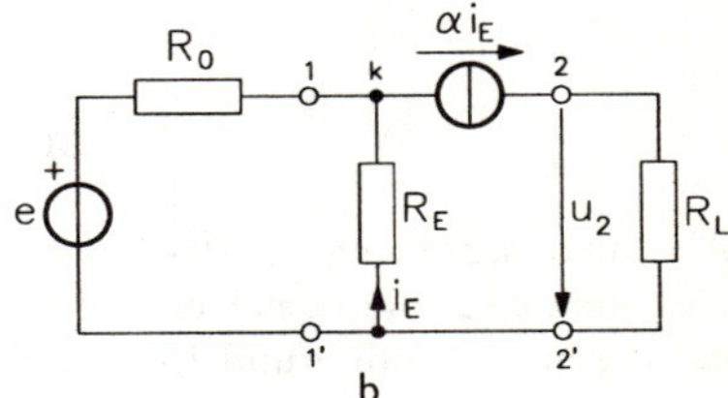

Die Summe der auf den Knoten k — er entspricht der Basis — zufließenden Ströme verschwindet, also gilt

$$i_E - \alpha i_E + G_0(e + R_E i_E) = 0 \; ,$$

mit $G_0 = 1/R_0$; daraus folgt

$$i_E = -\frac{e}{(1-\alpha)R_0 + R_E} \; .$$

Wegen $u_2 = R_L \alpha i_E$ ergibt sich schließlich für die Ausgangsspannung

$$u_2 = -\frac{\alpha R_L}{(1-\alpha)R_0 + R_E} \cdot e.$$

Die Spannungsverstärkung V der Emitter–Schaltung beträgt also

$$V = -\frac{\alpha R_L}{(1-\alpha)R_0 + R_E} \; .$$

Da $\alpha \approx 1$ ist, gilt näherungsweise

$$V = -\frac{R_L}{R_E} \; .$$

Zur Berechnung des Eingangswiderstandes R_e bezüglich der Klemmen $1-1'$ gehen wir von der folgenden Schaltung aus.

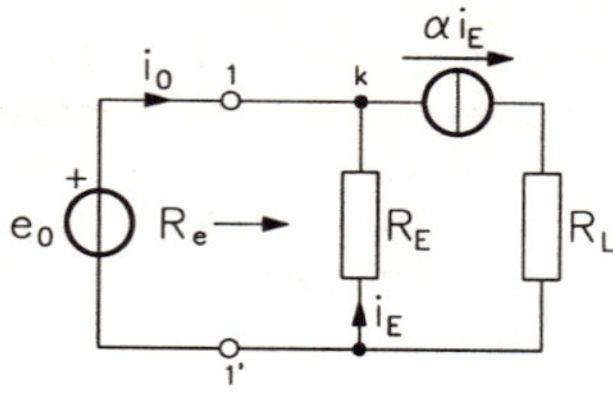

Für den Eingangswiderstand gilt zunächst allgemein $R_e = e_0/i_0$. Aus der Schaltung lesen wir

$$i_0 + i_E - \alpha i_E = 0 \qquad \text{und} \qquad i_E = -\frac{e_0}{R_E}$$

ab. Damit erhalten wir dann

$$R_e = \frac{R_E}{1-\alpha} = (\beta + 1) R_E \ .$$

Als Ersatzschaltung zur Beschreibung des Verhaltens in bezug auf die Ausgangsklemmen $2-2'$ bietet sich eine nichtideale Stromquelle gemäß der folgenden Abb. an, deren Urstrom j und Innenleitwert G_i wir jetzt bestimmen.

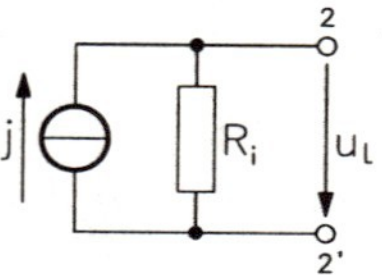

Für den Urstrom gilt $j = \alpha i_E$; da wir den Emitterstrom i_E schon weiter oben berechnet haben, können wir hier sofort

$$j = -\frac{\alpha e}{(1-\alpha)R_0 + R_E}$$

schreiben. Ist u_l die Leerlaufspannung an den Klemmen $2-2'$, so gilt für den Innenleitwert der Ersatzstromquelle $G_i = j/u_l$. Die Leerlaufspannung u_l ist aber gerade die Ausgangsspannung u_2 der Emitterschaltung für den Fall, daß der Lastwiderstand R_L gegen Unendlich strebt. In diesem Fall geht auch u_2 gegen Unendlich und damit ergibt sich

$$G_i = \frac{1}{R_i} = 0 \ .$$

Beispiel 1.8

Wir untersuchen nun noch die Kollektorschaltung (Emitterfolger).

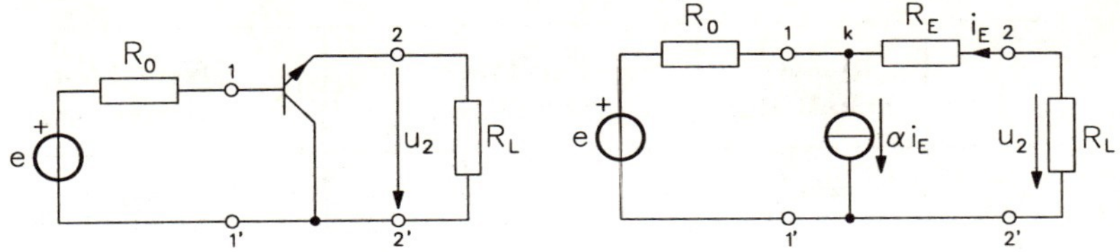

Für die Ausgangsspannung u_2 gilt zunächst $u_2 = -R_L i_E$. Der Emitterstrom i_E läßt sich aus der Knotengleichung

$$i_E - \alpha i_E + G_0[e + (R_L + R_E)i_E] = 0 \qquad G_0 = 1/R_0,$$

berechnen; wir erhalten

$$u_2 = \frac{R_L}{R_L + (1-\alpha)R_0 + R_E} \cdot e \ .$$

Ist $R_L \gg R_E$, so ergibt sich wegen $\alpha \approx 1$ als Resultat $u_2 \approx e$.

Zur Berechnung des Eingangswiderstandes können wir uns das entsprechende Ergebnis für die Emitterschaltung zunutze machen; wir müssen lediglich R_E durch $R_E + R_L$ ersetzen und finden auf diese Weise

$$R_e = \frac{R_E + R_L}{1-\alpha} = (\beta + 1)(R_E + R_L) \ .$$

Wegen $\alpha \approx 1$ ist der Eingangswiderstand also hoch.

Für die Kollektorschaltung geben wir auch wieder eine Ersatzquelle an, die das Verhalten der Schaltung in bezug auf die Ausgangsklemmen $2 - 2'$ kennzeichnet; es empfiehlt sich in diesem Fall die Angabe einer Ersatzspannungsquelle ensprechend der folgenden Zuordnung.

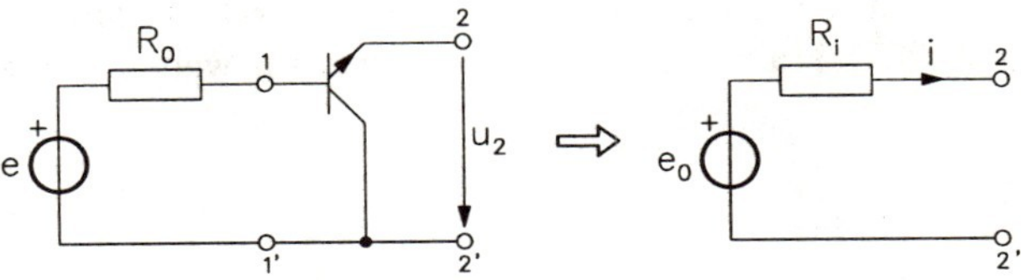

Die Urspannung e_0 der Ersatzspannungsquelle ist gleich der Ausgangsspannung u_2 der Kollektorschaltung für $G_L = 1/R_L = 0$, also gilt $e_0 = e$. Werden die Klemmen $2 - 2'$ kurzgeschlossen, so fließt der Kurzschlußstrom

$$i_k = \left.\frac{u_2}{R_L}\right|_{R_L=0} = \frac{e}{(1-\alpha)R_0 + R_E} \ .$$

Damit ergibt sich für den Innenwiderstand R_i der Ersatzspannungsquelle

$$R_i = \frac{e_0}{i_k} = (1-\alpha)R_0 + R_E \ .$$

Die Ergebnisse der drei Beispiele sind in Tabelle 1.5 zusammengefaßt.

	Basis–Schaltung	**Emitter–Schaltung**	**Kollektor–Schaltung**
Spannungs–verstärkung	$V = \alpha \frac{R_L}{R_E}$ $\approx \frac{R_L}{R_E}$	$V = \frac{-\alpha R_L}{(1-\alpha)R_0 + R_E}$ $\approx -\frac{R_L}{R_E},\ R_E \gg \frac{R_0}{\beta}$	$V = \frac{R_L}{R_L + (1-\alpha)R_0 + R_E}$ $\approx 1,\ R_E + \frac{R_0}{\beta} \ll R_L$
Eingangs–widerstand	$R_e = R_E$	$R_e = \frac{R_E}{1-\alpha}$ $\approx \beta R_E$	$R_e = \frac{R_E + R_L}{1-\alpha}$ $\approx \beta(R_E + R_L)$
Innen–widerstand	$R_i \to \infty$	$R_i \to \infty$	$R_i = R_E + (1-\alpha)R_0$ $\approx R_E + R_0/\beta$

Tabelle 1.5 Eigenschaften der drei linearen Grundschaltungen mit Bipolar–Transistoren auf der Basis des Transistor–Modells gemäß Abb. 1.30

1.4.7 Modell–Umwandlungen

Zu dem in Abb. 1.30 gezeigten Modell läßt sich ein äquivalentes entwickeln, bei dem die Stromquelle im Kollektorzweig durch den Basisstrom gesteuert wird. Aus Abb. 1.30 lesen wir

$$i_E = -\frac{i_B}{1-\alpha}$$

ab, so daß sich unter Verwendung von $\beta = \alpha/(1-\alpha)$ das Modell in Abb. 1.31a ergibt. Aus Abb. 1.31a werden wir jetzt noch ein weiteres äquivalentes Mo-

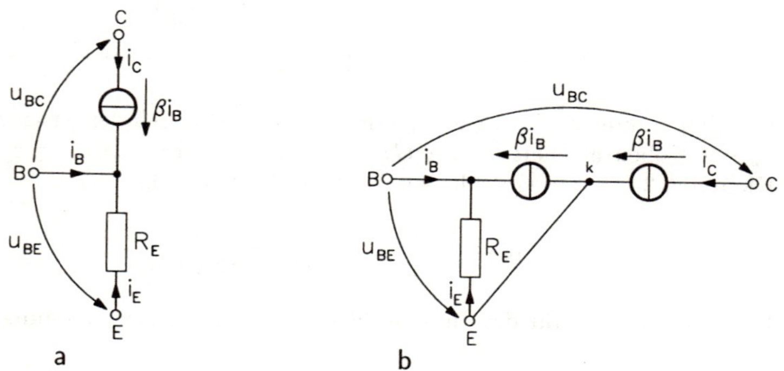

Abb. 1.31 Äquivalente Modelle zu dem Modell in Abb. 1.30

dell ableiten. Dabei machen wir von der allgemeinen Eigenschaft Gebrauch, daß eine Stromquelle durch die Reihenschaltung zweier Stromquellen der ursprünglichen Intensität ersetzt werden darf. Wir kommen so zu dem in Abb. 1.31b dargestellten Modell. Die Verbindung zwischen dem Knoten k und dem Emitter E durfte eingefügt werden, da sie stromlos ist, wie wir leicht durch Anwendung der Kirchhoffschen Knotenregel am Knoten k nachprüfen.

Wir vereinfachen nun das Modell in Abb. 1.31b. Dazu berechnen wir zuerst den Eingangswiderstand u_{BE}/i_B zwischen Basis und Emitter; aus Abb. 1.31b lesen wir

$$i_B + \beta i_B = G_E u_{BE} \tag{1.72}$$

ab, mit $G_E = 1/R_E$. Folglich gilt für den Eingangswiderstand

$$\frac{u_{BE}}{i_B} = (\beta + 1) R_E .$$

Die Intensität βi_B der gesteuerten Stromquelle in Abb. 1.31b läßt sich mit Hilfe von (1.72) so umformen, daß die Basis–Emitter–Spannung u_{BE} als steuernde Größe auftritt; mit

$$\beta i_B = \frac{\beta G_E}{\beta + 1} \cdot u_{BE}$$

läßt sich dann das Modell aus Abb. 1.31b in das äquivalente gemäß Abb. 1.32 umwandeln. Da meistens die Bedingung $\beta \gg 1$ erfüllt ist, können wir

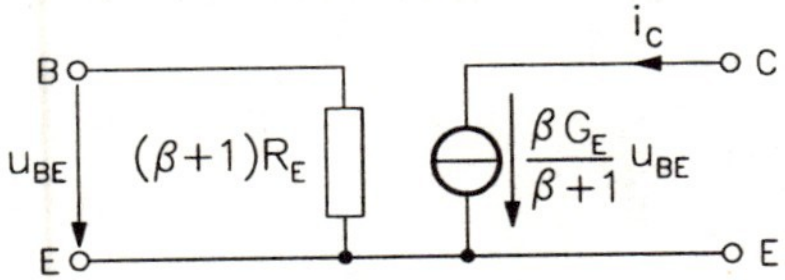

Abb. 1.32 Äquivalentes Modell zu dem Modell in Abb. 1.31b

für überschlägige Rechnungen $\beta + 1 \approx \beta$ und $\beta/(\beta + 1) \approx 1$ setzen.

Damit haben wir drei untereinander gleichwertige Kleinsignal–Modelle; welches Modell man im Einzelfall einsetzt, ist zum Teil eine Frage der Zweckmäßigkeit, teils aber auch nur eine Frage der Gewohnheit.

Die Modelle basieren alle auf den Ebers–Moll–Gleichungen bzw. auf Abb. 1.12. Die Modifizierungen gemäß Abb. 1.19 zur Modell–Verbesserung lassen sich leicht berücksichtigen. Selbstverständlich hat aber auch der Early–Effekt einen (verschlechternden) Einfluß auf das Kleinsignalverhalten. Der Frage, auf welche Weise der Early–Effekt im Modell berücksichtigt werden kann, wenden wir uns nun zu. Ausgangspunkt ist Gleichung (1.50), die wir hier wiederholen:

$$I_C = \left(1 + \frac{U_{CE}}{U_{Early}}\right) \beta I_B .$$

Wir gehen von einem festen Wert I_{B0} des Basistroms aus. Dann ergibt sich zum einen ein fester Anteil des Kollektorstroms, nämlich βI_{B0}, der aber um einen von der Kollektor–Emitter–Spannung abhängigen Term vergrößert wird. Führen wir — für festes I_{B0} — den Widerstand

$$R_{C0} = \frac{U_{Early}}{\beta I_{B0}} \tag{1.73}$$

ein, so können wir den zu I_{B0} gehörigen Kollektorstrom in der Form

$$I_{C0} = \beta I_{B0} + \frac{U_{CE0}}{R_{C0}} \tag{1.74}$$

darstellen. Somit läßt sich der Early–Effekt mit Hilfe des Widerstandes R_{C0} im Modell berücksichtigen. Abb. 1.32 kann dann insgesamt so modifiziert werden, daß sich das Modell in Abb. 1.33 ergibt. Dabei wurden die Spannung

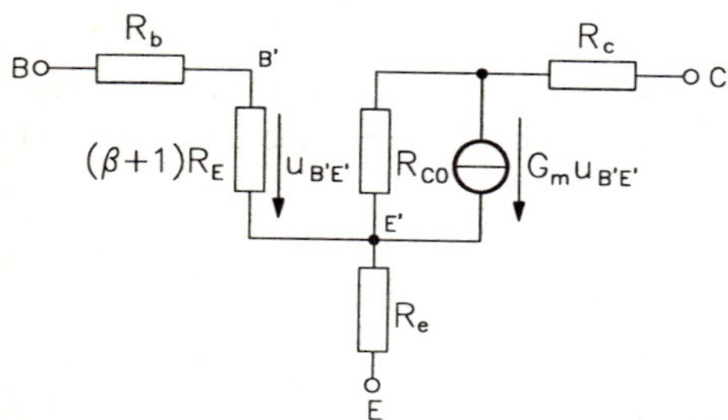

Abb. 1.33 Kleinsignal–Modell eines Bipolar–Transistors unter Berücksichtigung der Bahnwiderstände und des Early–Effekts

$u_{B'E'}$ zwischen dem "inneren" Basis– bzw. Emitterpunkt sowie die Steilheit (engl. mutual conductance)

$$G_m = \frac{\beta G_E}{\beta + 1} \tag{1.75}$$

eingeführt. Es sei noch einmal betont, daß der Widerstand R_{C0} vom jeweiligen Arbeitspunkt abhängt.

Die bisher behandelten Kleinsiginal–Modelle resultieren aus den statischen Transistor–Modellen. Ihre Anwendung ist also hinsichtlich des Frequenzbereiches eingeschränkt. Ein für höhere Frequenzen geeignetes Kleinsignal–Modell werden wir nun aus Abb. 1.25 herleiten. Wie bei den bisherigen Kleinsignal–Modellen vernachlässigen wir die Sättigungsströme und ersetzen die Basis–Emitter–Diode durch den dynamischen Emitterwiderstand R_E gemäß (1.71). Die durch (1.58) gegebene nichtlineare Basis–Emitter–Kapazität ersetzen wir im Arbeitspunkt durch die lineare Kapazität

$$C_E = \frac{\tau_{tE} I_{ES} \, \mathrm{e}^{U_{BE0}/U_T}}{U_T} + C_{E0} \left(1 - \frac{U_{BE0}}{\phi_{BE}}\right)^{-m_E} .$$

Mit $I_{ES} \, \mathrm{e}^{U_{BE0}/U_T} = I_{E0}$ und unter Verwendung von (1.71) gilt auch

$$C_E = \frac{\tau_{tE}}{R_E} + C_{E0} \left(1 - \frac{U_{BE0}}{\phi_{BE}}\right)^{-m_E} . \tag{1.76}$$

Bezüglich der nichtlinearen Kollektor–Emitter–Kapazität gemäß (1.59) gehen wir von folgender Überlegung aus. Da die Kollektor–Basis–Spannung $U_{CB0} = -U_{BC0}$ mindestens einige hundert Millivolt beträgt, ist die Bedingung

$$\frac{\tau_{tC} I_{CS}\, \mathrm{e}^{-U_{CB0}/U_T}}{U_T} \ll C_{C0}\left(1+\frac{U_{CB0}}{\phi_{BE}}\right)^{-m_C}$$

erfüllt, und es ergibt sich näherungsweise

$$C_C = C_{C0}\left(1+\frac{U_{CB0}}{\phi_{BE}}\right)^{-m_C} \quad . \tag{1.77}$$

Nehmen wir noch den Widerstand R_{C0} zur Berücksichtigung des Early–Effekts hinzu, so ergibt sich schließlich das in Abb. 1.34 wiedergebene Klein-

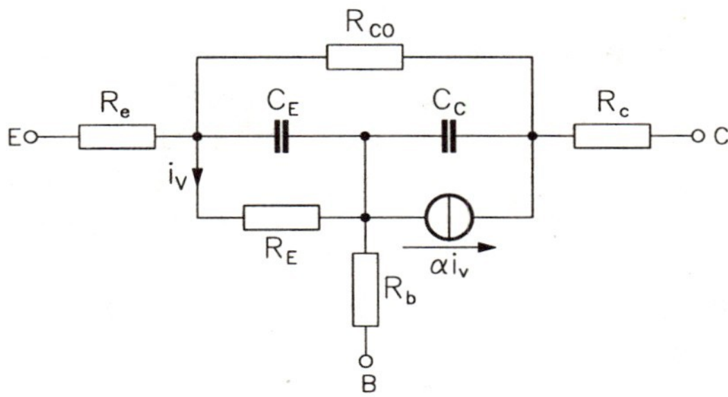

Abb. 1.34 Kleinsignal–Modell eines Bipolar–Transistors für höhere Frequenzen

signal–Modell. Für den Strom i_V gilt in diesem Modell

$$i_V = -G_E \cdot u_{B'E'} \ , \tag{1.78}$$

wobei B' und E' wieder den "inneren" Basis– bzw. Emitterpunkt kennzeichnen. Mit Hilfe der in Abb. 1.35 gezeigten Äquivalenz läßt sich aus Abb. 1.34

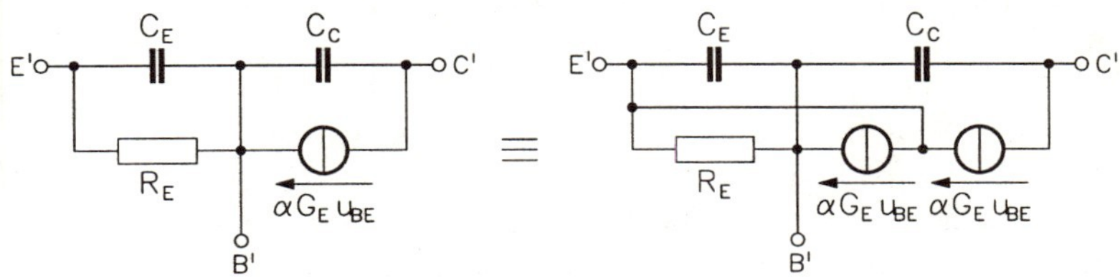

Abb. 1.35 Schaltungs–Äquivalenz

das in Abb. 1.36 gezeigte Modell ableiten; dabei wurde auch noch von der in Abb. 1.6 angegebenen Äquivalenz Gebrauch gemacht.

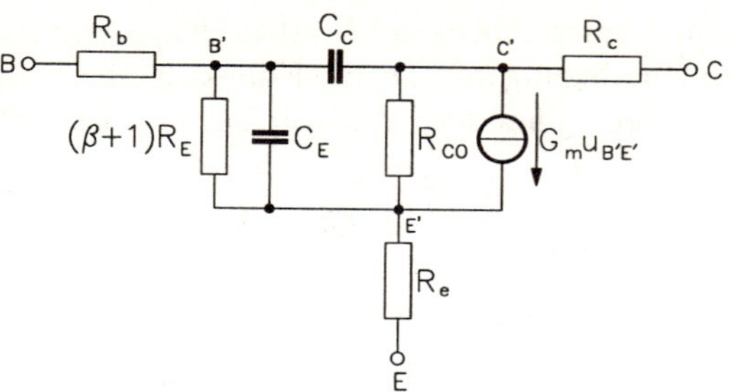

Abb. 1.36 Äquivalentes Modell zu dem in Abb. 1.34

1.4.8 Modelle für den Schalterbetrieb

Die in den vorigen Abschnitten behandelten Kleinsignal–Modelle finden vorzugsweise in linearen Analogschaltungen Anwendung. In Digitalschaltungen hingegen ist das Großsignalverhalten von Interesse, insbesondere das Umschalten vom "leitenden" zum "nichtleitenden" Zustand eines Transistors und umgekehrt. Die folgenden vereinfachten Modelle sind für überschlägige Betrachtungen geeignet; für genauere Ergebnisse geht man von den allgemeinen Großsignalmodellen aus.

Vorher soll jedoch noch eine kurze Bemerkung zu den Begriffen "analog" und "digital" eingefügt werden. In Analogschaltungen ist die kontinuierliche Änderung einer Variablen, z. B. der Spannung, von Interesse. Bei Digitalschaltungen interessiert man sich im allgemeinen primär nur für zwei diskrete Werte der Variablen. Das sollte jedoch nicht darüber hinwegtäuschen, daß sich die Spannungen in Digitalschaltungen auch nur kontinuierlich ändern können; dies hat unter anderem eine in Digitalschaltungen unerwünschte Eigenschaft zur Folge, nämlich parasitäre Verzögerungen. "Analog" und "digital" sind also keine physikalisch begründeten Unterschiede, sondern mehr zweckmäßige Unterscheidungen zur Vereinfachung der theoretischen Behandlung. Daher ist es natürlich auch sinnvoll, für Digitalschaltungen andere — zumeist einfachere — Modelle zugrunde zu legen.

Zwei besonders wichtige Zustände von Bipolar–Transistoren in Digitalschaltungen sind dadurch gekennzeichnet, daß im einen Fall beide Dioden leitend sind und im anderen Fall gesperrt. Für den durchgeschalteten Transistor — die Basis–Emitter- und die Basis–Kollektor–Diode sind leitend — kann aus Abb. 1.25 das Modell gemäß Abb. 1.37 abgeleitet werden. Mit U_{SE} und U_{SC} sind die Schwellenspannungen der (leitenden) Basis–Emitter- bzw. Basis–Kollektor–Diode bezeichnet. Da Transistoren nicht symmetrisch aufgebaut sind, gilt für die Kollektor–Emitter–Sättigungsspannung

$$U_{CEsat} = U_{SE} - U_{SC} > 0 \; ; \tag{1.79}$$

typische Werte für Transistoren geringer Leistung liegen im Bereich $U_{CEsat} = 200 \ldots 300\,mV$. Mit [vgl. (1.71)]

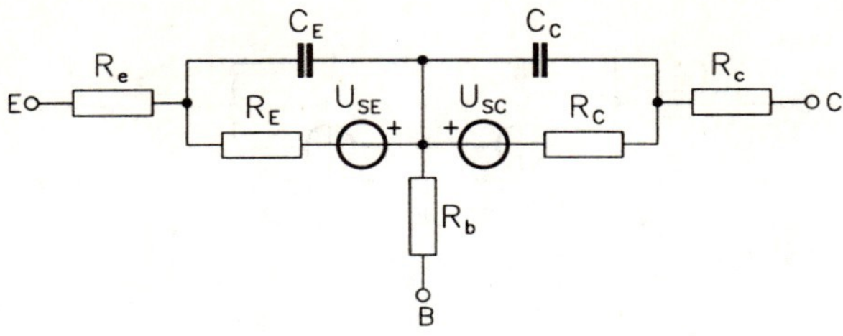

Abb. 1.37 Modell des durchgeschalteten Bipolar–Transistors

$$I_{E0} = I_{ES}\,\mathrm{e}^{U_{SE}/U_T} \qquad\qquad I_{C0} = I_{CS}\,\mathrm{e}^{U_{SC}/U_T}$$

gilt [vgl. (1.65)]

$$R_E = \frac{U_T}{|I_{E0}|} \tag{1.80}$$

$$R_C = \frac{U_T}{|I_{C0}|}\,. \tag{1.81}$$

Ausgehend von (1.58, 1.59) lassen sich unter Verwendung von (1.80, 1.81) die Kapazitäten

$$C_E = \tau_{tE} G_E + C_{E0}\left(1 - \frac{U_{SE}}{\phi_{BE}}\right)^{-m_E} \tag{1.82}$$

$$C_C = \tau_{tC} G_C + C_{C0}\left(1 - \frac{U_{SC}}{\phi_{BC}}\right)^{-m_C} \tag{1.83}$$

bestimmen.

Eine sehr grobe Vereinfachung des Modells, mit der man sich aber häufig die grundsätzliche Wirkungsweise einer Schaltung veranschaulichen kann, besteht in der Annahme eines Kurzschlusses zwischen Kollektor und Emitter für den durchgeschalteten Transistor.

Wir wenden uns nun dem Zustand zu, daß beide Dioden gesperrt sind, daß also

$$\mathrm{e}^{U_{BE}/U_T} \ll 1 \qquad\qquad \mathrm{e}^{U_{BC}/U_T} \ll 1 \tag{1.84}$$

erfüllt ist. Für das Modell in Abb. 1.25 ergibt sich dann

$$i_R = I_{CS} \tag{1.85}$$

$$i_V = I_{ES}\,. \tag{1.86}$$

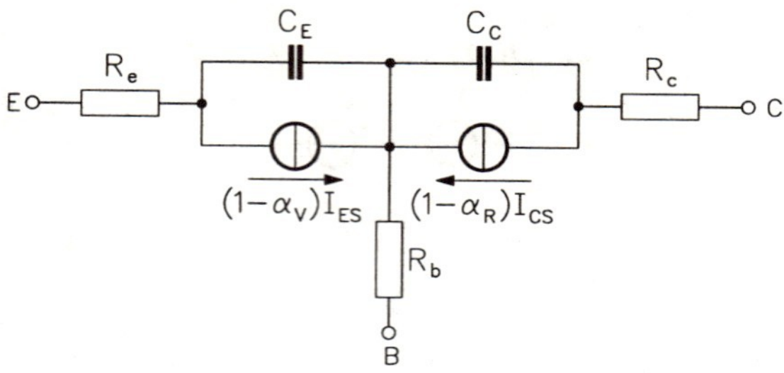

Abb. 1.38 Modell eines gesperrten Bipolar–Transistors

Damit kann dann das Modell in Abb. 1.38 angegeben werden. Die Stromquellen im Emitter– bzw. Kollektorzweig wurden jeweils zusammengefaßt und außerdem wurde (1.37) berücksichtigt. Für die Kapazitäten gilt wegen $U_{BE} < 0, U_{BC} < 0$ und da darüber hinaus (1.84) erfüllt ist,

$$C_E = C_{E0}\left(1 + \frac{|U_{BE}|}{\phi_{BE}}\right)^{-m_E} \tag{1.87}$$

$$C_C = C_{C0}\left(1 + \frac{|U_{BC}|}{\phi_{BC}}\right)^{-m_C} . \tag{1.88}$$

Als grobe Näherung kann das Modell eines gesperrten Bipolar–Transistors durch eine Unterbrechnung zwischen Kollektor und Emitter ersetzt werden.

1.5 Feldeffekt–Transistoren

1.5.1 Allgemeines

Feldeffekt–Transistoren, insbesondere MOS–Transistoren, stellen die für die Großintegrationstechnik (engl. VLSI, ULSI $\widehat{=}$ Very Large Scale Integration, Ultra∼) wichtigsten Bauelemente dar. Verhältnismäßig einfache Herstellung, geringe Leistungsaufnahme und sehr kleine Abmessungen sind entscheidende Gründe dafür. Während bei Bipolar–Transistoren sowohl Elektronen als auch Löcher an der Funktion maßgeblich beteiligt sind, wird die Funktion eines Feldeffekt–Transistors nur durch jeweils einen Ladungsträger–Typ bestimmt; daher werden sie gelegentlich auch als Unipolar–Transistoren bezeichnet. Ein weiterer wichtiger Unterschied zwischen diesen beiden Transistorarten besteht in der Steuerung. Bipolar–Transistoren sind stromgesteuerte Bauelemente, der Stromverstärkungsfaktor α bzw. β ist eine zentrale Größe. Feldeffekt–Transistoren hingegen sind spannungsgesteuert; im statischen Fall erfolgt ihre Steuerung fast leistungslos.

Unter den Feldeffekt–Transistoren ist der MOS–Transistor (MOS $\hat{=}$ Metal Oxyde Semiconductor) der für die Praxis wichtigste Typ. Sein Name ergibt sich aus dem Aufbau, der einem Plattenkondensator ähnelt. Eine Platte besteht dabei aus Metall (vorzugsweise Aluminium); auch nichtmetallische "Platten" hoher Leitfähigkeit sind möglich. Die andere Platte wird durch einkristallines Silizium gebildet. Das Dielektrikum besteht meistens aus Siliziumdioxid (SiO_2). Wird zwischen den beiden Kondensatorplatten ein elektrisches Feld aufgebaut, so werden Ladungsträger auf den Platten influenziert. Wegen ihrer ohnehin hohen Leitfähigkeit ist dies für die Aluminiumplatte von geringer Bedeutung. Die Zahl der freien Ladungsträger in der Halbleiterplatte kann jedoch durch das elektrische Feld entscheidend vergrößert oder verringert werden. Abb. 1.39 zeigt schematisch den Aufbau eines MOS–Transistors.

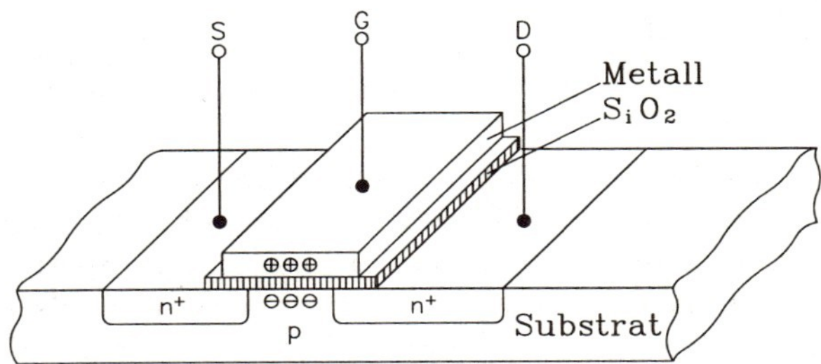

Abb. 1.39 Schematischer Aufbau eines MOS–Transistors

In diesem Beispiel sind in einen p–dotierten Halbleiterträger (Substrat) zwei n–dotierte Gebiete hoher Konzentration eingebettet. Darüber befindet sich überlappend und durch die SiO_2–Schicht isoliert die Metallplatte. Durch Anlegen entsprechender Potentiale wird dafür gesorgt, daß sich zwischen dem p–Substrat und den beiden n^+–dotierten Gebieten jeweils ein gesperrter pn–Übergang ausbildet. Die drei herausgeführten Elektroden werden mit Drain (D), Gate (G) und Source (S) bezeichnet. Wird das Gate an eine gegenüber dem Substrat positive Spannung gelegt, so wird unter der Oxidschicht in dem p–dotierten Substrat durch Influenz von Elektronen eine Inversionsschicht gebildet. Auf diese Weise entsteht zwischen Source und Drain ein leitender Kanal, dessen Widerstand durch die Spannung zwischen Gate und Substrat — im statischen Fall nahezu leistungslos — gesteuert werden kann.

In Abb. 1.39 wurde angenommen, daß der leitende Kanal zwischen Source und Gate erst durch Influenz von Ladungsträgern gebildet wird. Daher bezeichnet man diesen MOS–Transistor als Anreicherungstyp (selbstsperrender Transistor, enhancement type). Besteht ein leitender Kanal, dessen Leitfähigkeit durch influenzierte Ladungen verringert oder erhöht werden kann, so ist der Transistor vom Verarmungstyp (selbstleitender Transistor, depletion type). Neben der Möglichkeit eines n–leitenden Kanals (n–Kanal–Transistor) besteht auch die eines p–leitenden Kanals. Damit muß insgesamt zwischen vier MOS–Transistor–Typen unterschieden werden. Abb. 1.40

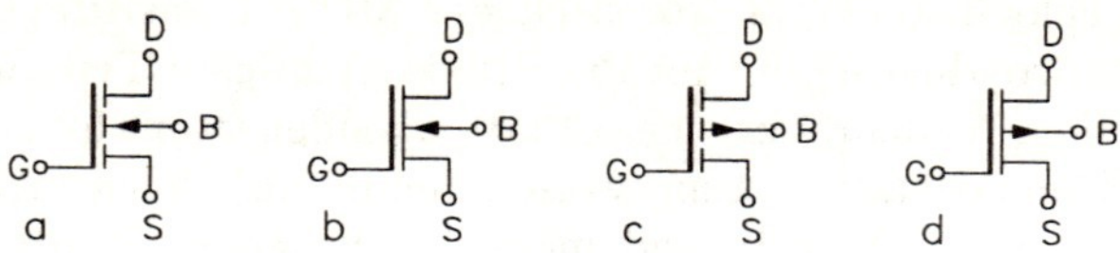

Abb. 1.40 MOS–Transistor–Symbole a. n–Kanal, Anreicherungstyp b. n–Kanal, Verarmungstyp c. p–Kanal, Anreicherungstyp d. p–Kanal, Verarmungstyp

zeigt die vier verschiedenen Symbole. Der Substrat–Anschluß wurde mit B (Bulk) bezeichnet. Neben MOS–Feldeffekt–Transistoren gibt es Sperrschicht–Feldeffekt–Transistoren. Bei ihnen besteht das isolierende Dielektrikum nicht

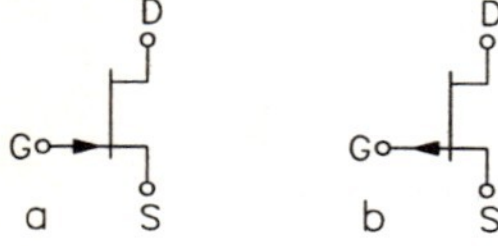

Abb. 1.41 Symbole für Sperrschicht–Feldeffekt–Transistoren a. n–Kanal b. p–Kanal

aus einer SiO_2–Schicht, sondern aus einem in Sperrichtung betriebenen pn–Übergang. Im Gegensatz zum MOS–Transistor fließt daher ein Gatestrom, nämlich der Sättigungsstrom der Gate–Kanal–Diode. Sperrschicht–Feldeffekt–Transistoren haben eine weitaus geringere Bedeutung als MOS–Transistoren, für spezielle Anwendungen können sie jedoch manchmal besser geeignet sein. Da der pn–Übergang zwischen Gate und Kanal stets in Sperrichtung betrieben werden muß, sind Sperrschicht–Feldeffekt–Transistoren immer vom Verarmungstyp. Abb. 1.41 zeigt die beiden zugehörigen Symbole.

1.5.2 Das statische Verhalten von MOS–Transistoren

Alle Beziehungen, mit denen wir uns hier beschäftigen werden, gelten für n–Kanal–Transistoren; entsprechende Beziehungen für p–Kanal–Transistoren lassen sich daraus ableiten, indem die Vorzeichen für sämtliche Spannungen und Ströme umgekehrt werden. Als positive Zählrichtungen werden wir die in Abb. 1.42 angegebenen zugrunde legen. Da die Gate–Elektrode durch eine

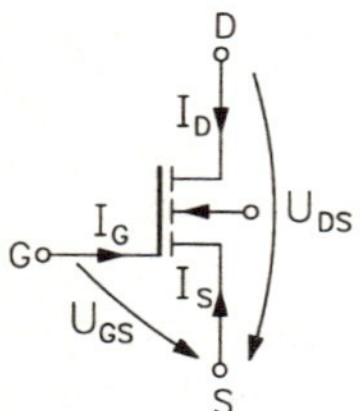

Abb. 1.42 Bezugsrichtungen für Ströme und Spannungen

Isolierschicht vom Kanal getrennt ist, gilt für den Gate–Strom in sehr guter Näherung

$$I_G = 0 \; . \tag{1.89}$$

Damit ergibt sich für den Zusammenhang zwischen Source–Strom I_S und Drain–Strom I_D

$$I_S = -I_D \ . \tag{1.90}$$

In einem MOS–Feldeffekt–Transistor fließt — abgesehen von einem sehr geringen Leckstrom — erst dann ein nennenswerter Drain–Strom I_D, sobald die Gate–Source–Spannung über einer Schwelle U_T liegt ($T \mathrel{\widehat{=}}$ Threshold)[3]; der Parameter U_T ist eine charakteristische Größe für jeden MOS–Feldeffekt–Transistor.

Die Abhängigkeit des Stroms I_D werden wir in der Form

$$I_D = f(U_{GS} - U_T, U_{DS}) \tag{1.91}$$

darstellen. Es läßt sich jedoch kein geschlossener Ausdruck für den Strom I_D angeben, der für alle interessierenden Werte der Variablen gilt; wir müssen vielmehr drei getrennte Bereiche betrachten, die nachfolgend festgelegt sind:

Bereich I:	$U_{GS} - U_T < 0$
Bereich II:	$0 < U_{DS} < U_{GS} - U_T$
Bereich III:	$0 < U_{GS} - U_T < U_{DS}$

Im Bereich I ist $I_D = 0$. Für den Bereich II (Anlaufstrom–Bereich) gilt

$$I_D = K U_{DS} \left(U_{GS} - U_T - \frac{U_{DS}}{2} \right) \tag{1.92}$$

und für den Bereich III (Sättigung)

$$I_D = K \frac{(U_{GS} - U_T)^2}{2} \ . \tag{1.93}$$

Die Konstante K ist durch

$$K = \frac{\mu_n \varepsilon_0 \varepsilon_{ox} W}{d_{ox} L} \tag{1.94}$$

gegeben, mit

μ_n	Elektronenbeweglichkeit (μ_p bei p–Kanal–Transistoren)
ε_0	absolute Dielektrizitätskonstante
ε_{ox}	relative Dielektrizitätskonstante des Gateoxids
W	Kanalweite (–breite)
d_{ox}	Dicke der Oxidschicht
L	Kanallänge

Bei einer Betrachtung der Gleichungen (1.92) und (1.93) fällt besonders auf,

[3]Die Schwellenspannung U_T darf nicht mit der Temperaturspannung U_T verwechselt werden

daß der Strom I_D im Bereich II (nichtlinear) mit der Spannung U_{DS} ansteigt, während er im Bereich III von der Spannung U_{DS} unabhängig ist. Es ist allerdings festzuhalten, daß diese Gleichungen einen idealisierten MOS–Transistor beschreiben; insbesondere hat die Funktion $I_D = f(U_{DS})$ bei einem realen Transistor im Bereich III eine von Null verschiedene Steigung.

Besondere Erwähnung verdient auch der Bereich $U_{GS} - U_T \gg U_{DS}$; hier können wir den Term $U_{DS}/2$ in (1.92) vernachlässigen und erhalten so die Näherung

$$I_D = KU_{DS}(U_{GS} - U_T) \; ; \tag{1.95}$$

insbesondere besteht also ein näherungsweise linearer Zusammenhang zwischen dem Strom I_D und der Spannung U_{DS}.

Bezüglich des Bereichs, in dem die Schwellenspannung liegt, unterscheiden sich Feldeffekt–Transistoren vom Anreicherungstyp und Verarmungstyp voneinander; für den Anreicherungstyp ist $U_T \geq 0$, für den Verarmungstyp ist $U_T < 0$.

Abb. 1.43 zeigt Kennlinien gemäß den Gleichungen (1.92) bzw. (1.93);

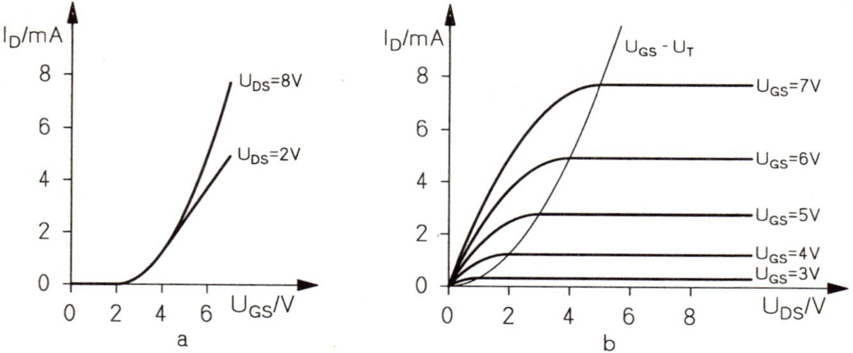

Abb. 1.43 Statische Kennlinien eines n–Kanal MOS–Transistors gemäß (1.92,1.93) a. Eingangskennlinien b. Ausgangskennlinien

dabei wurde $\varepsilon_{ox} = 3.7, \varepsilon_0 = 8.854 \cdot 10^{-14} As/(Vcm), d_{ox} = 40\,nm,\ \mu_n = 1500\,cm^2/(Vs)$, $W/L = 5$ zugrunde gelegt, und es wurde die Schwellenspannung $U_T = 2\,V$ gewählt.

Für die vier verschiedenen MOS–Transistor –Typen sind die Kennlinienfelder in Abb. 1.44 skizziert.

Der sich aus (1.93) ergebende exakt waagerechte Verlauf der Ausgangskennlinien tritt bei realen MOS–Transistoren nicht auf, vielmehr steigen die Kennlinien mit wachsender Drain–Source–Spannung U_{DS} an. Der wesentliche Grund dafür ist Abhängigkeit der wirksamen Kanallänge von U_{DS} ("Kanallängenmodulation"); die Kanallänge ist also keine rein geometrische Kon-

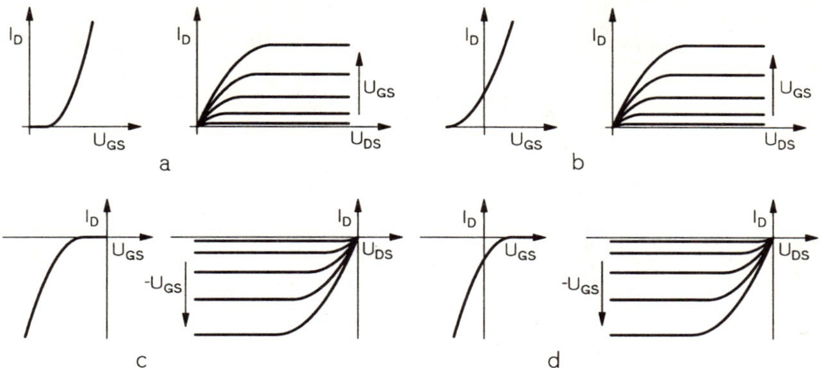

Abb. 1.44 Schematische Kennlinienfelder a. n–Kanal, Anreicherungstyp b. n–Kanal, Verarmungstyp c. p–Kanal, Anreicherungstyp d. p–Kanal, Verarmungstyp

stante. Dieses Verhalten hat Ähnlichkeit mit dem Early–Effekt bei Bipolar–Transistoren und läßt sich auch ähnlich modellieren, indem man (1.92), (1.93) durch

$$I_D = KU_{DS}(1 + \lambda U_{DS})(U_{GS} - U_T - U_{DS}/2) \tag{1.96}$$

bzw.

$$I_D = \frac{K}{2}(1 + \lambda U_{DS})(U_{GS} - U_T)^2 \tag{1.97}$$

ersetzt. Die Größe $1/\lambda$ entspricht also in ihrer Wirkung der Early–Spannung.

Reale MOS–Transistoren weisen natürlich auch ein Durchbruchsverhalten auf: bei ständiger Erhöhung der Drain–Source–Spannung U_{DS} steigt ab einem bestimmten Wert der Drainstrom I_D plötzlich überproportional an.

Die Verhältnisse bei Sperrschicht–Feldeffekttransistoren sind ähnlich. Der Effekt der Kanallängen–Modulation ist in dem in Abb. 1.45 dargestellten Ausgangs–Kennlinienfeld erkennbar.

Ein weiterer Effekt, der bei realen MOS–Transistoren berücksichtigt werden muß, betrifft die Schwellenspannung U_T. Sie ist diejenige Gate–Source–Spannung, bei der so viele Ladungsträger influenziert werden, daß ein merklicher Drain–Source–Strom fließt. Die Zahl der Ladungsträger im Kanal wird aber auch zusätzlich durch die Spannung U_{SB} zwischen Source und Substrat beeinflußt. Dieser Einfluß kann über die Beziehung

$$U_T = U_{T0} + \gamma\left(\sqrt{U_{SB} + 2\phi_F} - \sqrt{2\phi_F}\right) \tag{1.98}$$

berücksichtigt werden. Darin ist U_{T0} die Schwellenspannung für $U_{SB} = 0$, $2\phi_F \approx 0.6V$ ist das Oberflächen–Inversionspotential, und die Substratkonstante γ beträgt in der Regel für Silizium $0.3 \ldots 0.6\sqrt{V}$.

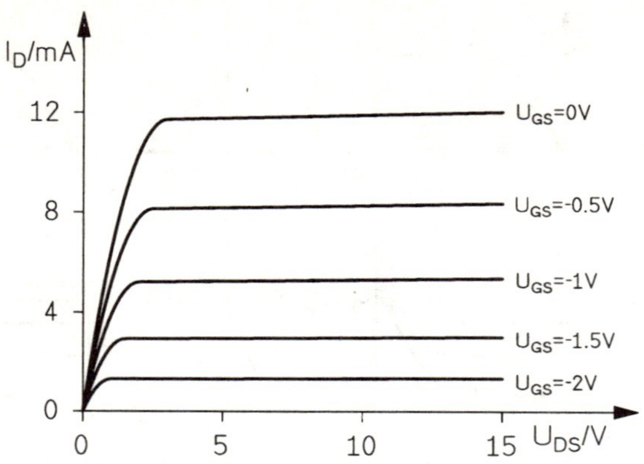

Abb. 1.45 Ausgangs–Kennlinienfeld des n–Kanal Sperrschicht–Feldeffekttransistors 2N3819 ($U_T = -3V$)

1.5.3 Dynamisches Modell für MOS–Transistoren

Abb. 1.46 zeigt ein dynamisches MOS–Transistor–Modell, das im folgenden

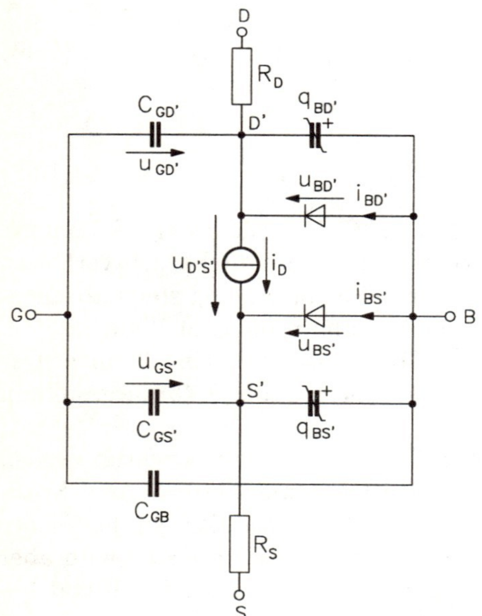

Abb. 1.46 Dynamisches MOS–Transistor–Modell

unter Zuhilfenahme von Abb. 1.39 erläutert wird; D' und S' bezeichnen den "inneren" Drain– bzw. Source–Anschluß. Die parasitären Kapazitäten zwischen Gate–Drain, Gate–Source und Gate–Substrat — $C_{GD'}, C_{GS'}, C_{GB}$ — sind hier als linear angenommen, was jedoch die realen Verhältnisse nur näherungsweise beschreibt, da diese Kapazitäten nicht nur von den geometrischen

Abmessungen abhängen, sondern in Wirklichkeit eine Spannungsabhängigkeit aufweisen.

Wie bereits erwähnt, entstehen durch die Einbettung der beiden n^+–Gebiete in das p–Substrat zwei pn–Übergänge, die immer in Sperrichtung gepolt sein müssen; sie werden durch die beiden Dioden und die beiden nichtlinearen Kapazitäten modelliert. Es gilt [vgl. (1.24)] allgemein für die Dioden–Ströme:

$$i_{BD'} = I_{BD'S}\left(e^{u_{BD'}/U_T} - 1\right) \tag{1.99}$$

$$i_{BS'} = I_{BS'S}\left(e^{u_{BS'}/U_T} - 1\right) . \tag{1.100}$$

Da die beiden pn–Übergänge nie in Durchlaßrichtung betrieben werden, lassen sich die beiden Dioden durch zwei ideale Stromquellen mit $i_{BD} = -I_{BD'S}$ bzw. $i_{BS'} = -I_{BS'S}$ modellieren. Ausgehend von (1.27), ergibt sich unter Berücksichtigung des vorgenannten Arguments für die nichtlinearen Kapazitäten

$$c_{BD'} = C_{BD'0}\left(1 - \frac{u_{BD'}}{\phi_B}\right)^{-m} \tag{1.101}$$

$$c_{BS'} = C_{BS'0}\left(1 - \frac{u_{BS'}}{\phi_B}\right)^{-m} . \tag{1.102}$$

Die Verluste im Drain– bzw. Sourcegebiet werden durch die linearen Widerstände R_D, R_S repräsentiert. Für den Strom i_D gilt gemäß (1.96), (1.97) und unter Berücksichtigung von (1.98)

$$i_D = \begin{cases} 0 & u_{GS'} - u_T < 0 \\ K u_{D'S'}(1 + \lambda u_{D'S'})\left(u_{GS'} - u_T - \dfrac{u_{D'S'}}{2}\right) & 0 < u_{D'S'} < u_{GS'} - u_T \\ \dfrac{K}{2}(1 + \lambda u_{D'S'})(u_{GS'} - u_T)^2 & 0 < u_{GS'} - u_T < u_{D'S'} \end{cases}$$

$$u_T = U_{T0} + \gamma(\sqrt{2\phi_F - u_{BS'}} - \sqrt{2\phi_F}) . \tag{1.103}$$

Das durch Abb. 1.46 und die Gleichung (1.103) festgelegte Modell stammt von Shichman und Hodges. [3]

1.5.4 MOS–Transistor–Modell für geringe Aussteuerung

Aus dem in Abb. 1.46 gezeigten Modell läßt sich sehr einfach ein Kleinsignal–Modell ableiten. In dem gewählten Arbeitspunkt gilt für die fünf Variablen

$u_{GS'} = U_{GS'0}$, $u_{D'S'} = U_{D'S'0}$, $i_D = I_{D'0}$, $u_{BS'} = U_{BS'0}$, $u_{BD'} = U_{BD'0}$. Damit ergeben sich für die parasitären Elemente (für diesen Arbeitspunkt) konstante Werte. Aus (1.103) folgt

$$i_D = i_D(u_{GS'}, u_{D'S'}, u_{BS'}) \ .$$

Somit sind Änderungen des Drainstroms allgemein durch die Beziehung

$$di_D = \frac{\partial i_D}{\partial u_{GS'}} du_{GS'} + \frac{\partial i_D}{\partial u_{D'S'}} du_{D'S'} + \frac{\partial i_D}{\partial u_{BS'}} du_{BS'} \tag{1.104}$$

gegeben. Wir führen die Steilheit

$$G_m = \left. \frac{\partial i_D}{\partial u_{GS'}} \right|_{i_D = I_{D0}} , \tag{1.105}$$

den differentiellen Drain–Source–Leitwert

$$G_{D'S'} = \left. \frac{\partial i_D}{\partial u_{D'S'}} \right|_{i_D = I_{D0}} \tag{1.106}$$

sowie die durch die Substratsteuerung hervorgerufene Steilheit

$$G_{mBS} = \left. \frac{\partial i_D}{\partial u_{BS'}} \right|_{i_D = I_{D0}} \tag{1.107}$$

ein. Außerdem nehmen wir jetzt kleine Aussteuerungen $u_{GS'}, u_{D'S'}, u_{BS'}, i_D$ um die jeweiligen Arbeitspunkte an; dann können wir für den Drainstrom

$$i_D = G_m u_{GS'} + G_{mBS} u_{BS'} + G_{D'S'} u_{D'S'} \tag{1.108}$$

schreiben und es kann das in Abb. 1.47 dargestellte Kleinsignal–Modell ange-

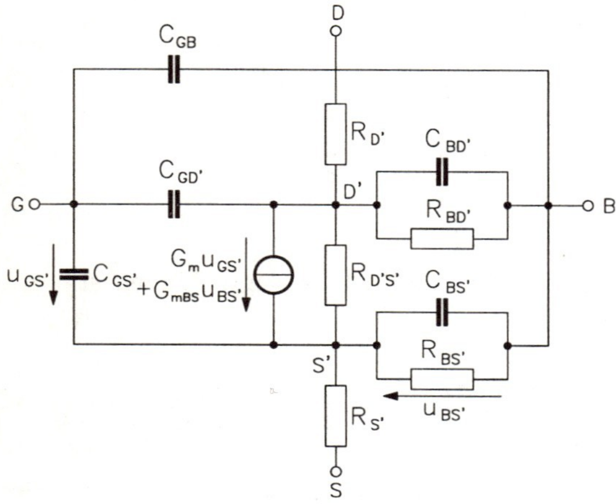

Abb. 1.47 Kleinsignal–Modell eines MOS–Transistors

geben werden. Aufgrund von (1.99) ... (1.102) und wegen $U_{BD'0}, U_{BS'0} < 0$ gilt

$$
\begin{aligned}
C_{BD'} &= C_{BD'0}\left(1 - \frac{U_{BD'0}}{\phi_B}\right)^{-m} &\quad (1.109)\\
C_{BS'} &= C_{BS'0}\left(1 - \frac{U_{BS'0}}{\phi_B}\right)^{-m} &\quad (1.110)\\
R_{BD'} &= \frac{U_{BD'0}}{|I_{BD'S}|} &\quad (1.111)\\
R_{BS'} &= \frac{U_{BS'0}}{|I_{BS'S}|} \;. &\quad (1.112)
\end{aligned}
$$

Der Drain–Source–Widerstand $R_{D'S'} = 1/G_{D'S'}$ folgt aus (1.106).

Wir entwickeln im folgenden ein einfaches dynamisches Modell für tiefe Frequenzen, so daß das statische Verhalten als Grundlage dienen kann. Werden MOS–Transistoren für die Kleinsignalverstärkung eingesetzt, so werden sie — von Ausnahmen abgesehen — im Bereich III gemäß Gl. (1.93 bzw. 1.97) betrieben. Wir betrachten zunächst den durch $\lambda = 0$ gekennzeichneten Fall, so daß (1.93) den Ausgangspunkt bildet. Der Drainstrom I_D ist dann von der Drain–Source–Spannung $U_{D'S'}$ unabhängig und es gilt

$$I_D = \frac{K}{2}(U_{GS'} - U_T)^2$$

mit K gemäß (1.94). Wir betrachten einen Transistor, in dessen Arbeitspunkt $U_{GS'} = U_{GS'0}$ und $I_D = I_{D0}$ gilt. Der Spannung $U_{GS'0}$ wird nun eine kleine Wechselspannung $u_{GS'}$ überlagert, die eine Drainstrom–Änderung i_D zur Folge hat. In diesem Fall gilt dann

$$I_{D0} + i_D = \frac{K}{2}(U_{GS'0} + u_{GS'} - U_T)^2 \;.$$

Nach einfacher Umformung erhalten wir daraus

$$I_{D0} + i_D = \frac{K}{2}(U_{GS'0} - U_T)^2 + K u_{GS'}\left(U_{GS'0} - U_T + \frac{u_{GS'}}{2}\right) \;,$$

woraus dann

$$i_D = K u_{GS'}\left(U_{GS'0} - U_T + \frac{u_{GS'}}{2}\right) \qquad (1.113)$$

folgt. Präzisieren wir, was hier unter "kleiner Aussteuerung" verstanden werden soll, nämlich

$$|u_{GS'}| \ll 2(U_{GS'0} - U_T) \;, \qquad (1.114)$$

so folgt als Näherung aus (1.113)

$$i_D = K(U_{GS'0} - U_T)u_{GS'} \ . \tag{1.115}$$

Unter Berücksichtigung von (1.108) ergibt sich dann die Steilheit

$$G_m = K(U_{GS'0} - U_T) \ , \tag{1.116}$$

so daß (1.115) in der Form

$$i_D = G_m \ u_{GS'} \tag{1.117}$$

angegeben werden kann. Aus dieser Gleichung folgt dann das dynamische Modell für den Bereich III bei tiefen Frequenzen, das in Abb. 1.48 wiedergegeben ist; der MOS–Transistor läßt sich also in diesem Fall als spannungsgesteuerte

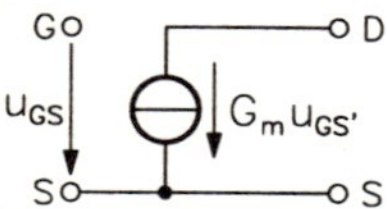

Abb. 1.48 Dynamisches MOS–Transistor–Modell (Bereich III) für tiefe Frequenzen

Stromquelle darstellen. Geht man von (1.97) anstelle von (1.93) aus, so kann die Eigenschaft $\lambda \neq 0$ im Modell im wesentlichen durch einen Widerstand parallel zur gesteuerten Stromquelle modelliert werden.

Analog zu den Beispielen 1.6 ... 1.8 untersuchen wir nun das Kleinsignalverhalten der drei Grundkonfigurationen mit MOS–Transistoren.

Beispiel 1.9

Ein MOS–Transistor werde in der Schaltung gemäß der linken Abbildung be-

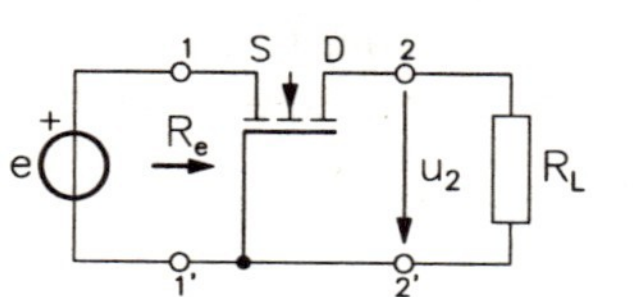

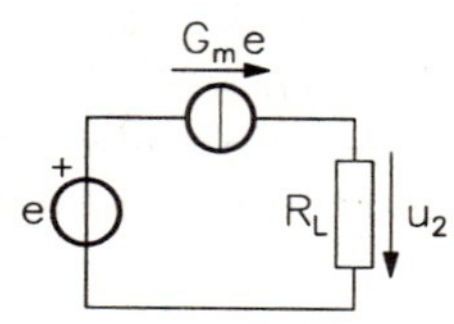

trieben (Gate–Schaltung); daneben ist das Modell für die Analyse dargestellt. Für die Ausgangsspannung lesen wir aus dem Modell

$$u_2 = R_L G_m e$$

ab. Der Eingangswiderstand R_e ist durch

$$R_e = \frac{e}{G_m e} = \frac{1}{G_m}$$

gegeben. Da der Lastwiderstand aus einer idealen Stromquelle gespeist wird, ist der Ausgangswiderstand (Innenwiderstand) dieser Schaltung unendlich hoch.

Beispiel 1.10

Die Source–Schaltung und das zugehörige Kleinsignal–Modell sind in den beiden folgenden Abbildungen dargestellt.

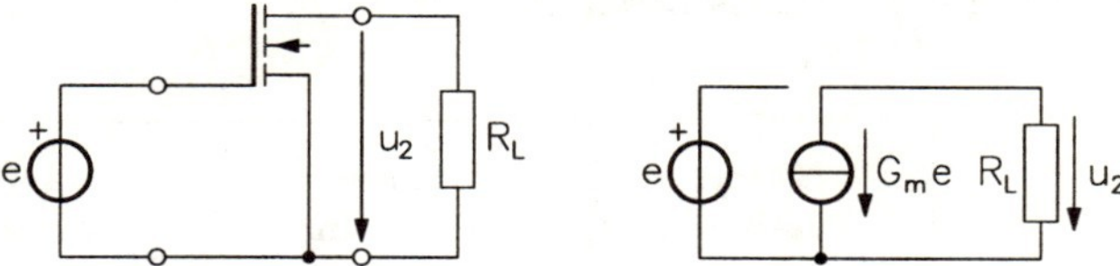

Hier ergibt sich für die Ausgangsspannung

$$u_2 = -R_L G_m e \ .$$

Eingangs- und Ausgangswiderstand dieser Schaltung sind unendlich hoch.

Beispiel 1.11

Schaltung und Kleinsignal–Modell der Drainschaltung (Source–Folger) zeigt die nächste Abb..

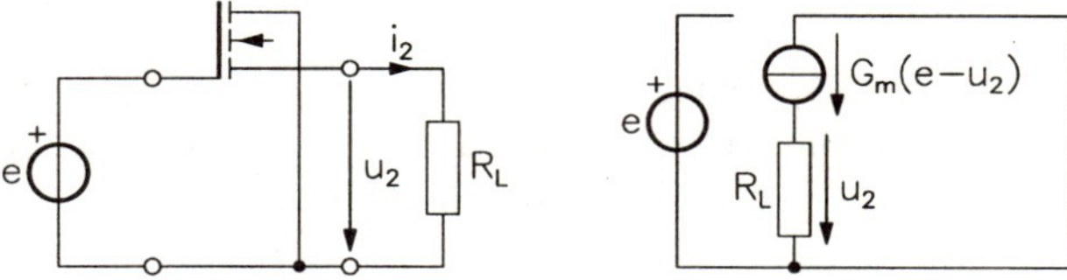

Aus $u_2 = R_L G_m(e - u_2)$ folgt für die Ausgangsspannung

$$u_2 = \frac{R_L G_m}{1 + R_L G_m} \cdot e \ .$$

Der Innenwiderstand (Ausgangswiderstand) des Source–Folgers läßt sich mit Hilfe der Leerlauf–Ausgangsspannung u_{2l} und des Kurschluß–Ausgangsstroms i_{2k} bestimmen. Wegen

$$u_{2l} = u_2\Big|_{R_L \to \infty} = e \qquad \text{und} \qquad i_{2k} = i_2\Big|_{R_L = 0} = G_m e$$

ergibt sich

$$R_i = \frac{u_{2l}}{i_{2k}} = \frac{1}{G_m} \ .$$

Der Eingangswiderstand dieser Schaltung ist unendlich hoch.

In Tabelle 1.6 sind die wesentlichen Ergebnisse der drei behandelten Beispiele zur besseren Übersicht zusammengefaßt. Sie eignen sich — wie die entsprechenden Resultate bei Bipolar–Transistoren — besonders für die überschlägige Berechnung von Transistorschaltungen.

	Gate–Schaltung	**Source–Schaltung**	**Drain–Schaltung**
Spannungs–verstärkung	$V = R_L G_m$	$V = -R_L G_m$	$V = \frac{R_L G_m}{1 + R_L G_m}$
Eingangs–widerstand	$R_e = 1/G_m$	$R_e \to \infty$	$R_e \to \infty$
Innen–widerstand	$R_i \to \infty$	$R_i \to \infty$	$R_i = 1/G_m$

Tabelle 1.6 Eigenschaften der drei linearen Grundschaltungen mit MOS–Transistoren auf der Basis des Transistor–Modells gemäß Abb. 1.48

Vergleicht man die entsprechenden Grundschaltungen für Bipolar– und MOS–Transistoren auf der Basis der Tabellen 1.5 und 1.6, so ergibt sich vollständige Identität, falls man $\alpha = 1$ und $R_E = 1/G_m$ setzt.

1.6 Zusammenfassung

Die modellmäßige Beschreibung von Bauelementen und Quellen bildet die Basis für die Analyse bzw. die Simulation elektronischer Schaltungen. Insbesondere hinsichtlich der Modelle für Transistoren gibt es zwei Forderungen, deren Erfüllung sich meistens gegenseitig ausschließt, nämlich die Forderung nach möglichst guter Abbildung der Realität und die nach Einfachheit. Dies hat unter anderem zur Folge, daß für unterschiedliche Anwendungsfälle auch unterschiedliche Modelle eingesetzt werden. Einfache Modelle stehen in diesem Kapitel im Vordergrund. Sie sind natürlich wichtig für das Verstehen des grundsätzlichen Schaltungsverhaltens; sie bilden ferner die Basis für das Verständnis sehr viel komplexerer Modelle, wie sie etwa in Schaltungssimulatoren eingesetzt werden.

Die Aufstellung von Dioden–Modellen ist in diesem Kapitel der Ausgangspunkt für die Behandlung der Modellierung von Halbleiterbauelementen. Die Unterschiede für statisches und dynamisches Verhalten werden dargestellt und ganz besonders wird die Möglichkeit der Aufteilung in Groß– und Kleinsignalverhalten bei linearen Schaltungen erläutert. Es schließt sich die

Entwicklung und mathematische Beschreibung entsprechender Modelle für Bipolar–Transistoren und Feldeffekt–Transistoren an. Unter Verwendung der einfachsten Kleinsignal–Modelle für Transistoren werden die wichtigsten Eigenschaften der linearen Transistor–Grundschaltungen bestimmt.

1.7 Aufgaben

Aufgabe 1.1 Zeigen Sie, daß zwei gekoppelte Induktivitäten durch die Zusammenschaltung von zwei nicht gekoppelten Induktivitäten und einem idealen Transformator ersetzt werden können.

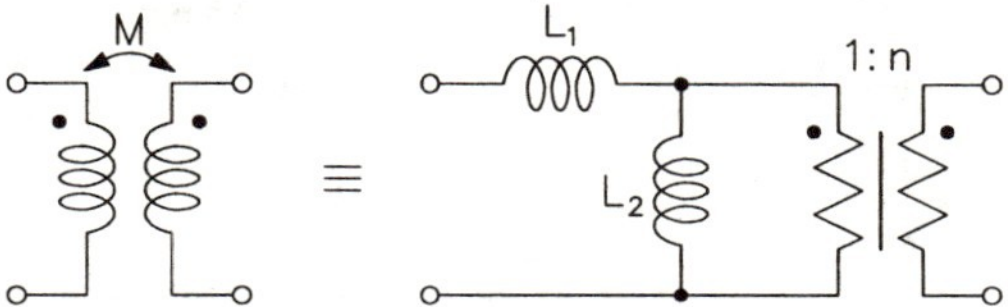

Die gekoppelten Induktivitäten sind durch L_{11}, L_{22} und M gekennzeichnet, die äquivalente Schaltung durch L_1, L_2 und n. Berechnen Sie die Zusammenhänge zwischen den charakteristischen Größen der beiden Schaltungen.

Aufgabe 1.2 Zeigen Sie, daß die Äquivalenz der beiden folgenden Schaltungen besteht.

Sind die drei Induktivitäten L_1, L_2, L_3 immer positiv?

Aufgabe 1.3 Zeigen Sie, daß die angegebene Zusammenschaltung von zwei Gyratoren einem idealen Transformator entspricht.

Drücken Sie das Übersetzungsverhältnis n durch die beiden Gyratorwiderstände R_1 und R_2 aus.

Aufgabe 1.4 Bestimmen Sie die Ersatzstromquelle, die der folgenden Schaltung bezüglich der Klemmen $1 - 1'$ äquivalent ist.

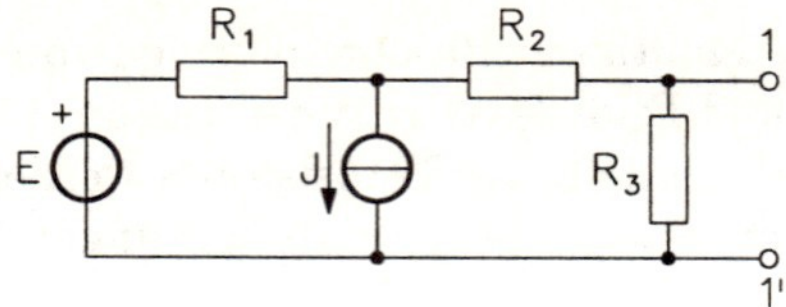

Aufgabe 1.5 Gegeben ist die folgende Zusammenschaltung von zwei spannungsgesteuerten Stromquellen.

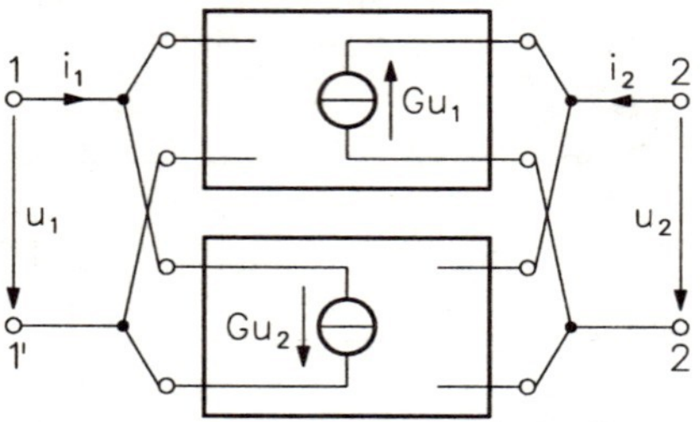

Zeigen Sie, daß die Zusammenschaltung bezüglich der Klemmenpaare $1 - 1'$ und $2 - 2'$ durch einen Gyrator mit dem Gyratorwiderstand $R = 1/G$ ersetzt werden kann.

Aufgabe 1.6 Für das prinzipielle Verständnis von Gleichrichterschaltungen ist es meistens sinnvoll, anstelle einer realen Diodenkennlinie die ideale Kennlinie zu verwenden.

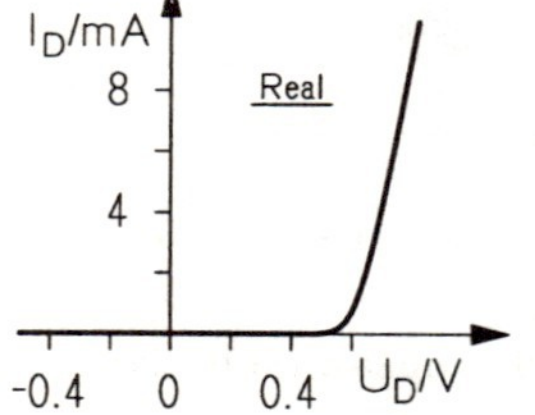

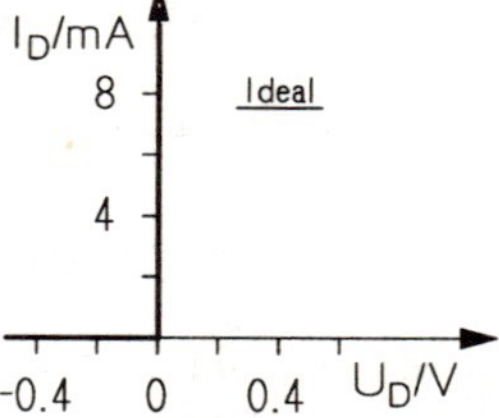

Skizzieren Sie unter Verwendung der idealen Diodenkennlinie die Ausgangsspannungen der folgenden Diodenschaltungen.

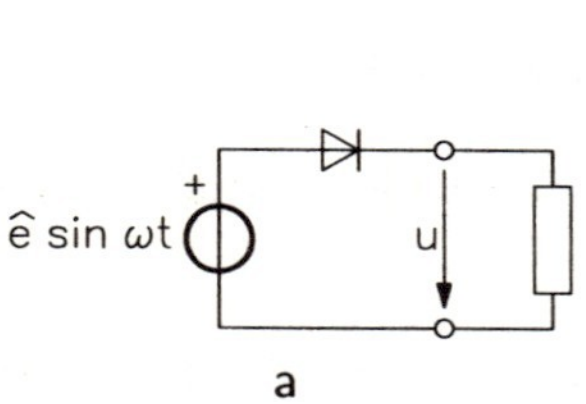

a

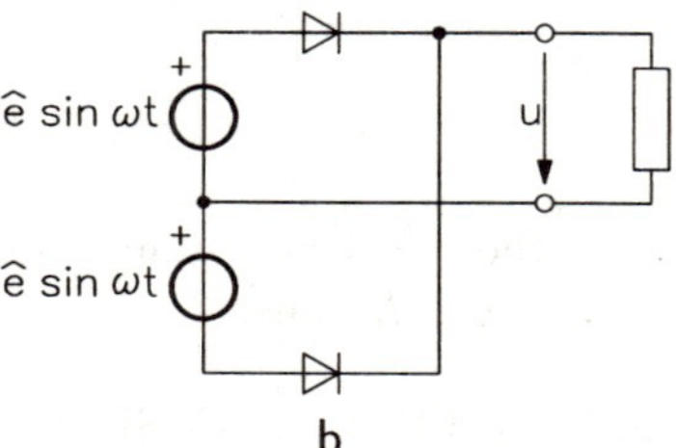

b

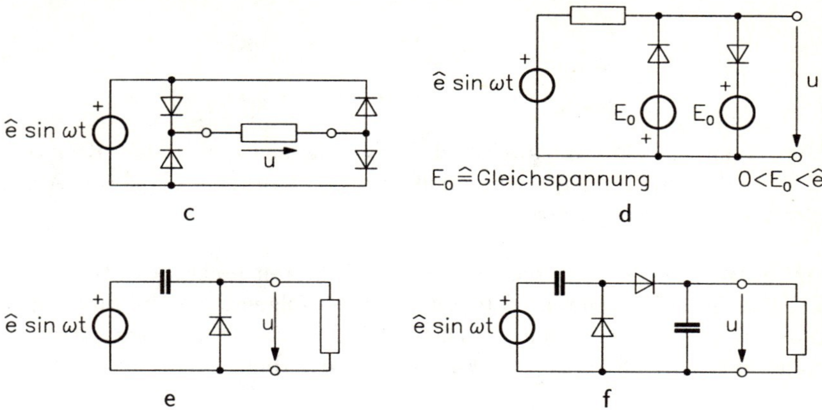

Aufgabe 1.7 In der folgenden Schaltung wird eine Diode als variabler Widerstand verwendet, dessen Wert über die Gleichspannung E_0 eingestellt werden kann.

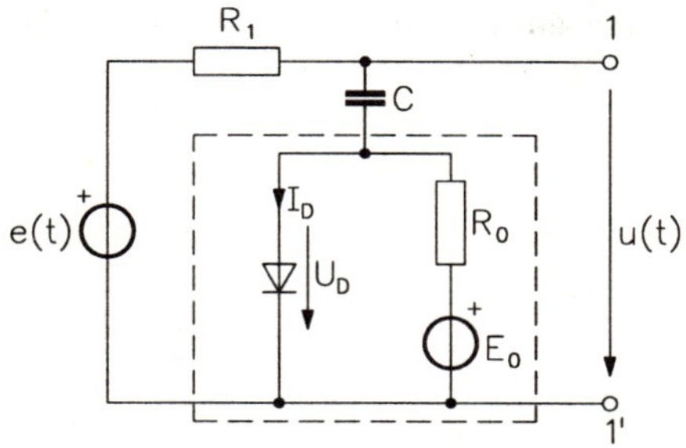

Für die Diode gilt (näherungsweise) $I_D = 10^{-13}A \cdot e^{U_D/(26\,mV)}$. Die Eingangsspannung $e(t)$ ist sinusförmig; sie hat die Amplitude $\hat{e} = 1\,V$ und die Frequenz $f = 10\,kHz$. Der Wert von C wird so hoch gewählt, daß die Kapazität bei $10\,kHz$ als Kurzschluß angesehen werden kann. Die Gleichspannungsquelle liefert $E_0 = 10\,V$, die Widerstände haben die Werte $R_0 = 10\,k\Omega$, $R_1 = 1\,k\Omega$.

a. Bestimmen Sie näherungsweise den Diodenstrom I_D, indem Sie einen vernünftigen Schätzwert für die Diodenspannung einsetzen.

b. Ersetzen Sie den gestrichelt umrandeten Teil durch einen Widerstand.

c. Wie groß ist die Amplitude der Ausgangsspannung $u(t)$?

Aufgabe 1.8 Gegeben ist die folgende Schaltung mit zwei gleichen Dioden.

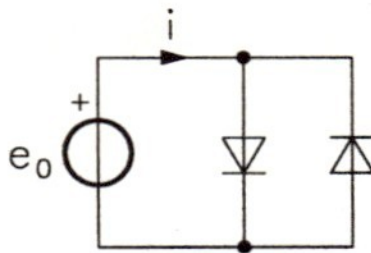

Berechnen Sie näherungsweise (d. h. Vernachlässigung aller Komponenten $< 1\,\%$) den Strom i für eine sinusförmige Spannung e_0, deren Amplitude gleich der Temperaturspannung U_T ist.

Aufgabe 1.9 Der für das Kleinsignalverhalten einer Schaltung mit zwei Bipolar–Transistoren relevante Teil ist in der folgenden Abbildung zusammen mit dem zu verwendenden Transistor–Modell dargestellt. Beide Transistoren sollen denselben Stromverstärkungsfaktor α haben.

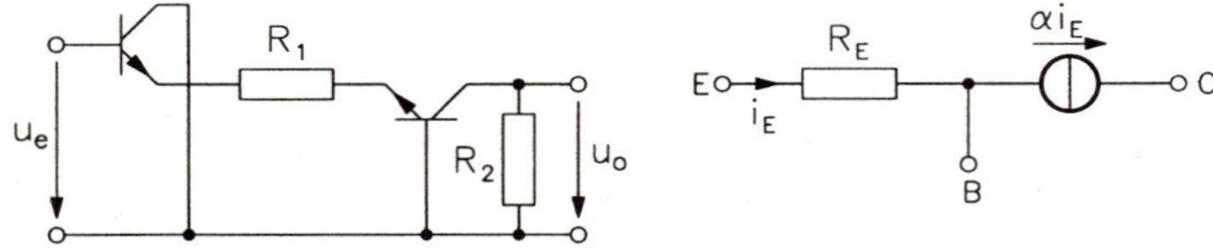

a. Berechnen Sie die Ausgangsspannung u_o in Abhängigkeit von u_e.
b. Berechnen Sie den Eingangswiderstand R_e.

2 Signalbeschreibung

2.1 Allgemeines

Wie bereits in der Einleitung erwähnt, behandeln wir primär Schaltungen, die der Informationsverarbeitung dienen. Ihr Einsatz läßt sich als Erzeugung oder Veränderung von Signalen bzw. Daten beschreiben. Dabei lassen sich manchmal die Begriffe Signale und Daten auch synonym verwenden. Wir werden hier die Unterscheidung in der Weise vornehmen, daß wir unter Signalen solche Variablen verstehen wollen, die in irgendeiner Weise von physikalischen Vorgängen herrühren oder solche beeinflussen sollen. Es erleichtert oft die Vorstellung, wenn man dabei an Sprach-, Bild- oder Meßsignale denkt.

Mit dem Begriff Signal ist die zeitliche Veränderung einer Größe verknüpft, denn ein Signal ist Träger von Information und eine zeitlich konstante Größe enthält keine Information. Sprachsignale etwa weisen eine sehr unregelmäßige zeitliche Änderung auf, dagegen können Meßsignale oft wesentlich regelmäßiger sein, zum Beispiel sinusförmige Schwingungen.

Betrachtet man nun etwa einen (linearen) Verstärker als besonders universell einsetzbare Schaltung, so können mit ihm Signale der unterschiedlichsten Art verstärkt werden. Um den Einfluß eines Verstärkers auf verschiedenartige Signale zu kennzeichnen, reicht es in den meisten Fällen aus, seine Reaktion auf bestimmte Standardsignale zu untersuchen, um ganz allgemeine Aussagen machen zu können.

Da hier die Beschreibung des Schaltungsverhaltens im Vordergrund steht und nicht die Beschreibung von Information, sind derartige Standardsignale in diesem Zusammenhang von besonderer Bedeutung. Sie sind in der Regel deterministische Signale, das heißt, ihr zeitlicher Verlauf ist mathematisch exakt beschreibbar. Dagegen sind bei stochastischen Signalen nur bestimmte statistische Eigenschaften angebbar. Derartige Signale sind für die Beschreibung elektronischer Schaltungen insbesondere dann wichtig, wenn Störeinflüsse — etwa Rauschen — beschrieben werden sollen.

Ohne auf nähere Einzelheiten einzugehen ist es sicherlich einsichtig, daß deterministische und stochastatische Signale unterschiedlich beschrieben und behandelt werden. Aber auch innerhalb dieser beiden Gruppen von Signalen nimmt man weitere Klassifizierungen vor, die im folgenden erläutert werden.

Zeitkontinuierliche Signale sind dadurch gekennzeichnet, daß zu jedem Wert der kontinuierlichen Variablen "Zeit" ein Amplitudenwert existiert. Dabei ändern sich die Amplitudenwerte meistens auch kontinuierlich (stetig), jedoch sind für die Beschreibung auch Sprünge zugelassen. Diese Signale, bei denen Zeit und Amplitude beliebige (kontinuierliche) Werte annehmen können, werden auch häufig als Analogsignale bezeichnet.

Für zeitdiskrete Signale existieren nur Amplitudenwerte zu bestimmten ("diskreten") Zeitpunkten. Zwischen diesen Zeitpunkten sind keine Signalwerte definiert. Die Amplitudenwerte zu den diskreten Zeitpunkten können kontinuierlich sein ("Analogwerte") es können aber auch nur endlich viele diskrete Werte zugelassen sein; im zweiten Fall spricht man von digitalen Signalen.

Zeitkontinuierliche und zeitdiskrete Signale können periodische Funktionen der Zeit sein. Diese Gruppe ist auch von praktischer Wichtigkeit. Periodische Signale werden beispielsweise häufig als Standardsignale zur Schaltungsuntersuchung verwendet. Der Regelfall sind jedoch nichtperiodische Signale.

Bei Signalen ist die Zeit nicht die einzige mögliche unabhängige Variable. Abhängigkeiten von Ortsvariablen treten ebenfalls in der Praxis auf. Bewegte Bilder beispielsweise weisen neben der Zeitabhängigkeit auch Ortsabhängigkeiten auf. Derartige Signale werden als mehrdimensional bezeichntet.

Die wichtigsten hier betrachteten physikalischen Größen, die Signale repräsentieren, sind Spannung und Strom. Im Zusammenhang mit speichernden Elementen müssen bisweilen die Ladung einer Kapazität bzw. der magnetische Fluß einer Induktivität anstelle von Strom und Spannung verwendet werden, da die beiden letztgenannten Größen an den entsprechenden Elementen nicht immer stetig verlaufen. Die elektrische Leistung ist als Signalgröße ebenfalls von Bedeutung.

Eine Beschreibung von Schaltungen im Zeitbereich ist teilweise recht umständlich; auch entsprechende Messungen sind nicht immer einfach durchführbar. Dagegen ist die Beschreibung des Schaltungsverhaltens im Frequenzbereich vielfach sehr viel effizienter. Ferner lassen sich auch oft im Frequenzbereich Eigenschaften von Signalen und Schaltungen einfacher erkennen. Daher werden wir uns im folgenden unter anderem auch ausführlicher mit Zusammenhängen zwischen Zeit- und Frequenzverhalten beschäftigen.

Die in diesem Kapitel behandelten Signalbeschreibungen beziehen sich auf die Erfassung bzw. die Untersuchung elektronischer Schaltungen; eine allgemeinere Behandlung von Signalen ist hier nicht beabsichtigt.

2.2 Sinusförmige Signale

Ein sinusförmiges Signal $x = x(t)$ — die Größe x kann eine Spannung u, ein Strom i usw. sein — ist durch[1]

$$x = \hat{x}\cos(\omega t + \alpha) \tag{2.1}$$

gegeben. Darin ist $\hat{x}$ der Scheitelwert (Amplitude) des Signals,

$$\omega = 2\pi f = 2\pi / T \tag{2.2}$$

($f \mathrel{\hat{=}}$ Frequenz, $T \mathrel{\hat{=}}$ Periodendauer) ist die Kreisfrequenz des Signals und α ist der Phasenwinkel. Wenn keine Verwechslungsgefahr besteht, werden wir der Einfachheit halber ω auch als Frequenz bezeichnen (die Verwendung von ω hat u. a. den Vorteil, daß der Faktor 2π nicht immer "mitgeschleppt" werden muß).

Für Berechnungen ist eine entsprechende komplexe Darstellung von (2.1) wesentlich besser geeignet. Unter Verwendung der Beziehung

$$\mathrm{e}^{\pm jx} = \cos x \pm j \sin x, \tag{2.3}$$

wobei $j^2 = -1$ ist, läßt sich die Gleichung (2.1) auch in der Form

$$x(t) = \mathrm{Re}\; X\mathrm{e}^{j\omega t} \tag{2.4}$$

angeben; das Symbol[2] "Re" in (2.4) bedeutet "Realteil von" und gibt die Anweisung, den Realteil der auf das Symbol folgenden komplexen Größe zu nehmen. Man nennt X die komplexe Amplitude des Signals und setzt

$$X = |X|\,\mathrm{e}^{j\alpha}\;. \tag{2.5}$$

Durch Vergleich von (2.4) mit (2.1) und unter Verwendung von (2.5) finden wir, daß der Betrag der komplexen Größe X durch $|X| = \hat{x}$ gegeben ist. Ist ein Signal von der Form

$$x(t) = \hat{x}\sin(\omega t + \alpha)\;, \tag{2.6}$$

so können wir die reelle Zeitfunktion x unter Verwendung komplexer Größen durch

$$x(t) = \mathrm{Im}\; X\mathrm{e}^{j\omega t} \tag{2.7}$$

darstellen, wobei "Im" die Bedeutung "Imaginärteil von" hat.

Wie wir noch sehen werden, ist die Verwendung der zugehörigen komplexen Amplituden anstelle der reellen Zeitfunktionen insbesondere dann von

[1] Die Augenblickswerte zeitlich veränderlicher Signale werden wir durch kleine lateinische Buchstaben kennzeichnen.

[2] Um die Notation einheitlich zu halten, wird der Operand auch bei der Realteil- bzw. der Imaginärteilbildung nicht in Klammern gesetzt.

großem Vorteil, wenn Schaltungen im stationären Zustand berechnet werden sollen, die durch lineare Differentialgleichungen mit reellen Koeffizienten beschrieben werden können.

Neben der Möglichkeit, eine sinusförmige Zeitfunktion als Real– oder Imaginärteil einer komplexwertigen Funktion darzustellen, gibt es eine weitere äquivalente Darstellungsform, die ebenfalls kurz behandelt werden soll. Aus (2.3) lassen sich die bekannten Beziehungen

$$\cos x = \frac{\mathrm{e}^{jx} + \mathrm{e}^{-jx}}{2} \tag{2.8}$$

$$\sin x = \frac{\mathrm{e}^{jx} - \mathrm{e}^{-jx}}{2j} \tag{2.9}$$

leicht ableiten. Unter Verwendung von (2.8) können wir dann für die Zeitfunktion eines Signals gemäß (2.1)

$$x(t) = \hat{x}\cos(\omega t + \alpha) = \frac{\hat{x}}{2}\left[\mathrm{e}^{j(\omega t+\alpha)} + \mathrm{e}^{-j(\omega t+\alpha)}\right]$$

schreiben. Berücksichtigen wir (2.5), so folgt daraus[3]

$$x(t) = \frac{1}{2}\left(X\mathrm{e}^{j\omega t} + X^*\,\mathrm{e}^{-j\omega t}\right) . \tag{2.10}$$

Entsprechend gilt für ein Signal nach (2.6)

$$x(t) = \frac{1}{2j}\left(X\mathrm{e}^{j\omega t} - X^*\,\mathrm{e}^{-j\omega t}\right) . \tag{2.11}$$

Die in den Gleichungen (2.10) und (2.11) auftretende Exponentialfunktion $\mathrm{e}^{-j\omega t}$ können wir auch in der Form $\mathrm{e}^{j(-\omega)t}$ schreiben, so daß formal die negative Frequenz $-\omega$ auftritt. Ohne an dieser Stelle auf Einzelheiten einzugehen sei vermerkt, daß diese Erweiterung der in der Realität immer positiven Frequenz auf negative Werte häufig nützlich ist. Es sei auch noch darauf hingewiesen, daß (2.10) und (2.11) in der Form

$$x(t) = \frac{1}{2}\left[X\mathrm{e}^{j\omega t} + (X\mathrm{e}^{j\omega t})^*\right] \tag{2.12}$$

beziehungsweise

$$x(t) = \frac{1}{2j}\left[X\,\mathrm{e}^{j\omega t} - (X\,\mathrm{e}^{j\omega t})^*\right] \tag{2.13}$$

dargestellt werden können.

---

[3]Konjugiert komplexe Größen kennzeichnen wir durch einen hochgestellten Stern.

2.3 Nichtsinusförmige periodische Signale

Eine etwas allgemeinere Klasse von Signalen sind diejenigen, die mit den vorgenannten gemeinsam haben, daß sie periodische Funktionen der Zeit sind, im Unterschied zu ihnen jedoch nicht sinusförmig verlaufen. Es zeigt sich, daß derartige Funktionen wiederum mit Hilfe von Sinus– und Cosinus–Funktionen approximiert werden können, wodurch insbesondere auch wieder das Rechnen mit komplexen Amplituden ermöglicht wird.

Die Approximation einer Funktion durch eine andere ist ein Verfahren, das häufig benutzt wird. Meistens besteht der Grund für eine Approximation darin, daß die ursprüngliche Funktion schlecht zu handhaben ist, weshalb man sie durch eine oder mehrere einfachere anzunähern versucht; die dadurch erreichbare leichtere Handhabung wird gewöhnlich mit einem Fehler zwischen "Original" und "Approximation" erkauft, über dessen tolerierbare Größe man sich natürlich Gedanken machen muß. Wegen ihrer Einfachheit werden besonders gern Polynome und gebrochen rationale Funktionen zur Approximation verwendet.

Üblicherweise tritt in der Praxis der Fall auf, daß eine Funktion nicht über ihren gesamten Definitionsbereich approximiert werden muß, sondern nur über einen besonders interessierenden Ausschnitt. Es ist natürlich wichtig zu wissen, ob diese Approximationsaufgabe unter Zuhilfenahme elementarer Funktionen immer lösbar ist; auf diese Frage gibt der Approximationssatz von Weierstrass eine Antwort:

> In einem endlichen abgeschlossenen Intervall $[a, b]$ sei $f(x)$ eine für $x \in [a, b]$ stetige Funktion. Dann existiert zu jedem $\varepsilon > 0$ ein Polynom $P(x)$ derart, daß für alle $x \in [a, b]$ die Ungleichung $|f(x) - P(x)| < \varepsilon$ erfüllt ist.

Für das spezielle Problem, eine periodische Funktion zu approximieren, ist der folgende Satz von Bedeutung:

> Es sei $f(x)$ eine stetige periodische Funktion mit der (kleinsten) Periode 2π, so daß für alle x gilt: $f(x + 2\pi) = f(x)$. Dann läßt sich ein trigonometrisches Polynom
>
> $$Q(x) = c_0 + \sum_{n=1}^{N} (c_n \cos nx + d_n \sin nx)$$
>
> derart finden, daß $|f(x) - Q(x)| < \varepsilon$ erfüllt ist; hier ist ε wiederum eine beliebige (kleine) positive Konstante.

Die Zahl N wird als Grad des Approximationspolynoms bezeichnet; es ist einleuchtend, daß eine Erhöhung des Grades N von $Q(x)$ eine Verbesserung der Approximation zur Folge hat. Der Grenzfall $N \to \infty$ ist von ganz besonderem Interesse; das Polynom $Q(x)$ geht dann in eine trigonometrische Reihe über, die sogenannte Fourier–Reihe, die wir nun etwas eingehender behandeln wollen.

Es sei $f(t) = f(t+T)$ eine periodische Zeitfunktion mit der (kleinsten) Periode $T = 2\pi/\Omega$. Dann läßt sich $f(t)$ durch die Fourier–Reihe

$$\varphi(t) = \frac{a_0}{2} + \sum_{k=1}^{\infty}(a_k \cos k\Omega t + b_k \sin k\Omega t) \tag{2.14}$$

approximieren; in dieser Reihe sind die $a_0, a_k, b_k \in \mathbb{R}$ noch zu bestimmende Konstanten. Vor ihrer Bestimmung wollen wir zunächst eine zu (2.14) äquivalente komplexe Darstellung angeben. Unter Verwendung der Beziehungen (2.8) und (2.9) folgt aus (2.14)

$$\varphi(t) = \frac{a_0}{2} + \sum_{k=1}^{\infty}\left(\frac{a_k - jb_k}{2}\cdot \mathrm{e}^{jk\Omega t} + \frac{a_k + jb_k}{2}\cdot \mathrm{e}^{-jk\Omega t}\right) . \tag{2.15}$$

Diese Reihe können wir unter Verwendung komplexer Koeffizienten ϕ_k in der Form

$$\varphi(t) = \sum_{k=-\infty}^{\infty} \phi_k\, \mathrm{e}^{jk\Omega t} \tag{2.16}$$

schreiben, wobei $\phi_{-k} = \phi_k^*$ gilt, wie aus dem Vergleich mit (2.14) ersichtlich ist. Wir bestimmen nun die Fourier–Koeffizienten ϕ_k, wobei die Herleitung nicht mit mathematischer Strenge geschieht. Zunächst multiplizieren wir beide Seiten der Gleichung (2.16) mit $\mathrm{e}^{-jm\Omega t}$, für $m \in \mathbb{Z}$, und integrieren anschließend jeweils über ein Intervall der Länge T; auf diese Weise erhalten wir[4]

$$\int_T \varphi(t)\,\mathrm{e}^{-jm\Omega t}\,dt = \int_T \left(\sum_{k=-\infty}^{\infty} \phi_k\,\mathrm{e}^{jk\Omega t}\right)\mathrm{e}^{-jm\Omega t}\,dt . \tag{2.17}$$

Setzen wir voraus, daß die Bedingungen (gleichmäßige Konvergenz) für eine gliedweise Integration der Reihe in (2.17) erfüllt sind, so ergibt sich

$$\int_T \varphi(t)\,\mathrm{e}^{-jm\Omega t}\,dt = \sum_{k=-\infty}^{\infty} \phi_k \int_T \mathrm{e}^{j(k-m)\Omega t}\,dt . \tag{2.18}$$

Berücksichtigen wir, daß die Integrale über die Sinus- und Cosinusfunktion — jeweils über eine Periode genommen — verschwinden, so finden wir

$$\int_T \mathrm{e}^{j(k-m)\Omega t}\,dt = \begin{cases} T & \text{für} \quad k = m \\ 0 & \text{für} \quad k \neq m . \end{cases}$$

[4] Die Notation "$\int_T$" bedeutet, daß über ein beliebiges Intervall der Länge T integriert werden muß; man wird die Intervallgrenzen in der Regel so wählen, daß die Integration möglichst bequem durchgeführt werden kann.

Somit ist lediglich der Koeffizient für $k = m$ zu berücksichtigen. Nachdem wir den Index m wieder in k umbenannt haben, erhalten wir aus (2.18) die folgende Beziehung zur Bestimmung der Fourier–Koeffizienten:

$$\phi_k = \frac{1}{T}\int_T \varphi(t)\,\mathrm{e}^{-jk\Omega t}\,dt\ . \tag{2.19}$$

Bisweilen ist alternativ die folgende Darstellung nützlich, von deren Richtigkeit man sich leicht überzeugt:

$$\varphi(t) = \sum_{k=-\infty}^{\infty} \phi_k\,\mathrm{e}^{-jk\Omega t} \tag{2.20}$$

$$\phi_k = \frac{1}{T}\int_T \varphi(t)\,\mathrm{e}^{jk\Omega t}\,dt\ . \tag{2.21}$$

Die Approximation der Funktion $f(t)$ durch die Reihe (2.16) erhalten wir, indem wir in (2.19) die Funktion $\varphi(t)$ durch $f(t)$ ersetzen. Genügt $f(t)$ in einem abgeschlossenen Intervall der Länge T den sogenannten Dirichletschen Bedingungen (zu denen insbesondere die Bedingung gehört, daß die Zahl der Unstetigkeitsstellen im Intervall T endlich sein muß), so gilt für die durch (2.16) gegebene Funktion

1. für die Teilintervalle, in denen $f(t)$ stetig ist:

$$\varphi(t) = f(t)\ , \tag{2.22}$$

2. an den Unstetigkeitsstellen $t = t_c$:

$$\varphi(t_c) = \frac{f(t_c+0)+f(t_c-0)}{2}\ . \tag{2.23}$$

($f(t_c+0)$ ist der rechtsseitige, $f(t_c-0)$ der linksseitige Grenzwert.)

Beispiel 2.1

Für das periodische Signal $f(t) = f(t+T)$, das durch

$$f(t) = \begin{cases} A & \text{für} \quad 0 \le t < T/2 \\ -A & \text{für} \quad T/2 \le t < T \end{cases}$$

gegeben ist, lautet die Fourier–Reihenentwicklung

$$f(t) = \sum_{n=-\infty}^{\infty} F_n\,\mathrm{e}^{jn\Omega t} \qquad \Omega = 2\pi/T$$

$$F_n = \frac{1}{T}\left(\int_0^{T/2} A\,\mathrm{e}^{-jn\Omega t}\,dt - \int_{T/2}^{T} A\,\mathrm{e}^{-jn\Omega t}\,dt\right)\ .$$

Für $n \neq 0$ ergibt sich daraus für die Koeffizienten

$$F_n = \frac{A\left(1 - e^{-jn\pi}\right)}{jn\pi} \ ;$$

für $n = 0$ gilt

$$F_0 = \frac{1}{T}\left(\int_0^{T/2} A\,dt - \int_{T/2}^{T} A\,dt\right) = 0 \ .$$

Wegen $e^{-jn\pi} = (-1)^n$ erhalten wir

$$F_n = \begin{cases} 2A/(jn\pi) & \text{für ungerade } n \\ 0 & \text{sonst.} \end{cases}$$

Damit lautet die Fourier–Reihe

$$f(t) = \frac{2A}{j\pi} \sum_{\substack{n=-\infty \\ n \text{ unger.}}}^{\infty} \frac{e^{jn\Omega t}}{n} \ .$$

Da die Glieder der Reihe für negative n konjugiert komplex zu denen für positive n sind, können wir auch schreiben

$$f(t) = \frac{2A}{j\pi} \sum_{\substack{n=1 \\ n \text{ unger.}}}^{\infty} \left(\frac{e^{jn\Omega t}}{n} - \frac{e^{-jn\Omega t}}{n}\right) = \frac{4A}{\pi} \sum_{\substack{n=1 \\ n \text{ unger.}}}^{\infty} \frac{\sin n\Omega t}{n} \ .$$

Im nächsten Beispiel wird die Verwendung einer Fourier–Reihe (in komplexer Darstellung) bei der Berechnung einer Schaltung erläutert.

Beispiel 2.2

Die folgende RC–Schaltung wird aus einer idealen Spannungsquelle $e(t)$ gespeist.

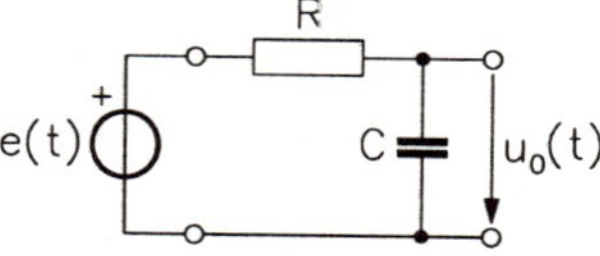

Zunächst nehmen wir eine sinusförmige Spannung

$$e(t) = \hat{e}\sin(\omega t + \alpha) = \text{Im}\ E\,e^{j\omega t}$$

an. Schreiben wir die Ausgangsspannung im stationären Zustand in der Form $u_o(t) = \text{Im}\ U_o\,e^{j\omega t}$, so gilt

$$U_o = \frac{1/(j\omega C)}{R + 1/(j\omega C)} \cdot E = \frac{E}{1 + j\omega CR}$$

und

$$u_o(t) = \mathrm{Im}\ \frac{E\,\mathrm{e}^{j\omega t}}{1 + j\omega CR} = \hat{e} \cdot \mathrm{Im}\ \frac{\mathrm{e}^{j(\omega t+\alpha)}}{1 + j\omega CR}\ .$$

Alternativ kann die Ausgangsspannung in der Form [vgl. (2.11)]

$$u_o(t) = \frac{1}{2j}\left(U_o\,\mathrm{e}^{j\omega t} - U_o^*\,\mathrm{e}^{-j\omega t}\right)$$

dargestellt werden mit

$$U_o^* = \frac{E^*}{1 - j\omega CR}\ ,$$

so daß sich

$$u_o(t) = \frac{1}{2j}\left(\frac{E\,\mathrm{e}^{j\omega t}}{1 + j\omega CR} - \frac{E^*\,\mathrm{e}^{-j\omega t}}{1 - j\omega CR}\right) = \frac{\hat{e}}{2j}\left(\frac{\mathrm{e}^{j(\omega t+\alpha)}}{1 + j\omega CR} - \frac{\mathrm{e}^{-j(\omega t+\alpha)}}{1 - j\omega CR}\right)$$

ergibt. (Durch weiteres Ausrechnen kann man sich von der Äquivalenz der beiden Resultate überzeugen.)

Nun sei $e(t)$ eine allgemeinere periodische Spannung mit $e(t+T) = e(t)$ und

$$e(t) = \begin{cases} \hat{e} & \text{für} \quad 0 < t \leq T/2 \\ -\hat{e} & \text{für} \quad T/2 < t \leq T\ . \end{cases}$$

Dann kann $e(t)$ durch die Fourier–Reihe (vgl. Beispiel 2.1)

$$e(t) = \frac{2\hat{e}}{j\pi} \sum_{\substack{n=-\infty \\ n\ unger.}}^{\infty} \frac{\mathrm{e}^{jn\Omega t}}{n} = \frac{4\hat{e}}{\pi} \sum_{\substack{n=1 \\ n\ unger.}}^{\infty} \frac{\sin n\Omega t}{n}$$

dargestellt werden. Schreiben wir die Quellenspannung in der Form

$$e(t) = \frac{2}{j\pi} \sum_{\substack{n=-\infty \\ n\ unger.}}^{\infty} E_n\,\mathrm{e}^{jn\Omega t}\ ,$$

mit $E_n = \hat{e}/n$, so ergibt sich — analog zu dem Ergebnis bei Verwendung einer monofrequenten Quelle — für jede Komponente der Ausgangsspannung

$$U_{on} = \frac{\hat{e}}{n(1 + jn\Omega CR)}\ .$$

Damit lautet schließlich das Ergebnis

$$u_o(t) = \frac{2\hat{e}}{j\pi} \sum_{\substack{n=-\infty \\ n \text{ unger.}}}^{\infty} \frac{e^{jn\Omega t}}{n(1 + jn\Omega CR)} .$$

Bei praktischen Anwendungen stellt sich häufig die Aufgabe, eine periodische Funktion $f(t)$ nicht durch eine Fourier–Reihe, sondern durch ein Fourier–Polynom

$$\varphi(t) = \sum_{k=-K}^{K} \phi'_k \, e^{jk\Omega t} \tag{2.24}$$

zu approximieren, wobei K eine feste endliche Schranke ist. Wählt man als Optimalitätskriterium für die Approximation, daß der mittlere quadratische Fehler

$$\Delta(K) = \frac{1}{T} \int_T [f(t) - \varphi(t)]^2 dt \tag{2.25}$$

zum Minimum wird, so läßt sich zeigen, daß dies genau dann der Fall ist, wenn die Koeffizienten ϕ'_k des Polynoms (2.24) mit den entsprechenden Koeffizienten ϕ_k der Reihe (2.16) übereinstimmen. Eine Hinzunahme weiterer Glieder verbessert die Approximation, ohne daß die "alten" Koeffizienten verändert werden müssen; dies stellt insofern eine Besonderheit dar, als man gewöhnlich bei der Erhöhung des Grades eines Approximationspolynoms sämtliche Koeffizienten neu bestimmen muß.

Das Fourierpolynom (2.24) besitzt eine Eigenschaft, die als Gibbssches Phänomen bezeichnet wird. Wählt man einen sehr hohen (aber endlichen) Grad K des Fourierpolynoms, so nähert sich — abgesehen von der Umgebung eventueller Unstetigkeitsstellen von $f(t)$ — das Polynom $\varphi(t)$ sehr gut der Funktion $f(t)$. An den Unstetigkeitsstellen von $f(t)$ gibt es jedoch "Überschwinger", die im Maximum etwa 9 % des Sprunges von $f(t)$ betragen; eine weitere Erhöhung des Grades K bringt keine Verringung des Maximalwertes der Überschwinger, sondern verkleinert lediglich den Bereich, in dem sie auftreten.

Beispiel 2.3

Wir betrachten die in Beispiel 2.1 berechnete Fourier–Reihe und bilden aus ihr ein Fourier–Polynom dadurch, daß wir alle Glieder für $n > N$ (mit $N \in \mathbb{N}$) gleich null setzen; dann ergibt sich das trigonometrische (Fourier–) Polynom

$$f(t) = \frac{4A}{\pi} \sum_{\substack{n=1 \\ n \text{ unger.}}}^{N} \frac{\sin n\Omega t}{n} .$$

Für $A = 1$ und zwei verschiedene Werte der Schranke N ($N_1 = 15$, $N_2 = 45$) sind nachfolgend die entsprechenden Graphen dargestellt.

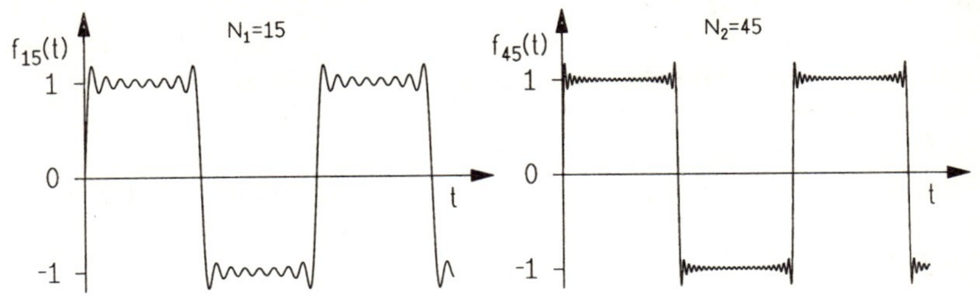

2.4 Nichtperiodische Signale

2.4.1 Verallgemeinerte Funktionen

Das Verhalten elektronischer Schaltungen läßt sich teilweise mit Hilfe periodischer Signale beschreiben; dafür werden wir Beispiele kennenlernen. In anderen Fällen sind derartige Signale für die Analyse nicht ausreichend. So ist beispielsweise die Reaktion einer Schaltung auf einen Spannungssprung oft von Interesse. Impulsförmige Signale spielen ebenfalls eine wichtige Rolle.

Auch wenn ein ideales Sprungsignal oder ein unendlich schmaler Impuls in der Realität nicht existieren, so sind sie doch nützlich, um die Realität auf möglichst einfache Weise approximativ modellieren zu können. Diese Signale lassen sich jedoch nicht durch gewöhnliche Funktionen darstellen, vielmehr sind dazu sogenannte verallgemeinerte Funktionen (Distributionen) notwendig. Wir werden hier aber nicht auf die damit zusammenhängenden Probleme eingehen; eine umfangreichere und theoretisch befriedigende Darstellung findet man etwa in [4]. An dieser Stelle soll eine im Hinblick auf Schaltungsun-

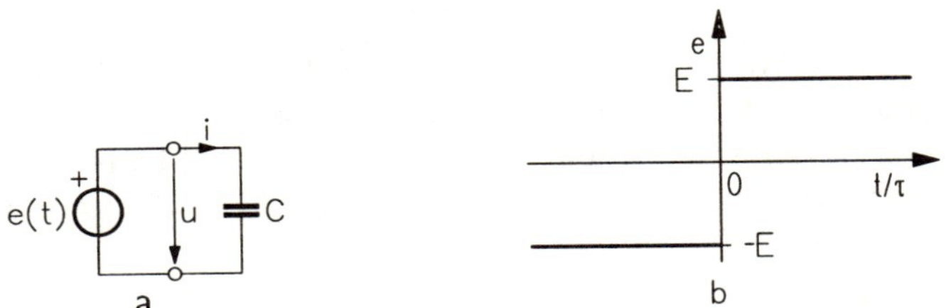

Abb. 2.1 a. Schaltungsbeispiel b. Verlauf der Quellenspannung

tersuchungen anschauliche und gleichzeitig hinreichend genaue Beschreibung gegeben werden.

Zur Erläuterung der Problematik betrachten wir zunächst die in Abb. 2.1 dargestellte Schaltung. Sie besteht aus der Parallelschaltung einer idealen Spannungsquelle $e(t)$ und einer idealen Kapazität C. Die in Abb. 2.1 dargestellte Situation kann in der Realität nicht auftreten: ideale Quellen und Kapazitäten existieren nicht, eine unendliche schnelle Änderung der Quellenspannung ist grundsätzlich nicht möglich und zudem wegen der Stetigkeit der Spannung an einer Kapazität nicht realisierbar. Trotzdem kann die gezeigte Anordnung als Grenzfall einer realen Situation angesehen werden, in der wir uns für den Verlauf des Stromes $i = i(t)$ interessieren. Die Quellenspannung kann z. B. als

$$e(t) = \lim_{k\to\infty} \left(\frac{2E}{\pi} \cdot \arctan kt/\tau \right) \tag{2.26}$$

dargestellt werden; Abb. 2.2a veranschaulicht dies. Der Strom i in Abb. 2.1a

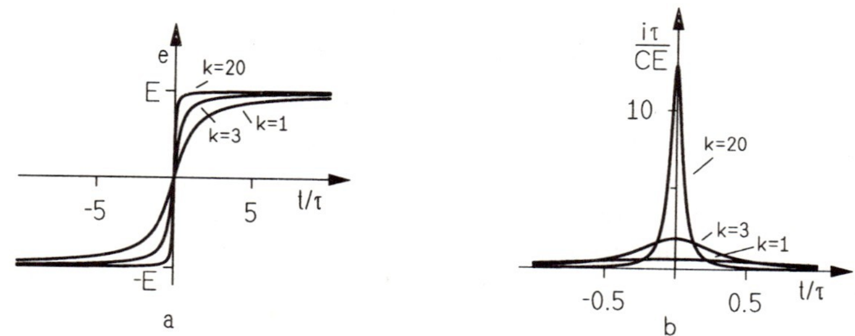

Abb. 2.2 a. Quellenspannungsverläufe gemäß (2.26) b. entsprechende Stromverläufe

ergibt sich dann als

$$i = C\frac{du}{dt} = \lim_{k\to\infty} \left(\frac{2CEk}{\pi\tau[1 + (kt/\tau)^2]} \right) . \tag{2.27}$$

Für unterschiedliche Werte des Parameters k ist der Verlauf dieses Stromes in Abb. 2.2b dargestellt. Wir sehen, daß sich sowohl ein idealer Sprung als auch ein unendlich schmaler Impuls als Grenzwerte von Funktionenfolgen (gewöhnlicher Funktionen) darstellen lassen. Aus (2.27) läßt sich auch noch das interessante Ergebnis

$$\int_{-\infty}^{\infty} i(t)dt = 2CE \qquad \forall\, k > 0 \tag{2.28}$$

ableiten; dies bedeutet, daß die Impulsfläche — unabhängig von k — eine Konstante ist.

Nach diesen einleitenden Vorbemerkungen kommen wir nun zur Einführung der beiden für die Elektronik wichtigsten verallgemeinerten Funktionen. Die Einheitssprung–Funktion (Sprungfunktion, Einheitssprung) $u(t)$ ist durch

$$u(t) = \begin{cases} 0 & \text{für} \quad t < 0 \\ 1/2 & \text{für} \quad t = 0 \\ 1 & \text{für} \quad t > 0 \end{cases} \tag{2.29}$$

definiert; die Festlegung

$$u(t) = \begin{cases} 0 & \text{für} \quad t < 0 \\ 1 & \text{für} \quad t \geq 0 \end{cases}$$

ist ebenfalls gebräuchlich. Die Verwendung des international üblichen Symbols $u(t)$ — abgeleitet von "unit step function" — sollte natürlich nicht zu Verwechslungen mit einer Spannung führen.

Die Impulsfunktion (δ–Impuls, δ–Funktion, Dirac–Impuls) $\delta(t)$ läßt sich nicht direkt — wie die Sprungfunktion — mit Hilfe einer gewöhnlichen Funktion definieren. Dies muß jedoch nicht als unbedingter Nachteil angesehen werden, da in den Anwendungen nicht die δ–Funktion als solche, sondern ihre Eigenschaften wichtig sind, von denen die wichtigsten nachfolgend angegeben sind.

Es sei $\varphi(t)$ eine für $t = t_0$ stetige gewöhnliche Funktion. Dann gilt

$$\int_{-\infty}^{\infty} \varphi(t)\delta(t - t_0)dt = \varphi(t_0) \ . \tag{2.30}$$

Daraus lassen sich auch die Beziehungen

$$\varphi(t)\delta(t - t_0) = \varphi(t_0)\delta(t - t_0) \tag{2.31}$$

sowie

$$\int_{-\infty}^{\infty} \delta(t - t_0)dt = 1 \tag{2.32}$$

ableiten. Diese Gleichungen beschreiben die "Siebwirkung" (Ausblendeigenschaft) von $\delta(t)$. Für die erste Ableitung der Sprungfunktion gilt

$$\frac{du(t)}{dt} = \delta(t) \ . \tag{2.33}$$

2.4.2 Die Fourier–Transformation

Bei sinusförmigen und allgemeineren periodischen Signalen ist das Auftreten des Parameters "Frequenz" anschaulich zu erklären. Aber auch bei sehr allgemeinen, nichtperiodischen Signalen, die für die Beschreibung des Verhaltens elektronischer Schaltungen von Bedeutung sind, lassen sich Darstellungen unter Verwendung der Frequenz angeben. Derartige Darstellungen werden über die Fourier–Transformation oder die Laplace–Transformation vermittelt.

Es wird ein Signal $x(t)$ betrachtet; obgleich wir es in der Praxis gewöhnlich mit reellen Signalen zu tun haben, soll $x(t)$ aus Gründen der Allgemeinheit als komplexwertig angenommen werden. Die Variable t (Zeit) sei reell. Dann wird die komplexwertige Funktion $X(j\omega)$ der reellen Variablen ω

$$X(j\omega) = \int_{-\infty}^{\infty} x(t)\, \mathrm{e}^{-j\omega t}\, dt \tag{2.34}$$

als Fourier–Transformierte von $x(t)$ bezeichnet; die Existenz des Integrals ist dabei natürlich vorausgesetzt. Der durch (2.34) vermittelte Zusammenhang ist die Fourier–Transformation. Abkürzend schreibt man auch

$$X(j\omega) = \mathcal{F}\{x(t)\}\ . \tag{2.35}$$

Äquivalent zum zeitlichen Verlauf des Signals $x(t)$ ist damit die Frequenzfunktion $X(j\omega)$ gegeben. Es interessiert natürlich auch die Gewinnung einer Zeitfunktion aus einer gegebenen Frequenzfunktion. Die dafür erforderliche Transformation — auch als Umkehrtransformation von (2.34) bezeichnet — wollen wir hier auf eine möglichst anschauliche Weise einführen; fehlende mathematische Strenge wird dabei bewußt in Kauf genommen. Der gewählte Weg erleichtert zum einen das Verständnis, zum anderen wird dadurch der vorstellungsmäßige Übergang zur diskreten Fourier–Transformation erleichtert, die in Form der sogenannten schnellen Fourier–Transformation (Fast Fourier–Transform FFT) weiteste praktische Anwendung findet.

Wir betrachten ein Signal $x(t)$, das wir uns aus einem periodischen Signal $x_T(t) = x_T(t+T)$ dadurch hervorgegangen denken, daß wir in letzterem die Periode T gegen Unendlich gehen lassen; Abb. 2.3 veranschaulicht dieses

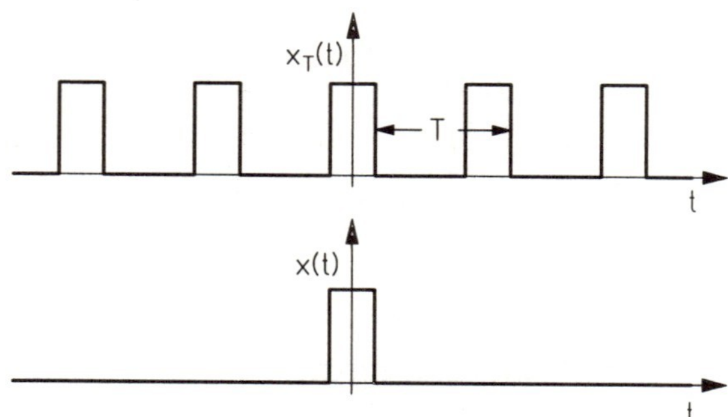

Abb. 2.3 Gewinnung eines Einzelimpulses aus einer periodischen Pulsfolge

Vorgehen für ein einfaches Beispiel. Für das periodische Signal $x_T(t)$ gilt die folgende Fourier–Reihendarstellung gemäß (2.16, 2.19), wenn wir ein symmetrisches Integrationsintervall annehmen:

$$x_T(t) = \sum_{n=-\infty}^{\infty} X_n \, \mathrm{e}^{jn\Omega t} \qquad \Omega T = 2\pi \tag{2.36}$$

$$X_n = \frac{1}{T} \int_{-T/2}^{T/2} x_T(t) \, \mathrm{e}^{-jn\Omega t} \, dt \; . \tag{2.37}$$

Neben den Fourier–Koeffizienten gemäß (2.37) können wir auch das Frequenzspektrum von $x_T(t)$ berechnen. Unter Verwendung von (2.34) erhalten wir

$$X_T(j\omega) = \int_{-\infty}^{\infty} x_T(t) \, \mathrm{e}^{-j\omega t} \, dt \; . \tag{2.38}$$

Aus dem Vergleich von (2.38) mit (2.37) folgt

$$X(j\omega) = \lim_{T \to \infty} T X_n \; .$$

Dabei wurde folgendes berücksichtigt. Für $T \to \infty$ geht Ω gegen Null, was wir formal auch durch das Ersetzen $\Omega = \Delta\omega$, mit $\Delta\omega \to 0$, ausdrücken können; die diskrete Frequenzvariable $n\Omega$ geht für $T \to \infty$ in die kontinuierliche Variable ω über. Berücksichtigen wir nun

$$\begin{aligned} x(t) &= \lim_{T \to \infty} x_T(t) \\ X(j\omega) &= \lim_{T \to \infty} T X_n \; , \end{aligned}$$

so ergibt sich aus (2.36), nach leichter Umformung,

$$\begin{aligned} x(t) &= \lim_{T \to \infty} \sum_{n=-\infty}^{\infty} \frac{T X_n \, \mathrm{e}^{jn\Omega t}}{2\pi} \cdot \Omega \\ &= \frac{1}{2\pi} \sum_{n=-\infty}^{\infty} X(j\omega) \, \mathrm{e}^{j\omega t} \, \Delta\omega \; . \end{aligned}$$

Schließlich ersetzen wir noch $\Delta\omega \to d\omega$, und lassen die Summation in eine Integration übergehen. Auf diese Weise finden wir dann die gesuchte Umkehr–Transformation

$$x(t) = \frac{1}{2\pi} \int_{-\infty}^{\infty} X(j\omega) \, \mathrm{e}^{j\omega t} \, d\omega \; . \tag{2.39}$$

Analog zu (2.35) schreibt man für diese Beziehung auch

$$x(t) = \mathcal{F}^{-1}\{X(j\omega)\} \; . \tag{2.40}$$

Es stellt sich u. a. die Frage, welchen Bedingungen Funktionen genügen müssen, damit sie eine Fourier–Transformierte besitzen. Notwendige Bedingungen sind nicht bekannt, wohl aber hinreichende. Auf sie gehen wir hier aber nicht näher ein, da in der praktischen Anwendung dadurch selten Schwierigkeiten entstehen; interessierte Leser seien etwa auf [4] verwiesen. Wichtig für die korrekte Anwendung der Fourier–Transformation bei unstetigen Funktionen ist, daß der Funktionswert an einer Unstetigkeitsstelle entsprechend Gleichung (2.23) genommen wird.

Zur Kennzeichnung der Fourier–Transformation ist auch die Verwendung des folgenden Symbols sehr gebräuchlich:

$$X(j\omega) \bullet\!\!-\!\!\circ\ x(t)\ . \tag{2.41}$$

Es beinhaltet die Aussagen

$$X(j\omega) = \mathcal{F}\{x(t)\} \qquad x(t) = \mathcal{F}^{-1}\{X(j\omega)\}\ .$$

Die Anwendung der Fourier–Transformation kann immer über die Integrale (2.34, 2.39) erfolgen. Sie wird jedoch erleichtert, wenn man auf einige Sätze

1. Linearität	$\mathcal{F}\{x(t)\}$	$X(j\omega)$
	$\mathcal{F}\{y(t)\}$	$Y(j\omega)$
$a, b \in \mathbb{C}$	$\mathcal{F}\{ax(t) + by(t)\}$	$aX(j\omega) + bY(j\omega)$
2. Zeitverschiebung	$\mathcal{F}\{x(t - t_0)\}$	$X(j\omega)\,\mathrm{e}^{-j\omega t_0}$
3. Frequenzverschiebung	$\mathcal{F}\{x(t)\,\mathrm{e}^{j\omega_0 t}\}$	$X(j\omega - j\omega_0)$
4. Skalierung	$\mathcal{F}\{x(at)\}$	$\frac{1}{\|a\|} X\left(\frac{j\omega}{a}\right)$
5. Faltung (Zeit)	$\mathcal{F}\{x(t) * y(t)\}$	$X(j\omega)Y(j\omega)$
6. Faltung (Frequenz)	$\mathcal{F}\{2\pi x(t)y(t)\}$	$X(j\omega) * Y(j\omega)$
7. Zeit–Differentiation	$\mathcal{F}\{\frac{d^n x(t)}{dt^n}\}$	$(j\omega)^n X(j\omega)$
8. Frequenz–Differentiation	$\mathcal{F}\{(-jt)^n x(t)\}$	$\frac{d^n X(j\omega)}{d\omega^n}$
9. Symmetrie	$\mathcal{F}\{x(t)\}$	$X(j\omega)$
	$\mathcal{F}\{X(t)\}$	$j2\pi x(-j\omega)$

Tabelle 2.1 Wichtige Eigenschaften der Fourier–Transformation

bzw. die Transformationen bestimmter Signale zurückgreifen kann. Diesem

Zweck dienen die Tabellen (2.1,2.2); die Herleitungen werden in den Aufgaben am Ende dieses Kapitels behandelt.

$f(t)$	$F(j\omega)$	**Bemerkungen**
$\delta(t)$	1	
$e^{j\omega_0 t}$	$2\pi\delta(\omega-\omega_0)$	$\omega_0 \in \mathbb{R}$
$\sin\omega_0 t$	$j\pi[\delta(\omega+\omega_0)-\delta(\omega-\omega_0)]$	$\omega_0 \in \mathbb{R}$
$\cos\omega_0 t$	$\pi[\delta(\omega+\omega_0)+\delta(\omega-\omega_0)]$	$\omega_0 \in \mathbb{R}$
$u(t)$	$\frac{1}{j\omega}+\pi\delta(\omega)$	
$e^{-at}\,u(t)$	$\frac{1}{j\omega+a}$	$a>0$
$[e^{-at}\cos\omega_0 t]\,u(t)$	$\frac{a+j\omega}{(a+j\omega)^2+\omega_0^2}$	$a>0,\ \omega_0 \in \mathbb{R}$
$[e^{-at}\sin\omega_0 t]\,u(t)$	$\frac{\omega_0}{(a+j\omega)^2+\omega_0^2}$	$a>0,\ \omega_0 \in \mathbb{R}$
$u(t+T)-u(t-T)$	$\frac{2\sin T\omega}{\omega}$	$T>0$
$\sum_{m=-\infty}^{\infty}\delta(t+mT)$	$\Omega\sum_{k=-\infty}^{\infty}\delta(\omega+k\Omega)$	$\Omega T=2\pi \quad \Omega, T>0$

Tabelle 2.2 Häufiger vorkommende Funktionen und ihre Fourier–Transformierten

Die Fourier–Transformierte der Faltung zweier Funktionen und die Fourier–Transformierte der δ–Funktion sollen wegen ihrer besonderen Wichtigkeit an dieser Stelle behandelt werden. Da die Fourier–Transformierte des Einheitssprunges nicht einfach herzuleiten ist, wird sie in einem Beispiel berechnet.

Gegeben seien zwei Signale $x_1(t)$ und $x_2(t)$, deren Fourier–Transformierte $X_1(j\omega)$ und $X_2(j\omega)$ als existierend vorausgesetzt werden. Dann wird die Operation

$$x(t)=\int_{-\infty}^{\infty} x_1(\tau)x_2(t-\tau)d\tau=\int_{-\infty}^{\infty} x_1(t-\tau)x_2(\tau)d\tau \tag{2.42}$$

als Faltung von $x_1(t)$ mit $x_2(t)$ bezeichnet; diese Operation ist also kommutativ. Wir untersuchen als nächstes, welche Operation im Frequenzbereich der Faltung zweier Zeitsignale entspricht. Ausgehend von (2.34) ergibt sich für $X(j\omega) = \mathcal{F}\{x(t)\}$

$$X(j\omega) = \int_{-\infty}^{\infty} \left(\int_{-\infty}^{\infty} x_1(\tau) x_2(t-\tau) d\tau \right) \mathrm{e}^{-j\omega t} \, dt \; .$$

Wir gehen von der Vertauschbarkeit der beiden Integrationen aus, ersetzen $t - \tau = v$ und erhalten dann

$$X(j\omega) = \int_{-\infty}^{\infty} x_1(\tau) \, \mathrm{e}^{-j\omega\tau} \, d\tau \int_{-\infty}^{\infty} x_2(v) \, \mathrm{e}^{-j\omega v} \, dv \; .$$

Die beiden Integrale stellen die Fourier–Transformierten von $x_1(\tau)$ bzw. $x_2(v)$ dar. Somit gilt

$$x_1(t) * x_2(t) = x_2(t) * x_1(t) \;\; \circ\!\!-\!\!\bullet \;\; X_1(j\omega) X_2(j\omega) \; , \tag{2.43}$$

wobei der Stern die Faltungsoperation symbolisiert. Der Faltung im Zeitbereich entspricht also im Frequenzbereich eine Multiplikation. Dies ist ein für Anwendungen besonders wichtiges Ergebnis.

Als nächste betrachten wir die Fourier–Transformierte des δ–Impulses. Aus

$$\mathcal{F}\{\delta(t)\} = \int_{-\infty}^{\infty} \delta(t) \, \mathrm{e}^{-j\omega t} \, dt$$

ergibt sich aufgrund von (2.30) sofort

$$\delta(t) \;\; \circ\!\!-\!\!\bullet \;\; 1 \; . \tag{2.44}$$

Unter Verwendung der Umkehrtransformation (2.39) folgt daraus auch

$$2\pi\delta(t) = \int_{-\infty}^{\infty} \mathrm{e}^{j\omega t} \, d\omega \; . \tag{2.45}$$

Schließlich berechnen wir noch die Fourier–Transformierte von $\mathrm{e}^{j\omega_0 t}$, wobei $\omega_0 \in \mathbb{R}$ gelten soll. Aus

$$\mathcal{F}\{\mathrm{e}^{j\omega_0 t}\} = \int_{-\infty}^{\infty} \mathrm{e}^{-j(\omega-\omega_0)t} \, dt$$

ergibt sich mit (2.45) unter Berücksichtigung, daß die δ–Funktion eine gerade Funktion ist,

$$\mathrm{e}^{j\omega_0 t} \;\; \circ\!\!-\!\!\bullet \;\; 2\pi\delta(\omega - \omega_0) \; . \tag{2.46}$$

Beispiel 2.4

Die Herleitung der Fourier–Transformierten des Einheitssprungs ist etwas problematisch, deshalb soll sie in diesem Beispiel behandelt werden. Zur Vermeidung der Schwierigkeiten, die bei der Auswertung des Integrals von

$$\mathcal{F}\{u(t)\} = \int_{-\infty}^{\infty} u(t)\,\mathrm{e}^{-j\omega t}\,dt$$

an der Stelle $t = 0$ entstehen, kann man den Einheitssprung mit Hilfe der Signum–Funktion ausdrücken, die durch die Beziehung

$$\operatorname{sgn} t = \begin{cases} -1 & \text{für } t < 0 \\ 0 & \text{für } t = 0 \\ 1 & \text{für } t > 0 \end{cases}$$

festgelegt ist. Damit gilt dann

$$u(t) = \frac{1}{2} + \frac{1}{2}\operatorname{sgn} t \ .$$

Für die Berechnung der Fourier–Transformierten der Signum–Funktion gehen wir von der Funktion

$$f(t) = \begin{cases} -\,\mathrm{e}^{at} & \text{für } t < 0 \\ 0 & \text{für } t = 0 \\ \mathrm{e}^{-at} & \text{für } t > 0 \end{cases}$$

aus, die für $a \to 0$ gegen die Signum–Funktion geht. Für $\mathcal{F}\{f(t)\}$ ergibt sich

$$\begin{aligned} \mathcal{F}\{f(t)\} &= -\int_{-\infty}^{0} \mathrm{e}^{(a-j\omega)t}\,dt + \int_{0}^{\infty} \mathrm{e}^{-(a+j\omega)t}\,dt \\ &= \left[\frac{\mathrm{e}^{-(a-j\omega)t}}{a-j\omega} - \frac{\mathrm{e}^{-(a+j\omega)t}}{a+j\omega}\right]_0^{\infty} , \end{aligned}$$

woraus

$$\begin{aligned} \omega \neq 0 \quad &\to \quad \mathcal{F}\{\operatorname{sgn} t\} = 2/(j\omega) \\ \omega = 0 \quad &\to \quad \mathcal{F}\{\operatorname{sgn} t\} = 0 \end{aligned}$$

folgt. Berücksichtigen wir noch $\mathcal{F}\{1\} = 2\pi\delta(\omega)$, so erhalten wir

$$\mathcal{F}\{u(t)\} = \frac{1}{j\omega} + \pi\delta(\omega) \ ;$$

der Term $1/(j\omega)$ gilt für $\omega \neq 0$.

Einige weitere Beispiele sollen die Anwendung der Fourier–Transformation veranschaulichen.

Beispiel 2.5

Der symmetrische Rechteckimpuls der Breite $2T$ ist durch

$$\mathrm{rect}_T\, t = \begin{cases} 1 & \text{für} \quad |t| \leq T \\ 0 & \text{sonst} \end{cases}$$

gegeben. Für die Fourier–Transformierte ergibt sich

$$\mathcal{F}\{\mathrm{rect}_T\, t\} = \int_{-T}^{T} \mathrm{e}^{-j\omega t}\, dt = \frac{\mathrm{e}^{j\omega T} - \mathrm{e}^{-j\omega T}}{j\omega} = 2 \cdot \frac{\sin \omega T}{\omega}$$

$$x(t) = \mathrm{rect}_T\, t \quad \circ\!\!-\!\!\bullet \quad 2 \cdot \frac{\sin \omega T}{\omega} = X(j\omega)\ .$$

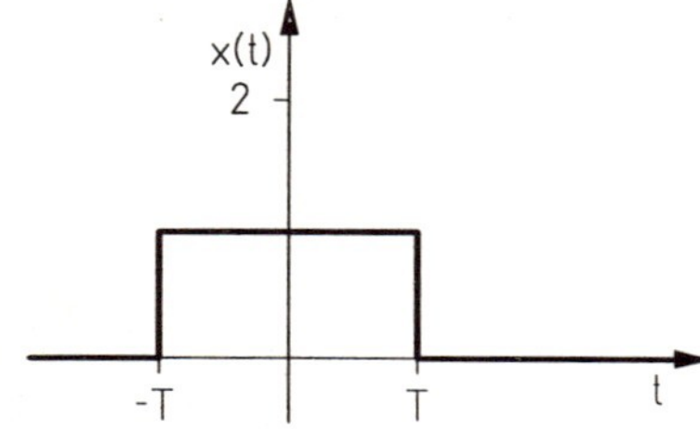

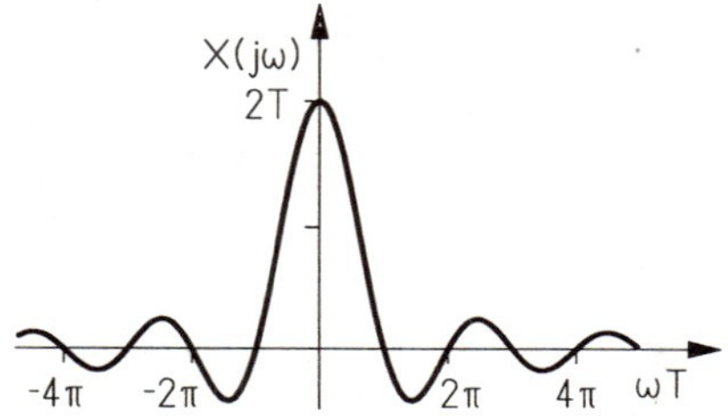

Beispiel 2.6

Wir untersuchen die von $-T \leq t \leq T$ andauernde Cosinus–Schwingung

$$x(t) = (\mathrm{rect}_T\, t) \cos \omega_0 t = \frac{\mathrm{rect}_T\, t}{2} \left(\mathrm{e}^{j\omega_0 t} + \mathrm{e}^{-j\omega_0 t}\right)\ .$$

Mit Hilfe des Ergebnisses von Beispiel 2.5 und Tabelle 2.2 ergibt sich

$$x(t) = (\mathrm{rect}_T\, t) \cos \omega_0 t \quad \circ\!\!-\!\!\bullet \quad \frac{\sin(\omega - \omega_0)T}{\omega - \omega_0} + \frac{\sin(\omega + \omega_0)T}{\omega + \omega_0} = X(j\omega)$$

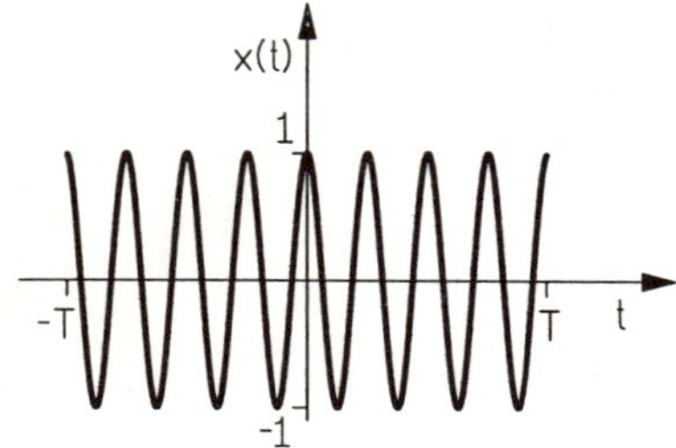

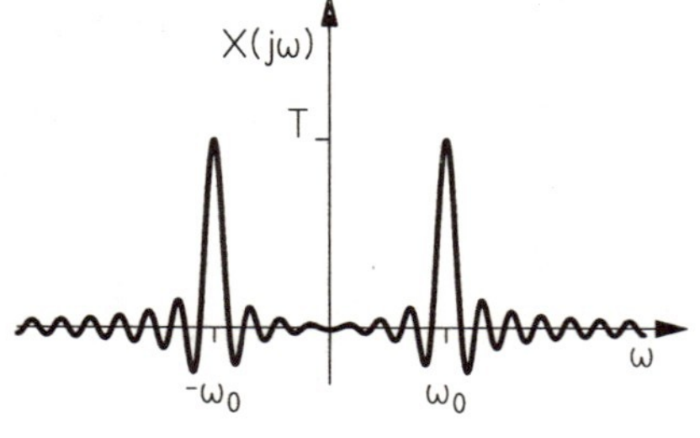

Beispiel 2.7

Für die Cosinus–Schwingung im Bereich $-\infty < t < \infty$ erhalten wir die Fourier–Transformierte

$$\mathcal{F}\{\cos\omega_0 t\} = \frac{1}{2}\int_{-\infty}^{\infty}\left[\mathrm{e}^{-j(\omega-\omega_0)t} + \mathrm{e}^{-j(\omega+\omega_0)t}\right]dt \ ,$$

woraus sich mit (2.46)

$$x(t) = \cos\omega_0 t \quad \circ\!\!-\!\!\bullet \quad \pi\delta(\omega-\omega_0) + \pi\delta(\omega+\omega_0) = X(j\omega)$$

ergibt. Die mit π gewichteteten δ–Impulse sind in der folgenden Abbildung symbolisch durch Pfeile der Höhe π dargestellt.

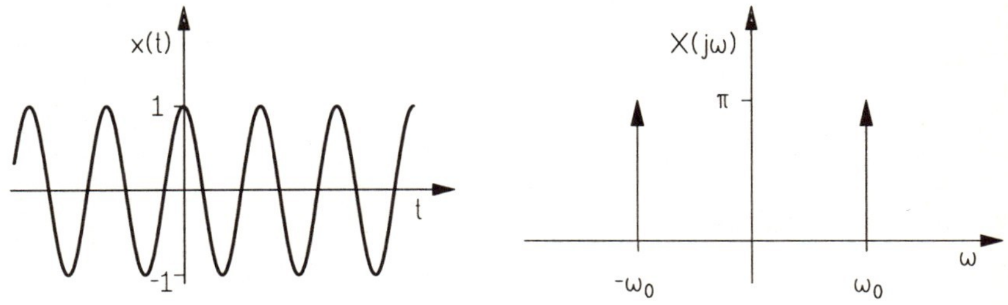

Dieses Ergebnis ist natürlich unmittelbar einsichtig: ein rein sinusförmiges Signal hat nur eine (positive) Frequenzkomponente.

Die Beispiele 2.6 und 2.7 zeigen auch noch eine Eigenschaft, die allgemein gilt: ein zeitlich begrenztes Signal besitzt ein unendliches Frequenzspektrum, während ein unbegrenztes Zeitsignal, das real natürlich nicht existiert, ein endliches Spektrum aufweist.

Wir betrachten nun noch die Fourier–Transformierte einer Operation, die der Faltung sehr ähnlich ist. Ausgehend von zwei (komplexen) Signalen $x_1(t)$ und $x_2(t)$, deren Fourier–Transformierte als existierend vorausgesetzt werden, bilden wir

$$\mathcal{F}\{\int_{-\infty}^{\infty} x_1(t+\tau)x_2^*(\tau)d\tau\} = \int_{-\infty}^{\infty}\left[\int_{-\infty}^{\infty} x_1(t+\tau)x_2^*(\tau)d\tau\right]\mathrm{e}^{-j\omega t}\,dt \ .$$

Analog zum Vorgehen bei der Faltung substituieren wir $t+\tau = v$ und vertauschen die Integrationen, so daß wir

$$\begin{aligned}
\mathcal{F}\{\int_{-\infty}^{\infty} x_1(t+\tau)x_2^*(\tau)d\tau\} &= \left[\int_{-\infty}^{\infty} x_1(v)\,\mathrm{e}^{-j\omega v}\,dv\right]\left[\int_{-\infty}^{\infty} x_2^*(\tau)\,\mathrm{e}^{j\omega\tau}\,d\tau\right] \\
&= X_1(j\omega)\left[\int_{-\infty}^{\infty} x_2(\tau)\,\mathrm{e}^{-j\omega\tau}\,d\tau\right]^* \\
&= X_1(j\omega)X_2^*(j\omega)
\end{aligned}$$

erhalten. Somit ergibt sich das Transformationspaar

$$\int_{-\infty}^{\infty} x_1(t+\tau)x_2^*(\tau)d\tau \quad \circ\!\!-\!\!\bullet \quad X_1(j\omega)X_2^*(j\omega) \; . \tag{2.47}$$

Die Funktionen

$$r_{12}(t) = \int_{-\infty}^{\infty} x_1(t+\tau)x_2^*(\tau)d\tau \tag{2.48}$$

$$r_{21}(t) = \int_{-\infty}^{\infty} x_1^*(\tau)x_2(t+\tau)d\tau \tag{2.49}$$

werden als Kreuzkorrelationsfunktionen bezeichnet. Ist $x_1(t) = x_2(t) = x(t)$, so heißt

$$r(t) = \int_{-\infty}^{\infty} x^*(\tau)x(t+\tau)d\tau \tag{2.50}$$

Autokorrelationsfunktion und mit (2.47) erhält man

$$\int_{-\infty}^{\infty} x^*(\tau)x(t+\tau)d\tau \quad \circ\!\!-\!\!\bullet \quad |X(j\omega)|^2 \; . \tag{2.51}$$

Die Korrelation ist ein Maß für die “Ähnlichkeit” von Signalen.

2.4.3 Die Laplace–Transformation

Für elektronische Schaltungen ist sehr häufig nicht das Verhalten im eingeschwungenen Zustand der interessanteste Aspekt, sondern das Einschwingverhalten, also die Reaktion einer Schaltung auf ein plötzlich einsetzendes — und nicht seit unendlich langer Zeit anliegendes — Signal. Eine Transformation, die diese Gesichtspunkte berücksichtigt, hat Vorteile gegenüber der Anwendung der Fourier–Transformation. Wenn sich ferner eine Beschränkung auf Funktionen im gewöhnlichen Sinn erreichen läßt, so ist dies insofern von Vorteil, als dann wichtige Ergebnisse und Verfahren der Funktionentheorie Anwendung finden können. Dies sind u. a. Gründe für den Einsatz der Laplace–Transformation, die wir nun behandeln werden.

Es sei $x(t)$ ein Signal mit der Eigenschaft

$$x(t) = 0 \qquad \forall\, t < 0 \; , \tag{2.52}$$

also ein zum Zeitpunkt $t = 0$ einsetzendes Signal. Seine Fourier–Transformierte würde gemäß (2.34)

$$X(j\omega) = \int_{0}^{\infty} x(t)\, \mathrm{e}^{-j\omega t}\, dt \tag{2.53}$$

lauten. Damit Konvergenzschwierigkeiten für $t \to \infty$ auf jeden Fall vermieden werden, fügen wir in die Transformation eine Funktion $\mathrm{e}^{-\sigma t}$ ein, mit $\sigma > 0$, die für $t \to \infty$ verschwindet. Damit können wir unter Verwendung von (2.53)

$$X(\sigma + j\omega) = \int_0^\infty x(t)\,\mathrm{e}^{-\sigma t}\,\mathrm{e}^{-j\omega t}\,dt = \int_0^\infty x(t)\,\mathrm{e}^{-(\sigma+j\omega)t}\,dt \tag{2.54}$$

ansetzen. Führen wir die komplexe Variable

$$s = \sigma + j\omega \tag{2.55}$$

ein, so können wir anstelle von (2.54) auch

$$X(s) = \int_0^\infty x(t)\,\mathrm{e}^{-st}\,dt \tag{2.56}$$

schreiben. Dies ist die Laplace–Transformation, für die auch die abkürzende Schreibweise

$$X(s) = \mathcal{L}\{x(t)\} \tag{2.57}$$

üblich ist. Eigentlich ist durch (2.56) die *einseitige*, also die für $t \geq 0$ gültige Laplace–Transformation erklärt. Da die zweiseitige Laplace–Transformation weniger gebräuchlich ist — wir verzichten auf ihre Behandlung —, ist unsere Bezeichnung im Einklang mit dem üblichen Sprachgebrauch.

Der Parameter $\sigma = \mathrm{Re}\, s$ kann immer so gewählt werden, daß

$$\int_0^\infty |x(t)\,\mathrm{e}^{-st}|\,dt = \int_0^\infty |x(t)|\,\mathrm{e}^{-\sigma t}\,dt < \infty$$

erfüllt wird. Abhängig von $x(t)$ gibt es eine Schranke σ_0 derart, daß für

$\sigma > \sigma_0$	die Laplace–Transformierte existiert
$\sigma = \sigma_0$	keine allgemeine Aussage möglich ist
$\sigma < \sigma_0$	die Laplace–Transformierte divergiert.

Die Schranke σ_0 wird als Abszisse absoluter Konvergenz bezeichnet.

Beispiel 2.8

Wir betrachten die für $t < 0$ verschwindende Funktion

$$f(t) = \mathrm{e}^{at}\,u(t) \qquad a \in \mathbb{R},\; u(t) \;=\; \text{Sprungfunktion.}$$

Ihre Laplace–Transformierte ist

$$F(s) = \mathcal{L}\{f(t)\} = \int_0^\infty \mathrm{e}^{at}\,\mathrm{e}^{-st}\,dt,$$

woraus sich zunächst

$$F(s) = \left.\frac{\mathrm{e}^{(a-s)t}}{a-s}\right|_0^\infty$$

ergibt. $F(s)$ konvergiert nur, wenn

$$\lim_{t\to\infty} \mathrm{e}^{(a-s)t} = \lim_{t\to\infty} \mathrm{e}^{(a-\sigma)t}\,\mathrm{e}^{-j\omega t} = 0$$

erfüllt ist. Dies ist für $\sigma > a$ der Fall, so daß die Konvergenz–Abszisse $\sigma_0 > a$ ist. Für $a = -2$ ist der Konvergenzbereich in der folgenden Abbildung schraffiert dargestellt.

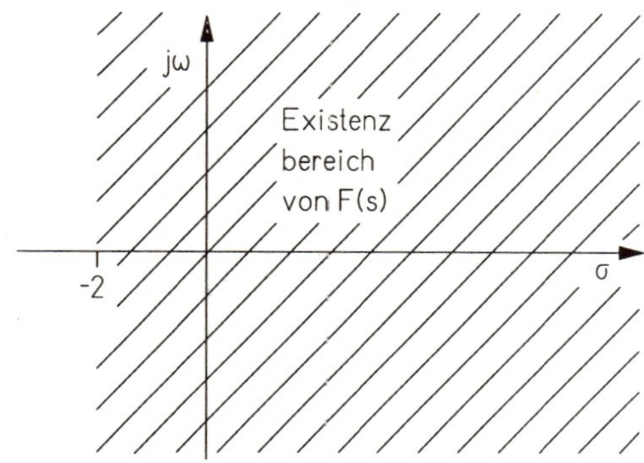

Die Umkehrtransformation zur Bestimmung von $x(t)$ aus $X(s)$ leiten wir unter Verwendung des Frequenz–Verschiebungssatzes (s. Tabelle 2.1) der Fourier–Transformation her:

$$X(s) = X(\sigma + j\omega) = \mathcal{F}\{x(t)\,\mathrm{e}^{-\sigma t}\,u(t)\}\ .$$

Der Einheitssprung $u(t)$ bewirkt darin die Einseitigkeit der Transformation. Aufgrund von (2.39) finden wir auch sofort

$$x(t)\,\mathrm{e}^{-\sigma t}\,u(t) = \frac{1}{2\pi}\int_{-\infty}^{\infty} X(\sigma + j\omega)\,\mathrm{e}^{j\omega t}\,d\omega$$

und

$$x(t)u(t) = \frac{1}{2\pi}\int_{-\infty}^{\infty} X(\sigma + j\omega)\,\mathrm{e}^{(\sigma+j\omega)t}\,d\omega\ .$$

Setzen wir nun die Variable s gemäß (2.55) ein, so erhalten wir das gesuchte Ergebnis

$$x(t)u(t) = \frac{1}{2\pi j}\int_{\sigma-j\infty}^{\sigma+j\infty} X(s)\,\mathrm{e}^{st}\,ds\ . \tag{2.58}$$

Zur Gewinnung von $x(t)$ — nach Voraussetzung existiert die Funktion nur für $t \geq 0$ — ist $X(s)\,\mathrm{e}^{st}$ entlang einer Parallele zur $j\omega$–Achse von $-j\infty$ bis $+j\infty$ zu integrieren. Diese Parallele muß rechts von der Konvergenzabszisse σ_0 liegen.

Für die üblicherweise bei der Berechnung des Schaltungsverhaltens zu lösenden Integrale gemäß (2.58) bietet sich als Hilfsmittel ein wichtiger Satz der Funktionentheorie an, der Residuensatz. Um diesen Satz zur Lösung von (2.58) anwendbar zu machen, ersetzen wir die unendlichen Grenzen $\pm j\infty$ durch $\pm j\omega_1$ und lassen später ω_1 gegen Unendlich gehen. Außerdem ergänzen wir die von $\sigma - j\omega_1$ bis $\sigma + j\omega_1$ verlaufende Integrationsgrade mit Hilfe eines Kreisbogens zu einer geschlossenen Integrationskontur; Abb. 2.4 veranschaulicht dieses Vorgehen. Für σ ist kein fester Wert vorgegeben, es muß nur $\sigma > \sigma_0$ erfüllt sein. Wie aus der Abbildung ersichtlich ist, wird die geschlos-

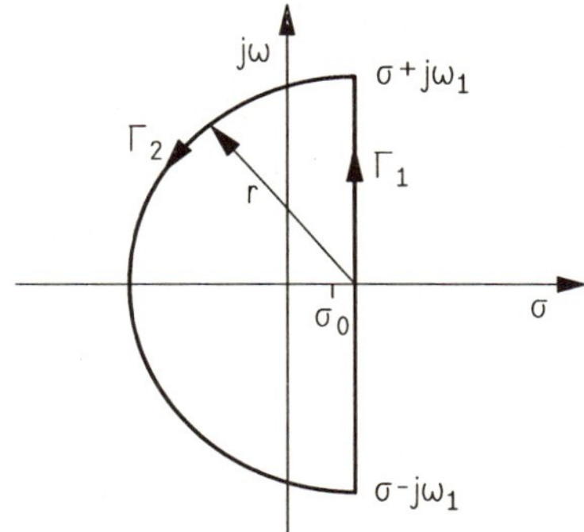

Abb. 2.4 Zur Anwendung des Residuensatzes bei der Berechnung des Laplace–Umkehrintegrals

sene Kontur Γ in die Strecke Γ_1 und den Halbkreis Γ_2 aufgespalten.

Es wird vorausgesetzt, daß die isolierten Singularitäten von $X(s)$ (wir werden später sehen, daß dies im Falle elektronischer Schaltungen die Pole gebrochen rationaler Funktionen sind) alle innerhalb der Kontur Γ liegen. Damit können wir zunächst

$$\int_{\Gamma} X(s)\,\mathrm{e}^{st}\,ds = \int_{\Gamma_1} X(s)\,\mathrm{e}^{st}\,ds + \int_{\Gamma_2} X(s)\,\mathrm{e}^{st}\,ds$$

schreiben. Der Wert des Integrals $\int_{\Gamma} X(s)\,\mathrm{e}^{st}\,ds$ ist aufgrund des Residuensatzes gleich der Summe der Residuen, multipliziert mit $2\pi j$. Uns interessiert hier aber nicht das Integral entlang Γ, sondern nur dasjenige entlang Γ_1. Können wir jedoch zeigen, daß $\int_{\Gamma_2} X(s)\,\mathrm{e}^{st}\,ds$ für $\omega_1 \to \infty$ (äquivalent: $r \to \infty$) verschwindet, so ist das vorliegende Problem gelöst. Aufgrund des sogenannten Jordanschen Lemmas gilt hier:

Wenn die Bedingung

$$\lim_{|s|\to\infty} X(s) = 0 \tag{2.59}$$

auf dem Halbkreis Γ_2 erfüllt ist, so verschwindet für $t > 0$ und $r \to \infty$ das Integral entlang Γ_2.

In diesem Falle ergibt sich also für $r \to \infty$

$$\int_{\Gamma_1} X(s)\,\mathrm{e}^{st}\,ds = \int_{\sigma-j\infty}^{\sigma+j\infty} X(s)\,\mathrm{e}^{st}\,ds = \int_{\Gamma} X(s)\,\mathrm{e}^{st}\,ds$$

und damit

$$x(t)u(t) = \frac{1}{2\pi j} \lim_{r\to\infty} \int_{\Gamma} X(s)\,\mathrm{e}^{st}\,ds.$$

Wird die Kontur Γ derart gewählt, daß alle Singularitäten s_i $(i = 1, 2, \ldots, n)$ von $X(s)$ eingeschlossen werden, so ist der Wert des Integrals unabhängig vom genauen Verlauf der Kontur. Im vorliegenden Fall bedeutet dies

$$x(t)u(t) = \frac{1}{2\pi j} \int_{\Gamma} X(s)\,\mathrm{e}^{st}\,ds \qquad \forall\, r > \max|s_i| \quad i = 1, 2, \ldots, n\,. \tag{2.60}$$

Unter Anwendung des Residuensatzes ergibt sich dann schließlich das folgende einfache Resultat:

$$x(t)u(t) = \sum_{i=1}^{n} \operatorname*{Res}_{s\,=\,s_i} X(s)\,\mathrm{e}^{st} \qquad \operatorname*{Res}_{s\,=\,s_i} \mathrel{\widehat{=}} \text{Residuum an der Stelle } s = s_i\,. \tag{2.61}$$

Ist $X(s)$ eine gebrochen rationale Funktion, so gilt für den Fall, daß s_i ein einfacher Pol von $X(s)$ ist

$$\operatorname*{Res}_{s\,=\,s_i} X(s)\,\mathrm{e}^{st} = (s - s_i)X(s)\,\mathrm{e}^{st}\Big|_{s=s_i} \tag{2.62}$$

Ist ein $(k+1)$–facher Pol bei $s = s_i$ vorhanden, so gilt

$$\operatorname*{Res}_{s\,=\,s_i} X(s)\,\mathrm{e}^{st} = \frac{1}{k!} \cdot \frac{d^k}{ds^k}\Big[(s - s_i)^{k+1} X(s)\,\mathrm{e}^{st}\Big]_{s=s_i}\,. \tag{2.63}$$

Abschließend sei noch einmal darauf hingewiesen, daß dieses Lösungsverfahren nur Gültigkeit hat, wenn (2.59) erfüllt ist und $X(s)$ bis auf endlich viele Pole innerhalb von Γ holomorph ist.

Beispiel 2.9 ______________________________

Gesucht wird die Funktion $x(t) = \mathcal{L}^{-1}\{X(s)\}$ für

$$X(s) = \frac{s}{(s+1)(s+2)}.$$

Die Funktion $X(s)$ hat Pole bei

$$s_1 = -1 \qquad\qquad s_2 = -2 \; .$$

Deshalb wählen wir eine Integrationsgerade mit der Abszisse $\sigma_0 > -1$. Da

$$\lim_{|s|\to\infty} X(s) = 0$$

erfüllt ist, können wir die Berechnung von $x(t)$ gemäß (2.58) mit Hilfe des Residuensatzes vornehmen. Wegen

$$\operatorname*{Res}_{s\,=\,s_1} X(s)\,\mathrm{e}^{st} = \frac{(-1)\,\mathrm{e}^{-t}}{-1+2} = -\,\mathrm{e}^{-t}$$

und

$$\operatorname*{Res}_{s\,=\,s_2} X(s)\,\mathrm{e}^{st} = \frac{(-2)\,\mathrm{e}^{-2t}}{-2+1} = 2\,\mathrm{e}^{-2t}$$

ergibt sich für die gesuchte Funktion

$$x(t) = \left(2\,\mathrm{e}^{-2t} - \mathrm{e}^{-t}\right) u(t) \; .$$

Wir veranschaulichen uns noch die Bedeutung der Wahl $\sigma_0 > -1$, also der Wahl einer Integrationsgeraden rechts von den Polen von $X(s)$, indem wir $X(s)$ aus $x(t)$ berechnen:

$$X(s) = \int_0^\infty \left(2\,\mathrm{e}^{-(\sigma+2)t} - \mathrm{e}^{-(\sigma+1)t}\right) \mathrm{e}^{-j\omega t}\,dt \; .$$

Wir sehen, daß absolute Konvergenz des Integrals nur für $\sigma + 1 > 0$ gegeben ist.

Wie im Falle der Fourier–Transformation werden wir auch auf eine breitere Ableitung der Laplace–Transformationen spezieller Funktionen sowie auf den Beweis von Sätzen über Eigenschaften der Laplace–Transformation verzichten. In den Tabellen 2.3 und 2.4 ist eine Reihe nützlicher Ergebnisse zusammengefaßt.

Einige besonders wichtige Resultate sollen jedoch im folgenden hergeleitet werden; dabei wird auch exemplarisch das Arbeiten mit der Laplace–Transformation ein wenig deutlicher. Zuerst behandeln wir die Laplace–Transformierten der verallgemeinerten Funktionen $u(t)$ und $\delta(t)$. Für den Einheitssprung folgt zunächst aus der Definitionsgleichung

$$U(s) = \mathcal{L}\{u(t)\} = \int_0^\infty \mathrm{e}^{-st}\,dt \; .$$

1. Linearität $a, b \in \mathbb{C}$	$\mathcal{L}\{x(t)\}$ $\mathcal{L}\{y(t)\}$ $\mathcal{L}\{ax(t)+by(t)\}$	$X(s)$ $Y(s)$ $aX(s)+bY(s)$
2. Zeitverschiebung 3. Frequenzverschiebung	$\mathcal{L}\{x(t-t_0)u(t-t_0)\}$ $\mathcal{L}\{x(t)\,\mathrm{e}^{s_0 t}\}$	$X(s)\,\mathrm{e}^{-st_0}$ $X(s-s_0)$
4. Skalierung	$\mathcal{L}\{x(at)\}$	$\frac{1}{\lvert a\rvert}X\left(\frac{s}{a}\right)$
5. Faltung (Zeit) 6. Faltung (Frequenz)	$\mathcal{L}\{x(t)*y(t)\}$ $\mathcal{L}\{2\pi x(t)y(t)\}$	$X(s)\cdot Y(s)$ $X(s)*Y(s)$
7. Zeit–Differentiation 8. Frequenz–Differentiation	$\mathcal{L}\{\frac{dx(t)}{dt}\}$ $\mathcal{L}\{(-t)^n x(t)\}$	$sX(s)-f(0)$ $\frac{d^n X(s)}{ds^n}$

Tabelle 2.3 Wichtige Eigenschaften der Laplace–Transformation

Da das Laplace–Integral für $\sigma > 0$ absolut konvergiert, ist $\sigma_0 = 0$ und es ergibt sich

$$U(s) = -\frac{\mathrm{e}^{-st}}{s}\bigg|_0^\infty = \frac{1}{s}\ . \tag{2.64}$$

Im Gegensatz zu $\mathcal{F}\{u(t)\}$ enthält die Laplace–Transformierte des Einheitssprunges $u(t)$ keinen δ–Anteil.

Für die Berechnung von $\mathcal{L}\{\delta(t)\}$ gehen wir folgendermaßen vor. Wir betrachten $\delta(t-t_0)$, und zwar als eine Folge von Funktionen, die sich immer enger an eine Parallele zur Ordinate im Abstand t_0 schmiegen und schreiben

$$\mathcal{L}\{\delta(t-t_0)\} = \lim_{\varepsilon\to 0}\int_{t_0-\varepsilon}^{\infty} \delta(t-t_0)\,\mathrm{e}^{-st}\,dt\ ,$$

woraus

$$\mathcal{L}\{\delta(t-t_0)\} = \mathrm{e}^{-st_0}$$

und insbesondere

$$\mathcal{L}\{\delta(t)\} = 1 \tag{2.65}$$

folgt. Laplace–Transformierte und Fourier–Transformierte des δ–Impulses haben also denselben Wert.

Die Faltung zweier Funktionen $x_1(t)$ und $x_2(t)$ ist gemäß (2.42) definiert. Hier gehen wir von Funktionen $x_1(t)$ und $x_2(t)$ aus, die für $t < 0$ verschwinden. Es gilt also beispielsweise

$f(t)$	$F(s)$	Bemerkungen
$\delta(t)$	1	
$u(t)$	$\frac{1}{s}$	Re $s > 0$
$e^{-\omega_0 t}\, u(t)$	$\frac{1}{s+\omega_0}$	Re $s > \omega_0$
$u(t) \cdot \sin \omega_0 t$	$\frac{\omega_0}{s^2+\omega_0^2}$	Re $s > 0$
$u(t) \cdot \cos \omega_0 t$	$\frac{s}{s^2+\omega_0^2}$	Re $s > 0$
$[e^{-\omega_1 t} \sin \omega_0 t]\, u(t)$	$\frac{\omega_0}{(s+\omega_1)^2+\omega_0^2}$	Re $s > \omega_1$
$t^n u(t)$	$\frac{n!}{s^{n+1}}$	Re $s > 0$
$t^n\, e^{-\omega_0 t}\, u(t)$	$\frac{n!}{(s+\omega_0)^{n+1}}$	Re $s > -\omega_0$
$u(t+T) - u(t-T)$	$\frac{2 \sinh Ts}{s}$	$\forall\, s$
$\sum_{m=-\infty}^{\infty} \delta(t+mT)$	$\frac{1}{1-e^{-sT}}$	$\forall\, s$

Tabelle 2.4 Häufiger vorkommende Funktionen und ihre Laplace-Transformierten

$$x(t) = x_1(t) * x_2(t) = \int_0^\infty x_1(\tau) x_2(t-\tau) d\tau \ .$$

Für $X(s) = \mathcal{L}\{x(t)\}$ erhalten wir zunächst

$$X(s) = \int_0^\infty \left[\int_0^\infty x_1(\tau) x_2(t-\tau) d\tau \right] e^{-st}\, dt \ .$$

Mit der Substitution $v = t - \tau$ folgt daraus

$$X(s) = \int_0^\infty \left[\int_0^\infty x_1(\tau) x_2(v) d\tau \right] e^{-s\tau}\, e^{-sv}\, dv \ .$$

Wählen wir die Konvergenzabszisse σ_0 derart, daß

$$\int_0^\infty |x_1(\tau)|\, e^{-\sigma\tau}\, d\tau < \infty \qquad \text{und} \qquad \int_0^\infty |x_2(v_2)|\, e^{-\sigma v}\, dv < \infty$$

für $\sigma > \sigma_0$ gilt, so können wir

$$X(s) = \int_0^\infty x_1(\tau)\,\mathrm{e}^{-s\tau}\,d\tau \int_0^\infty x_2(v)\,\mathrm{e}^{-sv}\,dv$$

schreiben, woraus schließlich

$$\mathcal{L}\{x_1(t) * x_1(t)\} = X_1(s)X_2(s) \tag{2.66}$$

folgt, ein Ergebnis, das (2.43) entspricht; wegen der Kommutativität der Faltung gilt natürlich auch $\mathcal{L}\{x_2(t) * x_1(t)\} = X_1(s)X_2(s)$.

Beispiel 2.10

Gegeben seien die beiden Signale

$$\begin{aligned} x_1(t) &= \begin{cases} 1 & \text{für} \quad T_1 < t < T_2 \\ 0 & \text{sonst} \end{cases} \\ x_2(t) &= \mathrm{e}^{-at}\,u(t) \qquad a > 0. \end{aligned}$$

Wir bestimmen $x(t) = x_1(t) * x_2(t)$ auf zwei verschiedenen Wegen, und zwar 1. über das Faltungsintegral und über die Multiplikation der Laplace–Transformierten.

1. Weg

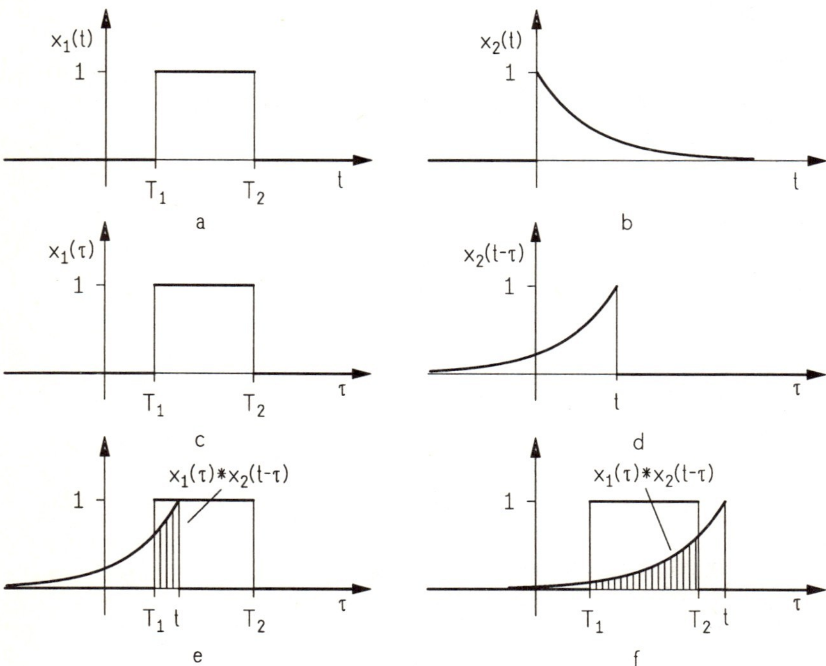

Allgemein gilt zunächst

$$x(t) = \int_0^\infty x_1(\tau)x_2(t-\tau)d\tau \ .$$

Die Verläufe von $x_1(\tau)$ und $x_2(t-\tau)$ sind in den Abbildungen c und d dargestellt. Für die Berechnung des Faltungsintegrals unterscheiden wir drei Fälle.

Der erste Fall ist durch $t < T_1$ gegeben. Hier verschwindet das Integral, da es kein Zeitintervall gibt, in dem beide Funktionen gleichzeitig von null verschieden sind.

Betrachten wir nun den in Abb. e veranschaulichten zweite Fall $T_1 \leq t < T_2$. Hier gilt

$$x(t) = \int_{T_1}^{t} \mathrm{e}^{-a(t-\tau)}\, d\tau \ ,$$

so, daß sich

$$x(t) = \frac{1-\mathrm{e}^{-a(t-T_1)}}{a} \qquad\qquad T_1 \leq t < T_2$$

ergibt. Für den durch $t \geq T_2$ gekennzeichneten dritten Fall, der durch Abb. f illustriert wird, finden wir

$$x(t) = \int_{T_1}^{T_2} \mathrm{e}^{-a(t-\tau)}\, d\tau \ ,$$

also

$$x(t) = \frac{\mathrm{e}^{-at}}{a}\left(\mathrm{e}^{aT_2} - \mathrm{e}^{aT_1}\right) \qquad\qquad t \geq T_2 \ .$$

2. Weg

Für die Laplace–Transformierten ergibt sich

$$\begin{aligned} X_1(s) &= \int_{T_1}^{T_2} \mathrm{e}^{-st}\, dt = \frac{\mathrm{e}^{-sT_1} - \mathrm{e}^{-sT_2}}{s} \\ X_2(s) &= \int_0^\infty \mathrm{e}^{-(s+a)t}\, dt = \frac{1}{s+a} \ . \end{aligned}$$

Zur Bestimmung von $x(t) = \mathcal{L}^{-1}\{X_1(s)X_2(s)\}$ wählen wir den folgenden Weg. Zuerst stellen wir mit Hilfe einer Partialbruchzerlegung die Beziehung

$$\frac{1}{s(s+a)} = \frac{1}{a}\left(\frac{1}{s} - \frac{1}{s+a}\right)$$

her. Damit gilt dann

$$X(s) = \frac{1}{a}\left(\frac{e^{-T_1 s}}{s} - \frac{e^{-T_1 s}}{s+a} - \frac{e^{-T_2 s}}{s} + \frac{e^{-T_2 s}}{s+a}\right) .$$

Unter Verwendung von Tabelle 2.3 und Tabelle 2.4 erhalten wir auf einfache Weise

$$X(s) \bullet\!\!-\!\!\circ \frac{1}{a}\left\{u(t-T_1)\left[1-e^{-a(t-T_1)}\right] - u(t-T_2)\left[1-e^{-a(t-T_2)}\right]\right\} .$$

Daraus lassen sich die folgenden Teilergebnisse ablesen:

$$\begin{aligned} t < T_1: &\qquad x(t) = 0 \\ T_1 \le t < T_2: &\qquad x(t) = \frac{1-e^{-a(t-T_1)}}{a} \\ t \ge T_2: &\qquad x(t) = \frac{e^{-at}}{a}\left(e^{aT_2} - e^{aT_1}\right) . \end{aligned}$$

Wir wollen noch eine weitere für die praktische Anwendung der Laplace–Transformation wichtige Eigenschaft herleiten, nämlich die Laplace–Transformierte der Ableitung einer Funktion nach der Zeit. Aus

$$\mathcal{L}\{\dot{x}(t)\} = \int_0^\infty \dot{x}(t)\, e^{-st}\, dt$$

ergibt sich durch partielle Integration

$$\mathcal{L}\{\dot{x}(t)\} = x(t)\, e^{-st}\Big|_0^\infty + s\int_0^\infty x(t)\, e^{-st}\, dt$$

und damit

$$\mathcal{L}\{\dot{x}(t)\} = sX(s) - x(0) . \qquad (2.67)$$

Die Verwendung dieser Eigenschaft ist nützlich bei der Lösung von Anfangswert–Problemen, wie das folgende Beispiel zeigt.

Beispiel 2.11

Gegeben sei die Differentialgleichung

$$\dot{x}(t) + ax(t) = e^{-bt}\, u(t) \qquad a, b > 0 ,$$

wobei $u(t)$ den Einheitssprung kennzeichnet; die Anfangsbedingung sei $x(0) = x_0$. Berechnen wir auf beiden Seiten die Laplace–Transformierten, so finden wir

$$sX(s) - x_0 + aX(s) = \frac{1}{s+b} \, ,$$

woraus

$$X(s) = \frac{x_0}{s+a} + \frac{1}{(s+a)(s+b)}$$

folgt. Daraus ergibt sich nach Anwendung der inversen Laplace–Transformation

$$\begin{aligned} x(t) &= x_0 \, \mathrm{e}^{-at} + \frac{\mathrm{e}^{-bt}}{a-b} + \frac{\mathrm{e}^{-at}}{b-a} \\ &= x_0 \, \mathrm{e}^{-at} + \frac{\mathrm{e}^{-bt} - \mathrm{e}^{-at}}{a-b} \, . \end{aligned}$$

Solange man von allgemeinen Signalen $x(t)$ ausgeht, werden sie als dimensionslos betrachtet. Die Situation ändert sich, sobald man zum Beispiel eine Spannung $u(t)$ als Signal annimmt (hier ist $u(t)$ nicht der Einheitssprung). Dann lautet die Laplace–Transformierte

$$U(s) = \int_0^\infty u(t) \, \mathrm{e}^{-st} \, dt \, .$$

$U(s)$ hat formal die Dimension *Spannung* × *Zeit*, was natürlich unerwünscht ist. Diesem Problem entgeht man, wenn man die Zeit t als auf eine Sekunde und die Frequenzgrößen s, ω_0 usw. auf ein Hertz normiert annimmt und dies bei den weiteren Rechnungen mitberücksichtigt.

Beispiel 2.12

In der folgenden Schaltung wird der Schalter zum Zeitpunkt $t = 0$ geschlossen,

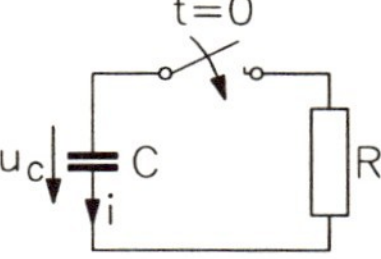

so daß sich die Kapazität C über den Widerstand R entlädt. Mit $\omega_0 = 1/(RC)$ lautet die Differentialgleichung für $t > 0$:

$$\dot{u}_C + \omega_0 u_C = 0 \, .$$

In dieser Gleichung gibt es keine "Dimensions–Unverträglichkeit", wohl aber in der nächsten, für die Laplace–Transformierten:

$$sU_C(s) - u_C(0) + \omega_0 U_C(s) = 0 \, .$$

Fassen wir s und ω_0 als auf 1 Hz normierte Größen auf, ist die Unverträglichkeit beseitigt. Praktisch bedeutet dies folgendes. Für $R = 1\,k\Omega$ und $C = 1\,\mu F$ ergibt sich zunächst

$$\omega_0 = \frac{V}{10^3\,\Omega \cdot 10^{-6} A \cdot sec} = \frac{10^3}{sec} \; .$$

(Es wird hier sec anstelle von s verwendet, um eine Verwechslung mit der Frequenzvariablen zu vermeiden.) Für die auf 1 Hz normierte Größe — wir bezeichnen sie mit $\tilde{\omega}_0$ — folgt daraus

$$\tilde{\omega}_0 = \frac{\omega_0}{1\,Hz} = 10^3 \; .$$

Nun wird $\tilde{\omega}_0$ wieder in ω_0 umbenannt, um eine schwerfällige Notation zu vermeiden; man muß sich nur merken, daß ω_0 jetzt eine dimensionslose Größe ist. Beim praktischen Arbeiten kann man auch so verfahren, daß man R–Werte in Ω, C–Werte in F und L–Werte in H einsetzt und die Dimensionen dann wegläßt.

In entsprechender Weise verfährt man mit den anderen dimensionsbehafteten Größen, z. B. s, t.

2.5 Periodisch geschaltete Signale

Es gibt eine Vielzahl von Schaltungen mit periodisch arbeitenden Schaltern, also mit Schaltern, die in jeder Periode für eine bestimmte Zeit geschlossen und für den Rest der Periode offen sind. Zu diesen Schaltungen gehören beispielsweise Schalter–Modulatoren und Abtast–Halte–Schaltungen; letztere finden insbesondere bei der Umwandlung analoger Signale in Zahlenfolgen (Analog–Digital–Wandler) Anwendung. In diesem Abschnitt werden wir uns mit wichtigen Eigenschaften periodisch geschalteter Signale beschäftigen.

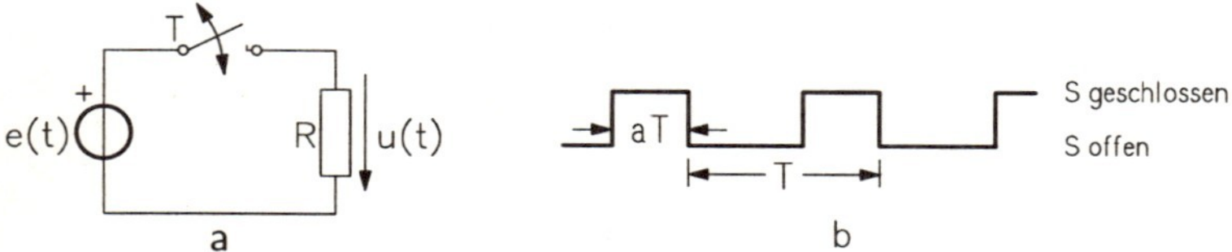

Abb. 2.5 Anordnung mit einem periodisch arbeitenden Schalter a. Schaltung b. Öffnungs– und Schließphasen des Schalters

Wir betrachten zunächst Abb. 2.5, die eine Anordnung enthält, welche einen Widerstand R periodisch für jeweils einen Teil der Periode mit einer Quelle $e(t)$ verbindet. Die Spannung $u(t)$ ergibt sich mit Hilfe der Schaltfunktion

$$p(t) = \begin{cases} 1 & mT \le t < (m+a)T \\ 0 & (m+a)T \le t < (m+1)T \end{cases} \qquad m \in \mathbb{Z} \qquad 0 < a < 1$$

aus der Quellenspannung $e(t)$ über die Beziehung

$$u(t) = p(t)e(t) \; .$$

Unter Verwendung von (2.16) und (2.19) kann $p(t)$ in Form einer Fourier-Reihe angegeben werden:

$$p(t) = \sum_{n=-\infty}^{\infty} P_n \, \mathrm{e}^{jn\Omega t} \qquad \Omega = 2\pi/T$$

$$P_n = \frac{1}{T} \int_0^{aT} \mathrm{e}^{-jn\Omega t} \, dt$$

$$= \begin{cases} a & n = 0 \\ \dfrac{1 - \mathrm{e}^{-jna2\pi}}{jn2\pi} & n \neq 0 \, . \end{cases}$$

Somit können wir die Spannung $u(t)$ auch in der Form

$$u(t) = e(t) \sum_{n=-\infty}^{\infty} P_n \, \mathrm{e}^{jn\Omega t}$$

schreiben. Anschaulich ist diese Gleichung allerdings auch nicht, so daß es schwerfällt, aus ihr direkte Schlußfolgerungen abzuleiten. Wir wenden uns daher der Untersuchung des Frequenzspektrums von $u(t)$ zu, das heißt, wir bilden $U(j\omega) = \mathcal{F}\{u(t)\}$. Mit (2.34) ergibt sich zunächst

$$U(j\omega) = \int_{-\infty}^{\infty} \left[e(t) \sum_{n=-\infty}^{\infty} P_n \, \mathrm{e}^{jn\Omega t} \right] \mathrm{e}^{-j\omega t} \, dt \; .$$

Wir gehen hier von der Vertauschbarkeit von Integration und Summation aus, so daß wir auch

$$U(j\omega) = \sum_{n=-\infty}^{\infty} P_n \int_{-\infty}^{\infty} e(t) \, \mathrm{e}^{-j(\omega - n\Omega)t} \, dt$$

schreiben können. Wegen

$$E(j\omega) = \mathcal{F}\{e(t)\} = \int_{-\infty}^{\infty} e(t) \, \mathrm{e}^{-j\omega t} \, dt$$

ergibt sich daraus

$$U(j\omega) = \sum_{n=-\infty}^{\infty} P_n E(j\omega - jn\Omega) \ . \tag{2.68}$$

Dieses Ergebnis läßt sich nun relativ einfach interpretieren, insbesondere, wenn wir es noch geringfügig in der Darstellung verändern:

$$U(j\omega) = P_0 E(j\omega) + \sum_{n=1}^{\infty} \left[P_n E(j\omega - jn\Omega) + P_{-n} E(j\omega + jn\Omega)\right] \ .$$

Dabei gilt $P_{-n} = P_n^*$. Aus dieser Gleichung ergibt sich folgendes.

1. Das Ausgangsspektrum $U(j\omega)$ enthält das — mit dem konstanten Faktor P_0 bewertete — Eingangsspektrum $E(j\omega)$.
2. Dem Spektrum $P_0 E(j\omega)$ überlagert ist eine unendliche Summe von Spektren, die die grundsätzliche Form des Eingangsspektrums haben und um ganzzahlige Vielfache der Schalterfrequenz Ω verschoben sind.

Es stellt sich insbesondere die Frage, ob es möglich ist, das Spektrum $E(j\omega)$ aus $U(j\omega)$ wiederzugewinnen. Die damit zusammenhängende Problematik wollen wir mit Hilfe des folgenden Beispiels beleuchten.

Beispiel 2.13

In einer Schaltung gemäß Abb. 2.5 seien die Schließ– bzw. Öffnungsphasen des Schalters gleich lang, das heißt, es gelte $a = 0.5$ Dann ergibt sich für die Fourier–Koeffizienten der Schaltfunktion

$$P_n = \begin{cases} 0.5 & n = 0 \\ \dfrac{1}{jn\pi} & n \text{ ungerade} \\ 0 & \text{sonst.} \end{cases}$$

Als Quellenspannung wird die abklingende Exponentialschwingung

$$e(t) = \begin{cases} 0 & t < 0 \\ E_0 \, \mathrm{e}^{-\omega_0 t} & t \geq 0 \qquad E_0, \omega_0 > 0 \end{cases}$$

gewählt, deren Frequenzspektrum

$$E(j\omega) = E_0 \int_0^{\infty} \mathrm{e}^{-(\omega_0 + j\omega)t} \, dt = \frac{E_0}{\omega_0 + j\omega}$$

lautet. Um Schwierigkeiten mit den Dimensionen zu umgehen, betrachten wir die Zeitgrößen als auf $1s$ und die Frequenzgrößen als auf $1\,Hz$ normiert.

Im folgenden werden wir uns ganz besonders für die Beträge der Frequenzspektren interessieren. Für $|E(j\omega)|$ ergibt sich

$$|E(j\omega)| = \frac{E_0}{\sqrt{\omega_0^2 + \omega^2}} \ .$$

Zeitfunktion und Betrag des Spektrums sind in der folgenden Abbildung dargestellt

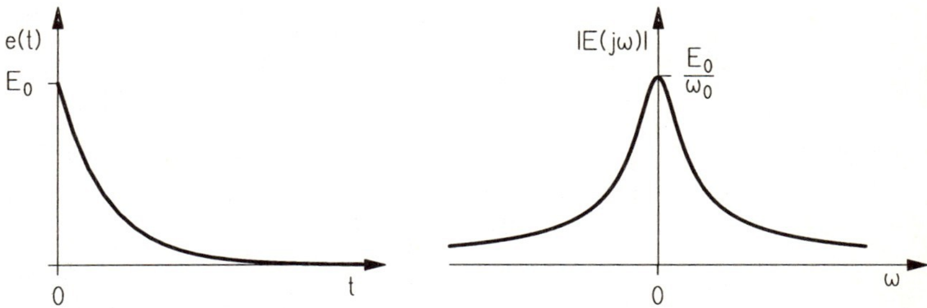

Wir untersuchen nun das Ausgangsspektrum $U(j\omega)$, das im vorliegenden Fall

$$U(j\omega) = \frac{0.5E_0}{\omega_0 + j\omega} + \frac{E_0}{j\pi} \sum_{\substack{n=1 \\ n \ unger.}}^{\infty} \left\{ \frac{1}{n\,[\omega_0 + j(\omega - n\Omega)]} - \frac{1}{n\,[\omega_0 + j(\omega + n\Omega)]} \right\}$$

lautet. Diese Gleichung schreiben wir noch etwas anschaulicher in der Form

$$\frac{U(j\omega)}{E_0} = \ldots - \frac{1}{j\pi} \cdot \frac{1}{\omega_0 + j(\omega + \Omega)} + \frac{0.5}{\omega_0 + j\omega} + \frac{1}{j\pi} \cdot \frac{1}{\omega_0 + j(\omega - \Omega)} + \ldots \ .$$

Stellen wir die Komponenten nach Betrag und Phase dar, so ergibt sich

$$\frac{U(j\omega)}{E_0} = \quad \ldots \quad + \frac{e^{j\varphi_{-1}}}{\pi\sqrt{\omega_0^2 + (\omega + \Omega)^2}} + \frac{e^{j\varphi_0}}{2\sqrt{\omega_0^2 + \omega^2}} + \frac{e^{j\varphi_1}}{\pi\sqrt{\omega_0^2 + (\omega - \Omega)^2}} + \ldots \ .$$

Unser Interesse gilt hier den Verläufen der Beträge, so daß wir auf die Phasenwinkel $\varphi_{-1}, \varphi_0, \varphi_1$ nicht näher eingehen. Wählen wir $\omega_0 = 2\pi 500\,Hz$ und $\Omega = 2\pi 12\,kHz$, so ergeben sich die in der folgenden Abbildung dargestellten Betragsverläufe.

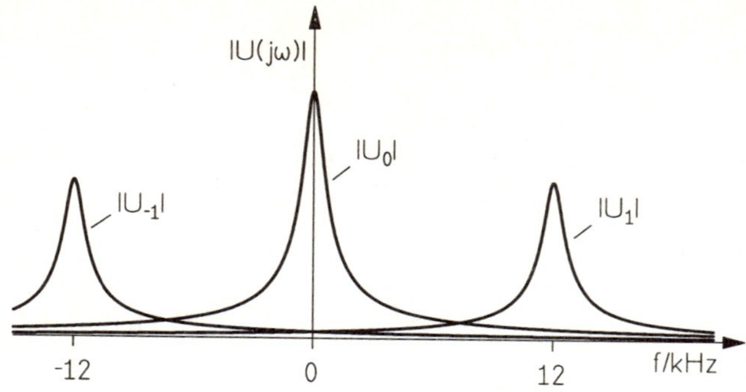

Aus dieser Abbildung ist ersichtlich, daß eine exakte Rekonstruktion des Betrages des Eingangsspektrums kaum möglich ist. Der Grund dafür ist das gegenseitige Überlappen aller Teilspektren.

Das nächste Spektrum, das untersucht werden soll, ist in dieser Hinsicht günstiger. Als Quellenspannung wählen wir nun

$$e(t) = \begin{cases} 0 & t < 0 \\ E_0\,\mathrm{e}^{-\alpha t}\sin(\beta t) & t \geq 0 \qquad \alpha, \beta > 0\,. \end{cases}$$

Aus

$$E(j\omega) = \frac{E_0}{2j}\int_0^{\infty}\left[\mathrm{e}^{-(\alpha - j\beta + j\omega)t} - \mathrm{e}^{-(\alpha + j\beta + j\omega)t}\right] dt$$

folgt

$$E(j\omega) = \frac{\beta E_0}{(\alpha + j\omega)^2 + \beta^2}\,.$$

Der Betrag dieses Spektrums lautet

$$|E(j\omega)| = \frac{\beta E_0}{\sqrt{(\alpha^2 + \beta^2 - \omega^2)^2 + (2\alpha\omega)^2}}\,.$$

Zeitfunktion und Betrag des Spektrums sehen für $\alpha = 1500$, $\beta = 2\pi 500$ folgendermaßen aus:

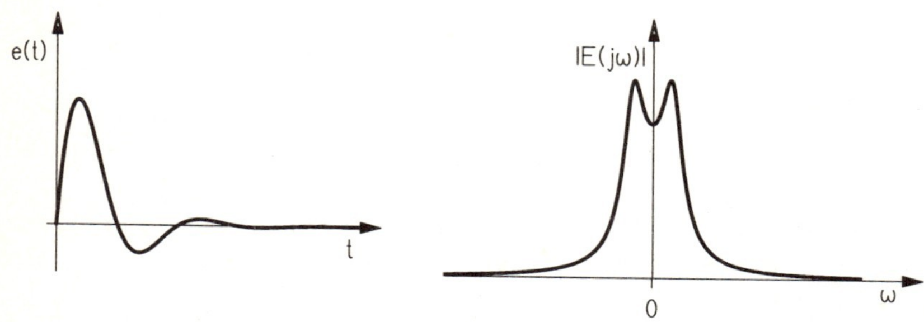

Wir beschränken uns auf die Betrachtung der nachfolgenden Komponenten:

$$\begin{aligned}\frac{U(j\omega)}{E_0} = \quad \dots \quad &+ \frac{\beta\,\mathrm{e}^{j\varphi_{-1}}}{\pi\sqrt{\left[\alpha^2+\beta^2-(\omega+\Omega)^2\right]^2+4\alpha^2(\omega+\Omega)^2}} + \\ &\frac{\beta\,\mathrm{e}^{j\varphi_0}}{2\sqrt{(\alpha^2+\beta^2-\omega^2)^2+(2\alpha\omega)^2}} + \\ &\frac{\beta\,\mathrm{e}^{j\varphi_1}}{\pi\sqrt{\left[\alpha^2+\beta^2-(\omega-\Omega)^2\right]^2+4\alpha^2(\omega-\Omega)^2}} + \dots\end{aligned}$$

Die Betragsverläufe haben für $\Omega = 2\pi \cdot 12\,kHz$ das folgende Aussehen:

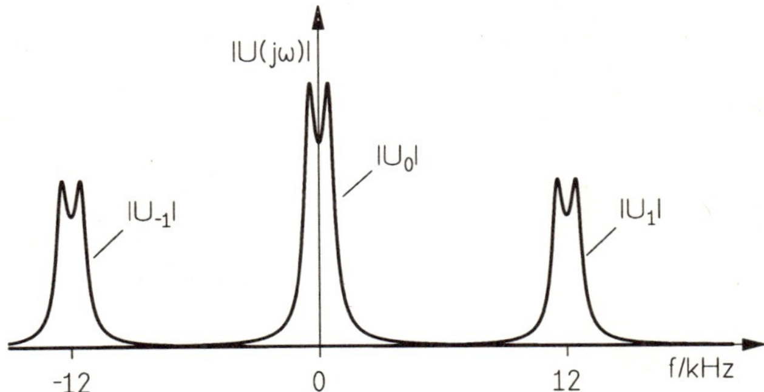

Aufgrund des Augenscheins ist in diesem Fall eine Rekonstruktion des Betrags des Eingangsspektrums in guter Näherung möglich. Anders als im vorhergehenden Fall sind die Spektren dieses Mal bei $\pm 6\,kHz$ bereits so stark gedämpft, daß sie sich gegenseitig kaum noch beeinflussen.

Aus dem soeben behandelten Beispiel kann eine allgemeine Schlußfolgerung gezogen werden. Soll aus einem periodisch geschalteten Signal das ursprüngliche Signal — direkt oder in verarbeiteter Form — wiedergewonnen werden, so muß sein Spektrum für Frequenzen oberhalb der halben Schalterfrequenz verschwinden; ist diese Bedingung erfüllt, so findet keine Überlappung der um Vielfache der Schalter–Frequenz verschobenen Teilspektren statt. Diese anhand des einfachen Beispiels gemäß Abb. 2.5 entwickelten Überlegungen gelten entsprechend immer, sobald sich in einer Schaltung ein oder mehrere periodisch arbeitende Schalter befinden.

Ein praktisch besonders wichtiger Fall ergibt sich, wenn man den Parameter a in Abb. 2.5b gegen null gehen läßt. Das Ausgangssignal besteht dann aus den Werten der Quellenspannung für $t = mT$, mit $m \in \mathbb{Z}$. Der Schalter tastet in diesem Fall also die Quellenspannung $e(t)$ im Abstand T ab und es ergibt sich

$$e(t)\Big|_{t=mT} \longrightarrow u(mT)\ .$$

Dieses "Aussieben" von Signalwerten zu diskreten Zeitpunkten kann mathematisch mit Hilfe von δ–Impulsen beschrieben werden. Wir definieren zunächst die periodische Impulsfolge

$$\delta_T(t) = \sum_{m=-\infty}^{\infty} \delta(t - mT) \tag{2.69}$$

und können damit unter Verwendung von (2.30) die Ausgangsspannung in der Form

$$u(t) = e(t) \sum_{m=-\infty}^{\infty} \delta(t - mT) \tag{2.70}$$

darstellen. Jetzt untersuchen wir, wie das Ausgangsspektrum im Falle der Abtastung aussieht. Dazu stellen wir die periodische Impulsfolge $\delta_T(t)$ als Fourier–Reihe dar und schreiben

$$\delta_T(t) = \sum_{n=-\infty}^{\infty} a_n \, \mathrm{e}^{jn\Omega t} \qquad \Omega T = 2\pi \; .$$

Die Fourier–Koeffizienten a_n ergeben sich aus [vgl. (2.19)]

$$a_n = \frac{1}{T} \int_{-T/2}^{T/2} \delta(t) \, \mathrm{e}^{-jn\Omega t} \, dt \; .$$

Das Integral läßt sich leicht mit Hilfe von (2.30) lösen; wir erhalten

$$a_n = \frac{1}{T} \qquad \forall \, n \; .$$

Damit lautet dann die Fourier–Reihe

$$\delta_T(t) = \frac{1}{T} \sum_{n=-\infty}^{\infty} \mathrm{e}^{jn\Omega t} \; . \tag{2.71}$$

Aus dem Vergleich dieser Gleichung mit (2.70) folgt die häufig nützliche Äquivalenzbeziehung

$$\sum_{n=-\infty}^{\infty} \mathrm{e}^{jn\Omega t} = T \sum_{m=-\infty}^{\infty} \delta(t - mT) \; . \tag{2.72}$$

Da die Fourier–Koeffizienten der periodischen δ–Impulsfolge alle denselben Wert $1/T$ haben, ergibt sich für das (Ausgangs–) Spektrum im Falle der Abtastung analog zu (2.68)

$$U(j\omega) = \frac{1}{T} \sum_{n=-\infty}^{\infty} E(j\omega - jn\Omega) \; . \tag{2.73}$$

Die um Vielfache von Ω verschobenen Teilspektren werden nun alle mit demselben Faktor $1/T$ bewertet.

Die Abtastung spielt in der modernen Elektronik eine wichtige Rolle, da sie — neben der Amplituden–Diskretisierung im Analog–Digital–Wandler — das Bindeglied zwischen der analogen und digitalen Signalverarbeitung ist.

Mit Hilfe von Beispielen haben wir gesehen, welchen Bedingungen die Spektren bei periodisch geschalteten Signalen genügen müssen, damit eine Rekonstruktion möglich ist. Diese Überlegungen gelten allgemein; man faßt sie in dem sogenannten Abtast–Theorem zusammen, das hier folgendermaßen formuliert werden soll:

> *Aus einer Schaltung, die periodisch arbeitende Schalter enthält, läßt sich nur dann ein lineares Abbild des Eingangsspektrums wiedergewinnen, wenn die höchste im Eingangsspektrum auftretende Frequenz kleiner als die halbe Schalterfrequenz ist.*

In Schaltungen mit periodisch arbeitenden Schaltern kann also nur der Frequenzbereich bis zur halben Schalterfrequenz — der sogenannte Nyquist–Bereich — ausgenutzt werden. Wird dieser Bereich überschritten, so ergeben sich Fehler infolge der Überlappung von Spektren.

2.6 Stochastische Signale

Die bisher betrachteten Signale weisen alle die gemeinsame Eigenschaft auf, daß ihr zeitlicher Verlauf exakt beschreibbar ist. Nehmen wir als Beispiel eine sinusförmige Spannung, die von einer Signalquelle geliefert wird, so sind die Spannungswerte zu jedem Zeitpunkt festgelegt, die Spannung läßt sich als Funktion der Zeit formulieren. Derartige Signale werden als deterministisch bezeichnet. Daneben gibt es Signale von anderer Natur. Ihre zeitlichen Werte sind zufällig, und somit sind diese Signale nicht durch Funktionen beschreibbar. Da diese Signale durch regellose — stochastische — Vorgänge hervorgerufen werden, bezeichnet man sie als stochastische Signale.

Stochastische Signale spielen eine wichtige Rolle bei der Informationsübertragung. Je unerwarteter ein Signalwert ist, desto mehr Information ist in ihm enthalten; ein regelmäßiges Signal enhält nur wenig Information. Dieser Gesichtspunkt steht hier jedoch nicht im Vordergrund, da wir uns nicht mit informationstheoretischen Problemen beschäftigen, sondern mit der Beschreibung des Verhaltens elektronischer Schaltungen. Hier stellen stochastische Signale in vielen Fällen Störungen dar, die aus unerwünschten Prozessen stammen und die Nutzsignale verfälschen.

Für derartige Signale hat sich der Begriff "Rauschsignale" oder einfach "Rauschen" eingebürgert. Gibt man nämlich solche Signale (mit entsprechend niedrigem Frequenzspektrum) auf den Eingang eines Verstärkers, so nimmt das menschliche Ohr über den Lautsprecher "Rauschen" wahr. Verallgemeinernd werden Signale der genannten Art unabhängig von ihrem Frequenzspektrum als Rauschen bezeichnet.

Es stellt sich natürlich die Frage, wie und inwieweit zufällige Signale überhaupt quantitativ beschrieben werden können. Dieses Problem taucht grundsätzlich bei allen zufälligen Ereignissen auf. Vor dem Würfeln (mit einem unpräparierten Würfel) läßt sich das jeweilige Auftreten des einzelnen Ereignisses "sechs Augen" mathematisch nicht angeben, wohl aber, daß die Wahrscheinlichkeit für das Auftreten dieses Ereignisses 1/6 ist.

Auf den ersten Blick scheinen Rauschen und Auftreten einer bestimmten Augenzahl beim Würfeln nichts gemeinsam zu haben: im ersten Fall handelt es sich um einen kontinuierlichen Vorgang, beim zweiten werden diskrete Ereignisse betrachtet. Untersucht man jedoch die Entstehung des Rauschens, können sehr wohl Gemeinsamkeiten entdeckt werden. Das Fließen eines Stroms, etwa in einem metallischen Leiter oder einem Halbleiter, wird immer durch eine Bewegung von Ladungsträgern verursacht. Sind Elektronen die Ladungsträger, und geht man von einer Elementarladung $1.6 \cdot 10^{-19} As$ aus, so bedeutet das Fließen eines Stroms von $1mA$, daß im Mittel je Sekunde $n = 6.25 \cdot 10^{15}$ Elektronen transportiert werden. Diese Zahl ist allerdings statistischen Schwankungen unterworfen, so daß die Zahl $n = 6.25 \cdot 10^{15}$ nur mit einer bestimmten Wahrscheinlichkeit auftritt. Die tatsächliche Zahl von transportierten Elektronen weist damit also eine gewisse Gemeinsamkeit m it dem Auftreten einer bestimmten Augenzahl beim Würfeln auf.

Im folgenden werden wir uns mit einigen Grundlagen für die mathematische Beschreibung von stochastischen Signalen beschäftigen. Dazu wählen wir bewußt ein relativ elementares Vorgehen. Eine theoretisch anspruchsvollere Behandlung findet man beispielsweise in [5].

2.6.1 Grundbegriffe der Wahrscheinlichkeitstheorie

Als ersten Begriff behandeln wir den des Versuchs. Darunter versteht man einen wohldefinierten, stets gleichartig wiederholbaren Vorgang, dessen Resultat man als Ausgang des Versuchs bezeichnet; entscheidend ist, daß der Ausgang eines Versuchs nicht vorhersehbar ist. Die Menge aller möglichen Ausgänge bezeichnen wir mit S und mit $\xi \in S$ den einzelnen Ausgang.

Die Teilmenge $A \subset S$ wird als Ereignis bezeichnet, ξ ist das Elementarereignis. Die Menge S ist das sichere, die leere Menge das unmögliche Ereignis. Zwei Ereignisse $A \subset S$ und $B \subset S$ schließen sich gegenseitig aus, wenn die Teilmengen A und B disjunkt sind, also kein gemeinsames Element enthalten.

Beispiel 2.14

Als Versuch betrachten wir das Werfen eines Würfels. Die möglichen Ausgänge dieses Versuchs sind die Augenzahlen $a_1, a_2, \ldots, a_6$, also gilt hier

$$S = \{a_1, a_2, a_3, a_4, a_5, a_6\}.$$

Es gibt insgesamt 64 Ereignisse, nämlich die Teilmengen

$$0, \{a_1\}, \ldots, \{a_6\}, \{a_1, a_2\}, \ldots, \{a_5, a_6\}, \{a_1, a_2, a_3\}, \ldots, S.$$

Welches der möglichen Ereignisse gewertet werden soll, hängt vom Einzelfall ab. So kommt dem Ereignis $\{a_6\}$ vielfach eine besondere Bedeutung zu. Die Ereignisse "gerade Augenzahl"

$$A = \{a_2, a_4, a_6\}$$

und "ungerade Augenzahl"

$$B = \{a_1, a_3, a_5\}$$

schließen sich gegenseitig aus.

Abgesehen vom sicheren bzw. unmöglichen Ereignis ist das Auftreten eines Ereignisses nicht vorhersehbar. Es kann jedoch eine Wahrscheinlichkeit für das Auftreten angegeben werden. Man ordnet einem Ereignis A eine Zahl $P(A)$ zu, die als Wahrscheinlichkeit des Ereignisses A bezeichnet wird und die folgenden Bedingungen (Axiome) erfüllt:

$$\begin{aligned} P(A) &\neq 0 \\ P(S) &= 1 \\ P(A+B) &= P(A) + P(B) \qquad \text{für } AB = 0. \end{aligned} \tag{2.74}$$

Die dritte Bedingung besagt, daß die Wahrscheinlichkeit für zweie disjunkte Ereignisse gleich der Summe der Einzelwahrscheinlichkeiten ist.

Häufig interessiert die bedingte Wahrscheinlichkeit $P(B|A)$, welche die Wahrscheinlichkeit von B unter der Bedingung angibt, daß A schon eingetreten ist. Die "Wahrscheinlichkeit A gegeben B" ist definiert durch

$$P(A|B) = \frac{P(AB)}{P(B)} \ . \tag{2.75}$$

Zwei Ereignisse A und B heißen statistisch unabhängig voneinander, falls

$$P(AB) = P(A)P(B) \tag{2.76}$$

gilt. Sind A und B statistisch unabhängig, so folgt aus (2.75) mit (2.76)

$$P(A|B) = P(A) \qquad P(B|A) = P(B) \ ,$$

womit die Wahrscheinlichkeit für das Eintreten von A also unabhängig ist vom Eintreten von B und umgekehrt.

Zufallsvariable, Verteilungs– und Dichtefunktion

Wir betrachten die Ausgänge $\xi \in S$ eines Versuchs. Jedem ξ ordnen wir eine reelle Zahl $u(\xi)$ zu. Diese so gebildete reellwertige Funktion $u(\xi)$ wird Zufallsvariable genannt. Meistens ist die Zufallsvariable diejenige Größe, die als Ergebnis eines Versuchs von Interesse ist.

Beispiel 2.15

Der Ladungstransport in Festkörpern ist — konstante äußere Bedingungen unterstellt — nicht konstant, sondern unregelmäßigen Schwankungen unterworfen. Die Ursachen dafür sind unterschiedlicher Natur, z. B. Unregelmäßigkeiten im Kristallgitteraufbau, zu überwindende Energieschwellen. Der Versuch “Anlegen einer Gleichspannung an einen Leiter” hat als Ausgang die Bewegung von n Ladungsträgern. Die Zahl n ist unregelmäßigen zeitlichen Schwankungen unterworfen, so daß $n = n(t)$ gilt. Damit ist auch die transportierte Ladung

$$q(t) = n(t)e$$

$(e = 1.6 \cdot 10^{-19} As)$ unregelmäßig und ebenso der Strom

$$i(t) = \frac{dq(t)}{dt} = e\frac{dn(t)}{dt} \ .$$

In diesem Beispiel sind $q(t)$ und $i(t)$ Zufallsvariablen.

Bleiben wir noch einen Augenblick bei dem soeben betrachteten Beispiel. Es ist sicherlich eine plausible Vorstellung, daß die unregelmäßigen Fluktuationen des Stroms $i(t)$ um einen bestimmten Mittelwert herum erfolgen, und daß sehr große bzw. sehr kleine Abweichungen von diesem Mittelwert wenig wahrscheinlich sind; je geringer die Abweichungen vom Mittelwert sind, desto wahrscheinlicher werden sie. Da also die sehr großen bzw. kleinen “Ausreißer” des Stroms — wegen ihrer geringen Wahrscheinlichkeit — keinen wesentlichen Beitrag zu seiner Wirkung liefern, stellt sich natürlich in der Praxis die Frage, welche Anteile im Rahmen einer vorgegebenen Genauigkeit zu berücksichtigen sind. Folglich ist es interessant, die Wahrscheinlichkeit zu kennen, daß die Zufallsvariable Strom innerhalb eines bestimmten Bereichs liegt.

Verallgemeinernd kommen wir so zum Begriff der Verteilungsfunktion. Wir betrachten die Menge aller Ereignisse $\{\xi | u(\xi) \leq x\}$ mit $x \in \mathbb{R}$, also alle Versuchsausgänge ξ, für welche die Zufallsvariable $u(\xi)$ die Schranke x nicht übersteigt. Als Verteilungsfunktion (kurz: Verteilung) wird dann die Funktion

$$F(x) = P\{\xi | u(\xi) \leq x\} \qquad x \in \mathbb{R} \tag{2.77}$$

bezeichnet. Sie genügt den folgenden Bedingungen:

$$\begin{aligned} F(-\infty) &= 0 && && (2.78)\\ F(+\infty) &= 1 && && (2.79)\\ F(x_1) &\leq F(x_2) && \text{für } x_1 < x_2 \quad (F \text{ steigt monoton an}) && (2.80)\\ F(x+0) &= F(x) && (F \text{ ist rechtsseitig stetig}). && (2.81) \end{aligned}$$

Neben der Verteilungsfunktion ist die Dichtefunktion $f(x)$ (kurz: Dichte) wichtig; sie ist die Ableitung der Verteilung:

$$f(x) = \frac{dF(x)}{dx} \; . \tag{2.82}$$

Unter Berücksichtigung von (2.80) ergibt sich auch sofort die Eigenschaft

$$f(x) \geq 0 \; . \tag{2.83}$$

Aus (2.82) folgt wegen (2.78, 2.79)

$$\int_{-\infty}^{\infty} f(x)dx = 1 \; . \tag{2.84}$$

Enthält $F(x)$ Sprungstellen, so faßt man $f(x)$ als verallgemeinerte Funktion auf. Ist die Dichte $f(x)$ bekannt, dann können aus ihr die Schranken berechnet werden, in denen die zugehörige Zufallsvariable liegt. Dies zeigen wir nun, wobei wir zunächst stetige Verteilungen betrachten. Ausgehend von (2.82) kann die Verteilung durch die Dichte ausgedrückt werden:

$$F(x) = \int_{-\infty}^{x} f(\tau)d\tau \; .$$

Für die Differenz zweier Verteilungen $F(x_1)$ und $F(x_2)$ ergibt sich damit

$$F(x_2) - F(x_1) = \int_{x_1}^{x_2} f(x)dx \; , \tag{2.85}$$

wobei gemäß (2.77)

$$F(x_2) = P\{\xi | u(\xi) \leq x_2\} \qquad F(x_1) = P\{\xi | u(\xi) \leq x_1\}$$

ist. Wir interessieren uns für die Wahrscheinlichkeit, daß die Zufallsvariable $u(\xi)$ innerhalb des durch x_1 und x_2 festgelegten Bereichs liegt und bestimmen $P\{\xi | x_1 < u(\xi) \leq x_2\}$. Aus der leicht einzusehenden Beziehung

$$\{\xi | x_1 < u(\xi) \leq x_2\} = \{\xi | u(\xi) \leq x_2\} - \{\xi | u(\xi) \leq x_1\}$$

erhalten wir durch einfache Umformung

$$\{\xi | u(\xi) \leq x_2\} = \{\xi | u(\xi) \leq x_1\} + \{\xi | x_1 < u(\xi) \leq x_2\} \; .$$

Die beiden auf der rechten Seite dieser Gleichung stehenden Ereignisse sind disjunkt, da die Zufallsvariable nicht gleichzeitig kleiner oder gleich x_1 und größer als x_1 sein kann. Aufgrund von (2.74) gilt dann

$$P\{\xi|u(\xi) \leq x_2\} = P\{\xi|u(\xi) \leq x_1\} + P\{\xi|x_1 < u(\xi) \leq x_2\} .$$

Daraus folgt mit (2.77)

$$P\{\xi|x_1 < u(\xi) \leq x_2\} = F(x_2) - F(x_1) \tag{2.86}$$

und unter Verwendung des Ergebnisses (2.85)

$$P\{\xi|x_1 < u(\xi) \leq x_2\} = \int_{x_1}^{x_2} f(x)dx . \tag{2.87}$$

Lassen wir auch Verteilungen mit Sprungstellen zu, so sind entsprechend δ–Anteile in $f(x)$ zu berücksichtigen.

2.6.2 Wichtige Verteilungen

Gleichverteilung. Eine Zufallsvariable wird als gleichverteilt bezeichnet, wenn ihre Dichtefunktion durch

$$f(x) = \begin{cases} \dfrac{1}{x_2 - x_1} & x_1 \leq x \leq x_2 \quad x_1 < x_2 \\ 0 & \text{sonst} \end{cases} \tag{2.88}$$

definiert ist. Abb. 2.6 illustriert die Verläufe von $f(x)$ und der zugehörigen Verteilung $F(x)$.

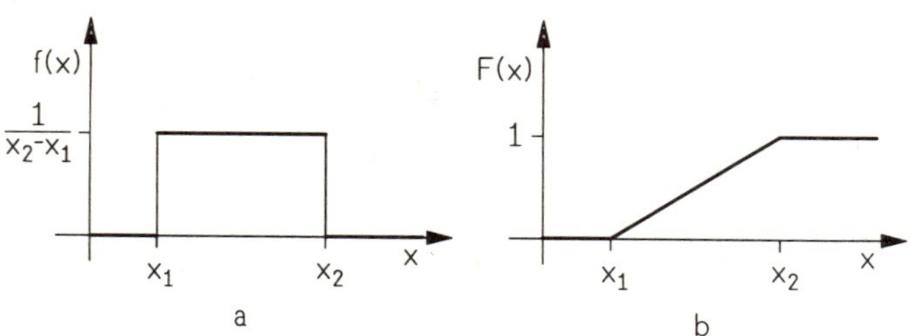

Abb. 2.6 a. Dichte b. Verteilung einer gleichverteilten Zufallsvariablen

Beispiel 2.16

Beim Würfeln ist die Wahrscheinlichkeit für das Auftreten jeder Augenzahl gleich groß, nämlich 1/6. Für die Verteilung lassen sich damit die folgenden tabellarisch aufgeführten Werte angeben, wobei als Zufallsvariable $u(\xi)$ die Augenzahl gewählt ist.

	$F(x) = P\{\xi \vert u(\xi) \leq x\}$
$x \geq 6$	1
$5 \leq x < 6$	5/6
$4 \leq x < 5$	2/3
$3 \leq x < 4$	1/2
$2 \leq x < 3$	1/3
$1 \leq x < 2$	1/6
$x < 1$	0

Der zugehörige Graph von $F(x)$ ist in Abb. a wiedergegeben.

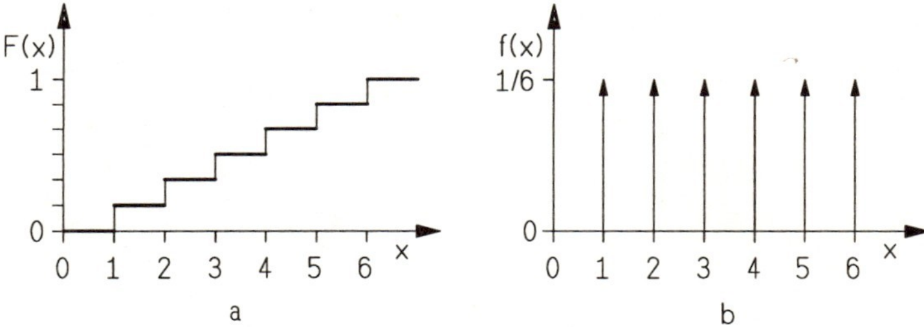

Die Verteilungsfunktion $F(x)$ läßt sich in der Form

$$F(x) = \frac{1}{6} \sum_{i=1}^{6} u(x - i)$$

angeben, wobei $u(x - i)$ den Einheitssprung an der Stelle $x = i$ kennzeichnet. Aufgrund von (2.82) ergibt sich dann unter Verwendung von (2.33) für die Dichte

$$f(x) = \frac{1}{6} \sum_{i=1}^{6} \delta(x - i).$$

In Abb. b sind die δ–Impulse symbolisch durch Pfeile dargestellt. Dieses Beispiel zeigt auch die Verwendung verallgemeinerter Funktionen im Falle von diskreten Zufallsvariablen.

Normalverteilung (Gauß–Verteilung). Hier gilt für die Dichtefunktion

$$f(x) = \frac{1}{\sigma\sqrt{2\pi}} \, \mathrm{e}^{-x^2/(2\sigma^2)} \qquad \sigma > 0 \; . \tag{2.89}$$

Durch Integration läßt sich daraus die Verteilung berechnen. Das dabei auftretende Integral ist jedoch nicht geschlossen lösbar. Es ergibt sich

$$F(x) = \frac{1}{2} + \text{erf}\,(x/\sigma), \tag{2.90}$$

wobei die sogenannte Fehlerfunktion erf x durch

$$\text{erf}\ x = \frac{1}{\sqrt{2\pi}} \int_0^x e^{-t^2/2}\, dt \tag{2.91}$$

definiert ist[5].

Zur Lösung des Integrals in Gl. (2.91) findet man Tabellen in mathematischen Handbüchern, für Näherungslösungen existieren Reihenentwicklungen; numerisch läßt sich das Integral beispielsweise mit Hilfe eines Mathematik–Programms lösen. Abb. 2.7 zeigt die Graphen von $F(x)$ und $f(x)$. Häufig ist

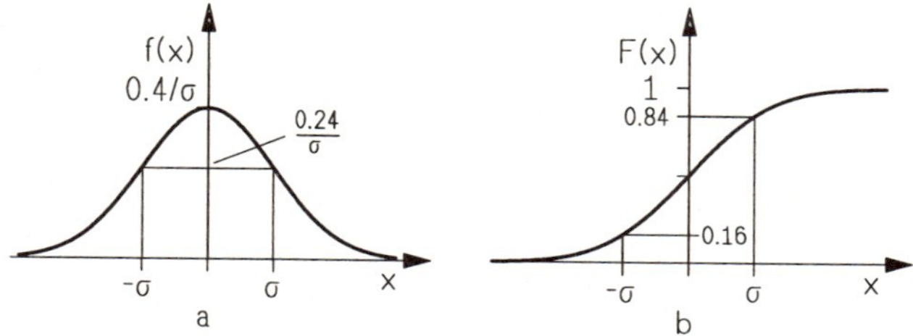

Abb. 2.7 a. Dichte b. Verteilung einer normalverteilten Zufallsvariablen

es sinnvoll, von einer Verallgemeinerung von (2.89), nämlich von

$$f(x) = \frac{1}{\sigma\sqrt{2\pi}}\, e^{-(x-\mu)^2/(2\sigma^2)} \qquad \sigma > 0 \tag{2.92}$$

auszugehen, woraus sich dann die Verteilung

$$F(x) = \frac{1}{2} + \text{erf}\left(\frac{x-\mu}{\sigma}\right) \tag{2.93}$$

ergibt. Für die Wahrscheinlichkeit, daß die Zufallsvariable in dem durch x_1 und x_2 festgelegten Intervall liegt, gilt dann aufgrund von (2.86)

$$P\{\xi | x_1 < u(\xi) \leq x_2\} = \text{erf}\left(\frac{x_2-\mu}{\sigma}\right) - \text{erf}\left(\frac{x_1-\mu}{\sigma}\right)\ .$$

Beispiel 2.17 ________________________________

Bei der Herstellung von Widerständen (z. B. Kohleschichtwiderständen) treten aufgrund von statistischen Fertigungstoleranzen Abweichungen von den Nominalwerten auf. Der Widerstandswert ist damit eine Zufallsvariable. Wir nehmen

---

[5] Teilweise findet man auch Definitionen, die geringfügig von der hier verwendeten abweichen.

an, daß der Widerstand R (Nominalwert $1k\Omega$) eine normalverteilte Zufallsvariable mit $\sigma = 50\,\Omega$ ist und interessieren uns für die Wahrscheinlichkeit, daß der tatsächliche Widerstandswert im Bereich $1k\Omega \pm 10\%$ liegt. Wir erhalten

$$\begin{aligned} P\{R|900\Omega < R \leq 1100\Omega\} &= \operatorname{erf}\left(\frac{1100-1000}{50}\right) - \operatorname{erf}\left(\frac{900-1000}{50}\right) \\ &= 2\operatorname{erf} 2 = 0.955 \ . \end{aligned}$$

[Wie man aus (2.91) ableiten kann, gilt $\operatorname{erf}(-x) = -\operatorname{erf}(x)$.] Es ergibt sich also für die gesuchte Wahrscheinlichkeit ein Wert von 95.5%.

Im folgenden sind die Dichtefunktionen weiterer Verteilungen angegeben.

Laplace–Verteilung

$$f(x) = \frac{a}{2}\,\mathrm{e}^{-a|x|} \qquad a > 0. \tag{2.94}$$

Cauchy–Verteilung

$$f(x) = \frac{a}{\pi} \cdot \frac{1}{a^2 + x^2} \qquad a > 0. \tag{2.95}$$

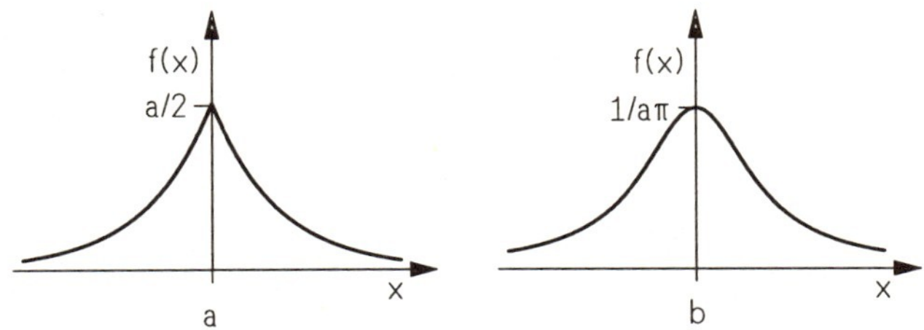

Abb. 2.8 Dichtefunktionen a. Laplace–Verteilung b. Cauchy–Verteilung

Rayleigh–Verteilung

$$f(x) = \frac{x}{a^2}\,\mathrm{e}^{-x^2/(2a^2)} \qquad x > 0. \tag{2.96}$$

Maxwell–Verteilung

$$f(x) = \frac{1}{a^3}\sqrt{\frac{2}{\pi}}x^2\,\mathrm{e}^{-x^2/(2a^2)} \qquad x > 0. \tag{2.97}$$

Im Zusammenhang mit diskreten Zufallsvariablen sind die beiden folgenden Verteilungen von Bedeutung.

Binomial–Verteilung

$$f(i) = \binom{n}{i} p^i q^{n-i} \qquad p + q = 1 \qquad i = 0, 1, \ldots n \ . \tag{2.98}$$

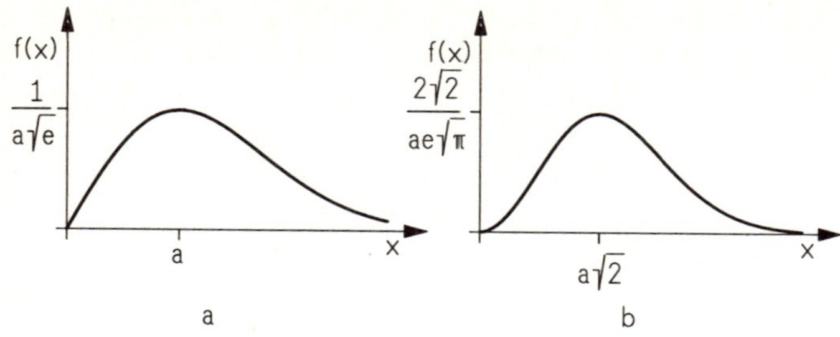

Abb. 2.9 Dichtefunktionen a. Rayleigh–Verteilung b. Maxwell–Verteilung

Poisson–Verteilung

$$f(i) = \mathrm{e}^{-a}\,\frac{a^i}{i!} \qquad i = 0, 1, 2, \ldots \tag{2.99}$$

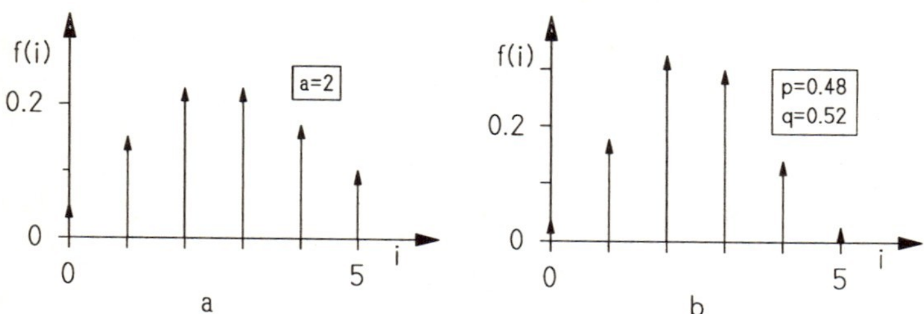

Abb. 2.10 Dichtefunktionen a. Poisson–Verteilung b. Binomial–Verteilung

2.6.3 Erwartungswert (Mittelwert), Varianz und Momente höherer Ordnung

Der Erwartungswert einer Zufallsvariablen ist ihre wichtigste charakteristische Größe. Er wird auch als Mittelwert bezeichnet. Diese Bezeichnung deutet an, daß es sich um den Wert handelt, um den herum sich die unregelmäßigen Schwankungen der Ausgänge gleichartiger Versuche bewegen.

Für eine kontinuierliche Zufallsvariable $u(\xi)$ ist der Erwartungswert $\mathrm{E}\{u\}$, den wir auch abkürzend mit μ bezeichnen, durch die Beziehung

$$\mathrm{E}\{u\} = \mu = \int_{-\infty}^{\infty} x f(x) dx \tag{2.100}$$

definiert, in der $f(x)$ die Dichte von $u(\xi)$ ist.

Kann die Zufallsvariable $u(\xi)$ nur diskrete Werte annehmen, so gilt die Definition

$$\mathrm{E}\{u\} = \mu = \sum_{i=0}^{\infty} x_i p_i \qquad p_i = P\{\xi | u(\xi) = x_i\} \ . \tag{2.101}$$

Neben der Kenntnis des Mittelwertes einer Zufallsvariablen ist zweifellos eine die Abweichungen vom Mittelwert kennzeichnende Größe von Wichtigkeit. Dies ist die Varianz oder Streuung einer Zufallsvariablen. Sie wird mit σ^2 bezeichnet und ist bei kontinuierlichen Zufallsvariablen über die Beziehung

$$\sigma^2 = \mathrm{E}\{(u-\mu)^2\} = \int_{-\infty}^{\infty} (x-\mu)^2 f(x) dx \tag{2.102}$$

definiert. Für diskrete Zufallsvariable gilt

$$\sigma^2 = \sum_{i=0}^{\infty} (x_i - \mu)^2 p_i \ . \tag{2.103}$$

Die Größe σ, also die positive Wurzel aus der Varianz, heißt Standardabweichung. Aus der Definition der Varianz läßt sich noch eine nützliche Beziehung herleiten. Wegen der Linearität des Operators E{ } gilt auch

$$\sigma^2 = \mathrm{E}\{u^2\} - 2\mu \, \mathrm{E}\{u\} + \mu^2 \ .$$

Unter Berücksichtigung von $\mu = \mathrm{E}\{u\}$ ergibt sich daraus dann

$$\sigma^2 = \mathrm{E}\{u^2\} - (\mathrm{E}\{u\})^2 \ . \tag{2.104}$$

Ist der Erwartungswert einer Zufallsvariablen null, so können Momente höherer Ordnung zur statistischen Beschreibung herangezogen werden. Die Definition für das k–te Moment einer Zufallsvariablen lautet

$$m_k = \mathrm{E}\{u^k\} = \int_{-\infty}^{\infty} x^k f(x) dx \ . \tag{2.105}$$

Für die beiden ersten Momente erhält man

$$m_0 = 1 \qquad m_1 = \mathrm{E}\{u\} = \mu \ .$$

Analog zur Varianz gibt es die sogenannten Zentralmomente höherer Ordnung:

$$\lambda_k = \mathrm{E}\{(u-\mu)^k\} = \int_{-\infty}^{\infty} (x-\mu)^k f(x) dx \ .$$

Die drei ersten Zentralmomente lauten

$$\lambda_0 = 1 \qquad \lambda_1 = 0 \qquad \lambda_2 = \sigma^2 \ .$$

Für das praktische Arbeiten sind einige Sonderfälle wichtig. Ist die Dichtefunktion $f(x)$ symmetrisch in bezug auf x_0, gilt also $f(x_0+x) = f(x_0-x)$, so ist x_0 der Mittelwert der Zufallsvariablen, wie wir zeigen werden. Ausgehend von (2.100) oder (2.105) schreiben wir

$$E\{u\} = x_0 \int_{-\infty}^{\infty} f(x)dx - \int_{-\infty}^{\infty} (x_0 - x)f(x)dx \ ,$$

woraus sich wegen (2.84)

$$E\{u\} = x_0 - \int_{-\infty}^{\infty} (x_0 - x)f(x)dx$$

ergibt. Es ist aber

$$\begin{aligned}
\int_{-\infty}^{\infty} (x_0 - x)f(x)dx &= \int_{-\infty}^{\infty} xf(x_0 - x)dx \\
&= \int_{-\infty}^{0} xf(x_0 - x)dx + \int_{0}^{\infty} xf(x_0 - x)dx \\
&= -\int_{0}^{\infty} (-x)f(x_0 + x)(-dx) + \int_{0}^{\infty} xf(x_0 - x)dx \ ,
\end{aligned}$$

woraus wegen $f(x_0 + x) = f(x_0 - x)$

$$\int_{-\infty}^{\infty} (x_0 - x)f(x)dx = 0$$

folgt. Damit gilt also

$$\mathrm{E}\{u\} = x_0 \qquad \text{für} \qquad f(x_0 - x) = f(x_0 + x) \ . \tag{2.106}$$

Insbesondere erhalten wir, falls $x_0 = 0$ ist,

$$\mathrm{E}\{u\} = 0 \qquad \text{für} \qquad f(-x) = f(x) \ . \tag{2.107}$$

Beispiel 2.18

Wir betrachten die Dichte einer normalverteilten Zufallsvariablen $u(\xi)$, wie sie durch (2.92) gegeben ist:

$$f(x) = \frac{1}{\sigma\sqrt{2\pi}} \mathrm{e}^{-(x-\mu)^2/(2\sigma^2)} \ .$$

Es ist leicht nachzuprüfen, daß $f(\mu - x) = f(\mu + x)$ gilt, so daß wir den Mittelwert sofort als

$$\mathrm{E}\{u\} = \mu$$

angeben können. Er ist also gleich dem Abszissenabschnitt, um den das Maximum der Glockenkurve (vgl. Abb. 2.7) gegenüber dem Ursprung verschoben ist.

Wir prüfen nun, ob der in $f(x)$ auftretende Parameter σ tatsächlich die Wurzel aus der Varianz ist. Dazu ersetzen wir zunächst σ durch β in $f(x)$ und schreiben dann für die Varianz

$$\sigma^2 = \frac{1}{\beta\sqrt{2\pi}} \int_{-\infty}^{\infty} (x-\mu)^2 \, \mathrm{e}^{-(x-\mu)^2/(2\beta^2)} \, dx.$$

Das Integral läßt sich unter Verwendung von

$$\int_0^{\infty} x^2 \, \mathrm{e}^{-a^2 x^2} \, dx = \frac{\sqrt{\pi}}{4a^3}$$

leicht lösen und es ergibt sich

$$\sigma^2 = \beta^2.$$

Folglich ist der in $f(x)$ auftretende Parameter σ tatsächlich die Standardabweichung.

Zu dem bisher betrachteten Mittelwert sollen noch einige ergänzende Erläuterungen angefügt werden, um Unklarheiten zu vermeiden. Es handelt sich hier um den sogenannten Schar– oder Ensemblemittelwert. Dabei wird eine Anzahl n (mit $n \to \infty$) unter identischen Bedingungen ablaufender Versuche betrachtet und aus den zugehörigen Zufallsvariablen der Mittelwert ermittelt. Sind die Zufallsvariablen zeitabhängig — darauf werden wir noch zu sprechen kommen —, dann wird der Mittelwert zu einem festen Zeitpunkt gebildet.

Für theoretische Untersuchungen ist der Scharmittelwert eine gut geeignete Größe, für praktische Messungen jedoch nicht. Abgesehen vom notwendigen Aufwand ließe sich eine Vielzahl von identisch ablaufenden Versuchen prinzipiell gar nicht realisieren. Dagegen läßt sich etwa für eine Rauschspannung, die eine Funktion der Zeit ist, sehr gut der zeitliche Mittelwert (aus einem Versuch) bestimmen. Wir werden sehen, daß in der Praxis der Scharmittelwert unter bestimmten Bedingungen — glücklicherweise — durch den zeitlichen Mittelwert ersetzt werden kann.

2.6.4 Beziehungen bei zwei Zufallsvariablen

Das gesamte Rauschen einer Schaltung setzt sich aus der Überlagerung von Wirkungen vieler Rauschquellen zusammen. Man benötigt daher ein entsprechendes Instrumentarium, um das Zusammenwirken mehrerer Zufallsvariablen zu beschreiben. Der Übersichtlichkeit wegen beschränken wir uns hier auf die Betrachtung von zwei Zufallsvariablen, da damit die wesentlichen prinzipiellen Zusammenhänge beschrieben werden können. Wie im Fall einer einzigen Zufallsvariablen sind Momente und Zentralmomente die wesentlichen charakteristischen Größen.

Für zwei Zufallsvariable $u(\xi)$ und $v(\xi)$ wird die Verteilungsfunktion $F(x,y)$ durch

$$F(x,y) = P\{\xi | u(\xi) \leq x, v(\xi) \leq y\} \tag{2.108}$$

definiert. Aus ihr ergibt sich durch partielle Differentiation die Dichte

$$f(x,y) = \frac{\partial^2 F(x,y)}{\partial x \partial y} . \tag{2.109}$$

Damit kann dann das Verbundmoment

$$m_{kl} = \mathrm{E}\{u^k v^l\} = \int_{-\infty}^{\infty} \int_{-\infty}^{\infty} x^k y^l f(x,y) dx dy \tag{2.110}$$

eingeführt werden; die Ordnung des Moments ist durch $k + l$ gegeben. Die beiden Mittelwerte sind

$$m_{10} = \mu_x = \mathrm{E}\{u\} \qquad m_{01} = \mu_y = \mathrm{E}\{v\} . \tag{2.111}$$

Wichtig ist ferner das Verbundmoment

$$m_{11} = \mathrm{E}\{uv\} , \tag{2.112}$$

das häufig auch durch die Notation r_{xy} gekennzeichnet wird. Die Verbund-Zentralmomente λ_{kl} sind ebenfalls analog zu den Beziehungen bei einer Zufallsvariablen definiert:

$$\begin{aligned} \lambda_{kl} &= \mathrm{E}\{(u - \mu_x)^k (v - \mu_y)^l\} \\ &= \int_{-\infty}^{\infty} \int_{-\infty}^{\infty} (x - \mu_x)^k (y - \mu_y)^l f(x,y) dx dy . \end{aligned} \tag{2.113}$$

Das Zentralmoment zweiter Ordnung

$$\lambda_{11} = \mathrm{E}\{(u - \mu_x)(v - \mu_y)\} \tag{2.114}$$

wird als Kovarianz von $u(\xi)$ und $v(\xi)$ bezeichnet. Die beiden anderen Zentralmomente zweiter Ordnung sind die Varianzen von $u(\xi)$ bzw. $v(\xi)$:

$$\lambda_{20} = \sigma_x^2 \qquad \lambda_{02} = \sigma_y^2 . \tag{2.115}$$

Mit Hilfe der Kovarianz und der beiden Varianzen wird der Korrelationskoeffizient

$$r = \frac{\lambda_{11}}{\sigma_x \sigma_y} \tag{2.116}$$

gebildet. Man kann zeigen, daß $|r| \leq 1$ ist. Die Zufallsvariablen $u(\xi)$ und $v(\xi)$ heißen unkorreliert, wenn

$$\mathrm{E}\{uv\} = \mathrm{E}\{u\}\,\mathrm{E}\{v\}$$

ist. Unter Berücksichtigung von (2.111,2.114,2.116) folgt daraus für zwei unkorrelierte Zufallsvariablen

$$\lambda_{11} = 0 \qquad r = 0\,. \tag{2.117}$$

Falls

$$P\{\xi | u(\xi) \leq x, v(\xi) \leq y\} = P\{\xi | u(\xi) \leq x\} P\{\xi | v \leq y\}$$

oder äquivalent

$$F(x,y) = F(x)F(y) \tag{2.118}$$

erfüllt ist, so heißen $u(\xi)$ und $v(\xi)$ statistisch unabhängig [vgl. (2.76)]. Statistisch unabhängige Zufallsvariablen sind stets unkorreliert, jedoch gilt die Umkehrung nicht notwendigerweise.

2.6.5 Stochastische Prozesse

Die Zufallsvariable $u(\xi)$ ist eine Funktion, durch die jedem $\xi \in S$ eine reelle Zahl zugeordnet wird. Wir nehmen jetzt eine Verallgemeinerung in der Weise vor, daß wir jedem Ausgang $\xi \in S$ anstelle einer reellen Zahl eine reellwertige Zeitfunktion zuordnen.

Auf diese Weise entsteht die als stochastischer Prozeß bezeichnete Funktion $u(t,\xi)$, wobei der Parameter t die Zeit kennzeichnet. Wir werden nur reelle stochastische Prozesse betrachten.

Beispiel 2.19

Jeder ohmsche Widerstand stellt bei Temperaturen oberhalb des absoluten Nullpunkts eine Rauschquelle dar, das heißt, an seinen Klemmen tritt eine Spannung auf, deren zeitlicher Verlauf zufällig ist. Wir betrachten nun eine (große) Anzahl n gleicher Widerstände, die alle dieselbe Temperatur haben.

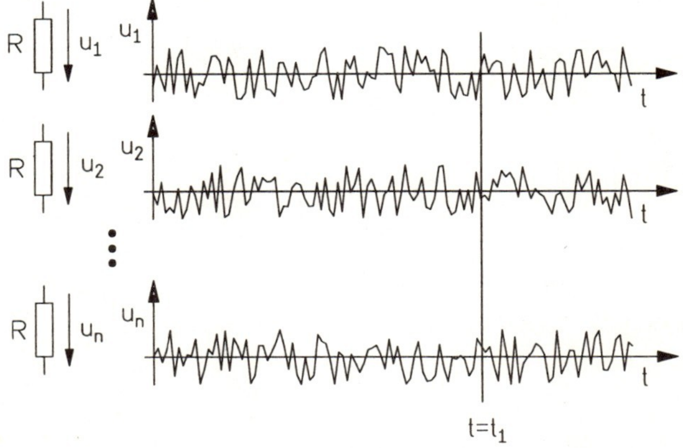

Wie in der Abbildung dargestellt, liefert jeder Widerstand einen anderen zufälligen Spannungsverlauf. Die Gesamtheit der Spannungen $u_1(t), u_2(t), ..., u_n(t)$ bildet den stochastischen Prozeß.

Betrachten wir alle Spannungen lediglich zu dem festen Zeitpunkt $t = t_1$, so haben wir es "nur noch" mit einer Zufallsvariablen zu tun, deren (Schar–) Mittelwert wir über

$$\mu = \lim_{n \to \infty} \frac{1}{n} \sum_{i=1}^{n} u_i(t_1)$$

bestimmen könnten.

Wenn keine Verwechslungsgefahr besteht, werden wir anstelle von $u(t, \xi)$ einfach $u(t)$ schreiben. Für ein bestimmtes t ist $u(t)$ eine Zufallsvariable, deren Verteilungfunktion ebenfalls von t abhängt. Analog zu (2.77) gilt hier

$$F(x, t) = P\{\xi | u(t) \le x\} \ ,$$

woraus die Dichte

$$f(x, t) = \frac{dF(x, t)}{dx} \tag{2.119}$$

folgt. Der (Schar–) Mittelwert eines Prozesses ist durch

$$\mu(t) = \mathrm{E}\{u(t)\} = \int_{-\infty}^{\infty} x f(x, t) dx \tag{2.120}$$

gegeben und ist im allgemeinen eine Funktion der Zeit.

Da ein stochastischer Prozeß für festes t eine Zufallsvariable ist, stellen $u(t_1)$ und $u(t_2)$ zwei Zufallsvariablen dar, für die mit Hilfe von (2.110) das Verbundmoment m_{11} gebildet werden kann, das besondere praktische Bedeutung besitzt. Für

$$\begin{aligned} F(x, t_1) &= P\{\xi | u(t_1) \le x\} & \qquad F(y, t_2) &= P\{\xi | u(t_2) \le y\} \\ f(x, t_1) &= \frac{dF(x, t_1)}{dx} & \qquad f(y, t_2) &= \frac{dF(y, t_2)}{dy} \ , \end{aligned}$$

ergibt sich

$$m_{11}(t_1, t_2) = \mathrm{E}\{u(t_1) u(t_2)\} = \int_{-\infty}^{\infty} \int_{-\infty}^{\infty} xy f(x, t_1; y, t_2) dx dy \ . \tag{2.121}$$

Dieses Moment heißt Autokorrelationsfunktion (AKF) und wird auch mit $r(t_1, t_2)$ bezeichnet. Analog zu (2.114) führt man die Autokovarianz

$$C(t_1, t_2) = \mathrm{E}\{[u(t_1) - \mu(t_1)][u(t_2) - \mu(t_2)]\} \tag{2.122}$$

eines stochastischen Prozesses ein.

Sind die statistischen Eigenschaften eines stochastischen Prozesses unabhängig von der Zeit, haben also die beiden Prozesse $u(t)$ und $u(t + t_0)$ für beliebiges $t_0 \in \mathbb{R}$ dieselben statistischen Eigenschaften, so heißt der stochastische Prozeß "stationär im strengen Sinn". Für die Verteilung bzw. Dichte derartiger Prozesse gilt dann

$$F(x,t) = F(x,t+t_0) \qquad f(x,t) = f(x,t+t_0) \ .$$

Da also t_0 beliebig ist, sind Verteilung und Dichte eines streng stationären Prozesses unabhängig von der Zeit und es gilt

$$F(x,t) = F(x) \tag{2.123}$$

$$f(x,t) = f(x) \ . \tag{2.124}$$

Damit folgt auch aus (2.120), daß der Mittelwert eines streng stationären stochastischen Prozesses (hinsichtlich der Zeit) eine Konstante ist.

Ist der Mittelwert konstant und hängt die Autokorrelationsfunktion nur von der Zeitdifferenz $t_2 - t_1 = \tau$ ab, so daß sie

$$r(\tau) = \int_{-\infty}^{\infty} \int_{-\infty}^{\infty} xyf(x,t;y,t+\tau)dxdy \tag{2.125}$$

lautet, dann wird der stochastische Prozeß als schwach stationär bezeichnet. Ein streng stationärer Prozeß ist stets auch schwach stationär.

Zweidimensionale stochastische Prozesse

Ein zweidimensionaler Prozeß besteht aus zwei stochastischen Prozessen; entsprechend werden Prozesse höherer Dimension gebildet.

Für zwei reelle Prozesse $u(t)$ und $v(t)$ ist die Kreuzkorrelation über die Beziehung [vgl. (2.121)]

$$r_{uv}(t_1,t_2) = \mathrm{E}\{u(t_1)v(t_2)\} \tag{2.126}$$

definiert und für die Kreuz–Kovarianz gilt analog zum eindimensionalen Fall

$$C_{uv}(t_1,t_2) = \mathrm{E}\{[u(t_1) - \mu_u(t_1)][v(t_2) - \mu_v(t_2)]\} \ . \tag{2.127}$$

Wegen

$$C_{uv}(t_1,t_2) = \mathrm{E}\{u(t_1)v(t_2)\} - \mu_u(t_1)\,\mathrm{E}\{v(t_2)\} - \mu_v(t_2)\,\mathrm{E}\{u(t_1)\} + \mu_u(t_1)\mu_v(t_2)$$

läßt sich die Kreuz–Kovarianz auch in der Form

$$C_{uv}(t_1,t_2) = r_{uv}(t_1,t_2) - \mu_u(t_1)\mu_v(t_2)$$

angeben. Zwei reelle stochastische Prozesse heißen unkorreliert, wenn der Mittelwert des Produktes gleich dem Produkt der Mittelwerte ist, so daß also die Kreuz–Kovarianz verschwindet; es gilt dann

$$r_{uv}(t_1, t_2) = E\{u(t_1)\}E\{v(t_2\} = \mu_u(t_1)\mu_v(t_2) \tag{2.128}$$

und

$$C_{uv}(t_1, t_2) = 0 \; . \tag{2.129}$$

Die Definitionen bezüglich stationärer Prozesse gelten entsprechend.

2.6.6 Ergodischer Prozeß

Es gibt eine Reihe spezieller und in bezug auf Anwendungen wichtiger stochastischer Prozesse. Hier soll nur auf den ergodischen Prozeß eingegangen werden. Er ist dadurch gekennzeichnet, daß bei ihm Scharmittel und zeitliche Mittel identisch sind. Es gilt also [vgl. (2.120)] insbesondere

$$\mathrm{E}\{u(t_i, \xi)\} = \int_{-\infty}^{\infty} x f(x, t_i) dx = \lim_{T \to \infty} \frac{1}{T} \int_{-T/2}^{T/2} u(t, \xi_j) dt \qquad \forall\, i, j \; . \tag{2.130}$$

Anstelle des Scharmittels zu einem festen Zeitpunkt t_i wird also eine Musterfunktion des stochastischen Prozesses — gekennzeichnet durch den Index j — im zeitlichen Mittel betrachtet.

Ein ergodischer Prozeß ist stets stationär, denn zeitliche Mittelwerte sind zeitunabhängig. Für die Autokorrelationsfunktion eines ergodischen Prozesses ergibt sich

$$\begin{aligned} \mathrm{E}\{u(t, \xi) u(t+\tau, \xi)\} &= \int_{-\infty}^{\infty} \int_{-\infty}^{\infty} x y f(x, t; y, t+\tau) dx dy \\ &= \lim_{T \to \infty} \frac{1}{T} \int_{-T/2}^{T/2} u(t, \xi_j) u(t+\tau, \xi_j) dt \qquad \forall\, j \; . \end{aligned} \tag{2.131}$$

Ob ein stochastischer Prozeß ergodisch ist, läßt sich allerdings nicht einfach feststellen. Man geht jedoch meistens von dieser Annahme aus und wählt eine hinreichend lange Mittelungszeit T.

2.7 Leistungsbeziehungen

In den voraufgegangenen Abschnitten haben wir unterschiedliche Arten von Signalen nacheinander behandelt. Die einzelnen Arten waren dabei aufgrund bestimmter Charakteristika der zeitlichen Verläufe der Signale voneinander unterschieden worden.

Die Leistung ist ebenfalls eine zeitabhängige Größe. Viel häufiger als die Augenblicksleistung spielt bei praktischen Anwendungen jedoch die Leistung im zeitlichen Mittel eine Rolle. Sie ist keine Funktion der Zeit. Dadurch ist eine gewisse Unabhängigkeit von den zeitlichen Verläufen der Signale gegeben. Dies ist der Grund, weshalb Leistungsbeziehungen verschiedener Arten von Signalen in diesem Abschnitt gemeinsam behandelt werden.

Den Ausgangspunkt bilden die Spannung $u(t)$ und der Strom $i(t)$ an einem Klemmenpaar gemäß Abb. 2.11.

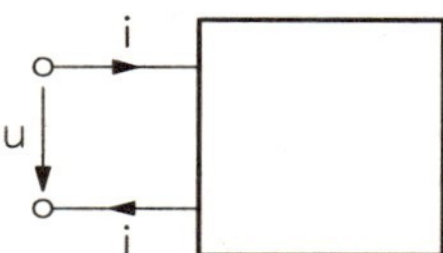

Abb. 2.11 Spannung und Strom an einem Klemmenpaar

Die durch $u(t)$ und $i(t)$ hervorgerufene Augenblicksleistung ist als

$$p(t) = u(t)i(t) \tag{2.132}$$

definiert.

2.7.1 Sinusförmige Signale

Sind Spannungen und Ströme sinusförmig, so lassen sich Leistungsberechnungen sehr viel einfacher unter Verwendung komplexer Amplituden durchführen als mit Hilfe der reellen sinusförmigen Größen. Wir setzen Spannung und Strom entsprechend (2.1) an, also in der Form

$$u = \hat{u}\cos(\omega t + \alpha) \qquad i = \hat{\imath}\cos(\omega t + \beta)\ .$$

Unter Verwendung von (2.8) gilt dann auch

$$u = \frac{1}{2}\left(U\,\mathrm{e}^{j\omega t} + U^*\,\mathrm{e}^{-j\omega t}\right) \tag{2.133}$$

$$i = \frac{1}{2}\left(I\,\mathrm{e}^{j\omega t} + I^*\,\mathrm{e}^{-j\omega t}\right) \tag{2.134}$$

mit

$$U = |U|\,\mathrm{e}^{j\alpha} = \hat{u}\,\mathrm{e}^{j\alpha} \qquad \text{und} \qquad I = |I|\,\mathrm{e}^{j\beta} = \hat{\imath}\,\mathrm{e}^{j\beta}\ .$$

Für die durch (2.132) festgelegte Augenblicksleistung ergibt sich dann

$$p(t) = \frac{1}{4}\left(UI^* + U^*I + UI\,\mathrm{e}^{j2\omega t} + U^*I^*\,\mathrm{e}^{-j2\omega t}\right). \tag{2.135}$$

Wir berücksichtigen, daß

$$U^*I = (UI^*)^* \qquad \text{und} \qquad U^*I^*\,\mathrm{e}^{-j2\omega t} = \left(UI\,\mathrm{e}^{j2\omega t}\right)^*$$

ist; da ferner für eine komplexe Zahl z die Beziehung

$$z + z^* = 2\,\mathrm{Re}\; z \tag{2.136}$$

gilt, folgt schließlich aus (2.135)

$$p(t) = \frac{1}{2}\left(\mathrm{Re}\; UI^* + \mathrm{Re}\; UI\,\mathrm{e}^{j2\omega t}\right).$$

Diese Gleichung läßt sich auch in die Form

$$p(t) = \frac{1}{2}\,\mathrm{Re}\; UI^* + \frac{1}{2}\hat{u}\hat{\imath}\cos(2\omega t + \alpha + \beta) \tag{2.137}$$

bringen. Die Augenblicksleistung $p(t)$ besteht also aus einem zeitlich konstanten und einem sinusförmigen Anteil, der sich mit der Frequenz 2ω ändert.

In sehr vielen Fällen ist jedoch nicht der Augenblickswert der Leistung die interessierende Größe, sondern die im zeitlichen Mittel aufgenommene (oder abgegebene) Leistung

$$P = \overline{p(t)} = \frac{1}{T}\int_T p(t)dt. \tag{2.138}$$

Einsetzen von (2.137) in (2.138) und Durchführung der Integration liefern (man kann dieses Ergebnis auch direkt aus 2.137 ablesen)

$$P = \frac{1}{2}\,\mathrm{Re}\; UI^*. \tag{2.139}$$

Da die Cosinusfunktion eine gerade Funktion ist, kann dieser Ausdruck auch als

$$P = \frac{1}{2}\,\mathrm{Re}\; U^*I \tag{2.140}$$

geschrieben werden. P wird Wirkleistung genannt. Bei der komplexen Leistung

$$\frac{1}{2}UI^* = \frac{1}{2}|UI|\,\mathrm{e}^{j(\alpha-\beta)} \tag{2.141}$$

wird $|UI|/2$ als Scheinleistung bezeichnet. Die Größe

$$Q = \frac{1}{2}\,\mathrm{Im}\; UI^* \tag{2.142}$$

heißt Blindleistung. Komplexe Leistung, Wirkleistung und Blindleistung hängen über die Beziehung

$$\frac{1}{2}UI^* = P + jQ \tag{2.143}$$

zusammen[6].

2.7.2 Allgemeine periodische Signale

Wir wollen nun untersuchen, welche Leistungsbeziehungen sich ergeben, wenn $u(t)$ und $i(t)$ nichtsinusförmige aber periodische Größen sind, die wir durch ein Fourierpolynom N–ten Grades approximiert annehmen wollen.

Damit der Zusammenhang zwischen den Amplituden der Einzelkomponenten und den komplexen Fourier–Koeffizienten ganz klar hervortritt, schreiben wir zunächst

$$u(t) = \hat{u}_0 + \sum_{k=1}^{N}(\hat{u}_k \cos k\Omega t + \hat{u}_k^{'} \sin k\Omega t) \qquad \Omega T = 2\pi\ . \tag{2.144}$$

In Anlehnung an den Schritt von (2.14) nach (2.16) können wir diese Gleichung auch in der Form

$$u(t) = \hat{u}_0 + \frac{1}{2} \sum_{\substack{k\,=\,-N \\ k\neq 0}}^{N} U_k\, \mathrm{e}^{jk\Omega t} \tag{2.145}$$

angeben, wobei

$$U_k = \hat{u}_k - j\hat{u}_k^{'} \tag{2.146}$$

$$U_{-k} = \hat{u}_k + j\hat{u}_k^{'} = U_k^* \tag{2.147}$$

gilt. Analog zu (2.145) schreiben wir für den Strom $i = i(t)$

$$i(t) = \hat{\imath}_0 + \frac{1}{2} \sum_{\substack{n\,=\,-N \\ n\neq 0}}^{N} I_n\, \mathrm{e}^{jn\Omega t}\ . \tag{2.148}$$

Für die Augenblicksleistung $p = ui$ gilt unter Verwendung von (2.145,2.148)

$$p = \left(\hat{u}_0 + \frac{1}{2} \sum_{\substack{k\,=\,-N \\ k\neq 0}}^{N} U_k\, \mathrm{e}^{jk\Omega t}\right)\left(\hat{\imath}_0 + \frac{1}{2} \sum_{\substack{n\,=\,-N \\ n\neq 0}}^{N} I_n\, \mathrm{e}^{jn\Omega t}\right)\ . \tag{2.149}$$

[6]Bisweilen werden die komplexen Amplituden von Spannung und Strom auch als Effektivwerte definiert; dann entfällt in den Leistungsbeziehungen jeweils der Faktor 1/2.

Zur Berechnung der Leistung im zeitlichen Mittel gehen wir von (2.138) aus und schreiben

$$\begin{aligned} P \;=\; & \hat{u}_0\hat{\imath}_0 + \frac{\hat{u}_0}{2T}\sum_{\substack{n=-N\\ n\neq 0}}^{N} I_n \int_T \mathrm{e}^{jn\Omega t}\,dt + \frac{\hat{\imath}_0}{2T}\sum_{\substack{k=-N\\ k\neq 0}}^{N} U_k \int_T \mathrm{e}^{jk\Omega t}\,dt + \\ & \frac{1}{4T}\sum_{\substack{k=-N\\ k\neq 0}}^{N}\sum_{\substack{n=-N\\ n\neq 0}}^{N} U_k I_n \int_T \mathrm{e}^{j(k+n)\Omega t}\,dt. \end{aligned} \tag{2.150}$$

Wegen

$$\int_T \mathrm{e}^{jn\Omega t}\,dt = 0 \qquad \text{für } n \neq 0$$

und

$$\int_T \mathrm{e}^{j(k+n)\Omega t}\,dt = \begin{cases} T & \text{für } k=-n \\ 0 & \text{sonst} \end{cases} \tag{2.151}$$

erhalten wir aus (2.150)

$$P = \hat{u}_0\hat{\imath}_0 + \frac{1}{4}\sum_{\substack{n=-N\\ n\neq 0}}^{N} U_{-n} I_n$$

oder äquivalent

$$P = \hat{u}_0\hat{\imath}_0 + \frac{1}{4}\sum_{n=1}^{N}(U_{-n}I_n + U_n I_{-n})\ . \tag{2.152}$$

Unter Berücksichtigung von (2.147) und (2.136) ergibt sich schließlich

$$P = \hat{u}_0\hat{\imath}_0 + \frac{1}{2}\sum_{n=1}^{N}\mathrm{Re}\; U_n I_n^*. \tag{2.153}$$

Wir berücksichtigen nun, daß $\hat{u}_0$ und $\hat{\imath}_0$ (reelle) Gleichanteile repräsentieren, für die $\hat{u}_0 = U_0$ und $\hat{\imath}_0 = I_0$ geschrieben werden kann. Damit und unter Berücksichtigung von (2.139) führen wir

$$P_n = \begin{cases} U_0 I_0 & \text{für } n = 0 \\ \dfrac{1}{2}\mathrm{Re}\; U_n I_n^* & \text{für } n \neq 0 \end{cases}$$

ein und erhalten aus (2.153)

$$P = \sum_{n=0}^{N} P_n \; . \tag{2.154}$$

Die gesamte Wirkleistung wird also durch die Summe der Wirkleistungen bei den einzelnen Frequenzen $n\Omega$, mit $n = 0, 1, \ldots, N$, gebildet. Dieses Ergebnis darf aber nicht als Folge des Überlagerungsprinzips aufgefaßt werden, da dieses für Leistungen nicht gilt; vielmehr wird durch Spannungen und Ströme unterschiedlicher Frequenz im zeitlichen Mittel keine Leistung erzeugt, was durch die in (2.151) enthaltene Orthogonalitätsbeziehung zum Ausdruck kommt.

2.7.3 Allgemeine Signale

Ausgehend von (2.47) schreiben wir unter Verwendung von (2.39)

$$\int_{-\infty}^{\infty} x_1(t+\tau)x_2^*(\tau)d\tau = \frac{1}{2\pi}\int_{-\infty}^{\infty} X_1(j\omega)X_2^*(j\omega)\,\mathrm{e}^{j\omega t}\,d\omega \; ,$$

betrachten die Gleichung für $t = 0$ und ersetzen dann auf der linken Seite τ durch t; auf diese Weise erhalten wir

$$\int_{-\infty}^{\infty} x_1(t)x_2^*(t)dt = \frac{1}{2\pi}\int_{-\infty}^{\infty} X_1(j\omega)X_2^*(j\omega)d\omega \; . \tag{2.155}$$

Als Beispiel nehmen wir an, $x_1(t)$ repräsentiere die Spannung $u(t)$ und $x_2(t)$ den Strom $i(t)$ in Abb. 2.11 — beide Größen sind reell—, so ergibt sich aus (2.155)

$$\begin{aligned}
\int_{-\infty}^{\infty} u(t)i(t)dt &= \frac{1}{2\pi}\int_{-\infty}^{\infty} U(j\omega)I^*(j\omega)d\omega \\
&= \frac{1}{2\pi}\left[\int_{-\infty}^{0} U(j\omega)I^*(j\omega)d\omega + \int_{0}^{\infty} U(j\omega)I^*(j\omega)d\omega\right] \\
&= \frac{1}{2\pi}\left[-\int_{0}^{\infty} U(-j\omega)I^*(-j\omega)(-d\omega) + \int_{0}^{\infty} U(j\omega)I^*(j\omega)d\omega\right] \\
&= \frac{1}{2\pi}\int_{0}^{\infty} \left[U(j\omega)I^*(j\omega) + U^*(j\omega)I(j\omega)\right] d\omega \; .
\end{aligned}$$

Unter Berücksichtigung von (2.136) finden wir schließlich

$$\int_{-\infty}^{\infty} u(t)i(t)dt = \frac{1}{\pi}\,\mathrm{Re}\left[\int_{0}^{\infty} U(j\omega)I^*(j\omega)d\omega\right] \; . \tag{2.156}$$

Als interessantes Ergebnis halten wir fest, daß anstelle der Integration über die (Augenblicks–) Leistung im Zeitbereich eine Integration im Frequenzbereich über entsprechende Spektralgrößen durchgeführt werden kann.

Setzt man in (2.155) $x_1(t) = x_2(t) = x(t)$, so erhält man die sogenannte Parsevalsche Gleichung

$$\int_{-\infty}^{\infty} |x(t)|^2 dt = \frac{1}{2\pi} \int_{-\infty}^{\infty} |X(j\omega)|^2 d\omega \ . \tag{2.157}$$

Die Größe $|x(t)|^2$ wird verallgemeinernd als Leistung eines Signals bezeichnet und $\int_{-\infty}^{\infty} |x(t)|^2 dt$ als Energie. $|X(j\omega)|^2/(2\pi)$ kann als spektrale Leistungsdichte aufgefaßt werden. Man nennt

$$\overline{x^2(t)} = \lim_{T\to\infty} \frac{1}{2T} \int_{-T}^{T} |x(t)|^2 dt \tag{2.158}$$

die mittlere Signalleistung. Zwei Klassen von Signalen sind von besonderem Interesse, nämlich solche, bei denen die mittlere Leistung verschwindet und diejenigen, bei denen die mittlere Leistung endlich ist.

1. Klasse:

$$\overline{x^2(t)} = 0 \ . \tag{2.159}$$

Hierzu gehören Signale mit endlicher Energie, für die also gilt:

$$\int_{-\infty}^{\infty} |x(t)|^2 dt < \infty \ . \tag{2.160}$$

2. Klasse:

$$0 < \overline{x^2(t)} < \infty \ . \tag{2.161}$$

In diese Klasse gehören periodische Signale, aber auch einige nichtperiodische. Sie werden durch Mittelwerte charakterisiert, insbesondere durch die Autokorrelationsfunktion

$$r(t) = \lim_{T\to\infty} \frac{1}{2T} \int_{-T}^{T} x^*(\tau) x(t+\tau) d\tau \ . \tag{2.162}$$

In realen Schaltungen treten natürlich reelle Signale auf, so daß $x^*(\tau)$ in dieser Gleichung durch $x(\tau)$ ersetzt werden kann. Für Signale mit endlicher Energie lautet die Autokorrelationfunktion [vgl. (2.50)]

$$r(t) = \int_{-\infty}^{\infty} x^*(\tau) x(t+\tau) d\tau \ . \tag{2.163}$$

Wir beschäftigen uns im folgenden mit Signalen gemäß (2.161), deren mittlere Leistung also endlich ist und gehen von reellen Signalen $x(t)$ aus. Die Autokorrelationsfunktion $r(t)$ ist dann eine gerade Funktion. Aus

$$r(-t) = \lim_{T\to\infty} \frac{1}{2T} \int_{-T}^{T} x(\tau) x(-t+\tau) d\tau$$

folgt mit der Substitution $\tau - t = u$ und anschließender Umbenennung von u in τ

$$r(-t) = \lim_{T\to\infty} \frac{1}{2T} \int_{-T-t}^{T-t} x(\tau)x(t+\tau)d\tau \ . \tag{2.164}$$

Unter Verwendung des Ergebnisses von Aufgabe 2.12 ergibt sich daraus

$$r(-t) = r(t) \ . \tag{2.165}$$

Die Fourier–Transformierte der Autokorrelationsfunktion

$$R(j\omega) = \int_{-\infty}^{\infty} r(t)\, \mathrm{e}^{-j\omega t}\, dt \tag{2.166}$$

wird als Leistungsdichtespektrum (Leistungspektrum) bezeichnet. Anstelle von (2.166) können wir auch

$$R(j\omega) = \int_{-\infty}^{0} r(t)\, \mathrm{e}^{-j\omega t}\, dt + \int_{0}^{\infty} r(t)\, \mathrm{e}^{-j\omega t}\, dt$$

schreiben. Ersetzen wir im ersten Integral t durch $-t$, so erhalten wir

$$R(j\omega) = \int_{0}^{\infty} \left[r(t)\, \mathrm{e}^{-j\omega t} + r(-t)\, \mathrm{e}^{j\omega t}\right] dt \ ,$$

woraus wegen $r(-t) = r(t)$

$$R(j\omega) = 2\int_{0}^{\infty} r(t) \cos\omega t\, dt \tag{2.167}$$

folgt. Das Leistungsspektrum ist also eine reelle gerade Funktion und wir werden es daher zukünftig mit $R(\omega)$ anstelle von $R(j\omega)$ bezeichnen.

Die Umkehr–Transformation zur Bestimmung der Autokorrelationsfunktion aus dem Leistungsspektrum lautet allgemein

$$r(t) = \frac{1}{2\pi} \int_{-\infty}^{\infty} R(\omega)\, \mathrm{e}^{j\omega t}\, d\omega \ .$$

Wegen $R(-\omega) = R(\omega)$ folgt daraus

$$r(t) = \frac{1}{\pi} \int_{0}^{\infty} R(\omega) \cos\omega t\, d\omega \ . \tag{2.168}$$

Für Signale mit endlicher Energie gilt (2.51); wir wollen eine entsprechende Beziehung für Signale mit endlicher mittlerer Leistung ableiten. Da das Integral bei der Fourier–Transformation im Sinne des Cauchyschen Hauptwertes zu nehmen ist, können wir anstelle von (2.166)

$$R(\omega) = \lim_{T\to\infty} \int_{-T}^{T} r(t)\, \mathrm{e}^{-j\omega t}\, dt$$

schreiben, und mit (2.162) für reelles $x(\tau)$

$$R(\omega) = \lim_{T\to\infty} \int_{-T}^{T} \left[\lim_{T\to\infty} \frac{1}{2T} \int_{-T}^{T} x(\tau)x(t+\tau)d\tau \right] \mathrm{e}^{-j\omega t}\, dt \; .$$

Unter Verwendung der Substitution $t+\tau = v$ erhalten wir

$$R(\omega) = \lim_{T\to\infty} \frac{1}{2T} \int_{-T+t}^{T+t} x(v)\, \mathrm{e}^{-j\omega v}\, dv \lim_{T\to\infty} \left[\int_{-T}^{T} x(\tau)\, \mathrm{e}^{-j\omega \tau}\, d\tau \right]^* .$$

Da das Produkt endlich vieler Grenzwerte gleich dem Grenzwert des Produktes ist, finden wir schließlich unter Berücksichtigung von [vgl. Aufgabe 2.12]

$$\lim_{T\to\infty} \frac{1}{2T} \int_{-T+t}^{T+t} x(v)\, \mathrm{e}^{-j\omega v}\, dv = \lim_{T\to\infty} \frac{1}{2T} \int_{-T}^{T} x(v)\, \mathrm{e}^{-j\omega v}\, dv$$

das Ergebnis

$$R(\omega) = \lim_{T\to\infty} \frac{1}{2T} \left| \int_{-T}^{T} x(t)\, \mathrm{e}^{-j\omega t}\, dt \right|^2 . \tag{2.169}$$

Wir wollen nun noch den Fall betrachten, daß $x(t)$ durch die Faltung der reellen Funktionen $f(t)$ und $h(t)$ gebildet wird, wobei $f(t)$ eine endliche mittlere Leistung und $h(t)$ eine endliche Energie haben soll. Die Autokorrelationsfunktion der Funktion $x(t)$ lautet dann

$$r_x(t) = \lim_{T\to\infty} \frac{1}{2T} \int_{-T}^{T} x(\tau)x(t+\tau)d\tau \; ,$$

wobei nach Voraussetzung

$$x(\tau) = \int_{-\infty}^{\infty} f(\tau - v)h(v)dv$$

gelten soll. Zunächst erhalten wir

$$r_x(t) = \lim_{T\to\infty} \frac{1}{2T} \int_{-T}^{T} \left[\int_{-\infty}^{\infty} f(\tau - v)h(v)dv \right] \left[\int_{-\infty}^{\infty} f(\tau + t - u)h(u)du \right] d\tau \; .$$

Wir ändern nun die Reihenfolge der Integrationen in folgender Weise:

$$r_x(t) = \int_{-\infty}^{\infty} \int_{-\infty}^{\infty} \left[\lim_{T\to\infty} \frac{1}{2T} \int_{-T}^{T} f(\tau + t - u)f(\tau - v)d\tau \right] h(u)h(v)dudv \; . \tag{2.170}$$

Führen wir die zur Funktion $f(t)$ gehörige Autokorrelationsfunktion $r_f(t)$ ein, so gilt für sie

$$r_f(t-u+v) = \lim_{T\to\infty} \frac{1}{2T} \int_{-T}^{T} f(t-u+v+\tau) f(\tau) d\tau$$

und mit $\tau + v = \eta$

$$\begin{aligned} r_f(t-u+v) &= \lim_{T\to\infty} \frac{1}{2T} \int_{-T+v}^{T+v} f(t-u+\eta) f(\eta - v) d\eta \\ &= \lim_{T\to\infty} \frac{1}{2T} \int_{-T}^{T} f(t-u+\eta) f(\eta - v) d\eta \, . \end{aligned}$$

Einsetzen dieses Ergebnisses in (2.170) liefert

$$\begin{aligned} r_x(t) &= \int_{-\infty}^{\infty} \int_{-\infty}^{\infty} r_f(t-u+v) h(u) h(v) du dv \\ &= \int_{-\infty}^{\infty} [r_f(t+v) * h(t+v)] h(v) dv \\ &= \int_{-\infty}^{\infty} [r_f(\xi) * h(\xi)] h(\xi - t) d\xi \, . \end{aligned}$$

Damit lautet schließlich das gesuchte Resultat

$$r_x(t) = r_f(t) * h(t) * h(-t) \, . \tag{2.171}$$

Mit

$$\begin{array}{cccccc} r_x(t) & \circ\!\!-\!\!\bullet & R_x(\omega) & r_f(t) & \circ\!\!-\!\!\bullet & R_f(\omega) \\ h(t) & \circ\!\!-\!\!\bullet & H(j\omega) & h(-t) & \circ\!\!-\!\!\bullet & H^*(j\omega) \end{array}$$

folgt aus (2.171) für das Leistungsdichtespektrum $R_x(\omega)$

$$R_x(\omega) = |H(j\omega)|^2 R_f(\omega) \, . \tag{2.172}$$

Diese Gleichung stellt ein sehr wichtiges Ergebnis für Rauschberechnungen in elektronischen Schaltungen dar, auf das wir im 6. Kapitel zurückkommen werden.

Neben der Autokorrelationsfunktion ist die Kreuzkorrelation ein wichtiger Mittelwert im Zusammenhang mit zwei verschiedenen Funktionen. Wir betrachten zwei reelle Signale $x_1(t)$ und $x_2(t)$ mit jeweils endlicher mittlerer Leistung. Dann ist die Kreuzkorrelation $r_{12}(t)$ durch

$$r_{12}(t) = \lim_{T\to\infty} \frac{1}{2T} \int_{-T}^{T} x_1(\tau) x_2(t+\tau) d\tau \tag{2.173}$$

gegeben. Aus

$$\begin{aligned} r_{12}(-t) &= \lim_{T\to\infty} \frac{1}{2T} \int_{-T}^{T} x_1(\tau) x_2(-t+\tau) d\tau \\ &= \lim_{T\to\infty} \frac{1}{2T} \int_{-T-t}^{T-t} x_1(t+\tau) x_2(\tau) d\tau \end{aligned}$$

folgt, daß $r_{12}(t)$ keine gerade Funktion ist, daß jedoch die Beziehung

$$r_{12}(t) = r_{21}(-t) \tag{2.174}$$

mit

$$r_{21}(t) = \lim_{T\to\infty} \frac{1}{2T} \int_{-T}^{T} x_1(t+\tau) x_2(\tau) d\tau$$

gilt. Die Fourier–Transformierte

$$R_{12}(j\omega) = \int_{-\infty}^{\infty} r_{12}(t)\, \mathrm{e}^{-j\omega t}\, dt \tag{2.175}$$

wird als Kreuz–Leistungsspektrum bezeichnet; im allgemeinen ist es keine reelle Größe. Analog zu (2.158) ist die mittlere Leistung $\overline{x_1(t)x_2(t)}$ durch

$$\overline{x_1(t)x_2(t)} = \lim_{T\to\infty} \frac{1}{2T} \int_{-T}^{T} x_1(t) x_2(t) dt \tag{2.176}$$

gegeben. Unter Verwendung von (2.173) gilt damit auch

$$\overline{x_1(t)x_2(t)} = r_{12}(0)\ . \tag{2.177}$$

Wegen

$$r_{12}(t) = \frac{1}{2\pi} \int_{-\infty}^{\infty} R_{12}(j\omega)\, \mathrm{e}^{j\omega t}\, d\omega \tag{2.178}$$

ist

$$\overline{x_1(t)x_2(t)} = \frac{1}{2\pi} \int_{-\infty}^{\infty} R_{12}(j\omega) d\omega \tag{2.179}$$

ebenfalls gültig. Analog zu (2.169) läßt sich die Beziehung

$$R_{12}(j\omega) = \lim_{T\to\infty} \frac{1}{2\pi} \left[\int_{-T}^{T} x_1(t)\, \mathrm{e}^{j\omega t}\, dt \right] \left[\int_{-T}^{T} x_2(t)\, \mathrm{e}^{-j\omega t}\, dt \right] \tag{2.180}$$

herleiten.

2.7.4 Rauschsignale

Die im vorhergehenden Unterabschnitt "Allgemeine Signale" behandelten Beziehungen gelten auch für Rauschsignale; hier soll deshalb nur auf die speziellen Verhältnisse eingegangen werden, die sich bei stochastischen Prozessen ergeben. Dabei beschränken wir uns wieder auf reelle stationäre Prozesse.

Gegeben sei ein stochastischer Prozeß $u(t)$. Dann gilt gemäß (2.120) für seinen Mittelwert

$$\mu(t) = \mathrm{E}\{u(t)\} \ . \tag{2.181}$$

Die Autokorrelationsfunktion $r(\tau) = r_{uu}(\tau)$ ist [vgl. (2.125)] durch

$$r(\tau) = \mathrm{E}\{u(t+\tau)u(t)\} \tag{2.182}$$

gegeben; daraus folgt sofort

$$r(-\tau) = r(\tau) \ , \tag{2.183}$$

die Autokorrelationsfunktion eines reellen Prozesses ist also eine gerade Funktion. Die Kreuzkorrelationsfunktion von zwei stationären Prozessen $u(t)$ und $v(t)$ lautet

$$r_{uv}(\tau) = \mathrm{E}\{u(t+\tau)v(t)\} = r_{vu}(-\tau) \ . \tag{2.184}$$

Das Leistungsdichtespektrum eines stochastischen Prozesses ist die Fourier–Transformierte der Autokorrelationsfunktion und es gilt

$$R(j\omega) = \int_{-\infty}^{\infty} r(\tau)\,\mathrm{e}^{-j\omega\tau}\,d\tau \tag{2.185}$$

sowie

$$r(\tau) = \frac{1}{2\pi}\int_{-\infty}^{\infty} R(j\omega)\,\mathrm{e}^{j\omega\tau}\,d\omega \ . \tag{2.186}$$

Für reelle Prozesse gilt (2.183) und analog zu (2.167, 2.168) finden wir in diesem Fall

$$R(\omega) = 2\int_0^{\infty} r(\tau)\cos\omega\tau\,d\tau \tag{2.187}$$

$$r(\tau) = \frac{1}{\pi}\int_0^{\infty} R(\omega)\cos\omega\tau\,d\omega \ . \tag{2.188}$$

Für das Kreuz–Leistungsspektrum zweier reeller Prozesse $u(t)$ und $v(t)$ gilt

$$R_{uv}(\omega) = 2\int_0^{\infty} r_{uv}(\tau)\cos\omega\tau\,d\tau = R_{vu}(\omega) \tag{2.189}$$

$$r_{uv}(\tau) = \frac{1}{\pi}\int_0^{\infty} R_{uv}(\omega)\cos\omega\tau\,d\omega \ . \tag{2.190}$$

Ein besonders interessantes Ergebnis folgt aus (2.190) für $\tau = 0$:

$$r_{uv}(0) = \frac{1}{\pi} \int_0^\infty R_{uv}(\omega)\, d\omega \ . \tag{2.191}$$

Mit (2.184) gilt auch

$$\mathrm{E}\{u(t)v(t)\} = r_{uv}(0) \ . \tag{2.192}$$

Beispiel 2.20

Gegeben sei ein reeller stochastischer Prozeß mit der Autokorrelationsfunktion

$$r(\tau) = \delta(\tau) \ .$$

Das zugehörige Leistungsspektrum lautet

$$\begin{aligned} R(\omega) &= \int_{-\infty}^{\infty} \delta(\tau) \cos\omega\tau \, d\tau \\ &= 1 \ . \end{aligned}$$

Es hat für alle Frequenzen denselben Wert. Ein stochastischer Prozeß mit einem kontanten Leistungsdichtespektrum wird als "Weißes Rauschen" bezeichnet.

Dieses Ergebnis ist für Rauschuntersuchungen besonders wichtig.

2.8 Zusammenfassung

In diesem Kapitel haben wir uns mit der Beschreibung von Signalen im Hinblick auf elektronische Schaltungen beschäftigt und zwar im wesentlichen unter drei Gesichtspunkten. Zum einen dienen Schaltungen dazu, Signale zu erzeugen oder zu verarbeiten, andererseits werden Reaktionen von Schaltungen auf bestimmte Signale zur Schaltungscharakterisierung verwendet; Schaltungen erzeugen drittens in der Regel unerwünschte Störsignale.

Sinusförmige Signale stellen für lineare Schaltungen eine wichtige Basis dar. Ihre komplexe Darstellung vereinfacht das praktische Arbeiten ganz wesentlich. Entsprechendes gilt für die komplexe Darstellung allgemeiner periodischer Signale mit Hilfe von Fourier–Reihen sowie das Arbeiten mit der Fourier–Transformation und in gewissem Umfang auch mit der Laplace–Transformation.

Als Testsignale sind der Einheitssprung und der δ–Impuls von besonderer Wichtigkeit.

Eine weitere wichtige Klasse stellen periodisch geschaltete Signale dar. Bei ihrer Verarbeitung sind die Bedingungen des Abtasttheorems unbedingt einzuhalten.

Neben den deterministischen Signalen haben wir uns mit stochastischen Signalen beschäftigt, insbesondere auch mit stochastischen Prozessen. Im Zusammenhang mit elektronischen Schaltungen sind sie besonders wichtig für die Beschreibung des Rauschverhaltens.

Den Abschluß bildet die Behandlung von Leistungsbeziehungen bei verschiedenen Signalklassen.

2.9 Aufgaben

Vorbemerkung zu den Aufgaben 2.1 bis 2.7. Für die Behandlung linearer Schaltungen ist die Vertrautheit mit komplexen Zahlen unerläßlich. Deshalb sollen einige Übungsaufgaben, die allerdings nicht aus dem bisher behandelten Stoff hervorgehen, dazu dienen, bestimmte Eigenschaften der komplexen Zahlen zu wiederholen und einige nützliche Beziehungen zusammenzustellen.

Aufgabe 2.1 Gegeben ist eine komplexe Zahl $z_1 = a + jb$, mit $a, b \in \mathbb{R}$.

a. Gesucht wird die komplexe Zahl $z_2 = c + jd$, mit $c, d \in \mathbb{R}$, so daß $z_1 + z_2 = 0 + j0$ gilt[7].

b. Gesucht ist nun $z_3 = e + jf$, mit $e, f \in \mathbb{R}$, derart, daß $z_1 z_3 = 1 + j0$ gilt.

Aufgabe 2.2 Wir betrachten nun den Fall, daß wir nicht ein geordnetes Paar (fester) *reeller Zahlen* vor uns haben, sondern ein geordnetes Paar *reeller Variablen* x und y. Daraus bilden wir eine komplexe Variable $z = x + jy$ und unter Verwendung dieser Variablen z eine Funktion $w(z)$. Im allgemeinen ist $w(z) = w(x, y)$ auch eine komplexe (abhängige) Variable, die wir als $w = u + jv$ schreiben können, mit $u = u(x, y)$ und $v = v(x, y)$; also sind u und v jeweils reelle Funktionen der reellen Variablen x und y.

Drücken Sie die folgenden Funktionen $w = w(z)$ in der Form $w = u(x, y) + jv(x, y)$ aus:

$$\text{a.} \quad w = z^2 \qquad \text{b.} \quad w = \frac{1-z}{1+z} \,.$$

Aufgabe 2.3 Anstelle von $z = x + jy$ können wir auch $z = |z|\,\mathrm{e}^{j\varphi}$ schreiben, mit $|z| = \sqrt{x^2 + y^2}$ und $\tan\varphi = y/x$. Diese Form der Darstellung einer komplexen Zahl oder einer komplexen Variablen ist in der Elektrotechnik besonders nützlich und deshalb wichtig. Mit Hilfe der sogenannten Eulerschen Formel gilt auch $|z|\,\mathrm{e}^{\pm j\varphi} = |z|(\cos\varphi \pm j\sin\varphi)$.

---

[7] Zur Verdeutlichung wurde das Verschwinden des Imaginärteils hier durch "$j0$" gekennzeichnet.

Zeigen Sie, daß die folgenden Beziehungen gelten:

a. $|\,e^{j\varphi}\,| = 1$ b. $\frac{1}{z} = \frac{1}{|z|}\,e^{-j\varphi}$ c. $z^* = |z|\,e^{-j\varphi}$.

Aufgabe 2.4 Es seien $z_1 = x_1 + jy_1 = |z_1|\,e^{j\varphi_1}$ und $z_2 = x_2 + jy_2 = |z_2|\,e^{j\varphi_2}$ zwei komplexe Variable. Zeigen Sie, daß die folgenden Beziehungen gelten.

a. $|z_1||z_2| = |z_1 z_2|$ b. $\left|\frac{z_1}{z_2}\right| = \frac{|z_1|}{|z_2|}$ c. $(\alpha z_1)^* = \alpha z_1^* \quad \forall\, \alpha \in \mathbb{R}$

d. $(z_1 z_2)^* = z_1^* z_2^*$ e. $\left(\frac{z_1}{z_2}\right)^* = \frac{z_1^*}{z_2^*}$ f. $(z_1 + z_2)^* = z_1^* + z_2^*$

g. $(z_1^\alpha)^* = (z_1^*)^\alpha \quad \forall\, \alpha \in \mathbb{R}$.

Aufgabe 2.5 Gegeben sei ein Polynom

$$P(z) = \sum_{i=0}^{m} a_i z^i \quad a_i \in \mathbb{R}\ \forall\, i \quad z = x + jy\ .$$

Zeigen Sie, daß für dieses Polynom die Beziehung $[P(z)]^* = P(z^*)$ gilt.

Aufgabe 2.6 Gegeben sei eine (gebrochen) rationale Funktion

$$Q(z) = \frac{\sum_{i=0}^{m} a_i z^i}{\sum_{j=0}^{n} b_j z^j}\ .$$

Zeigen Sie, daß für $a_i, b_j \in \mathbb{R}\ \forall\, i,j$ die Beziehung $[Q(z)]^* = Q(z^*)$ gilt.

Aufgabe 2.7 Gegeben sei ein Polynom

$$P(z) = \sum_{i=0}^{m} a_i z^i \quad a_i \in \mathbb{R},\ z \in \mathbb{C}\ .$$

Zeigen Sie, daß die Nullstellen des Polynoms $P(z)$ als konjugiert komplexe Paare auftreten oder reell sind. Hinweis: Sei $z = z_0$ eine Nullstelle des Polynoms $P(z)$, so daß also $P(z_0) = 0$ gilt; zeigen Sie, daß dann auch $P(z_0^*) = 0$ erfüllt ist.

Aufgabe 2.8 Gegeben ist das in der nachfolgenden Abbildung dargestellte pulsförmige Signal.

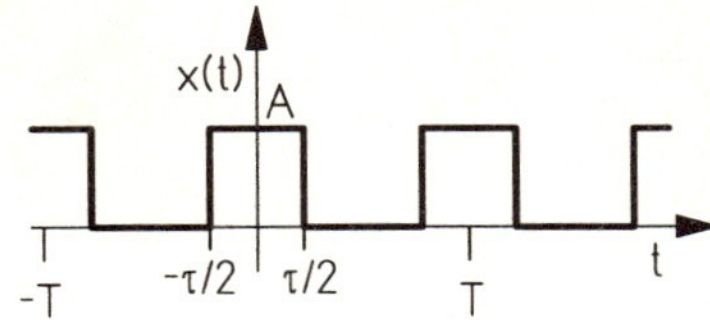

Wie lautet

a. die komplexe b. die reelle

Fourier–Reihendarstellung von $x(t)$?

Aufgabe 2.9 Zeigen Sie, daß die in Tabelle 2.1 aufgeführten Eigenschaften der Fourier–Transformation gültig sind, indem Sie die folgenden Fourier–Transformierten berechnen:

a. $Z(j\omega) = \mathcal{F}\{ax(t) + by(t)\}$

b. $Z(j\omega) = \mathcal{F}\{x(t - t_0)\}$

c. $Z(j\omega) = \mathcal{F}\{x(t)\,\mathrm{e}^{j\omega_0 t}\}$

d. $Z(j\omega) = \mathcal{F}\{x(at)\}$

e. $Z(j\omega) = \mathcal{F}\{2\pi x(t)y(t)\}$

f. $Z(j\omega) = \mathcal{F}\{\dfrac{d^n x(t)}{dt^n}\}$

g. $Z(j\omega) = \mathcal{F}\{(-jt)^n x(t)\}$

h. $Z(j\omega) = \mathcal{F}\{X(t)\}$ für $X(j\omega) = \mathcal{F}\{x(t)\}$

Aufgabe 2.10 Zeigen Sie, daß die in Tabelle 2.2 aufgeführten Transformationspaare gelten, indem Sie die Fourier–Transformationen der folgenden Zeitfunktionen berechnen.

a. $f(t) = \delta(t)$

b. $f(t) = \mathrm{e}^{\,j\omega_0 t}$

c. $f(t) = \sin \omega_0 t$

d. $f(t) = \cos \omega_0 t$

e. $f(t) = u(t)$

f. $f(t) = [\mathrm{e}^{-at} \cos \omega_0 t] u(t)$

g. $f(t) = [\mathrm{e}^{-at} \sin \omega_0 t] u(t)$

h. $f(t) = u(t+T) - u(t-T)$

i. $f(t) = \sum_{m=-\infty}^{\infty} \delta(t+mT)$

Aufgabe 2.11 Gemäß der folgenden Abbildung werden zwei Spannungsquellen, die jeweils Signale $e(t)$ mit dem Spektrum $E(j\omega) = \mathcal{F}\{e(t)\}$ liefern, über ideale Schalter mit einem Lastwiderstand R verbunden. Beide Schalter schließen um $T/2$ verschoben (obere Schaltfunktion $\rightarrow$ linker Schalter) in regelmäßigen Abständen T für eine Zeitdauer aT, mit $0 < aT < T/2$.

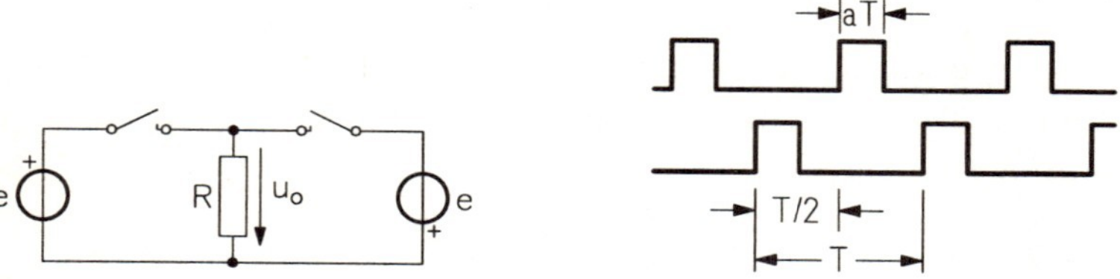

Berechnen Sie $U_o(j\omega) = \mathcal{F}\{u_o(t)\}$ in Abhängigkeit von $E(j\omega)$ sowie den Parametern T und aT.

Aufgabe 2.12 Gegeben sei die Autokorrelations–Funktion

$$r(t) = \lim_{T\to\infty} \frac{1}{2T} \int_{-T}^{T} x^*(\tau)x(t+\tau)d\tau \; .$$

zeigen Sie, daß dann auch

$$r(t) = \lim_{T\to\infty} \frac{1}{2T} \int_{-T+T_1}^{T+T_1} x^*(\tau)x(t+\tau)d\tau$$

gilt; T_1 ist eine reelle Konstante.

3 Analyse elektronischer Schaltungen

In diesem Kapitel werden wir uns mit Verfahren beschäftigen, die der Berechnung des Schaltungsverhaltens dienen. Wir beginnen mit der Gleichstromanalyse, die unter anderem für die Arbeitspunktberechnung von Halbleiterschaltungen Bedeutung hat. Danach werden wir uns Verfahren zuwenden, mit deren Hilfe das Schaltungsverhalten bei zeitlich veränderlichen Signalen analysiert werden kann.

Als Werkzeuge zum Einsatz bei der Analyse von Schaltungen gibt es leistungsfähige Programme. Die im folgenden behandelten Methoden stellen unter anderem in vielen Fällen die Basis für die verwendeten Algorithmen dar.

3.1 Die Gleichstromanalyse

Für die Schaltungsanalyse stehen einerseits die Kirchhoffschen Gleichungen zur Verfügung und zum anderen die Strom–Spannungs–Gleichungen der einzelnen Elemente, wie wir sie etwa im ersten Kapitel behandelt haben.

Wir werden uns im Rahmen der Gleichstromanalyse mit zwei Problembereichen beschäftigen. Der erste betrifft die Systematik des Vorgehens, um die Berechnungen möglichst effizient durchzuführen. Die Behandlung der Nichtlinearitäten, die durch die Dioden– bzw. Transistorgleichungen in die Gleichstromanalyse von Schaltungen eingebracht werden, stellt das andere Problemfeld dar.

Zunächst beschäftigen wir uns mit einem systematischen Verfahren zur Analyse linearer Schaltungen, das auch in Schaltungsanalyse– bzw. Schaltungssimulations–Programmen Anwendung findet, der sogenannten modifizierten Knotenanalyse. Vorher befassen wir uns mit der Formulierung der Schaltungsgleichungen in einer Form, die zur Beschreibung dieses Analyseverfahrens gut geeignet ist.

3.1.1 Formulierung der Schaltungsgleichungen

Wir betrachten eine Schaltung mit insgesamt $n + 1$ Knoten, von denen einer als Bezugsknoten gewählt wird; in der Praxis ist das in der Regel der auf Massepotential liegende Knoten. Für die n Knoten, d. h. alle außer dem Bezugsknoten, lassen sich dann auch n linear unabhängige Knotengleichungen angeben. Diese Kirchhoffschen Knoten– oder Stromgleichungen lassen sich in der Form

$$\boldsymbol{A}\boldsymbol{i} = \boldsymbol{0} \tag{3.1}$$

schreiben, wie wir jetzt zeigen werden. Nehmen wir an, die Schaltung habe b Zweige, so enthält der Vektor $\boldsymbol{i}$ auch insgesamt b Komponenten, nämlich die Ströme $i_1, i_2, \ldots, i_b$ durch die b Zweige; es gilt also

$$\boldsymbol{i} = \begin{pmatrix} i_1 \\ i_2 \\ \vdots \\ i_b \end{pmatrix} . \tag{3.2}$$

Die $n \times b$–Matrix $\boldsymbol{A}$ stellen wir zunächst allgemein in der folgenden Form dar:

$$\boldsymbol{A} = \begin{pmatrix} a_{11} & a_{12} & \ldots & a_{1b} \\ a_{21} & a_{22} & \ldots & a_{2b} \\ \vdots & \vdots & \ddots & \vdots \\ a_{n1} & a_{n2} & \ldots & a_{nb} \end{pmatrix} . \tag{3.3}$$

Ihre Elemente a_{jk} sind definiert durch

$$a_{jk} = \begin{cases} 1, & \text{wenn } i_k \text{ aus dem Knoten } j \text{ herausfließt} \\ -1, & \text{wenn } i_k \text{ in den Knoten } j \text{ hineinfließt} \\ 0, & \text{wenn der Zweig } k \text{ mit dem Knoten } j \text{ nicht verbunden ist.} \end{cases} \tag{3.4}$$

Beispiel 3.1

Es werde der folgende gerichtete Graph einer Schaltung betrachtet:

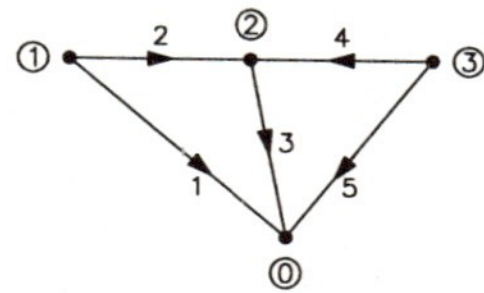

Für dieses Beispiel ist also die Zahl der Knoten (ohne Bezugsknoten 0) $n = 3$, die Zahl der Zweige $b = 5$. Aus dem (gerichteten) Graphen lesen wir die folgende Matrix $\boldsymbol{A}$ ab:

$$\boldsymbol{A} = \begin{pmatrix} 1 & 1 & 0 & 0 & 0 \\ 0 & -1 & 1 & -1 & 0 \\ 0 & 0 & 0 & 1 & 1 \end{pmatrix} .$$

Der Vektor $\boldsymbol{i}$ hat hier $b = 5$ Komponenten. Somit gilt also für dieses Beispiel

$$\boldsymbol{Ai} = \begin{pmatrix} 1 & 1 & 0 & 0 & 0 \\ 0 & -1 & 1 & -1 & 0 \\ 0 & 0 & 0 & 1 & 1 \end{pmatrix} \begin{pmatrix} i_1 \\ i_2 \\ i_3 \\ i_4 \\ i_5 \end{pmatrix} = \boldsymbol{0} .$$

Nach dem Ausmultiplizieren erhält man

$$\begin{aligned} i_1 + i_2 &= 0 \\ -i_2 + i_3 - i_4 &= 0 \\ i_4 + i_5 &= 0 . \end{aligned}$$

Dies ist also das aus der üblichen Anwendung der Kirchhoffschen Knotenregel folgende Gleichungssystem, da sich ergibt, wenn man die Summe aller auf einen Knoten zufließenden (von ihm abfließenden) Ströme gleich null setzt.

Nach der Formulierung der Kirchhoffschen Knotengleichungen in Matrixform wenden wir uns nun einer entsprechenden Darstellung der Maschengleichungen zu und zwar unter Bezugnahme auf die Knotengleichungen.

Zunächst ordnen wir allen Knoten ein Potential zu, der Bezugsknoten erhält zweckmäßigerweise das Potential null. Als Knotenspannungen $v_1, v_2, \ldots, v_n$ bezeichnen wir die Spannungen der entsprechenden Knoten gegenüber dem Bezugsknoten; die Knotenspannungen lassen sich also als Potentialdifferenzen der einzelnen Knotenpotentiale und des Bezugsknoten–Potentials definieren. Die Knotenspannungen $v_1, v_2, \ldots, v_n$ sind linear unabhängig voneinander. Alle Knotenspannungen fassen wir kompakt in dem Vektor

$$\boldsymbol{v} = \begin{pmatrix} v_1 \\ v_2 \\ \vdots \\ v_n \end{pmatrix} \tag{3.5}$$

zusammen. Es ist sinnvoll, neben den Knotenspannungen auch noch Zweigspannungen in folgender Weise zu definieren. Zwischen den Knoten l und m liege der Zweig k, mit $k \in \{1, 2, \ldots, b\}$; dann bezeichnen wir die zwischen den Knoten l und m herrschende Spannung mit u_k. Aus sämtlichen Zweigspannungen $u_1, u_2, \ldots, u_b$ formen wir den Vektor

$$\boldsymbol{u} = \begin{pmatrix} u_1 \\ u_2 \\ \vdots \\ u_b \end{pmatrix} . \tag{3.6}$$

Unter Verwendung der soeben definierten Vektoren $\boldsymbol{v}$ und $\boldsymbol{u}$ gilt dann für die Kirchhoffschen Maschengleichung die Beziehung

$$\boldsymbol{u} = \boldsymbol{A}^T \boldsymbol{v} . \tag{3.7}$$

Darin ist $\boldsymbol{A}^T$ die Transponierte von $\boldsymbol{A}$; sie ist, da $\boldsymbol{A}$ eine $n \times b$–Matrix ist, eine $b \times n$–Matrix. Wir zeigen nun, daß die soeben aufgestellte Beziehung gilt.

Zunächst unterscheiden wir zwei Arten von Zweigen. Zur ersten Art rechnen wir diejenigen, die zwischen einem Knoten und dem Bezugsknoten liegen. Bei ihnen ist die Zweigspannung gleich der Knotenspannung oder gleich ihrem negativen Wert. Die zweite Gruppe wird aus den Zweigen gebildet, die keine Verbindung zum Bezugsknoten haben; hier ergeben sich die Zweigspannungen jeweils als Differenzen von zwei Knotenspannungen. Als Richtungen der Zweige werden die Richtungen der Ströme in den entsprechenden Zweigen gewählt.

Nehmen wir zuerst einen Zweig k an, der zwischen dem Knoten j, mit $j = 1, 2, \ldots, n$, und dem Bezugsknoten 0 liegt, so gilt

$$u_k = \begin{cases} v_j, & \text{wenn } i_k \text{ aus dem Knoten } j \text{ herausfließt} \\ -v_j, & \text{wenn } i_k \text{ in den Knoten } j \text{ hineinfließt.} \end{cases} \tag{3.8}$$

Betrachten wir demgegenüber jetzt einen Zweig r, der zwischen den Knoten l und m liegt und unterstellen ferner, daß der Strom i_r aus dem Knoten l herausfließt, so gilt

$$u_r = v_l - v_m . \tag{3.9}$$

Unter Berücksichtigung dieser Zusammenhänge zwischen den Zweig– und Knotenspannungen läßt sich zunächst das folgende Gleichungssystem angeben:

$$\begin{pmatrix} u_1 \\ u_2 \\ \vdots \\ u_b \end{pmatrix} = \begin{pmatrix} c_{11} & c_{12} & \ldots & c_{1n} \\ c_{21} & c_{22} & \ldots & c_{2n} \\ \vdots & \vdots & \ddots & \vdots \\ c_{b1} & c_{b2} & \ldots & c_{bn} \end{pmatrix} \begin{pmatrix} v_1 \\ v_2 \\ \vdots \\ v_n \end{pmatrix} . \tag{3.10}$$

Abkürzend schreiben wir dafür

$$\boldsymbol{u} = \boldsymbol{C}\boldsymbol{v}. \tag{3.11}$$

Die Elemente c_{kj}, mit $k = 1, 2, \ldots, b$, $j = 1, 2, \ldots, n$, der Matrix $\boldsymbol{C}$ können nur die Werte $1, -1, 0$ annehmen; im einzelnen gilt

$$c_{kj} = \begin{cases} 1, & \text{wenn } i_k \text{ aus dem Knoten } j \text{ herausfließt} \\ -1, & \text{wenn } i_k \text{ in den Knoten } j \text{ hineinfließt} \\ 0, & \text{wenn der Zweig } k \text{ mit dem Knoten } j \text{ nicht verbunden ist.} \end{cases} \tag{3.12}$$

Aus dem Vergleich zwischen den Elementen c_{kj} mit den Elementen a_{jk} folgt dann

$$c_{kj} = a_{jk} \ , \tag{3.13}$$

und es ergibt sich

$$\boldsymbol{C} = \boldsymbol{A}^T. \tag{3.14}$$

Die Kirchhoffschen Gleichungen lassen sich also folgendermaßen darstellen:

$$\begin{aligned} \boldsymbol{A}\boldsymbol{i} &= \boldsymbol{0} && \text{(Knotengleichungen)} \\ \boldsymbol{A}^T\boldsymbol{v} - \boldsymbol{u} &= \boldsymbol{0} && \text{(Maschengleichungen).} \end{aligned}$$

Beispiel 3.2

Wir betrachten noch einmal den Graphen in Beispiel 3.1 mit

$$\boldsymbol{A} = \begin{pmatrix} 1 & 1 & 0 & 0 & 0 \\ 0 & -1 & 1 & -1 & 0 \\ 0 & 0 & 0 & 1 & 1 \end{pmatrix} \qquad \boldsymbol{u} = \begin{pmatrix} u_1 \\ u_2 \\ u_3 \\ u_4 \\ u_5 \end{pmatrix} \qquad \boldsymbol{v} = \begin{pmatrix} v_1 \\ v_2 \\ v_3 \end{pmatrix}.$$

Aus $\boldsymbol{A}^T\boldsymbol{v} - \boldsymbol{u} = \boldsymbol{0}$ folgt

$$\begin{pmatrix} 1 & 0 & 0 \\ 1 & -1 & 0 \\ 0 & 1 & 0 \\ 0 & -1 & 1 \\ 0 & 0 & 1 \end{pmatrix} \begin{pmatrix} v_1 \\ v_2 \\ v_3 \end{pmatrix} - \begin{pmatrix} u_1 \\ u_2 \\ u_3 \\ u_4 \\ u_5 \end{pmatrix} = \boldsymbol{0}$$

und

$$\begin{aligned} v_1 - u_1 &= 0 \\ v_1 - v_2 - u_2 &= 0 \\ v_2 - u_3 &= 0 \\ -v_2 + v_3 - u_4 &= 0 \\ v_3 - u_5 &= 0 \,. \end{aligned}$$

Daraus ergeben sich die beiden direkt ablesbaren Maschengleichungen

$$\begin{aligned} u_1 - u_2 - u_3 &= 0 \\ u_3 - u_5 + u_4 &= 0 \,. \end{aligned}$$

Bei der Formulierung dieser Gleichungen haben wir lediglich auf die Topologie einer Schaltung Bezug genommen, also auf ihre Knoten, Zweige und deren Verbindungen untereinander. Dabei haben wir stillschweigend unterstellt, daß jeder Knoten mit mindestens einem anderen Knoten verbunden ist; isolierte Knoten bzw. isolierte Teilschaltungen sind damit ausgeschlossen.

Eine bestimmte Schaltung ist selbstverständlich nicht allein durch ihre Topologie gekennzeichnet, vielmehr gibt es eine Vielzahl von Schaltungen, die dieselbe Topologie aufweisen können. Die Unterschiede zwischen Schaltungen mit derselben Topologie werden dadurch hervorgerufen, daß jeweils unterschiedliche Beziehungen zwischen den zugehörigen Zweigspannungen und Zweigströmen bestehen; anders ausgedrückt ergeben sich die Unterschiede dadurch, daß die Zweige teilweise oder auch vollständig durch unterschiedliche Elemente gebildet werden. Die Strom–Spannungs–Beziehungen dieser Elemente kommen also noch zu den Kirchhoffschen Gleichungen hinzu; sie sind im allgemeinen Fall nichtlineare algebraische Gleichungen oder nichtlineare Differentialgleichungen.

Die Gesamtzahl der Unbekannten ist $2b + n$, nämlich b Zweigströme, b Zweig– und n Knotenspannungen. Zu ihrer Bestimmung stehen n Knotengleichungen, b Maschengleichungen und b Elementgleichungen zur Verfügung. Sollen alle Unbekannten bestimmt werden, so kann ein $(2b + n) \times (2b + n)$–Gleichungssystem nach dem beschriebenen Verfahren formuliert werden.

Müssen nicht alle Unbekannten berechnet werden, so läßt sich der Lösungsaufwand verringern. Bei der nachfolgend beschriebenen Knotenanalyse werden die n Knotenspannungen über ein $n \times n$–Gleichungssystem bestimmt. Die Knotenanalyse läßt sich bei linearen und im Arbeitspunkt linearisierten Schaltungen anwenden.

3.1.2 Die Knotenanalyse

Wir beginnen mit dem Fall, daß ein Zweig aus der Zusammenschaltung eines Widerstandes mit je einer idealen Spannungsquelle und einer idealen Stromquelle besteht. Ein solcher typischer Zweig k zwischen den Knoten l und m ist in Abb. 3.1 wiedergegeben.

Für $k = 1, 2, \ldots, b$ gilt

$$u_k = R_k i_k + e_k - R_k j_k \,. \tag{3.15}$$

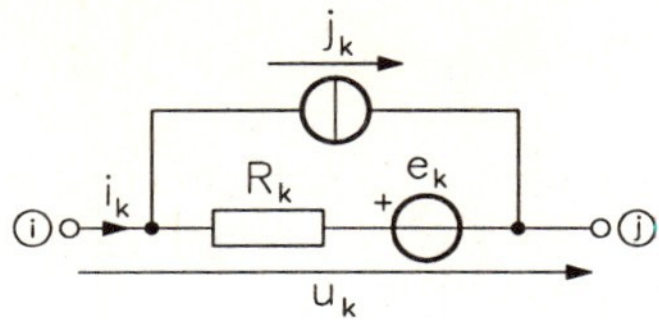

Abb. 3.1 Schaltungszweig

Setzen wir $R_k \neq 0$ voraus, so ergibt sich mit $G_k = 1/R_k$

$$i_k = G_k u_k + j_k - G_k e_k \ . \tag{3.16}$$

Dieses für einen einzelnen Zweig gültige Ergebnis läßt sich auf eine Zusammenschaltung von b gleichartigen Zweige ausdehnen. Für diese Verallgemeinerung führen wir die Diagonalmatrix

$$\boldsymbol{G} = \operatorname{diag}(G_1, G_2, \ldots, G_b) \tag{3.17}$$

sowie die Quellen–Vektoren

$$\boldsymbol{j}^T = (j_1, j_2, \ldots, j_b) \tag{3.18}$$

$$\boldsymbol{e}^T = (e_1, e_2, \ldots, e_b) \tag{3.19}$$

ein; damit erhalten wir dann analog zu (3.16)

$$\boldsymbol{i} = \boldsymbol{G}\boldsymbol{u} + \boldsymbol{j} - \boldsymbol{G}\boldsymbol{e} \ . \tag{3.20}$$

Multiplizieren wir diese Gleichung von links mit $\boldsymbol{A}$ und ersetzen $\boldsymbol{u}$ gemäß (3.7), so ergibt sich unter Berücksichtigung von (3.1)

$$\boldsymbol{A}\boldsymbol{G}\boldsymbol{A}^T\boldsymbol{v} + \boldsymbol{A}\boldsymbol{j} - \boldsymbol{A}\boldsymbol{G}\boldsymbol{e} = \boldsymbol{0} \ . \tag{3.21}$$

Da der Knotenspannungsvektor $\boldsymbol{v}$ unbekannt ist, wird diese Gleichung sinnvollerweise in der Form

$$\boldsymbol{A}\boldsymbol{G}\boldsymbol{A}^T\boldsymbol{v} = \boldsymbol{A}\boldsymbol{G}\boldsymbol{e} - \boldsymbol{A}\boldsymbol{j} \tag{3.22}$$

geschrieben. Führen wir (unter der Annahme von $n+1$ Knoten) zur Abkürzung die $n \times n$–Matrix

$$\boldsymbol{Y} = \boldsymbol{A}\boldsymbol{G}\boldsymbol{A}^T \tag{3.23}$$

ein, sowie den n–dimensionalen Stromvektor

$$\boldsymbol{j}_Q = \boldsymbol{A}\boldsymbol{G}\boldsymbol{e} - \boldsymbol{A}\boldsymbol{j} \ , \tag{3.24}$$

so erhalten wir die Beziehung

$$\boldsymbol{Y}\boldsymbol{v} = \boldsymbol{j}_Q \ . \tag{3.25}$$

Die Matrix $\boldsymbol{Y}$ wird als Knotenadmittanzmatrix bezeichnet und der Vektor $\boldsymbol{j}_Q$ als Stromquellenvektor.

Durch die Einführung des Stromquellenvektors $\boldsymbol{j}_Q$ nehmen wir implizit äquivalente Zweigumwandlungen vor, auf die wir kurz eingehen wollen. Für die k–te Komponente des Vektors $\boldsymbol{j}'$ ($\boldsymbol{j}_Q = \boldsymbol{A}\boldsymbol{j}'$) gilt

$$j'_k = G_k e_k - j_k \ . \tag{3.26}$$

Diese Beziehung ergibt sich, wenn in dem ursprünglich betrachteten Zweig die ideale Spannungsquelle zusammen mit dem Widerstand in eine äquivalente nichtideale Stromquelle umgewandelt wird und die beiden dann vorhandenen Stromquellen zusammengefaßt werden. Abb. 3.2 veranschaulicht dieses

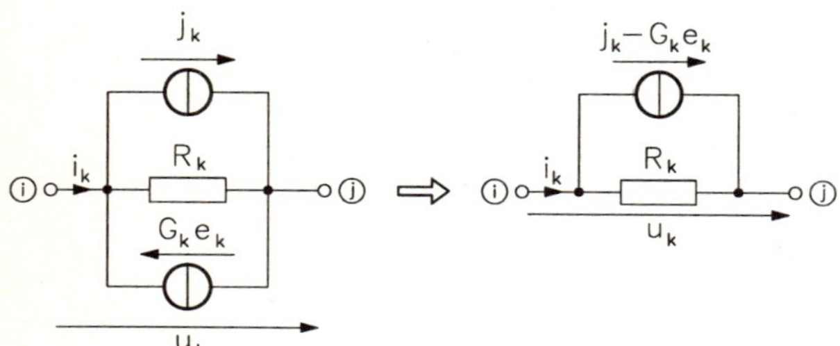

Abb. 3.2 Zweigumwandlung

Vorgehen. Daraus wird auch noch einmal deutlich, daß sich eine derartige Umwandlung nur unter der vorausgesetzten Bedingung $R_k \neq 0$ vornehmen läßt.

Sind die Zweige einer Schaltung von der bisher betrachteten Form, so läßt sich das Gleichungssystem $\boldsymbol{Y}\boldsymbol{v} = \boldsymbol{j}_Q$ bzw.

$$\boldsymbol{v} = \boldsymbol{Y}^{-1}\boldsymbol{j}_Q \tag{3.27}$$

sehr einfach direkt aus der Schaltung ablesen. Um zu zeigen, wie dies geschieht, betrachten wir zuerst ein Beispiel.

Beispiel 3.3

Gegeben sei eine Schaltung mit n = 2 Knoten und b = 3 Zweigen. Dann gilt allgemein für die Matrix $\boldsymbol{Y}$:

$$\begin{aligned} \boldsymbol{Y} &= \boldsymbol{A}\boldsymbol{G}\boldsymbol{A}^T \\ &= \begin{pmatrix} a_{11} & a_{12} & a_{13} \\ a_{21} & a_{22} & a_{23} \end{pmatrix} \begin{pmatrix} G_1 & 0 & 0 \\ 0 & G_2 & 0 \\ 0 & 0 & G_3 \end{pmatrix} \begin{pmatrix} a_{11} & a_{21} \\ a_{12} & a_{22} \\ a_{13} & a_{23} \end{pmatrix} . \end{aligned}$$

Nach dem Multiplizieren der Matrizen erhalten wir

$$\boldsymbol{Y} = \begin{pmatrix} a_{11}^2 G_1 + a_{12}^2 G_2 + a_{13}^2 G_3 & a_{11}a_{21}G_1 + a_{12}a_{22}G_2 + a_{13}a_{23}G_3 \\ a_{11}a_{21}G_1 + a_{12}a_{22}G_2 + a_{13}a_{23}G_3 & a_{21}^2 G_1 + a_{22}^2 G_2 + a_{23}^2 G_3 \end{pmatrix} .$$

Die Elemente der Matrix $\boldsymbol{Y}$ lassen sich auch in der folgenden Form angeben:

$$y_{11} = \sum_{j=1}^{3} a_{1j}^2 G_j \qquad y_{12} = \sum_{j=1}^{3} a_{1j} a_{2j} G_j$$

$$y_{21} = \sum_{j=1}^{3} a_{1j} a_{2j} G_j \qquad y_{22} = \sum_{j=1}^{3} a_{2j}^2 G_j \ .$$

Diese für das Beispiel gültigen Ergebnisse lassen sich leicht verallgemeinern; für die Elemente der Matrix $\boldsymbol{Y}$ ergibt sich bei einer Schaltung mit n Knoten für $i, k \in \{1, 2, \ldots, n\}$:

$$y_{ii} = \sum_{j=1}^{b} a_{ij}^2 G_j \tag{3.28}$$

$$y_{ik} = \sum_{j=1}^{b} a_{ij} a_{kj} G_j \qquad k \neq i \ . \tag{3.29}$$

Betrachten wir diese beiden Beziehungen nacheinander. Wir wissen, daß die Matrixelemente a_{ij} die Werte $0, 1, -1$ annehmen können; folglich ist a_{ij}^2 entweder 0 oder +1. (Den Fall $a_{ij}^2 = 0 \;\forall\, i, j$ haben wir ausgeschlossen, da sonst der betrachtete Knoten i mit keinem einzigen Zweig verbunden wäre.) Das Produkt $a_{ij} a_{kj}$ kann nur die Werte 0 oder -1 annehmen. Der Strom i_j hat somit entweder keinen direkten Bezug zu einem der beiden Knoten i und k, dann gilt $a_{ij} a_{kj} = 0$; andernfalls fließt er aus i heraus und in k hinein (oder umgekehrt), so daß $a_{ij} a_{kj} = -1$ gilt.

Damit ergibt sich folgendes Vorgehen für das direkte Ablesen des Gleichungssystems aus der Schaltung:

1. Zur Bildung des Vektors $\boldsymbol{j}_Q$ werden alle evtl. vorhandenen nichtidealen Spannungsquellen in Stromquellen umgewandelt; ideale Spannungsquellen sind nach Voraussetzung nicht vorhanden. Die Komponenten des Stromvektors werden durch die Summe aller Ströme an dem jeweiligen Knoten gebildet, die von Stromquellen geliefert werden. Die einzelnen Ströme werden positiv gezählt, wenn sie in den jeweiligen Knoten hineinfließen, sonst negativ.

2. Die Elemente y_{ii} werden durch die Summe aller mit dem Knoten i verbundenen Leitwerte gebildet.

3. Die Elemente y_{ik} $(k \neq i)$ der Matrix $\boldsymbol{Y}$ sind jeweils die negative Summe der (direkt) zwischen den Knoten i und k liegenden Leitwerte.

Beispiel 3.4

Es wird das Kleinsignalverhalten einer Emitterschaltung untersucht. In der folgenden Abbildung sind die Schaltung und das zu verwendende Transistormodell wiedergegeben.

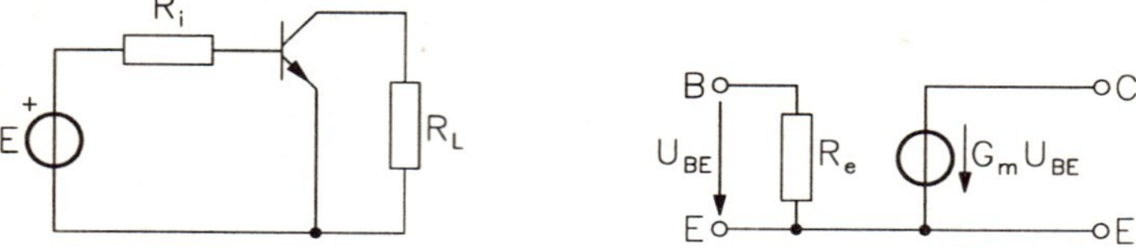

Darin ist $R_e = (\beta + 1)R_E$ mit $R_E = U_T/I_{E0}$ und $G_m = \beta/[(\beta + 1)R_E]$. Wird das Modell für den Transistor eingesetzt, so ergibt sich die in der nächsten Abbildung dargestellte Schaltung.

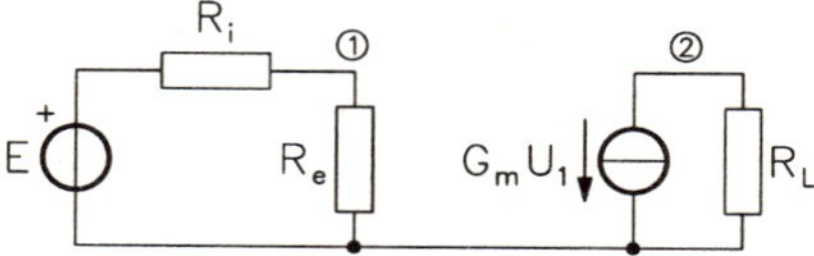

Nach Umwandlung der Spannungsquelle in eine Stromquelle erhält man dann die für die Anwendung der Knotenanalyse geeignete Schaltung.

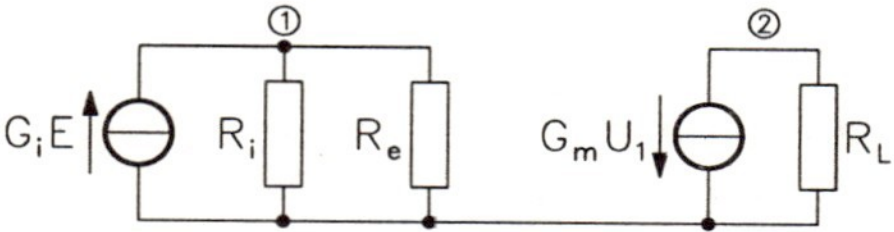

Aus dieser Schaltung liest man direkt das folgende Gleichungssystem ab:

$$\begin{pmatrix} G_e + G_i & 0 \\ 0 & G_L \end{pmatrix} \begin{pmatrix} U_1 \\ U_2 \end{pmatrix} = \begin{pmatrix} G_i E \\ -G_m U_1 \end{pmatrix} .$$

Nach einfacher Umformung ergibt sich

$$\begin{pmatrix} G_e + G_i & 0 \\ G_m & G_L \end{pmatrix} \begin{pmatrix} U_1 \\ U_2 \end{pmatrix} = \begin{pmatrix} G_i E \\ 0 \end{pmatrix} .$$

Aus diesem Gleichungssystem erhält man — z. B. mit Hilfe der Cramerschen Regel — für die Ausgangsspannung

$$U_2 = -\frac{G_m R_L E}{1 + R_i/R_e} .$$

Es sind die zunächst erforderliche Umwandlung der nichtidealen Spannungsquellen in Stromquellen und der Ausschluß idealer Spannungsquellen, die die Knotenanalyse insbesondere für die Anwendung rechnerunterstützter Verfahren einschränken. Denn es ist weder akzeptabel, daß eine Schaltung vor der Eingabe in den Rechner umgewandelt werden muß, noch kann die Beschränkung auf nichtideale Spannungsquellen hingenommen werden, da dies in der Praxis unbefriedigend ist.

Ein allgemeingültiges Verfahren (für lineare Schaltungen), das auch die Forderungen nach "Rechnertauglichkeit " erfüllt, ist die modifizierte Knotenanalyse, der wir uns nun zuwenden.

3.1.3 Die modifizierte Knotenanalyse

Wir betrachten zunächst die nachfolgende Schaltung (Abb. 3.3), die neben

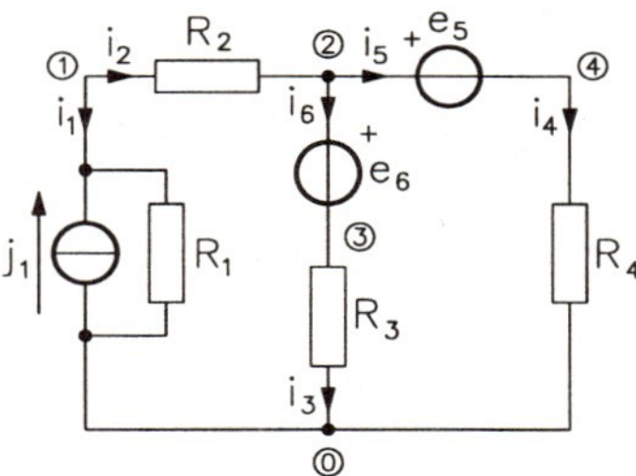

Abb. 3.3 Schaltung mit zwei idealen Spannungsquellen

einer Stromquelle noch zwei (unabhängige) Spannungsquellen enthält; auch die Spannungsquelle e_6 fassen wir als ideale Quelle auf, obwohl sie sich mit dem Widerstand R_3 zu einer nichtidealen Quelle zusammenfassen ließe. Zuerst stellen wir die Kirchhoffschen Knotengleichungen in der Form $\boldsymbol{Ai} = \mathbf{0}$ auf; dabei gehen wir so vor, daß wir bei der Numerierung der Zweige mit denjenigen beginnen, die für die Anwendung der (normalen) Knotenanalyse keine Schwierigkeiten machen. Es ergibt sich dann

$$\begin{pmatrix} 1 & 1 & 0 & 0 & 0 & 0 \\ 0 & -1 & 0 & 0 & 1 & 1 \\ 0 & 0 & 1 & 0 & 0 & -1 \\ 0 & 0 & 0 & 1 & -1 & 0 \end{pmatrix} \begin{pmatrix} i_1 \\ i_2 \\ i_3 \\ i_4 \\ i_5 \\ i_6 \end{pmatrix} = \mathbf{0} \; . \tag{3.30}$$

Die Ströme i_1, i_2, i_3, i_4 lassen sich durch die Strom–Spannungs–Beziehungen der jeweiligen Zweige unter Verwendung der Knotenspannungen v_1, v_2, v_3, v_4 leicht berechnen. Aus der Schaltung lesen wir die folgenden Beziehungen ab:

$$i_1 = G_1 v_1 - j_1$$

$$\begin{aligned} i_2 &= G_2 v_1 - G_2 v_2 \\ i_3 &= G_3 v_3 \\ i_4 &= G_4 v_4 \; . \end{aligned} \tag{3.31}$$

Wir sehen auch sofort, daß sich für die Zweigströme i_5 und i_6 keine entsprechenden Gleichungen angeben lassen, da in den zugehörigen Zweigen die idealen Spannungsquellen e_5 bzw. e_6 liegen. Für diese beiden Zweige finden wir jedoch unter Verwendung der Knotenspannungen v_2, v_3, v_4 die beiden Beziehungen

$$\begin{aligned} e_5 &= v_2 - v_4 \\ e_6 &= v_2 - v_3 \; . \end{aligned} \tag{3.32}$$

Fassen wir die sechs Gleichungen (3.31,3.32) zusammen und berücksichtigen (3.30), so können wir das Gleichungssystem zunächst in folgender Form schreiben:

$$\begin{pmatrix} 1 & 1 & 0 & 0 & 0 & 0 \\ 0 & -1 & 0 & 0 & 1 & 1 \\ 0 & 0 & 1 & 0 & 0 & -1 \\ 0 & 0 & 0 & 1 & -1 & 0 \end{pmatrix} \begin{pmatrix} G_1 v_1 \\ G_2 v_1 - G_2 v_2 \\ G_3 v_3 \\ G_4 v_4 \\ i_5 \\ i_6 \end{pmatrix} = \begin{pmatrix} j_1 \\ 0 \\ 0 \\ 0 \end{pmatrix}$$

$$\begin{aligned} v_2 - v_4 &= e_5 \\ v_2 - v_3 &= e_6 \; . \end{aligned} \tag{3.33}$$

Durch einfache Umformungen läßt sich daraus ein äquivalentes Gleichungssystem gewinnen:

$$\left(\begin{array}{cccc|cc} G_1 + G_2 & -G_2 & 0 & 0 & 0 & 0 \\ -G_2 & G_2 & 0 & 0 & 1 & 1 \\ 0 & 0 & G_3 & 0 & 0 & -1 \\ 0 & 0 & 0 & G_4 & -1 & 0 \\ \hline 0 & 1 & 0 & -1 & 0 & 0 \\ 0 & 1 & -1 & 0 & 0 & 0 \end{array}\right) \left(\begin{array}{c} v_1 \\ v_2 \\ v_3 \\ v_4 \\ \hline i_5 \\ i_6 \end{array}\right) = \left(\begin{array}{c} j_1 \\ 0 \\ 0 \\ 0 \\ \hline e_5 \\ e_6 \end{array}\right) . \tag{3.34}$$

Partitionieren wir nun die Matrix sowie die beiden Vektoren entsprechend den eingezeichneten Linien, so können wir abkürzend

$$\begin{pmatrix} \boldsymbol{Y}_r & \boldsymbol{B} \\ \boldsymbol{C} & \boldsymbol{D} \end{pmatrix} \begin{pmatrix} \boldsymbol{v} \\ \boldsymbol{i}_e \end{pmatrix} = \begin{pmatrix} \boldsymbol{j} \\ \boldsymbol{e} \end{pmatrix} \tag{3.35}$$

schreiben. Aus dem Vergleich zwischen den beiden Darstellungen ergeben sich die Definitionen der entsprechenden Größen. Untersuchen wir nun die Teilmatrizen bzw. -vektoren näher, so stellen wir folgendes fest.

$\boldsymbol{Y}_r$ ist die Knotenadmittanzmatrix derjenigen Schaltung, die sich ergäbe, falls die Zweige mit den "ungeeigneten" Quellen e_5 und e_6 entfernt würden; $\boldsymbol{v}$ wäre dann der Knotenspannungsvektor dieser Schaltung und $\boldsymbol{j}$ der zugehörige Stromquellenvektor.

Der Vektor $\boldsymbol{i}_e$ besteht aus denjenigen Strömen, die durch die für die Knotenanalyse "unbrauchbaren" Zweige fließen.

Die Matrix $\boldsymbol{B}$ enthält diejenigen Elemente der Matrix $\boldsymbol{A}$, die mit dem Vektor $\boldsymbol{i}_e$ multipliziert werden.

Da es sich bei der betrachteten Schaltung um ein reziprokes Netzwerk (s. Abschnitt 3.3.7) handelt, gilt im vorliegenden Fall

$$\boldsymbol{C} = \boldsymbol{B}^T. \tag{3.36}$$

Sämtliche Elemente der Matrix $\boldsymbol{D}$ sind hier null, da, wie schon erwähnt, keine Strom–Spannungs–Beziehungen zwischen den Spannungsquellen e_5 und e_6 und den durch sie fließenden Strömen angegeben werden können.

Diese am Beispiel durchgeführten Überlegungen lassen sich verallgemeinern und führen zur "modifizierten Knotenanalyse" [6]. Ihr Prinzip läßt sich — zunächst immer noch unter Beschränkung auf Gleichstromschaltungen — folgendermaßen formulieren.

Es werden zunächst alle diejenigen Zweige durchnumeriert, die lineare Widerstände sowie unabhängige bzw. spannungsgesteuerte Stromquellen enthalten; unter anderem werden evtl. vorhandene Zweige mit stromgesteuerten Stromquellen zunächst ignoriert. Für diese so gekennzeichnete Teilschaltung läßt sich das übliche Knotenanalyse–Gleichungssystem angeben.

Nun werden die verbliebenen Zweige numeriert. Sie sind dadurch gekennzeichnet, daß sie unabhängige oder gesteuerte Spannungsquellen enthalten können. Ferner gehören in diese Gruppe solche Zweige, deren Ströme Quellen in anderen Zweigen steuern. Alle Ströme dieser verbliebenen Zweige werden zusätzlich zu den Knotenspannungen als Variable genommen. Um die Zahl dieser Variablen erhöht sich auch die Zahl der Gleichungen, die zu dem Knotenanalyse–System hinzukommen; diese zusätzlichen Gleichungen ergeben sich aus den Beziehungen, die für diejenigen Zweige gültig sind, die nicht bei dem Knotenanalyse–System berücksichtigt wurden.

Durch die Hinzunahme weiterer Variablen steigt der Lösungsaufwand im Vergleich zur normalen Knotenanalyse. Dafür enthält aber auch der Lösungsvektor neben den Knotenspannungen eine entsprechende Anzahl von Zweigströmen. Aus diesem Umstand ergibt sich ein nützlicher Aspekt.

Ist ein Zweigstrom die gesuchte Größe bei der Schaltungsanalyse, so muß er — selbst bei Schaltungen, die von vornherein für die Knotenanalyse geeignet sind — über die Bestimmung von zwei Knotenspannungen nachträglich berechnet werden. Macht man sich jedoch die eben erwähnte Eigenschaft zunutze, so kann man zur direkten Berechnung eines gesuchten Zweigstromes folgendermaßen verfahren. Man fügt einfach in Reihe zu diesem Zweig — unter Erhöhung der Knotenzahl um eins — einen weiteren Zweig mit einer idealen Spannungsquelle hinzu und gibt der zugehörigen Quellenspannung den Wert null. Damit taucht dann der Strom durch die so entstandene Kurzschlußverbindung im Gleichungssystem als Unbekannte auf.

Wir wenden uns nun dem allgemeinen Fall zu. Zunächst schreiben wir die Kirchhoffschen Knotengleichungen $\boldsymbol{Ai} = \mathbf{0}$ in der Form

$$\begin{pmatrix} \boldsymbol{A}_1 & \boldsymbol{A}_2 \end{pmatrix} \begin{pmatrix} \boldsymbol{i}_1 \\ \boldsymbol{i}_2 \end{pmatrix} = \mathbf{0} \,. \tag{3.37}$$

Der Vektor $\boldsymbol{i}_1$ besteht nur aus denjenigen Strömen, die in Zweigen fließen, die sich im Hinblick auf die Anwendung der Knotenanalyse "gutartig" verhalten; der Vektor $\boldsymbol{i}_2$ enthält alle übrigen Ströme. $\boldsymbol{A}_1$ und $\boldsymbol{A}_2$ sind die zu $\boldsymbol{i}_1$ und $\boldsymbol{i}_2$ gehörigen Matrizen, die aus der Matrix $\boldsymbol{A}$ durch Partitionierung hervorgehen.

Wir gehen wieder davon aus, daß $\boldsymbol{A}$ eine $n \times b$–Matrix ist; ferner nehmen wir an, daß $\boldsymbol{i}_1$ die Dimension l und $\boldsymbol{i}_2$ die Dimension m hat, daß also $l+m = b$ gilt. Dann ist $\boldsymbol{A}_1$ eine $n \times l$–Matrix und $\boldsymbol{A}_2$ eine $n \times m$–Matrix. Wir führen noch die $l \times l$–Diagonalmatrix

$$\boldsymbol{R}_r = \mathrm{diag}\,(R_1, R_2, \ldots, R_l) \,, \tag{3.38}$$

die beiden l–dimensionalen Vektoren

$$\boldsymbol{u}_1^T = (u_1, u_2, \ldots, u_l) \qquad \boldsymbol{j}^T = (j_1, j_2, \ldots, j_l) \tag{3.39}$$

und schließlich noch den m–dimensionalen Vektor

$$\boldsymbol{u}_2^T = (u_{l+1}, u_{l+2}, \ldots, u_{l+m}) \tag{3.40}$$

ein. Die Diagonalmatrix $\boldsymbol{R}_r$ enthält die Widerstände der "gutartigen" Zweige, die Vektoren $\boldsymbol{u}_1$ und $\boldsymbol{j}$ enthalten die entsprechenden Zweigspannungen bzw. die evtl. vorhandenen Stromquellen; der Vektor $\boldsymbol{u}_2$ enthält die Zweigspannungen der "schlechten" Zweige.

Wir nehmen an, die Komponente i_k des Vektors $\boldsymbol{i}_1$ fließe durch einen Zweig gemäß Abb. 3.4.

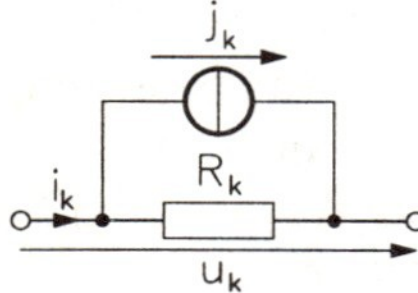

Abb. 3.4 Schaltungszweig mit Widerstand und Stromquelle

Dann gilt für $k \in \{1, 2, \ldots, l\}$

$$u_k = R_k(i_k - j_k) \tag{3.41}$$

und verallgemeinernd

$$\boldsymbol{u}_1 = \boldsymbol{R}_r(\boldsymbol{i}_1 - \boldsymbol{j}) \; . \tag{3.42}$$

Mit $\boldsymbol{G}_r = \boldsymbol{R}_r^{-1}$ erhalten wir daraus

$$\boldsymbol{i}_1 = \boldsymbol{G}_r\boldsymbol{u}_1 + \boldsymbol{j} \; . \tag{3.43}$$

Ist $\boldsymbol{v}$ der aus den Knotenspannungen $v_1, v_2, \dots, v_n$ gebildete Vektor, so gilt

$$\begin{pmatrix} \boldsymbol{A}_1^T \\ \boldsymbol{A}_2^T \end{pmatrix} \boldsymbol{v} = \begin{pmatrix} \boldsymbol{u}_1 \\ \boldsymbol{u}_2 \end{pmatrix} \; . \tag{3.44}$$

Unter Verwendung dieser Beziehung ergibt sich

$$\boldsymbol{i}_1 = \boldsymbol{G}_r\boldsymbol{A}_1^T\boldsymbol{v} + \boldsymbol{j} \tag{3.45}$$

und für die Kirchhoffschen Knotengleichungen gemäß (3.37)

$$\begin{pmatrix} \boldsymbol{A}_1 & \boldsymbol{A}_2 \end{pmatrix} \begin{pmatrix} \boldsymbol{G}_r\boldsymbol{A}^T\boldsymbol{v} + \boldsymbol{j} \\ \boldsymbol{i}_2 \end{pmatrix} = \boldsymbol{0} \; . \tag{3.46}$$

Daraus erhalten wir durch Umformung

$$\begin{pmatrix} \boldsymbol{A}_1\boldsymbol{G}_r\boldsymbol{A}_1^T & \boldsymbol{A}_2 \end{pmatrix} \begin{pmatrix} \boldsymbol{v} \\ \boldsymbol{i}_2 \end{pmatrix} = \begin{pmatrix} -\boldsymbol{A}_1\boldsymbol{j} \\ \boldsymbol{0} \end{pmatrix} \; . \tag{3.47}$$

(Der Nullvektor hat jetzt eine entsprechend geringere Dimension.) Berücksichtigen wir dazu noch die Beziehung

$$\boldsymbol{A}_2^T\boldsymbol{v} = \boldsymbol{u}_2 \; , \tag{3.48}$$

so können wir schließlich

$$\begin{pmatrix} \boldsymbol{A}_1\boldsymbol{G}_r\boldsymbol{A}_1^T & \boldsymbol{A}_2 \\ \boldsymbol{A}_2^T & \boldsymbol{0} \end{pmatrix} \begin{pmatrix} \boldsymbol{v} \\ \boldsymbol{i}_2 \end{pmatrix} = \begin{pmatrix} -\boldsymbol{A}_1\boldsymbol{j} \\ \boldsymbol{u}_2 \end{pmatrix} \tag{3.49}$$

schreiben. Dies ist die Verallgemeinerung des Ergebnisses, das wir anhand eines Beispiels gefunden hatten.

Bei der "normalen" Knotenanalyse besteht ein wesentlicher Vorteil darin, daß das Gleichungssystem sehr einfach aus der Schaltung abgelesen werden kann. Wir zeigen nun, daß ein ähnlicher Vorteil auch bei der modifizierten Knotenanalyse vorhanden ist. Dabei gehen wir so vor, daß wir für die bei der "normalen" Knotenanalyse ausgeschlossenen Quellen — ideale Spannungsquellen, spannungsgesteuerte sowie stromgesteuerte Spannungsquellen und stromgesteuerte Stromquellen — charakteristische Gleichungsmuster ableiten; wir unterstellen dabei immer, daß die Schaltung jeweils nur eine für die normale Knotenanalyse unpassende Quelle enthält, damit diese Muster nicht zu unübersichtlich werden. Dazu gehen wir von Beispielen aus, wobei wir für alle vier Fälle im wesentlichen dieselben Schaltungsstrukturen verwenden.

Obwohl wir die ideale Spannungsquelle bereits behandelt haben, beschäftigen wir uns unter dem Gesichtspunkt der genannten Systematik zunächst noch einmal mit ihr. Sie ist Teil der in Abb. 3.5 dargestellten Schaltung. Zu

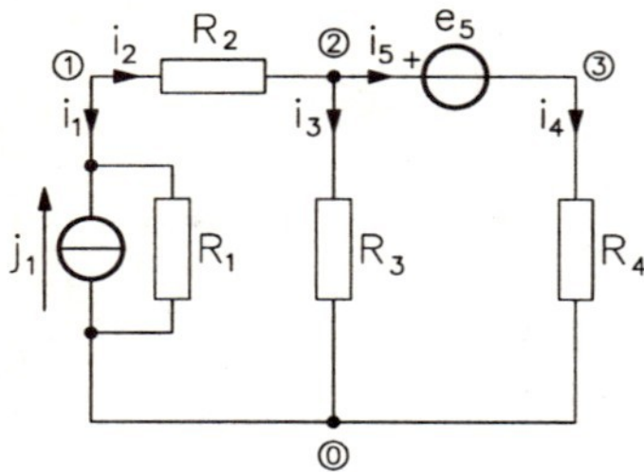

Abb. 3.5 Schaltungsbeispiel

diesem Schaltungsbeispiel gehört das Gleichungssystem

$$\left(\begin{array}{ccc|c} G_1+G_2 & -G_2 & 0 & 0 \\ -G_2 & G_2+G_3 & 0 & 1 \\ 0 & 0 & G_4 & -1 \\ \hline 0 & 1 & -1 & 0 \end{array}\right) \left(\begin{array}{c} v_1 \\ v_2 \\ v_3 \\ \hline i_5 \end{array}\right) = \left(\begin{array}{c} j_1 \\ 0 \\ 0 \\ \hline e_5 \end{array}\right) . \tag{3.50}$$

Dieses Ergebnis verallgemeinern wir nun dadurch, daß wir zeigen, welchen Beitrag eine ideale Spannungsquelle im Zweig l zwischen den Knoten c und d zusätzlich zur "normalen" Knotenanalyse liefert. Dazu gehen wir von der

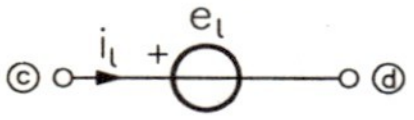

Abb. 3.6 Berücksichtigung einer idealen Spannungsquelle

idealen Spannungsquelle in Abb. 3.6 aus.

Das für den allgemeinen Fall gültige Gleichungssystem hat dann folgendes Aussehen.

$$\begin{array}{c} \\ \\ \\ c \\ d \\ \\ \end{array} \left(\begin{array}{cccc|c} & & c & d & \\ & & & & \\ & \boldsymbol{Y}_r & & & \\ & & & & 1 \\ & & & & -1 \\ \hline & & 1 & -1 & \end{array}\right) \left(\begin{array}{c} \\ \\ \boldsymbol{v} \\ \\ \\ \hline i_l \end{array}\right) = \left(\begin{array}{c} \\ \\ \boldsymbol{j} \\ \\ \\ \hline e_l \end{array}\right) . \tag{3.51}$$

In die Matrix sind nur die von Null verschiedenen Elemente eingetragen, an allen anderen Stellen außerhalb der Teilmatrix $\boldsymbol{Y}_r$ stehen Nullen. Der Einfachheit halber haben wir angenommen, daß die Knoten c und d in der Numerierung aufeinanderfolgen; dies muß im allgemeinen natürlich nicht so sein.

Wenden wir uns nun der Behandlung einer spannungsgesteuerten Spannungsquelle zu. Dazu setzen wir in Abb. 3.5 einfach $e_5 = K(v_1 - v_2)$ an; das heißt also, daß die Quelle e_5 durch die Differenz der Knotenspannungen v_1 und v_2 gesteuert wird. Als Gleichungssystem für das Beispiel ergibt sich dann

$$\left(\begin{array}{ccc|c} G_1+G_2 & -G_2 & 0 & 0 \\ -G_2 & G_2+G_3 & 0 & 1 \\ 0 & 0 & G_4 & -1 \\ \hline -K & 1+K & -1 & 0 \end{array}\right) \left(\begin{array}{c} v_1 \\ v_2 \\ v_3 \\ \hline i_5 \end{array}\right) = \left(\begin{array}{c} j_1 \\ 0 \\ 0 \\ \hline 0 \end{array}\right) . \qquad (3.52)$$

Es ist darauf hinzuweisen, daß dieses Beispiel einen Sonderfall darstellt, da der Knoten 2 sowohl zum steuernden als auch zum gesteuerten Klemmenpaar gehört.

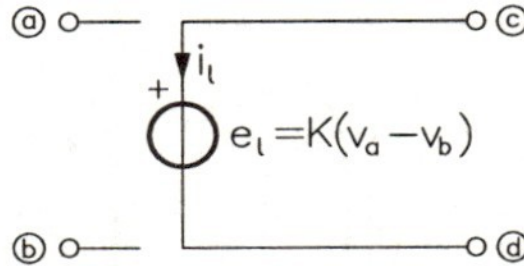

Abb. 3.7 Zur Behandlung einer spannungsgesteuerten Spannungsquelle

Die Verallgemeinerung auf beliebige Klemmenpaare (s. Abb. 3.7) ergibt dann das folgende Gleichungssystem:

$$\begin{array}{c} \\ a \\ b \\ \vdots \\ c \\ d \\ \\ \end{array} \begin{array}{c} \quad a \quad b \quad \dots \quad c \quad d \\ \left(\begin{array}{cccccc|c} & & & & & & \\ & & & & & & \\ & & \boldsymbol{Y}_r & & & & \\ & & & & & & 1 \\ & & & & & & -1 \\ \hline -K & K & & 1 & -1 & & \end{array}\right) \end{array} \left(\begin{array}{c} \\ \\ \boldsymbol{v} \\ \\ \\ \hline i_l \end{array}\right) = \left(\begin{array}{c} \\ \\ \boldsymbol{j} \\ \\ \\ \hline 0 \end{array}\right) . \qquad (3.53)$$

Die Ableitung der übrigen Gleichungsmuster erfolgt in entsprechender Weise; Quellen und Gleichungssysteme sind in der Tabelle 3.1 zusammengestellt. Der Vollständigkeit halber ist darin auch die — mit der "normalen" Knotenanalyse handhabbare — spannungsgesteuerte Stromquelle enthalten.

Die linearen Gleichungssysteme können mit bekannten Verfahren (numerisch) gelöst werden. Dazu gehört insbesondere das Gaußsche Eliminationsverfahren mit zusätzlichen Maßnahmen zur Verringerung des Lösungsaufwandes (z. B. LU–Zerlegung). Aber auch iterative Algorithmen, wie das Gauß–Seidel– oder das Gauß–Jacobi–Verfahren, kommen in Betracht.

3.1.4 Gleichstromanalyse nichtlinearer Schaltungen

Sowohl die normale als auch die modifizierte Knotenanalyse können bei der direkten Berechnung von Transistorschaltungen nur dann eingesetzt werden,

<table>
<tr><th>Quellentyp</th><th>Gleichungsmuster</th></tr>
<tr><td>ⓒ + e_l i_l ⓓ</td><td>$$\begin{array}{c} \\ c \\ d \\ \\ \end{array}\left(\begin{array}{cc|c} c & d & \\ \hline & \boldsymbol{Y}_r & \\ & & 1 \\ & & -1 \\ \hline 1 & -1 & \end{array}\right)\left(\begin{array}{c}\boldsymbol{v}\\ \hline i_l\end{array}\right)=\left(\begin{array}{c}\boldsymbol{j}\\ \hline e_l\end{array}\right)$$</td></tr>
<tr><td>ⓐ ⓒ + $K(v_a - v_b)$ i_l ⓑ ⓓ</td><td>$$\left(\begin{array}{cccc|c} a & b & c & d & \\ \hline & & \boldsymbol{Y}_r & & \\ & & & & 1 \\ & & & & -1 \\ \hline -K & K & 1 & -1 & \end{array}\right)\left(\begin{array}{c}\boldsymbol{v}\\ \hline i_l\end{array}\right)=\left(\begin{array}{c}\boldsymbol{j}\\ \hline 0\end{array}\right)$$ (Zeilen: a, b, c, d)</td></tr>
<tr><td>ⓐ ⓒ i_k + $R_0 i_k$ i_l ⓑ ⓓ</td><td>$$\left(\begin{array}{cccc|cc} a & b & c & d & & \\ \hline & & & & 1 & \\ & & & & -1 & \\ & & \boldsymbol{Y}_r & & & \\ & & & & & 1 \\ & & & & & -1 \\ \hline 1 & -1 & & & & \\ & & -1 & 1 & R_0 & \end{array}\right)\left(\begin{array}{c}\boldsymbol{v}\\ \hline i_k\\ i_l\end{array}\right)=\left(\begin{array}{c}\boldsymbol{j}\\ \hline 0\\ 0\end{array}\right)$$ (Zeilen: a, b, c, d)</td></tr>
<tr><td>ⓐ ⓒ i_k $K i_k$ i_l ⓑ ⓓ</td><td>$$\left(\begin{array}{cc|cc} a & b & & \\ \hline & & 1 & \\ & & -1 & \\ & \boldsymbol{Y}_r & & \\ & & & 1 \\ & & & -1 \\ \hline 1 & -1 & & \\ & & K & -1 \end{array}\right)\left(\begin{array}{c}\boldsymbol{v}\\ \hline i_k\\ i_l\end{array}\right)=\left(\begin{array}{c}\boldsymbol{j}\\ \hline 0\\ 0\end{array}\right)$$ (Zeilen: a, b, c, d)</td></tr>
<tr><td>ⓐ ⓒ $G_0(v_a - v_b)$ i_l ⓑ ⓓ</td><td>$$\begin{array}{c} a \\ b \\ c \\ d \end{array}\left(\begin{array}{cc} a & b \\ & \\ & \\ Y_{ca} + G_0 & Y_{cb} - G_0 \\ Y_{da} - G_0 & Y_{db} + G_0 \end{array}\right)\left(\begin{array}{c} v_a \\ v_b \\ \\ \end{array}\right)=\left(\begin{array}{c}\boldsymbol{j}\end{array}\right)$$</td></tr>
</table>

Tabelle 3.1 Gleichungsmuster für die modifizierte Knotenanalyse

wenn Kleinsignal–Modelle verwendet werden können. Für die direkte Berechnung allgemeiner, nichtlinearer Schaltungen können diese Verfahren nicht eingesetzt werden.

Der Behandlung nichtlinearer Schaltungen wenden wir uns nun zu und beginnen dazu zunächst mit einem einfachen einführenden Beispiel.

Beispiel 3.5

Die folgende nichtlineare Schaltung werde aus einer Gleichspannungsquelle mit

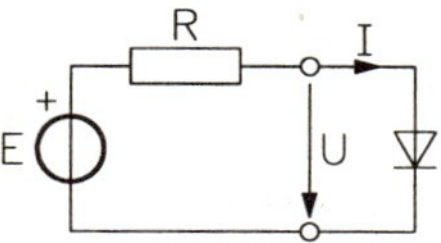

$E = 1\,V$ gespeist. Für die Diode gelte

$$I = I_S \left(\mathrm{e}^{U/U_T} - 1\right)$$

mit $I_S = 100\,nA, U_T = 26\,mV$, und der Widerstand habe den Wert $R = 100\,k\Omega$. Für die Berechnung der Diodenspannung U gehen wir von der Gleichung

$$U + RI_S \left(\mathrm{e}^{U/U_T} - 1\right) - E = 0$$

aus, die direkt aus der Schaltung abgelesen werden kann. Da die Gleichung nicht nach U aufgelöst werden kann, besteht keine Möglichkeit, eine Lösung auf analytischem Wege zu finden.

In diesem Beispiel soll die Lösung grafisch bestimmt werden. Dazu setzen wir

$$f(U) = U + RI_S \left(\mathrm{e}^{U/U_T} - 1\right) - E\ .$$

Die Lösung der Gleichung $f(U) = 0$ liefert dann den gesuchten Wert der Diodenspannung U. Aus der nachfolgenden Tabelle, bzw. dem zugehörigen Graphen, finden wir — im Rahmen der hier angestrebten Genauigkeit — $U = 116.8\,mV$.

U/mV	$f(U)/V$	U/mV	$f(U)/V$
0	−1	116.5	−0.01
50	−0.89	116.8	0.00
100	−0.44	117	0.01
110	−0.21	120	0.12
114	−0.09	130	0.6
115	−0.06	140	1.31
116	−0.03	150	2.34

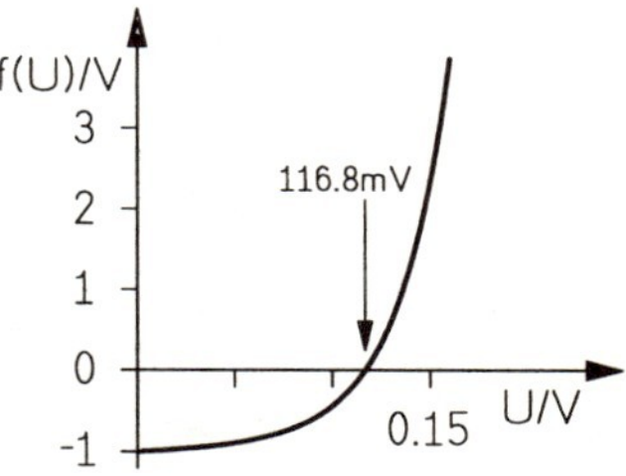

Nichtlineare Gleichungen lassen sich im allgemeinen nicht in geschlossener Form lösen, sondern — abgesehen von zeichnerischen Lösungen — nur numerisch, und zwar iterativ. Das bedeutet, daß man aus einer ersten Näherungslösung eine zweite berechnet, die genauer als die erste ist und diese dann wieder als Basis für die nächste noch genauere Näherungslösung benutzt, wobei dieser Prozeß entsprechend weiter fortgeführt wird, bis die

Lösung die gewünschte Genauigkeit erreicht hat. Man bestimmt also eine Folge von Lösungen $x_0, x_1, \ldots$ mit dem Ziel, daß diese Folge gegen die exakte Lösung konvergiert. Die wichtigste derartige Methode zur Lösung nichtlinearer Gleichungssysteme ist das Newton–Raphson–Verfahren, das im folgenden erläutert wird.

Wie das letzte Beispiel anschaulich zeigt, läßt sich ein (eindimensionales) nichtlineares Problem allgemein in der Form

$$f(x) = 0 \tag{3.54}$$

darstellen. Zur Erläuterung des Verfahrens zur approximativen Lösung von (3.54) betrachten wir zunächst den in Abb. 3.8 dargestellten Graphen einer

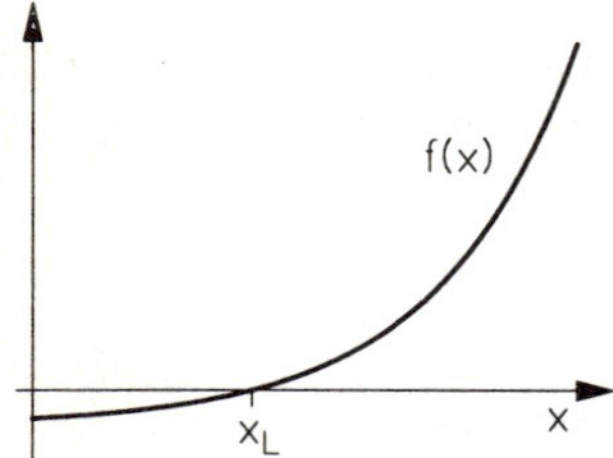

Abb. 3.8 Graph einer nichtlinearen Funktion

Funktion $f(x)$. Die gesuchte Lösung $x = x_L$ ergibt sich aus dem Schnittpunkt der zu $f(x)$ gehörigen Kurve mit der x–Achse. An diesem Beispiel wollen wir nun die dem Newton–Raphson–Verfahren unterliegende Grundidee erläutern. Der Lösungsalgorithmus beginnt damit, daß wir einen Schätzwert x_0 festlegen, wobei wir annehmen, daß x_0 noch nicht (zufällig) die gesuchte Lösung x_L ist. Als nächstes zeichnen wir dann die Tangente im Punkt $(x_0, f(x_0))$ ein, wie dies in Abb. 3.9a dargestellt ist. Die Gleichung dieser Tangente be-

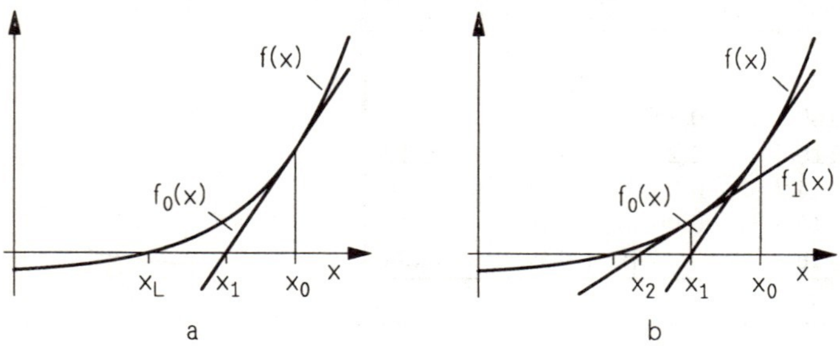

Abb. 3.9 a. Zum 1. Iterationsschritt b. zum 2. Iterationsschritt

zeichnen wir mit $f_0(x)$; wir erhalten sie beispielsweise, indem wir die zu $f(x)$ gehörige Taylor–Reihenentwicklung nach dem linearen Glied abbrechen:

$$f_0(x) = f(x_0) + (x - x_0)f'(x_0) \ .$$

Dabei bedeutet $f'(x_0)$ die Ableitung von $f(x)$ nach x an der Stelle $x = x_0$. Den Schnittpunkt von $f_0(x)$ mit der x–Achse bezeichnen wir mit x_1; er ergibt sich aus $f_0(x_1) = 0$:

$$x_1 = x_0 - \frac{f(x_0)}{f'(x_0)} .$$

Abb. 3.9a zeigt für das betrachtete Beispiel, daß dieser Wert x_1 schon näher als x_0 an der gesuchten Lösung x_L liegt; wir nehmen aber an, daß uns der Wert x_1 als Lösung noch zu ungenau ist. Deshalb wählen wir x_1 als neuen Schätzwert und führen den soeben besprochenen Prozeß noch einmal entsprechend durch (s. Abb. 3.9b). So erhalten wir die nächste Tangente

$$f_1(x) = f(x_1) - (x - x_1)f'(x_1)$$

und aus $f_1(x_2) = 0$ die nächste Näherung

$$x_2 = x_1 - \frac{f(x_1)}{f'(x_1)} .$$

Setzen wir diesen Prozeß entsprechend weiter fort, so erhalten wir eine Folge $x_0, x_1, \ldots, x_m, \ldots$ von Näherungslösungen, mit

$$x_m = x_{m-1} - \frac{f(x_{m-1})}{f'(x_{m-1})}$$

oder in geringfügig geänderter Darstellung

$$x_{m+1} = x_m - \frac{f(x_m)}{f'(x_m)} . \tag{3.55}$$

Konvergiert der Iterationsprozeß, so gilt

$$\lim_{m\to\infty} x_m = x_L .$$

Im Falle des hier gewählten Beispiels gilt, daß der Iterations–Prozeß in jedem Fall konvergiert, auch wenn wir beispielsweise für den ersten Schätzwert $x_0 < x_L$ angenommen hätten. Das muß aber im allgemeinen nicht so sein.

Für die praktische Anwendung des Newton–Raphson–Verfahrens ist es wichtig zu wissen, unter welchen Bedingungen der Prozeß konvergiert. Eng verbunden damit ist die Frage, wie schnell — im Falle der Konvergenz — die Lösung (bei vorgegebener Genauigkeit) erreicht wird.

Aus den bisherigen Überlegungen geht schon hervor, daß die Ableitung $f'(x_i)$, $i = 1, 2, \ldots, m, \ldots$ und ihr reziproker Wert existieren müssen. Ohne Beweis geben wir die folgende hinreichende Bedingung an. Falls $f(x)$ zweimal stetig differenzierbar ist und $f'(x_L) \neq 0$ gilt, so konvergiert das Newton–Raphson–Verfahren unter der Bedingung, daß der Anfangsschätzwert x_0 hinreichend nahe bei x_L gewählt wurde. Diese letzte Bedingung ist leider etwas vage, da es kein allgemeines Verfahren gibt, das die Einhaltung dieser Bedingung gewährleistet.

Falls das Verfahren konvergiert, so ergibt sich für die Fehler zweier aufeinanderfolgender Näherungslösungen folgende Beziehung. Wird der Betrag des Fehlers bei der m–ten Iteration mit

$$\varepsilon_m = |x_m - x_L| \tag{3.56}$$

bezeichnet, dann läßt sich zeigen, daß

$$\varepsilon_{m+1} \leq K\epsilon_m^2 \qquad K > 0 \tag{3.57}$$

gilt. Mit anderen Worten: das Newton–Raphson–Verfahren konvergiert quadratisch, also ziemlich schnell.

Die Anwendung des Newton–Raphson–Verfahrens soll anhand eines Schaltungsbeispiels veranschaulicht werden.

Beispiel 3.6

Wir wenden die Newton–Raphson–Methode auf die Schaltung in Beispiel 3.5 an. Setzen wir $U/U_T = x$, so lautet die zu lösende Gleichung

$$f(x) = x + \frac{RI_S}{U_T}(\mathrm{e}^x - 1) - \frac{E}{U_T}$$

bzw. mit den in Beispiel 3.5 angegebenen Werten und der Abkürzung $a = 10/26$

$$f(x) = x + a\,\mathrm{e}^x - 101a \; .$$

Wegen $f'(x) = 1 + a\,\mathrm{e}^x$ lautet der Lösungs–Algorithmus

$$x_{m+1} = x_m - \frac{x_m + a\,\mathrm{e}^{x_m} - 101a}{1 + a\,\mathrm{e}^{x_m}} \; .$$

Die Lösung wird quadratisch konvergieren, da (wegen $a > 0$) $f'(x_L) \neq 0$. Als Startwert wählen wir $x_0 = 3$; damit ergibt sich dann die folgende Tabelle für die ersten fünf Iterationen:

m	x_m	x_{m+1}	$\lvert\varepsilon_m\rvert$	$\lvert\varepsilon_m^2\rvert$
0	3.0000	6.2230	1.49	2.23
1	6.2230	5.3955	1.73	3.00
2	5.3955	4.7971	$9.03 \cdot 10^{-1}$	$8.16 \cdot 10^{-1}$
3	4.7971	4.5334	$3.05 \cdot 10^{-1}$	$9.30 \cdot 10^{-2}$
4	4.5334	4.4930	$4.12 \cdot 10^{-2}$	$1.70 \cdot 10^{-3}$
5	4.4930	4.4922	$7.72 \cdot 10^{-4}$	$5.96 \cdot 10^{-7}$

Aus $x_6 = 4.4922$ folgt $U = 4.4922 \cdot 26\,mV = 116.8\,mV$, also derselbe Wert, den wir auf andere Weise in Beispiel 3.5 ermittelt hatten.

Im allgemeinen ist bei der Analyse einer elektronischen Schaltung ein System von nichtlinearen Gleichungen zu lösen; dabei können einige der Gleichungen natürlich auch linear sein. Nehmen wir für den allgemeinen Fall eine Gesamtzahl von N Unbekannten $x_1, x_2, \dots, x_N$ an, die wir zum Vektor

$$\boldsymbol{x} = (x_1, x_2, \dots, x_N)^T \tag{3.58}$$

zusammenfassen. Dann haben wir ein System von N Gleichungen, die zum Teil oder auch insgesamt nichtlinear sind. Setzen wir

$$\boldsymbol{f}(\boldsymbol{x}) = \begin{pmatrix} f_1(x_1, x_2, \dots, x_N) \\ f_2(x_1, x_2, \dots, x_N) \\ \vdots \\ f_N(x_1, x_2, \dots, x_N) \end{pmatrix} , \tag{3.59}$$

so kann das zu lösende Problem in der Form

$$\boldsymbol{f}(\boldsymbol{x}) = \boldsymbol{0} \tag{3.60}$$

geschrieben werden. Die für den eindimensionalen Fall gefundenen Ergebnisse lassen sich relativ einfach auf den N–dimensionalen Fall übertragen. Unter Verwendung der Jacobischen Matrix

$$\boldsymbol{J}(\boldsymbol{x}) = \begin{pmatrix} \frac{\partial f_1(\boldsymbol{x})}{\partial x_1} & \frac{\partial f_1(\boldsymbol{x})}{\partial x_2} & \cdots & \frac{\partial f_1(\boldsymbol{x})}{\partial x_N} \\ \frac{\partial f_2(\boldsymbol{x})}{\partial x_1} & \frac{\partial f_2(\boldsymbol{x})}{\partial x_2} & \cdots & \frac{\partial f_2(\boldsymbol{x})}{\partial x_N} \\ \vdots & \vdots & \ddots & \vdots \\ \frac{\partial f_N(\boldsymbol{x})}{\partial x_1} & \frac{\partial f_N(\boldsymbol{x})}{\partial x_2} & \cdots & \frac{\partial f_N(\boldsymbol{x})}{\partial x_N} \end{pmatrix} \tag{3.61}$$

ergibt sich analog zum eindimensionalen Fall

$$\boldsymbol{x}_{m+1} = \boldsymbol{x}_m - \boldsymbol{J}^{-1}(\boldsymbol{x}_m)\boldsymbol{f}(\boldsymbol{x}_m) \ . \tag{3.62}$$

Für die numerische Berechnung ist es günstiger, die Inverse von $\boldsymbol{J}(\boldsymbol{x})$ zu vermeiden und von der (mathematisch) äquivalenten Form

$$\boldsymbol{J}(\boldsymbol{x}_m)(\boldsymbol{x}_m - \boldsymbol{x}_{m+1}) = \boldsymbol{f}(\boldsymbol{x}_m) \tag{3.63}$$

auszugehen. Schreiben wir diese Gleichung als

$$\boldsymbol{J}(\boldsymbol{x}_m)\boldsymbol{x}_{m+1} = \boldsymbol{J}(\boldsymbol{x}_m)\boldsymbol{x}_m - \boldsymbol{f}(\boldsymbol{x}_m) \ ,$$

so sehen wir, daß es sich um ein inhomogenes lineares algebraisches Gleichungssystem handelt, das etwa mit Hilfe des Gaußschen Eliminations–Verfahrens oder eines iterativen Verfahrens gelöst werden kann.

Beispiel 3.7

Der Arbeitspunkt der folgenden Schaltung soll mit Hilfe des Newton–Raphson–Verfahrens berechnet werden.

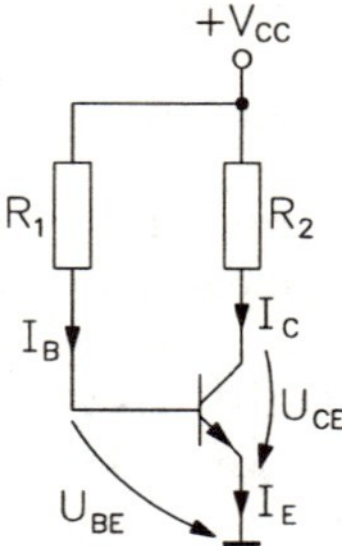

Mit V_{CC} ist die gegen Masse positive Versorgungsspannung bezeichnet; sie wird einer idealen Spannungsquelle entnommen.

Als Modell für den Transistor wählen wir Abb. 1.12. Die zugehörigen Gleichungen (1.35,1.36) lauten für die hier betrachtete Schaltung

$$\begin{aligned} I_E &= \alpha_R I_C + I'_{ES}(\mathrm{e}^{U_{BE}/\gamma U_T} - 1) \\ I_C &= \alpha_V I_E - I'_{CS}(\mathrm{e}^{-U_{CB}/\gamma U_T} - 1) \ , \end{aligned}$$

wobei $U_{CB} = U_{CE} - U_{BE}$ gilt. Der Transistor sei durch die Parameter $\alpha_V = 0.99$, $\alpha_R = 0.1$, $I'_{ES} = 10\,nA$, $U_T = 26\,mV$, $\gamma = 2$ gekennzeichnet. Aufgrund von (1.38) ergibt sich $I'_{CS} = 99\,nA$. Außerdem gelte für die Schaltung $R_1 = 100\,k\Omega$, $R_2 = 500\,\Omega$, $V_{CC} = 12\,V$. Die Ströme I_C, I_E in den Transistorgleichungen können über die Beziehungen

$$I_E = I_B + I_C \qquad I_B = \frac{V_{CC} - U_{BE}}{R_1} \qquad I_C = \frac{V_{CC} - U_{CB} - U_{BE}}{R_2}$$

ersetzt werden. Dann ergibt sich mit $k = R_2/R_1$

$$\begin{aligned} (1 + k - \alpha_R)(U_{BE} - V_{CC}) + R_2 I'_{ES}\left(\mathrm{e}^{U_{BE}/\gamma U_T} - 1\right) + U_{CB}(1 - \alpha_R) &= 0 \\ \big(1 - \alpha_V(1 + k)\big)(U_{BE} - V_{CC}) + (1 - \alpha_V)U_{CB} - R_2 I'_{CS}\left(\mathrm{e}^{-U_{CB}/\gamma U_T} - 1\right) &= 0 \end{aligned}$$

Nach dem Einsetzen der Zahlenwerte erhalten wir

$$\begin{aligned} U_{BE} + 5.56 \cdot 10^{-6} V\left(\mathrm{e}^{U_{BE}/\gamma U_T} - 1\right) + U_{CB} - V_{CC} &= 0 \\ U_{BE} + 2U_{CB} - 9.8 \cdot 10^{-3} V\left(\mathrm{e}^{-U_{CB}/\gamma U_T} - 1\right) - V_{CC} &= 0 \ ; \end{aligned}$$

dabei wurde aus Gründen der Übersichtlichkeit keine besonders hohe Zahlengenauigkeit angestrebt. Nach Division beider Gleichungen durch $\gamma U_T = 52\,mV$ und geringfügiger Umformung ergibt sich

$$
\begin{aligned}
\frac{U_{BE}}{\gamma U_T} + 10^{-4}\left(e^{U_{BE}/\gamma U_T} - 1\right) + \frac{U_{CB}}{\gamma U_T} - 231 &= 0 \\
\frac{U_{BE}}{\gamma U_T} + \frac{2U_{CB}}{\gamma U_T} - 0.2\left(e^{-U_{CB}/\gamma U_T} - 1\right) - 231 &= 0\,.
\end{aligned}
$$

Da die Emitterdiode leitend und die Kollektordiode gesperrt ist, gelten die Beziehungen $e^{U_{BE}/\gamma U_T} \gg 1$, $e^{-U_{CB}/\gamma U_T} \ll 1$. Führen wir die Variablen

$$
x_1 = U_{BE}/\gamma U_T \qquad x_2 = U_{CB}/\gamma U_T
$$

ein, so haben wir das folgende nichtlineare Gleichungssystem zu lösen:

$$
\begin{aligned}
f_1(x_1, x_2) &= x_1 + 10^{-4}\,e^{x_1} + x_2 - 231 = 0 \\
f_2(x_1, x_2) &= x_1 + 2x_2 - 231 = 0\,.
\end{aligned}
$$

Die Jacobische Matrix lautet hier

$$
\boldsymbol{J}(\boldsymbol{x}) = \begin{pmatrix} \partial f_1/\partial x_1 & \partial f_1/\partial x_2 \\ \partial f_2/\partial x_1 & \partial f_2/\partial x_2 \end{pmatrix} = \begin{pmatrix} 1 + 10^{-4}\,e^{x_1} & 1 \\ 1 & 2 \end{pmatrix}.
$$

Damit kann der unbekannte Vektor $\boldsymbol{x} = (x_1, x_2)^T$ iterativ über

$$
\boldsymbol{x}_{m+1} = \boldsymbol{x}_m - \boldsymbol{J}^{-1}(\boldsymbol{x}_m)\boldsymbol{f}(\boldsymbol{x}_m)
$$

berechnet werden, wobei $\boldsymbol{f}(\boldsymbol{x})$ durch

$$
\boldsymbol{f}(\boldsymbol{x}) = \begin{pmatrix} f_1(x_1, x_2) \\ f_2(x_1, x_2) \end{pmatrix}
$$

gegeben ist. Für die Anwendung des Newton–Raphson–Verfahrens benötigen wir nun noch einen Startvektor $\boldsymbol{x}_0$, der möglichst in der Nähe der Lösung liegen sollte. Bei der Wahl von $\boldsymbol{x}_0$ gehen wir von folgenden Überlegungen aus. Der Basisstrom wird rund $100\,\mu A$ betragen ($12\,V/100\,k\Omega$), so daß wegen $\beta_V \approx 100$ $[\beta_V = \alpha_V/(1-\alpha_V)]$ ein Kollektorstrom (≈Emitterstrom) von etwa $10\,mA$ fließen wird. Bei einem Strom von $10\,mA$ liegt an einer Siliziumdiode eine Spannung U_{BE} von rund $700\,mV$. Damit können wir die Kollektor–Basis–Spannung überschlägig berechnen. Über

$$
I_B = \frac{V_{CC} - U_{BE}}{R_1} = 113\,\mu A
$$

erhalten wir

$$
U_{CB} = V_{CC} - U_{BE} - R_2\beta_V I_B = 5.65\,V\,.
$$

Somit lautet der Startvektor

$$\boldsymbol{x}_0 = \begin{pmatrix} 0.7\,V/52\,mV \\ 5.65\,V/52\,mV \end{pmatrix} = \begin{pmatrix} 13.46 \\ 108.65 \end{pmatrix} .$$

Nach dem Einsetzen des Startvektors finden wir

$$\boldsymbol{f}(\boldsymbol{x}_0) = \begin{pmatrix} -38.81 \\ -0.04 \end{pmatrix} \qquad \boldsymbol{J}(\boldsymbol{x}_0) = \begin{pmatrix} 71.08 & 1 \\ 1 & 2 \end{pmatrix} .$$

Damit ergeben sich dann die folgenden Iterationswerte:

$$\begin{aligned} \boldsymbol{x}_1 &= \begin{pmatrix} 13.46 \\ 108.65 \end{pmatrix} - \frac{1}{141.16} \begin{pmatrix} 2 & -1 \\ -1 & 71.08 \end{pmatrix} \begin{pmatrix} -38.81 \\ -0.04 \end{pmatrix} = \begin{pmatrix} 14.01 \\ 108.40 \end{pmatrix} \\ \boldsymbol{x}_2 &= \begin{pmatrix} 14.01 \\ 108.40 \end{pmatrix} - \frac{1}{243.94} \begin{pmatrix} 2 & -1 \\ -1 & 122.47 \end{pmatrix} \begin{pmatrix} 12.88 \\ 0.01 \end{pmatrix} = \begin{pmatrix} 13.90 \\ 108.45 \end{pmatrix} \\ \boldsymbol{x}_3 &= \begin{pmatrix} 13.90 \\ 108.45 \end{pmatrix} - \frac{1}{218.63} \begin{pmatrix} 2 & -1 \\ -1 & 109.82 \end{pmatrix} \begin{pmatrix} 0.166 \\ 0 \end{pmatrix} = \begin{pmatrix} 13.898 \\ 108.45 \end{pmatrix} . \end{aligned}$$

Da $\boldsymbol{f}(\boldsymbol{x}_3) = (-0.05, 0)^T$ schon sehr nahe bei $\boldsymbol{f}(\boldsymbol{x}) = \mathbf{0}$ liegt, brechen wir die Iteration hier ab. Es ergibt sich also

$$\begin{aligned} U_{BE} &= 13.898 \cdot 52\,mV = 723\,mV \\ U_{CB} &= 108.45 \cdot 52\,mV = 5.64\,V \\ U_{CE} &= U_{CB} + U_{BE} = 6.36\,V . \end{aligned}$$

Es zeigt sich unter anderem, daß der Startvektor schon sehr in der Nähe der Lösung lag. Folglich können die Überlegungen, die zur Ermittlung des Startvektors gedient haben, grundsätzlich als "Faustformeln" bei der Arbeitspunktberechnung verwendet werden.

3.2 Analyse linearer dynamischer Schaltungen im Zeitbereich

3.2.1 Einführung

Wir wenden uns nun dem besonders wichtigen Gebiet zu, das Schaltungsverhalten bei zeitlich veränderlichen Signalen zu beschreiben. Würden die Schaltungen keine Energiespeicher enthalten — bewußt eingebaute oder auch parasitäre —, wäre die Beschreibung mit der Gleichstromanalyse identisch. Das

Vorhandensein von Energiespeichern, in der Praxis meistens Kapazitäten, macht das Problem jedoch komplizierter.

Lineare Schaltungen lassen sich durch lineare Differentialgleichungen bzw. lineare algebraische Gleichungen beschreiben. Allgemeiner kann die Linearität einer Schaltung S mit einem Eingang und einem Ausgang, wie sie in Abb. 3.10 symbolisch dargestellt ist, folgendermaßen definiert werden. Es

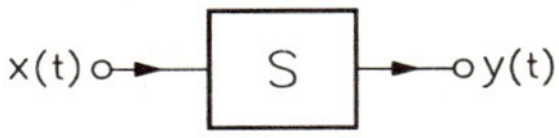

Abb. 3.10 Schaltung S mit einem Eingang und einem Ausgang

wird vorausgesetzt, daß S keine unabhängigen Quellen enthält, gesteuerte Quellen hingegen sind zugelassen. Sind $y_1(t)$ und $y_2(t)$ die Reaktionen einer Schaltung auf die Eingangssignale $x_1(t)$ bzw. $x_2(t)$, was symbolisch durch

$$\begin{aligned} x_1(t) &\longrightarrow y_1(t) \\ x_2(t) &\longrightarrow y_2(t) \end{aligned}$$

ausgedrückt werden soll, so ist die Schaltung linear, falls auch

$$a_1x_1(t) + a_2x_2(t) \longrightarrow a_1y_1(t) + a_2y_2(t) \tag{3.64}$$

für beliebige Konstanten a_1, a_2 erfüllt ist.

Lineare Schaltungen spielen für Anwendungen eine besonders wichtige Rolle, so daß es sinnvoll ist, sich intensiv mit dieser Klasse zu beschäftigen.

Als einführendes Beispiel betrachten wir die Schaltung in Abb. 3.11;

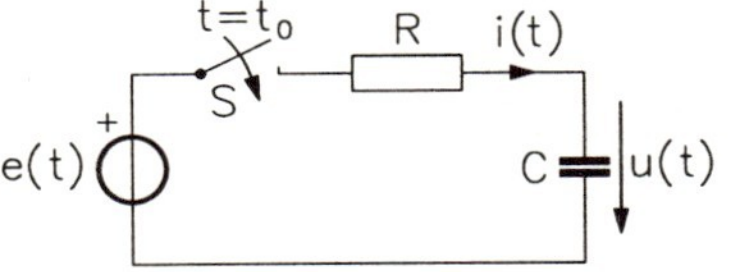

Abb. 3.11 Einfache RC-Schaltung

zum Zeitpunkt $t = t_0$ wird eine ideale Spannungsquelle angeschaltet, welche die zeitlich veränderliche Spannung $e(t)$ liefert. Für $t \geq t_0$ gilt dann

$$\begin{aligned} Ri + u &= e \\ i &= C\dot{u} \ , \end{aligned}$$

so daß sich das Schaltungsverhalten durch die Differentialgleichung

$$RC\dot{u} + u = e \tag{3.65}$$

beschreiben läßt. Da sich die Spannung an einer Kapazität nur stetig ändern kann, existiert die Ableitung $\dot{u}$ immer. Die Lösung der homogenen Differentialgleichung

$$RC\dot{u} + u = 0 \tag{3.66}$$

erfolgt über den Ansatz

$$u = \mathrm{e}^{\lambda t} \, , \tag{3.67}$$

wobei u für den Augenblick als dimensionslos angenommen wird. Einsetzen von (3.67) in (3.66) liefert

$$\lambda = -1/RC \, . \tag{3.68}$$

Damit lautet dann die Lösung von (3.66)

$$u = K\,\mathrm{e}^{-t/RC} \, . \tag{3.69}$$

Darin ist K eine noch zu bestimmende Konstante.

Das Verfahren zur Lösung der homogenen Differentialgleichung (3.66) kann in abgewandelter Form zur Lösung von (3.65) herangezogen werden, indem in (3.69) die Konstante K durch die Zeitfunktion $v = v(t)$ ersetzt wird ("Lösung durch Variation der Konstanten"). Wird der Ansatz

$$u = v\,\mathrm{e}^{\lambda t} \tag{3.70}$$

in (3.65) eingesetzt, so erhalten wir

$$RC(\dot{v}\,\mathrm{e}^{\lambda t} + v\lambda\,\mathrm{e}^{\lambda t}) + v\,\mathrm{e}^{\lambda t} = e(t)$$

bzw. unter Verwendung von (3.68)

$$\dot{v} = -\lambda e(t)\,\mathrm{e}^{-\lambda t} \, . \tag{3.71}$$

Mit $v(t_0) = v(t = t_0)$ folgt daraus

$$v = v(t_0) - \lambda \int_{t_0}^{t} e(\tau)\,\mathrm{e}^{-\lambda\tau}\,d\tau \, . \tag{3.72}$$

Aus (3.70) ergibt sich auch

$$v(t_0) = u(t_0)\,\mathrm{e}^{-\lambda t_0} \, , \tag{3.73}$$

wobei $u(t_0)$ die Spannung zum Zeitpunkt $t = t_0$ ist. Wird (3.72) unter Berücksichtigung von (3.73) in (3.70) eingesetzt, so lautet schließlich die Lösung von (3.65) für $t \geq t_0$

$$u = u(t_0)\,\mathrm{e}^{\lambda(t-t_0)} - \lambda \int_{t_0}^{t} e(\tau)\,\mathrm{e}^{\lambda(t-\tau)}\,d\tau \, . \tag{3.74}$$

Beispiel 3.8

Die Quelle in Abb. 3.11 liefere eine Gleichspannung E, die Spannung über der Kapazität zum Zeitpunkt $t = t_0$ sei U_0. Dann gilt aufgrund von (3.74) mit $\lambda = -1/RC$

$$u = U_0 \,\mathrm{e}^{\lambda(t-t_0)} - \lambda E \,\mathrm{e}^{\lambda t} \int_{t_0}^{t} \mathrm{e}^{-\lambda \tau} \, d\tau \; .$$

woraus

$$u = U_0 \,\mathrm{e}^{\lambda(t-t_0)} + E\left(1 - \mathrm{e}^{\lambda(t-t_0)}\right)$$

folgt. Der erste Term beschreibt das Abklingen des Anfangszustandes. Dafür, daß der Anfangszustand tatsächlich abklingt, ist natürlich die hier gültige Eigenschaft $\lambda < 0$ entscheidend; andernfalls würde u mit zunehmender Zeit über alle Grenzen anwachsen. Der zweite Lösungsterm kennzeichnet den Einfluß der Quelle auf den Schaltungszustand, der durch die Spannung über der Kapazität gekennzeichnet ist.

Zur Überleitung zum allgemeinen Fall beschäftigen wir uns noch mit einem weiteren Beispiel.

Beispiel 3.9

In der folgenden Schaltung wird ein stark vereinfachtes MOS–Transistor–Modell für kleine Aussteuerungen verwendet, das aus Abb. 1.46 abgeleitet ist.

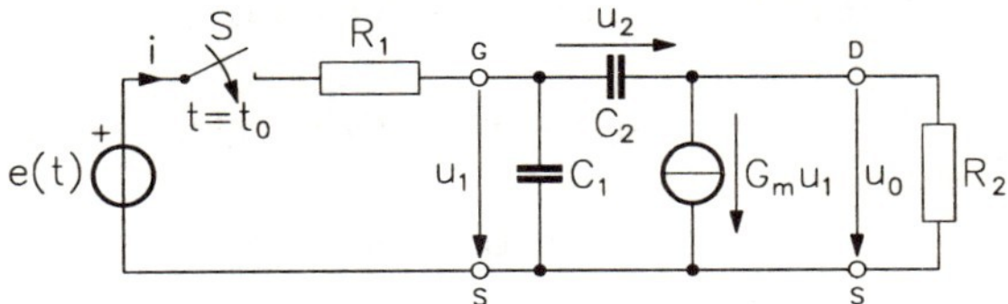

Für $t \geq t_0$ gelten folgende Gleichungen, die direkt aus der Schaltung abgelesen werden können:

$$\begin{aligned} R_1 i + u_1 &= e & \qquad i &= C_1 \dot{u}_1 + C_2 \dot{u}_2 \\ u_1 - u_o - u_2 &= 0 & \qquad C_2 \dot{u}_2 &= G_m u_1 + G_2 u_o \; . \end{aligned}$$

Durch Einsetzen lassen sich i und u_o eleminieren, so daß sich folgendes Differentialgleichungs–System ergibt

$$\begin{pmatrix} R_1 C_1 & R_1 C_2 \\ 0 & R_2 C_2 \end{pmatrix} \begin{pmatrix} \dot{u}_1 \\ \dot{u}_2 \end{pmatrix} = \begin{pmatrix} -1 & 0 \\ 1 + R_2 G_m & -1 \end{pmatrix} \begin{pmatrix} u_1 \\ u_2 \end{pmatrix} + \begin{pmatrix} e \\ 0 \end{pmatrix} .$$

Wird dieses Gleichungssystem von links mit

$$\begin{pmatrix} R_1C_1 & R_1C_2 \\ 0 & R_2C_2 \end{pmatrix}^{-1}$$

multipliziert, so ergibt sich nach kurzer Rechnung

$$\underbrace{\begin{pmatrix} \dot{u}_1 \\ \dot{u}_2 \end{pmatrix}}_{\dot{\boldsymbol{u}}} = \underbrace{\frac{1}{R_1R_2C_1C_2} \begin{pmatrix} -R_2C_2 - R_1C_2(1+R_2G_m) & R_1C_2 \\ R_1C_1(1+R_2G_m) & -R_1C_1 \end{pmatrix}}_{\boldsymbol{A}} \underbrace{\begin{pmatrix} u_1 \\ u_2 \end{pmatrix}}_{\boldsymbol{u}} +$$

$$\underbrace{\frac{R_2C_2}{R_1R_2C_1C_2}}_{\boldsymbol{b}} \underbrace{\begin{pmatrix} e \\ 0 \end{pmatrix}}_{\boldsymbol{e}} .$$

Mit den vorgenommenen Abkürzungen lautet das zu lösende Differentialgleichungs–System in verallgemeinerter Form

$$\dot{\boldsymbol{u}} = \boldsymbol{A}\boldsymbol{u} + b\boldsymbol{e} .$$

Die aus dem Beispiel gewonnene allgemeine Form des Differentialgleichungs–System gilt entsprechend auch für andere lineare Schaltungen beliebiger Komplexität. Der Lösung derartiger Differentialgleichungs–Systeme werden wir uns im folgenden zuwenden.

3.2.2 Lösung von Differentialgleichungs–Systemen unter Verwendung von Matrizen

Wir betrachten ein System von n Differentialgleichungen erster Ordnung

$$\dot{\boldsymbol{x}} = \boldsymbol{A}\boldsymbol{x} + \boldsymbol{b}u , \tag{3.75}$$

wobei

$$\boldsymbol{x} = \begin{pmatrix} x_1 \\ x_2 \\ \vdots \\ x_n \end{pmatrix} \quad \boldsymbol{A} = \begin{pmatrix} a_{11} & a_{12} & \dots & a_{1n} \\ a_{21} & a_{22} & \dots & a_{2n} \\ \vdots & \vdots & \ddots & \vdots \\ a_{n1} & a_{n2} & \dots & a_{nn} \end{pmatrix} \quad \boldsymbol{b} = \begin{pmatrix} b_1 \\ b_2 \\ \vdots \\ b_n \end{pmatrix} \tag{3.76}$$

gelten soll und $u = u(t)$ eine skalare Zeitfunktion ist. Das zu (3.75) gehörige homogene System wird durch die Vektor–Differentialgleichung

$$\dot{\boldsymbol{x}} = \boldsymbol{A}\boldsymbol{x} \tag{3.77}$$

beschrieben. Zur Lösung des Systems (3.75) bzw. (3.77) benötigen wir einige Ergebnisse der Matrizenrechnung, die im folgenden zusammengestellt werden.

Eigenvektoren und Eigenwerte einer Matrix

Wir betrachten zunächst eine $n \times n$–Matrix $\boldsymbol{M}$, zu der wir einen Vektor $\boldsymbol{w}$ derart bestimmen, daß das Bild $\boldsymbol{Mw}$ der linearen Transformation $\boldsymbol{M} : \mathbb{R}^n \to \mathbb{R}^n$ ein Vektor ist, der dieselbe Richtung wie $\boldsymbol{w}$ hat. Dann gilt die Beziehung

$$\boldsymbol{Mw} = \lambda \boldsymbol{w} \ , \tag{3.78}$$

in der λ ein Skalar ist, der als Eigenwert der Matrix $\boldsymbol{M}$ bezeichnet wird; der Vektor $\boldsymbol{w}$ heißt Eigenvektor.

Bezeichnen wir durch **1** die $n \times n$–Einheitsmatrix[1], so können wir (3.78) umformen in

$$(\boldsymbol{M} - \lambda \mathbf{1})\boldsymbol{w} = \mathbf{0} \ . \tag{3.79}$$

Bekanntlich existiert für $\boldsymbol{w}$ eine nichttriviale (allerdings nicht eindeutig bestimmte) Lösung dann und nur dann, wenn

$$\det(\boldsymbol{M} - \lambda \mathbf{1}) = 0 \tag{3.80}$$

gilt. Man bezeichnet

$$g(\lambda) = \det(\boldsymbol{M} - \lambda \mathbf{1}) \tag{3.81}$$

als charakteristisches Polynom und

$$g(\lambda) = 0 \tag{3.82}$$

als charakteristische Gleichung der Matrix $\boldsymbol{M}$.

Da $\boldsymbol{M}$ eine $n \times n$–Matrix und somit $g(\lambda)$ ein Polynom n–ter Ordnung ist, erhalten wir n Eigenwerte, die sich aus (3.82) berechnen lassen. Zu jedem Eigenwert λ gehört ein Eigenvektor $\boldsymbol{w}$, so daß die Matrix $\boldsymbol{M}$ insgesamt n linear unabhängige Eigenvektoren besitzt. Die aus (3.82) gewonnenen Eigenwerte können einfach oder mehrfach und außerdem reell oder komplex sein.

Beispiel 3.10

Wir betrachten als Beispiel die 2×2–Matrix

$$\boldsymbol{M} = \begin{pmatrix} 2 & 3 \\ 5 & 4 \end{pmatrix} .$$

Die zu dieser Matrix gehörigen Eigenwerte λ_1 und λ_2 ergeben sich aus der Gleichung

$$\det(\boldsymbol{M} - \lambda \mathbf{1}) = \begin{vmatrix} 2-\lambda & 3 \\ 5 & 4-\lambda \end{vmatrix} = 0 \ ,$$

[1] Wir verwenden diese Notation zur Kennzeichnung der Einheitsmatrix, da die üblichen Bezeichnungen — etwa $\boldsymbol{I}$, $\boldsymbol{U}$, $\boldsymbol{E}$ — hier leicht zu Verwechselungen mit Strom- bzw. Spannungsvektoren führen können.

deren Lösung $\lambda_1 = 7$, $\lambda_2 = -1$ liefert. Die zu diesen beiden Eigenwerten gehörenden Eigenvektoren bezeichnen wir mit

$$\boldsymbol{w}_1 = \begin{pmatrix} w_{11} \\ w_{12} \end{pmatrix} \qquad \text{bzw.} \qquad \boldsymbol{w}_2 = \begin{pmatrix} w_{21} \\ w_{22} \end{pmatrix}$$

und berechnen sie nun. Zuerst bestimmen wir den Eigenvektor $\boldsymbol{w}_1$; die dafür zu lösende Gleichung

$$(\boldsymbol{M} - \lambda_1 \mathbf{1})\boldsymbol{w}_1 = \mathbf{0}$$

lautet in Komponentenform

$$\begin{pmatrix} 2-\lambda_1 & 3 \\ 5 & 4-\lambda_1 \end{pmatrix} \begin{pmatrix} w_{11} \\ w_{12} \end{pmatrix} = \begin{pmatrix} 0 \\ 0 \end{pmatrix} .$$

Setzen wir $\lambda_1 = 7$ ein, so ergeben sich die beiden Gleichungen

$$\begin{aligned} -5w_{11} &+ 3w_{12} = 0 \\ 5w_{11} &- 3w_{12} = 0 \,. \end{aligned}$$

Wir erkennen auch sofort, daß beide Gleichungen linear abhängig voneinander sind, weshalb wir eine Komponente des Eigenvektors $\boldsymbol{w}_1$ frei wählen dürfen. Für die Wahl $w_{11} = 3$ ergibt sich $w_{12} = 5$,und damit lautet der Eigenvektor $\boldsymbol{w}_1$

$$\boldsymbol{w}_1 = \begin{pmatrix} 3 \\ 5 \end{pmatrix} .$$

Entsprechend ergeben sich zur Bestimmung des Eigenvektors $\boldsymbol{w}_2$ die beiden Gleichungen

$$\begin{aligned} 3w_{21} + 3w_{22} &= 0 \\ 5w_{21} + 5w_{22} &= 0 \,. \end{aligned}$$

Hier bietet es sich an, $w_{21} = 1$ zu wählen, woraus dann $w_{22} = -1$ folgt; zusammengefaßt erhalten wir also

$$\boldsymbol{w}_2 = \begin{pmatrix} 1 \\ -1 \end{pmatrix} .$$

Die charakteristische Gleichung (3.82) ist eine Polynomgleichung, die wir auch in der folgenden Form schreiben können

$$\lambda^n + a_{n-1}\lambda^{n-1} + \ldots + a_1\lambda + a_0 = 0 \ . \tag{3.83}$$

Es läßt sich ein für die hier interessierenden Zusammenhänge wichtiges Ergebnis herleiten, der sogenannte Satz von Caley–Hamilton, der in folgender Aussage besteht: Ersetzt man in dem Polynom (3.83) λ durch die zugehörige Matrix $\boldsymbol{M}$, so erhält man die Nullmatrix. Es gilt also

$$\boldsymbol{M}^n + a_{n-1}\boldsymbol{M}^{n-1} + \ldots + a_1\boldsymbol{M} + a_0\mathbf{1} = \mathbf{0} \ . \tag{3.84}$$

Ein Vergleich von (3.84) mit (3.83) legt nahe, entsprechend $g(\lambda)$ eine Funktion $\boldsymbol{g}(\boldsymbol{M})$ einzuführen. Sie ist eine Matrizenfunktion, die als Argument eine Matrix hat und selbst ebenfalls eine Matrix ist; wir behandeln im folgenden eine besondere Klasse von Matrizenfunktionen, die für die hier betrachteten Anwendungen wichtig ist.

Matrizenfunktionen

Die im Zusammenhang mit der Lösung der uns interessierenden Probleme wichtigsten Matrizenfunktionen sind diejenigen, die sich als (konvergente) Potenzreihen darstellen lassen. Wir betrachten also Matrizenfunktionen der Form

$$\boldsymbol{f}(\boldsymbol{M}) = c_0\mathbf{1} + c_1\boldsymbol{M} + \ldots + c_n\boldsymbol{M}^n + c_{n+1}\boldsymbol{M}^{n+1} + \ldots \tag{3.85}$$

Darin gilt $\boldsymbol{M}^2 = \boldsymbol{M}\boldsymbol{M}$ usw. und $c_i \in \mathbb{C}$, mit $i = 0, 1, 2 \ldots$ Die Matrix $\boldsymbol{M}$ erfüllt (3.84). Lösen wir diese Gleichung nach $\boldsymbol{M}^n$ auf, so erhalten wir

$$\boldsymbol{M}^n = -a_{n-1}\boldsymbol{M}^{n-1} - \ldots - a_1\boldsymbol{M} - a_0\mathbf{1} \ . \tag{3.86}$$

Wir können also $\boldsymbol{M}^n$ als Linearkombination von Potenzen $\boldsymbol{M}^k$ ausdrücken, mit $k < n$. Unser Ziel ist es nun, in (3.85) alle Potenzen $\boldsymbol{M}^n, \boldsymbol{M}^{n+1}, \ldots$ durch Linearkombinationen der Matrizen $\boldsymbol{M}^0, \boldsymbol{M}^1, \ldots, \boldsymbol{M}^{n-1}$ zu ersetzen, wobei $\boldsymbol{M}^0 = \mathbf{1}$ ist. Multiplizieren wir (3.86) mit $\boldsymbol{M}$, so erhalten wir

$$\boldsymbol{M}^{n+1} = -a_{n-1}\boldsymbol{M}^n - \ldots - a_1\boldsymbol{M}^2 - a_0\boldsymbol{M} \ . \tag{3.87}$$

In dieser Gleichung ersetzen wir nun wiederum $\boldsymbol{M}^n$ mit Hilfe von (3.86) und finden

$$\boldsymbol{M}^{n+1} = -a_{n-1}(-a_{n-1}\boldsymbol{M}^{n-1} - \ldots - a_1\boldsymbol{M} - a_0\mathbf{1}_n) - \ldots - a_1\boldsymbol{M}^2 - a_0\boldsymbol{M} \ . \tag{3.88}$$

Entsprechend gehen wir für alle höheren Potenzen von $\boldsymbol{M}$ vor und können damit schließlich

$$\boldsymbol{f}(\boldsymbol{M}) = \alpha_0 \mathbf{1} + \alpha_1 \boldsymbol{M} + \ldots + \alpha_{n-1} \boldsymbol{M}^{n-1} = \sum_{\nu=0}^{n-1} \alpha_\nu \boldsymbol{M}^\nu \tag{3.89}$$

schreiben. Diese Gleichung besagt, daß die Potenzreihe einer $n \times n$–Matrix durch ein Polynom vom Grad $n-1$ dargestellt werden kann. Für die praktische Berechnung von Matrizenfunktionen ist dies ein wichtiges Ergebnis.

Wir überzeugen uns leicht, daß alle Schritte zur Herleitung von (3.89) auch angewandt werden können, wenn die Matrix $\boldsymbol{M}$ durch λ ersetzt wird, so daß auch

$$f(\lambda) = \alpha_0 + \alpha_1 \lambda + \ldots + \alpha_{n-1} \lambda^{n-1} = \sum_{\nu=0}^{n-1} \alpha_\nu \lambda^\nu \tag{3.90}$$

gilt. Die in der Polynomdarstellung von $\boldsymbol{f}(\boldsymbol{M})$ auftretenden Koeffizienten lassen sich folglich mit Hilfe dieser Gleichung berechnen.

Beispiel 3.11

Wir berechnen nach dem soeben behandelten Verfahren die Matrizenfunktion

$$\boldsymbol{f}(\boldsymbol{M}) = \boldsymbol{M}^2 \ .$$

Als Matrix wählen wir wieder die in Beispiel 3.10 behandelte, nämlich

$$\boldsymbol{M} = \begin{pmatrix} 2 & 3 \\ 5 & 4 \end{pmatrix}$$

mit den zugehörigen Eigenwerten $\lambda_1 = 7, \lambda_2 = -1$. Da in diesem Fall $n = 2$ ist, beginnen wir die Berechnung der Matrizenfunktion mit dem Ansatz

$$\boldsymbol{M}^2 = \alpha_0 \mathbf{1} + \alpha_1 \boldsymbol{M} = \begin{pmatrix} 2\alpha_1 + \alpha_0 & 3\alpha_1 \\ 5\alpha_1 & 4\alpha_1 + \alpha_0 \end{pmatrix} .$$

Die beiden Koeffizienten α_0 und α_1 werden mit Hilfe des Gleichungssystems

$$\begin{aligned} \alpha_0 + \alpha_1 \lambda_1 &= \lambda_1^2 \\ \alpha_0 + \alpha_1 \lambda_2 &= \lambda_2^2 \end{aligned}$$

berechnet, aus denen $\alpha_0 = 7, \alpha_1 = 6$ folgt. Damit erhalten wir dann

$$\boldsymbol{M}^2 = 7 \begin{pmatrix} 1 & 0 \\ 0 & 1 \end{pmatrix} + 6 \begin{pmatrix} 2 & 3 \\ 5 & 4 \end{pmatrix} = \begin{pmatrix} 19 & 18 \\ 30 & 31 \end{pmatrix} .$$

Die direkte Matrizenmultiplikation liefert

$$M^2 = \begin{pmatrix} 2 & 3 \\ 5 & 4 \end{pmatrix} \begin{pmatrix} 2 & 3 \\ 5 & 4 \end{pmatrix} = \begin{pmatrix} 19 & 18 \\ 30 & 31 \end{pmatrix} .$$

Lösung des homogenen Differentialgleichungs–Systems

Wir wenden uns nun der Lösung des homogenen Systems (3.77) zu, das wir zur besseren Übersicht wiederholen; gesucht ist also die Lösung des Systems von Differentialgleichungen erster Ordnung:

$$\dot{\boldsymbol{x}} = \boldsymbol{A}\boldsymbol{x} .$$

Für die Lösung $\boldsymbol{x} = \boldsymbol{x}(t)$ dieses Systems machen wir einen Ansatz in Form einer Potenzreihe und schreiben

$$\boldsymbol{x}(t) = \boldsymbol{r}_0 + \boldsymbol{r}_1 t + \boldsymbol{r}_2 t^2 + \ldots + \boldsymbol{r}_n t^n + \ldots \qquad (3.91)$$

Wir bestimmen nun die jeweils zu Vektoren zusammengefaßten Koeffizienten dieser Potenzreihe. Dazu betrachten wir die Reihe und ihre n Ableitungen nach der Zeit zum Zeitpunkt $t = 0$ und erhalten

$$\begin{aligned} \boldsymbol{x}(0) &= \boldsymbol{r}_0 \\ \dot{\boldsymbol{x}}(0) &= \boldsymbol{r}_1 \\ \ddot{\boldsymbol{x}}(0) &= 2\boldsymbol{r}_2 \\ &\vdots \\ \boldsymbol{x}^{(n)}(0) &= n!\boldsymbol{r}_n \\ &\vdots \end{aligned} \qquad (3.92)$$

Bilden wir auf der linken Seite von $\dot{\boldsymbol{x}} = \boldsymbol{A}\boldsymbol{x}$ nacheinander sämtliche n Ableitungen, so ergibt sich

$$\begin{aligned} \ddot{\boldsymbol{x}} &= \boldsymbol{A}\dot{\boldsymbol{x}} &&= \boldsymbol{A}^2\boldsymbol{x} \\ \boldsymbol{x}^{(3)} &= \boldsymbol{A}\ddot{\boldsymbol{x}} &&= \boldsymbol{A}^3\boldsymbol{x} \\ &\vdots && \vdots \\ \boldsymbol{x}^{(n)} &= \boldsymbol{A}\boldsymbol{x}^{(n-1)} &&= \boldsymbol{A}^n\boldsymbol{x} \\ &\vdots && \vdots \end{aligned} \qquad (3.93)$$

Mit Hilfe von (3.92) und (3.93) finden wir schließlich

$$\begin{array}{lllll} \boldsymbol{r}_0 & = & \boldsymbol{x}(0) & = & \boldsymbol{A}^0\boldsymbol{x}(0) \\ \boldsymbol{r}_1 & = & \dot{\boldsymbol{x}}(0) & = & \boldsymbol{A}^1\boldsymbol{x}(0) \\ \boldsymbol{r}_2 & = & \frac{1}{2}\ddot{\boldsymbol{x}}(0) & = & \frac{1}{2}\boldsymbol{A}^2\boldsymbol{x}(0) \\ \vdots & & & & \vdots \\ \boldsymbol{r}_n & = & \frac{1}{n!}\boldsymbol{x}^{(n)}(0) & = & \frac{1}{n!}\boldsymbol{A}^n\boldsymbol{x}(0) \\ \vdots & & & & \vdots \end{array} \tag{3.94}$$

Setzen wir (3.94) in (3.91) ein, so ergibt sich

$$\boldsymbol{x}(t) = \sum_{n=0}^{\infty} \frac{1}{n!}\boldsymbol{A}^n t^n \boldsymbol{x}(0) \ . \tag{3.95}$$

Dieser Ausdruck erinnert an die Definition der Exponentialfunktion für komplexe Zahlen, nämlich

$$e^z = \sum_{n=0}^{\infty} \frac{z^n}{n!}, \qquad \forall z \in \mathbb{C} \ , \tag{3.96}$$

so daß es naheliegend ist, die Matrix–Exponentialfunktion

$$\mathbf{e}^{\boldsymbol{A}} = \sum_{n=0}^{\infty} \frac{\boldsymbol{A}^n}{n!} \tag{3.97}$$

einzuführen. Einsetzen von (3.97) in (3.95) ergibt dann schließlich als Lösung des homogenen Differentialgleichungs–Systems (3.77)

$$\boldsymbol{x}(t) = \mathbf{e}^{\boldsymbol{A}t}\boldsymbol{x}(0) \ . \tag{3.98}$$

Dieses Ergebnis entspricht dem ersten Term der Lösung (3.74) für $t_0 = 0$.

Die besondere Nützlichkeit der Gleichung (3.98) besteht darin, daß sie bei beliebiger Dimension von $\boldsymbol{A}$ und $\boldsymbol{x}(0)$ ganz allgemein gilt: so komplex eine lineare, zeitinvariante Schaltung auch sein mag, die Lösung des homogenen Differentialgleichungs–System ist stets durch einen Ausdruck der Form (3.98) gegeben.

Für die Analyse einer Schaltung benötigen wir natürlich einen expliziten Ausdruck für die Matrizenfunktion

$$\boldsymbol{f}(\boldsymbol{A}) = \mathbf{e}^{\boldsymbol{A}t}$$

in Gestalt einer Matrix. Mit Hilfe eines Beispiels soll das Vorgehen zur Gewinnung eines entsprechenden Ausdrucks erläutert werden.

Beispiel 3.12

Der in der folgenden Abbildung dargestellte verlustbehaftete Reihenschwingkreis mit den Elementen $L = 1\,H, C = 0.5\,F, R = 2\,\Omega$ wird zum Zeitpunkt $t = 0$ kurzgeschlossen. Der Anfangszustand sei durch $u(0) = 1V$ und $i(0) = 0$ gegeben. Für $t \geq 0$ liest man das Differentialgleichungs–System

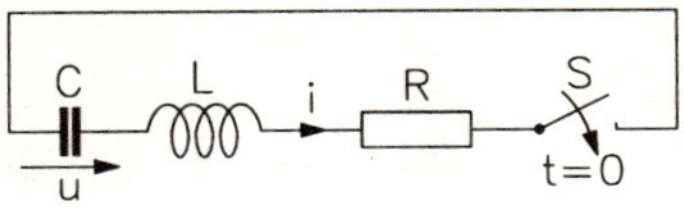

$$\begin{pmatrix} \dot{u} \\ \dot{i} \end{pmatrix} = \begin{pmatrix} 0 & 1/C \\ -1/L & -R/L \end{pmatrix} \begin{pmatrix} u \\ i \end{pmatrix}$$

ab. In diesem Beispiel gilt somit

$$\boldsymbol{x} = \begin{pmatrix} u \\ i \end{pmatrix} \qquad \boldsymbol{A} = \begin{pmatrix} 0 & 1/C \\ -1/L & -R/L \end{pmatrix} .$$

Aus $\det(\boldsymbol{A} - \lambda \mathbf{1}) = 0$, also aus

$$\begin{vmatrix} -\lambda & \dfrac{1}{C} \\ -\dfrac{1}{L} & -\dfrac{R}{L} - \lambda \end{vmatrix} = 0$$

berechnen wir zunächst die Eigenwerte und erhalten

$$\lambda_1 = -\frac{1}{s} + \frac{j}{s} \qquad \lambda_2 = -\frac{1}{s} - \frac{j}{s} .$$

Für die Lösung machen wir einen Ansatz für einen expliziten Ausdruck der Matrizenfunktion $\mathrm{e}^{\boldsymbol{A}t}$. Ausgehend von

$$\mathrm{e}^{\boldsymbol{A}t} = \alpha_0 \mathbf{1} + \alpha_1 \boldsymbol{A}t$$

berechnen wir unter Anwendung des Caley–Hamilton–Theorems mit Hilfe des Gleichungs–Systems

$$\begin{pmatrix} 1 & \lambda_1 t \\ 1 & \lambda_2 t \end{pmatrix} \begin{pmatrix} \alpha_0 \\ \alpha_1 \end{pmatrix} = \begin{pmatrix} \mathrm{e}^{\lambda_1 t} \\ \mathrm{e}^{\lambda_2 t} \end{pmatrix}$$

die Koeffizienten α_0, α_1 und finden

$$\alpha_0 = \frac{\lambda_2 \,\mathrm{e}^{\lambda_1 t} - \lambda_1 \,\mathrm{e}^{\lambda_2 t}}{\lambda_2 - \lambda_1} \qquad \alpha_1 = \frac{\mathrm{e}^{\lambda_2 t} - \mathrm{e}^{\lambda_1 t}}{(\lambda_2 - \lambda_1)t} .$$

Einsetzen der Werte für λ_1, λ_2 liefert dann nach kurzer Rechnung

$$\alpha_0 = \mathrm{e}^{-(t/s)}[\cos(t/s) + \sin(t/s)] \qquad \alpha_1 = \frac{\mathrm{e}^{-(t/s)}}{(t/s)} \sin(t/s) .$$

Unter Verwendung von

$$\boldsymbol{x} = \mathrm{e}^{\boldsymbol{A}t}\boldsymbol{x}(0) = (\alpha_0 \mathbf{1} + \alpha_1 \boldsymbol{A}t)\boldsymbol{x}(0)$$

ergibt sich dann die Lösung

$$\begin{aligned} \begin{pmatrix} u \\ i \end{pmatrix} &= \begin{pmatrix} \alpha_0 & t\alpha_1/C \\ -t\alpha_1/L & \alpha_0 - t\alpha_1 R/L \end{pmatrix} \begin{pmatrix} u(0) \\ i(0) \end{pmatrix} \\ &= \begin{pmatrix} 1V\,\mathrm{e}^{-(t/s)}[\cos(t/s) + \sin(t/s)] \\ -1A\,\mathrm{e}^{-(t/s)}\sin(t/s) \end{pmatrix} . \end{aligned}$$

Lösung des inhomogenen Differentialgleichungs–Systems

Wir beschäftigen uns nun mit der Lösung der Gleichung (3.75), also mit dem inhomogenen Differentialgleichungs–System

$$\dot{\boldsymbol{x}} = \boldsymbol{A}\boldsymbol{x} + \boldsymbol{b}u \ .$$

Ausgehend von der Lösung (3.98) der zugehörigen homogenen Differentialgleichung (3.77) verwenden wir zur Lösung von (3.75) einen Ansatz in der Weise, daß wir den konstanten Vektor $\boldsymbol{x}(0)$ in (3.98) — analog zum eindimensionalen Fall [vgl. (3.70)] — durch einen zeitabhängigen Vektor $\boldsymbol{v} = \boldsymbol{v}(t)$ ersetzen; wir schreiben also

$$\boldsymbol{x} = \mathrm{e}^{\boldsymbol{A}t}\boldsymbol{v} \ . \tag{3.99}$$

Wenn wir (3.99) in (3.75) einsetzen, muß die dort auftretende Matrizen–Exponentialfunktion nach der Zeit differenziert werden. Dazu zeigen wir, daß

$$\frac{d}{dt}\left(\mathrm{e}^{\boldsymbol{A}t}\right) = \boldsymbol{A}\mathrm{e}^{\boldsymbol{A}t} \tag{3.100}$$

gilt. Unter Verwendung von (3.97) erhalten wir zunächst

$$\mathrm{e}^{\boldsymbol{A}t} = \sum_{n=0}^{\infty} \frac{1}{n!}\boldsymbol{A}^n t^n \tag{3.101}$$

und damit

$$\frac{d}{dt}\left(\mathrm{e}^{\boldsymbol{A}t}\right) = \sum_{n=1}^{\infty} \frac{n}{n!}\boldsymbol{A}^n t^{n-1}$$

beziehungsweise, wegen $n(n-1)! = n!$,

$$\frac{d}{dt}\left(\mathbf{e}^{\boldsymbol{A}t}\right) = \sum_{n=1}^{\infty} \frac{1}{(n-1)!}\boldsymbol{A}^n t^{n-1} \ .$$

Ersetzen wir $n-1$ durch m, so folgt daraus das gesuchte Ergebnis

$$\frac{d}{dt}\left(\mathbf{e}^{\boldsymbol{A}t}\right) = \boldsymbol{A}\sum_{m=0}^{\infty} \frac{1}{m!}\boldsymbol{A}^m t^m = \boldsymbol{A}\boldsymbol{e}^{\boldsymbol{A}t} \ .$$

Aus (3.75) ergibt sich nun unter Verwendung von (3.99) und (3.100) die Gleichung

$$\boldsymbol{A}\mathbf{e}^{\boldsymbol{A}t}\boldsymbol{v} + \mathbf{e}^{\boldsymbol{A}t}\dot{\boldsymbol{v}} = \boldsymbol{A}\boldsymbol{e}^{\boldsymbol{A}t}\boldsymbol{v} + \boldsymbol{b}u \ ,$$

beziehungsweise

$$\dot{\boldsymbol{v}} = \boldsymbol{e}^{-\boldsymbol{A}t}\boldsymbol{b}u \ . \tag{3.102}$$

Dabei wurde von der Gültigkeit der Beziehung

$$\left(\mathbf{e}^{\boldsymbol{A}t}\right)^{-1} = \mathbf{e}^{-\boldsymbol{A}t}$$

Gebrauch gemacht. Daß diese Gleichung erfüllt ist, können wir leicht einsehen; aus ihr folgt zunächst

$$\mathbf{e}^{\boldsymbol{A}t}\mathbf{e}^{-\boldsymbol{A}t} = \mathbf{1} \ ,$$

und die Richtigkeit dieser Gleichung kann zum Beispiel unter Verwendung von (3.89) gezeigt werden.

Wir nehmen nun einen beliebigen Zeitpunkt $t = t_0$ an, zu dem $\boldsymbol{x} = \boldsymbol{x}(t_0)$ und entsprechend $\boldsymbol{v} = \boldsymbol{v}(t_0)$ gilt; für diesen Zeitpunkt lautet (3.99):

$$\boldsymbol{x}(t_0) = \mathbf{e}^{\boldsymbol{A}t_0}\boldsymbol{v}(t_0) \ . \tag{3.103}$$

Zur Lösung von (3.99) müssen wir den Vektor $\boldsymbol{v}$ bestimmen. Dazu integrieren wir (3.102) und erhalten

$$\boldsymbol{v} = \boldsymbol{v}(t) = \boldsymbol{v}(t_0) + \int_{t_0}^{t} \mathbf{e}^{-\boldsymbol{A}\tau}\boldsymbol{b}u(\tau)d\tau \ . \tag{3.104}$$

Setzen wir (3.104) in (3.99) ein, so finden wir schließlich, unter Berücksichtigung von (3.103), das gesuchte Resultat

$$\boldsymbol{x} = \boldsymbol{x}(t) = \mathbf{e}^{\boldsymbol{A}(t-t_0)}\boldsymbol{x}(t_0) + \int_{t_0}^{t} \mathbf{e}^{\boldsymbol{A}(t-\tau)}\boldsymbol{b}u(\tau)d\tau \ . \tag{3.105}$$

Sowohl aus (3.98) als auch aus (3.105) ist ersichtlich, daß die Matrix $\boldsymbol{A}$ bestimmten Bedingungen genügen muß, damit der Vektor $\boldsymbol{x}$ für $t \to \infty$ nicht über alle Grenzen wächst; ein derartiges — instabiles — Verhalten würde eine Schaltung unbrauchbar machen. Auf diesen Gesichtspunkt werden wir später noch genauer eingehen.

In den beiden folgenden Beispielen werden wir aus (3.105) spezielle Ergebnisse für zwei praktisch besonders interessante Eingangssignale herleiten, nämlich für den Spannungssprung bei $t = t_0$ und die bei $t = t_0$ eingeschaltete sinusförmige Eingangsspannung.

Beispiel 3.13

Das Eingangssignal $u(t)$ einer linearen Schaltung sei

$$u(t) = \begin{cases} 0 & t < t_0 \\ E = const. & t \geq t_0 \ . \end{cases}$$

Für den Vektor $\boldsymbol{x}$ gemäß (3.105) ergibt sich dann

$$\boldsymbol{x} = \mathbf{e}^{\boldsymbol{A}(t-t_0)}\boldsymbol{x}(t_0) + E\mathbf{e}^{\boldsymbol{A}t} \int_{t_0}^{t} \mathbf{e}^{-\boldsymbol{A}\tau}\boldsymbol{b}\, d\tau \ .$$

Zur Lösung des Integrals kann analog zur Bildung des Differentialquotienten (3.100) vorgegangen werden:

$$\int_{t_0}^{t} \mathbf{e}^{-\boldsymbol{A}\tau}\, d\tau = -\boldsymbol{A}^{-1}\mathbf{e}^{-\boldsymbol{A}\tau}\Big|_{t_0}^{t} = \boldsymbol{A}^{-1}\left(\mathbf{e}^{-\boldsymbol{A}t_0} - \mathbf{e}^{-\boldsymbol{A}t}\right) \ .$$

Da

$$\mathbf{e}^{\boldsymbol{A}t}\boldsymbol{A}^{-1} = \boldsymbol{A}^{-1}\mathbf{e}^{\boldsymbol{A}t}$$

gilt, was unter Verwendung von (3.97) gezeigt werden kann, finden wir als Ergebnis

$$\boldsymbol{x} = \mathbf{e}^{\boldsymbol{A}(t-t_0)}\boldsymbol{x}(t_0) + \left(\mathbf{e}^{\boldsymbol{A}(t-t_0)} - \mathbf{1}\right)\boldsymbol{A}^{-1}\boldsymbol{b}E \ .$$

Beispiel 3.14

Das Eingangssignal sei nun gegeben durch

$$u(t) = \begin{cases} 0 & t < t_0 \\ \hat{e}\cos(\omega t + \varphi) & t \geq t_0 \ . \end{cases}$$

Wir verwenden die Darstellung $\hat{e}\cos(\omega t + \varphi) = \mathrm{Re}\, E\,\mathrm{e}^{j\omega t}$, mit $E = \hat{e}\,\mathrm{e}^{j\varphi}$ und erhalten

$$\boldsymbol{x} = \mathrm{e}^{\boldsymbol{A}(t-t_0)}\boldsymbol{x}(t_0) + \mathrm{Re}\; E\mathrm{e}^{\boldsymbol{A}t}\int_{t_0}^{t} \mathrm{e}^{-\boldsymbol{A}\tau}\,\mathrm{e}^{j\omega\tau}\,\boldsymbol{b}\,d\tau\;.$$

Das Integral kann durch partielle Integration gelöst werden:

$$\begin{aligned}\int_{t_0}^{t} \mathrm{e}^{-\boldsymbol{A}\tau}\,\mathrm{e}^{j\omega\tau}\,\boldsymbol{b}\,d\tau &= -\boldsymbol{A}^{-1}\mathrm{e}^{-\boldsymbol{A}\tau}\,\mathrm{e}^{j\omega\tau}\,\boldsymbol{b}\Big|_{t_0}^{t} + j\omega\boldsymbol{A}^{-1}\int_{t_0}^{t} \mathrm{e}^{-\boldsymbol{A}\tau}\,\mathrm{e}^{j\omega\tau}\,\boldsymbol{b}\,d\tau \\ &= \left(\mathbf{1} - j\omega\boldsymbol{A}^{-1}\right)^{-1}\boldsymbol{A}^{-1}\left(\mathrm{e}^{-\boldsymbol{A}t_0}\,\mathrm{e}^{j\omega t_0} - \mathrm{e}^{-\boldsymbol{A}t}\,\mathrm{e}^{j\omega t}\right)\boldsymbol{b}\;.\end{aligned}$$

Unter Berücksichtigung der Beziehung $(\boldsymbol{AB})^{-1} = \boldsymbol{B}^{-1}\boldsymbol{A}^{-1}$ für zwei Matrizen $\boldsymbol{A}$ und $\boldsymbol{B}$ folgt nach einiger Rechnung

$$\boldsymbol{x} = \mathrm{e}^{\boldsymbol{A}(t-t_0)}\boldsymbol{x}(t_0) + \mathrm{Re}\left[\left(\mathrm{e}^{\boldsymbol{A}(t-t_0)}\,\mathrm{e}^{-j\omega(t-t_0)} - \mathbf{1}\right)(\boldsymbol{A} - j\omega\mathbf{1})^{-1}\boldsymbol{b}E\,\mathrm{e}^{j\omega t}\right]\;.$$

Wir betrachten nun den eingeschwungenen Zustand, in dem der Anfangszustand abgeklungen ist, und der durch

$$\lim_{t\to\infty} \mathrm{e}^{\boldsymbol{A}(t-t_0)} = \mathbf{0}$$

gekennzeichnet ist. Dafür erhalten wir dann

$$\boldsymbol{x} = \mathrm{Re}\,(j\omega\mathbf{1} - \boldsymbol{A})^{-1}\boldsymbol{b}E\,\mathrm{e}^{j\omega t}\;.$$

Dies bedeutet also, daß bei sinusförmiger Erregung der Vektor $\boldsymbol{x}$ im stationären Zustand ebenfalls sinusförmig ist. Symbolisch können wir diesen Zusammenhang in der allgemeinen Form

$$u = \mathrm{Re}\; E\,\mathrm{e}^{j\omega t} \qquad \longrightarrow \qquad \boldsymbol{x} = \mathrm{Re}\; \boldsymbol{X}\,\mathrm{e}^{j\omega t}$$

ausdrücken.

Die vollständige Analyse

Die Gleichung (3.105) stellt die Lösung des Differentialgleichungs–Systems

$$\dot{\boldsymbol{x}} = \boldsymbol{A}\boldsymbol{x} + \boldsymbol{b}u\;,$$

dar. Dieses Gleichungssystem enthält natürlich nur diejenigen Variablen einer Schaltung, die auch in differenzierter Form auftreten. Die übrigen Variablen, die nur in algebraischen Gleichungen vorkommen, wurden vorher mit Hilfe der in dem Vektor $\boldsymbol{x}$ enthaltenen Variablen ausgedrückt (vgl. Beispiel 3.9).

Folglich ist in $\boldsymbol{x}$ gemäß (3.98) bzw. (3.105) nur ein Teil der Variablen enthalten. Die übrigen Variablen lassen sich mit Hilfe derjenigen Gleichungen, die zu ihrer Eliminierung dienten, ermitteln. Wir wollen uns diesem Aspekt nun noch etwas eingehender zuwenden.

Wir betrachten eine Schaltung mit $n+1$ Knoten und b Zweigen; dabei wollen wir zunächst annehmen, daß die Zweige keine Quellen enthalten. Diese Schaltung wird bekanntlich durch die Kirchhoffschen Gleichungen einerseits und die Beziehungen zwischen Zweigspannungen und –strömen andererseits vollständig beschrieben. Bei insgesamt $n+1$ Knoten ergeben sich n linear unabhängige Knotengleichungen. Schreiben wir die Kirchhoffschen Spannungsgleichungen unter Verwendung von Knoten– und Zweigspannungen, so ergeben sich b Gleichungen. Ferner sind b Gleichungen vorhanden für die Strom–Spannungs–Beziehungen in den b Zweigen. Damit haben wir insgesamt $2b+n$ Gleichungen für $2b+n$ Unbekannte, nämlich b Zweigströme, b Zweigspannungen, n Knotenspannungen. Sind Quellen in den Zweigen vorhanden, so treten an die Stelle von Strom–Spannungs–Beziehungen entsprechende Beziehungen zwischen Zweigströmen oder –spannungen und den zugehörigen Quellen.

Wir schreiben die Kirchhoffschen Gleichungen in der nachfolgenden Form [vgl. (3.1, 3.7)], wobei $\boldsymbol{A}$ hier natürlich eine andere Bedeutung als in (3.75) hat.

$$\boldsymbol{A}\boldsymbol{i} = \boldsymbol{0} \qquad \boldsymbol{u} - \boldsymbol{A}^T\boldsymbol{v} = \boldsymbol{0} \; .$$

Für die Zweiggleichungen wählen wir die Form

$$\boldsymbol{F}_i\boldsymbol{i} + \boldsymbol{F}_u\boldsymbol{u} = \boldsymbol{q} \; . \tag{3.106}$$

Darin sind $\boldsymbol{F}_i$ und $\boldsymbol{F}_u$ jeweils b x b–Matrizen, und $\boldsymbol{q}$ ist ein b–dimensionaler Vektor, der für die Zweige mit Quellen die entsprechenden Quellengrößen enthält, ansonsten jedoch Nullen.

Fassen wir nun diese Gleichungen zusammen, so können wir schließlich das folgenden System angeben:

$$\begin{pmatrix} \boldsymbol{A} & \boldsymbol{0} & \boldsymbol{0} \\ \boldsymbol{0} & \boldsymbol{1} & -\boldsymbol{A}^T \\ \boldsymbol{F}_i & \boldsymbol{F}_u & \boldsymbol{0} \end{pmatrix} \begin{pmatrix} \boldsymbol{i} \\ \boldsymbol{u} \\ \boldsymbol{v} \end{pmatrix} = \begin{pmatrix} \boldsymbol{0} \\ \boldsymbol{0} \\ \boldsymbol{q} \end{pmatrix} \; . \tag{3.107}$$

Diese Art der Darstellung soll zunächst anhand eines Beispiels illustriert werden.

Beispiel 3.15

Wir verwenden noch einmal die Schaltung aus Beispiel 3.9, zeichnen sie jedoch für den vorliegenden Zweck um; für $t \geq t_0$ hat sie folgendes Aussehen:

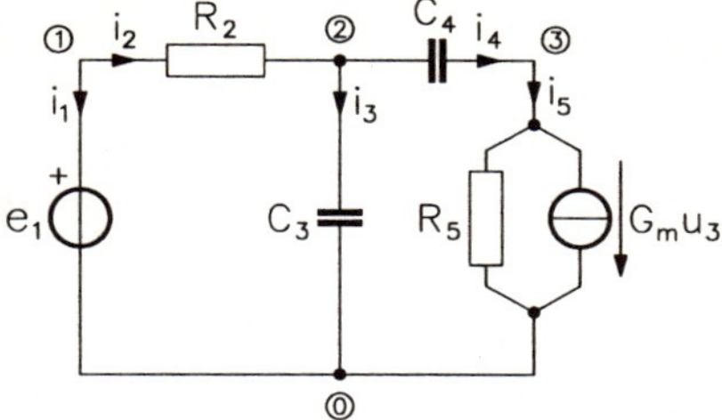

Aus der Schaltung können die folgenden Gleichungen direkt abgelesen werden:

$$\boldsymbol{A} = \begin{pmatrix} 1 & 1 & 0 & 0 & 0 \\ 0 & -1 & 1 & 1 & 0 \\ 0 & 0 & 0 & -1 & 1 \end{pmatrix}$$

$$\begin{aligned} u_1 &= e_1 \\ R_2 i_2 - u_2 &= 0 \\ C_3 \dot{u}_3 - i_3 &= 0 \\ C_4 \dot{u}_4 - i_4 &= 0 \\ R_5(i_5 - G_m u_3) - u_5 &= 0 \,. \end{aligned}$$

Zur Abkürzung führen wir den Operator $D = d/dt$ ein; es bedeutet also $Dx = dx/dt$. Damit können wir dann die Zweiggleichungen in der folgenden Form schreiben.

$$\underbrace{\begin{pmatrix} 0 & 0 & 0 & 0 & 0 \\ 0 & R_2 & 0 & 0 & 0 \\ 0 & 0 & -1 & 0 & 0 \\ 0 & 0 & 0 & -1 & 0 \\ 0 & 0 & 0 & 0 & R_5 \end{pmatrix}}_{\boldsymbol{F_i}} \underbrace{\begin{pmatrix} i_1 \\ i_2 \\ i_3 \\ i_4 \\ i_5 \end{pmatrix}}_{\boldsymbol{i}} +$$

$$\underbrace{\begin{pmatrix} 1 & 0 & 0 & 0 & 0 \\ 0 & -1 & 0 & 0 & 0 \\ 0 & 0 & C_3 D & 0 & 0 \\ 0 & 0 & 0 & C_4 D & 0 \\ 0 & 0 & -G_m R_5 & 0 & -1 \end{pmatrix}}_{\boldsymbol{F_u}} \underbrace{\begin{pmatrix} u_1 \\ u_2 \\ u_3 \\ u_4 \\ u_5 \end{pmatrix}}_{\boldsymbol{u}} = \underbrace{\begin{pmatrix} e_1 \\ 0 \\ 0 \\ 0 \\ 0 \end{pmatrix}}_{\boldsymbol{q}} .$$

Für Schaltungen mit einem Eingang enthält der Vektor $\boldsymbol{q}$ nur ein von null verschiedenes Element. Diejenigen Variablen aus den Vektoren $\boldsymbol{i}$ und $\boldsymbol{u}$ in (3.106), die im Vektor $\boldsymbol{x}$ des Systems zusammengefaßt sind, werden mit Hilfe von (3.105) als Funktionen der Eingangserregung ausgedrückt und sind damit keine Unbekannten mehr. Die verbleibenen Unbekannten aus $\boldsymbol{i}$ und $\boldsymbol{u}$ lassen sich dann über ein lineares algebraisches Gleichungssystem in Abhängigkeit von der Eingangserregung $u = u(t)$ und dem Vektor $\boldsymbol{x} = \boldsymbol{x}(t)$ angeben. Jede dieser Unbekannten läßt sich somit als eine Linearkombination der Komponenten von $\boldsymbol{x}$ und der Eingangsgröße u angeben. Falls die interessierende Unbekannte, die wir als Ausgangsgröße nehmen, mit $y = y(t)$ bezeichnet wird, so ergibt sich

$$y = \boldsymbol{c}^T \boldsymbol{x} + du \ . \tag{3.108}$$

Darin ist $\boldsymbol{c}$ ein Vektor mit derselben Dimension wie $\boldsymbol{x}$ und d ist eine skalare Konstante.

Beispiel 3.16

In Beispiel 3.9 werden die Spannungen u_1 und u_2 über das Differentialgleichungssystem berechnet. Für den Strom i und die Spannung u_o gilt mit den dort angebenen Gleichungen

$$\begin{aligned} i &= \underbrace{(-\frac{1}{R_1}, 0)}_{\boldsymbol{c}_1^T} \begin{pmatrix} u_1 \\ u_2 \end{pmatrix} + \underbrace{\frac{1}{R_1}}_{d_1} e \\ u_o &= \underbrace{(1, -1)}_{\boldsymbol{c}^T} \begin{pmatrix} u_1 \\ u_2 \end{pmatrix} + \underbrace{0}_{d_2} e \ . \end{aligned}$$

Damit wir besser Bezug nehmen können, fassen wir (3.75) und (3.108) an dieser Stelle zusammen:

$$\begin{aligned} \dot{\boldsymbol{x}} &= \boldsymbol{A}\boldsymbol{x} + \boldsymbol{b}u \\ y &= \boldsymbol{c}^T \boldsymbol{x} + du \ . \end{aligned} \tag{3.109}$$

Dieses Gleichungssystem zur Analyse linearer Schaltungen im Zeitbereich läßt sich sehr einfach auf den Fall eines mehrdimensionalen Eingangsvektors $\boldsymbol{u}$ und eines entsprechenden Ausgangsvektors $\boldsymbol{y}$ übertragen; dann gilt

$$\begin{aligned} \dot{\boldsymbol{x}} &= \boldsymbol{A}\boldsymbol{x} + \boldsymbol{B}\boldsymbol{u} \\ \boldsymbol{y} &= \boldsymbol{C}\boldsymbol{x} + \boldsymbol{D}\boldsymbol{u} \ , \end{aligned} \tag{3.110}$$

wobei $\boldsymbol{B}, \boldsymbol{C}, \boldsymbol{D}$ Matrizen entsprechender Dimension sind.

3.2.3 Schaltungsbeschreibung im stationären Zustand

Wird an eine lineare Schaltung ein sinusförmiges Eingangssignal gelegt, so verlaufen nach Abklingen der homogenen Lösung alle zeitlich veränderlichen

Spannungen und Ströme in der Schaltung ebenfalls sinusförmig. Dies ist dann der stationäre Zustand. Die Bezeichnung "eingeschwungener Zustand" ist ebenfalls gebräuchlich, jedoch kann der stationäre Zustand auch ohne Einschwingen erreicht werden, wie in dem folgenden einfachen Beispiel gezeigt wird.

Beispiel 3.17

An die folgende Schaltung werde zum Zeitpunkt $t = t_0$ die Spannung $e(t) =$

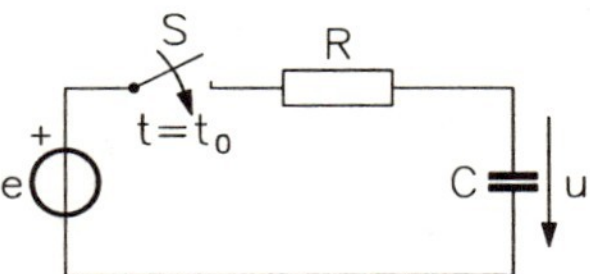

$\hat{e}\cos(\omega t + \varphi)$ gelegt (vgl. Abb. 3.11).

Ausgehend von (3.74) ergibt sich dann für die Spannung über der Kapazität

$$u = u(t_0)\,\mathrm{e}^{\lambda(t-t_0)} + \mathrm{Re}\left[\frac{E(\mathrm{e}^{j\omega t} - \mathrm{e}^{j\omega t_0}\,\mathrm{e}^{\lambda(t-t_0)})}{1+j\omega RC}\right] \qquad E = \hat{e}\,\mathrm{e}^{j\varphi} \ .$$

Wegen $\lambda < 0$ ist

$$\lim_{t\to\infty} \mathrm{e}^{\lambda t} = 0 \ .$$

Für beliebiges $u(t_0)$ finden wir also für den eingeschwungenen (stationären) Zustand

$$u = \mathrm{Re}\left[\frac{E\,\mathrm{e}^{j\omega t}}{1+j\omega RC}\right] \ .$$

Wird die Bedingung

$$u(t_0) - \mathrm{Re}\left[\frac{E\,\mathrm{e}^{j\omega t_0}}{1+j\omega RC}\right] = 0$$

bzw.

$$u(t_0) = \frac{\hat{e}[\cos(\omega t_0 + \varphi) + \omega RC\sin(\omega t_0 + \varphi)]}{1+(\omega RC)^2}$$

erfüllt, dann gilt für $t \geq t_0$

$$u = \mathrm{Re}\left[\frac{E\,\mathrm{e}^{j\omega t}}{1+j\omega RC}\right] \ .$$

In diesem Fall wird der stationäre Zustand — ohne Einschwingvorgang — sofort nach Anlegen der Quelle erreicht.

Die Vorgabe eines Anfangswertes, aus dem heraus der stationäre Zustand direkt erreicht wird, kann zum Beispiel bei einer Schaltungssimulation (Transienten–Analyse) nützlich sein, da sich dadurch die Simulationszeit in den meisten Fällen verkürzen läßt.

Die Analyse linearer Schaltungen im stationären Zustand bei sinusförmiger Erregung läßt sich mit Hilfe der "komplexen Rechnung" stark vereinfachen. Die hier wichtigsten Ergebnisse dieser bekannten Methode werden im folgenden kurz zusammengestellt.

Abb. 3.12 Zuordnung von Spannung und Strom a. an einer Kapazität C b. an einer Induktivität L

Zuerst beschreiben wir das Strom–Spannungs–Verhalten an einer Kapazität C gemäß Abb. 3.12, die Bestandteil einer Schaltung sei, die aus einer Quelle mit der Spannung

$$e = \hat{e}\cos(\omega t + \varphi) = \text{Re}\, E\,\text{e}^{j\omega t} \qquad E \in \mathbb{C}$$

gespeist werde. Dann können (vgl. Beispiel 3.14) Strom und Spannung an der Kapazität in der Form

$$i = \text{Re}\, I\,\text{e}^{j\omega t} \qquad u = \text{Re}\, U\,\text{e}^{j\omega t} \qquad I, U \in \mathbb{C} \tag{3.111}$$

angegeben werden. Für die Beziehung $i = Cdu/dt$ gilt dann bei Verwendung der komplexen Schreibweise

$$\text{Re}\, I\,\text{e}^{j\omega t} = \text{Re}\, j\omega CU\,\text{e}^{j\omega t} \ . \tag{3.112}$$

Die Vertauschung von Differentiation und Realteilbildung ist erlaubt, da beide Operationen linear sind. Aus (3.112) folgt

$$\text{Re}\,(I - j\omega CU)\,\text{e}^{j\omega t} = 0 \ . \tag{3.113}$$

Schreiben wir die komplexe Größe $I - j\omega CU$ — nach Betrag und Phase getrennt — in der Form $|I - j\omega CU|\,\text{e}^{j\psi}$, so folgt aus (3.113) $|I - j\omega CU|\cos(\omega t + \psi) = 0$. Diese Gleichung kann für alle t nur durch $|I - j\omega CU| = 0$ erfüllt werden. Der Betrag einer komplexen Zahl verschwindet aber dann und nur dann, wenn die komplexe Zahl verschwindet. Somit ergibt sich für den Zusammenhang zwischen den komplexen Amplituden von Strom und Spannung an einer Kapazität die bekannte Beziehung

$$I = j\omega CU \ . \tag{3.114}$$

Ausgehend von der Beziehung $u = Ldi/dt$ an einer Induktivität L (Abb. 3.12b) ergibt sich analog für die komplexen Amplituden an diesem Bauelement

$$U = j\omega LI \ . \tag{3.115}$$

An einem ohmschen Widerstand gelten dieselben Beziehungen für die komplexen Amplituden wie für die reellen zeitabhängigen Größen.

Für die komplexen Amplituden an der Reihenschaltung aus einem Widerstand R, einer Induktivität L und einer Kapazität C gemäß Abb. 3.13a gilt

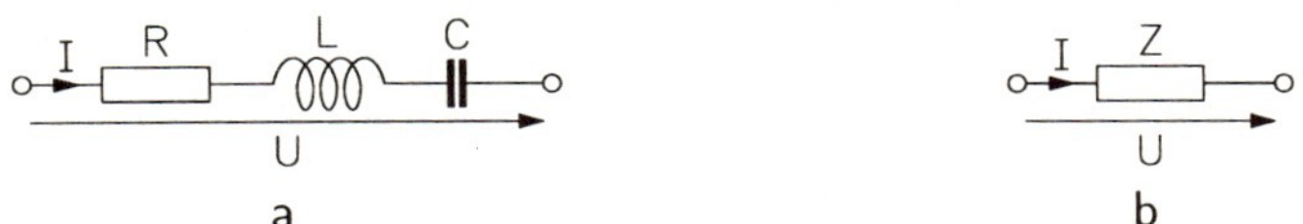

Abb. 3.13 a. Reihenschaltung aus R, L, C b. Impedanz Z

unter Verwendung von (3.114) und (3.115)

$$U = \left(R + j\omega L + \frac{1}{j\omega C}\right) I \ . \tag{3.116}$$

Verallgemeinernd wird dafür

$$U = \left(R + jX + \frac{1}{jB}\right) I \tag{3.117}$$

geschrieben; X wird als Reaktanz, B als Suszeptanz bezeichnet. Die Größe

$$Z = R + jX + \frac{1}{jB} \tag{3.118}$$

heißt Impedanz, ihr Kehrwert

$$Y = 1/Z \tag{3.119}$$

wird Admittanz genannt.

Werden Kapazitäten und Induktivitäten einer linearen Schaltung durch ihre Impedanzen ersetzt, so können die komplexen Amplituden von Spannungen und Strömen berechnet werden. Insbesondere sind dann anstelle der Differentialgleichungs–Systeme algebraische Gleichungssysteme zu lösen. Unter anderem ist auch das Verfahren der modifizierten Knotenanalyse verwendbar, wie im folgendem Beispiel gezeigt wird.

Beispiel 3.18

Als Ausgangspunkt wählen wir die MOS–Transistor–Schaltung aus Beispiel 3.9, sie hat für die Berechnung der komplexen Amplituden das folgende Aussehen:

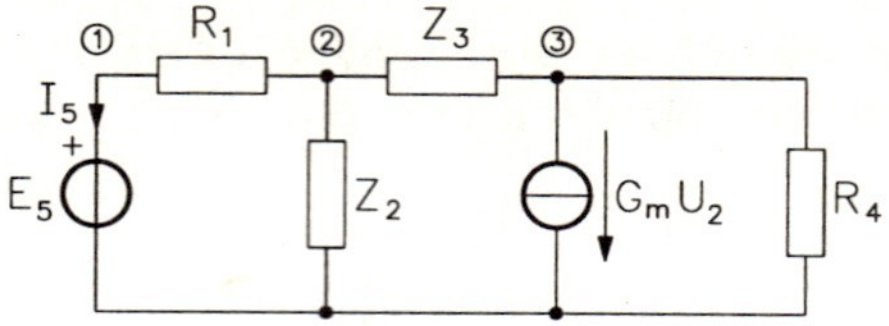

Aus dem Vergleich mit der Schaltung in Beispiel 3.9 folgt für die Impedanzen

$$Z_2 = 1/j\omega C_1 \qquad Z_3 = 1/j\omega C_2 \ .$$

Unter Verwendung der Tabelle 3.1 läßt sich sofort das folgende Gleichungssystem aus der Schaltung ablesen, falls $G_1 = 1/R_1, Y_2 = 1/Z_2, Y_3 = 1/Z_3, G_4 = 1/R_4$ gesetzt wird:

$$\begin{pmatrix} G_1 & -G_1 & 0 & 1 \\ -G_1 & G_1 + Y_2 + Y_3 & -Y_3 & 0 \\ 0 & G_m - Y_3 & Y_3 + G_4 & 0 \\ 1 & 0 & 0 & 0 \end{pmatrix} \begin{pmatrix} U_1 \\ U_2 \\ U_3 \\ I_5 \end{pmatrix} = \begin{pmatrix} 0 \\ 0 \\ 0 \\ E_5 \end{pmatrix}$$

Es sei die Ausgangsspannung U_3 die interessierende Größe; die Lösung des Gleichungssystems liefert

$$U_3 = \frac{R_4(j\omega C_2 - G_m)E_5}{1 + j\omega R_1(C_1 + C_2) + j\omega C_2 R_4[1 + R_1(G_m + j\omega C_1)]} \ .$$

Für die Schaltung gemäß Beispiel 3.9 ergäbe sich also im stationären Zustand für eine Eingangsspannung $e(t) = \hat{e}\cos(\omega t + \varphi) = \mathrm{Re}\ E\,\mathrm{e}^{j\omega t}$

$$u_o(t) = \mathrm{Re}\ U_3\,\mathrm{e}^{j\omega t} \ ,$$

wobei in dem Ausdruck für U_3 die komplexe Amplitude E_5 durch $\hat{e}\,\mathrm{e}^{j\varphi}$ zu ersetzen wäre. Falls die Eingangsspannung als $e(t) = \hat{e}\sin(\omega t + \varphi)$ angesetzt würde, ergäbe sich entsprechend

$$u_o(t) = \mathrm{Im}\ U_3\,\mathrm{e}^{j\omega t} \ .$$

3.2.4 Sprungantwort und Impulsantwort

Im vorhergehenden Abschnitt haben wir erläutert, daß sinusförmige Eingangssignale besonders gut für die Schaltungsanalyse im stationären Zustand geeignet sind.

Wir wollen uns nun mit der Reaktion von Schaltungen auf zwei Eingangssignale beschäftigen, die sich insbesondere für die Analyse des Übergangsverhaltens eignen. Diese Signale sind der δ–Impuls und der Einheitssprung;

letzterer ist für praktische Messungen besser geeignet als der δ–Impuls. Wir befassen uns daher zuerst mit ihm.

Die Ausgangsreaktion einer linearen Schaltung auf den Einheitssprung wird als Sprungantwort $a(t)$ bezeichnet; dabei ist vorausgesetzt, daß bei Anlegen des Sprunges alle Energiespeicher der Schaltung entladen sind. Eine allgemeine Beziehung für $a(t)$ läßt sich mit Hilfe von (3.105) herleiten. Damit an dieser Stelle keine Verwechslung mit der allgemeinen Eingangsgröße $u(t)$ aufkommt, bezeichnen wir den Einheitssprung hier mit $u_{es}(t)$ und setzen

$$u_{es}(t) = \begin{cases} 0 & \text{für } t < 0 \\ 1 & \text{für } t \geq 0 \, . \end{cases}$$

Für die Berechnung von $a(t)$ müssen wir nicht direkt von (3.105) ausgehen, sondern können uns das Ergebnis von Beispiel 3.13 zunutze machen. Dort setzen wir $t_0 = 0$ und — nach Voraussetzung — $\boldsymbol{x}(0) = \boldsymbol{0}$; ferner betrachten wir E als normierte Größe und setzen $E = 1$. Dann gilt folgender Zusammenhang:

$$u(t) = u_{es}(t) \quad \longrightarrow \quad \boldsymbol{x}(t) = \left(\mathrm{e}^{\boldsymbol{A}t} - \boldsymbol{1}\right) \boldsymbol{A}^{-1}\boldsymbol{b} \, . \tag{3.120}$$

Wegen

$$u(t) = u_{es}(t) \quad \longrightarrow \quad y(t) = a(t)$$

ergibt sich unter Verwendung von (3.109)

$$a(t) = \boldsymbol{c}^T \left(\mathrm{e}^{\boldsymbol{A}t} - \boldsymbol{1}\right) \boldsymbol{A}^{-1}\boldsymbol{b} + d \cdot u_{es}(t) \, . \tag{3.121}$$

Im eindimensionalen Fall reduziert sich (3.109) auf

$$\begin{aligned} \dot{x} &= \lambda x + bu \\ y &= cx + du \end{aligned} \tag{3.122}$$

und es gilt dann

$$a(t) = \frac{bc}{\lambda}(\mathrm{e}^{\lambda t} - 1) + d \cdot u_{es}(t) \, . \tag{3.123}$$

Beispiel 3.19

Für den folgenden verlustbehafteten Reihenschwingkreis soll die Sprungantwort $a(t)$ berechnet werden.

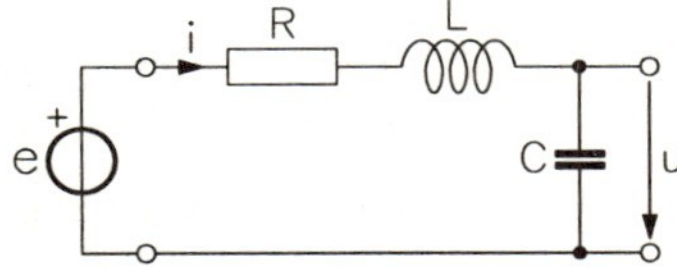

Das zu dieser Schaltung gehörige Differentialgleichungssystem lautet

$$\begin{pmatrix} \dot{u} \\ \dot{i} \end{pmatrix} = \begin{pmatrix} 0 & 1/C \\ -1/L & -R/L \end{pmatrix} \begin{pmatrix} u \\ i \end{pmatrix} + \begin{pmatrix} 0 \\ 1/L \end{pmatrix} e$$

$$y = u \, .$$

Aus

$$\begin{vmatrix} -\lambda & \dfrac{1}{C} \\ -\dfrac{1}{L} & -\dfrac{R}{L} - \lambda \end{vmatrix} = 0$$

ergeben sich die Eigenwerte

$$\lambda_1 = -\frac{\omega_0}{2Q} + j\omega_0\sqrt{1 - 1/4Q^2} \qquad \lambda_2 = -\frac{\omega_0}{2Q} - j\omega_0\sqrt{1 - 1/4Q^2} \; ,$$

wobei

$$\omega_0^2 = \frac{1}{LC} \qquad Q = \frac{\omega_0 L}{R}$$

gesetzt und $4Q^2 > 1$ angenommen wurde. Zur Vereinfachung der Schreibweise führen wir noch die Abkürzungen

$$\lambda_1 = \sigma_1 + j\omega_1 \qquad \lambda_2 = \sigma_1 - j\omega_1$$

ein. Nach einiger Rechnung ergibt sich

$$a(t) = \boldsymbol{c}^T \left(\mathbf{e}^{\boldsymbol{A}t} - \mathbf{1} \right) \boldsymbol{A}^{-1} \boldsymbol{b} = 1 - \alpha_0 \; ;$$

dabei wurde

$$\mathbf{e}^{\boldsymbol{A}t} = \alpha_0 \mathbf{1} + \alpha_1 \boldsymbol{A} \boldsymbol{t}$$

verwendet. Aus Beispiel 3.12 übernehmen wir

$$\alpha_0 = \frac{\lambda_2 \, \mathrm{e}^{\lambda_1 t} - \lambda_1 \, \mathrm{e}^{\lambda_2 t}}{\lambda_2 - \lambda_1} \; .$$

Unter Verwendung der zuvor eingeführten Abkürzungen lautet dann die Sprungantwort

$$\begin{aligned} a(t) &= 1 + \frac{(\sigma_1 - j\omega_1)\,\mathrm{e}^{(\sigma_1 + j\omega_1)t} - (\sigma_1 + j\omega_1)\,\mathrm{e}^{(\sigma_1 - j\omega_1)t}}{j2\omega_1} \\ &= 1 + \mathrm{e}^{\sigma_1 t}\left(\frac{\sigma_1}{\omega_1}\sin\omega_1 t - \cos\omega_1 t\right) \\ &= 1 - \mathrm{e}^{-\omega_0 t/2Q}\left(\frac{\sin\omega_0 t\sqrt{1-1/4Q^2}}{\sqrt{4Q^2-1}} + \cos\omega_0 t\sqrt{1-1/4Q^2}\right) . \end{aligned}$$

In den drei folgenden Abbildungen sind die Sprungantworten für verschiedene Werte der Güte Q skizziert.

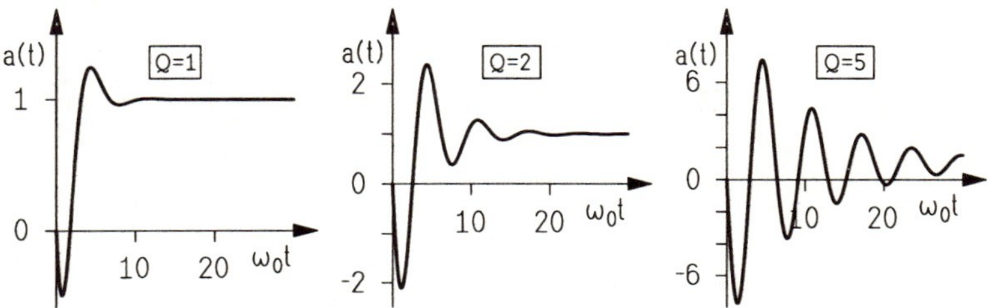

Mit wachsender Güte Q dauert es also immer länger, bis die Sprungantwort ihren stationären Wert erreicht.

Wir nehmen nun an, die Eingangsgröße sei ein δ–Impuls $\delta(t)$. Die Ausgangsreaktion auf ihn wird als Impulsantwort $h(t)$ bezeichnet; es gilt also in symbolischer Darstellung

$$u(t) = \delta(t) \longrightarrow y(t) = h(t) . \tag{3.124}$$

Die Abb. 3.14 gibt den Zusammenhang zwischen $\delta(t)$ und $h(t)$ an einer linearen Schaltung in allgemeiner Form wieder.

u(t)=δ(t) → S → y(t)=h(t)

Abb. 3.14 Zur Definition der Impulsantwort $h(t)$ einer Schaltung S

Wegen [vgl. (2.33)]

$$\delta(t) = \frac{du_{es}(t)}{dt}$$

ergibt sich (bei linearen Schaltungen) als Beziehung zwischen Impuls– und Sprungantwort

$$h(t) = \frac{da(t)}{dt} . \tag{3.125}$$

Ausgehend von (3.121) erhalten wir damit zunächst für die Impulsantwort

$$h(t) = \boldsymbol{c}^T \boldsymbol{A} \mathrm{e}^{\boldsymbol{A}t} \boldsymbol{A}^{-1} \boldsymbol{b} + d\delta(t) \ .$$

Unter Verwendung von Gleichung (3.101) erkennt man leicht, daß die Beziehung

$$\boldsymbol{A}\mathbf{e}^{\boldsymbol{A}t} = \mathbf{e}^{\boldsymbol{A}t}\boldsymbol{A}$$

gilt. Damit erhalten wir dann

$$h(t) = \boldsymbol{c}^T \mathbf{e}^{\boldsymbol{A}t} \boldsymbol{b} + d \cdot \delta(t) \ . \tag{3.126}$$

Im eindimensionalen Fall finden wir entsprechend, ausgehend von (3.123, 3.124)

$$h(t) = bc\,\mathrm{e}^{\lambda t} + d \cdot \delta(t) \ . \tag{3.127}$$

Beispiel 3.20

Für die beiden folgenden Schaltungen sollen die Impulsantworten bestimmt werden.

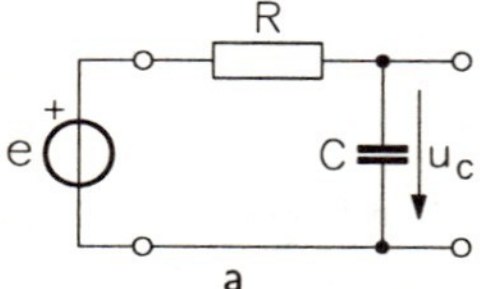

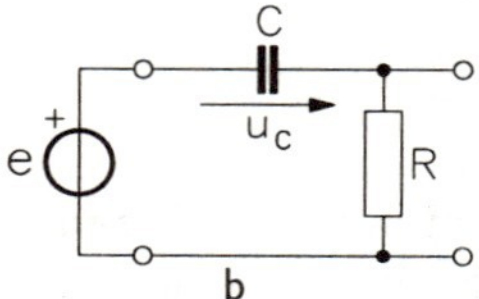

Im Falle der Schaltung a — es handelt sich um einen RC–Tiefpaß — lautet die Differentialgleichung

$$\dot{u}_c = -\frac{u_c}{RC} + \frac{e}{RC} \ .$$

Damit die Gleichung (3.127) angewendet werden kann, müssen die Größen entweder normiert oder als dimensionslos aufgefaßt werden. Wir entscheiden uns hier für die Normierung der Spannungen auf $1V$ und der Zeit auf $1s$, wobei wir zur Vereinfachung der Notation $\omega_0 = (1s)^{-1}$ einführen. Auf diese Weise erhalten wir

$$\frac{\dot{u}_c}{V\omega_0} = -\frac{u_c/V}{\omega_0 RC} + \frac{e/V}{\omega_0 RC} \ .$$

Setzen wir $u_c/V = x$ und $e/V = \delta(t)$, so finden wir die Konstanten $\lambda = -\omega_0 RC, b = 1/\omega_0 RC$; da für den Fall a.

$$y = x$$

und somit $c = 1, d = 0$ gilt, folgt aus (3.127)

$$h(t) = \frac{e^{-t/RC}}{\omega_0 RC} \ .$$

Der RC–Hochpaß (Schaltung b) wird zwar durch dieselbe Differentialgleichung beschrieben, für die Ausgangsgröße y gilt in diesem Fall jedoch, da die Ausgangsspannung am Widerstand R abgenommen wird,

$$y = -x + e/V \ .$$

In diesem Fall ist $c = -1$ und $d = 1$; die Impulsantwort für den RC–Hochpaß lautet somit

$$h(t) = \delta(t) - \frac{e^{-t/RC}}{\omega_0 RC} \ .$$

Nach der Behandlung zweier Schaltungen, die durch Differentialgleichungen erster Ordnung beschrieben werden, wenden wir uns nun dem Verhalten einer Schaltung mit zwei unterschiedlichen Energiespeichern zu.

Beispiel 3.21

Gegeben ist der folgende LC–Tiefpaß:

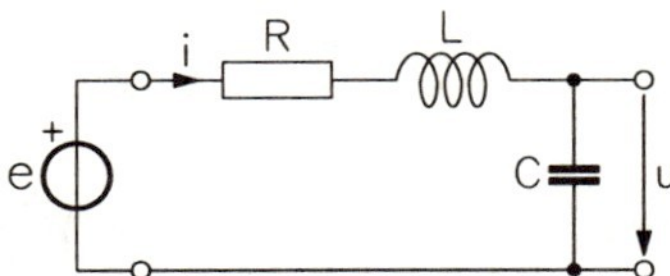

Die Impulsantwort lautet in diesem Fall

$$h(t) = \frac{\omega_0 \, e^{-\omega_0 t/2Q}}{\sqrt{1 - 1/4Q^2}} \cdot \sin\left(\sqrt{1 - 1/4Q^2}\omega_0 t\right) \ .$$

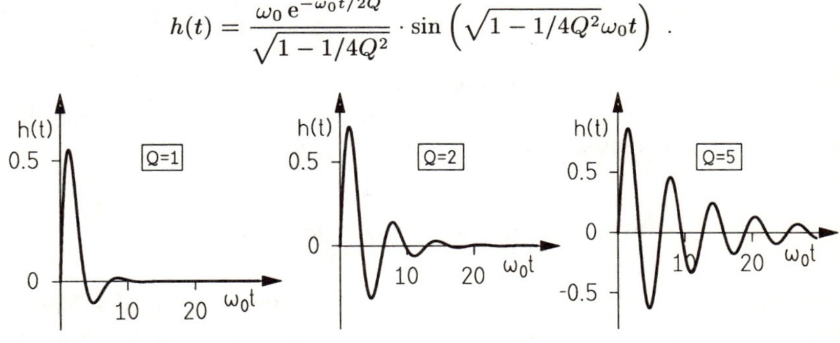

Für die in den Beispielen behandelten Schaltungen klingt die Impulsantwort für $t \to \infty$ ab. Dieses Verhalten, daß eine in "Ruhelage" befindliche lineare Schaltung nach der Erregung durch einen δ–Impuls wieder in die Ruhelage zurückkehrt, wird man im allgemeinen erwarten. Wir werden noch zeigen, welchen Bedingungen die Matrix $\boldsymbol{A}$ genügen muß, damit dieses Verhalten gewährleistet ist.

Falls die Impulsantwort $h(t)$ einer Schaltung bekannt ist, kann das Ausgangssignal für beliebige Eingangssignale mit ihrer Hilfe berechnet werden. Dies gilt allerdings nur für eine zeitinvariante Schaltung, die dadurch gekennzeichnet ist, daß ihre Impulsantwort unabhängig von dem Zeitpunkt ist, zu dem der δ–Impuls an den Eingang gelegt wird. Wenn also für

$$\delta(t) \longrightarrow h(t)$$

auch

$$\delta(t - t_0) \longrightarrow h(t - t_0) \tag{3.128}$$

gilt, wobei t_0 eine reelle Konstante ist, so ist die Schaltung zeitinvariant. Wir betrachten nun eine zeitinvariante Schaltung mit der Impulsantwort $h(t)$. Wegen

$$\delta(t - \tau) \qquad \longrightarrow \qquad h(t - \tau)$$

gilt infolge der Linearität

$$u(\tau)\delta(t - \tau) \qquad \longrightarrow \qquad u(\tau)h(t - \tau)$$

und außerdem auch

$$\int_{-\infty}^{\infty} u(\tau)\delta(t - \tau)d\tau \longrightarrow \int_{-\infty}^{\infty} u(\tau)h(t - \tau)d\tau \ .$$

Aufgrund der Ausblendeigenschaft der δ–Funktion steht auf der linken Seite aber gerade das Eingangssignal $u(t)$, und die rechte Seite stellt die Antwort $y(t)$ auf dieses Eingangssignal dar; also können wir

$$u(t) \qquad \longrightarrow \qquad y(t) = \int_{-\infty}^{\infty} u(\tau)h(t - \tau)d\tau \tag{3.129}$$

schreiben. Das Ausgangssignal entsteht also durch Faltung des Eingangssignals mit der Impulsantwort. Vorausgesetzt ist dabei, daß alle Speicher der Schaltung bei Anlegen des Eingangssignals leer sind.

3.2.5 Schaltungsbeschreibung durch eine Differentialgleichung höherer Ordnung

Wir gehen von dem Differentialgleichungs–System in (3.109) aus, das wir hier in folgender Form wiederholen:

$$\begin{pmatrix} \dot{x}_1 \\ \dot{x}_2 \\ \vdots \\ \dot{x}_n \end{pmatrix} = \begin{pmatrix} \tilde{a}_{11} & \tilde{a}_{12} & \dots & \tilde{a}_{1n} \\ \tilde{a}_{21} & \tilde{a}_{22} & \dots & \tilde{a}_{2n} \\ \vdots & \vdots & \ddots & \vdots \\ \tilde{a}_{n1} & \tilde{a}_{n2} & \dots & \tilde{a}_{nn} \end{pmatrix} \begin{pmatrix} x_1 \\ x_2 \\ \vdots \\ x_n \end{pmatrix} + \begin{pmatrix} \tilde{b}_1 \\ \tilde{b}_2 \\ \vdots \\ \tilde{b}_n \end{pmatrix} u \; . \qquad (3.130)$$

Dazu betrachten wir die Variablen–Transformation

$$\begin{aligned} x_n &= \beta_n y + \alpha_n u \\ x_{n-1} &= \beta_{n-1} y + \alpha_{n-1} u + \dot{x}_n \\ &\vdots \\ x_2 &= \beta_2 y + \alpha_2 u + \dot{x}_3 \\ x_1 &= \beta_1 y + \alpha_1 u + \dot{x}_2 \; , \end{aligned} \qquad (3.131)$$

in der $y = y(t)$ die Ausgangsgröße der Schaltung repräsentiert und die $\alpha_1, \alpha_2, \dots, \alpha_n$ sowie die $\beta_1, \beta_2, \dots, \beta_n$ Konstanten sind. In der ersten Zeile von Gleichung (3.130), also in

$$\dot{x}_1 = \tilde{a}_{11} x_1 + \tilde{a}_{12} x_2 + \dots + \tilde{a}_{1n} x_n + \tilde{b}_1 u$$

werden nun die Variablen $\dot{x}_1$ sowie $x_1, x_2, \dots, x_n$ mit Hilfe von (3.131) ersetzt:

$$\begin{aligned} &\beta_1 \dot{y} + \alpha_1 \dot{u} + \dots + \beta_{n-1} y^{(n-1)} + \alpha_{n-1} u^{(n-1)} + \beta_n y^{(n)} + \alpha_n u^{(n)} = \\ &a_{11}(\beta_1 y + \alpha_1 u + \dots + \beta_{n-1} y^{(n-2)} + \alpha_{n-1} u^{(n-2)} + \beta_n y^{(n-1)} + \\ &\alpha_n u^{(n-1)}) + a_{12}(\beta_2 y + \alpha_2 u + \dots + \beta_{n-1} y^{(n-3)} + \alpha_{n-1} u^{(n-3)} + \\ &\beta_n y^{(n-2)} + \alpha_n u^{(n-2)}) + \dots + a_{1n}(\beta_n y + \alpha_n u) + \tilde{b}_1 u \; . \end{aligned}$$

Diese Gleichung kann auf die Form

$$\begin{aligned} y^{(n)} + b_{n-1} y^{(n-1)} + \dots + b_1 \dot{y} + b_0 y &= a_n u^{(n)} + a_{n-1} u^{(n-1)} + \dots + \\ &\quad a_1 \dot{u} + a_0 u \end{aligned} \qquad (3.132)$$

gebracht werden, wobei hier $b_n = 1$ gesetzt wurde, was durch Division erreicht werden kann (die b_i haben eine andere Bedeutung als die $\tilde{b}_i$ in (3.130). Abkürzend schreiben wir

$$\sum_{\nu=0}^{n} b_\nu y^{(\nu)} = \sum_{\mu=0}^{n} a_\mu u^{(\mu)} \qquad b_n = 1\ . \tag{3.133}$$

Aus dem System von n Differentialgleichungen 1. Ordnung haben wir also eine entsprechende Differentialgleichung n–ter Ordnung gewonnen. Die Lösung der homogenen Differentialgleichung

$$\sum_{\nu=0}^{n} b_\nu y^{(\nu)} = 0 \tag{3.134}$$

führt über den Ansatz $y = \mathrm{e}^{\lambda t}$ zunächst auf die Gleichung

$$\sum_{\nu=0}^{n} b_\nu \lambda^\nu = 0\ ,$$

aus der die n Eigenwerte $\lambda_1, \lambda_2, \ldots, \lambda_n$ bestimmt werden; sie können einfach oder mehrfach sowie reell oder konjugiert komplex sein. Wir wollen von dem praktisch interessantesten Fall einfacher Eigenwerte ausgehen und erhalten dann als Lösung von (3.134)

$$y_h = \sum_{r=1}^{n} K_r\, \mathrm{e}^{\lambda_r t}\ . \tag{3.135}$$

Darin sind die K_r noch zu bestimmende Konstanten. Die partikuläre Lösung y_p, die zu y_h zu addieren ist, um die allgemeine Lösung y zu erhalten, kann im allgemeinen Fall mit Hilfe der Methode der Variation der Konstanten berechnet werden. Eine andere Möglichkeit besteht darin, für die partikuläre Lösung einen Ansatz in Form der Funktion $u(t)$ zu machen. Wir betrachten hier den Fall, daß $u(t)$ sinusförmig ist und durch

$$u(t) = \mathrm{Re}\, E\, \mathrm{e}^{j\omega t} \qquad E \in \mathbb{C} \tag{3.136}$$

gegeben ist. Wird der Lösungsansatz

$$y_p = \mathrm{Re}\, Y\, \mathrm{e}^{j\omega t} \qquad Y \in \mathbb{C}$$

in (3.133) eingesetzt, so folgt daraus zunächst

$$\mathrm{Re}\left[Y \sum_{\nu=0}^{n} b_\nu (j\omega)^\nu - E \sum_{\mu=0}^{n} a_\mu (j\omega)^\mu \right] \mathrm{e}^{j\omega t} = 0\ .$$

Analog zu dem Schritt von (3.113) nach (3.114) läßt sich aus dieser Gleichung

$$Y = \frac{\sum_{\mu=0}^{n} a_\mu (j\omega)^\mu}{\sum_{\nu=0}^{n} b_\nu (j\omega)^\nu} \cdot E \tag{3.137}$$

berechnen. Damit lautet dann die Lösung von (3.133)

$$y = y_h + y_p = \sum_{r=1}^{n} K_r \, e^{\lambda_r t} + \mathrm{Re} \, \frac{\sum_{\mu=0}^{n} a_\mu (j\omega)^\mu}{\sum_{\nu=0}^{n} b_\nu (j\omega)^\nu} \cdot E \, e^{j\omega t} \; . \tag{3.138}$$

3.3 Analyse linearer Schaltungen im Frequenzbereich

3.3.1 Die Übertragungsfunktion

Ausgehend von (3.138) betrachten wir den stationären Zustand, das heißt, die homogene Lösung ist entweder abgeklungen oder die Konstanten K_r sind so gewählt, daß der stationäre Zustand sofort erreicht wird. Aufgrund des Eingangssignals (3.136) kann dann (vgl. Beispiel 3.14) das Ausgangssignal als

$$y = y_p = \mathrm{Re} \, Y e^{j\omega t}$$

dargestellt werden. Aus dem Vergleich mit (3.138) folgt dann

$$Y = \frac{\sum_{\mu=0}^{n} a_\mu (j\omega)^\mu}{\sum_{\nu=0}^{n} b_\nu (j\omega)^\nu} \cdot E \; .$$

Diesen Zusammenhang schreiben wir in der Form

$$Y = H(j\omega) E \tag{3.139}$$

mit

$$H(j\omega) = \frac{\sum_{\mu=0}^{n} a_\mu (j\omega)^\mu}{\sum_{\nu=0}^{n} b_\nu (j\omega)^\nu} \qquad a_\mu, b_\nu \in \mathbb{R} \qquad b_n = 1 \; . \tag{3.140}$$

$H(j\omega)$ wird als Übertragungsfunktion einer Schaltung bezeichnet. Das stationäre Eingangs–Ausgangs–Verhalten einer linearen Schaltung wird also durch eine gebrochen rationale Funktion beschrieben. Die Übertragungsfunktion kann z. B. mit Hilfe der komplexen Rechnung bestimmt werden, wie im folgenden Beispiel gezeigt wird.

Beispiel 3.22

Wir betrachten den in der folgenden Abb. a wiedergegebenen Teil einer Bipolar–

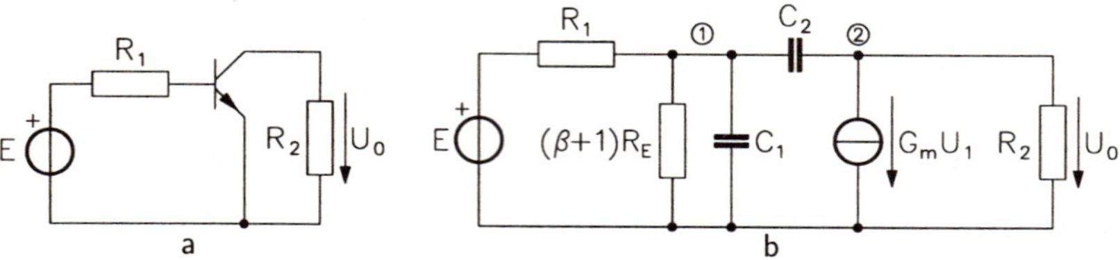

Transistorschaltung, der für das Kleinsignalverhalten maßgebend ist. In Abb. b ist die Schaltung unter Verwendung des hier stark vereinfachten Transistor–Modells gemäß Abb. 1.36 gezeigt; E und U_o sind die komplexen Amplituden. Aus Abb. b. läßt sich das folgende Gleichungssystem ablesen:

$$\begin{pmatrix} G_1 + \dfrac{G_E}{\beta+1} + j\omega(C_1 + C_2) & -j\omega C_2 \\ G_m - j\omega C_2 & G_2 + j\omega C_2 \end{pmatrix} \begin{pmatrix} U_1 \\ U_2 \end{pmatrix} = \begin{pmatrix} G_1 E \\ 0 \end{pmatrix} .$$

Es wurde hier die "normale" Knotenanalyse gewählt, da sie auf 2×2–Determinanten führt, die "von Hand" schneller berechnet werden können als die 3×3–Determinanten, die sich bei der modifizierten Knotenanalyse ergäben. Die Quelle E wurde zusammen mit dem Widerstand R_1 in eine äquivalente Stromquelle umgewandelt. In diesem Beispiel ist $U_o = U_2$. Die Übertragungsfunktion $H(j\omega) = U_o/E$ lautet, wenn $\beta + 1$ durch β ersetzt wird,

$$H(j\omega) = \frac{\dfrac{G_1}{C_1} j\omega - \dfrac{G_1 G_m}{C_1 C_2}}{(j\omega)^2 + \left[\dfrac{G_2}{C_2} + \dfrac{G_1 + G_2 + G_m + G_E/\beta}{C_1}\right] j\omega + \dfrac{G_2[G_1 + G_E/\beta]}{C_1 C_2}} .$$

Sie ist also von der allgemeinen Form [vgl. (3.140)]

$$H(j\omega) = \frac{a_1 j\omega + a_0}{(j\omega)^2 + b_1 j\omega + b_0} .$$

Die Übertragungsfunktion (3.140) ist nur dann realisierbar, wenn der Grad des Zählerpolynoms den des Nennerpolynoms nicht übersteigt; ein niedrigerer Zählergrad kann in (3.140) durch Nullsetzen von Koeffizienten des Zählerpolynoms bewirkt werden. Der Deutlichkeit halber schreibt man anstelle von (3.140) häufig

$$H(j\omega) = \frac{\sum\limits_{\mu=0}^{m} a_\mu (j\omega)^\mu}{\sum\limits_{\nu=0}^{n} b_\nu (j\omega)^\nu} \qquad m \le n \qquad (3.141)$$

und setzt auch wieder $b_n = 1$ voraus.

Da $H(j\omega)$ eine komplexwertige Funktion der reellen Variablen ω ist, läßt sie sich auch in der Form

$$H(j\omega) = F(\omega) + jG(\omega) \tag{3.142}$$

darstellen; in der Praxis ist diese nach Real- und Imaginärteil getrennte Darstellung jedoch von geringerer Bedeutung. Dagegen hat die Darstellungsform

$$H(j\omega) = |H(j\omega)|\,\mathrm{e}^{j\varphi(\omega)} \tag{3.143}$$

für praktische Anwendungen große Bedeutung, da sowohl der Betrag $|H(j\omega)|$ als auch der Phasenwinkel $\varphi(\omega)$ wichtige Informationen über das Schaltungsverhalten liefern können und außerdem Messungen gut zugänglich sind. Bezeichnen wir das Zählerpolynom mit $N(j\omega)$ und das Nennerpolynom mit $D(j\omega)$, so lautet die Übertragungsfunktion

$$H(j\omega) = \frac{N(j\omega)}{D(j\omega)} \; . \tag{3.144}$$

Daraus lassen sich Betrag und Phase über die Beziehungen

$$|H(j\omega)| = \frac{|N(j\omega)|}{|D(j\omega)|} \tag{3.145}$$

$$\varphi = \alpha - \beta \qquad \alpha = \arg N(j\omega) \qquad \beta = \arg D(j\omega) \tag{3.146}$$

berechnen; α und β werden wie üblich mit Hilfe der Gleichungen

$$\tan\alpha = \frac{\mathrm{Im}\; N(j\omega)}{\mathrm{Re}\; N(j\omega)} \qquad \tan\beta = \frac{\mathrm{Im}\; D(j\omega)}{\mathrm{Re}\; D(j\omega)} \tag{3.147}$$

bestimmt. Häufig ist es günstiger, anstelle von $|H(j\omega)|$ ein logarithmisches Maß, nämlich die Dämpfung

$$A = -20\log|H(j\omega)| \tag{3.148}$$

zu verwenden, die in Dezibel (dB) gemessen wird; eine negative Dämpfung stellt eine Verstärkung dar.

Beispiel 3.23

Für die Schaltung in Beispiel 3.22, die wir hier noch einmal verwenden, sollen jetzt folgende Werte gelten:

$$R_1 = 100\,\Omega \quad R_2 = 10\,k\Omega \quad C_1 = 5\,pF \quad C_2 = 2\,pF \quad R_E = 25\,\Omega$$
$$\beta = 99 \quad G_m = \beta/[(\beta+1)R_E] = 39.6\,mA/V \; .$$

Damit lautet dann die Übertragungsfunktion

$$H(j\omega) = -\frac{3.8 \cdot 10^2 - j0.1 \cdot (f/MHz)}{1 - 3.8 \cdot 10^{-4} \cdot (f/MHz)^2 + j0.6 \cdot (f/MHz)} \, .$$

Die Größe $20 \log |H(j\omega)|$ (in dB) und der Phasenwinkel φ sind in den beiden folgenden Abbildungen skizziert.

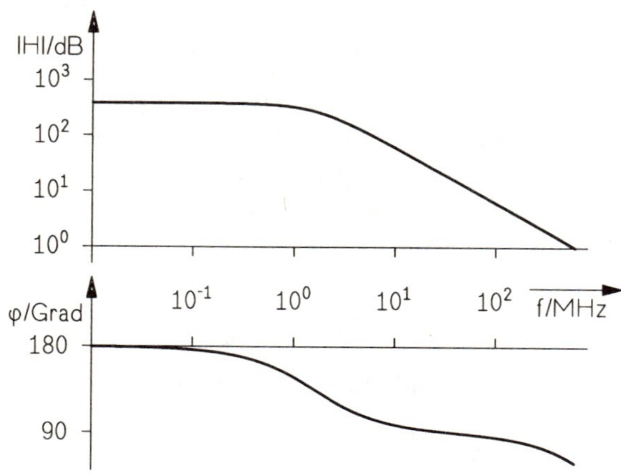

Wir haben die Übertragungsfunktion als eine komplexwertige Funktion der reellen Frequenzvariablen ω eingeführt. Im folgenden werden wir den Begriff der Übertragungsfunktion dadurch allgemeiner fassen, daß wir sie als komplexwertige Funktion einer komplexen Variablen darstellen.

3.3.2 Das Prinzip der analytischen Fortsetzung und die komplexe Frequenz

An dieser Stelle wollen wir ganz kurz auf eine hier wichtige Eigenschaft holomorpher[2] Funktionen eingehen, wobei wir allerdings nur das hier relevante Ergebnis festhalten wollen.

Wir betrachten holomorphe Funktionen $f(z)$, mit

$$z = x + jy \qquad x, y \in \mathbb{R} \, . \tag{3.149}$$

Gegeben seien zwei Gebiete $G_1 \subset \mathbb{C}$ und $G_2 \subset \mathbb{C}$ in der Weise, daß sie ein Teilgebiet G_0 — und zwar nur dieses — gemeinsam haben. Es sei ferner in G_1 eine holomorphe Funktion $f_1(z)$ gegeben. Falls es dann in G_2 eine holomorphe Funktion $f_2(z)$ gibt, die in G_0 mit $f_1(z)$ übereinstimmt, so kann es nur eine

---

[2]Eine in einem Gebiet $G \subset \mathbb{C}$ erklärte Funktion $f(z) : G \to \mathbb{C}$ heißt holomorph in G, wenn $f(z)$ in jedem Punkt $z_0 \in G$ komplex differenzierbar ist und der Differentialquotient in G stetig ist.

einzige derartige Funktion $f_2(z)$ geben; $f_1(z)$ und $f_2(z)$ heißen analytische Fortsetzungen voneinander.

Es ist ausreichend, wenn die Funktionen $f_1(z)$ und $f_2(z)$ entlang eines kleinen Wegstückes übereinstimmen, damit $f_1(z)$ und $f_2(z)$ analytische Fortsetzungen voneinander sind. Stimmen insbesondere zwei holomorphe Funktionen $f_1(z)$ und $f_2(z)$ entlang der reellen oder imaginären Achse der komplexen Ebene überein, so stimmen sie in der gesamten komplexen Ebenen überein. Damit lassen sich holomorphe Funktionen, die entlang der reellen oder imaginären Achse gegeben sind, eindeutig in die komplexe Ebene fortsetzen.

Man kann nun zeigen, daß insbesondere die rationalen Funktionen, die Exponentialfunktion sowie die Sinus– und Cosinusfunktion vom Reellen ins Komplexe fortsetzbar sind. Entsprechend lassen sich diese Funktionen — bei imaginärem Argument — vom Imaginären aus ins Komplexe fortsetzen. Dies ist für uns insofern besonders wichtig, als in vielen Fällen die unabhängige Variable in der Form "$j\omega$" auftritt. Für die Darstellung der Fortsetzung einer Funktion von der imaginären Achse ($j\omega$)–Achse aus in die komplexe Ebene benötigen wir eine komplexe Variable, die wir als

$$s = \sigma + j\omega \qquad \sigma, \omega \in \mathbb{R} \tag{3.150}$$

bezeichnen. Wir nennen s die komplexe Frequenzvariable oder kurz die komplexe Frequenz; eigentlich müßten wir von der komplexen Kreisfrequenz sprechen, jedoch wollen wir das etwas schwerfällige Wort "Kreisfrequnez" nach Möglichkeit vermeiden.

Die Bezeichnung "komplexe Frequenz" ruft auf den ersten Blick vielleicht Unbehagen hervor, denn die Frequenz ist für uns zunächst eine reelle Größe, etwa Anzahl der Schwingungen je Sekunde. Wir wollen uns jedoch daran erinnern, daß Zahlen aus unserer primären Erfahrung heraus auch reell sind; aus diesen reellen Zahlen konstruieren wir dann die komplexen Zahlen im wesentlichen als geordnete Paare reeller Zahlen. Insbesondere sind die imaginären Zahlen keineswegs imaginär, also nur in unserer Vorstellung existierend. In entsprechender Weise ist die komplexe Frequenz eben auch im wesentlichen ein Tupel der beiden reellen Variablen σ und ω.

Im allgemeinen wird die Größe ω als reelle Frequenz bezeichnet; dies ist wegen $\omega \neq \operatorname{Re} s$ nicht im Einklang mit (3.150); die Bezeichnung "reelle Frequenz" ist im Sinne von "reale Frequenz" zu interpretieren.

Nach den vorangegangenen Erläuterungen dürfen wir also insbesondere alle Funktionen, die rational in $j\omega$ sind, und alle Exponentialfunktionen mit dem Argument $j\omega$ von der imaginären Achse aus analytisch fortsetzen; praktisch wird dies so durchgeführt, daß einfach überall "$j\omega$" durch "s" ersetzt wird. Im Zusammenhang mit Leistungsbeziehungen ist jedoch nur "$j\omega$" sinnvoll.

Es stellt sich die Frage, welchen Nutzen die Einführung der komplexen Frequenz bringt, da durch sie zunächst einmal alles komplizierter zu werden scheint. Die Antwort wird sich im Zuge der weiteren Beschäftigung mit linearen Schaltungen ergeben.

3.3.3 Darstellung der Übertragungsfunktion durch Pole und Nullstellen

Wir betrachten noch einmal Gleichung (3.141), die wir unter Verwendung der Ergebnisse des letzen Unterabschnittes auf komplexe Frequenzen ausdehnen:

$$H(s) = \frac{\sum_{\mu=0}^{m} a_\mu s^\mu}{\sum_{\nu=0}^{n} b_\nu s^\nu} \qquad m \leq n \qquad a_\mu, b_\nu \in \mathbb{R}. \tag{3.151}$$

Wenn wir in Zukunft von Übertragungsfunktionen sprechen, werden wir darunter im allgemeinen die Form (3.151) verstehen; Gleichung (3.141) ist für den Sonderfall $s = j\omega$ in (3.151) enthalten. Die Übertragungsfunktion $H(s)$ ist eine (gebrochene) rationale Funktion in s und läßt sich folglich als Quotient eines Zählerpolynoms $N(s)$ und eines Nennerpolynoms $D(s)$ darstellen [vgl. (3.144)].

Eine rationale Funktion ist bis auf eine multiplikative Konstante durch ihre Nullstellen (Nullstellen des Zählerpolynoms $N(s)$) und ihre Pole (Nullstellen des Nennerpolynoms $D(s)$) eindeutig bestimmt. Beginnen wir mit den Nullstellen des Nennerpolynoms. Aus (3.151) ergibt sich für $b_n = 1$ die Gleichung

$$D(s) = s^n + b_{n-1}s^{n-1} + \ldots + b_1 s + b_0 = 0\ . \tag{3.152}$$

Diese Gleichung hat n Wurzeln, von denen wir annehmen, daß sie alle verschieden sind. Mehrfache Nullstellen bereiten zwar keine besonderen Schwierigkeiten, wir verzichten aber auf ihre Berücksichtigung, um die Darstellung einfacher zu halten. Auch spielen sie für praktische Anwendungen keine wesentliche Rolle, und schließlich ist eine exakte Realisierung derartiger Nullstellen wegen der unvermeidlichen Bauelementetoleranzen auch gar nicht möglich.

Da die Koeffizienten in (3.152) reell sind, können Nullstellen entweder reell sein oder konjugiert komplex zueinander auftreten. Bezeichnen wir die Nullstellen von $D(s)$ mit $s_{\infty\nu}$ für $\nu = 1, 2, \ldots, n$, so können wir $D(s)$ in Nullstellenform als

$$D(s) = (s - s_{\infty 1})(s - s_{\infty 2}) \ldots (s - s_{\infty n}) = \prod_{\nu=1}^{n} (s - s_{\infty\nu}) \tag{3.153}$$

schreiben. Entsprechende verfahren wir mit dem Zählerpolynom $N(s)$; da im allgemeinen $a_m \neq 1$ gilt, klammern wir den Koeffizienten a_m vor der Bestimmung der Zählernullstellen aus. Bezeichnen wir die Nullstellen des Polynoms $N(s)$ mit $s_{0\mu}$ ($\mu = 1, 2, \ldots, m$), dann ergibt sich

$$N(s) = a_m(s - s_{01})(s - s_{02}) \ldots (s - s_{0n}) = a_m \prod_{\mu=1}^{m} (s - s_{0\mu}) \ . \qquad (3.154)$$

Unter Verwendung von (3.153) und (3.154) lautet die Übertragungsfunktion

$$H(s) = a_m \frac{\prod\limits_{\mu=0}^{m} (s - s_{0\mu})}{\prod\limits_{\nu=1}^{n} (s - s_{\infty\nu})} \ . \qquad (3.155)$$

Beispiel 3.24

Wir betrachten die Übertragungsfunktion

$$H(s) = \frac{\omega_0(2s^2 + 8\omega_0^2)}{s^3 + \omega_0 s^2 + \frac{21}{16}\omega_0^2 s + \frac{17}{32}\omega_0^3} \ ,$$

in der ω_0 eine Konstante ist. Das Zählerpolynom hat die Nullstellen

$$s_{01} = j2\omega_0 \qquad s_{02} = -j2\omega_0 \ ,$$

und für das Nennerpolynom finden wir die Nullstellen

$$s_{\infty 1} = -\frac{\omega_0}{2} \qquad s_{\infty 2} = -\frac{\omega_0}{4} + j\omega_0 \qquad s_{\infty 3} = -\frac{\omega_0}{4} - j\omega_0 \ .$$

Damit können wir $H(s)$ auch in Pol–Nullstellen–Form schreiben:

$$H(s) = \frac{2\omega_0(s - j2\omega_0)(s + j2\omega_0)}{\left(s + \frac{\omega_0}{2}\right)\left(s + \frac{\omega_0}{4} - j\omega_0\right)\left(s + \frac{\omega_0}{4} + j\omega_0\right)} \ .$$

Es ist üblich, Pole und Nullstellen in die komplexen s–Ebene einzuzeichnen; Pole werden durch Kreuze, Nullstellen durch Kreise gekennzeichnet.

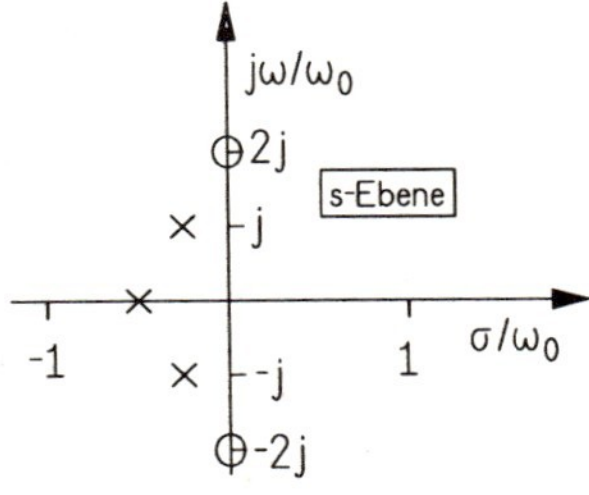

Das Eintragen von Polen und Nullstellen in die komplexe s–Ebene ist ein formales Vorgehen. Es lassen sich jedoch aufgrund der Pol–Nullstellen–Verteilung qualitative Aussagen zum Übertragungsverhalten einer Schaltung machen.

Beispiel 3.25

Ausgangspunkt ist die Übertragungsfunktion

$$H(s) = \frac{\omega_0^3}{(s+\omega_0)(s^2+\omega_0 s+\omega_0^2)} \qquad \omega_0 = 2\pi f_0 \ ,$$

deren Pole bei

$$s_{\infty 1} = -\omega_0 \qquad s_{\infty 2,3} = -\frac{\omega_0}{2} \pm \frac{j\sqrt{3}\,\omega_0}{2}$$

liegen. $H(s)$ zerlegen wir in die zwei Teil–Übertragungsfunktionen

$$H_1(s) = \frac{\omega_0}{s+\omega_0} \qquad H_2(s) = \frac{\omega_0^2}{s^2+\omega_0 s+\omega_0^2} \ ,$$

so daß $H(s) = H_1(s)H_2(s)$ und natürlich auch $|H(s)| = |H_1(s)||H_2(s)|$ gilt.
In den Übertragungsfunktionen $H_1(s)$ und $H_2(s)$ ersetzen wir nun s [vgl. (3.150)] durch $s = \sigma + j\omega$ und bilden $|H_1(\sigma, j\omega)|$ sowie $|H_2(\sigma, j\omega)|$:

$$\begin{aligned} |H_1(\sigma, j\omega)| &= \frac{\omega_0}{\sqrt{(\sigma+\omega_0)^2+\omega^2}} \\ |H_2(\sigma, j\omega)| &= \frac{\omega_0^2}{\sqrt{(\sigma^2+\omega_0\sigma-\omega^2+\omega_0^2)^2+\omega^2(2\sigma+\omega_0)^2}} \ . \end{aligned}$$

Zunächst wenden wir uns der Funktion $|H_1(\sigma, j\omega)|$ zu. Sie ist in Abb. a in Form

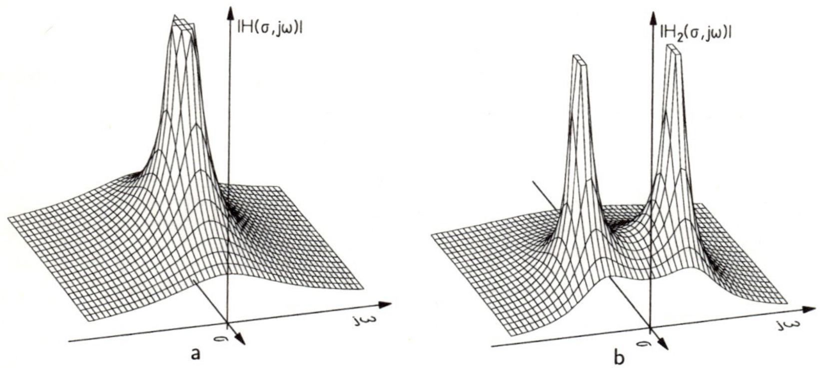

eines Gebirges über der komplexen s–Ebene (σ–$j\omega$–Ebene) dargestellt, durch

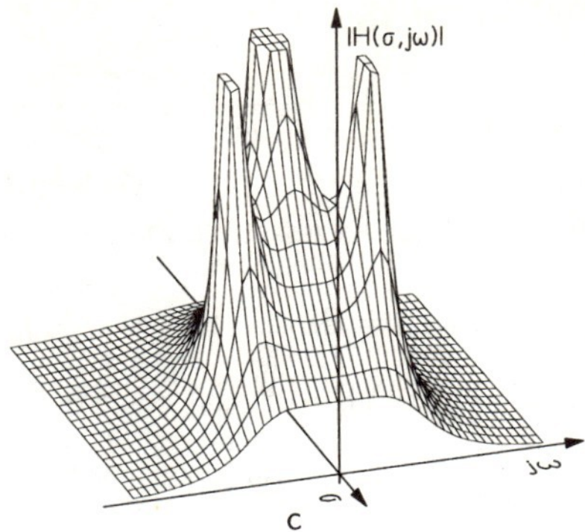

das entlang der $j\omega$–Achse — also für $\sigma = 0$ — ein Schnitt gelegt wurde. Die obere Begrenzungslinie dieses Schnitts stellt die Funktion $|H_1(j\omega)|$ dar. Aus dieser Darstellung wird sehr gut deutlich, in welcher Weise der Pol bei $s_{\infty 1} = -\omega_0$ das Verhalten von $|H_1(s)|$ über der $j\omega$–Achse — also $|H_1(j\omega)|$ — beeinflußt. Abb. b zeigt eine entsprechende Darstellung für die Funktion $|H_2(\sigma, j\omega)|$, und in Abb. c ist schließlich $|H(\sigma, j\omega)|$ als Gebirge über der komplexen s–Ebene aufgetragen.

Die letzte Abbildung gibt die Frequenzgänge $|H_1(j\omega)|$, $|H_2(j\omega)|$, $|H(j\omega)|$ wieder. Ohne weitere Erklärung ist deutlich, wie diese übliche Darstellung der Be-

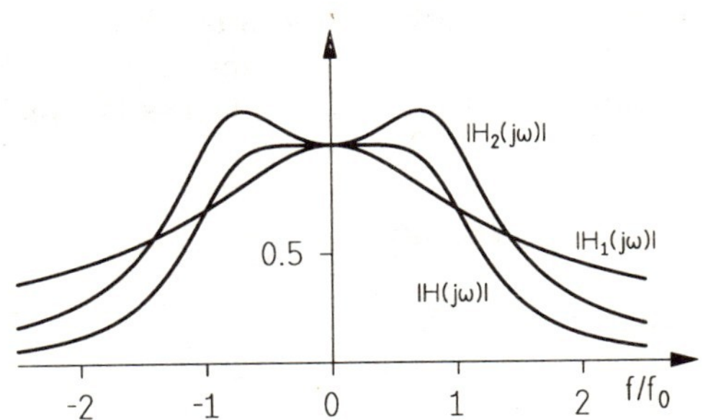

träge von Übertragungsfunktionen für $s = j\omega$ aus den entsprechenden Pol–Nullstellen–Gebirgen hervorgeht.

3.3.4 Partialbruchzerlegung und Kettenbruchentwicklung der Übertragungsfunktion

Neben den beiden Darstellungen der Übertragungsfunktion gemäß (3.151) und (3.155) gibt es noch weitere Formen, deren Verwendung in manchen Fällen vorteilhaft sein kann: Die Partialbruchzerlegung und die Kettenbruchzerlegung. Wir beschränken uns bei der kurzen Behandlung dieser Darstellungsformen wiederum auf den Fall einfacher Pole und Nullstellen.

Für die Partialbruchzerlegung gilt

$$H(s) = c_0 + \frac{c_1}{s - s_{\infty 1}} + \frac{c_2}{s - s_{\infty 2}} + \ldots + \frac{c_n}{s - s_{\infty n}} \,. \tag{3.156}$$

Die Koeffizienten $c_0, c_1, \ldots, c_n$ lassen sich unter Verwendung der durch (3.155) gegebenen Übertragungsfunktion folgendermaßen bestimmen. Es gilt

$$c_0 = \lim_{s \to \infty} H(s) \tag{3.157}$$

und für die übrigen Koeffizienten (Residuen) c_i, mit $i = 1, 2, \ldots, n$,

$$c_i = (s - s_{\infty i}) H(s)\big|_{s = s_{\infty i}} \,, \tag{3.158}$$

oder, nach dem Ersetzen von $H(s)$ entsprechend (3.155)

$$c_i = a_m \frac{\prod\limits_{\mu=0}^{m} (s_{\infty i} - s_{0\mu})}{\prod\limits_{\substack{\nu = 0 \\ \nu \neq i}}^{n} (s_{\infty i} - s_{\infty \nu})} \qquad \forall\, i \,. \tag{3.159}$$

Für die Kettenbruchentwicklung gehen wir von der durch (3.151) gegebenen Darstellung der Übertragungsfunktion aus. Wir erhalten die Entwicklung durch forgesetzte Divisionen der Polynome durcheinander und zwar so lange, bis eine Konstante übrig bleibt. Ein einfaches Beispiel verdeutlicht das Verfahren. Für

$$H(s) = \frac{a_1 s + a_0}{s + b_0}$$

ergibt sich die Kettenbruchentwicklung

$$H(s) = a_1 + \cfrac{1}{\cfrac{s}{a_0 - a_1 b_0} + \cfrac{1}{\cfrac{a_0}{b_0} - a_1}} \,.$$

Allgemein lautet die Entwicklung, falls Zähler und Nenner von $H(s)$ den gleichen Grad haben,

$$H(s) = k_{00} + \cfrac{1}{k_{11} s + k_{10} + \cfrac{1}{k_{21} s + k_{20} + \cfrac{}{\ddots + \cfrac{1}{k_{n1} s + k_{n0}}}}} \,. \tag{3.160}$$

Darin ergeben sich die Konstanten k_{ij} aus den Koeffizienten a_μ, b_ν in (3.151). Anstelle der etwas umständlichen Schreibweise (3.160) verwendet man auch die Form

$$H(s) = k_{00} + \frac{1|}{|k_{11}s + k_{10}} + \frac{1|}{|k_{21}s + k_{20}} + \ldots + \frac{1|}{|k_{n1}s + k_{n0}} . \qquad (3.161)$$

3.3.5 Identität von Polen der Übertragungsfunktion und Eigenwerten der Systemmatrix

Die Übertragungsfunktion (3.151) können wir aus der Differentialgleichung (3.133) gewinnen. Gleichung (3.137) zeigt, welcher Zusammenhang zwischen partikulärer Lösung bei exponentieller Erregung und der Übertragungsfunktion besteht. Von ihr ausgehend, nehmen wir

$$u = E\,\mathrm{e}^{st} \qquad E \in \mathbb{C} \qquad s = \sigma + j\omega \qquad (3.162)$$

an und machen für die partikuläre Lösung den Ansatz

$$y = Y\,\mathrm{e}^{st} \qquad Y \in \mathbb{C} . \qquad (3.163)$$

Aus

$$Y = \frac{\sum\limits_{\mu=0}^{n} a_\mu s^\mu}{\sum\limits_{\nu=0}^{n} b_\nu s^\nu} \cdot E$$

und

$$Y = H(s)E \qquad (3.164)$$

ergibt sich (3.151), wenn die Summations–Grenzen des Zählerpolynoms durch n ersetzt werden.

Wir wenden uns nun dem System (3.109) zu, das wir hier wiederholen

$$\begin{aligned} \dot{\boldsymbol{x}} &= \boldsymbol{A}\boldsymbol{x} + \boldsymbol{b}u \\ y &= \boldsymbol{c}^T\boldsymbol{x} + du . \end{aligned}$$

Für ein Eingangssignal gemäß (3.162) läßt sich der Vektor $\boldsymbol{x}$ als

$$\boldsymbol{x} = \boldsymbol{X}\,\mathrm{e}^{st} \qquad \boldsymbol{X} \in \mathbb{C}$$

angeben. Einsetzen dieser Beziehung liefert

$$\begin{aligned} s\boldsymbol{X} &= \boldsymbol{A}\boldsymbol{X} + \boldsymbol{b}E \\ y &= \boldsymbol{c}^T\boldsymbol{X}\,\mathrm{e}^{st} + dE\,\mathrm{e}^{st} , \end{aligned}$$

woraus unter Verwendung von (3.163), (3.164)

$$H(s) = \boldsymbol{c}^T(s\mathbf{1} - \boldsymbol{A})^{-1}\boldsymbol{b} + d \tag{3.165}$$

folgt. Damit ist ein direkter Zusammenhang zwischen der Übertragungsfunktion und den Parametern des Gleichungssystems (3.109) festgelegt.

Es soll nun gezeigt werden, daß die Pole der Übertragungsfunktion die Eigenwerte der Systemmatrix $\boldsymbol{A}$ sind; wir setzen voraus, daß Zähler– und Nennerpolynom von $H(s)$ keine gemeinsamen Nullstellen besitzen. Führen wir die Matrizeninversion in (3.165) in allgemeiner Form aus, erhalten wir

$$H(s) = \frac{\boldsymbol{c}^T \boldsymbol{A}'^T \boldsymbol{b}}{\det(s\mathbf{1} - \boldsymbol{A})} + d \ , \tag{3.166}$$

wobei die Matrix $\boldsymbol{A}'$ als Elemente die algebraischen Komplemente (Adjunkten) der Matrix $(s\mathbf{1} - \boldsymbol{A})$ enthält und das hochgestellte T die Transposition kennzeichnet. Die Pole der Übertragungsfunktion $H(s)$ sind dann durch die Gleichung

$$\det(s\mathbf{1} - \boldsymbol{A}) = 0$$

oder äquivalent durch

$$\det(\boldsymbol{A} - s\mathbf{1}) = 0$$

gegeben. Aus dem Vergleich dieser Gleichung mit (3.80) folgt das gesuchte Ergebnis

$$s_{\infty i} = \lambda_i \qquad i = 1, 2, \ldots, n \ . \tag{3.167}$$

3.3.6 Impulsantwort und Übertragungsfunktion

Die Impulsantwort einer linearen Schaltung ist gemäß (3.126) durch

$$h(t) = \boldsymbol{c}^T \mathbf{e}^{\boldsymbol{A}t}\boldsymbol{b} + d \cdot \delta(t)$$

gegeben. Wir bilden nun die Laplace–Transformierte $H(s) = \mathcal{L}\{h(t)\}$. Aufgrund von (2.56) ergibt sich dann

$$H(s) = \int_0^\infty \left[\boldsymbol{c}^T \mathbf{e}^{\boldsymbol{A}t}\boldsymbol{b} + d \cdot \delta(t)\right] \mathrm{e}^{-st}\, dt \ . \tag{3.168}$$

Mit Hilfe partieller Integration ergibt sich

$$\begin{aligned} \int_0^\infty \mathbf{e}^{\boldsymbol{A}t}\, \mathrm{e}^{-st}\, dt &= -\frac{1}{s}\mathbf{e}^{\boldsymbol{A}t}\, \mathrm{e}^{-st}\Big|_0^\infty + \frac{\boldsymbol{A}}{s}\int_0^\infty \mathbf{e}^{\boldsymbol{A}t}\, \mathrm{e}^{-st}\, dt \\ &= (s\mathbf{1} - \boldsymbol{A})^{-1} \ . \end{aligned}$$

Für dieses Ergebnis wurde vorausgesetzt, daß der Grenzwert $\lim_{t\to\infty} \mathrm{e}^{\boldsymbol{A}t}$ endlich beibt, was gewisse Eigenschaften der Matrix $\boldsymbol{A}$ bedingt, auf die wir aber hier noch nicht eingehen. Damit und unter Berücksichtigung der Ausblendeigenschaft des δ–Impulses [vgl. (2.30)] folgt aus (3.168)

$$H(s) = \boldsymbol{c}^T(s\mathbf{1} - \boldsymbol{A})^{-1}\boldsymbol{b} + d\ .$$

Der Vergleich dieser Beziehung mit (3.165) zeigt, daß die Übertragungsfunktion die Laplace–Transformierte der Impulsantwort ist.

Beispiel 3.26

Wir betrachten noch einmal die in Beispiel 3.19 im Zeitbereich untersuchte Schaltung:

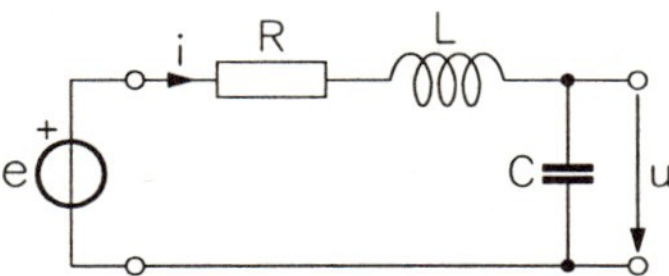

Aus der dort berechneten Sprungantwort läßt sich die Impulsantwort

$$\begin{aligned} h(t) &= \frac{\sigma_1^2+\omega_1^2}{j2\omega_1}\left[\mathrm{e}^{(\sigma_1+j\omega_1)t} - \mathrm{e}^{(\sigma_1-j\omega_1)t}\right] \\ &= \left[1+(\sigma_1/\omega_2)^2\right]\mathrm{e}^{\sigma_1 t}\sin\omega_1 t \end{aligned}$$

gewinnen. Darin gilt

$$\begin{aligned} \lambda_1 = \sigma_1 + j\omega_1 &= -\frac{\omega_0}{2Q} + j\omega_0\sqrt{1-1/4Q^2} \\ \lambda_2 = \sigma_1 - j\omega_1 &= -\frac{\omega_0}{2Q} - j\omega_0\sqrt{1-1/4Q^2} \\ \omega_0^2 = 1/LC \qquad & Q = \frac{\omega_0 L}{R} > \frac{1}{2}\ . \end{aligned}$$

Mit λ_1, λ_2 wurden die Eigenwerte der Systemmatrix bezeichnet. Für die Berechnung der Übertragungsfunktion müssen wir hier von

$$H(s) = \frac{\sigma_1^2+\omega_1^2}{j2\omega_1}\left[\int_0^\infty \mathrm{e}^{(\sigma_1+j\omega_1-s)t}\,dt - \int_0^\infty \mathrm{e}^{(\sigma_1-j\omega_1-s)t}\,dt\right]$$

ausgehen. Die Integrale existieren, falls $\sigma_1 - \sigma < 0$ ist. Wir setzen die Erfüllung dieser Bedingung voraus und erhalten nach einiger Rechnung

$$H(s) = \frac{\omega_0^2}{s^2 + \dfrac{\omega_0}{Q}s + \omega_0^2}\ .$$

Die Pole sind durch

$$\begin{aligned} s_{\infty 1} = \lambda_1 &= -\frac{\omega_0}{2Q} + j\omega_0\sqrt{1 - 1/4Q^2} \\ s_{\infty 2} = \lambda_2 &= -\frac{\omega_0}{2Q} - j\omega_0\sqrt{1 - 1/4Q^2} \,. \end{aligned}$$

gegeben, falls $4Q^2 > 1$ unterstellt wird. Mit wachsender Güte Q nimmt der Realteil der Pole ab, sie wandern also immer näher zur imaginären Achse. Wie wir aus den Bildern in Beispiel 3.19 sehen, hat eine Erhöhung der Güte Q auch eine Vergrößerung der Überschwinger der Impulsantwort zur Folge.

In dem hier betrachteten Beispiel ist die Berechnung der Übertragungsfunktion über die Impulsantwort sehr umständlich. Wir kommen mit einem Bruchteil des Aufwandes aus, wenn wir von

$$e = E\,\mathrm{e}^{st} \qquad E \in \mathbb{C}$$

ausgehen. Dann ist die Ausgangsspannung u von der Form

$$u = U\,\mathrm{e}^{st} \qquad U \in \mathbb{C}\,,$$

und U kann mit Hilfe der komplexen Wechselstromrechnung ermittelt werden; dann wird "$j\omega$" einfach durch "s" ersetzt. für $H(s) = U/E$ ergibt sich

$$\begin{aligned} H(s) = \frac{\dfrac{1}{sC}}{R + sL + \dfrac{1}{sC}} &= \frac{\dfrac{1}{LC}}{s^2 + \dfrac{R}{L}s + \dfrac{1}{LC}} \\ &= \frac{\omega_0^2}{s^2 + \dfrac{\omega_0}{Q}s + \omega_0^2} \,. \end{aligned}$$

Der letzte in diesem Beispiel betrachtete Aspekt, daß die Übertragungsfunktion einfacher als die Impulsantwort zu berechnen war, ist über das Beispiel hinaus im allgemeinen gültig. Ist die Impulsantwort $h(t)$ die interessierende Größe, so läßt sie sich oft einfacher über $h(t) = \mathcal{L}^{-1}\{H(s)\}$, also mit Hilfe der Beziehung [vgl. (2.58)]

$$h(t) = \frac{1}{2\pi j}\int_{\sigma - j\infty}^{\sigma + j\infty} H(s)\,\mathrm{e}^{st}\,dt \qquad t \geq 0 \tag{3.169}$$

berechnen; die Anwendung des Residuensatzes bzw. die Verwendung von Korrespondenztabellen (z. B. Tabelle 2.4) können die Lösung des Problems weiter vereinfachen.

Beispiel 3.27

Gegeben sei die Übertragungsfunktion

$$H(s) = \frac{a_0}{s^2 + b_1 s + b_0} ,$$

gesucht sei die zugehörige Impulsantwort $h(t)$. Wir bestimmen zunächst die Pole:

$$s_{\infty 1} = -\frac{b_1}{2} + \sqrt{\frac{b_1^2}{4} - b_0} \qquad s_{\infty 2} = -\frac{b_1}{2} - \sqrt{\frac{b_1^2}{4} - b_0}$$

und stellen dann $H(s)$ in der Form

$$H(s) = \frac{a_0}{(s - s_{\infty 1})(s - s_{\infty 2})}$$

dar. Mit Hilfe von Tabelle 2.4 folgt daraus

$$h(t) = \frac{a_0}{\sqrt{b_1^2 - 4b_0}} \left(e^{s_{\infty 1} t} - e^{s_{\infty 2} t}\right) \qquad t \geq 0 .$$

Drei mögliche Fälle sind zu unterscheiden.

1. Fall. Es möge $b_0 < b_1^2/4$ gelten, so daß sich zwei verschiedene reelle Pole ergeben, die wir durch

$$s_{\infty 1} = \sigma_1 \qquad s_{\infty 2} = \sigma_2 \qquad \sigma_1 \neq \sigma_2$$

kennzeichnen. Die Impulsantwort lautet dann

$$h(t) = \frac{a_0}{\sqrt{b_1^2 - 4b_0}} \left(e^{\sigma_1 t} - e^{\sigma_2 t}\right) \qquad t \geq 0 .$$

Damit $h(t)$ für $t \to \infty$ abklingt, muß $\sigma_1, \sigma_2 < 0$ sein.

2. Fall. Ist $b_0 > b_1^2/4$, so ergibt sich

$$s_{\infty 1} = s_{\infty 2}^* = -\frac{b_1}{2} + j\sqrt{b_0 - b_1^2/4} .$$

Abkürzend schreiben wir

$$s_{\infty 1} = \sigma_1 + j\omega_1 \qquad s_{\infty 2} = \sigma_1 - j\omega_1$$

und erhalten damit

$$h(t) = \frac{a_0}{\sqrt{b_0 - b_1^2/4}} e^{\sigma_1 t} \sin \omega_1 t \qquad t \geq 0 .$$

σ_1 darf nicht positiv sein, da $h(t)$ sonst für $t \to \infty$ über alle Grenzen wachsen würde.

3. Fall. Wenn $b_0 = b_1^2/4$ ist, hat die Übertragungsfunktion $H(s)$ einen doppelten Pol bei $s_{\infty 1} = s_{\infty 2} = -b_1/2$. Setzen wir zur Vereinfachung der Schreibweise wieder $s_{\infty 1} = \sigma_1$, so lautet die Impulsantwort

$$h(t) = a_0 t\, \mathrm{e}^{\sigma_1 t} \qquad t \geq 0 \,.$$

Bisher haben wir die Beziehung $H(s) = \mathcal{L}\{h(t)\}$ betrachtet. Wir wissen, daß wir $H(j\omega)$ über die Reaktion einer Schaltung auf ein Eingangssignal der Form Re $E\,\mathrm{e}^{j\omega t}$ bestimmt werden kann. Äquivalent dazu ist die Berechnung von $H(j\omega)$ mit Hilfe der Fourier–Transformation aus $h(t)$; es gilt

$$H(j\omega) = \int_{-\infty}^{\infty} h(t)\, \mathrm{e}^{-j\omega t}\, dt \,, \tag{3.170}$$

bzw. wegen $h(t) = 0\ \forall\, t < 0$,

$$H(j\omega) = \int_{0}^{\infty} h(t)\, \mathrm{e}^{-j\omega t}\, dt \,. \tag{3.171}$$

3.3.7 Zweitor–Beschreibungen

Das Schaltungsverhalten läßt sich immer dann besonders gut mit Hilfe einer eindimensionalen Übertragungsfunktion charakterisieren, wenn nur das Verhältnis von einer Ausgangs– zu einer Eingangsgröße von Interesse ist. Falls jedoch Ströme und Spannungen sowohl am Eingang als auch am Ausgang von Bedeutung sind, enthält eine solche Übertragungsfunktion nicht genügend Information und es ist sinnvoll, eine andere allgemeine Beschreibungsform für Schaltungen einzuführen, die Zweitor –Beschreibung. Abb. 3.15 zeigt ein Zweitor N mit jeweils zwei Eingangs– und Ausgangsklemmen

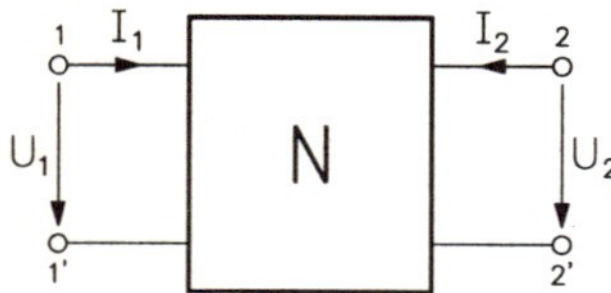

Abb. 3.15 Ströme und Spannungen an einem Zweitor

sowie den Zuordnungen von Spannungen und Strömen. Bei den nachfolgenden Betrachtungen setzen wir stets voraus, daß die Zweitore nur lineare Elemente enthalten oder aber nichtlineare Elemente (speziell Transistoren) derart, daß ihr Verhalten in guter Näherung als linear angesehen werden darf; unabhängige Quellen dürfen nicht in den Zweitoren enthalten sein. Ferner unterstellen wir bei unseren Betrachtungen immer sinusförmige Größen und den stationären Zustand. Dabei benutzen wir stets die komplexen Amplituden der sinusförmigen Größen; solange nichts anderes festgelegt wird, werden alle Frequenzabhängigkeiten mit Hilfe der komplexen Frequenz s ausgedrückt. Für Zweitore werden wir durchweg das Symbol in Abb. 3.15 mit den dort angegebenen positiven Richtungen für Spannungen und Ströme annehmen; Abweichungen davon werden wir besonders kenntlich machen.

Die Tore 1 und 2 werden aus dem Klemmenpaar $1 - 1'$ bzw. $2 - 2'$ gebildet. Üblicherweise bezeichnen wir das Tor 1 als den Eingang und das Tor 2 als den Ausgang; dies ist verhältnismäßig willkürlich, da wir das Zweitor auch umdrehen können, jedoch hat sich dieser Sprachgebrauch eingebürgert.

Ein Zweitor kann in der Weise betrieben werden, daß seine Tore direkt mit (unabhängigen) Quellen verbunden sind, oder daß es in eine größere Schaltung eingebettet ist, wodurch sich eine bestimmte Verteilung von Spannungen und Strömen an seinen Toren einstellt. Diesen letzten Zustand kann man dadurch herstellen, daß man entsprechende Quellen an den Toren 1 und 2 anschließt, die für eine Verteilung von Spannungen und Strömen sorgen, wie sie sich im Betrieb ergeben würde. Somit können wir Zweitore immer als selbständige Einheiten betrachten.

Die Admittanzmatrix

Wir nehmen an, der Betriebszustand des Zweitors werde dadurch hergestellt, daß beide Tore jeweils mit einer Spannungsquelle verbunden sind; ausgehend von Abb. 3.15 kann dies mit Hilfe von zwei Quellen E_1, bzw. E_2 erreicht werden, so daß $U_1 = E_1$ und $U_2 = E_2$ gilt. Da das Zweitor linear ist, ergeben sich die Ströme I_1 und I_2 durch Überlagerung der Wirkungen der Spannungsquellen U_1 und U_2. Die Ströme werden also hier in Abhängigkeit von den Spannungen ausgedrückt; die dabei verwendeten Koeffizienten haben die Dimension von Admittanzen. Wir können also für den Zusammenhang zwischen Spannungen und Strömen das Gleichungssystem

$$\begin{aligned} I_1 &= Y_{11}U_1 + Y_{12}U_2 \\ I_2 &= Y_{21}U_1 + Y_{22}U_2 \end{aligned} \qquad (3.172)$$

angeben; schreiben wir zur Abkürzung

$$\boldsymbol{I} = \begin{pmatrix} I_1 \\ I_2 \end{pmatrix} \quad \boldsymbol{U} = \begin{pmatrix} U_1 \\ U_2 \end{pmatrix} \quad \boldsymbol{Y} = \begin{pmatrix} Y_{11} & Y_{12} \\ Y_{21} & Y_{22} \end{pmatrix},$$

so gilt entsprechend

$$\boldsymbol{I} = \boldsymbol{Y}\boldsymbol{U} \; . \qquad (3.173)$$

Die Matrix $\boldsymbol{Y}$ heißt Admittanzmatrix. Es sei besonders vermerkt, daß aufgrund der Linearität des Zweitors die Matrix $\boldsymbol{Y}$ unabhängig von $\boldsymbol{U}$ und $\boldsymbol{I}$ ist. Für $Y_{21} = Y_{12}$ wird das Zweitor als reziprok bezeichnet.

Beispiel 3.28

Für die folgende π–Schaltung soll die Admittanz–Matrix $\boldsymbol{Y}$ bestimmt werden.

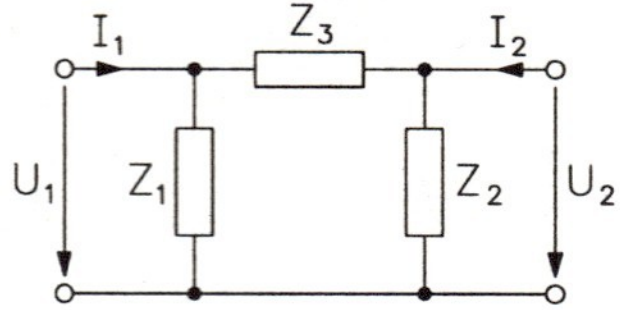

Mit Hilfe der Knotenanalyse liest man sofort das Gleichungssystem

$$\begin{pmatrix} Y_1 + Y_3 & -Y_3 \\ -Y_3 & Y_2 + Y_3 \end{pmatrix} \begin{pmatrix} U_1 \\ U_2 \end{pmatrix} = \begin{pmatrix} I_1 \\ I_2 \end{pmatrix}$$

ab, wobei $Y_i = 1/Z_i$ für $i = 1, 2, 3$ gilt. Also lautet die Admittanz–Matrix

$$\boldsymbol{Y} = \begin{pmatrix} Y_1 + Y_3 & -Y_3 \\ -Y_3 & Y_2 + Y_3 \end{pmatrix} .$$

Die Impedanzmatrix

Der Betriebszustand des Zweitors werde nun durch je eine Stromquelle am Eingang und Ausgang bewirkt. Für diesen Fall stellen wir die Spannungen U_1 und U_2 in Abhängigkeit von den Strömen I_1 und I_2 dar und schreiben

$$\begin{aligned} U_1 &= Z_{11} I_1 + Z_{12} I_2 \\ U_2 &= Z_{21} I_1 + Z_{22} I_2 . \end{aligned} \tag{3.174}$$

Mit

$$\boldsymbol{U} = \begin{pmatrix} U_1 \\ U_2 \end{pmatrix} \quad \boldsymbol{I} = \begin{pmatrix} I_1 \\ I_2 \end{pmatrix} \quad \boldsymbol{Z} = \begin{pmatrix} Z_{11} & Z_{12} \\ Z_{21} & Z_{22} \end{pmatrix}$$

erhalten wir daraus die Beziehung

$$\boldsymbol{U} = \boldsymbol{Z} \boldsymbol{I} . \tag{3.175}$$

Man bezeichnet die Matrix $\boldsymbol{Z}$ als Impedanzmatrix. Für ein reziprokes Zweitor gilt $Z_{21} = Z_{12}$.

Beispiel 3.29

Die in der nächsten Abbildung wiedergegebene T–Schaltung

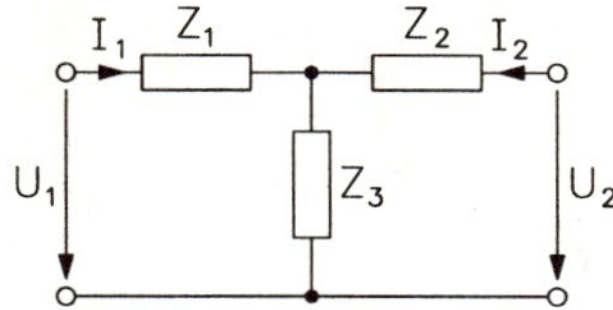

läßt sich am einfachsten mit Hilfe der $\boldsymbol{Z}$–Matrix beschreiben.

$$Z_{11} = \left.\frac{U_1}{I_1}\right|_{I_2=0} = Z_1 + Z_3 \quad Z_{21} = \left.\frac{U_2}{I_1}\right|_{I_2=0} = Z_3$$
$$Z_{12} = \left.\frac{U_1}{I_2}\right|_{I_1=0} = Z_3 \quad Z_{22} = \left.\frac{U_2}{I_2}\right|_{I_1=0} = Z_2 + Z_3$$

Die Hybridmatrizen

Neben der Möglichkeit, beide Tore aus gleichartigen Quellen zu speisen, ist es selbstverständlich auch möglich, eine Spannungs– und eine Stromquelle zu verwenden. Damit erhalten wir wieder zwei Beschreibungsformen; zunächst betrachten wir das Verhalten bei Speisung durch eine Stromquelle am Eingang und eine Spannungsquelle am Ausgang. In diesem Fall müssen wir U_1 und I_2 in Abhängigkeit von den unabhängigen Größen I_1 und U_2 ausdrücken. Dies führt auf das Gleichungssystem

$$\begin{aligned} U_1 &= H_{11}I_1 + H_{12}U_2 \\ I_2 &= H_{21}I_1 + H_{22}U_2 \ . \end{aligned} \tag{3.176}$$

Es ist ersichtlich, daß H_{12} und H_{21} dimensionslos sind, während H_{11} und H_{22} die Dimension einer Impedanz bzw. einer Admittanz haben. Die H–Parameter fassen wir zur Hybridmatrix

$$\boldsymbol{H} = \begin{pmatrix} H_{11} & H_{12} \\ H_{21} & H_{22} \end{pmatrix} \tag{3.177}$$

zusammen. Die H–Matrix eignet sich unter anderem für die Beschreibung des Kleinsignalverhaltens von Bipolar–Transistoren.

Die andere mögliche Anordnung besteht aus einem Zweitor, das am Eingang durch eine Spannungsquelle und am Ausgang durch eine Stromquelle gespeist wird. Hier schreiben wir

$$\begin{aligned} I_1 &= G_{11}U_1 + G_{12}I_2 \\ U_2 &= G_{21}U_1 + G_{22}I_2 \ . \end{aligned} \tag{3.178}$$

Die Matrix

$$\boldsymbol{G} = \begin{pmatrix} G_{11} & G_{12} \\ G_{21} & G_{22} \end{pmatrix} \tag{3.179}$$

wird ebenfalls als Hybridmatrix bezeichnet.

Die Kettenmatrix

Während bei den bislang betrachteten Zweitor–Beschreibungsformen jedem Tor eine unabhängige und eine abhängige Variable zugeordnet waren, gehen wir nun zu einer Beschreibung über, bei der die Eingangsgrößen in Abhängigkeit von den Ausgangsgrößen dargestellt werden. Diese zunächst vielleicht befremdliche Zuordnung — man hätte eigentlich die Ausgangsgrößen in Abhängigkeit von den Eingangsgrößen erwartet — hat natürlich ihren Sinn; er wird bei der Hintereinanderschaltung von Zweitoren deutlich werden.

Wir können in diesem Fall keine Beschaltung mit Quellen angeben, sondern führen einfach, unter Benutzung von Abb. 3.15, das folgende Gleichungssystem ein:

$$\begin{aligned} U_1 &= K_{11}U_2 - K_{12}I_2 \\ I_1 &= K_{21}U_2 - K_{22}I_2 \ . \end{aligned} \tag{3.180}$$

Damit wir aber wiederum eine Kettenmatrix mit ausschließlich positiven Vorzeichen erhalten, gehen wir so vor, daß wir den Strom I_2 bei den Kettengleichungen entgegengesetzt zur in Abb. 3.15 festgelegten Richtung als positiv definieren. Abb. 3.16 zeigt diese Änderung. Mit Bezug darauf gelten dann die

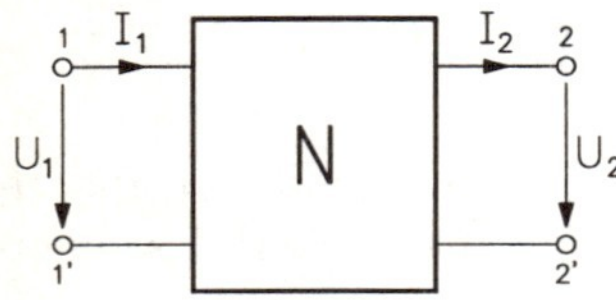

Abb. 3.16 Festlegung der positiven Richtungen für die Kettengleichungen

Kettengleichungen

$$\begin{aligned} U_1 &= K_{11}U_2 + K_{12}I_2 \\ I_1 &= K_{21}U_2 + K_{22}I_2 \ . \end{aligned} \tag{3.181}$$

Die Matrix

$$\boldsymbol{K} = \begin{pmatrix} K_{11} & K_{12} \\ K_{21} & K_{22} \end{pmatrix} \tag{3.182}$$

heißt Kettenmatrix. Für ein reziprokes Zweitor ist $\det \boldsymbol{K} = 1$. Es ließe sich noch eine weitere Kettenmatrix einführen, für die U_2 und I_2 in Abhängigkeit von U_1 und I_1 angesetzt werden; wir wollen jedoch auf diese Möglichkeit nicht näher eingehen.

Äquivalenzbeziehungen zwischen verschiedenen Matrizen

Die verschiedenen Beschreibungsformen von Zweitoren, die wir bisher kennengelernt haben, sind zwar zur Lösung unterschiedlicher Probleme auch unterschiedlich gut geeignet, grundsätzlich aber sind sie untereinander gleichwertig. Ist eine Matrix aufgrund einer Berechnung oder Messung bekannt, so lassen sich die übrigen Matrizen (abgesehen von Ausnahmen, auf die wir noch zu sprechen kommen) aus ihr berechnen. Diesen Umrechnungen wollen wir uns nun zuwenden.

Am Beispiel der Bestimmung von Kettenparametern aus den Impedanzparametern soll dafür ein systematischer Weg angegeben werden, der in entsprechender Weise auch für die anderen Umrechnungen benutzt werden kann. Der Übersichtlichkeit wegen wiederholen wir hier die Impedanzgleichungen:

$$\begin{aligned} U_1 &= Z_{11}I_1 + Z_{12}I_2 \\ U_2 &= Z_{21}I_1 + Z_{22}I_2 . \end{aligned}$$

Jetzt formen wir diese beiden Gleichungen derart um, daß — gemäß den Verhältnissen bei den Kettengleichungen — die Größen U_1, I_1 mit den entsprechenden Koeffizienten auf der linken Seite, die Größen U_2, I_2 auf der rechten Seite erscheinen. So erhalten wir

$$\begin{aligned} U_1 - Z_{11}I_1 &= Z_{12}I_2 \\ -Z_{21}I_1 &= -U_2 + Z_{22}I_2 . \end{aligned}$$

Dieses Gleichungssystem schreiben wir in Matrixform[3]:

$$\begin{pmatrix} 1 & -Z_{11} \\ 0 & -Z_{21} \end{pmatrix} \begin{pmatrix} U_1 \\ I_1 \end{pmatrix} = \begin{pmatrix} 0 & -Z_{12} \\ -1 & -Z_{22} \end{pmatrix} \begin{pmatrix} U_2 \\ -I_2 \end{pmatrix} .$$

Lösen wir es nach dem Vektor $(U_1\, I_1)^T$ auf, so erhalten wir nach kurzer Rechnung

$$\begin{pmatrix} U_1 \\ I_1 \end{pmatrix} = \frac{1}{Z_{21}} \begin{pmatrix} Z_{11} & \det \boldsymbol{Z} \\ 1 & Z_{22} \end{pmatrix} \begin{pmatrix} U_2 \\ -I_2 \end{pmatrix} , \tag{3.183}$$

wobei $\det \boldsymbol{Z} = Z_{11}Z_{22} - Z_{12}Z_{21}$ ist. Durch Vergleich von (3.183) mit (3.181) ergibt sich

$$\boldsymbol{K} = \begin{pmatrix} K_{11} & K_{12} \\ K_{21} & K_{22} \end{pmatrix} = \frac{1}{Z_{21}} \begin{pmatrix} Z_{11} & \det \boldsymbol{Z} \\ 1 & Z_{22} \end{pmatrix} .$$

[3]Da sich die positiven Richtungen bei der Impedanzmatrix auf Abb. 3.15 beziehen, müssen wir hier bei der Umrechnung diese Richtungen berücksichtigen.

Nach dem soeben beschriebenen Verfahren lassen sich die verschiedenen Matrizen ineinander umrechnen; einige Umrechnungen ergeben sich noch einfacher, wenn wir die aus (3.173) und (3.175) bzw. aus (3.177) und (3.178) folgenden Beziehungen

$$\boldsymbol{Y} = \boldsymbol{Z}^{-1} \tag{3.184}$$

$$\boldsymbol{G} = \boldsymbol{H}^{-1} \tag{3.185}$$

benutzen.

Durch die Möglichkeit, verschiedene Zweitorbeschreibungen ineinander umzurechnen, läßt sich meistens eine der jeweiligen Situation besonders gut angepaßte Darstellungsart finden. Dies ist nicht nur im Hinblick auf Berechnungen nützlich; häufig ist auch bei Messungen von Zweitor–Matrizen eine Beschreibungsform geeigneter als die übrigen. Wir werden darauf noch eingehen. Ein Aspekt soll hier schon kurz gestreift werden: da es im Einzelfall

	$\boldsymbol{Z}$	$\boldsymbol{Y}$	$\boldsymbol{H}$	$\boldsymbol{G}$	$\boldsymbol{K}$
$\boldsymbol{Z}$	$\begin{matrix} Z_{11} & Z_{12} \\ Z_{21} & Z_{22} \end{matrix}$	$\begin{matrix} \frac{Y_{22}}{\det\boldsymbol{Y}} & \frac{-Y_{12}}{\det\boldsymbol{Y}} \\ \frac{-Y_{21}}{\det\boldsymbol{Y}} & \frac{Y_{11}}{\det\boldsymbol{Y}} \end{matrix}$	$\begin{matrix} \frac{\det\boldsymbol{H}}{H_{22}} & \frac{H_{12}}{H_{22}} \\ -\frac{H_{21}}{H_{22}} & \frac{1}{H_{22}} \end{matrix}$	$\begin{matrix} \frac{1}{G_{11}} & -\frac{G_{12}}{G_{11}} \\ \frac{G_{21}}{G_{11}} & \frac{\det\boldsymbol{G}}{G_{11}} \end{matrix}$	$\begin{matrix} \frac{K_{11}}{K_{21}} & \frac{\det\boldsymbol{K}}{K_{21}} \\ \frac{1}{K_{21}} & \frac{K_{22}}{K_{21}} \end{matrix}$
$\boldsymbol{Y}$	$\begin{matrix} \frac{Z_{22}}{\det\boldsymbol{Z}} & -\frac{Z_{12}}{\det\boldsymbol{Z}} \\ \frac{-Z_{21}}{\det\boldsymbol{Z}} & \frac{Z_{11}}{\det\boldsymbol{Z}} \end{matrix}$	$\begin{matrix} Y_{11} & Y_{12} \\ Y_{21} & Y_{22} \end{matrix}$	$\begin{matrix} \frac{1}{H_{11}} & -\frac{H_{12}}{H_{11}} \\ \frac{H_{21}}{H_{11}} & \frac{\det\boldsymbol{H}}{H_{11}} \end{matrix}$	$\begin{matrix} \frac{\det\boldsymbol{G}}{G_{22}} & \frac{G_{12}}{G_{22}} \\ -\frac{G_{21}}{G_{22}} & \frac{1}{G_{22}} \end{matrix}$	$\begin{matrix} \frac{K_{22}}{K_{12}} & -\frac{\det\boldsymbol{K}}{K_{12}} \\ \frac{-1}{K_{12}} & \frac{K_{11}}{K_{12}} \end{matrix}$
$\boldsymbol{H}$	$\begin{matrix} \frac{\det\boldsymbol{Z}}{Z_{22}} & \frac{Z_{12}}{Z_{22}} \\ -\frac{Z_{21}}{Z_{22}} & \frac{1}{Z_{22}} \end{matrix}$	$\begin{matrix} \frac{1}{Y_{11}} & -\frac{Y_{12}}{Y_{11}} \\ \frac{Y_{21}}{Y_{11}} & \frac{\det\boldsymbol{Y}}{Y_{11}} \end{matrix}$	$\begin{matrix} H_{11} & H_{12} \\ H_{21} & H_{22} \end{matrix}$	$\begin{matrix} \frac{G_{22}}{\det\boldsymbol{G}} & \frac{-G_{12}}{\det\boldsymbol{G}} \\ \frac{-G_{21}}{\det\boldsymbol{G}} & \frac{G_{11}}{\det\boldsymbol{G}} \end{matrix}$	$\begin{matrix} \frac{K_{12}}{K_{22}} & \frac{\det\boldsymbol{K}}{K_{22}} \\ \frac{-1}{K_{22}} & \frac{K_{21}}{K_{22}} \end{matrix}$
$\boldsymbol{G}$	$\begin{matrix} \frac{1}{Z_{11}} & -\frac{Z_{12}}{Z_{11}} \\ \frac{Z_{21}}{Z_{11}} & \frac{\det\boldsymbol{Z}}{Z_{11}} \end{matrix}$	$\begin{matrix} \frac{\det\boldsymbol{Y}}{Y_{22}} & \frac{Y_{12}}{Y_{22}} \\ -\frac{Y_{21}}{Y_{22}} & \frac{1}{Y_{22}} \end{matrix}$	$\begin{matrix} \frac{H_{22}}{\det\boldsymbol{H}} & \frac{-H_{12}}{\det\boldsymbol{H}} \\ \frac{-H_{21}}{\det\boldsymbol{H}} & \frac{H_{11}}{\det\boldsymbol{H}} \end{matrix}$	$\begin{matrix} G_{11} & G_{12} \\ G_{21} & G_{22} \end{matrix}$	$\begin{matrix} \frac{K_{21}}{K_{11}} & -\frac{\det\boldsymbol{K}}{K_{11}} \\ \frac{1}{K_{11}} & \frac{K_{12}}{K_{11}} \end{matrix}$
$\boldsymbol{K}$	$\begin{matrix} \frac{Z_{11}}{Z_{21}} & \frac{\det\boldsymbol{Z}}{Z_{21}} \\ \frac{1}{Z_{21}} & \frac{Z_{22}}{Z_{21}} \end{matrix}$	$\begin{matrix} -\frac{Y_{22}}{Y_{21}} & -\frac{1}{Y_{21}} \\ -\frac{\det\boldsymbol{Y}}{Y_{21}} & -\frac{Y_{11}}{Y_{21}} \end{matrix}$	$\begin{matrix} -\frac{\det\boldsymbol{H}}{H_{21}} & -\frac{H_{11}}{H_{21}} \\ -\frac{H_{22}}{H_{21}} & -\frac{1}{H_{21}} \end{matrix}$	$\begin{matrix} \frac{1}{G_{21}} & \frac{G_{22}}{G_{21}} \\ \frac{G_{11}}{G_{21}} & \frac{\det\boldsymbol{G}}{G_{21}} \end{matrix}$	$\begin{matrix} K_{11} & K_{12} \\ K_{21} & K_{22} \end{matrix}$

Tabelle 3.2 Äquivalente Matrizen–Umformungen. Für die positiven Richtungen von Spannungen und Strömen bei den Matrizen $\boldsymbol{Z}, \boldsymbol{Y}, \boldsymbol{H}, \boldsymbol{G}$ gilt Abb. 3.15; die positiven Richtungen bei der Kettenmatrix beziehen sich auf Abb. 3.16

möglich ist, daß eine ein Zweitor beschreibende Matrix keine Inverse besitzt, sind nicht in jedem Fall alle Umwandlungen möglich.

Mit Hilfe von Tabelle 3.2 können die bisher behandelten Zweitor–Matrizen leicht ineinander umgewandelt werden. Es sei jedoch auf die abweichende Festlegung der positiven Zählrichtungen im Zusammenhang mit der Definition der Kettenmatrix besonders hingewiesen.

Beispiel 3.30

Die folgende Abbildung zeigt das vereinfachte Kleinsignal–Modell eines Bipolar–Transistors.

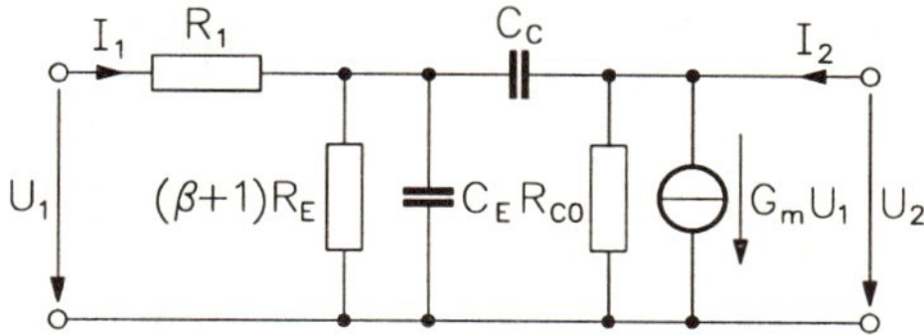

Gesucht ist die $\boldsymbol{H}$–Matrix. Da sich die $\boldsymbol{Y}$–Matrix verhältnismäßig einfach mit Hilfe der Knotenanalyse berechnen läßt, wird sie zuerst bestimmt und aus ihr über die Umrechnungstabelle 3.2 die $\boldsymbol{H}$–Matrix berechnet.

Zur Vereinfachung gehen wir von $\beta \gg 1$ aus, so daß wir $\beta + 1$ durch β ersetzen können. Bezeichnen wir den Verbindungsknoten von R_1, βR_E, C_E, C_C mit x, so können wir aus der Schaltung direkt das folgende Gleichungssystem ablesen:

$$\begin{pmatrix} G_1 & -G_1 & 0 \\ -G_1 & s(C_C + C_E) + G_1 + G_E/\beta & -sC_C \\ G_m & -sC_C & G_{C0} + sC_C \end{pmatrix} \begin{pmatrix} U_1 \\ U_x \\ U_2 \end{pmatrix} = \begin{pmatrix} I_1 \\ 0 \\ I_2 \end{pmatrix} .$$

Durch Eliminierung von U_x und unter Verwendung der Abkürzung $Y_N = s(C_C + C_E) + G_1 + G_E/\beta$ vereinfacht sich dieses Gleichungssystem zu

$$\begin{pmatrix} G_1 - G_1^2/Y_N & -sC_C G_1/Y_N \\ G_m - sC_C G_1/Y_N & G_{C0} + sC_C - (sC_C)^2/Y_N \end{pmatrix} \begin{pmatrix} U_1 \\ U_2 \end{pmatrix} = \begin{pmatrix} I_1 \\ I_2 \end{pmatrix} .$$

Aus der Knotenadmittanzmatrix ergibt sich dann durch Anwendung der Tabelle 3.2 nach einigen Umformungen

$$\begin{aligned} H_{11} &= \frac{1}{Y_{11}} = R_1 + \frac{1}{s(C_C + C_E) + G_E/\beta} \\ H_{12} &= -\frac{Y_{12}}{Y_{11}} = \frac{sC_C}{s(C_C + C_E) + G_E/\beta} \\ H_{21} &= \frac{Y_{21}}{Y_{11}} = R_1 G_m + \frac{G_m - sC_C}{s(C_C + C_E) + G_E/\beta} \\ H_{22} &= \frac{\det \boldsymbol{Y}}{Y_{11}} = G_{C0} + sC_C + \frac{sC_C(G_m - sC_C)}{s(C_C + C_E) + G_E/\beta} . \end{aligned}$$

Die Zusammenschaltung von Zweitoren

Ein wichtiger Nutzen, der aus der Zweitor–Darstellung resultiert, besteht darin, daß komplexe Schaltungen oder Systeme in übersichtlichere Teile zerlegt werden können, die anschließend wieder zusammengeschaltet werden. Es entsteht daher die Frage, welche Matrizen man bei unterschiedlichen Zusammenschaltungen von Zweitoren jeweils vorteilhaft verwendet.

Die im folgenden hergeleiteten Beziehungen gelten, falls für jedes Zweitor die sogenannten Torbedingungen erfüllt sind. Sie bedeuten, daß der Strom, der in eine Klemme eines Tors hineinfließt, aus der anderen wieder herausfließen muß. Diese auf den ersten Blick vielleicht trivial erscheinende Bedingung ist in der Regel erfüllt, aber eben doch nicht immer; daher ist in dieser Hinsicht etwas Sorgfalt notwendig.

Zunächst betrachten wir die Reihenschaltung von zwei Zweitoren, wie sie in Abb. 3.17 dargestellt ist. Mit den Definitionen

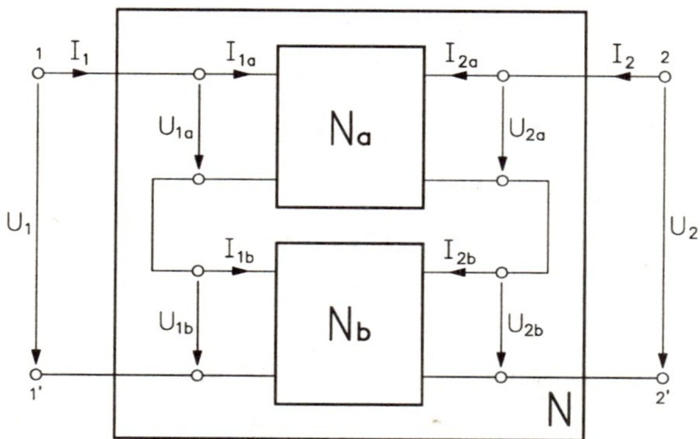

Abb. 3.17 Reihenschaltung von zwei Zweitoren

$$\boldsymbol{U}_a = \begin{pmatrix} U_{1a} \\ U_{2a} \end{pmatrix} \quad \boldsymbol{U}_b = \begin{pmatrix} U_{1b} \\ U_{2b} \end{pmatrix} \quad \boldsymbol{U} = \begin{pmatrix} U_1 \\ U_2 \end{pmatrix}$$

$$\boldsymbol{I}_a = \begin{pmatrix} I_{1a} \\ I_{2a} \end{pmatrix} \quad \boldsymbol{I}_b = \begin{pmatrix} I_{1b} \\ I_{2b} \end{pmatrix} \quad \boldsymbol{I} = \begin{pmatrix} I_1 \\ I_2 \end{pmatrix}$$

und unter der Annahme, daß die Zweitore N_a, N_b, N durch die Impedanzmatrizen $\boldsymbol{Z}_a, \boldsymbol{Z}_b, \boldsymbol{Z}$ gekennzeichnet sind, gilt

$$\boldsymbol{U}_a = \boldsymbol{Z}_a \boldsymbol{I}_a \tag{3.186}$$

$$\boldsymbol{U}_b = \boldsymbol{Z}_b \boldsymbol{I}_b \tag{3.187}$$

$$\boldsymbol{U} = \boldsymbol{Z} \boldsymbol{I} \; . \tag{3.188}$$

Aus Abb. 3.17 folgen die Beziehungen

$$U = U_a + U_b \tag{3.189}$$

$$I = I_a = I_b \,. \tag{3.190}$$

Wir ersetzen $\boldsymbol{U}_a$ sowie $\boldsymbol{U}_b$ in (3.189) durch (3.186, 3.187) unter Berücksichtigung von (3.190). Mit (3.188) ergibt sich $(\boldsymbol{Z}_a + \boldsymbol{Z}_b)\boldsymbol{I} = \boldsymbol{Z}\boldsymbol{I}$, woraus

$$\boldsymbol{Z} = \boldsymbol{Z}_a + \boldsymbol{Z}_b \tag{3.191}$$

folgt. Bei der Reihenschaltung zweier Zweitore ist also die Impedanzmatrix des sich ergebenden Gesamt–Zweitors gleich der Summe der Impedanzmatrizen der einzelnen Zweitore. Dieses Ergebnis kann als eine Verallgemeinerung der Reihenschaltung von zwei Impedanzen angesehen werden, wo bekanntlich die Gesamtimpedanz gleich der Summe der Impedanzen ist.

Es ist leicht einzusehen, daß bei der Reihenschaltung von K Zweitoren mit den Impedanzmatrizen $\boldsymbol{Z}_1, \boldsymbol{Z}_2, \ldots, \boldsymbol{Z}_K$ die Impedanzmatrix des sich ergebenden Zweitors

$$\boldsymbol{Z} = \sum_{k=1}^{K} \boldsymbol{Z}_k \tag{3.192}$$

lautet. Analog zum Vorgehen bei der Reihenschaltung von Zweitoren, führen wir für die Parallelschaltung die Beziehungen

$$\boldsymbol{I}_a = \boldsymbol{Y}_a \boldsymbol{U}_a \qquad \boldsymbol{I}_b = \boldsymbol{Y}_b \boldsymbol{U}_b \qquad \boldsymbol{I} = \boldsymbol{Y}\boldsymbol{U}$$

ein. $\boldsymbol{Y}_a$ und $\boldsymbol{Y}_b$ sind die Admittanzmatrizen der Zweitore N_a und N_b, und das durch Parallelschalten dieser beiden Zweitore entstehende Zweitor N ist durch die Admittanzmatrix $\boldsymbol{Y}$ charakterisiert.

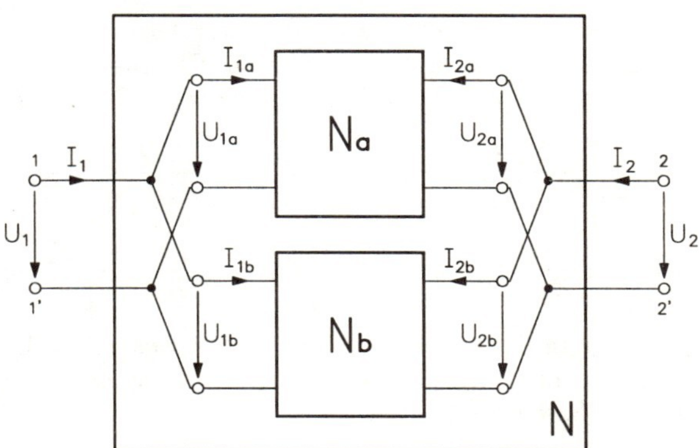

Abb. 3.18 Parallelschaltung von zwei Zweitoren

Aus Abb. 3.18 lesen wir

$$\boldsymbol{I} = \boldsymbol{I}_a + \boldsymbol{I}_b \qquad \boldsymbol{U} = \boldsymbol{U}_a = \boldsymbol{U}_b$$

ab, und damit ergibt sich $\boldsymbol{YU} = (\boldsymbol{Y}_a + \boldsymbol{Y}_b)\boldsymbol{U}$ sowie

$$\boldsymbol{Y} = \boldsymbol{Y}_a + \boldsymbol{Y}_b \, . \tag{3.193}$$

Bei der Parallelschaltung von Zweitoren addieren sich also die Admittanzmatrizen (vgl. die Parallelschaltung von zwei Admittanzen). Es ist offensichtlich, daß bei der Parallelschaltung von K Zweitoren mit den Admittanzmatrizen $\boldsymbol{Y}_1, \ldots, \boldsymbol{Y}_K$

$$\boldsymbol{Y} = \sum_{k=1}^{K} \boldsymbol{Y}_k \tag{3.194}$$

gilt.

Beispiel 3.31

Wir bestimmen die Admittanzmatrix einer Doppel-T-Schaltung, indem wir die in der folgenden Abbildung angegebene Äquivalenz ausnutzen.

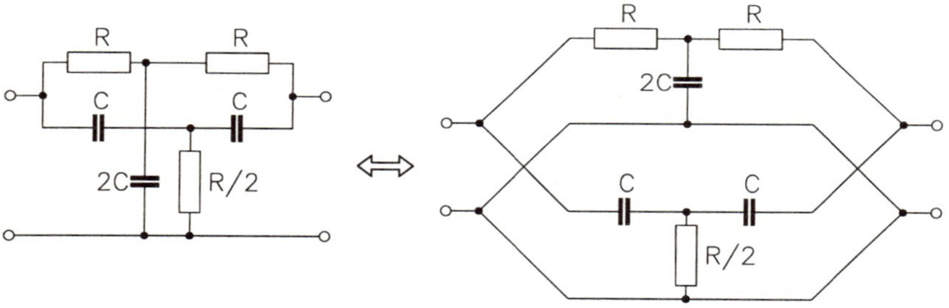

Zunächst bestimmen wir die Admittanzparameter der in Beispiel 3.29 behandelten T-Schaltung. Aus den dort berechneten $\boldsymbol{Z}$-Parametern erhalten wir dann unter Anwendung der Umrechnungsbeziehungen:

$$Y_{11} = \frac{Z_2 + Z_3}{Z_1 Z_2 + Z_3(Z_1 + Z_2)} \qquad Y_{12} = -\frac{Z_3}{Z_1 Z_2 + Z_3(Z_1 + Z_2)}$$

$$Y_{21} = -\frac{Z_3}{Z_1 Z_2 + Z_3(Z_1 + Z_2)} \quad Y_{22} = \frac{Z_1 + Z_3}{Z_1 Z_2 + Z_3(Z_1 + Z_2)} \, .$$

Kennzeichnen wir nun die beiden Teilzweitore, in welche die Doppel-T-Schaltung zerlegt wurde, durch die Indizes "a" bzw. "b", so gilt für die Admittanzmatrizen dieser Teilzweitore

$$\boldsymbol{Y}_a = \frac{1}{2R(RCs+1)} \begin{pmatrix} 2RCs+1 & -1 \\ -1 & 2RCs+1 \end{pmatrix}$$

$$\boldsymbol{Y}_b = \frac{Cs}{2(RCs+1)} \begin{pmatrix} RCs+2 & -RCs \\ -RCs & RCs+2 \end{pmatrix} .$$

(Nebenbei sei auch darauf hingewiesen, daß die Admittanzparameter im vorliegenden Fall rationale Funktionen in s sind.) Durch Addition der Matrizen $\boldsymbol{Y}_a$ und $\boldsymbol{Y}_b$ erhalten wir

$$\boldsymbol{Y} = \frac{1}{2R(RCs+1)} \begin{pmatrix} (RC)^2 s^2 + 4RCs + 1 & -(RC)^2 s^2 - 1 \\ -(RC)^2 s^2 - 1 & (RC)^2 s^2 + 4RCs + 1 \end{pmatrix} .$$

Betrachten wir nun die Situation, daß die Eingangstore von zwei Zweitoren in Reihe, die Ausgangstore jedoch parallel geschaltet sind, wie dies in Abb. 3.19 festgelegt ist. Die Zweitore N_a und N_b seien durch die Hybridmatrizen $\boldsymbol{H}_a$

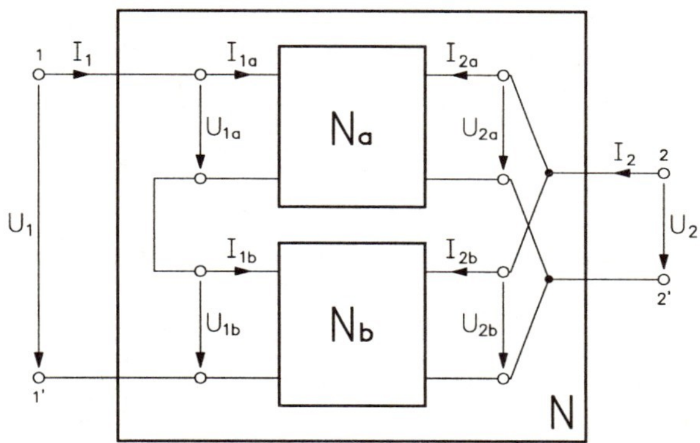

Abb. 3.19 Hybride Zusammenschaltung zweier Zweitore

und $\boldsymbol{H}_b$ beschrieben, das Zweitor N durch die Matrix $\boldsymbol{H}$. Dann gilt, gemäß (3.176), (3.177)

$$\begin{pmatrix} U_{1a} \\ I_{2a} \end{pmatrix} = \boldsymbol{H}_a \begin{pmatrix} I_{1a} \\ U_{2a} \end{pmatrix} \quad \begin{pmatrix} U_{1b} \\ I_{2b} \end{pmatrix} = \boldsymbol{H}_b \begin{pmatrix} I_{1b} \\ U_{2b} \end{pmatrix} \quad \begin{pmatrix} U_1 \\ I_2 \end{pmatrix} = \boldsymbol{H} \begin{pmatrix} I_1 \\ U_2 \end{pmatrix} .$$

Für die verschiedenen Spannungen und Ströme folgt aus Abb. 3.19

$$\begin{aligned} U_1 &= U_{1a} + U_{1b} \qquad & I_1 &= I_{1a} = I_{1b} \\ U_2 &= U_{2a} = U_{2b} \qquad & I_2 &= I_{2a} + I_{2b} . \end{aligned}$$

Damit gilt also

$$\boldsymbol{H} \begin{pmatrix} I_1 \\ U_2 \end{pmatrix} = (\boldsymbol{H}_a + \boldsymbol{H}_b) \begin{pmatrix} I_1 \\ U_2 \end{pmatrix}$$

und

$$\boldsymbol{H} = \boldsymbol{H}_a + \boldsymbol{H}_b . \tag{3.195}$$

Die Behandlung des Falles, daß die Eingangstore zweier Zweitore N_a und N_b parallel, die Ausgangstore jedoch in Reihe geschaltet sind, läuft ganz analog zur Behandlung des zuletzt betrachteten Falls ab. Seien die Zweitore N_a und N_b durch die Hybridmatrizen $\boldsymbol{G}_a$ und $\boldsymbol{G}_b$ gekennzeichnet, das sich ergebende Zweitor N durch die Matrix $\boldsymbol{G}$, so gilt, falls die Torbedingungen erfüllt sind,

$$\boldsymbol{G} = \boldsymbol{G}_a + \boldsymbol{G}_b \ . \tag{3.196}$$

Es bleibt nun noch die Untersuchung der Hintereinanderschaltung (Kettenschaltung) von zwei Zweitoren N_a und N_b. Abb. 3.20 zeigt diese Anordnung. Da wir hier die positiven Stromrichtungen entsprechend Abb. 3.16 gewählt

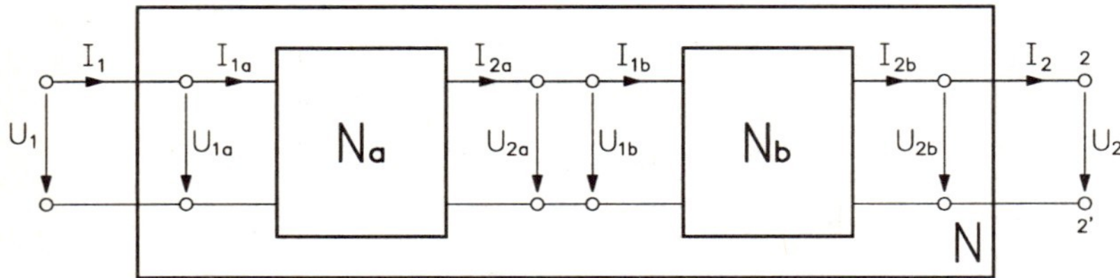

Abb. 3.20 Kettenschaltung von zwei Zweitoren

haben, gilt unter Berücksichtigung von (3.181, 3.182)

$$\begin{pmatrix} U_{1a} \\ I_{1a} \end{pmatrix} = \boldsymbol{K}_a \begin{pmatrix} U_{2a} \\ I_{2a} \end{pmatrix} \qquad \begin{pmatrix} U_{1b} \\ I_{1b} \end{pmatrix} = \boldsymbol{K}_b \begin{pmatrix} U_{2b} \\ I_{2b} \end{pmatrix} \qquad \begin{pmatrix} U_1 \\ I_1 \end{pmatrix} = \boldsymbol{K} \begin{pmatrix} U_2 \\ I_2 \end{pmatrix}$$

Dabei sind mit $\boldsymbol{K}_a, \boldsymbol{K}_b, \boldsymbol{K}$ die jeweiligen Kettenmatrizen der Zweitore N_a, N_b, N bezeichnet. Abb. 3.20 liefert dann die folgenden Beziehungen:

$$\begin{pmatrix} U_1 \\ I_1 \end{pmatrix} = \begin{pmatrix} U_{1a} \\ I_{1a} \end{pmatrix} \qquad \begin{pmatrix} U_{2a} \\ I_{2a} \end{pmatrix} = \begin{pmatrix} U_{1b} \\ I_{1b} \end{pmatrix} \qquad \begin{pmatrix} U_{2b} \\ I_{2b} \end{pmatrix} = \begin{pmatrix} U_2 \\ I_2 \end{pmatrix} \ .$$

Aus den vorstehenden Gleichungen folgt

$$\boldsymbol{K} \begin{pmatrix} U_2 \\ I_2 \end{pmatrix} = \boldsymbol{K}_a \boldsymbol{K}_b \begin{pmatrix} U_2 \\ I_2 \end{pmatrix}$$

und somit

$$\boldsymbol{K} = \boldsymbol{K}_a \boldsymbol{K}_b \ . \tag{3.197}$$

Bei der Kettenschaltung von M Zweitoren ergibt sich

$$\boldsymbol{K} = \prod_{m=1}^{M} \boldsymbol{K}_m \ . \tag{3.198}$$

(Es sei hier kurz in Erinnerung gerufen, daß die Matrizenmultiplikation im allgemeinen nicht kommutativ ist.) An dieser Stelle wird auch deutlich, weshalb für die Kettenmatrix zweckmäßigerweise die Stromrichtung am Ausgangstor gegenüber der üblichen Richtung umgekehrt wird.

Bestimmung der Übertragungsfunktion und der Eingangsimpedanz von beschalteten Zweitoren

Häufig ist es nützlich, mit Hilfe der Zweitorparameter die Übertragungsfunktion oder die Eingangsimpedanz einer Schaltung auszudrücken. So kann etwa bei der in Abb. 3.21 dargestellten Anordnung die Ausgangsspannung U_2 in

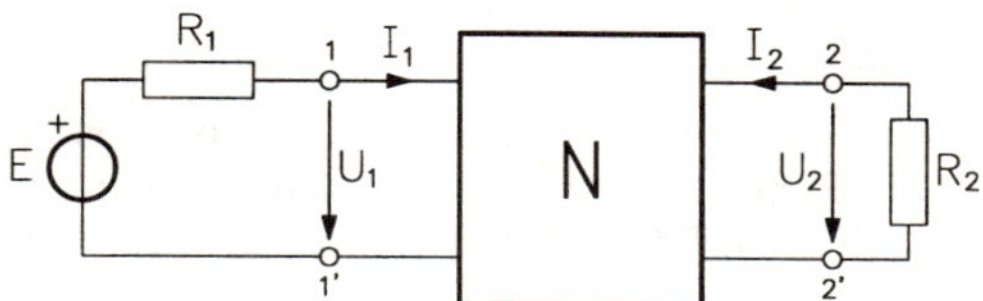

Abb. 3.21 Zweitor N mit Quelle und Lastwiderstand

Abhängigkeit von der Quellenspannung E von Interesse sein. Nehmen wir an, es sei die Impedanzmatrix $\boldsymbol{Z}$ bekannt; wir gehen dann zur Herleitung weiterer Ergebnisse von den Impedanzgleichungen (3.174) aus, die wir hier wiederholen:

$$\begin{aligned} U_1 &= Z_{11}I_1 + Z_{12}I_2 \\ U_2 &= Z_{21}I_1 + Z_{22}I_2 \ . \end{aligned}$$

In Verbindung mit diesen Gleichungen verwenden wir die folgenden Beziehungen, die wir aus Abb. 3.21 ablesen:

$$\begin{aligned} U_1 &= E - R_1 I_1 \\ U_2 &= -R_2 I_2 \ . \end{aligned}$$

Damit können wir dann die Impedanzgleichungen in der folgenden Weise umformen:

$$\begin{pmatrix} Z_{11}+R_1 & Z_{12} \\ Z_{21} & Z_{22}+R_2 \end{pmatrix} \begin{pmatrix} I_1 \\ I_2 \end{pmatrix} = \begin{pmatrix} E \\ 0 \end{pmatrix} .$$

Daraus ergibt sich unter Verwendung von $U_2 = -R_2 I_2$

$$U_2 = \frac{R_2 Z_{21} E}{R_2 Z_{11} + R_1 Z_{22} + \det \boldsymbol{Z} + R_1 R_2} .$$

Setzen wir $U_2 = H(s)E$, so können wir

$$H(s) = \frac{R_2 Z_{21}(s)}{R_2 Z_{11}(s) + R_1 Z_{22}(s) + \det \boldsymbol{Z}(s) + R_1 R_2} \tag{3.199}$$

schreiben, wobei auch die Abhängigkeit der Matrixparameter von der komplexen Frequenz explizit herausgestellt wurde.

Als Sonderfall betrachten wir die Situation, daß eingangsseitig eine ideale Quelle angeschlossen ist und am Ausgang Leerlauf herrscht. Für diesen Fall gilt also $R_1 = 0$ und $G_2 = 1/R_2 = 0$ und die Übertragungsfunktion lautet demzufolge

$$H(s) = \frac{Z_{21}(s)}{Z_{11}(s)} . \tag{3.200}$$

Beispiel 3.32

Das Zweitor in der folgenden Abbildung wird aus einer Spannungsquelle mit dem Innenwiderstand R_1 gespeist und es ist am Ausgang mit dem Widerstand R_2 abgeschlossen. Gesucht ist die Übertragungsfunktion $H(s) = U_2/E$.

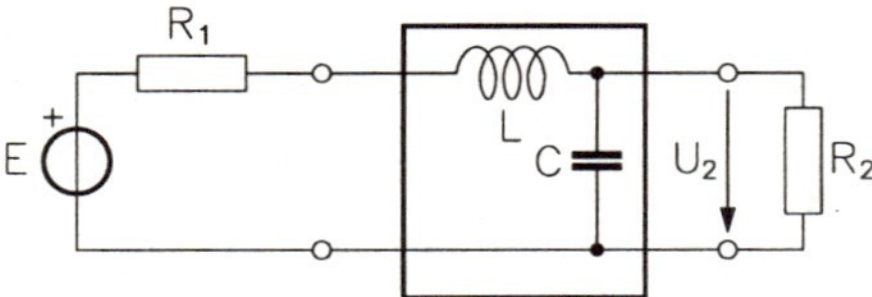

Zuerst bestimmen wir die Impedanzmatrix des Zweitors; sie läßt sich direkt ablesen:

$$\boldsymbol{Z} = \begin{pmatrix} sL + 1/sC & 1/sC \\ 1/sC & 1/sC \end{pmatrix} .$$

Unter Verwendung der Elemente dieser Matrix lautet dann die Übertragungsfunktion

$$H(s) = \frac{R_2/sC}{R_2(sL + 1/sC) + R_1/sC + L/C + R_1R_2}$$

beziehungsweise, nach einfachen Umformungen,

$$H(s) = \frac{1}{LCs^2 + (CR_1 + L/R_2)s + 1 + R_1/R_2} .$$

Ist ein Zweitor durch seine Admittanzmatrix $\boldsymbol{Y}$ gegeben, so gilt analog zu (3.199) die Beziehung

$$H(s) = -\frac{R_2Y_{21}(s)}{R_2Y_{22}(s) + R_1Y_{11}(s) + R_1R_2 \det \boldsymbol{Y}(s) + 1} , \tag{3.201}$$

und für $R_1 = 0, G_2 = 0$

$$H(s) = -\frac{Y_{21}(s)}{Y_{22}(s)} . \tag{3.202}$$

Bei Verwendung der Kettenparameter finden wir im allgemeinen Fall

$$H(s) = \frac{R_2}{R_2 K_{11}(s) + R_1 K_{22}(s) + R_1 R_2 K_{21}(s) + K_{12}(s)} , \tag{3.203}$$

und für $R_1 = 0$ und $G_2 = 0$ erhalten wir

$$H(s) = \frac{1}{K_{11}(s)} . \tag{3.204}$$

Wir untersuchen nun die Eingangsimpedanz eines mit einer Impedanz Z_L abgeschlossenen Zweitors und betrachten dazu Abb. 3.22.

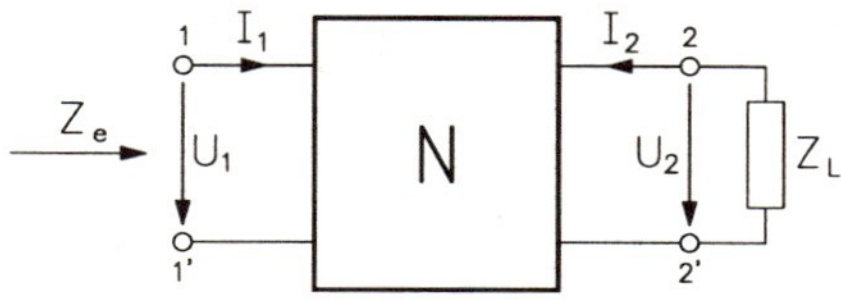

Abb. 3.22 Zweitor N, mit einer Impedanz $Z_L = Z_L(s)$ abgeschlossen

Mit

$$U_2 = -Z_L I_2 \tag{3.205}$$

folgt aus den Impedanzgleichungen für die Eingangsimpedanz $Z_e = U_1/I_1$

$$Z_e(s) = \frac{Z_L(s)Z_{11}(s) + \det \boldsymbol{Z}(s)}{Z_L(s) + Z_{22}(s)} . \tag{3.206}$$

Gehen wir von den Admittanzgleichungen für das Zweitor N aus, dann gilt

$$Z_e(s) = \frac{1 + Z_L(s)Y_{22}(s)}{Y_{11}(s) + Z_L(s) \det \boldsymbol{Y}(s)} . \tag{3.207}$$

Bei Verwendung der Kettenparameter muß der Strom I_2 im Sinne von Abb. 3.16 positiv gezählt werden; deshalb gilt Gleichung (3.205) in diesem Fall mit geändertem Vorzeichen des Stroms I_2. Mit Tabelle (3.2) ergibt sich dann

$$Z_e(s) = \frac{K_{11}(s)Z_L(s) + K_{12}(s)}{K_{21}(s)Z_L(s) + K_{22}(s)} . \tag{3.208}$$

Die Streumatrix

Die bisher behandelten Zweitorbeschreibungen mit Hilfe verschiedener Matrizen hatten — bei aller Unterschiedlichkeit — gemeinsam, daß die Beschreibung immer von der Form

$$\boldsymbol{y} = \boldsymbol{M}\boldsymbol{x} \tag{3.209}$$

war, wobei der Vektor $\boldsymbol{y}$ aus den abhängigen, der Vektor $\boldsymbol{x}$ aus den unabhängigen Variablen gebildet wurde[4]; $\boldsymbol{M}$ war jeweils eine das Zweitor charakterisierende Matrix. Die Vektoren $\boldsymbol{y}$ und $\boldsymbol{x}$ wurden aus nur zwei Elementen gebildet: aus zwei Spannungen, zwei Strömen oder einer Spannung und einem Strom. Jede Komponente dieser Vektoren bestand also nur aus einer Spannung oder einem Strom.

Nun wollen wir eine weitere Möglichkeit der Zweitorbeschreibung einführen, die zwar auch von der allgemeinen Form (3.209) ist, bei der aber jede Komponente der Vektoren $\boldsymbol{y}$ und $\boldsymbol{x}$ eine Linearkombination aus einer Spannung *und* einem Strom ist. Jedem Tor müssen wir wieder zwei Variablen zuordnen, von denen wir eine als Ursache und die jeweils andere als Wirkung auffassen. Ausgehend von diesen Überlegungen bilden wir die folgenden Linearkombinationen:

$$A_1 = \frac{U_1 + R_1 I_1}{2\sqrt{2R_1}} \qquad (3.210) \qquad\qquad A_2 = \frac{U_2 + R_2 I_2}{2\sqrt{2R_2}} \qquad (3.212)$$

$$B_1 = \frac{U_1 - R_1 I_1}{2\sqrt{2R_1}} \qquad (3.211) \qquad\qquad B_2 = \frac{U_2 - R_2 I_2}{2\sqrt{2R_2}} \,. \qquad (3.213)$$

Die Koeffizienten $R_1, R_2 > 0$ werden als Torwiderstände bezeichnet; der auf den ersten Blick sehr willkürlich erscheinende Nenner $2\sqrt{2R_j}$, für $j = 1, 2$, wird im Laufe unserer weiteren Betrachtungen noch verständlich werden. Zunächst veranschaulichen wir uns die Beziehungen (3.210), ..., (3.213) und benutzen dazu Abb. 3.23. In Analogie zur Beschreibung von Vorgängen auf

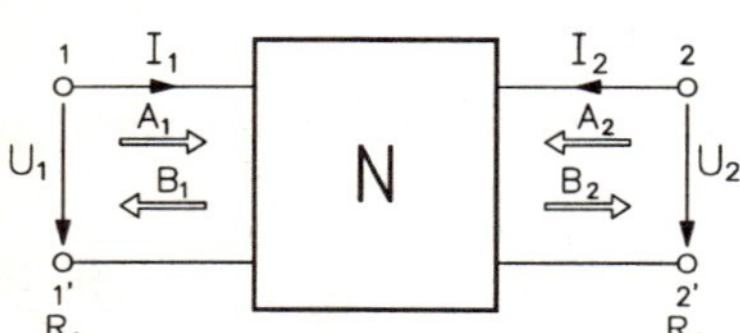

Abb. 3.23 Zur Beschreibung eines Zweitors mit Hilfe der Streumatrix

Leitungen nennen wir die Größen A_1 und A_2 einfallende (hinlaufende) Wellen, die Größen B_1 und B_2 reflektierte (rücklaufende) Wellen. Diese Analogie bezieht sich auf die Gleichungen (3.210), ..., (3.213) und ist formaler Natur. Eine tatsächliche Wellenausbreitung betrachten wir hier allerdings nicht, denn wir haben uns auf die Behandlung konzentrierter Elemente beschränkt. Insofern wäre es eigentlich angebracht, an dieser Stelle von Wellengrößen zu sprechen, jedoch wollen wir diese etwas schwerfällige Ausdrucksweise hier vermeiden. Da die Größen U und I komplexe Amplituden von Spannung und Strom sind, stellen auch die Größen A und B komplexe Amplituden entsprechender Wellen dar.

Die Torwiderstände R_1 und R_2 sind zunächst fiktive Größen — wir benöti-

[4]Die Kettenmatrix bildet hier insofern eine Ausnahme, als der Vektor $\boldsymbol{x}$ nicht als Ursache angesehen werden kann, durch den eine Wirkung $\boldsymbol{y}$ hervorgerufen wird.

gen sie unter anderem aus Dimensionsüberlegungen. Wird aber beispielsweise das Tor 1 an eine Quelle mit dem Innenwiderstand R_i gelegt und das Tor 2 durch einen Widerstand R_L belastet, so ist es zweckmäßig, $R_1 = R_i$ und $R_2 = R_L$ zu wählen.

Wir bilden nun aus den einfallenden und reflektierten Wellen die zwei Vektoren

$$\boldsymbol{A} = \begin{pmatrix} A_1 \\ A_2 \end{pmatrix} \tag{3.214}$$

$$\boldsymbol{B} = \begin{pmatrix} B_1 \\ B_2 \end{pmatrix} \tag{3.215}$$

und setzen sie dann über die Gleichung

$$\boldsymbol{B} = \boldsymbol{S}\boldsymbol{A} \ , \tag{3.216}$$

mit

$$\boldsymbol{S} = \begin{pmatrix} S_{11} & S_{12} \\ S_{21} & S_{22} \end{pmatrix} \tag{3.217}$$

in Beziehung zueinander. Die Matrix $\boldsymbol{S}$ heißt Streumatrix.

Zwischen der Streumatrix und den übrigen bisher behandelten Matrizen bestehen natürlich Äquivalenzbeziehungen. Hier soll nur der Zusammenhang zwischen Streu– und Admittanzmatrix angegeben werden; auf eine Ableitung verzichten wir an dieser Stelle (vgl. dazu Aufgabe 3.11). Es gelten die Beziehungen

$$\begin{pmatrix} S_{11} & S_{12} \\ S_{21} & S_{22} \end{pmatrix} = \frac{1}{(1+R_1Y_{11})(1+R_2Y_{22}) - R_1R_2Y_{12}Y_{21}} \times \begin{pmatrix} 1+R_2Y_{22}-R_1Y_{11}-R_1R_2 \det \boldsymbol{Y} & -2\sqrt{R_1R_2}Y_{12} \\ -2\sqrt{R_1R_2}Y_{21} & 1+R_1Y_{11}-R_2Y_{22}-R_1R_2 \det \boldsymbol{Y} \end{pmatrix} \tag{3.218}$$

und

$$\begin{pmatrix} Y_{11} & Y_{12} \\ Y_{21} & Y_{22} \end{pmatrix} = \frac{1}{(1+S_{11})(1+S_{22}) - S_{12}S_{21}} \times \begin{pmatrix} \dfrac{1+S_{22}-S_{11}-\det \boldsymbol{S}}{R_1} & -\dfrac{2S_{12}}{\sqrt{R_1R_2}} \\ -\dfrac{2S_{21}}{\sqrt{R_1R_2}} & \dfrac{1+S_{11}-S_{22}-\det \boldsymbol{S}}{R_2} \end{pmatrix} . \tag{3.219}$$

Weitere Äquivalenzbeziehungen lassen sich mit Hilfe der Tabelle 3.2 herleiten.

Wir werden nun anhand eines Beispiels zeigen, wo etwa die Streumatrix als Beschreibungsmöglichkeit den anderen Matrizen überlegen ist.

Beispiel 3.33

In der folgenden Abbildung ist ein Zweitor dargestellt, das aus einem Bipolar-Transistor in Basisschaltung besteht.

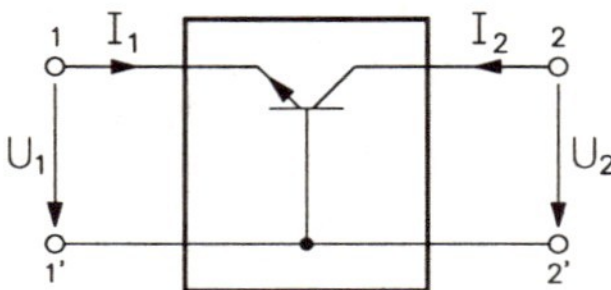

Wir wenden uns der Aufgabe zu, durch Messung einige Zweitorparameter dieses Transistors zu bestimmen; dabei handelt es sich um Kleinsignal-Parameter in einem bestimmten Arbeitspunkt. Fassen wir zunächst die Messung der Elemente der Impedanzmatrix ins Auge; beispielsweise gilt für das Element Z_{21} nach Gleichung (3.174)

$$Z_{21} = \left.\frac{U_2}{I_1}\right|_{I_2=0} .$$

Die Messung dieses Parameters könnten wir in der Weise vornehmen, daß wir am Klemmenpaar $1-1'$ einen geeigneten Generator anschließen, der einen definierten Strom I_1 liefert; wir messen dann die Spannung U_2 zwischen den Klemmen $2-2'$ unter der Bedingung, daß am Tor 2 Leerlauf herrscht, entsprechend $I_2 = 0$. Gerade diese letzte Bedingung bereitet aber gewisse Schwierigkeiten. Wir wissen nämlich, daß durch eine entsprechende Gleichstromversorgung ein geeigneter Arbeitspunkt für den Transistor eingestellt werden muß. Ohne auf die Einzelheiten der Gleichstromversorgung einzugehen ist es jedoch einsichtig, daß wir den Kollektor des Transistors in irgendeiner Weise mit einer Gleichspannungsquelle verbinden müssen. Dadurch ist aber die Bedingung $I_2 = 0$ auf einfache Weise nicht zu erfüllen.

Die Messung des entsprechenden Admittanzparameters Y_{21} stößt auf geringere Schwierigkeiten. Gemäß (3.172) gilt

$$Y_{21} = \left.\frac{I_2}{U_1}\right|_{U_2=0} .$$

In diesem Fall wird das Verhältnis I_2/U_1 unter der Bedingung gemessen, daß die Klemmen $2-2'$ über einen Kurzschluß miteinander verbunden sind. Diese Bedingung ist mit der Notwendigkeit einer Gleichstromversorgung des Transistors verträglich. Hier treten Schwierigkeiten bei hohen Frequenzen dadurch auf, daß die Realisierung eines Kurzschlusses Schwierigkeiten machen kann: ein (realer) Kurzschluß bei tiefen Frequenzen ist nämlich bei hohen Frequenzen kein Kurzschluß mehr, sondern eine von Null verschiedene Impedanz. Somit ist die Bedingung $U_2 = 0$ bei hohen Frequenzen nicht mehr hinreichend gut erfüllbar.

Diese genannten Schwierigkeiten treten nicht bei der Messung der Streuparameter auf, was wir uns am Beispiel des Parameters S_{21} verdeutlichen wollen. Mit (3.214), ..., (3.217) gilt

$$S_{21} = \left. \frac{B_2}{A_1} \right|_{A_2=0} .$$

Zur Erläuterung der Bedingung $A_2 = 0$ betrachten wir die folgende Abbildung.

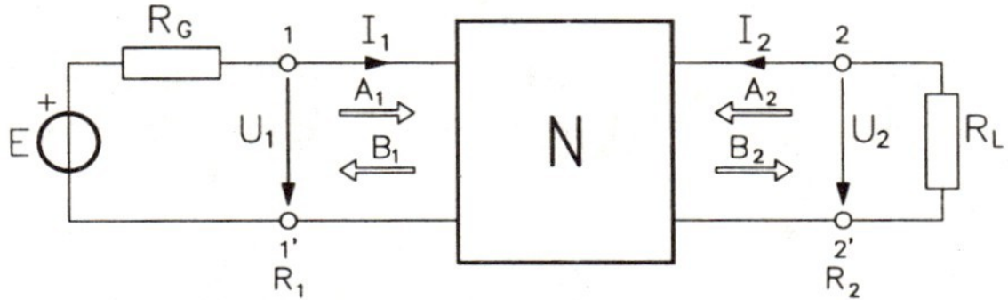

Hier ist ein Zweitor N unter Betriebsbedingungen dargestellt, das heißt, es wird eingangsseitig aus einem Generator mit der Urspannung E und dem Innenwiderstand R_G gespeist und ausgangsseitig mit einem Lastwiderstand R_L abgeschlossen. Das Zweitor sei durch seine Streumatrix $\boldsymbol{S}$ gekennzeichnet und den Toren 1 und 2 seien die Torwiderstände R_1 und R_2 zugeordnet. Für die Welle A_2 gilt dann nach (3.212)

$$A_2 = \frac{U_2 + R_2 I_2}{2\sqrt{2R_2}} .$$

Zwischen der Spannung U_2 und dem Strom I_2 gilt die Beziehung $U_2 = -R_L I_2$, wie wir leicht aus der Abbildung ablesen. Aus den beiden letzten Gleichungen folgt

$$A_2 = \frac{(R_2 - R_L) I_2}{2\sqrt{2R_2}} .$$

Die Bedingung $A_2 = 0$ können wir also leicht dadurch erfüllen, daß wir $R_L = R_2$ wählen. Bei praktischen Anwendungen werden wir allerdings gewöhnlich umgekehrt vorgehen und als Torwiderstand R_2 den Lastwiderstand R_L wählen, was aber in der Wirkung gleichbedeutend ist.

Für $R_L = R_2$ gilt mit (3.213) unter Berücksichtigung von $U_2 = -R_L I_2$ für die Welle B_2

$$B_2 = \frac{U_2}{\sqrt{2R_2}} .$$

Die Welle A_1 ist aufgrund von (3.210) durch

$$A_1 = \frac{U_1 + R_1 I_1}{2\sqrt{2R_1}}$$

gegeben. Aus der Abbildung lesen wir die Beziehung $U_1 = E - R_G I_1$ ab; Einsetzen dieser Beziehung ergibt

$$A_1 = \frac{E + (R_1 - R_G)I_1}{2\sqrt{2R_1}} \ .$$

Wählen wir den Torwiderstand R_1 gleich dem Generatorwiderstand R_G, dann reduziert sich diese Gleichung auf

$$A_1 = \frac{E}{2\sqrt{2R_1}} \ .$$

Unter den Bedingungen $R_L = R_2$ und $R_G = R_1$ sowie der Verwendung der berechneten Größen B_2 und A_1 ergibt sich dann für den betrachteten Parameter

$$S_{21} = \left.\frac{B_2}{A_1}\right|_{A_2=0} = 2\sqrt{\frac{R_1}{R_2}} \cdot \frac{U_2}{E} \ .$$

Wählen wir für die Messung noch $R_1 = R_2$, so lautet die Beziehung für den Parameter S_{21}

$$S_{21} = \frac{2U_2}{E} \ .$$

Übertragen wir nun diese Überlegungen auf das gewählte Beispiel. Die für die Messung erforderliche Bedingung, daß das Tor 2 mit einem Widerstand abgeschlossen werden muß, bereitet im Hinblick auf die Gleichstromversorgung keine Schwierigkeiten und ist auch bei sehr hohen Frequenzen gut erfüllbar.

Da sich entsprechende Resultate für die übrigen Elemente der Streumatrix ergeben, ist es verständlich, daß für die Zweitorbeschreibung von Transistoren bei hohen Frequenzen die Streumatrix besonders zweckmäßig ist. Dies ist natürlich nicht der einzige Vorteil der Streumatrix, ganz allgemein beschreiben die Streuparameter ein Zweitor unter Betriebsbedingungen besonders gut. Ein weiterer Vorteil der Streumatrix besteht darin, daß sie immer existiert, was für die anderen Matrizen nicht in jedem Fall gewährleistet ist.

Zur Erläuterung der letzten Bemerkung betrachten wir noch einmal die Übertragungsfunktion $H(s)$, die durch Gleichung (3.201) gemäß der Anordnung in Abb. 3.21 gegeben ist. Leicht umgeschrieben lautet diese Übertragungsfunktion

$$H(s) = -\frac{R_2 Y_{21}}{(1 + R_1 Y_{11})(1 + R_2 Y_{22}) - R_1 R_2 Y_{12} Y_{21}} \ . \tag{3.220}$$

Durch Vergleich mit (3.218) finden wir

$$S_{21}(s) = 2\sqrt{\frac{R_1}{R_2}} H(s) \ . \tag{3.221}$$

Unter Betriebsbedingungen wird also die Übertragungsfunktion eines Zweitors bis auf den konstanten Faktor $2\sqrt{R_1/R_2}$ direkt durch ein Element der Streumatrix gebildet, während bei Verwendung der Admittanzmatrix (oder anderer Matrizen) recht umfangreiche Ausdrücke für die Übertragungsfunktion entstehen.

Die Transfermatrix

Da Kettenschaltungen von Teilschaltungen eine besonders wichtige Rolle spielen, ist es sinnvoll, auch eine zur Streumatrix passende Kettenmatrix einzuführen. Diese Matrix wird als Betriebskettenmatrix oder Transfermatrix bezeichnet. Entsprechend dem Vorgehen bei der gewöhnlichen Kettenmatrix werden bei der Transfermatrix die Wellen am Eingangstor durch die Wellen am Ausgangstor ausgedrückt. Wir bezeichnen die Transfermatrix mit $\boldsymbol{T}$ und setzen

$$\boldsymbol{T} = \begin{pmatrix} T_{11} & T_{12} \\ T_{21} & T_{22} \end{pmatrix} . \tag{3.222}$$

Dann soll

$$\begin{pmatrix} B_1 \\ A_1 \end{pmatrix} = \boldsymbol{T} \begin{pmatrix} A_2 \\ B_2 \end{pmatrix} \tag{3.223}$$

gelten, wobei für die Größen A_1, A_2 und B_1, B_2 wieder Bezug auf Abb. 3.23 genommen wird.

Zur Berechnung der Transfermatrix aus der Streumatrix schreiben wir (3.216) zunächst in der Form

$$\begin{pmatrix} 1 & -S_{11} \\ 0 & S_{21} \end{pmatrix} \begin{pmatrix} B_1 \\ A_1 \end{pmatrix} = \begin{pmatrix} S_{12} & 0 \\ -S_{22} & 1 \end{pmatrix} \begin{pmatrix} A_2 \\ B_2 \end{pmatrix} .$$

Daraus ergibt sich

$$\begin{pmatrix} B_1 \\ A_1 \end{pmatrix} = \frac{1}{S_{21}} \begin{pmatrix} -\det \boldsymbol{S} & S_{11} \\ -S_{22} & 1 \end{pmatrix} \begin{pmatrix} A_2 \\ B_2 \end{pmatrix} .$$

und durch Vergleich mit (3.223) folgt

$$\boldsymbol{T} = \frac{1}{S_{21}} \begin{pmatrix} -\det \boldsymbol{S} & S_{11} \\ -S_{22} & 1 \end{pmatrix} . \tag{3.224}$$

In analoger Weise gelangen wir zu einer Formel für die Umrechnung der Transfermatrix in die Streumatrix:

$$\boldsymbol{S} = \frac{1}{T_{22}} \begin{pmatrix} T_{12} & \det \boldsymbol{T} \\ 1 & -T_{21} \end{pmatrix} . \tag{3.225}$$

Wir betrachten nun die in Abb. 3.24 dargestellte Kettenschaltung von zwei

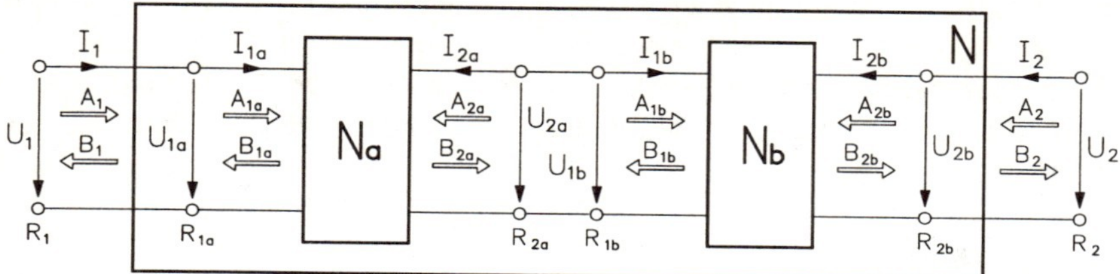

Abb. 3.24 Kettenschaltung von zwei Zweitoren

Zweitoren N_a und N_b. Die beiden Zweitore N_a und N_b seien jeweils durch ihre Transfermatrix $\boldsymbol{T}_a$ bzw. $\boldsymbol{T}_b$ gekennzeichnet, für die Kettenschaltung gelte die Transfermatrix $\boldsymbol{T}$. Dann erhält man zunächst

$$\begin{pmatrix} B_{1a} \\ A_{1a} \end{pmatrix} = \boldsymbol{T}_a \begin{pmatrix} A_{2a} \\ B_{2a} \end{pmatrix} \qquad \begin{pmatrix} B_{1b} \\ A_{1b} \end{pmatrix} = \boldsymbol{T}_b \begin{pmatrix} A_{2b} \\ B_{2b} \end{pmatrix} \qquad \begin{pmatrix} B_1 \\ A_1 \end{pmatrix} = \boldsymbol{T} \begin{pmatrix} A_2 \\ B_2 \end{pmatrix} .$$

Bezüglich der Torwiderstände treffen wir die Wahl

$$R_1 = R_{1a} \qquad R_{2a} = R_{1b} \qquad R_2 = R_{2b} .$$

Aus Abb. 3.24 lesen wir

$$\begin{aligned} U_1 &= U_{1a} & U_{2a} &= U_{1b} & U_2 &= U_{2b} \\ I_1 &= I_{1a} & I_{2a} &= -I_{1b} & I_2 &= I_{2b} \end{aligned}$$

ab. Dann folgt unter entsprechender Verwendung von (3.210) ... (3.213)

$$\begin{aligned} B_1 &= B_{1a} & A_{2a} &= B_{1b} & A_{2b} &= A_2 \\ A_1 &= A_{1a} & B_{2a} &= A_{1b} & B_{2b} &= B_2 . \end{aligned}$$

Einsetzen dieser Beziehungen und anschließendes Umformen liefern

$$\begin{pmatrix} B_1 \\ A_1 \end{pmatrix} = \boldsymbol{T}_a \boldsymbol{T}_b \begin{pmatrix} A_2 \\ B_2 \end{pmatrix} . \tag{3.226}$$

Damit gilt

$$\boldsymbol{T} = \boldsymbol{T}_a \boldsymbol{T}_b . \tag{3.227}$$

Bei Übereinstimmung der entsprechenden Torwiderstände multiplizieren sich also für zwei in Kette geschaltete Zweitore die Transfermatrizen. Daß dies entsprechend auch für mehr als zwei Zweitore gilt, ist evident.

Die indefinite Admittanzmatrix

In dem letzten Beispiel haben wir einen Bipolar–Transistor in Basisschaltung betrachtet; zwei weitere Zweitore können durch die Emitter– bzw. die Kollektorschaltung gebildet werden. Für jedes dieser drei Zweitore erhalten wir natürlich verschiedene Zweitorparameter, zum Beispiel drei verschiedene Sätze von Admittanzparametern.

Wir wollen nun eine sehr elegante Methode kennenlernen, wie wir aus einer der oben genannten Zweitordarstellungen sofort die beiden übrigen gewinnen können. Zwar interessiert uns diese Methode ganz besonders im Zusammenhang mit Transistoren, sie ist jedoch nicht auf sie beschränkt; vielmehr ist sie allgemein bei linearen Dreipolen anwendbar, weshalb auch die Herleitung in allgemeiner Form vorgenommen werden soll. Wir betrachten dazu die in Abb. 3.25 dargestellte Anordnung. Die Spannungen U_1, U_2, U_3 gelten mit Be-

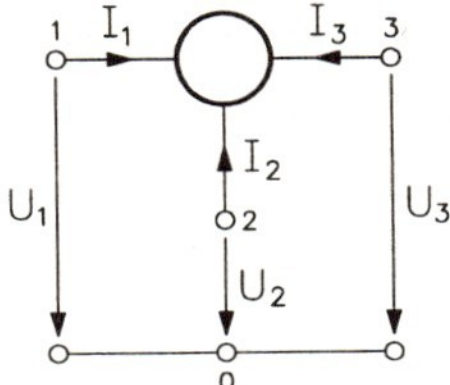

Abb. 3.25 Dreipol mit Orientierung für Spannungen und Ströme

zug auf ein willkürlich angenommenes Referenzpotential; es ist zweckmäßig, dafür das Massepotential zu wählen. Da der Dreipol linear ist, können wir zunächst aufgrund des Superpositionsprinzips folgenden allgemeinen Zusammenhang zwischen Spannungen und Strömen angeben:

$$\begin{pmatrix} I_1 \\ I_2 \\ I_3 \end{pmatrix} = \begin{pmatrix} Y_{11} & Y_{12} & Y_{13} \\ Y_{21} & Y_{22} & Y_{23} \\ Y_{31} & Y_{32} & Y_{33} \end{pmatrix} \begin{pmatrix} U_1 \\ U_2 \\ U_3 \end{pmatrix} . \tag{3.228}$$

Von den Klemmen des Dreipols ist keine als Referenzpunkt angenommen worden; aus diesem Grund wird die Matrix

$$\boldsymbol{Y} = \begin{pmatrix} Y_{11} & Y_{12} & Y_{13} \\ Y_{21} & Y_{22} & Y_{23} \\ Y_{31} & Y_{32} & Y_{33} \end{pmatrix} \tag{3.229}$$

als indefinite Admittanzmatrix bezeichnet. Ihre Elemente haben nun die für uns wichtige Eigenschaft, daß für $i, j = 1, 2, 3$

$$\sum_i Y_{ij} = 0 \tag{3.230}$$

$$\sum_j Y_{ij} = 0 \tag{3.231}$$

gilt. Wir beweisen zunächst (3.230). Die Anwendung der Kirchhoffschen Knotenregel auf den Dreipol in Abb. 3.25 liefert

$$I_1 + I_2 + I_3 = 0 ,$$

was wir auch in der Form

$$(1\,1\,1)\begin{pmatrix} I_1 \\ I_2 \\ I_3 \end{pmatrix} = 0$$

schreiben können. Unter Verwendung dieser Gleichung gilt dann aufgrund von (3.228)

$$(1\,1\,1)\begin{pmatrix} Y_{11} & Y_{12} & Y_{13} \\ Y_{21} & Y_{22} & Y_{23} \\ Y_{31} & Y_{32} & Y_{33} \end{pmatrix}\begin{pmatrix} U_1 \\ U_2 \\ U_3 \end{pmatrix} = 0 \; ,$$

so daß sich

$$(Y_{11} + Y_{21} + Y_{31})U_1 + (Y_{12} + Y_{22} + Y_{32})U_2 + (Y_{13} + Y_{23} + Y_{33})U_3 = 0$$

ergibt. Diese Gleichung muß für beliebige U_1, U_2, U_3 erfüllt sein, so daß (3.230) folgt. Wir zeigen nun die Gültigkeit von (3.231). Wenn die drei Spannungen U_1, U_2, U_3 gleich sind, wenn also etwa

$$U_1 = U_2 = U_3 = U \qquad (3.232)$$

gilt, so besteht keine Potentialdifferenz zwischen den drei Klemmen des Dreipols und als Folge davon ist

$$I_1 = I_2 = I_3 = 0 \; .$$

Setzen wir diese Beziehungen und (3.232) in (3.228) ein, so folgt (3.231).

Die Aufstellung der indefiniten Admittanzmatrix und ihre Anwendung sollen auch noch anhand eines Beispiels demonstriert werden.

Beispiel 3.34

Wir gehen von dem Modell eines Bipolar–Transistors aus, wie es in Abb. 1.36 gezeigt ist. Dieses Modell ist etwas vereinfacht in der folgenden Abbildung wiedergegeben.

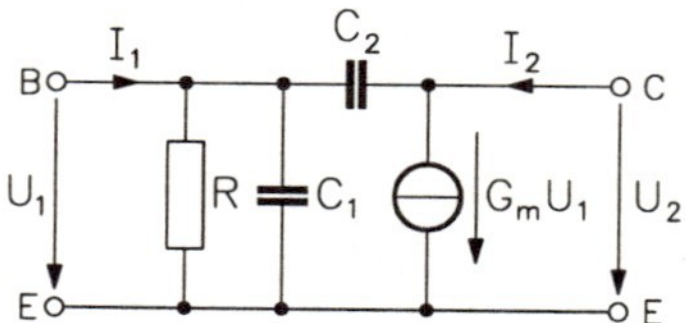

Zunächst betrachten wir den Transistor als Zweitor mit dem Emitter als gemeinsamer Klemme für Eingang und Ausgang, wie in der Abbildung dargestellt. Für dieses Zweitor stellen wir die 2 × 2–Admittanzmatrix auf. Dazu bedienen wir uns der Knotenanalyse, mit deren Hilfe wir

$$\begin{pmatrix} G + s(C_1 + C_2) & -sC_2 \\ G_m - sC_2 & sC_2 \end{pmatrix}\begin{pmatrix} U_1 \\ U_2 \end{pmatrix} = \begin{pmatrix} I_1 \\ I_2 \end{pmatrix}$$

erhalten. Die 2×2–Admittanzmatrix wird nun unter Beachtung von (3.230) und (3.231) zur indefiniten 3×3–Admittanzmatrix ergänzt, so daß wir

$$\begin{array}{cc} & \begin{array}{ccc} \mathrm{B} & \mathrm{C} & \mathrm{E} \end{array} \\ \boldsymbol{Y} = & \left(\begin{array}{ccc} G + s(C_1 + C_2) & -sC_2 & -G - sC_1 \\ G_m - sC_2 & sC_2 & -G_m \\ -G_m - G - sC_1 & 0 & G_m + G + sC_1 \end{array} \right) \begin{array}{c} \mathrm{B} \\ \mathrm{C} \\ \mathrm{E} \end{array} \end{array}$$

erhalten. Die Spalten und Zeilen der Matrix sind mit den Buchstaben B, C, E versehen, die für Basis, Kollektor und Emitter stehen.

Wir kehren nun noch einmal zur Betrachtung von Abb. 3.25 zurück. Aus dem Dreipol gewinnen wir ein Zweitor dadurch, daß wir eine der drei Dreipol–Klemmen mit der Referenz–Klemme "0" verbinden. Dann wird natürlich die Spannung zwischen genau dieser Dreipol–Klemme und der Referenz–Klemme gleich null. Aus der indefiniten 3×3–Matrix gewinnen wir somit die jeweilige Zweitor–Admittanzmatrix dadurch, daß wir jeweils die Zeile und die Spalte streichen, die zu derjenigen Klemme gehören, die dem Eingang und Ausgang gemeinsam ist. Auf diese Weise erhalten wir die nachfolgend aufgeführten drei Fälle.

Zuerst wiederholen wir die Emitterschaltung.

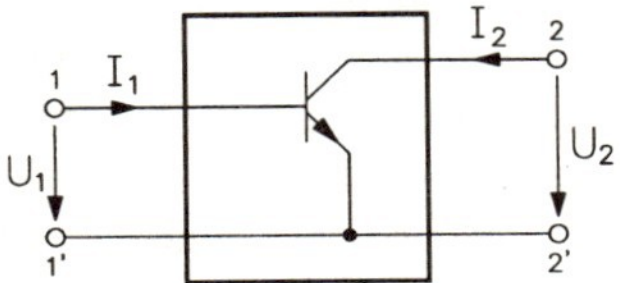

In der 3×3–Matrix müssen die mit "E" bezeichnete Spalte und Zeile gestrichen werden, so daß wir das folgende Gleichungssystem erhalten

$$\begin{pmatrix} I_1 \\ I_2 \end{pmatrix} = \begin{pmatrix} G + s(C_1 + C_2) & -sC_2 \\ G_m - sC_2 & sC_2 \end{pmatrix} \begin{pmatrix} U_2 \\ U_2 \end{pmatrix},$$

das natürlich mit dem ursprünglichen identisch ist.

Jetzt nehmen wir die Basis als gemeinsame Klemme für den Eingang und Ausgang,

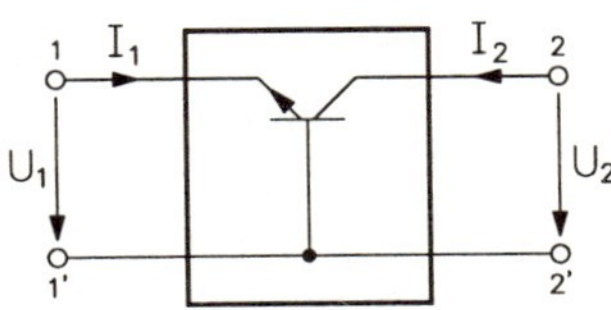

so daß wir die mit "B" gekennzeichnete Spalte und Zeile in der 3×3–Matrix streichen müssen. Es ergibt sich also

$$\begin{pmatrix} I_1 \\ I_2 \end{pmatrix} = \begin{pmatrix} G_m + G + sC_1 & 0 \\ -G_m & sC_2 \end{pmatrix} \begin{pmatrix} U_1 \\ U_2 \end{pmatrix}.$$

Im letzten Fall schließlich betrachten wir die Kollektorschaltung.

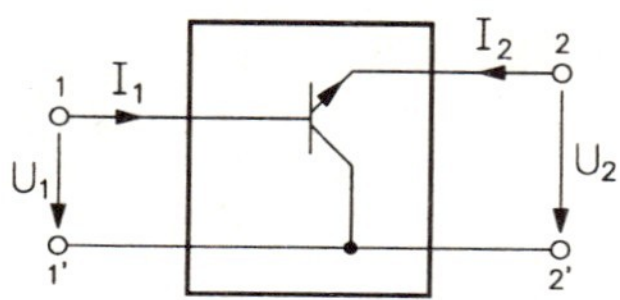

Jetzt müssen Spalte und Zeile "C" in der 3 × 3–Matrix gestrichen werden. Das Gleichungssystem für diesen Betriebsfall lautet:

$$\begin{pmatrix} I_1 \\ I_2 \end{pmatrix} = \begin{pmatrix} G + s(C_1 + C_2) & -G - sC_1 \\ -G_m - G - sC_1 & G_m + G + sC_1 \end{pmatrix} \begin{pmatrix} U_1 \\ U_2 \end{pmatrix} .$$

3.4 Zusammenfassung

Für die Analyse elektronischer Schaltungen stehen leistungsfähige Werkzeuge in Form von Simulationsprogrammen und allgemeinen mathematischen Programmen zur Verfügung. Um sie wirkungsvoll und zuverlässig einsetzen zu können, ist das Verständnis für das, was analysiert werden soll und auf welche Weise, sehr wichtig; dabei ist die Systematik der Analyse–Verfahren von besonderer Bedeutung.

Knotenanalyse und modifizierte Knotenanalyse werden als erste Verfahren zur Analyse linearer Schaltungen behandelt. Es schließt sich die Analyse nichtlinearer Schaltungen bei Gleichstrom mit Hilfe des Newton–Verfahrens an.

Der Analyse linearer Schaltungen im Zeitbereich wird breite Aufmerksamkeit geschenkt; Basis ist dabei die Schaltungsbeschreibung durch Differentialgleichungs–Systeme. Lösungen für den stationären Zustand, die Bedeutung von Sprungantwort und Impulsantwort werden ausführlich behandelt.

Daran schließt sich die Behandlung linearer Schaltungen im Frequenzbereich an. Die Übertragungsfunktion in der Pol–Nullstellen–Darstellung steht zunächst im Vordergrund, weitere Darstellungsarten der Übertragungsfunktion werden beschrieben. Die Zusammenhänge mit der Beschreibung durch Differentialgleichungs–Systeme werden deutlich gemacht. Den Abschluß des Kapitels bildet die Zweitorbeschreibung, insbesondere die verschiedenen Möglichkeiten dazu und ihre Verwendung bei Zweitor–Zusammenschaltungen; der Streumatrix, deren Einsatz bei höheren Frequenzen von Vorteil ist, wird ebenfalls besondere Aufmerksamkeit gewidmet.

3.5 Aufgaben

Aufgabe 3.1 Gegeben sei eine Schaltung mit b Zweigen und $n + 1$ Knoten; die Elemente in den Zweigen können linear oder nichtlinear sein.

Den Zweigen wird ein beliebiger Satz von Zweigspannungen zugeordnet, die zu einem Vektor $\boldsymbol{u} = (u_1, u_2, \ldots, u_b)^T$ zusammengefaßt werden. Als einzige Forderung wird erhoben, daß diese Spannungen der Kirchhoffschen Maschenregel genügen. Der Vektor $\boldsymbol{u}$ kann eindeutig aus dem Knotenspannungsvektor $\boldsymbol{v} = (v_1, v_2, \ldots, v_n)^T$ abgeleitet werden. Den Zweigen wird ein Stromvektor $\boldsymbol{i} = (i_1, i_2, \ldots, i_b)^T$ zugeordnet, die Stromrichtungen entsprechen denen der Spannungen $u_1, u_2, \ldots, u_b$. Die Ströme erfüllen die Kirchhoffsche Knotenregel, weitere Bedingungen gibt es nicht.

Zeigen Sie, daß unter den genannten Bedingungen für die Komponenten der Vektoren $\boldsymbol{u}$ und $\boldsymbol{i}$ die Beziehung

$$\sum_{m=1}^{b} u_m i_m = 0$$

gilt ("Tellegensches Theorem").

Aufgabe 3.2 Verifizieren Sie mit Hilfe der folgenden Schaltungen die Gleichungsmuster für die stromgesteuerte Spannungsquelle bzw. die stromgesteuerte Stromquelle in Tabelle 3.1.

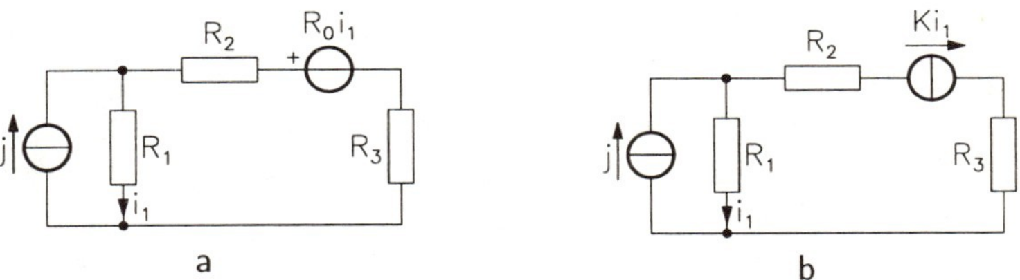

Aufgabe 3.3 Die folgende Abbildung zeigt eine überbrückte T–Schaltung, die aus einer sinusförmigen Quelle mit der komplexen Amplitude E gespeist wird, mit einer nachgeschalteten Kollektorstufe. Daneben ist das zu verwendende Transistormodell dargestellt; der dynamische Emitterwiderstand des Transistors soll hier vernachlässigt werden.

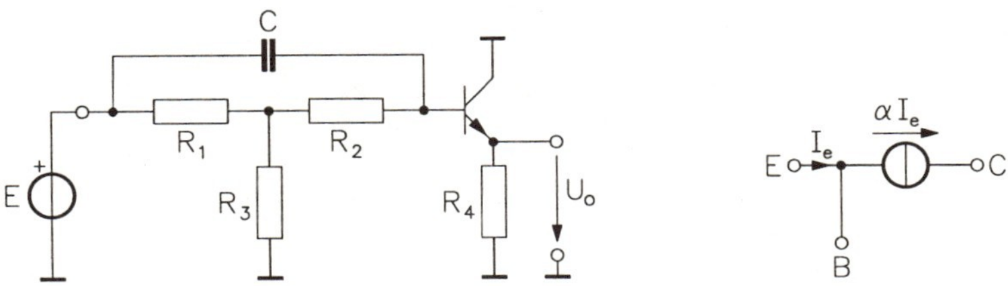

a. Geben Sie eine Ersatzschaltung für die Anwendung der Knotenanalyse an.

b. Wie lautet das Gleichungssystem, das sich aus der Anwendung der Knotenalyse ergibt?

c. Berechnen Sie die Ausgangsspannung U_o.

Aufgabe 3.4 Gegeben ist die folgende Emitter–Stufe zusammen mit dem hier zu verwendenden Modell für den Bipolar–Transistor.

Entwickeln Sie das Gleichungssystem, das sich bei Anwendung der modifizierten Knotenanalyse ergibt. Sehen Sie dabei eine Möglichkeit vor, den Strom i_E explizit als Unbekannte in diesem Gleichungssystem auftreten zu lassen. Gehen Sie in folgender Weise vor.

a. Geben Sie das Gleichungssystem $\boldsymbol{Ai} = \mathbf{0}$ an.

b. Stellen Sie die Zweiggleichungen auf.

c. Bilden Sie das gesuchte Gleichungssystem.

d. Für den Strom i_E erhält man durch einfaches Hinsehen $i_E = e_0/R_E$; verifizieren Sie dieses Ergebnis mit Hilfe des unter c. erhaltenen Gleichungssystems.

Aufgabe 3.5 Die folgende Schaltung enthält eine Zenerdiode, deren Kennlinie für den hier interessierenden Bereich ebenfalls angegeben ist.

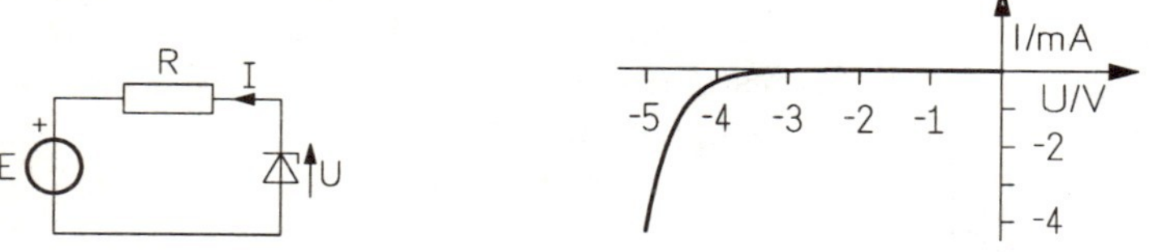

In dem dargestellten Bereich wird diese Zenerdiode durch

$$I = -I_Z \, \mathrm{e}^{(U_Z - U)/15U_T} \qquad I_Z = 2\,mA,\; U_Z = -4.7\,V,\; U_T = 26\,mV$$

beschrieben. Ferner gilt $E = 10\,V$ und $R = 4.7\,k\Omega$. Berechnen Sie die Werte für U und I dieser Schaltung mit einem Fehler $< 10\,\%$.

Aufgabe 3.6 In der folgenden Schaltung wird zum Zeitpunkt $t = 0$ eine nichtideale Spannungsquelle (Quellenspannung E_0, Innenwiderstand R_i) mit einer Source–Stufe verbunden; der n–Kanal–MOSFET sei durch das angegebene Modell charakterisiert.

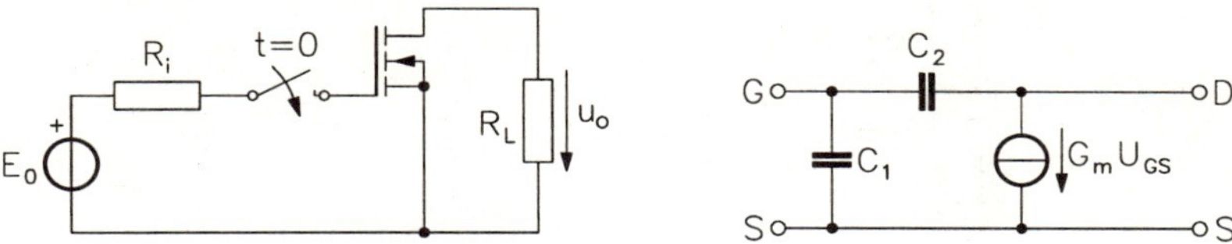

a. Stellen Sie für $t \geq 0$ das Differentialgleichungs–System für diese Schaltung auf.

b. Setzen Sie $\omega_1 = 1/R_iC_1$, $\omega_2 = 1/R_LC_1$, $\omega_3 = 1/R_LC_2$ und geben Sie für $R_LG_m \gg 1$ das Differentialgleichungs–System in der Form $\dot{\boldsymbol{u}} = \boldsymbol{A}\boldsymbol{u} + \boldsymbol{b}E$ an.

c. Berechnen Sie die Eigenwerte der Matrix $\boldsymbol{A}$.

d. Geben Sie in allgemeiner Form die Berechnung des Vektors $\boldsymbol{u}$ unter den Bedingungen $t_0 = 0$ und $\boldsymbol{u}(0) = \boldsymbol{0}$ an.

Aufgabe 3.7 Gegeben sei die folgende Schaltung.

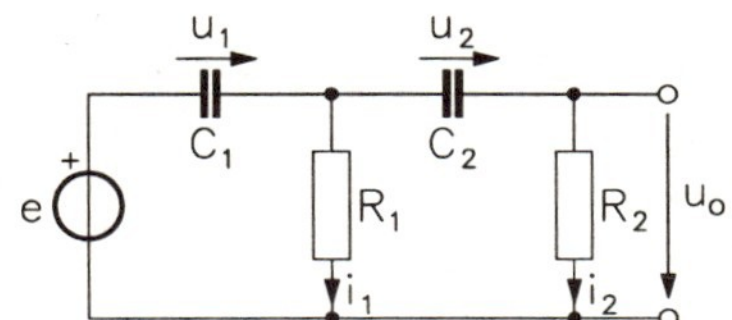

a. Geben Sie die Beschreibung dieser Schaltung in Form eines Differentialgleichungs–Systems an.

b. Berechnen Sie mit Hilfe des Differentialgleichungs–Systems die Übertragungsfunktion $H(j\omega)$ für den Fall $R_1 = R_2 = R$, $C_1 = C_2 = C$; führen Sie zur Abkürzung $\omega_0 = 1/RC$ ein.

c. Berechnen Sie $H(j\omega)$, indem Sie am Eingang der Schaltung die Spannung $e = E\,\mathrm{e}^{j\omega t}$, $E \in \mathbb{C}$, annehmen.

Aufgabe 3.8 Zeigen Sie, daß für eine lineare zeitinvariante Schaltung mit einem Eingang und einem Ausgang folgendes gilt. Ist $e(t) = E\,\mathrm{e}^{j\omega t}$ das Eingangssignal, so lautet das Ausgangssignal im stationären Zustand $u_o(t) = EH(j\omega)\,\mathrm{e}^{j\omega t}$.

Aufgabe 3.9 Die folgende Abbildung zeigt den für das Kleinsignalverhalten maßgeblichen Teil einer Schaltung mit einem Feldeffekt–Transistor, dessen Modell nebenstehend abgebildet ist.

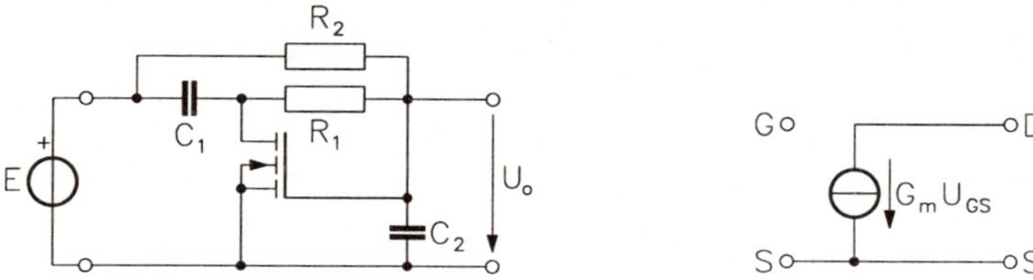

a. Berechnen Sie die Übertragungsfunktion $H(j\omega)$ unter Verwendung der Knotenanalyse.

b. Geben sie die Übertragungsfunktion in der Form

$$H(s) = \frac{\sum_{\mu=0}^{m} a_\mu s^\mu}{\sum_{\nu=0}^{n} b_\nu s^\nu} \qquad b_n = 1$$

an und drücken Sie die Koeffizienten a_μ, b_ν durch die Parameter der Schaltung aus.

c. Berechnen Sie die Pole und Nullstellen von $H(s)$ und tragen Sie sie in Form von Kreuzen bzw. Kreisen in die komplexe s–Ebene ein, und zwar für

1. $(b_1^2/4) > b_0$
2. $(b_1^2/4) < b_0$.

Aufgabe 3.10 Gegeben sei eine Kaskadenschaltung von zwei gleichen Emitter–Stufen, die aus einer Spannungsquelle mit dem Innenwiderstand R_0 gespeist wird; darunter ist das zu verwendende Transistormodell abgebildet.

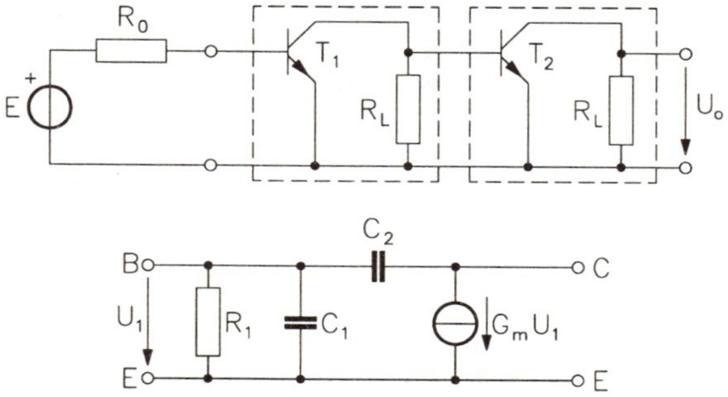

a. Berechnen Sie für eine der beiden eingerahmten Emitter–Stufen

1. die Admittanzmatrix $\boldsymbol{Y}$
2. die Kettenmatrix $\boldsymbol{K}$

b. Berechnen Sie unter Verwendung der Kettenmatrix die Übertragungsfunktion $H(s)$.

Aufgabe 3.11 Zeigen Sie, daß zwischen der Streumatrix $\boldsymbol{S}$ und der Admittanzmatrix $\boldsymbol{Y}$ eines Zweitors die Beziehungen

a. $\boldsymbol{S} = \boldsymbol{R}^{-1/2}(\mathbf{1} - \boldsymbol{RY})(\mathbf{1} + \boldsymbol{RY})^{-1}\boldsymbol{R}^{1/2}$

b. $\boldsymbol{Y} = \boldsymbol{R}^{-1/2}(\mathbf{1} + \boldsymbol{S})^{-1}(\mathbf{1} - \boldsymbol{S})\boldsymbol{R}^{-1/2}$

bestehen. Darin ist

$$\boldsymbol{R} = \begin{pmatrix} R_1 & 0 \\ 0 & R_2 \end{pmatrix}$$

die aus den Torwiderständen gebildete Diagonalmatrix und $\mathbf{1}$ ist die Einheitsmatrix.

Aufgabe 3.12 a. Eine Spannungsquelle (komplexe Amplitude E) mit der Innenimpedanz Z_1 ist mit der Impedanz Z_2 belastet.

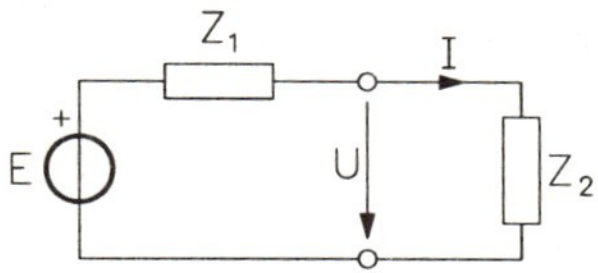

Welchen Wert muß Z_2 in Abhängigkeit von Z_1 haben, damit die an Z_2 abgegebene Wirkleistung maximal ist; die Leistung P heißt in diesem Fall "maximal verfügbare Leistung P_{max}".

b. Nun wird ein Zweitor betrachtet, das durch seine Streumatrix $\boldsymbol{S}$ gekennzeichnet ist und für das die Torwiderstände R_1 und R_2 angenommen werden. Dieses Zweitor wird aus einer Spannungsquelle mit dem Innenwiderstand R_1 gespeist und es ist mit einem Lastwiderstand R_2 ausgangsseitig abgeschlossen.

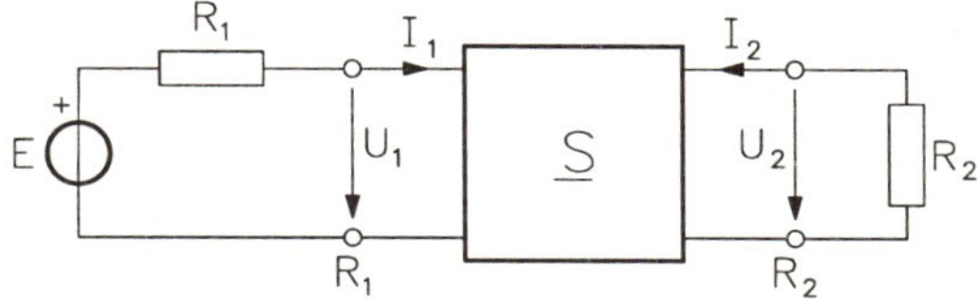

Die von der Quelle (mit Innenwiderstand) maximal abgebbare Leistung sei P_{max}, an den Eingang des Zweitors wird P_1 abgegeben, und die an den Widerstand R_2 abgegebene Leistung wird mit P_2 bezeichnet. Zeigen Sie, daß unter diesen Bedingungen

1. $\dfrac{P_2}{P_{max}} = |S_{21}|^2$

2. $\dfrac{P_1}{P_{max}} = 1 - |S_{11}|^2$

3. $1 - \dfrac{\Delta P}{P_{max}} = |S_{11}|^2 + |S_{21}|^2$

gilt, wobei $\Delta P = P_2 - P_1$ die vom Zweitor aufgenommene Leistung ist.

Aufgabe 3.13 Gegeben sei die indefinite Admittanzmatrix $\boldsymbol{Y}$ eines Dreipols, der Bestandteil der in der folgenden Abbildung dargestellten Schaltung ist.

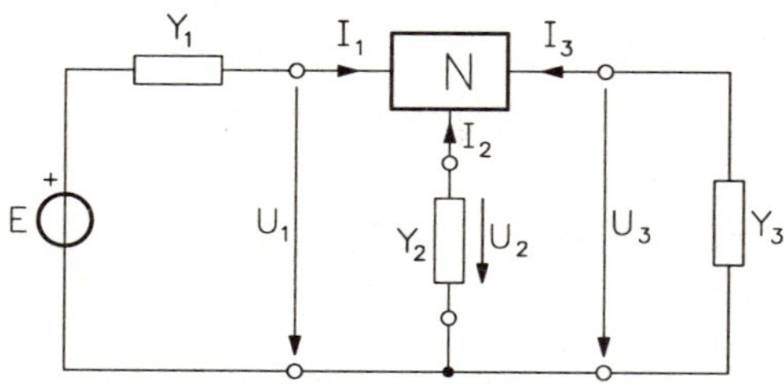

Berechnen Sie unter Verwendung von $\boldsymbol{Y}$ sowie der Admittanzen Y_1, Y_2, Y_3 das Spannungsverhältnis U_3/E an (die Nennerdeterminante muß dabei nicht ausgerechnet werden).

4 Lineare Grundschaltungen

In diesem Kapitel werden wir hauptsächlich eine Reihe von einfachen Transistorschaltungen behandeln, die als Grundbausteine in komplexen linearen elektronischen Schaltungen weite Anwendung finden. Digitale Grundschaltungen werden in den Kapiteln 9 und 10 (Band 2) eingeführt. Im Zusammenhang mit den im folgenden behandelten Schaltungen beschäftigen wir uns zunächst mit Aspekten der Arbeitspunkteinstellung.

4.1 Festlegung von Transistor–Arbeitspunkten

4.1.1 Überlegungen zur Wahl des Arbeitspunktes

Bevor wir auf einzelne Gesichtspunkte hinsichtlich der Wahl eines geeigneten Arbeitspunktes eingehen, soll noch einmal die wesentliche Bedingung wiederholt werden, unter der ein Transistor als lineares Element betrachtet werden kann. Sie besteht bekanntlich darin, daß die Auslenkung der Größen — Spannungen und Ströme — aus ihrer Ruhelage (Arbeitspunkt) klein sein muß; dann brauchen wir bei entsprechenden Taylor–Reihenentwicklungen jeweils nur das lineare Glied zu berücksichtigen.

In diesem Zusammenhang ist es besonders anschaulich, sich vorzustellen, daß eine Schaltung durch einen sinusförmigen Strom oder eine sinusförmige Spannung erregt wird; dann sind in einer linearen Schaltung alle Spannungen und Ströme, also auch an und in den Transistoren, sinusförmig und zwar mit derselben Frequenz. Dieses (nicht immer hinreichende) Kriterium zeigt gleichzeitig eine Möglichkeit auf, die Linearität meßtechnisch zu erfassen.

Einen ersten Überblick kann man sich in der Weise verschaffen, daß man eine Schaltung durch einen Generator, der ein sinusförmiges Signal liefert, ansteuert und den zeitlichen Verlauf der an den verschiedenen Knoten der Schaltung vorhandenen Spannungen auf dem Bildschirm eines Oszilloskops sichtbar macht. Abweichungen von der Sinusform lassen sich dann, insbesondere wenn man das Generatorsignal gleichzeitig auf demselben Schirm abbildet, schon recht gut erkennen. Dabei kann man auch sehr leicht (im Rahmen der durch dieses Verfahren erzielbaren Genauigkeit) feststellen, innerhalb welcher Grenzen die Schaltung als linear angesehen werden kann, indem man die Amplitude des Eingangssignals variiert. Diese Untersuchung sollte bei unterschiedlichen Frequenzen des Eingangssignals durchgeführt werden, denn aufgrund der nichtlinearen Erscheinungen in Transistoren, die im Modell durch nichtlineare Kapazitäten berücksichtigt werden, ist der Linearitätsbereich nicht frequenzunabhängig. Entsprechende Untersuchungen lassen sich natürlich auch mit Hilfe einer Schaltungssimulation auf dem Computer durchführen.

Will man quantitative Aussagen über die Linearität (oder Nichtlinearität) einer Schaltung machen, ist die Beobachtung von Signalen mit Hilfe eines Oszilloskops kein ausreichendes Verfahren, und man muß an seiner Stelle ein geeigneteres Meßgerät verwenden. Da trotz des Vorhandenseins nichtlinearer Elemente alle Spannungen und Ströme in einer Schaltung periodische Funktionen der Zeit sind, falls das Eingangssignal sinusförmig ist, lassen sich diese periodischen Größen in Form von Fourier–Reihen n darstellen. Liegt ein Eingangssignal mit der Frequenz ω an, so lassen sich alle Spannungen und Ströme in der Schaltung etwa in der Form von Gleichung (2.14) darstellen. Die Größe der Koeffizienten a_k, b_k für $k > 1$ ist dann ein Maß für das nichtlineare Verhalten, denn in einer linearen Schaltung müßte $a_k = b_k = 0, \forall\, k > 1$, gelten.

Man bezeichnet die bei der Fourier–Reihendarstellung auftretende Komponente der niedrigsten Frequenz ω als erste Harmonische oder Grundwelle, die Komponente der Frequenz 2ω als zweite Harmonische oder erste Oberwelle, und so fort; die Gesamtheit aller Komponenten wird als Spektrum (auch: Fourier–Spektrum) bezeichnet. Zur Messung der einzelnen Spektralanteile dieses Spektrums, und damit zur Bestimmung der Fourier–Koeffizienten gibt es geeignete Meßgeräte ("spectrum analyzer"). Sie sind in der Regel von ihrem Konzept her frequenzselektive Voltmeter; mit ihnen lassen sich Spannungen messen, deren Frequenzen nur in einem sehr schmalen Frequenzbereich (Durchlaßbereich) liegen, während alle übrigen Komponenten (Spektralanteile) ausgeblendet werden; die Lage — und häufig auch die Breite — des Durchlaßbereiches können variiert werden.

Wir betrachten nun exemplarisch einen npn–Transistor in Emitter–Schaltung (siehe Abb. 4.1), dessen Kollektor über einen Lastwiderstand R_L mit einer idealen Gleichspannungsquelle verbunden ist, welche die Versorgungsspannung V_{CC} liefert; alle Versorgungsspannungen werden wir — falls nichts anderes vereinbart wird — in bezug auf Massepotential "0" angeben. Seine Basis wird aus zwei Stromquellen gespeist; eine dieser beiden Quellen liefert einen Gleichstrom I_{B0}, während die andere einen sinusförmigen Strom mit der Amplitude $\hat{\imath}$ und der Frequenz ω liefert.

Aus der Schaltung lesen wir die beiden folgenden Beziehungen ab:

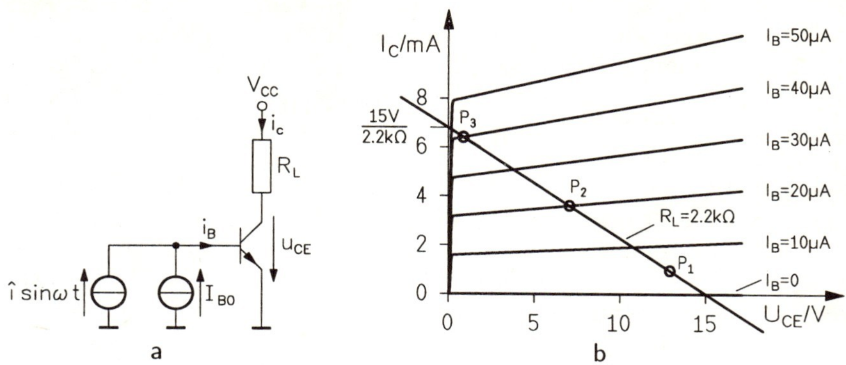

Abb. 4.1 a. Transistor in Emitter–Schaltung b. Ausgangskennlinienfeld eines npn–Transistors in Emitter–Schaltung

$$u_{CE} = V_{CC} - R_L i_C \tag{4.1}$$

$$i_B = I_{B0} + \hat{\imath}\sin\omega t \ . \tag{4.2}$$

Zuerst betrachten wir das statische Verhalten der Schaltung, nehmen also $\hat{\imath} = 0$ an. Dann sind alle Ströme und Spannungen zeitlich konstant, was wir durch Großbuchstaben kenntlich machen; aus (4.1) folgt

$$I_C = \frac{V_{CC} - U_{CE}}{R_L} \ . \tag{4.3}$$

Für den Transistor gelte das in Abb. 4.1b wiedergegebene $I_C - U_{CE}$–Kennlinienfeld mit dem Basisstrom I_B als Parameter. In das Kennlinienfeld sind Zahlenwerte eingetragen, wie sie bei Transistoren kleiner (Verlust–) Leistung auftreten können. Obwohl er für das Prinzip der Bestimmung des Arbeitspunktes nicht entscheidend ist, wurde der Early–Effekt bei der Darstellung des Transistor–Kennlinienfeldes berücksichtigt.

Zur Bestimmung des geometrischen Ortes, auf dem der einzustellende Arbeitspunkt (I_{C0}, U_{CE0}) liegen kann, verwenden wir Gleichung (4.3). Für konstante Versorgungsspannung V_{CC} und konstanten Lastwiderstand R_L stellt sie eine Geradengleichung dar. Diese Gerade schneidet die U_{CE}–Achse im Punkt $U_{CE} = V_{CC}$ und die I_C–Achse im Punkt $I_C = V_{CC}/R_L$; sie wird als Arbeitsgerade bezeichnet. Für ein Beispiel, nämlich für $V_{CC} = 15\,V$ und $R_L = 2.2\,k\Omega$, ist die Arbeitsgerade in das Kennlinienfeld (Abb. 4.1b) eingezeichnet.

Durch die Betriebsspannung V_{CC} und den Lastwiderstand R_L ist also die Arbeitsgerade festgelegt. Zur Fixierung des Arbeitspunktes auf dieser Geraden dient der noch freie Parameter, der Basisstrom I_B; der Frage, in welchem Bereich der Arbeitsgeraden der Arbeitspunkt liegen sollte und wie somit der Basis–Ruhestrom $I_B = I_{B0}$ gewählt werden muß, wenden wir uns jetzt zu.

In das I_C–U_{CE}–Kennlinienfeld sind drei mögliche Arbeitspunkte P_1, P_2, P_3 eingezeichnet und wir untersuchen, welcher dieser Arbeitspunkte in bezug auf die Linearität der Schaltung am günstigsten ist. Dies könnte prinzipiell mit Hilfe von Abb. 4.1b durchgeführt werden, jedoch läßt sich das, was hier gezeigt werden soll, wesentlich deutlicher anhand einer anderen Darstellung demonstrieren.

Für feste Werte der Betriebsspannung V_{CC} und des Lastwiderstandes R_L sind sowohl die Kollektor–Emitterspannung U_{CE} als auch der Kollektorstrom I_C jeweils nur noch eine Funktion des Basisstroms I_B. Wir betrachten jetzt den Graphen der Funktion $I_C = f(I_B)$ für $V_{CC} = 15\,V$ und $R_L = 2.2\,k\Omega$, den man (punktweise) aus den Schnittpunkten der Kurven $I_B = const.$ mit der Arbeitsgeraden in Abb. 4.1b gewinnen kann. Das Ergebnis ist in Abb. 4.2 wiedergegeben; dabei sind auch die drei Arbeitspunkte P_1, P_2, P_3 übertragen

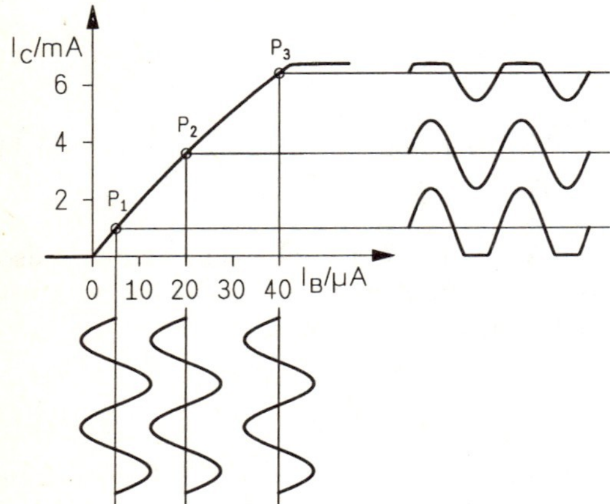

Abb. 4.2 I_C–I_B–Kennlinie ($V_{CC} = 15\,V$, $R_L = 2.2\,k\Omega$)

worden. Drei besonders ins Auge springende Merkmale der I_C–I_B–Kennlinie wollen wir hier festhalten.

1. Es gibt eine Grenze, von der ab der Kollektorstrom nicht weiter ansteigen kann; diese Grenze wird durch die Versorgungsspannung V_{CC} und den Lastwiderstand R_L festgelegt.

2. Die untere Grenze des Kollektorstroms ist $I_C = 0$.

3. Zwischen den beiden genannten Grenzen ist die Kennlinie keine Gerade.

Nachdem wir bisher ausschließlich das statische Verhalten der Schaltung in Abb. 4.1 betrachtet haben, überlagern wir nun dem für jeden Arbeitspunkt spezifischen Basis–Ruhestrom I_{B0} einen Strom $\hat{\imath} \sin \omega t$. Dabei nehmen wir eine hinreichend niedrige Frequenz ω an, so daß der Transistor mit Hilfe seines statischen Kennlinienfeldes genügend genau charakterisiert werden kann. Der Scheitelwert des dem Basis–Ruhestrom überlagerten sinusförmigen Stromes sei $\hat{\imath} = 7.5\mu A$.

Die durch die zeitliche Änderung des Basisstroms hervorgerufene Änderung des Kollektorstroms ist für die drei Arbeitspunkte P_1, P_2, P_3 in Abb. 4.2 eingezeichnet. Es zeigt sich sehr deutlich, daß die beiden Arbeitspunkte P_1 und P_3 nicht in Frage kommen; die durch die Wahl dieser Arbeitpunkte hervorgerufenen nichtlinearen Erscheinungen sind nicht tragbar. Der Arbeitspunkt P_2 hingegen führt nicht zu den drastischen nichtlinearen Verzerrungen wie die Punkte P_1 und P_3; bei genauerem Hinsehen sind aber auch bei der Wahl dieses Arbeitspunktes Abweichungen von der Sinusform im Ausgangssignal — das heißt, in dem sich zeitlich ändernden Anteil des Kollektorstroms — festzustellen. Diese Erscheinung ist eine Folge der gekrümmten I_C–I_B–Kennlinie und würde sich mit wachsender Aussteuerung immer stärker bemerkbar machen; die Krümmung ist von der Early–Spannung des verwendeten Transistors abhängig.

Über diese grundsätzlichen Überlegungen hinaus wollen wir uns nicht noch eingehender mit dem Problem der Nichtlinearität befassen, da wir im nächsten Kapitel eine Möglichkeit der Linearisierung durch Gegenkopplung behandeln werden, wodurch diesem Problem ein Teil seiner Schärfe genommen wird.

Das Maß, durch das die Größe der durch Nichtlinearitäten entstehenden Verzerrungen gekennzeichnet werden kann, ist der Klirrfaktor k. Bezeichnen wir die Frequenz der Grundschwingung eines verzerrten periodischen Signals (Spannung oder Strom) mit ω_0, so können wir die Frequenzen der Harmonischen durch $i\omega_0$, $i \in \mathbb{N}$, kennzeichnen. Seien nun U_i und I_i die zur Frequenz $i\omega_0$ gehörigen (komplexen) Amplituden von Spannung bzw. Strom, so gilt für den Klirrfaktor

$$k = \sqrt{\frac{\sum_{i=2}^{\infty} |U_i|^2}{\sum_{i=1}^{\infty} |U_i|^2}} = \sqrt{\frac{\sum_{i=2}^{\infty} |I_i|^2}{\sum_{i=1}^{\infty} |I_i|^2}} \,. \tag{4.4}$$

Nehmen wir an, daß diese Komponenten an einem frequenzunabhängigen Widerstand R auftreten, dann gilt aufgrund der Leistungsbeziehungen

$$P_i = \frac{R|I_i|^2}{2} = \frac{|U_i|^2}{2R}$$

für den Klirrfaktor auch

$$k = \sqrt{\frac{\sum_{i=2}^{\infty} P_i}{\sum_{i=1}^{\infty} P_i}} \,. \tag{4.5}$$

4.1.2 Arbeitspunkteinstellung bei Bipolar–Transistoren

Im folgenden beschränken wir uns auf die Betrachtung von npn–Transistoren, die Ergebnisse lassen sich jedoch leicht auf pnp–Transistoren übertragen. Wir werden exemplarisch den Transistor in Emitter–Schaltung behandeln; Basis– und Kollektor–Schaltungen lassen sich analog dimensionieren. Am einfachsten kann der gewünschte Arbeitspunkt dadurch festgelegt werden, daß die

Basis des Transistors über einen Widerstand mit der Versorungsspannungs-Quelle ($+V_{CC}$) verbunden wird. Abb. 4.3a zeigt diese Anordnung. Wir neh-

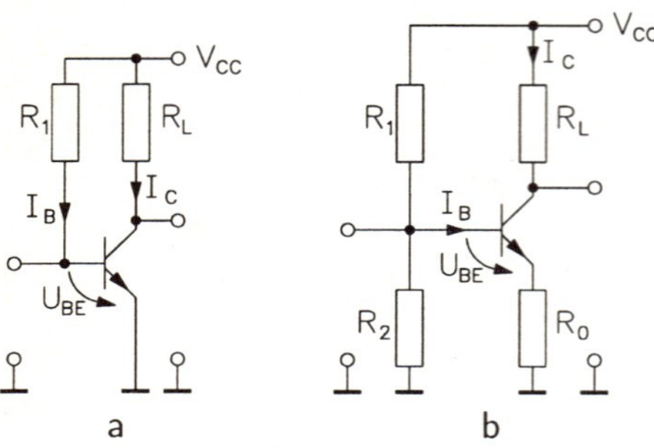

Abb. 4.3 Möglichkeiten zur Arbeitspunkteinstellung eines Transistors in Emitter–Schaltung a. Einfache Schaltung b. Verbesserte Schaltung

men an, es solle bei vorgegebenem Lastwiderstand R_L ein bestimmter Arbeitspunkt (U_{CE0}, I_{C0}) eingestellt werden. Das geschieht mit Hilfe des Widerstandes R_1. Zur Berechnung des erforderlichen Widerstandswertes ersetzen wir den Transistor in Abb. 4.3a durch das Netzwerkmodell in Abb. 1.17. Es lassen sich dann die folgenden Gleichungen angeben:

$$R_1 I_B + U_{BE} = V_{CC} \tag{4.6}$$

$$I_B = (\alpha - 1) I_E \; . \tag{4.7}$$

Da ferner

$$I_C = -\alpha I_E \tag{4.8}$$

gilt, folgt aus (4.7) wegen $\beta = \alpha/(1-\alpha)$

$$I_B = \frac{I_C}{\beta} \; . \tag{4.9}$$

Das Modell in Abb. 1.17 gilt unter der Bedingung $I_{CS} = 0$; nehmen wir außerdem noch $\mathrm{e}^{U_{BE}/U_T} \gg 1$ an und setzen $\alpha_V = \alpha$, so ergibt sich in guter Näherung aus der Ebers–Moll–Gleichung (1.29) die Beziehung

$$U_{BE} = U_T \cdot \ln \frac{I_C}{\alpha I_{ES}} \; . \tag{4.10}$$

Damit erhalten wir schließlich aus (4.6) mit (4.9) und (4.10) für den Widerstand R_1 zur Einstellung des Kollektor–Ruhestroms $I_C = I_{C0}$ die Gleichung

$$R_1 = \beta \cdot \frac{V_{CC} - U_T \ln(I_{C0}/\alpha I_{ES})}{I_{C0}} \; . \tag{4.11}$$

Diese Beziehung läßt deutlich einen wesentlichen Nachteil erkennen, den eine Arbeitspunkteinstellung auf der Grundlage von Abb. 4.3a mit sich bringt:

der Widerstand R_1 ist direkt dem Stromverstärkungsfaktor β proportional. Somit ist er — oder umgekehrt der Ruhestrom I_{C0} bei einem festen Wert des Widerstandes R_1 — stark von Exemplarstreuungen des Transistors abhängig.

Der genannte Nachteil wird bei der Verwendung einer Schaltung nach Abb. 4.3b weitgehend vermieden, in der die Basis aus einem Spannungsteiler, bestehend aus den Widerständen R_1 und R_2, gespeist wird und der Emitter über einen Widerstand R_0 mit Massepotential verbunden ist.

Für die Analyse ersetzen wir den Transistor wieder durch das Modell nach Abb. 1.17. Unter Berücksichtigung dieses Bildes ergibt sich

$$\frac{V_{CC} + R_0 I_E - U_{BE}}{R_1} + \frac{R_0 I_E - U_{BE}}{R_2} = I_B \ .$$

Mit (4.8), (4.9) und $\beta = \alpha/(1-\alpha)$ folgt daraus für den Ruhestrom

$$I_{C0} = \frac{\dfrac{R_2 V_{CC}}{R_1 + R_2} - U_{BE0}}{R_0 + \dfrac{1}{\beta}\left(R_0 + \dfrac{R_1 R_2}{R_1 + R_2}\right)} \ . \tag{4.12}$$

Diese Gleichung stellt noch keinen expliziten Ausdruck für I_{C0} dar, denn gemäß (4.10) hängt die Basis–Emitter–Spannung U_{BE} vom Kollektorstrom ab. Da jedoch (4.10) eine transzendente Gleichung in I_C ist, läßt sich (4.12) nicht nach I_{C0} auflösen. Wie wir aber aus der folgenden Überlegung ersehen, dürfen wir hier in erster Näherung die Spannung U_{BE0} als konstant betrachten.

Wir nehmen dazu zunächst zwei Arbeitspunkte an, zu denen die Kollektorströme I_{C1} und I_{C2} sowie die Basis–Emitter–Spannungen U_{BE1} und U_{BE2} gehören mögen. Dann gilt aufgrund von (4.10)

$$\Delta U_{BE} = U_{BE2} - U_{BE1} = U_T \left(\ln \frac{I_{C2}}{\alpha I_{ES}} - \ln \frac{I_{C1}}{\alpha I_{ES}} \right)$$

beziehungsweise

$$\Delta U_{BE} = U_T \ln \frac{I_{C2}}{I_{C1}} \ . \tag{4.13}$$

Gemäß (1.22) ist $U_T \simeq 26\,mV$ bei Raumtemperatur; selbst bei dem relativ extremen Verhältnis $I_{C2}/I_{C1} = 10$ ergäbe sich somit nur ein Unterschied zwischen den zugehörigen Basis–Emitter–Spannungen von etwa $60\,mV$; dagegen liegt die Schwellenspannung von Silizium–Transistoren bekanntlich im Bereich $500 \ldots 700\,mV$, so daß tatsächlich in erster Näherung eine vom Kollektorstrom unabhängige Basis–Emitter–Spannung angenommen werden darf.

Unter dieser Annahme betrachten wir nun wieder (4.12). Während in der Schaltung gemäß Abb. 4.3a der Ruhestrom bei festem Widerstand R_1 stark von β abhängt [s. Gl. (4.11)], hat in der Schaltung nach Abb. 4.3b der Stromverstärkungsfaktor β nur einen geringen Einfluß auf die Größe des Ruhestroms, insbesondere, wenn die Bedingung

$$\beta R_0 \gg R_0 + \frac{R_1 R_2}{R_1 + R_2}$$

erfüllt ist. In dieser relativen Unabhängigkeit des Ruhestroms I_{C0} vom Stromverstärkungsfaktor β liegt der Vorteil der Arbeitpunkteinstellung gemäß Abb. 4.3b.

Für den genannten Vorteil ist ein Preis zu zahlen. Bei vorgegebener Größe der Versorgungsspannung V_{CC} wird der für Variationen der Kollektor–Spannung zur Verfügung stehende Spannungsbereich beträchtlich vermindert; man muß daher im Einzelfall prüfen, inwieweit eine Verringerung des Aussteuerungsbereichs in Kauf genommen werden kann

Die Widerstände R_1 und R_2 lassen sich bei gegebener Spannung zwischen Basis und Masse unter Berücksichtigung des Basisstroms bestimmen. Da der Basisstrom jedoch wegen der Streuungen des Stromverstärkungsfaktors β bei unterschiedlichen Transistor–Exemplaren ebenfalls relativ starken Schwankungen unterworfen ist, berechnet man den Basis–Spannungsteiler nicht exakt. Man sorgt vielmehr für einen Querstrom im Spannungsteiler, der hinreichend groß gegen einen typischen Wert des Basisstroms ist; der Faktor zehn ist recht gebräuchlich.

Die Einfügung des Widerstandes R_0 in der Schaltung nach Abb. 4.3b beeinflußt natürlich auch deren Spannungsverstärkung; die Behandlung dieses Punktes stellen wir jedoch für einen Augenblick zurück und wenden uns zunächst einem Gesichtspunkt zu, der die Ankopplung von Signalquellen betrifft.

Soll die Schaltung in Abb. 4.3b etwa aus einem Signalgenerator gespeist und ein (verstärktes) Signal am Kollektor des Transistors abgenommen werden, so ist zu berücksichtigen, daß sowohl die Basis als auch der Kollektor bestimmte Gleichpotentiale gegenüber dem Massepotential ("0") haben.

Damit diese Potentiale durch den Generator bzw. einen äußeren Lastwiderstand nicht verfälscht werden, ist es notwendig, entweder für eine Anpassung der Gleichpotentiale zu sorgen oder am Eingang und Ausgang der Stufe eine nur für Gleichstrom wirksame Abtrennung vorzunehmen. Im zweiten Fall verwendet man in der Regel Kondensatoren; eine Verwendung gekoppelter Induktivitäten ist auch möglich, kommt jedoch seltener in Betracht. Abb. 4.4 zeigt die Schaltung gemäß Abb. 4.3b mit den zusätzlichen Koppelkondensatoren C_1 und C_2. Bei der Analyse dieser Schaltung lassen sich die beiden Kapazitäten C_1 und C_2 exakt berücksichtigen. Da die Koppelkondensatoren aber nur die Aufgabe der Gleichstrom–Abtrennung haben, ist ihr genauer Wert nicht von Belang. Es reicht vielmehr aus, daß bei der tiefsten zu übertragenden Frequenz ω_u die Beträge der Koppelimpedanzen $|Z_1| = 1/\omega_u C_1$ und $|Z_2| = 1/\omega_u C_2$ klein gegen die entsprechenden Quellen– und Lastimpedanzen sind.

Bei integrierten Schaltungen muß man selbstverständlich auf interne Koppelkondensatoren verzichten; hier müssen dann die Gleichpotentiale aneinan-

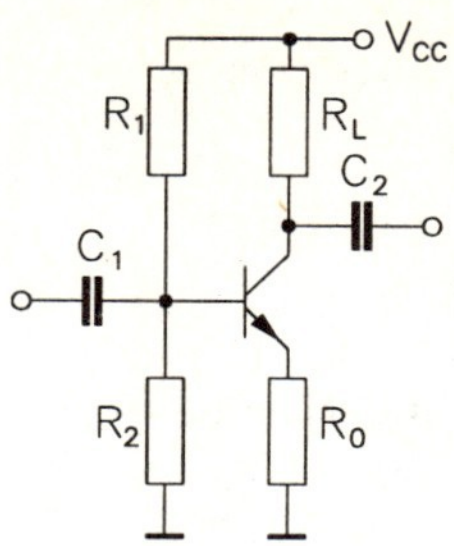

Abb. 4.4 Schaltung gemäß Abb. 4.3b mit Koppelkondensatoren

der angepaßt werden.

Beispiel 4.1

Die folgende Emitter–Schaltung soll dimensioniert werden.

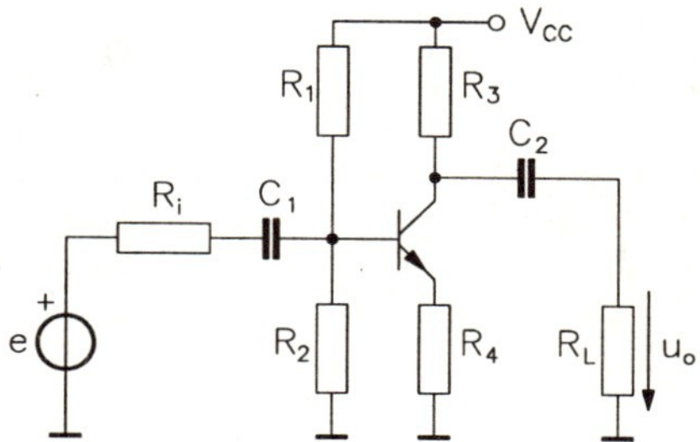

Für diese Schaltung seien die nachstehenden Elementwerte bzw. Parameter vorgegeben:

$$R_i = 1\,k\Omega \qquad R_3 = R_L = 10\,k\Omega \qquad \beta = 100 \qquad V_{CC} = 15\,V \ .$$

Es wird eine sinuförmige Quellenspannung $e = e(t)$ unterstellt; für den Maximalwert der Ausgangsspannung soll $\hat{u}_{omax} = 3\,V$ gelten. Die Schaltung soll bis zu einer unteren Frequenz $f_u = 100\,Hz$ einsetzbar sein.

Für die Festlegung des Arbeitspunkts gehen wir von folgenden Überlegungen aus. Da die beiden Koppelkapazitäten eine vernachlässigbare Impedanz haben sollen, beträgt der für das Signalverhalten wirksame Lastwiderstand des Transistors

$$R_{Leff} = \frac{R_3 R_L}{R_3 + R_L} = 5\,k\Omega \ .$$

Die Kollektor–Spannung (bezogen auf Masse) im Arbeitspunkt (U_{C0}) muß der Bedingung

$$U_{C0} + \hat{u}_{omax} < V_{CC}$$

genügen; das Kleiner–Zeichen (anstelle des Gleichheitszeichens) ist unter anderem wegen der unvermeidlichen Bauelemente–Toleranzen erforderlich. Wählen wir 1 V "Sicherheit", so ergibt sich also $U_{C0} = 14\,V - 3\,V = 11\,V$. Damit gilt dann für den Kollektorruhestrom

$$I_{C0} = \frac{V_{CC} - U_{C0}}{R_3} = 0.4\,mA\ .$$

Für die Emitterspannung (bezogen auf Masse) muß die Beziehung

$$U_{E0} = U_{C0} - \hat{u}_{omax} - U_{CEmin}$$

erfüllt sein, wobei $U_{CEmin} > U_{CEsat}$ sein muß. Wählen wir $U_{CEmin} = 2\,V$, so beträgt $U_{E0} = 6\,V$. Wegen $\beta = 100$ sind Kollektor– und Emitterstrom fast gleich, so daß

$$R_4 = \frac{U_{E0}}{I_{C0}} = 15\,k\Omega$$

ein genügend genauer Wert für den Emitterwiderstand ist. Nehmen wir $U_{BE0} = 0.6\,V$ an und einen Strom durch den Basisspannungsteiler, der 10% des Kollektorstroms beträgt, dann ergibt sich mit hinreichender Genauigkeit

$$\begin{aligned} R_2 &= \frac{U_{E0} + U_{BE0}}{0.1 I_{C0}} = 165\,k\Omega \\ R_1 &= \frac{V_{CC} - (U_{E0} + U_{BE0})}{0.1 I_{C0}} = 210\,k\Omega\ . \end{aligned}$$

Damit ist der Arbeitspunkt festgelegt.

Als nächstes werden die erforderlichen Werte für die Koppelkapazitäten ermittelt. Sie befinden sich immer zwischen einer Quelle und einem Lastwiderstand, daher läßt sich allgemein folgende Ersatzschaltung für die Berechnung angeben.

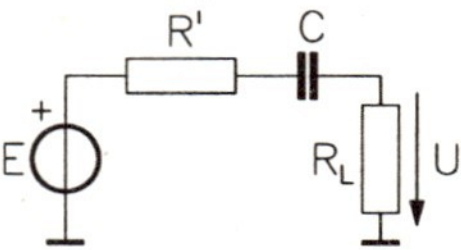

Für den Kapazitätswert ist die tiefste Frequenz maßgebend, dürfen wir einen reellen Innen– bzw. Lastwiderstand annehmen. Aus

$$\frac{U}{E} = \frac{j\omega C R_L}{1 + j\omega C(R' + R_L)}$$

läßt sich U berechnen. Für $C \to \infty$, ergäbe sich

$$\frac{U_\infty}{E} = \frac{R_L}{R' + R_L}\ .$$

Damit lautet das Verhältnis von tatsächlicher (U) zu maximaler Spannung (U_∞)

$$\frac{U}{U_\infty} = \frac{j\omega C(R' + R_L)}{1 + j\omega C(R' + R_L)} \ .$$

Da die Beträge von Interesse sind, setzen wir

$$\frac{1}{m^2} = \left|\frac{U}{U_\infty}\right|^2 = \frac{(\omega C)^2(R' + R_L)^2}{1 + (\omega C)^2(R' + R_L)^2} \ ,$$

woraus sich folgende Bedingung gewinnen läßt:

$$C \geq \frac{1}{\omega_u\sqrt{m^2 - 1}(R' + R_L)} \ ;$$

ω_u ist die tiefste Frequenz. Aus dieser Beziehung läßt sich C berechnen. Für überschlägige Betrachtungen ist folgendes Ergebnis nützlich: Wird der Betrag der Koppel–Impedanz bei der tiefsten Frequenz zehnmal kleiner gewählt als die Summe aus Innen– und Lastwiderstand, so ist die Spannung hinter dem Koppelkondensator weniger als 1% geringer als ihr möglicher Maximalwert.

Wird die Impedanz der Koppelkapazitäten vernachlässigt, läßt sich für die Schaltung das folgende Kleinsignal–Modell (für tiefe Frequenzen) angeben, falls der Transistor durch das Modell gemäß Abb. 1.30 ersetzt wird. Mit den Abkürzungen

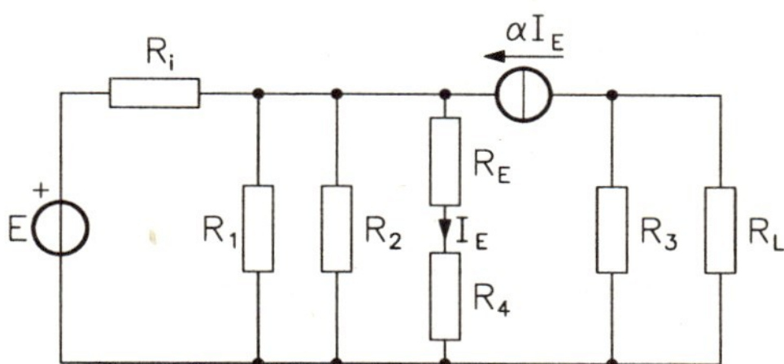

$$G_a = G_i + G_1 + G_2 + \frac{1}{R_E + R_4} \qquad G_b = G_3 + G_L$$

läßt sich dann unter Verwendung der Knotenanalyse das Gleichungssystem

$$\begin{pmatrix} G_a - \dfrac{\alpha}{R_E + R_4} & 0 \\ \dfrac{\alpha}{R_E + R_4} & G_b \end{pmatrix} \begin{pmatrix} U_B \\ U_C \end{pmatrix} = \begin{pmatrix} G_i E \\ 0 \end{pmatrix}$$

ablesen, wobei U_B die Basis– und U_C die Kollektorspannung in bezug auf Massepotential bedeuten. Wegen $U_o = U_C$ folgt daraus für die Verstärkung

$$V = \frac{U_o}{E} = -\frac{\alpha R_b}{R'[(G_i + G_1 + G_2)(R_E + R_4) + 1 - \alpha]} \ .$$

Da $\alpha \approx 1$ ist, gilt

$$V \approx -\frac{kR_b}{R_E + R_4} \qquad k = \frac{1}{1 + R'(G_1 + G_2)} \ .$$

k beschreibt also die Wirkung des Spannungsteilers aus dem Innenwiderstand des Generators und der Parallelschaltung der beiden Widerstände zur Bereitstellung der Basisspannung. Hier gilt mit (1.71) wegen $I_{E0} = 0.4\,mA$

$$R_E = \frac{26\,mV}{0.4\,mA} = 65\,\Omega \ ,$$

und somit ist $R_4 \gg R_E$, ein typisches Ergebnis. Wir können hier also auch

$$V \approx -k \cdot \frac{R_b}{R_4}$$

setzen. Wegen $k = 0.9$ hat die Verstärkung hier nur den Wert $|V| = 0.3$.

Angenommen, es sollte unter Beibehaltung von $R_3 = R_L = 10\,k\Omega$ die Verstärkung $|V| = 5$ erzielt werden, dann kann dieses Ziel auf zwei Wegen erreicht werden. Der erste besteht darin, den Wert der Impedanz in der Emitterleitung nur für Wechselstrom zu verringern, wie in der folgenden Abbildung gezeigt ist.

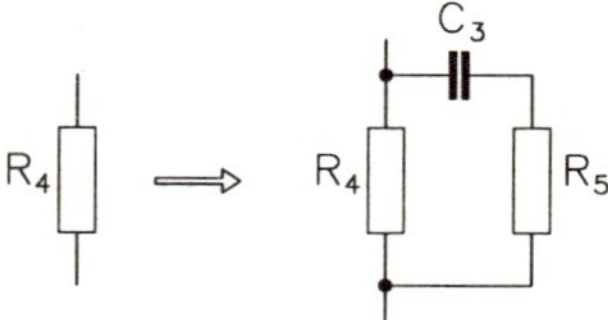

Die Überbrückungs–Kapazität muß so gewählt werden, daß ihre Impedanz bei $\omega = \omega_u$ gegen R_5 vernachlässigbar ist. Aus

$$\frac{kR_b}{\dfrac{1}{G_4 + G_5} + R_E} = |V| = 5$$

folgt dann $R_5 \approx 884\,\Omega$.

Der zweite Weg besteht in einer Verkleinerung von R_4. Unter der vereinfachenden Annahme, daß k seinen Wert beibehält, muß R_4 den Wert $835\,\Omega$ haben, der sich aus der Beziehung

$$\frac{kR_b}{R_4 + R_E} = |V|$$

ergibt. Aus $U_{CE0} = R_4 I_{C0}$ ergibt sich dann $U_{CE0} = 0.334\,V$; auf die Berechnung des neuen Basis–Spannungsteilers verzichten wir. Wichtig ist in diesem Fall, daß die Emitter–Spannung nicht mehr größer als die Basis–Emitter–Spannung ist. Daher wirken sich nun Änderungen dieser Spannung infolge von Toleranzen und Temperatur–Schwankungen sehr viel stärker aus als vorher.

Wir haben dieses Beispiel so ausführlich behandelt, um einige Probleme zu verdeutlichen, die mit der Arbeitspunkteinstellung zusammenhängen und die teilweise auch bei der Kollektor– bzw. Basis–Schaltung in entsprechender Weise auftreten.

Abschließend sei noch betont, daß in der Praxis ein Schaltungs–Simulationsprogramm auch bei der Arbeitspunkt–Optimierung bzw. –Überprüfung sehr gute Dienste leistet.

4.1.3 Arbeitspunkteinstellung bei Feldeffekt–Transistoren

Hinsichtlich der Schaltungsmaßnahmen zur Arbeitspunkteinstellung müssen Transistoren vom Anreicherungstyp und Verarmungstyp unterschiedlich behandelt werden. Für die Source–Schaltung sind die Anordnungen für beide Transistor–Typen in Abb. 4.5 gezeigt; es sind dabei n–Kanal–Transistoren

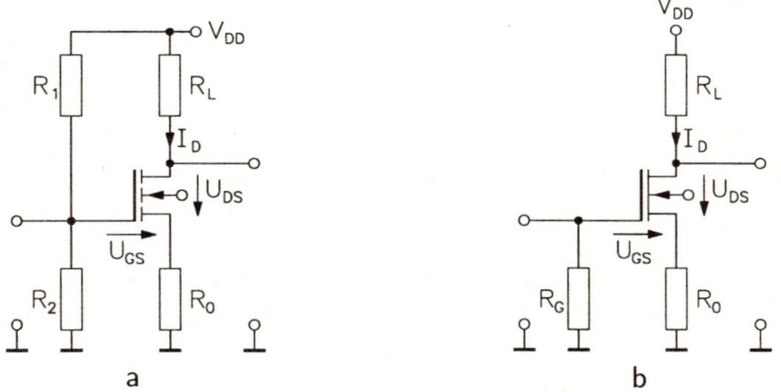

Abb. 4.5 Arbeitspunkteinstellung bei Feldeffekt–Transistoren a. Anreicherungstyp b. Verarmungstyp

unterstellt. Wir beginnen mit Abb. 4.5a. Es gelten hier ähnliche Überlegungen wie bei Bipolar–Transistoren. Liegt der Arbeitspunkt fest, so sind die Größen I_{D0}, U_{DS0}, U_{GS0} bekannt. Der aus R_1, R_2 gebildete Spannungsteiler kann über die Beziehung

$$\frac{V_{DD} R_2}{R_1 + R_2} = R_0 I_{D0} + U_{GS0} \tag{4.14}$$

berechnet werden. Er kann natürlich sehr viel hochohmiger als bei Bipolar–Transistoren sein, da kein Gate–Strom fließt.

Bei Feldeffekt–Transistoren vom Verarmungstyp (Abb. 4.5b) wird der Widerstand R_0 über die Beziehung

$$U_{GS0} = -R_0 I_{D0} \tag{4.15}$$

festgelegt. Der Widerstand R_G kann im Falle von MOS–Transistoren sehr hohe Werte haben, bei Sperrschicht–Transistoren muß berücksichtigt werden, daß ein zu hoher Widerstandswert wegen des Gate–Stroms zu Verfälschungen des Arbeitspunktes führen kann.

4.2 Verbundtransistoren

Sehr häufig taucht beim Entwurf elektronischer Schaltungen mit Bipolar–Transistoren das Problem auf, daß die zur Verfügung stehenden Transistoren nicht die Stromverstärkungsfaktoren besitzen, die eigentlich erforderlich wären. Besonders bei monolithisch integrierten Schaltungen ist man weniger frei in der Wahl der Transistoren. In diesen Fällen läßt sich oft eine Lösung in der Weise finden, daß man mehrere Transistoren mit nicht so "guten" Eigenschaften derart zusammensetzt, daß gewissermaßen ein "besserer" (Einzel–) Transistor entsteht. Für die so entstehenden Transistor–Zusammenschaltungen verwenden wir die Bezeichnung Verbundtransistoren.

Im folgenden werden wir Verbundtransistoren nur unter der Voraussetzung kleiner Aussteuerung betrachten; dabei werden wir jeweils die einfachsten Modelle verwenden, die für die Herleitung der relevanten Beziehungen erforderlich sind. Damit die entscheidenden Eigenschaften nicht durch sekundäre Effekte verdunkelt werden, sind zusätzliche Elemente (Widerstände, Stromquellen), die nur für die Einstellung eines geeigneten Arbeitspunktes notwendig sind, fortgelassen. Allerdings werden wir insofern dem Gleichstromverhalten Rechnung tragen, als wir zum Beispiel npn–Transistoren und pnp–Transistoren so zusammensetzen, wie es unter dem Gesichtspunkt der Gleichstromversorgung sinnvoll ist.

4.2.1 Die Darlington–Schaltung

Die in Abb. 4.6a gezeigte Zusammenschaltung von zwei Transistoren wird

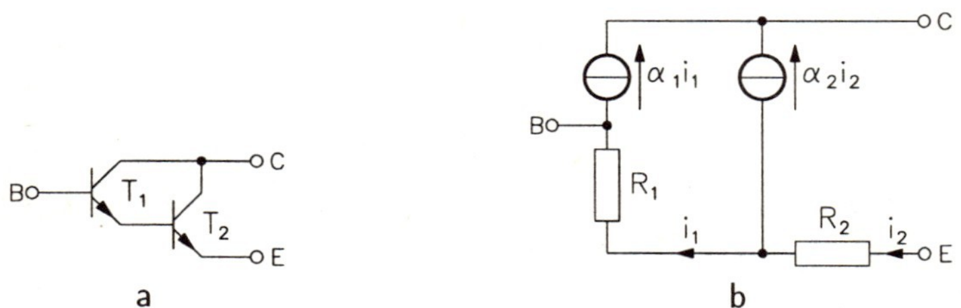

Abb. 4.6 Darlington–Schaltung a. Schaltung b. Kleinsignal–Modell

nach ihrem Erfinder Darlington–Schaltung genannt[1]. Die beiden Transistoren T_1 und T_2 seien hinsichtlich ihres Kleinsignal–Verhaltens durch ihre Stromverstärkungsfaktoren α_1, α_2 und ihre Emitterwiderstände R_1, R_2 gekennzeichnet. Unter Verwendung des in Abb. 1.30 gezeigten Modells erhalten wir dann das in Abb. 4.6b angegebene Modell der Darlington–Schaltung.

Wir werden nun dieses Modell derart vereinfachen, daß das Modell eines Einzeltransistors entsteht. Dazu ersetzen wir die Stromquelle $\alpha_2 i_2$ durch die Reihenschaltung zweier Stromquellen gleicher Intensität und verbinden den gemeinsamen Knoten der beiden so gebildeten Stromquellen mit den Basisanschluß B; wir hatten schon früher gesehen, daß dies ohne weiteres möglich ist, da die Verbindung stromlos bleibt. Zwischen Basis und Kollektor liegt dann eine Stromquelle $\alpha_1 i_1 + \alpha_2 i_2$. Ausgehend von Abb. 4.7 erhalten wir also

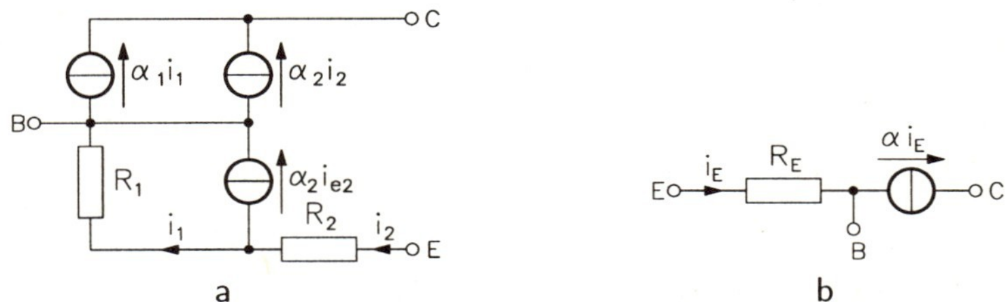

Abb. 4.7 Kleinsignal–Modelle der Darlington–Schaltung für niedrige Frequenzen a. ursprüngliches Modell b. vereinfachtes Modell

für den Ersatztransistor

$$\alpha_1 i_1 + \alpha_2 i_2 = \alpha i_E \; . \tag{4.16}$$

Da aber aus dem Vergleich von Abb. 4.7a mit Abb. 4.7b $i_E = i_2$ folgt und außerdem am Verzweigungspunkt $i_1 = (1 - \alpha_2) i_2$ gilt, ergibt sich für den Stromverstärkungsfaktor α des Ersatztransistors

$$\alpha = \alpha_2 + \alpha_1 (1 - \alpha_2) \; . \tag{4.17}$$

Es bleibt nun noch die Umformung der Parallelschaltung des Widerstandes R_1 mit der Stromquelle $\alpha_2 i_2$. Am Widerstand R_1 liegt die Spannung

$$R_1 i_1 = R_1 (1 - \alpha_2) i_2 \; .$$

Diese dem Strom i_2 proportionale Spannung liegt auch an der Stromquelle, die parallel zum Widerstand R_1 angeordnet ist. An der Parallelschaltung aus R_1 und $\alpha_2 i_2$ liegt also die Spannung $R_1(1 - \alpha_2) i_2$ und in diese Parallelschaltung fließt der Strom $(1 - \alpha_2) i_2 + \alpha_2 i_2 = i_2$. Damit läßt sie sich durch den Widerstand

[1]Wir werden hier und in den nachfolgenden Schaltungen der Einfachheit halber Basis, Emitter und Kollektor des “Ersatztransistors” mit B, E und C bezeichnen

$$\frac{R_1(1-\alpha_2)i_2}{i_2} = R_1(1-\alpha_2) \tag{4.18}$$

repräsentieren (vgl. auch Abb. 1.6).

So erhalten wir schließlich das Modell in Abb. 4.7b mit dem Emitterwiderstand

$$R_E = R_2 + (1-\alpha_2)R_1 \tag{4.19}$$

und dem durch Gl. 4.17 gegebenen Stromverstärkungsfaktor α. Ersetzen wir in (4.17) und (4.19) die Stromverstärkungsfaktoren entsprechend der Gleichung $\beta = \alpha/(1-\alpha)$, so erhalten wir schließlich

$$\beta = \beta_1 + \beta_2 + \beta_1\beta_2 \tag{4.20}$$

und

$$R_E = R_2 + R_1/(\beta_2+1)\ . \tag{4.21}$$

Aus Gleichung (4.20) geht besonders deutlich hervor, worin der entscheidende Vorteil der Darlington–Schaltung besteht: der Stromverstärkungsfaktor β des "Ersatz–Transistors" ist größer als das Produkt der Stromverstärkungsfaktoren β_1, β_2 der Einzeltransistoren T_1 und T_2 (als Faustformel kann man sich $\beta = \beta_1 \cdot \beta_2$ merken).

4.2.2 Die Paradox–Schaltung

Die nächste Zusammenschaltung von zwei Transistoren T_1 und T_2, die wir untersuchen wollen, ist in Abb. 4.8 wiedergegeben. Der angegebene Name

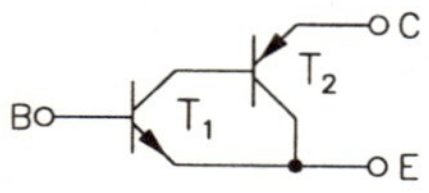

Abb. 4.8 Paradox–Schaltung

wurde für diese Schaltung gewählt, weil der Emitter des Transistors T_2 den Kollektor des "Ersatz–Transistors" bildet; es sind allerdings auch andere Namen für diese Schaltung gebräuchlich.

Die Analyse verläuft ähnlich wie bei der Darlington–Schaltung. Die Paradox–Schaltung kann auch wieder durch einen "Ersatz–Transistor" gemäß Abb. 4.7b repräsentiert werden, für dessen Parameter

$$\alpha = \frac{\alpha_1}{1-\alpha_2(1-\alpha_1)} \tag{4.22}$$

$$R_E = \frac{(1-\alpha_2)R_1}{1-\alpha_2(1-\alpha_1)} \tag{4.23}$$

gilt, beziehungsweise

$$\beta = \beta_1 + \beta_1\beta_2 \tag{4.24}$$

$$R_E = \frac{R_1}{1+\alpha_1\beta_2} . \tag{4.25}$$

Machen wir die für viele Fälle realistischen Annahme, daß $\alpha_1, \alpha_2 \approx 1$ bzw. $\beta_1, \beta_2 \gg 1$ gilt, so sehen wir, daß die Darlington–Schaltung und Paradox–Schaltung bezüglich der erzielbaren Stromverstärkungsfaktoren etwa gleichwertig sind; der Emitterwiderstand R_E kann bei der Paradox–Schaltung jedoch erheblich niedrigere Werte annehmen.

4.2.3 Die komplementäre Darlington–Schaltung

Die in Abb. 4.9 dargestellte komplementäre Darlington–Schaltung (auch hier

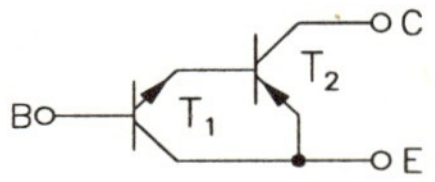

Abb. 4.9 Komplementäre Darlington–Schaltung

sind andere Namen gebräuchlich) enthält zwei gegeneinander geschaltete Basis–Emitter–Strecken derart, daß die Spannungsdifferenz zwischen Basis und Emitter des "Ersatz–Transistors" verschwindet, wenn die Schwellenspannungen der Basis–Emitter–Dioden der Transistoren T_1 und T_2 betragsmäßig gleich sind. Für den "Ersatz–Transistor" ergibt sich

$$R_E = \frac{(1-\alpha_2)R_1 + R_2}{1-\alpha_1(1-\alpha_2)} \tag{4.26}$$

$$\alpha = \frac{\alpha_2}{1-\alpha_1(1-\alpha_2)} \tag{4.27}$$

beziehungsweise

$$\beta = \beta_2(\beta_1 + 1) . \tag{4.28}$$

Zur Abschätzung der Größenordnung des Widerstandes R_E nehmen wir wieder $\alpha_1, \alpha_2 \approx 1$ an und sehen aus (4.26), daß in diesem Fall $R_E \approx R_2$ gilt. Damit haben wir bezüglich des Stromverstärkungsfaktors und des Emitterwiderstandes ähnliche Verhältnisse wie bei dem Verbundtransistor in der normalen Darlington–Schaltung.

4.2.4 Das Super–Triplet

Die Zusammenschaltung in Abb. 4.10, die wir nun untersuchen wollen, besteht aus drei Transistoren und vereinigt die (guten) Eigenschaften der Paradox–Schaltung und der komplementären Darlington–Schaltung in sich, was auch die Bezeichnung der Schaltung erklärt. Der gestrichelt umrandete Teil

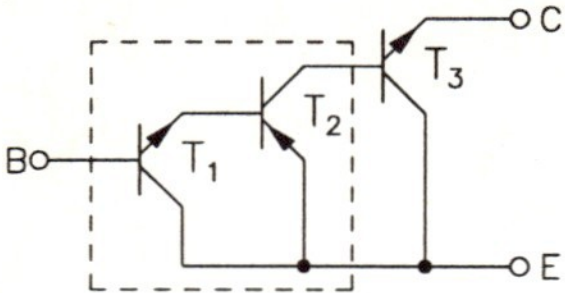

Abb. 4.10 Super–Triplet

dieses Bildes stellt eine komplementäre Darlington–Schaltung dar, die wir durch einen "Ersatz–Transistor" mit den durch (4.26) und (4.27) festgelegten Werten für den Emitterwiderstand R_E und den Stromverstärkungsfaktor α repräsentieren. Der Transistor T_3 sei durch den Stromverstärkungsfaktor α_3 gekennzeichnet. (Der Emitterwiderstand des Transistors T_3 ist für die Konfiguration nach Abb. 4.10 ohne Belang, da er in der Kollektorleitung des Ersatztransistors liegt.)

Wir geben auch für das Super–Triplet wieder einen Ersatz–Transistor an, für den sich

$$\alpha = \frac{\alpha_2}{\alpha_2 + (1-\alpha_1)(1-\alpha_2)(1-\alpha_3)} \tag{4.29}$$

beziehungsweise

$$\beta = \beta_2(\beta_1 + 1)(\beta_3 + 1) \tag{4.30}$$

und

$$R_E = \frac{(1-\alpha_3)[(1-\alpha_2)R_1 + R_2]}{\alpha_2 + (1-\alpha_1)(1-\alpha_2)(1-\alpha_3)} \tag{4.31}$$

ergibt. Dieser Verbundtransistor zeichnet sich also durch einen sehr hohen Stromverstärkungsfaktor β und einen niedrigen dynamischen Emitterwiderstand R_E aus.

4.3 Realisierung von Stromquellen mit Transistoren (Stromspiegel)

Das wesentliche Merkmal einer Stromquelle ist die Unabhängigkeit des Klemmenstroms von der Klemmen–Spannung; diese Eigenschaft läßt sich bei realen Quellen nur näherungsweise erreichen, so daß der zum Beispiel in Abb. 1.5 als Bestandteil der realen Quelle vorhandene Widerstand R immer endlich bleibt. Wichtig ist es also, diesen Widerstand möglichst groß werden zu lassen.

Bei der Realisierung von Stromquellen mit Hilfe von Transistoren macht man bei Bipolar–Transistoren davon Gebrauch, daß der Kollektorstrom nur verhältnismäßig wenig von der Kollektor–Basis–Spannung bzw. Kollektor–Emitter–Spannung abhängt; bei Feldeffekttransistoren kann die relative Unabhängigkeit des Drain–Stroms von der Drain–Source–Spannung ausgenutzt werden.

4.3.1 Quellen mit Bipolar–Transistoren

Setzen wir Bipolar–Transistoren zum Aufbau von Stromquellen ein, so haben wir grundsätzlich zwei Möglichkeiten: wir können die Transistoren in Emitter– oder Basis–Schaltung verwenden, wie dies in Abb. 4.11 symbolisch

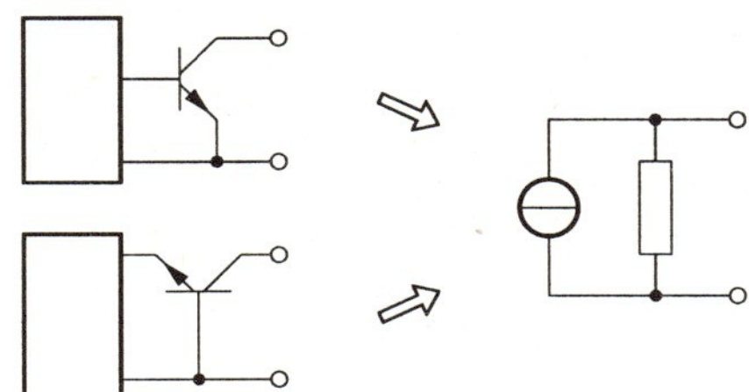

Abb. 4.11 Zur Realisierung von Stromquellen

dargestellt ist. Die Wahl der Grundschaltung (Emitter–Schaltung oder Basis–Schaltung) hat ziemlich große Auswirkungen auf den Innenleitwert der zu realisierenden (realen) Stromquelle. Bei der Behandlung des Early–Effekts hatten wir herausgefunden, daß die Steigung der Ausgangskennlinien eines Transistors in Basis–Schaltung wesentlich weniger durch diesen Effekt beeinflußt wird als die der Kennlinien der Emitter–Schaltung. Folglich lassen sich mit der Basis–Schaltung prinzipiell höhere Innenwiderstände erzielen.

Wir beschränken uns auf die Behandlung von Stromquellen, wie sie in integrierten Schaltungen Verwendung finden. Bei diesen Quellen wird die allgemeine Eigenschaft integrierter Schaltungen ausgenutzt, daß sich Transistoren infolge des nahezu identischen Ausgangsmaterials und aufgrund der Herstellung in ein und demselben Prozeß mit sehr geringen relativen Abweichungen der Kennwerte ("matching") herstellen lassen; außerdem wird der Umstand verwertet, daß die Bauelemente wegen ihrer geringen Ausdehnung und ihrer engen Nachbarschaft nahezu dieselbe Temperatur haben und somit Kennwert–Abweichungen aufgrund von Temperaturänderungen gleichartig verlaufen. Es ist einleuchtend, daß die auf dieser Basis konzipierten Schaltungen nicht mit gleicher Präzision unter Verwendung diskreter Bauelemente hergestellt werden können. Zuerst betrachten wir die Schaltung in Abb. 4.12, die von besonderer praktischer Bedeutung ist.

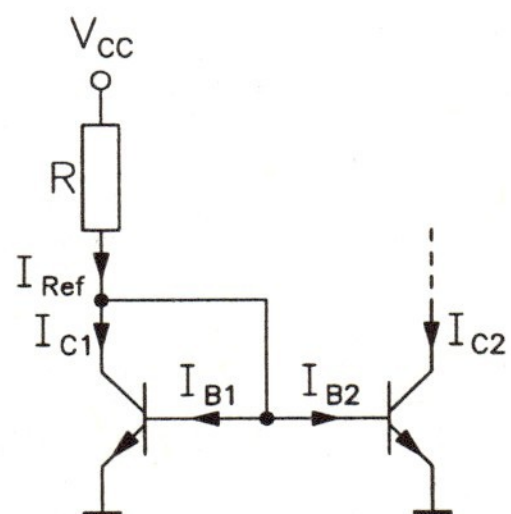

Abb. 4.12 Einfache Stromquelle mit zwei Transistoren

Ausgehend von Gleichung (1.47) schreiben wir

$$I_{C1} = \alpha_1' I_{ES1} \, \mathrm{e}^{U_{BE}/U_T} \tag{4.32}$$

$$I_{C2} = \alpha_2' I_{ES2} \, \mathrm{e}^{U_{BE}/U_T} \,, \tag{4.33}$$

wobei der Early–Effekt unter Verwendung von (1.51, 1.52) durch

$$\alpha_1' = \frac{\beta_1'}{\beta_1'+1} = \frac{(1+U_{CE1}/U_{Early1})\beta_1}{1+(1+U_{CE1}/U_{Early1})\beta_1} \tag{4.34}$$

$$\alpha_2' = \frac{\beta_2'}{\beta_2'+1} = \frac{(1+U_{CE2}/U_{Early2})\beta_2}{1+(1+U_{CE2}/U_{Early2})\beta_2} \tag{4.35}$$

berücksichtigt wird. Dabei ist natürlich $U_{CE1} = U_{BE}$.

Die Sättigungsströme I_{ES1} und I_{ES2} sind jeweils den Flächen A_1 bzw. A_2 der entsprechenden Basis–Emitter–Sperrschichten proportional, so daß wir

$$I_{ES1} = KA_1 \tag{4.36}$$

$$I_{ES2} = KA_2 \tag{4.37}$$

schreiben können. Mit (4.32) ... (4.37) gilt dann

$$\frac{I_{C1}}{I_{C2}} = \frac{\alpha_1' A_1}{\alpha_2' A_2} \,. \tag{4.38}$$

Aus Abb. 4.12 lesen wir

$$I_{B1} + I_{B2} = I_{Ref} - I_{C1} \tag{4.39}$$

ab. Unter entsprechender Verwendung von (1.50) und unter Berücksichtigung von (4.34, 4.35) lassen sich die Basisströme durch die zugehörigen Kollektorströme ausdrücken:

$$I_{B1} = \frac{I_{C1}}{\beta_1'} \tag{4.40}$$

$$I_{B2} = \frac{I_{C2}}{\beta_2'} \,. \tag{4.41}$$

Einsetzen von (4.38,4.40,4.41) in (4.39) liefert nach kurzer Rechnung

$$I_{C2} = \frac{\beta_2' I_{Ref}}{1+(\beta_2'+1)A_1/A_2} \,. \tag{4.42}$$

Falls $\beta_2' \gg 1,\ A_1\beta_2'/A_2 \gg 1$ erfüllt ist, gilt näherungsweise

$$I_{C2} = \frac{A_2}{A_1} I_{Ref} \tag{4.43}$$

und für $A_2 = A_1$ ergibt sich daraus schließlich als Näherung

$$I_{C2} = I_{Ref} \ . \tag{4.44}$$

Aus dieser letzten Beziehung wird auch die Bezeichnung "Stromspiegel" für die Schaltung nach Abb. 4.12 verständlich.

Nehmen wir die Basis–Emitter–Spannung U_{BE} in erster Näherung wieder als stromunabhängig an, so gilt für den Referenzstrom I_{Ref} der Schaltung in Abb. 4.12

$$I_{Ref} = \frac{V_{CC} - U_{BE}}{R} \ . \tag{4.45}$$

Der Referenzstrom ist also von der Versorgungsspannung V_{CC} abhängig und außerdem wegen der Temperaturabhängigkeit der Spannung U_{BE} auch von der Temperatur.

Für den dynamischen Innenleitwert der Stromquelle erhalten wir aus (4.42) unter Berücksichtigung von $\beta_2' = (1 + U_{CE2}/U_{Early2})\beta_2$

$$G_i = \frac{dI_{C2}}{dU_{CE2}} = \frac{\beta_2 I_{Ref}}{U_{Early2}} \cdot \frac{1 + A_1/A_2}{[1 + (1 + \beta_2')A_1/A_2]^2} \ . \tag{4.46}$$

Zur Interpretation dieses Ergebnisses gehen wir von den vereinfachenden Annahmen $A_2 = A_1$ und $\beta_2' \gg 2$ aus; dann lautet der Innenleitwert

$$G_i \approx \frac{I_{Ref}}{U_{Early}} \cdot \frac{2}{\beta_2(1 + U_{CE}/U_{Early})^2} \ .$$

Wegen $I_{C2} \approx I_{Ref}$ ist I_{Ref}/U_{Early} die Steigung der Ausgangskennlinien in Emitter–Schaltung für $U_{CE} > U_{CEsat}$. Somit ist der Innenleitwert des Stromspiegels gemäß Abb. 4.12 mindestens um den Faktor $\beta_2/2$ kleiner als der Kollektor–Emitter–Leitwert einer Emitter–Schaltung. Der niedrige Innenleitwert des Stromspiegels wird auch schon durch (4.43) zum Ausdruck gebracht, da in ihr der Kollektorstrom näherungsweise unabhängig von der Kollektor–Emitter–Spannung ist.

4.3.2 Quellen mit MOS–Transistoren

Abb. 4.13 zeigt einen Stromspiegel, der mit Hilfe von zwei MOS–Transistoren

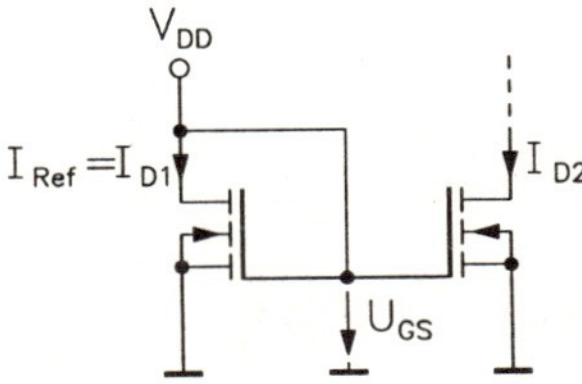

Abb. 4.13 Stromspiegel mit MOS–Transistoren

vom Anreicherungstyp aufgebaut ist. Wir gehen davon aus, daß beide Transistoren im Sättigungsbereich arbeiten. Für den linken Transistor ist diese

Voraussetzung gegeben, da $U_{DS1} = U_{GS1} = U_{GS}$ ist; folglich wird die Bedingung $0 < U_{GS1} - U_{T1} < U_{DS1}$ erfüllt. Bei dem rechten Transistor muß die Drain–Source–Spannung einen hinreichend hohen Wert haben. Dann lauten aufgrund von (1.103) die Beziehungen für die Drainströme

$$\begin{aligned} I_{D1} &= \frac{K_1}{2}(1 + \lambda_1 U_{GS})(U_{GS} - U_{T1})^2 \\ I_{D2} &= \frac{K_2}{2}(1 + \lambda_2 U_{DS2})(U_{GS} - U_{T2})^2 \ . \end{aligned}$$

Werden die Transistoren so dimensioniert, daß $\lambda_1 = \lambda_2 = \lambda$ und $U_{T2} = U_{T1}$ ist, so folgt daraus

$$\frac{I_{D2}}{I_{D1}} = \frac{K_2(1 + \lambda U_{DS2})}{K_1(1 + \lambda U_{GS})} \ .$$

Ersetzen wir die Konstanten K_1 und K_2 entsprechend durch (1.94), dann erhalten wir schließlich

$$I_{D2} = \frac{1 + \lambda U_{DS2}}{1 + \lambda U_{GS}} \cdot \frac{W_2/L_2}{W_1/L_1} \cdot I_{D1} \ . \tag{4.47}$$

Durch entsprechende Wahl der Transistorgeometrien kann sowohl ein geeigneter Referenzstrom $I_{Ref} = I_{D1}$ vorgegeben als auch der gewünschte Quellenstrom I_{D2} eingestellt werden.

Der differentielle Innenleitwert der Quelle ist durch

$$G_i = \frac{dI_{D2}}{dU_{DS2}} = \frac{W_2/L_2}{W_1/L_1} \cdot \frac{\lambda I_{D1}}{1 + \lambda U_{GS}} \tag{4.48}$$

gegeben; λI_{D1} ist die Steigung der I_{D1}–U_{DS1}–Kennlinie (für den sich ergebenden Wert U_{GS}), also der differentielle Source–Drain–Leitwert des linken Transistors.

4.4 Die Kaskode–Schaltung

Wir betrachten einen Bipolar–Transistor in Emitter–Schaltung (Abb. 4.14a). Für die Eingangsadmittanz $Y_e = I_1/U_1$ dieser Schaltung erhalten wir unter Verwendung des Modells in Abb. 4.14b

$$Y_e = G_1 + sC_1 + \frac{sC_2(G_m + G_L)}{sC_2 + G_L} \ ,$$

wobei $G_L = 1/R_L$ ist. Im folgenden interessieren wir uns nur noch für den Term

$$Y_e' = \frac{sC_2(G_m + G_L)}{sC_2 + G_L} \tag{4.49}$$

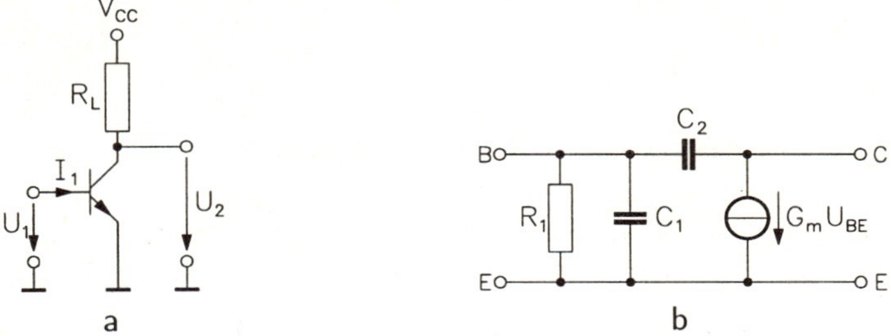

Abb. 4.14 a. Transistor in Emitter–Schaltung b. Für die Analyse verwendetes Modell

und beschränken unsere Betrachtung auf solche Frequenzen, für die die Bedingung

$$|\omega C_2| \ll G_L$$

erfüllt ist; dann folgt näherungsweise aus (4.49)

$$Y_e' = (1 + G_m R_L) s C_2 \ . \tag{4.50}$$

Für die Spannungsverstärkung $V = U_2/U_1$ bei der Frequenz Null ergibt sich (vgl. Tabelle 1.5)

$$V_0 = \left.\frac{U_2}{U_1}\right|_{s=0} = -G_m R_L \ .$$

Damit kann dann

$$Y_e' = (1 + |V_0|) s C_2 \tag{4.51}$$

geschrieben werden. Da die Verstärkung $|V_0|$ sehr hohe Werte annehmen kann, erscheint die Basis–Kollektor–Kapazität C_2 am Eingang unter Umständen sehr stark vergrößert; dieses Phänomen wird als Miller–Effekt [7] bezeichnet. Die aufgrund des Miller–Effekts erhöhte Eingangskapazität der Emitter–Schaltung ist bei vielen Anwendungen ein gravierender Nachteil. Der Miller–Effekt war schon bald nach der Erfindung der Elektronenröhre bekannt. Er kann zu einer starken Verringerung der Bandbreite eines Verstärkers führen.

Da der Miller–Effekt infolge der Spannungsverstärkung zwischen Kollektor und Emitter entsteht, muß zu seiner Vermeidung das Kollektorpotential möglichst konstant gehalten werden. Dies kann man erreichen, indem man den Kollektor auf den niederohmigen Eingang einer Basis–Schaltung arbeiten läßt. Auf diese Weise entsteht die Zusammenschaltung von zwei Transistoren, die als Kaskode–Schaltung bezeichnet wird. Abb. 4.15 zeigt den prinzipiellen Aufbau, soweit er für die Berechnung der Eingangsadmittanz und der

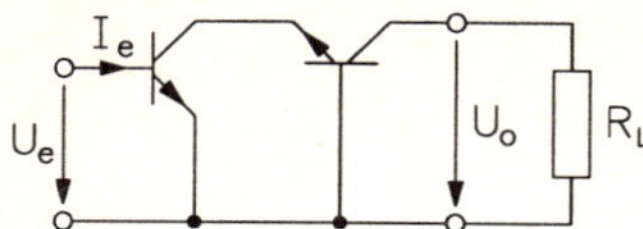

Abb. 4.15 Prinzip der Kaskode–Schaltung

Verstärkung von Bedeutung ist. Für die Berechnung der beiden genannten Größen leiten wir zunächst zwei Ergebnisse für die in Abb. 4.15 enthaltene Basis–Schaltung ab, die in Abb. 4.16a noch einmal getrennt dargestellt ist. Als Transistormodell verwenden wir dasjenige in Abb. 4.16b. Aus dem für

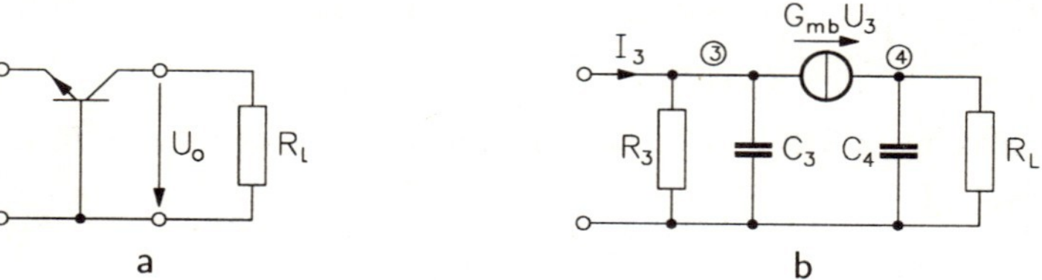

Abb. 4.16 a. Basis–Schaltung b. Modell

dieses Modell gültigen Gleichungssystem

$$\begin{pmatrix} G_{mB} + G_3 + sC_3 & 0 \\ -G_{mB} & G_L + sC_4 \end{pmatrix} \begin{pmatrix} U_3 \\ U_4 \end{pmatrix} = \begin{pmatrix} I_3 \\ 0 \end{pmatrix} \tag{4.52}$$

ergibt sich

$$\frac{I_3}{U_3} = G_{mB} + G_3 + sC_3 \ .$$

Der Emitterstrom ist für beide Transistoren der Kaskodestufe nahezu gleich, folglich kann auch für beide Transistoren derselbe dynamische Emitterwiderstand R_E angesetzt werden kann. Wegen [vgl. Abb. 1.33 und Gleichung (1.75)]

$$G_{mB} = \frac{\beta_B}{(\beta_B + 1)R_E} \qquad G_3 = \frac{1}{(\beta_B + 1)R_E}$$

ist

$$\frac{I_3}{U_3} = \frac{1}{R_E} + sC_3 \ .$$

In dem Frequenzbereich, für den (4.50) Gültigkeit hat, ist $|\omega C_3| \ll 1/R_E$, so daß hier in guter Näherung $U_3 = R_E \cdot I_3$ gesetzt werden kann. Als Lastwiderstand für die Emitter–Schaltung ist folglich R_E einzusetzen. Anstelle von (4.50) ergibt sich also für die Kaskodeschaltung

$$Y_e' = (1 + \frac{\beta_E}{\beta_E + 1})sC_2 \ ;$$

darin ist β_E der Stromverstärkungsfaktor des Transistors der Emitter–Stufe. Die Kollektor–Basis–Kapazität dieses Transistors erscheint also nur etwa um den Faktor 2 vergrößert.

Wir berechnen noch die Verstärkung der Kaskodeschaltung für $\omega = 0$. Aus (4.52) ergibt sich für die Basis–Schaltung gemäß Abb. 4.16a

$$\left.\frac{U_o}{I_3}\right|_{\omega=0} = \frac{\beta_B R_L}{\beta_B + 1}$$

und aus Abb. 4.14 folgt unter Berücksichtigung von Abb. 4.16

$$\left. I_3 \right|_{\omega=0} = -\frac{\beta_E U_1}{(\beta_E + 1) R_E} \; .$$

Da $\beta_B, \beta_E \gg 1$ vorausegesetzt werden kann, lautet die Verstärkung der Kaskodeschaltung für $\omega = 0$ in guter Näherung

$$V_0 = \frac{U_o}{U_1} = -\frac{R_L}{R_E} \; ; \tag{4.53}$$

dies ist dieselbe Beziehung wie bei der Emitter–Schaltung. Die Kaskode–Schaltung ist also eine Art Emitter–Stufe mit stark reduziertem Miller–Effekt.

4.5 Der Differenzverstärker

4.5.1 Differenzverstärker mit Bipolar–Transistoren

Der Differenzverstärker — die Bezeichnung wird im Laufe der weiteren Behandlung verständlich — ist wegen seiner vielseitigen Verwendbarkeit (unter anderem auch für Digital–Schaltungen) eine besonders wichtige Schaltung mit (mindestens) zwei Transistoren. Sein prinzipieller Aufbau bei Verwendung von Bipolar–Transistoren ist in Abb. 4.17 dargestellt. Wir beginnen

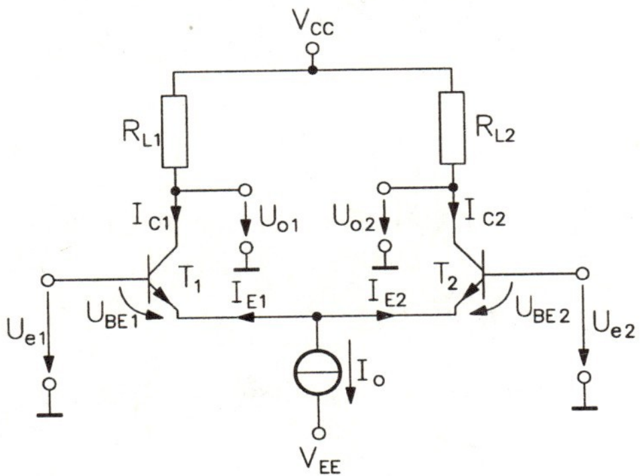

Abb. 4.17 Differenzverstärker mit Bipolar–Transistoren

mit dem Großsignalverhalten des Differenzverstärkers unter Verwendung der

Gleichspannungen und –ströme gemäß Abb. 4.17; den Early–Effekt lassen wir unberücksichtigt. Die beiden Transistoren werden als gleich vorausgesetzt, und es soll $R_{L1} = R_{L2} = R_L$ gelten. Ausgehend von (1.47) schreiben wir

$$\begin{aligned} I_{C1} &= \alpha I_{ES}\,\mathrm{e}^{U_{BE1}/U_T} \\ I_{C2} &= \alpha I_{ES}\,\mathrm{e}^{U_{BE2}/U_T} \ , \end{aligned}$$

woraus sich

$$\frac{I_{C1}}{I_{C2}} = \mathrm{e}^{(U_{BE1}-U_{BE2})/U_T} \tag{4.54}$$

ergibt. Aus Abb. 4.17 lesen wir

$$U_{BE1} - U_{BE2} = U_{e1} - U_{e2}$$

ab und schreiben für die Differenz der Eingangsspannungen

$$U_{ed} = U_{e1} - U_{e2} \ , \tag{4.55}$$

womit wir aus (4.54)

$$\frac{I_{C1}}{I_{C2}} = \mathrm{e}^{U_{ed}/U_T} \tag{4.56}$$

erhalten. Aufgrund der Kirchhoffschen Knotenregel gilt

$$I_{E1} + I_{E2} + I_0 = 0$$

und außerdem folgt aus Abb. 4.17 noch

$$I_{C1} = -\alpha I_{E1} \qquad I_{C2} = -\alpha I_{E2} \ ,$$

so daß sich

$$I_{C1} = \alpha I_0 - I_{C2} \tag{4.57}$$

ergibt. Einsetzen von (4.56) in (4.57) und eine einfache Umformung liefern

$$I_{C1} = \frac{\alpha I_0}{1 + \mathrm{e}^{-U_{ed}/U_T}} \ . \tag{4.58}$$

Entsprechend finden wir für den Kollektorstrom des Transistors T_2 die Beziehung

$$I_{C2} = \frac{\alpha I_0}{1 + \mathrm{e}^{U_{ed}/U_T}} \ . \tag{4.59}$$

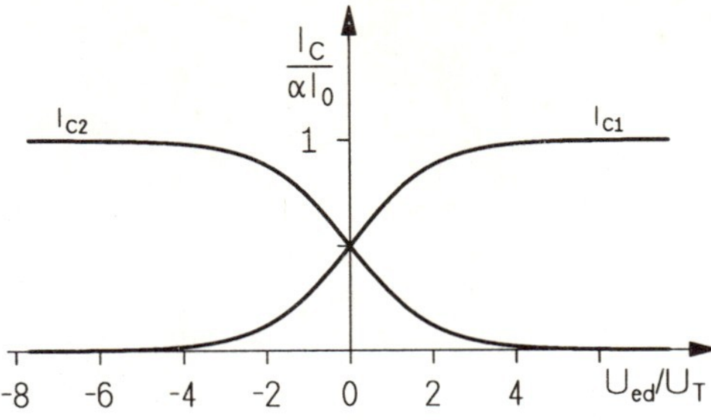

Abb. 4.18 Verlauf der (auf αI_0 normierten) Kollektorströme eines Differenzverstärkers in Abhängigkeit von der Differenz der Eingangsspannungen

Tragen wir die auf αI_0 normierten Kollektorströme über U_{ed}/U_T auf, so ergeben sich Verläufe gemäß Abb. 4.18. Die Kurven weisen eine Sättigungscharakteristik auf, denn die Kollektorströme können einerseits nicht negativ werden, und zum anderen werden ihre Maximalwerte durch den Strom I_0 der Stromquelle in der Emitter–Leitung begrenzt. Für lineare Anwendungen ist etwa der Bereich $|U_{ed}/U_T| \leq 1$ von besonderer Wichtigkeit; für Anwendungen in nichtlinearen (z. B. digitalen) Schaltungen dagegen ist gerade die Sättigungscharakteristik von Bedeutung.

Für die Ausgangsspannungen U_{o1} und U_{o2} gilt aufgrund von Abb. 4.17

$$U_{o1} = V_{CC} - R_L I_{C1} \qquad U_{o2} = V_{CC} - R_L I_{C2} \ .$$

Führen wir die Differenz–Ausgangsspannung

$$U_{od} = U_{o1} - U_{o2} \tag{4.60}$$

ein, so ergibt sich

$$U_{od} = R_L(I_{C2} - I_{C1}) \ . \tag{4.61}$$

Unter Verwendung von

$$\frac{1}{1+\mathrm{e}^{x}} - \frac{1}{1+\mathrm{e}^{-x}} = \frac{\mathrm{e}^{-x/2} - e^{\,x/2}}{\mathrm{e}^{-x/2} + \mathrm{e}^{x/2}} = -\tanh(x/2)$$

folgt aus (4.61) mit (4.58, 4.59)

$$U_{od} = -\alpha R_L I_0 \tanh(U_{ed}/2U_T) \ . \tag{4.62}$$

In Abb. 4.19 ist die Ausgangsspannungs–Differenz über der Eingangsspannungs–Differenz (in normierter Form) aufgetragen. Aus diesem Bild ist auch deutlich zu erkennen, daß das Übertragungsverhalten zwischen Eingang und Ausgang nur für relativ kleine Eingangsspannungs–Differenzen näherungsweise linear ist.

Wir wenden uns nun der Untersuchung des Kleinsignal–Verhaltens (bei niedrigen Frequenzen) zu. Dazu zeichnen wir den für Wechselstrom relevanten Teil von Abb. 4.17, ordnen aber nun der Stromquelle I_0 noch einen Innenleitwert $G_0 = 1/R_0$ zu; wie wir sehen werden, kommt nämlich diesem

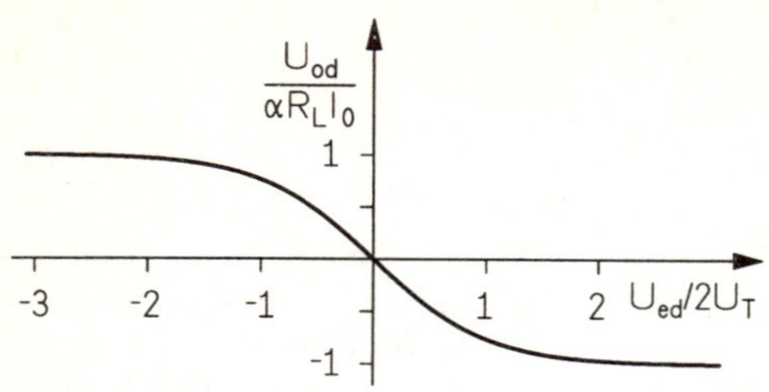

Abb. 4.19 Ausgangsspannungs–Differenz als Funktion der Eingangsspannungs–Differenz

Widerstand einige Bedeutung zu. Den Early–Effekt lassen wir jedoch unberücksichtigt.

Ausgehend von Abb. 4.17, ersetzen wir zunächst jeden der beiden Transistoren durch das Modell gemäß Abb. 1.31a und ferner die ideale Stromquelle im Emitter–Zweig durch eine reale, von der dann nur der Widerstand R_0 für die Untersuchung des Kleinsignal–Verhaltens berücksichtigt wird. Auf diese Weise entsteht Abb. 4.20. Die Impedanzmatrix der aus den drei Widerständen

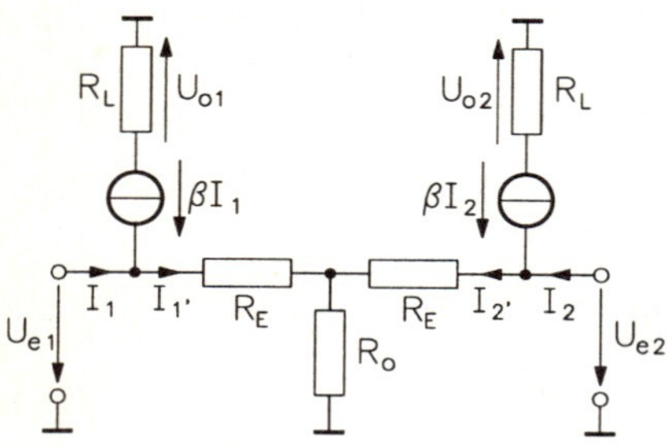

Abb. 4.20 Kleinsignal–Modell des Differenzverstärkers gemäß Abb. 4.17

gebildeten T–Schaltung lautet (vgl. Beispiel 3.29)

$$\boldsymbol{Z} = \begin{pmatrix} R_0 + R_E & R_0 \\ R_0 & R_0 + R_E \end{pmatrix} ,$$

woraus durch Inversion leicht die zugehörige Admittanzmatrix gewonnen werden kann, so daß wir

$$I_1' = \frac{G_E}{1 + 2R_0 G_E}[(1 + R_0 G_E)U_{e1} - R_0 G_E U_{e2}] \tag{4.63}$$

$$I_2' = \frac{G_E}{1 + 2R_0 G_E}[-R_0 G_E U_{e1} + (1 + R_0 G_E)U_{e2}] \tag{4.64}$$

erhalten. Aus Abb. 4.20 lesen wir

$$I_1 = \frac{I_1'}{\beta + 1} \quad I_2 = \frac{I_2'}{\beta + 1} \quad U_{o1} = -\beta R_L I_1 \quad U_{o2} = -\beta R_L I_2 \tag{4.65}$$

ab; verwenden wir diese Beziehungen, so folgt aus (4.63, 4.64), wenn wir noch $\beta/(\beta + 1) = \alpha$ berücksichtigen,

$$U_{o1} = -\frac{\alpha R_L G_E}{1+2R_0G_E}[(1+R_0G_E)U_{e1} - R_0G_EU_{e2}] \quad (4.66)$$

$$U_{o2} = -\frac{\alpha R_L G_E}{1+2R_0G_E}[-R_0G_EU_{e1} + (1+R_0G_E)U_{e2}] \;. \quad (4.67)$$

Wir führen neben den Differenz–Spannungen gemäß (4.55,4.60) die Gleichtakt–Spannungen

$$U_{ec} = \frac{U_{e1}+U_{e2}}{2} \quad (4.68) \qquad U_{oc} = \frac{U_{o1}+U_{o2}}{2} \quad (4.69)$$

ein. Werden die Gleichungen (4.66, 4.67) in (4.60) bzw. (4.69) eingesetzt, ergibt sich unter Berücksichtigung von (4.55) bzw. (4.68)

$$U_{od} = -\alpha R_L G_E U_{ed} \quad (4.70)$$

$$U_{oc} = -\frac{\alpha R_L G_E}{1+2R_0G_E} \cdot U_{ec} \;. \quad (4.71)$$

Für $R_0 \to \infty$, falls also die reale Stromquelle mit dem Widerstand R_0 durch eine ideale Stromquelle ersetzt wird, verschwindet U_{oc}. Mit den Definitionen für die Differenz– bzw. Gleichtaktverstärkung (Differenzverstärkung → gewünscht, Gleichtaktverstärkung → unerwünscht)

$$V_d = \frac{U_{od}}{U_{ed}} \qquad V_c = \frac{U_{oc}}{U_{ec}}$$

folgt aus (4.70, 4.71)

$$V_d = -\alpha R_L G_E \quad (4.72)$$

$$V_c = -\frac{\alpha R_L G_E}{1+2R_0G_E} \;. \quad (4.73)$$

Die Differenzverstärkung ist also unabhängig von R_0. Da die Gleichtaktverstärkung eine unerwünschte Größe ist, führt man ein "Qualitätsmaß" für den Differenzverstärker ein, indem man Differenz–Verstärkung und Gleichtakt–Verstärkung ins Verhältnis setzt. Auf diese Weise entsteht die Gleichtaktunterdrückung (engl. common–mode rejection ratio)

$$CMRR = \left|\frac{V_d}{V_c}\right| \;. \quad (4.74)$$

Einsetzen von (4.72, 4.73) liefert

$$CMRR = 1 + 2R_0G_E \;. \quad (4.75)$$

Meistens wird die Größe 20 log(*CMRR*), die in dB angegeben wird, als Maß für die Gleichtaktunterdrückung verwendet. Gleichung (4.75) zeigt, daß zur Erlangung einer hohen Gleichtaktunterdrückung der Widerstand R_0 groß gewählt werden muß; daher ist es natürlich sinnvoll, eine möglichst ideale Stromquelle einzusetzen, etwa einen Stromspiegel.

Beispiel 4.2

Die Differenzverstärkung und die Gleichtaktverstärkung der folgenden Differenzverstärkerschaltung sollen berechnet werden.

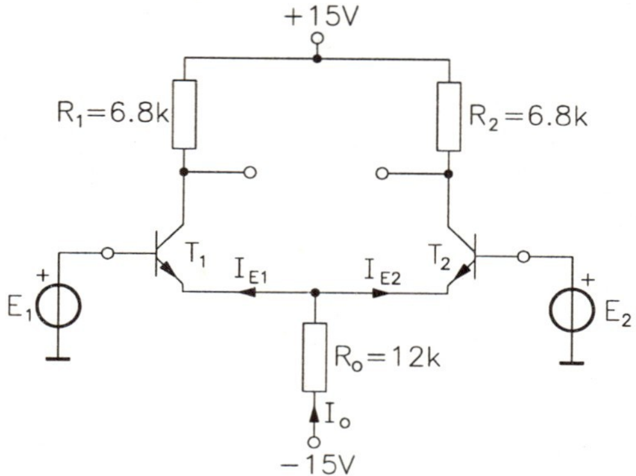

Für die beiden gleichen Transistoren sei das Modell gemäß Abb. 1.30 anwendbar. Jeder Transistor habe die Stromverstärkung $\beta = 100$ und die Basis–Emitter–Spannung betrage $600\,mV$. Der Strom I_0 hat (ohne Aussteuerung) den Wert

$$I_0 = -\frac{15\,V - 0.6\,V}{12\,k\Omega} = -1.2\,mA\ .$$

Da sich der Strom I_0 (im nichtausgesteuerten Zustand) auf beide Transistoren gleichmäßig verteilt, gilt

$$I_{E1} = I_{E2} = -0.6\,mA\ .$$

Damit gilt bei Raumtemperatur für den dynamischen Emitterwiderstand R_E des Transistormodells

$$R_E = \frac{26\,mV}{0.6\,mA} = 43\,\Omega\ .$$

Folglich erhalten wir die Verstärkungen

$$V_d = -\frac{100 \cdot 6.8\,k\Omega}{101 \cdot 43\,\Omega} = -157 \qquad V_c = -\frac{157}{1 + 24\,k\Omega/43\,\Omega} = -0.28\ .$$

Die Gleichtaktunterdrückung beträgt

$$CMRR = 1 + \frac{24\,k\Omega}{43\,\Omega} = 559\ (\widehat{=} 55\,dB)\ .$$

Aus (4.63, 4.64) ergibt sich in Verbindung mit (4.65)

$$I_1 = \frac{G_E}{(\beta+1)(1+2R_0G_E)}[(1+R_0G_E)U_{e1} - R_0G_EU_{e2}] \quad (4.76)$$

$$I_2 = \frac{G_E}{(\beta+1)(1+2R_0G_E)}[-R_0G_EU_{e1} + (1+R_0G_E)U_{e2}] \; . \quad (4.77)$$

Das Strom–Spannungs–Verhalten an den Eingängen läßt sich besonders gut durch die π–Ersatzschaltung (vgl. Beispiel 3.28) gemäß Abb. 4.21 beschreiben. Unter Verwendung des Ergebnisses von Beispiel 3.28 folgt mit (4.76, 4.77) für die Elemente der π–Schaltung

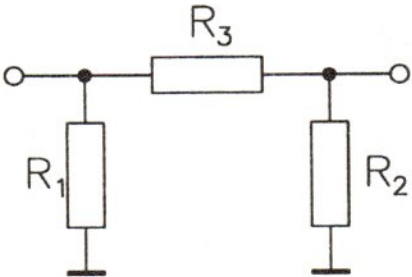

Abb. 4.21 π–Ersatzschaltung für die Eingänge eines Differenzverstärkers

$$R_1 = R_2 = (\beta+1)(R_E + 2R_0) \quad (4.78)$$

$$R_3 = (\beta+1)(2 + R_EG_0)R_E \; . \quad (4.79)$$

Allen bisherigen Überlegungen lag die Annahme einer vollständigen Symmetrie zugrunde, die insbesondere exakt gleiche Transistoren und Widerstände voraussetzt. Diese Voraussetzung läßt sich bei realen Schaltungen natürlich immer nur näherungsweise verwirklichen, bei integrierten Schaltungen allerdings wesentlich besser als bei Schaltungen aus diskreten Bauelementen. Aus Gleichung (4.62) oder Abb. 4.19 ersehen wir, daß für gleiche Eingangsspannungen $U_{e1} = U_{e2}$ die Ausgangsspannung U_{od} verschwindet. Aufgrund von Unsymmetrien ist dies jedoch bei realen Schaltungen nicht der Fall. Auch wenn wir an beiden Eingängen gleich große Ströme $I_1 = I_2$ einspeisen, wird sich bei einem realen Differenzverstärker $U_{od} \neq 0$ einstellen. Wir werden auf diese Problematik bei der Behandlung des Operationsverstärkers zurückkommen und dort im übrigen auch weitere praktische Aspekte behandeln.

4.5.2 Differenzverstärker mit MOS–Transistoren

Abb. 4.22 zeigt die grundlegende Schaltung, falls n–Kanal–Transistoren vom Anreicherungstyp verwendet werden. Im Sättigungsbereich gilt für die Drain–Ströme — wir gehen hier vom Shichman–Hodges–Modell aus — gemäß (1.93), falls wir identische Transistoren voraussetzen,

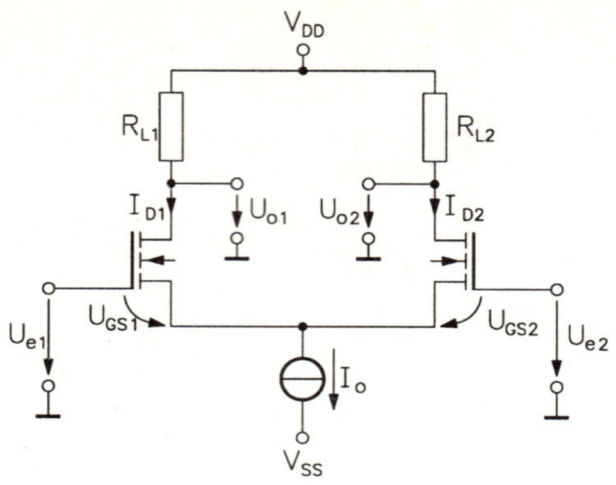

Abb. 4.22 Differenzverstärker mit MOS–Transistoren

$$I_{D1} = \frac{K}{2}(U_{GS1} - U_T)^2 \qquad 0 \leq U_{GS1} - U_T < U_{DS1}$$

$$I_{D2} = \frac{K}{2}(U_{GS2} - U_T)^2 \qquad 0 \leq U_{GS2} - U_T < U_{DS2} \; .$$

Daraus gewinnen wir die Beziehung

$$\sqrt{I_{D1}} - \sqrt{I_{D2}} = \sqrt{\frac{K}{2}}(U_{GS1} - U_{GS2}) \; . \tag{4.80}$$

Führen wir die Differenzspannung

$$U_{ed} = U_{e1} - U_{e2} \tag{4.81}$$

ein, für die (vgl. Abb. 4.22) auch

$$U_{ed} = U_{GS1} - U_{GS2} \tag{4.82}$$

gilt, so erhalten wir aus (4.80)

$$\sqrt{I_{D1}} - \sqrt{I_{D2}} = \sqrt{\frac{K}{2}} U_{ed} \; . \tag{4.83}$$

Aus Abb. 4.22 lesen wir die Beziehung

$$I_{D1} + I_{D2} = I_0$$

ab. Ersetzen wir den Strom I_{D2} in (4.83) durch

$$I_{D2} = I_0 - I_{D1} \; , \tag{4.84}$$

so erhalten wir nach kurzer Rechnung

$$I_{D1} = \frac{I_0}{2} + \frac{KU_{ed}}{4}\sqrt{\frac{4I_0}{K} - U_{ed}^2}\,, \tag{4.85}$$

woraus mit (4.84) entsprechend

$$I_{D2} = \frac{I_0}{2} - \frac{KU_{ed}}{4}\sqrt{\frac{4I_0}{K} - U_{ed}^2} \tag{4.86}$$

folgt. Die Gleichungen (4.85) bzw. (4.86) gelten für

$$0 \le I_{D1} \le I_0 \qquad\qquad 0 \le I_{D2} \le I_0\;,$$

so daß

$$|U_{ed}| \le \sqrt{\frac{2I_0}{K}}$$

ist. Mit Hilfe von (4.85, 4.86) lassen sich nun die Ausgangsspannungen

$$U_{o1} = V_{DD} - R_{L1}I_{D1} \tag{4.87}$$
$$U_{o2} = V_{DD} - R_{L2}I_{D2} \tag{4.88}$$

berechnen; für die Ausgangs–Differenz–Spannung $U_{od} = U_{o1} - U_{o2}$ erhalten wir mit (4.85 ... 4.88) für $R_{L1} = R_{L2} = R_L$

$$U_{od} = -\frac{KR_LU_{ed}}{2}\sqrt{\frac{4I_0}{K} - U_{ed}^2} \qquad |U_{ed}| \le \sqrt{\frac{2I_0}{K}}\,. \tag{4.89}$$

Beispiel 4.3

Wir untersuchen ein Beispiel mit folgenden Transistordaten: $\mu_n = 1500\,cm^2/Vs$, $\varepsilon_0 = 8.854 \cdot 10^{-14} As/Vcm$, $\varepsilon_r = 3.7$, $d_{0x} = 0.1\,\mu m$, $R_L = 100\,k\Omega$, $I_0 = 0.1\,mA$. Für drei verschiedene W/L–Verhälnisse ergeben sich die folgenden Kurven. Abb. a wurde mit Hilfe von (4.89), Abb. b aus einer Schaltungssimulation gewonnen.

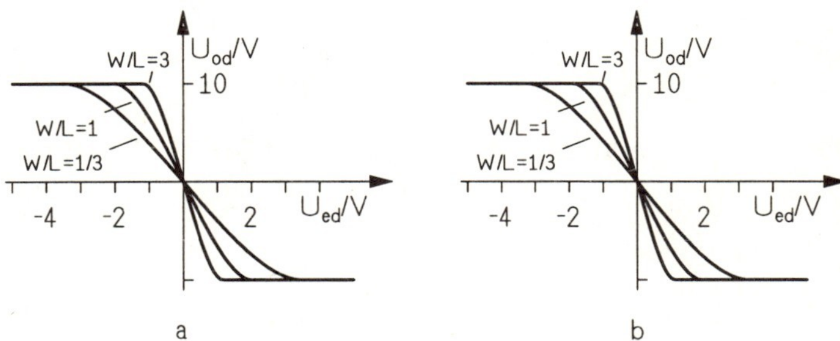

Für die Analyse des Kleinsignalverhaltens bei niedrigen Frequenzen ersetzen wir die Transistoren durch das in Abb. 4.23a dargestellte Modell, das aus Abb.

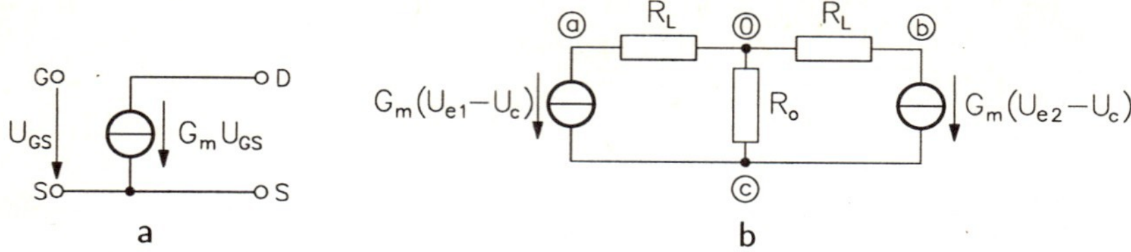

Abb. 4.23 a. MOS–Transistor–Modell b. Kleinsignal–Ersatzschaltung des Differenzverstärkers gemäß Abb. 4.22

1.48 hervorgeht. Die Stromquelle in Abb. 4.22 wurde durch den Widerstand R_0 ersetzt. Wegen $U_{o1} = U_a$ und $U_{o2} = U_b$ erhalten wir (z. B. mit Hilfe der Knotenanalyse) aus Abb. 4.23b

$$\begin{aligned} U_{o1} &= R_L G_m \left(\frac{U_{e1} + U_{e2}}{2 + R_m G_0} - U_{e1} \right) \\ U_{o2} &= R_L G_m \left(\frac{U_{e1} + U_{e2}}{2 + R_m G_0} - U_{e2} \right) , \end{aligned}$$

wobei $G_0 = 1/R_0$ und $R_m = 1/G_m$ gilt. Unter Verwendung von (4.68) und (4.69) ergibt sich daraus

$$U_{od} = -R_L G_m U_{ed} \tag{4.90}$$

$$U_{oc} = -\frac{R_L G_m}{1 + 2R_0 G_m} \cdot U_{ec} \; . \tag{4.91}$$

Daraus folgt für die Differenzverstärkung $V_d = U_{od}/U_{ed}$

$$V_d = -R_L G_m \tag{4.92}$$

und für die Gleichtaktverstärkung $V_c = U_{oc}/U_{ec}$

$$V_c = -\frac{R_L G_m}{1 + 2R_0 G_m} \; .$$

Schließlich ergibt sich unter Verwendung von (4.74) für die Gleichtaktunterdrückung

$$CMRR = 1 + 2R_0 G_m \; . \tag{4.93}$$

Die für MOS–Transistoren und Bipolar–Transistoren gültigen Beziehungen sind also einander sehr ähnlich. Das Verhältnis der Gleichtaktunterdrückungen lautet aufgrund von (4.75) und (4.93)

$$\frac{CMRR_{BIP}}{CMRR_{FET}} \approx \frac{G_E}{G_m} \; .$$

Durch entsprechende Wahl des Emitterstroms kann G_E beträchtlich größer als G_m werden. Folglich lassen sich mit Bipolar–Transistoren höhere Gleichtakt–Unterdrückungen als mit MOS–Transistoren erzielen.

4.6 Leistungs–Endstufen

Eine Leistungs–Endstufe ist eine Verstärkerstufe, die in der Lage ist, eine (relativ) hohe Leistung abzugeben. Da der Lastwiderstand vielfach niederohmig ist (z. B. Lautsprecher), wird auch für die Endstufe ein niedriger Innenwiderstand gefordert. Aufgrund der geforderten hohen Ausgangsleistung müssen in Leistungs–Endstufen hohe Spannungen oder Ströme, meistens sogar hohe Spannungen und Ströme, verarbeitet werden. Infolgedessen können für Leistungs–Endstufen nicht die Kleinsignal–Modelle der Transistoren verwendet werden. Wegen ihres geringen Innenwiderstandes eignen sich Emitter– bzw. Source–Folger (Kollektor– bzw. Drain–Stufen) als Grundbausteine für den Aufbau von Leistungs–Endstufen.

4.6.1 Leistungs–Endstufen mit Bipolar–Transistoren

Wir betrachten zuerst die in Abb. 4.24 dargestellte Kollektor–Schaltung unter

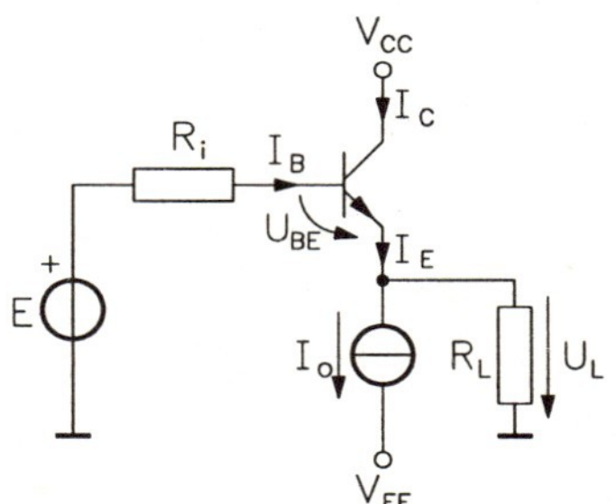

Abb. 4.24 Kollektor–Schaltung (Emitter–Folger)

den obengenannten Aspekten. Für die Analyse nehmen wir derart niederfrequente Vorgänge an, daß wir die Ebers–Moll–Gleichungen verwenden können. Zunächst lesen wir aus Abb. 4.24 die Beziehungen

$$E = R_i I_B + U_{BE} + U_L \tag{4.94}$$

$$I_E = I_0 + G_L U_L \tag{4.95}$$

ab, wobei $G_L = 1/R_L$ ist. Für $U_{BC} \leq 0$ und sehr geringen Sättigungsstrom I_{CS} gilt für den aktiven Bereich vorwärts das Modell gemäß Abb. 1.17. Wir erhalten daraus für die Schaltung in Abb. 4.24

$$I_C = \alpha I_E \tag{4.96}$$

und für $e^{U_{BE}/U_T} \gg 1$

$$I_E = I_{ES}\, e^{U_{BE}/U_T} \ . \tag{4.97}$$

Aufgrund der Kirchoffschen Knotenregel gilt schließlich noch

$$I_B + I_C - I_E = 0 \ . \tag{4.98}$$

Entsprechendes Einsetzen von (4.95) ... (4.98) in (4.94) liefert

$$E = (1-\alpha)R_i(I_0 + G_L U_L) + U_L + U_T \cdot \ln \frac{I_0 + G_L U_L}{I_{ES}} \ . \tag{4.99}$$

Diese Gleichung läßt sich nicht nach U_L auflösen. Die folgenden Kurven zeigen aber exemplarisch das Eingangs–Ausgangs–Verhalten einer Kollektorstufe Kollektorstufe gemäß Abb. 4.24; dabei wurde als Transistor der Typ BD347 gewählt und es wurden folgende Parameter– bzw. Elementwerte angenommen: $R_i = 100\,\Omega$, $R_L = 100\,\Omega$, $V_{CC} = 15\,V$, $V_{EE} = -15\,V$. Die Kurven

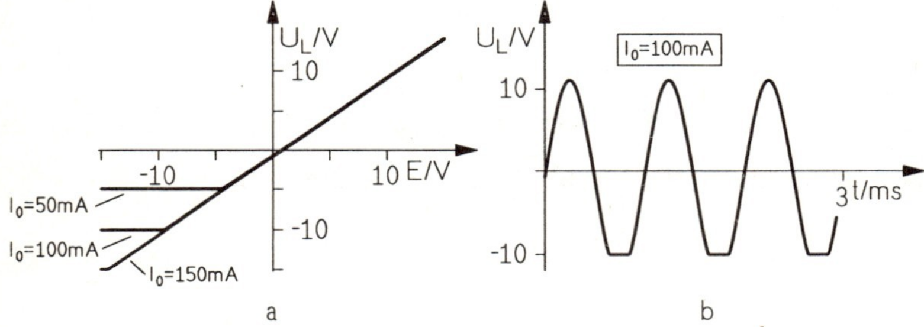

Abb. 4.25 Eingangs–Ausgangs–Verhalten einer Kollektor–Schaltung gemäß Abb. 4.24

zeigen deutlich, daß ein besonderer Schwachpunkt einer einfachen Kollektorstufe (im Falle eines npn–Transistors) im Bereich negativer Eingangs– und Ausgangsspannungen liegt: um die Schaltung in diesem Bereich voll aussteuern zu können, muß ein hoher Emitter–Ruhestrom Ruhestrom bereitgestellt werden. Für volle Aussteuerbarkeit, das heißt für $|U_L|\text{max} \approx V_{CC} = |V_{EE}|$, muß dieser Strom mindestens den Wert $I_0 = V_{CC}/R_L$ haben. Auch in den Betriebsphasen, in denen die Endstufe nicht durch die Signalquelle ausgesteuert wird, muß also von der Gleichspannungsquelle eine Leistung

$$P_{total} = 2V_{CC}I_0 = \frac{2V_{CC}^2}{R_L} \tag{4.100}$$

aufgebracht werden. Andererseits gilt für die maximal an den Widerstand R_L abgegebene Wirkleistung bei sinusförmiger Aussteuerung

$$P_{nutz} \leq \frac{V_{CC}^2}{2R_L} \ . \tag{4.101}$$

Damit ergibt sich für den durch

$$\eta = \frac{P_{nutz}}{P_{total}} \tag{4.102}$$

definierten Wirkungsgrad im vorliegenden Fall

$$\eta \leq 0.25 \ . \tag{4.103}$$

Bei Vollaussteuerung der Endstufe werden also nur maximal 25% der zugeführten Gleichstromleistung in Signalleistung umgewandelt, der Rest wird in Wärme umgesetzt; für $E = 0$ wird sogar die gesamte Leistung in Wärme verwandelt. Dieses Verhalten ist wenig befriedigend und insbesondere bei integrierten Schaltungen ist außerdem das Abführen der Verlustleistung ein Problem. Der Betrieb einer Endstufe mit einem Ruhestrom, der mindestens gleich dem maximalen Signalstrom ist, wird als A–Betrieb bezeichnet. Demgegenüber wird der Betrieb ohne Ruhestrom B–Betrieb genannt. Eine derartige Endstufe mit verschwindendem Ruhestrom zeigt Abb. 4.26. Nehmen wir

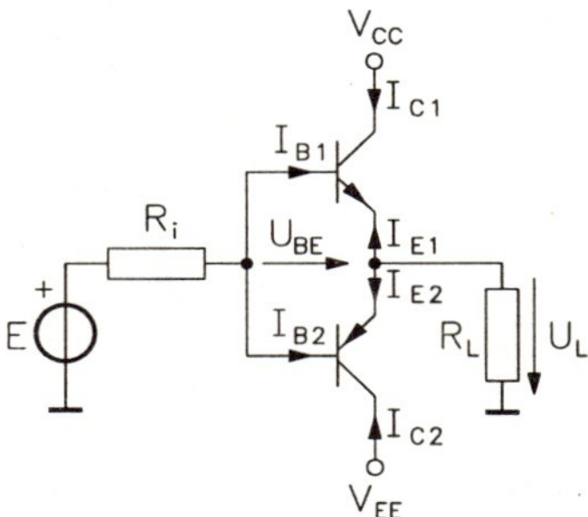

Abb. 4.26 Gegentakt–B–Endstufe

eine Quelle E mit sinusförmiger Spannung an, so arbeitet für positive Halbwellen der npn–Transistor im aktiven Bereich vorwärts, während der pnp–Transistor gesperrt ist; für negative Halbwellen sind die Rollen der beiden Transistoren vertauscht. Aus dieser Wirkungsweise erklärt sich die Bezeichnung "Gegentakt–Schaltung ".

Aus Abb. 4.26 lassen sich zunächst die folgenden Gleichungen ablesen:

$$E = R_i(I_{B1} + I_{B2}) + U_{BE} + U_L \tag{4.104}$$

$$I_{B1} + I_{B2} = -(I_{C1} + I_{C2} + I_{E1} + I_{E2}) \tag{4.105}$$

$$I_{E1} + I_{E2} = -G_L U_L \ . \tag{4.106}$$

Wir befassen uns zuerst mit dem npn–Transistor. Für $U_{BC1} \leq 0$ und vernachlässigbaren Sättigungsstrom I_{CS1} ergibt sich in guter Näherung aus (1.28)

$$I_{E1} = -I_{ES1}\left(\mathrm{e}^{U_{BE}/U_T} - 1\right) \ . \tag{4.107}$$

Entsprechend erhalten wir für den pnp–Transistor

$$I_{E2} = I_{ES2}\left(\mathrm{e}^{-U_{BE}/U_T} - 1\right) \; . \qquad (4.108)$$

Es ist sinnvoll, in Gegentakt–Schaltungen (möglichst) symmetrische Transistoren einzusetzen; daher setzen wir

$$\alpha_1 = \alpha_2 = \alpha \qquad (4.109)$$

$$I_{ES1} = I_{ES2} = I_{ES} \; . \qquad (4.110)$$

Analog zu (4.96) gilt auch in guter Näherung

$$I_{C1} = -\alpha I_{E1} \qquad I_{C2} = -\alpha I_{E2} \; .$$

Einsetzen dieser Beziehungen in (4.105) führt auf

$$I_{B1} + I_{B2} = -(1-\alpha)(I_{E1} + I_{E2}) \; ,$$

und mit (4.106) erhalten wir dann

$$I_{B1} + I_{B2} = (1-\alpha)G_L U_L \; . \qquad (4.111)$$

Die Addition von (4.107) und (4.108) liefert

$$I_{E1} + I_{E2} = -I_{ES}\left(\mathrm{e}^{U_{BE}/U_T} - \mathrm{e}^{-U_{BE}/U_T}\right) \; .$$

Hieraus ergibt sich unter Verwendung von (4.106)

$$U_{BE} = U_T \cdot \operatorname{arsinh} \frac{G_L U_L}{2I_{ES}} \; . \qquad (4.112)$$

Einsetzen von (4.111) und (4.112) in (4.104) ergibt schließlich

$$E = [(1-\alpha)R_i G_L + 1]U_L + U_T \cdot \operatorname{arsinh} \frac{G_L U_L}{2I_{ES}} \; . \qquad (4.113)$$

Den durch diese Gleichung gegebenen Zusammenhang veranschaulichen wir wieder anhand eines Beispiels und wählen

$$\alpha = 0.99 \quad I_{ES} = 1pA \quad U_T = 26\,mV \quad R_i = 10\,k\Omega \quad R_L = 1\,k\Omega \; .$$

Der Bereich um den Koordinatenursprung ist zur Verdeutlichung (Abb. 4.27b) vergrößert herausgezeichnet. Man erkennt eine "tote Zone" von etwa $0.9\,V$ Breite, die daher rührt, daß in diesem Bereich beide Transistoren nahezu gesperrt sind. Dieser Versatz in der Kennlinie führt natürlich zu Verzerrungen des Signals.

Wir bestimmen nun den Wirkungsgrad der Gegentakt–B–Endstufe. Wegen der Symmetrie der Schaltung ist es ausreichend, die Verhältnisse etwa für

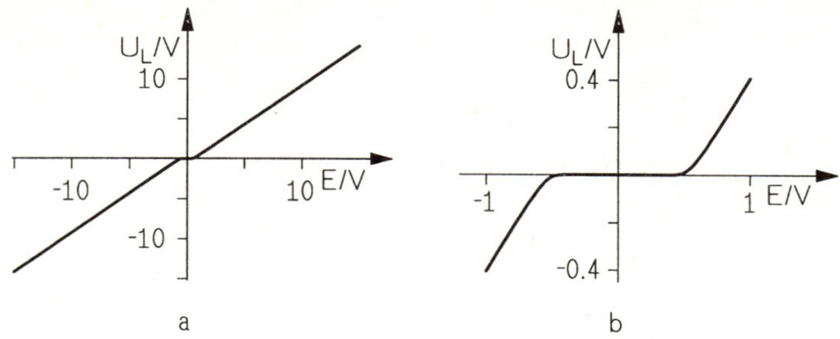

Abb. 4.27 Ausgangsspannung U_L als Funktion der Eingangsspannung E_i für die Gegentakt–Schaltung gemäß Abb. 4.26

den npn–Transistor zu untersuchen. Nehmen wir an, die Quelle liefere eine Spannung

$$e(t) = E \sin \omega_0 t \tag{4.114}$$

mit $E > 0$ und

$$\omega_0 = 2\pi/T \ . \tag{4.115}$$

Dann gilt für die Ausgangsspannung bei hinreichend niedriger Frequenz und bei Vernachlässigung der Verzerrungen $u_L(t) = U_L \sin \omega_0 t$, wobei $U_L \approx E$ ist, wie wir zum Beispiel Abb. 4.27 entnehmen können.

Durch den npn–Transistor fließt nur während der positiven Halbwellen der Eingangsspannung Strom. Der zeitliche Mittelwert dieses Stromes beträgt

$$\overline{i_C} = \frac{U_L}{R_L T} \int_0^{T/2} \sin \omega_0 \, t \; dt = \frac{U_L}{\pi R_L} \ . \tag{4.116}$$

Der Mittelwert, multipliziert mit der Versorgungsspannung V_{CC}, ergibt die während einer Periode aufzubringende Versorgungsleistung für den npn–Transistor; insgesamt beträgt diese Leistung für die Gegentakt–B–Endstufe

$$P_{total} = 2V_{CC}\overline{i_C} = \frac{2V_{CC}U_L}{\pi R_L} \ . \tag{4.117}$$

An den Widerstand R_L wird die Wirkleistung

$$P_{nutz} = \frac{U_L^2}{2R_L} \tag{4.118}$$

abgegeben, und wir erhalten für den durch (4.102) definierten Wirkungsgrad

$$\eta = \frac{\pi}{4} \cdot \frac{U_L}{V_{CC}} \ . \tag{4.119}$$

Da die Amplitude U_L maximal etwa die Größe der Versorgungsspannung V_{CC} erreichen kann, gilt für den Wirkungsgrad der Gegentakt–B–Endstufe

$$\eta \leq 0.785 \ . \tag{4.120}$$

Besonders erwähnenswert ist noch, daß ohne Aussteuerung ($E = U_L = 0$) in der Endstufe keine Leistung in Wärme umgesetzt wird.

Insbesondere bei integrierten Schaltungen stehen — je nach erforderlicher Ausgangsleistung — nicht immer geeignete npn–pnp–Transistorpaare zur Verfügung. In solchen Fällen kann man von der in Abb. 4.28 dargestellten Äquivalenz Gebrauch machen (vgl. Aufgabe 4.5). Es ergibt sich dann die in

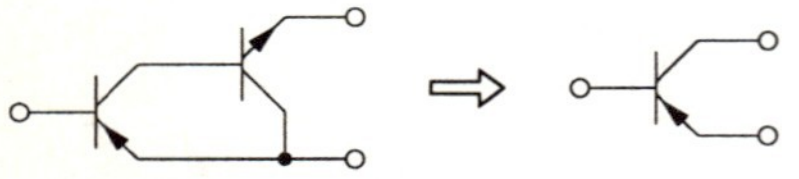

Abb. 4.28 Ersatz eines pnp–Transistors durch einen Verbundtransistor

Abb. 4.29 dargestellte Schaltung, die gewöhnlich als Quasi–Komplementär–

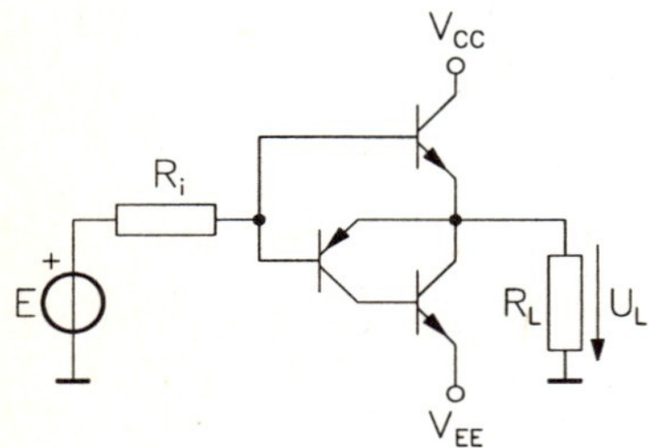

Abb. 4.29 Quasi–Komplementär–Stufe im Gegentakt–B–Betrieb

Endstufe bezeichnet wird.

Die in den Gegentakt–B–Endstufen gemäß Abb. 4.26 bzw. Abb. 4.29 in-

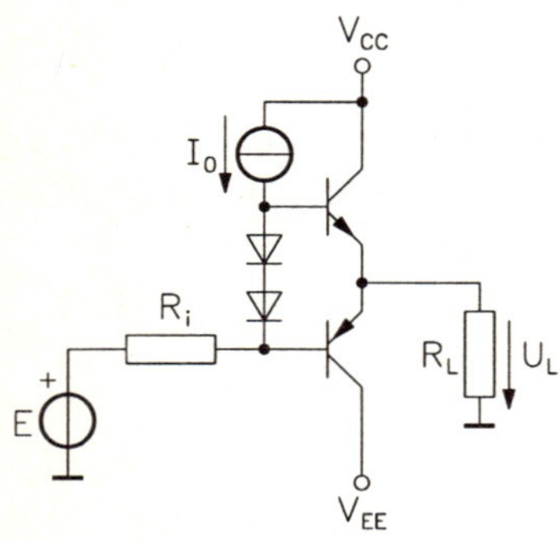

Abb. 4.30 Gegentakt–AB–Endstufe

folge des Kennlinienversatzes (s. Abb. 4.27) auftretenden Verzerrungen sind für kleine Aussteuerungen hoch, während sie bei großen Signalamplituden weniger stark ins Gewicht fallen. Den Nachteil der Gegentakt–B–Endstufe in bezug auf den hohen Klirrfaktor bei kleinen Aussteuerungen kann man dadurch beseitigen, daß man die Endstufe mit einem geringen Ruhestrom arbeiten läßt; dann liegt für kleine Aussteuerungen A–Betrieb, für große jedoch B–Betrieb vor. Die dafür übliche Bezeichnung ist “AB–Betrieb ”. Abb. 4.30 zeigt eine Möglichkeit zur Realisierung einer Gegentakt–AB–Endstufe. In Abb. 4.31 ist die U_L–E–Kennlinie dargestellt, wie sie sich aufgrund ei-

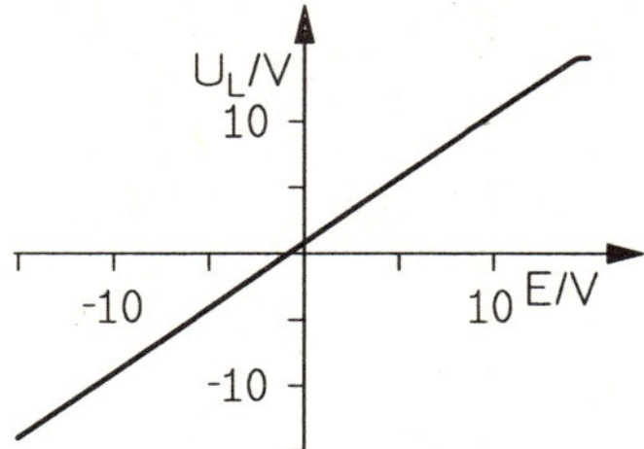

Abb. 4.31 Eingangs–Ausgangskennlinie für einen Gegentakt–AB–Endverstärker

ner Schaltungssimulation ergibt (Transistoren: BD347(npn), BD346(pnp); Dioden: 1N4148; $R_i = 100\,\Omega$, $R_L = 100\,\Omega$, $I_0 = 2\,mA$). Der Offset im Nullpunkt läßt sich durch eine symmetrische Kompensation der toten Zone analog zu Abb. 4.34 sehr stark reduzieren.

Bei den Endstufen–Transistoren muß ganz besonders auch darauf geachtet werden, daß die maximal zulässige Verlustleistung nicht überschritten wird; dies könnte beispielsweise bei großen Signalamplituden und kleinem Lastwiderstand R_L der Fall sein. Zur Vermeidung einer Zerstörung kann ein Überlastungsschutz eingebaut werden, etwa von der in Abb. 4.32 gezeigten Art. Diese Schutzschaltung arbeitet im wesentlichen folgendermaßen. Solange die

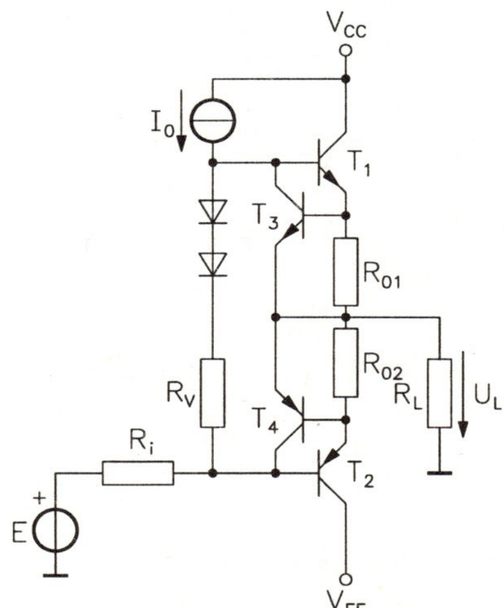

Abb. 4.32 Gegentakt–AB–Endstufe mit Schutzschaltung

Signalamplituden im zulässigen Bereich liegen, sind die Basis–Emitter–Spannungen der Transistoren T_3 und T_4 so niedrig, daß diese Transistoren nahezu unwirksam bleiben. Steigen die Signalamplituden über den zugelassenen Wert — er kann mit Hilfe der Widerstände R_{01} und R_{02} beeinflußt werden

—, so werden T_3 und T_4 stärker leitend und übernehmen infolgedessen immer größere Anteile der Eingangsströme, die sonst vollständig den Basen von T_1 bzw. T_2 zugeflossen wären. Auf diese Weise ergibt sich eine Begrenzung für die Ausgangsspannung, wie sie in Abb. 4.33 exemplarisch dargestellt ist. Hier

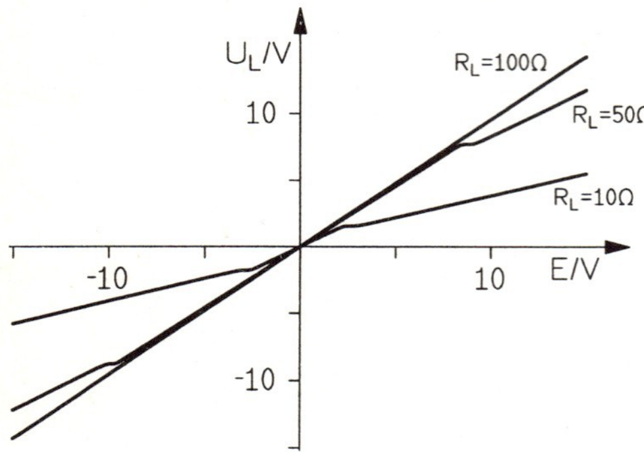

Abb. 4.33 Eingangs–Ausgangs–Kennlinie einer Gegentakt–AB–Endstufe mit Schutzschaltung

wurden dieselben Elemente bzw. Parameter wie in Abb. 4.30 zugrundegelegt und ferner $T_3 \widehat{=} 2N2222A, T_4 \widehat{=} 2N2907A, R_{01} = R_{02} = 4\,\Omega$.

4.6.2 Endstufen mit Leistungs–MOSFETs

Anstelle von Bipolar–Transistoren lassen sich auch MOSFETs verwenden;

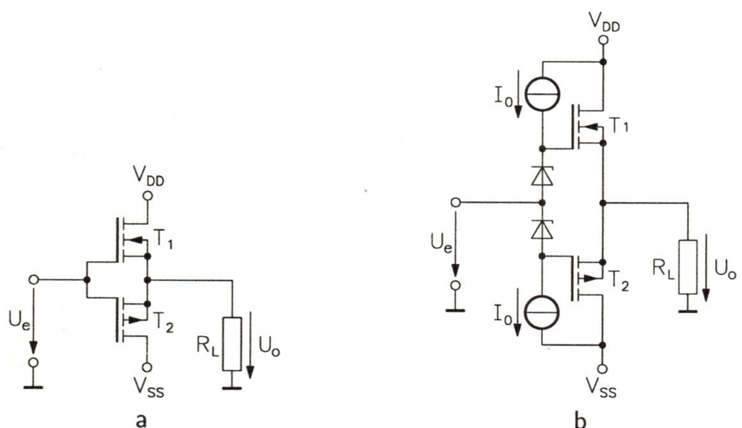

Abb. 4.34 Gegentakt–Endstufen mit komplementärem MOSFET–Paar a. B–Betrieb b. AB–Betrieb

die grundsätzlichen Überlegungen bleiben dabei erhalten. Abb. 4.34a zeigt eine Gegentakt–B–Endstufe. Der Nachteil des B–Betriebs, nämlich große Verzerrungen bei geringer Aussteuerung, läßt sich auch wieder durch eine MOSFET–Endstufe im AB–Betrieb vermeiden. (Abb. 4.34b)

Zuerst betrachten wir die B–Endstufe gemäß Abb. 4.34a, die unter Verwendung von zwei Leistungs–MOS–Transistoren aufgebaut ist, deren Schwellenspannungen betragsmäßig gleich sind ($|U_T| = 2\,V$). Die Betriebsspannungen betragen $V_{DD} = -V_{SS} = 15\,V$, und als Lastwiderstand wird $R_L = 100\,\Omega$ gewählt; die Eingangsspannung wird von $-15\,V$ bis $+15$ variiert. Abb. 4.35 zeigt den zugehörigen Verlauf der Ausgangsspannung. Solange die Eingangs-

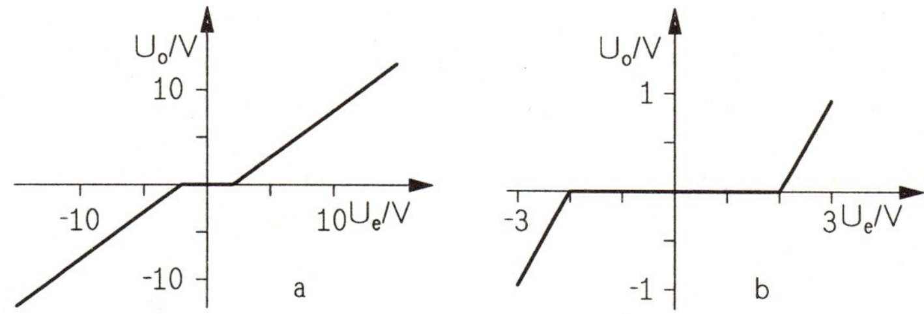

Abb. 4.35 Statisches Übertragungsverhalten einer Gegentakt–B–Endstufe (Abb. 4.34a) a. Globales Verhalten b. Ausschnitt um den Nullpunkt

spannung unterhalb seiner Schwellenspannung liegt, ist der Transistor T_1 gesperrt, das Verhalten des Transistors T_2 ist komplementär dazu. Abb. 4.35b zeigt die Ausgangsspannung der Gegentakt–B–Endstufe in der Umgebung der "toten Zone", die durch die Stromlosigkeit der beiden Transistoren hervorgerufen wird. Diese tote Zone in der statischen Übertragungskennlinie wird nun gemäß Abb. 4.34b durch Hinzufügen zweier Zenerdioden und entsprechender Stromquellen beseitigt. Für $U_{Z1} = U_{Z2} = 2\,V, I_0 = 1\,mA$ ergeben sich die Kurven in Abb. 4.36. Die Differenz zwischen Eingangs–und Ausgangsspan-

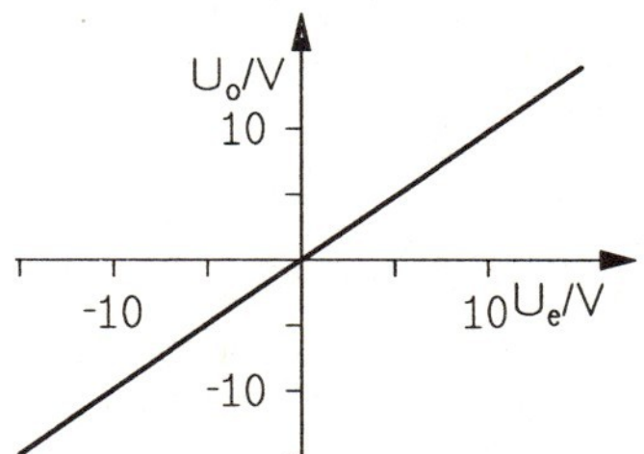

Abb. 4.36 Statisches Übertragungsverhalten einer Gegentakt–AB–Endstufe (Abb. 4.34b)

nung ist in diesem Fall vernachlässigbar gering.

Eine weitere interessante Möglichkeit, eine Gegentakt–Endstufe mit MOS–Transistoren aufzubauen, besteht darin, die beiden Transistoren in Abb. 4.34a und gleichzeitig die jeweiligen Drain–und Sourceanschlüsse zu vertauschen. Auf diese Weise entsteht die Schaltung in Abb. 4.37. Die Transistoren T_1 und T_2 arbeiten in dieser Schaltung entweder als Source–Stufen oder sie sind gesperrt. Infolgedessen ist die Ausgangsspannung gegenüber der Eingangs-

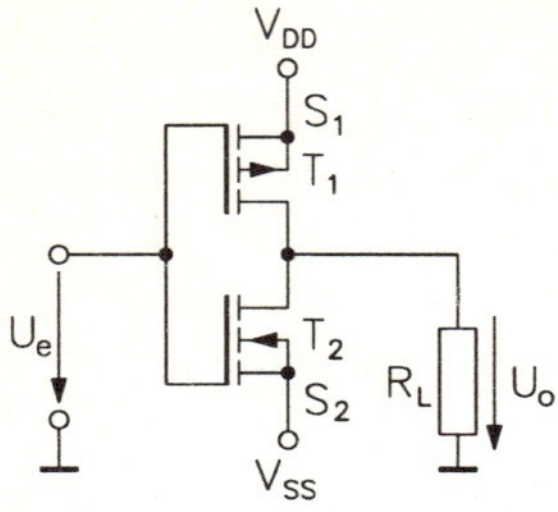

Abb. 4.37 CMOS–Inverter als Gegentakt–Endstufe

spannung um 180^0 phasenverschoben. Daher wird diese Schaltung als Inverter bezeichnet; die Bezeichnung CMOS ("Complementary MOS") bezieht sich auf die Verwendung komplementärer MOS–Transistoren.

Zur Veranschaulichung betrachten wir eine Schaltung, die mit denselben Transistoren aufgebaut ist wie in den vorhergehenden Beispielen. Als Versorgungsspannung wird $V_{DD} = -V_{SS} = 5\,V$ gewählt. Für zwei verschiedene Fälle, nämlich $R_L = 2\,k\Omega$ und $R_L = 10\,k\Omega$, ergeben sich die in Abb. 4.38a gezeigten statischen Übertragungskennlinien. Im Gegensatz zu den Schaltun-

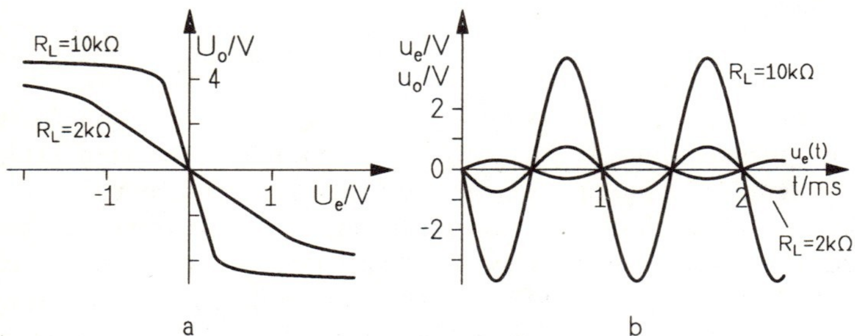

Abb. 4.38 a. Statische Übertragungskennlinien einer Endstufe nach Abb. 4.37 für $R_L = 2\,k\Omega$ und $R_L = 10\,k\Omega$ b. Einganggspannung und Ausgangsspannungen für $R_L = 2\,k\Omega$ bzw. $R_L = 10\,k\Omega$

gen in Abb. 4.34, die auf Source–Folgern basieren, findet hier (neben der Leistungsverstärkung) auch eine Spannungsverstärkung statt. Das bedeutet natürlich auch, daß in diesem Fall die Ausgangspannung stark vom Wert des Lastwiderstandes R_L abhängt. Für $R_L = 2\,k\Omega$ ($R_L = 10\,k\Omega$) läßt sich der Eingangspannungsbereich $-1.2\,V \ldots 1.2\,V$ ($-300\,mV \ldots 300\,mV$) ausnutzen und die Spannungsverstärkung ist 2.5–fach (12.4–fach).

4.7 Zusammenfassung

In diesem Kapitel haben wir Transistor–Grundschaltungen im Hinblick auf den Aufbau von Schaltungen für lineare Anwendungen behandelt. Eine Reihe von Aspekten haben darüber hinaus auch Bedeutung für den Aufbau von Digitalschaltungen. Nach den Überlegungen zur Festlegung von Arbeitspunkten in Transistorschaltungen haben wir die Eigenschaften von Verbundtransistoren, den Aufbau von Stromspiegeln und den Einfluß des Miller–Effekts sowie seine Unterdrückung detailliert besprochen. Breiten Raum hat der Aufbau von Differenzverstärkern eingenommen; dem Aspekt einer hohen Gleichtaktunterdrückung wurde dabei besondere Aufmerksamkeit geschenkt. Den Abschluß des Kapitels bildet der Entwurf von Endverstärkern, insbesondere unter den Gesichtspunkten Wirkungsgrad und Klirrfaktor.

4.8 Aufgaben

Aufgabe 4.1 Die in der nächsten Abbildung dargestellte Basis–Stufe soll

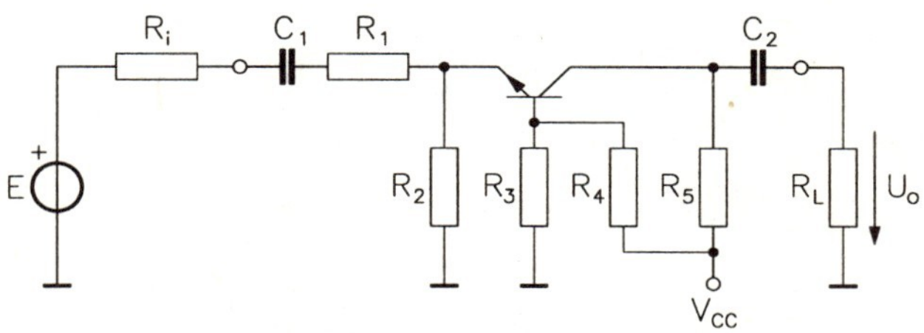

dimensioniert werden. Folgende Elementwerte bzw. Parameter sind vorgegeben:

$$V_{CC} = 15\,V \quad \beta = 100 \quad I_{C0} \approx I_{E0} = 1\,mA$$
$$U_{BE0} = 0.7\,V \quad R_L = 10\,k\Omega \quad R_i = 50\,\Omega\ .$$

Die Basisspannung (gegen Masse) soll 5 V betragen, die Verstärkung der Stufe soll $U_o/E = 20$ betragen.

a. Wählen Sie die (Arbeitspunkt–) Spannung U_{CB0} so, daß maximale Aussteuerbarkeit erreicht wird. Wie groß müssen dann R_5 bzw. R_2 sein?

b. Skizzieren Sie das I_C–U_{CB}–Kennlinienfeld und zeichnen Sie die Arbeitsgerade für das Gleichspannungsverhalten ein. Verifizieren Sie, daß der Arbeitspunkt den richtigen Wert hat.

c. Wählen Sie eine sinnvolle Dimensionierung für den Basis–Spannungsteiler.

d. Zeichnen Sie das Kleinsignal–Modell der Schaltung unter Verwendung eines möglichst einfachen Transistormodells und vereinfachen Sie es auf sinnvolle Weise.

e. Berechnen Sie unter Verwendung des unter d. aufgestellten Modells den erforderlichen Widerstand R_1. Läßt sich die Schaltung überhaupt realisieren?

f. Durch welche einfache Modifikation der Schaltung kann dafür gesorgt werden, daß der unter e. ermittelte Wert für R_1 positiv wird?

Aufgabe 4.2 Die folgende Kollektorstufe wird mit der Versorgungsspannung

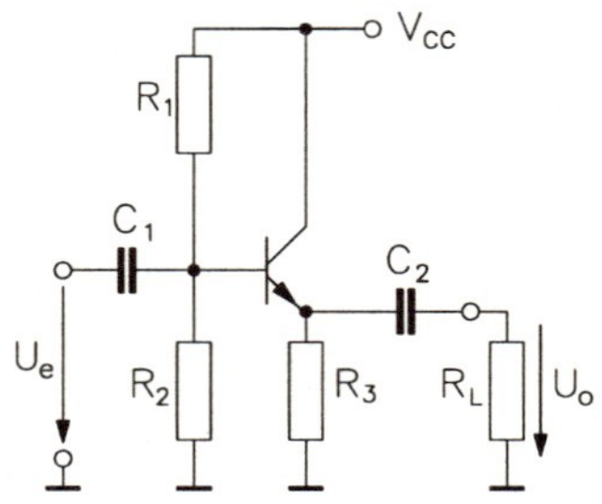

$V_{CC} = 15\,V$ betrieben. Der Transistor hat den Stromverstärkungsfaktor $\beta = 300$, seine Basis–Emitter–Spannung im Arbeitspunkt beträgt $0.7\,V$. Auf den Eingang wird eine sinusförmige Spannung mit der Amplitude $\hat{u} = 5\,V$ und der Frequenz $1\,kHz$ gegeben. Der Lastwiderstand R_L hat den Wert $10\,k\Omega$.

a. Geben Sie der Spannung zwischen Basis und Masse einen sinnvollen Wert.

b. Berechnen Sie R_3 so, daß das Ausgangssignal sinusförmig ist.

c. Dimensionieren Sie den Basis–Spannungsteiler.

d. Dimensionieren Sie die Koppelkondensatoren.

Aufgabe 4.3 Gegeben ist die folgende Stromspiegel–Schaltung mit zwei gleichen Transistoren.

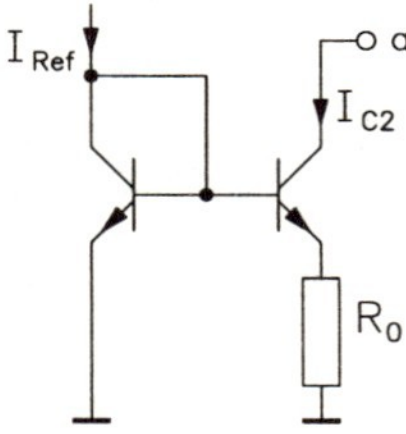

Wie lautet der Zusammenhang zwischen I_{C2} und I_{Ref} ohne Berücksichtigung des Early–Effekts? (Es ergibt sich eine transzendente Gleichung.)

Aufgabe 4.4 In der folgenden Abbildung sind ein Verbundtransistor sowie

a b

das für beide Transistoren jeweils gültige Modell gezeigt. Berechnen Sie für kleine Aussteuerungen den Ersatztransistor gemäß dem unter b. dargestellten Modell.

Aufgabe 4.5 Zeigen sie, daß der folgende Verbundtransistor einem pnp–Transistor ($B_1 \rightarrow$ Basis, $E_2 \rightarrow$ Kollektor, $E_1, C_2 \rightarrow$ Emitter) für den statischen Fall äquivalent ist, und zwar auch für den nichtlinearen Betrieb. (Hinweis: Betrachten Sie den "aktiven Bereich vorwärts" und den Fall gesperrter Transistoren getrennt.)

Aufgabe 4.6 Zeigen Sie, daß sich die folgende Schaltung für $U > 0$ wie eine Diode mit einstellbarer Schwellenspannung verhält, falls man den Basisstrom und den Strom durch den Widerstand R_1 vernachlässigt.

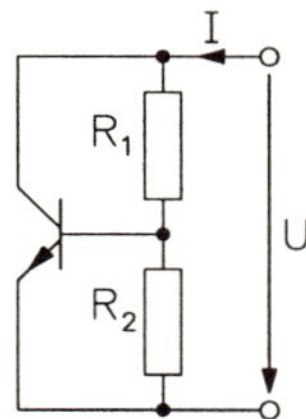

Aufgabe 4.7 Der folgende Differenzverstärker ist mit zwei gleichen Transistoren aufgebaut, deren Stromverstärkungsfaktoren der Einfachheit halber mit $\alpha = 1$ angenommen werden. Ferner soll

$$V_{CC} = 15\,V \quad V_{EE} = -15\,V \quad I_0 = 1\,mA \quad R_1 = R_2 = 1\,k\Omega$$

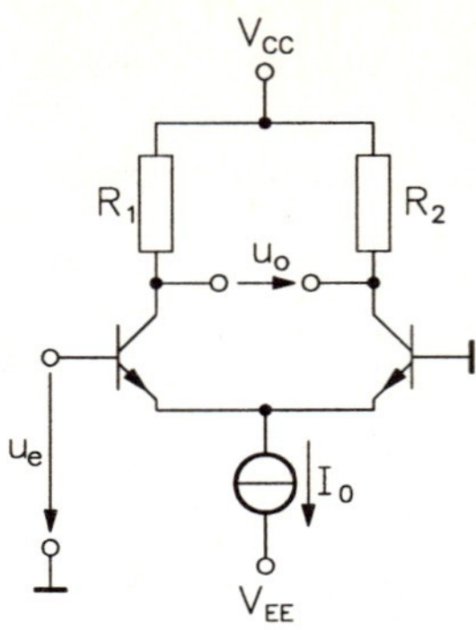

gelten. Auf den Eingang wird eine sinusförmige Spannung der Frequenz 100 Hz gegeben. Skizzieren Sie für zwei Perioden den zeitlichen Verlauf von u_o für folgende Scheitelwerte der Eingangsspannung:

a. $\hat{u}_e = 26\,mV$ b. $\hat{u}_e = 150\,mV$ c. $\hat{u}_e = 1\,V$

5 Rückkopplung und Stabilität

5.1 Allgemeines

Rückkopplung spielt in elektronischen Schaltungen und Systemen eine herausragende Rolle, denn durch sie läßt sich eine Reihe wichtiger Eigenschaften oft entscheidend verbessern. Zur Erzeugung ungedämpfter Schwingungen mit Hilfe von Röhrenoszillatoren wurde die (positive) Rückkopplung schon sehr früh eingesetzt; sehr viel später erst wurde sie — in Form der Gegenkopplung — zur Verbesserung von Verstärkereigenschaften verwendet.

Die Rückkopplung eines Verstärkers besteht darin, daß der Verstärkerschaltung eine dem Ausgangssignal proportionale Leistung wieder zugeführt wird, zum Beispiel am Eingang. Um einen ersten Eindruck zu gewinnen, wie durch die Anwendung der Rückkopplung eine Verstärkereigenschaft positiv beeinflußt werden kann, betrachten wir ein Beispiel. Dazu nehmen wir einen linearen Verstärker mit einem Eingang und einem Ausgang an, dessen Eingangsadmittanz und Ausgangsimpedanz gleich null sind, und dessen frequenzunabhängige Spannungsverstärkung wir mit V_0 bezeichnen; den derart gekennzeichneten Verstärker können wir durch eine ideale spannungsgesteuerte Spannungsquelle modellieren. Der Verstärker werde durch eine Spannungsquelle mit der Leerlaufspannung E und dem Innenwiderstand R_i gespeist; Ausgang und Eingang des Verstärkers sind über den Widerstand R_f miteinander verbunden. Abb. 5.1 zeigt diese Anordnung. Mit $G_i = 1/R_i$ und

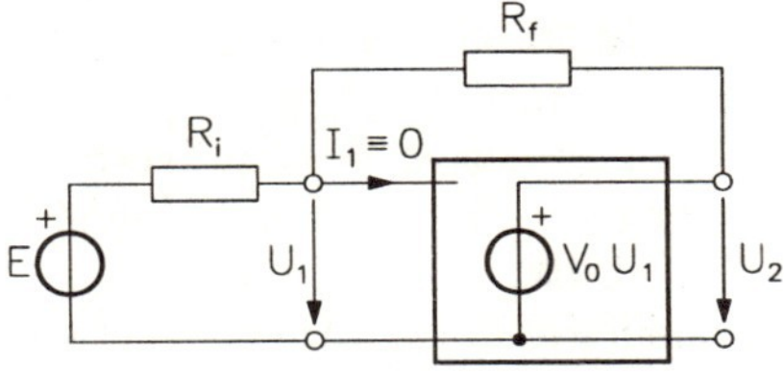

Abb. 5.1 Rückgekoppelter Verstärker

$G_f = 1/R_f$ gilt am Eingang des Verstärkers

$$G_i(E - U_1) + G_f(U_2 - U_1) = 0 .$$

Wegen $U_2 = V_0 U_1$ erhalten wir daraus für die Verstärkung $V = U_2/E$

$$V = -\frac{R_f}{R_i - \dfrac{R_i + R_f}{V_0}} \tag{5.1}$$

oder auch

$$V = \frac{V_0}{1 + (1 - V_0)\dfrac{R_i}{R_f}} . \tag{5.2}$$

Zur Interpretation dieser Gleichung sind zwei Fallunterscheidungen für die Verstärkung V sinnvoll, nämlich

$$\begin{aligned} 1 \leq V_0 < 1 + \frac{R_f}{R_i} \quad &\Longrightarrow \quad |V| \geq |V_0| \\ V_0 < 1 \quad &\Longrightarrow \quad |V| < |V_0| . \end{aligned}$$

Bewirkt die Einführung der Rückkopplung eine (betragsmäßige) Verstärkungserhöhung, heißt sie positive Rückkopplung, im anderen Fall negative Rückkopplung; die Bezeichnungen Mitkopplung und Gegenkopplung zur Unterscheidung der beiden Fälle sind ebenfalls gebräuchlich.

Positive Rückkopplung wird in linearen Schaltungen nur in Sonderfällen angewendet. Sie bringt in der Regel eher Nachteile als Vorteile; in dem Beispiel gemäß Abb. 5.1 deutet sich dies etwa dadurch an, daß für $V_0 = 1 + R_f/R_i$ die Verstärkung V über alle Grenzen wächst und die Schaltung instabil wird.

Vorteile ergeben sich im allgemeinen bei negativer Rückkopplung; wenn wir in Zukunft der Einfachheit halber nur von Rückkopplung sprechen, so soll immer negative Rückkopplung gemeint sein.

Wenden wir uns noch einmal dem durch Abb. 5.1 gegebenen Beispiel zu und betrachten Gleichung (5.1) für $V_0 < 0$. Je größer $|V_0|$ wird, desto weniger geht der genaue Wert V_0 in die Verstärkung V ein, und für den Grenzfall $V_0 \to -\infty$ ergibt sich $V = -R_f/R_i$ (für $V_0 \to +\infty$ ergibt sich formal dasselbe Ergebnis, jedoch arbeitet die Schaltung in diesem Fall nicht stabil). Dies ist natürlich ein interessantes Ergebnis; es besagt, daß man zur Erzielung eines genauen und konstanten Verstärkungsfaktors neben einem präzisen Widerstandverhältnis lediglich einen Verstärker mit ziemlich unspezifizierter Verstärkung benötigt, solange diese Verstärkung nur hinreichend hoch ist.

Im folgenden werden wir uns nun in allgemeinerer Form mit der Rückkopplung befassen. Vorher sollen jedoch schon kurz die erzielbaren wesentlichen Vorteile und die dafür in Kauf zu nehmenden Nachteile aufgezählt werden. Zu den Vorteilen gehören

- Weitgehende Unabhängigkeit der Verstärkung von den Verstärkerparametern, Schwankungen der Versorgungsspannung und der Temperatur.
- Reduktion nichtlinearer Verzerrungen.
- Beeinflussung der Frequenzcharakteristik eines Verstärkers, insbesondere Erhöhung der Bandbreite.
- Beeinflussung der Eingangs– und Ausgangsimpedanz eines Verstärkers.
- Reduktion des Einflusses von Störsignalen, sofern sie nicht an den Eingangsklemmen des Verstärkers auftreten.

Als hauptsächliche Nachteile sind die beiden folgenden zu nennen:

- Es muß innerhalb der rückgekoppelten Schaltung eine sehr viel höhere Verstärkung bereitgestellt werden als die "nach außen" wirksame.
- Es besteht die Gefahr der Erzeugung unerwünschter Schwingungen.

Besonders der zuletzt genannte Punkt ist ernsthafter Natur, denn alle aufgeführten Vorteile können nur zum Tragen kommen, solange ein Verstärker nicht schwingt, was zu einem völligen Verlust seiner eigentlichen Funktion führen würde; diese Problematik werden wir daher noch ausführlich behandeln.

5.2 Allgemeine Grundlagen

Anstatt mit Spannungen und Strömen zu arbeiten, werden wir hier allgemeine Signale x und y verwenden, wobei Ursachen durch x und Wirkungen durch y gekennzeichnet sein werden. Auch die Schaltungen werden wir nicht in Einzelheiten, sondern symbolisch darstellen. Dies dient dazu, die prinzipiellen Zusammenhänge stärker hervortreten zu lassen. Die Anordnung, die wir betrachten wollen, ist in Abb. 5.2a dargestellt. Das Dreieck symbolisiert einen

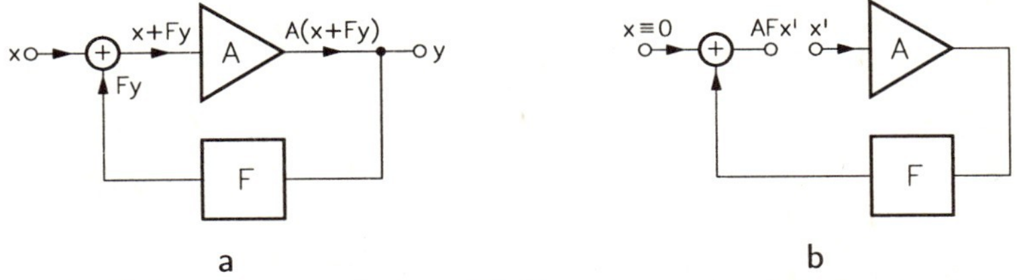

Abb. 5.2 a. System mit einer Rückkopplungsschleife b. Zur Definition der Schleifenverstärkung

Verstärker mit der Verstärkung A; wir werden im allgemeinen von $A < 0$ ausgehen. Der mit F bezeichnete Kasten stellt das Rückkopplungsnetzwerk dar, das gewöhnlich nur aus passiven Elementen besteht, und der mit einem Pluszeichen versehene Kreis ist das Symbol für einen Addierer. Die Funktion der einzelnen Symbole geht aus Abb. 5.2a hervor; es ist unterstellt, daß sich die einzelnen Funktionsblöcke gegenseitig nicht beeinflussen (die Entkopplung ist entscheidend für die hier abgeleiteten Beziehungen) und daß Signale nur in Richtung der Pfeile fließen. Aus Abb. 5.2a lesen wir

$$y = A(x + Fy)$$

ab und erhalten durch Umformung die Beziehung

$$y = \frac{Ax}{1 - AF} . \tag{5.3}$$

Setzen wir $G = y/x$, so erhalten wir

$$G = \frac{A}{1 - AF} . \tag{5.4}$$

Die Größe A wird Leerlaufverstärkung genannt, G ist die Verstärkung des rückgekoppelten Verstärkers, und das Produkt AF wird als Schleifenverstärkung bezeichnet. Den letztgenannten Namen verdeutlichen wir mit Hilfe von Abb. 5.2b. Wir trennen — bei fehlendem Eingangssignal x — die Rückkopplungsschleife an irgendeiner Stelle auf und erhalten, durch die Pfeilrichtungen festgelegt, einen Eingang und einen Ausgang; an den Eingang legen wir ein Signal x' und erhalten dann am Ausgang das Signal AFx'. Bei großen Schleifenverstärkungen, also

$$|AF| \gg 1 \tag{5.5}$$

und $AF < 0$ gilt für die Verstärkung G des rückgekoppelten Verstärkers

$$G \approx \frac{1}{F} . \tag{5.6}$$

Somit wird die Verstärkung G im wesentlichen durch den Übertragungsfaktor F des Rückkopplungsnetzwerks bestimmt.

Beispiel 5.1

Es soll gezeigt werden, daß die stabilisierende Wirkung eines Emitterwiderstandes im Hinblick auf die Einstellung des Arbeitspunktes einer Transistorstufe als positive Wirkung einer Rückkopplung interpretiert werden kann, auch wenn man dies der Schaltung nicht auf den ersten Blick ansieht. Wir wiederholen dazu zunächst zur besseren Übersicht Abb. 4.3b (leicht modifiziert) sowie Gleichung (4.12).

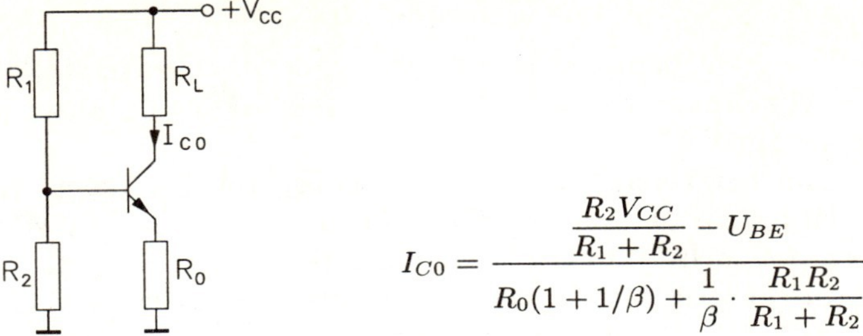

$$I_{C0} = \frac{\dfrac{R_2 V_{CC}}{R_1 + R_2} - U_{BE}}{R_0(1 + 1/\beta) + \dfrac{1}{\beta} \cdot \dfrac{R_1 R_2}{R_1 + R_2}}$$

Da wir $\beta \gg 1$ voraussetzen können, gilt auch in guter Näherung

$$I_{C0} = \frac{\dfrac{R_2 V_{CC}}{R_1 + R_2} - U_{BE}}{R_0 + \dfrac{1}{\beta} \cdot \dfrac{R_1 R_2}{R_1 + R_2}} .$$

Diese Gleichung kann umgeformt werden in

$$I_{C0} = \frac{V_{CC} - (1 + R_1/R_2)U_{BE}}{R_1} \cdot \frac{\beta}{1 + \beta \underbrace{\frac{R_0}{R_1}(1 + R_1/R_2)}_{F}} .$$

Der Rückkopplungsfaktor F ist also proportional zum Wert des Emitterwiderstandes R_0, und für $\beta F \gg 1$ geht die Abhängigkeit von I_{C0} gegenüber dem Stromverstärkungsfaktor β gegen null.

Wir leiten nun noch eine Beziehung her, aus der wir eine quantitative Aussage darüber gewinnen können, in welcher Weise sich Änderungen der Leerlaufverstärkung A auf die Verstärkung G des rückgekoppelten Verstärkers auswirken. Dazu bilden wir das Differential

$$dG = \frac{\partial G}{\partial A} \cdot dA .$$

In Verbindung mit (5.4) ergibt sich dann

$$dG = \frac{dA}{(1 - AF)^2} . \tag{5.7}$$

Nun interessieren gewöhnlich nicht die absoluten, sondern die relativen Änderungen der Verstärkung G. Aus (5.7) ergibt sich unter Verwendung von (5.4)

$$\frac{dG}{G} = \frac{1}{1 - AF} \cdot \frac{dA}{A} \tag{5.8}$$

und für nicht zu große Abweichungen auch

$$\frac{\Delta G}{G} \approx \frac{1}{1 - AF} \cdot \frac{\Delta A}{A} \,. \tag{5.9}$$

Ist z. B. $|AF| = 1000$, dann hat eine Änderung der Leerlaufverstärkung von 5 % nur eine Abweichung von 0.005 % bei der Verstärkung des rückgekoppelten Verstärkers zur Folge.

Da der Einfluß der Verstärkung A durch die negative Rückkopplung stark vermindert wird, steht zu erwarten, daß dadurch auch nichtlineare Verzerrungen reduziert werden, die ja aufgrund einer aussteuerungsabhängigen Verstärkung des nicht rückgekoppelten Verstärkers entstehen. Dazu betrachten wir als Beispiel Abb. 5.3. Das Eingangs–Ausgangs–Verhalten des nicht rückgekoppelten Verstärkers möge durch die Beziehung

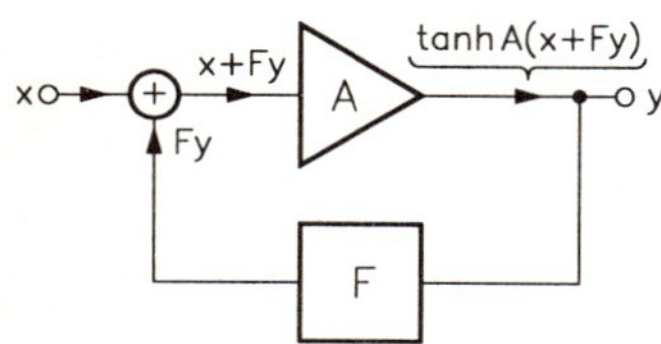

Abb. 5.3 Rückkopplungsschleife mit einem nichtlinearen Verstärker

$$\mathit{Ausgangssignal} = \tanh(A \cdot \mathit{Eingangssignal})$$

gekennzeichnet sein; darin ist A eine (negative, falls $F > 0$) Konstante. Die Annahme einer derartigen Verstärkungscharakteristik ist durchaus realistisch, wie etwa der Vergleich mit (4.62) zeigt. Aus Abb. 5.3 lesen wir

$$y = \tanh A(x + Fy) \tag{5.10}$$

ab. Abb. 5.4 veranschaulicht das Eingangs–Ausgangs–Verhalten für drei unterschiedliche Werte des Faktors F. Für die Kurven wurde $A = -500$ angenommen. Wir sehen, daß für $F = 0$ — also den Betrieb des Verstärkers ohne Rückkopplung — die Kennlinie nur für sehr kleine Aussteuerungen linear verläuft. Der rückgekoppelte Verstärker, bei dem für das Rückkopplungsnetzwerk der Übertragungsfaktor $F = 0.01$ angenommen wurde, weist dagegen einen sehr viel größeren linearen Aussteuerbereich auf.

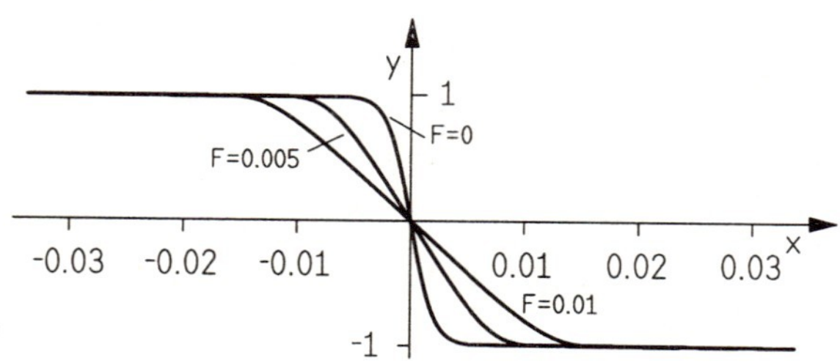

Abb. 5.4 Graphen zu Gleichung (5.10)

Wir können uns dem Phänomen, daß durch die negative Rückkopplung nichtlineare Verzerrungen reduziert werden, auch von einer anderen Seite nähern. Aus Überlegungen im 4. Kapitel wissen wir, daß durch nichtlineare Verzerrungen aus einem monofrequenten sinusförmigen Signal zusätzliche Spektralanteile entstehen, deren Frequenzen ganzzahliche Vielfache der Frequenz des Ursprungssignals sind; das verzerrte Signal läßt sich also in Form einer Fourier–Reihe darstellen. Sei nun das Eingangssignal eines (frequenzunabhängigen) Verstärkers durch

$$x = \hat{x} \sin \omega_0 t$$

gegeben, so können wir das verzerrte Ausgangssignal in der Form

$$y = a_0 + a_1 \sin \omega_0 t + \sum_{\substack{n=-\infty \\ n \neq 0, \pm 1}}^{\infty} a_n \, \mathrm{e}^{jn\omega_0 t} \tag{5.11}$$

angeben. Der Gleichanteil a_0 stellt in diesem Zusammenhang keine direkte Störung dar und soll deshalb auch nicht weiter berücksichtigt werden; der Einfachheit halber nehmen wir $a_0 = 0$ an. Den durch (5.11) gegebenen Zusammenhang können wir uns auch so entstanden denken, daß dem unverzerrten Signalanteil $a_1 \sin \omega_0 t$ die Störanteile aus unabhängigen Quellen zugesetzt werden. Wir können also

$$y_{Nutz} = a_1 \sin \omega_0 t \tag{5.12}$$

$$y_{Stör} = \sum_{\substack{n=-\infty \\ n \neq 0, \pm 1}}^{\infty} a_n \, \mathrm{e}^{jn\omega_0 t} \tag{5.13}$$

schreiben. Diese Darstellungsform verwenden wir nun, um den Einfluß der Rückkopplung auf Verzerrungen quantitativ zu untersuchen. Wir gehen dabei von der Anordnung gemäß Abb. 5.1 aus, nehmen aber nun an, daß der Verstärker aus zwei Stufen mit den jeweiligen Verstärkungen A_1, A_2 besteht. Die beiden Stufen sollen sich gegenseitig nicht beeinflussen; außerdem nehmen wir $A_1 < 0$ und $A_2 > 0$ an. Da Verzerrungen an verschiedenen Stellen des Verstärkers entstehen, läßt sich als Beispiel die in Abb. 5.5 gezeigte Anordnung

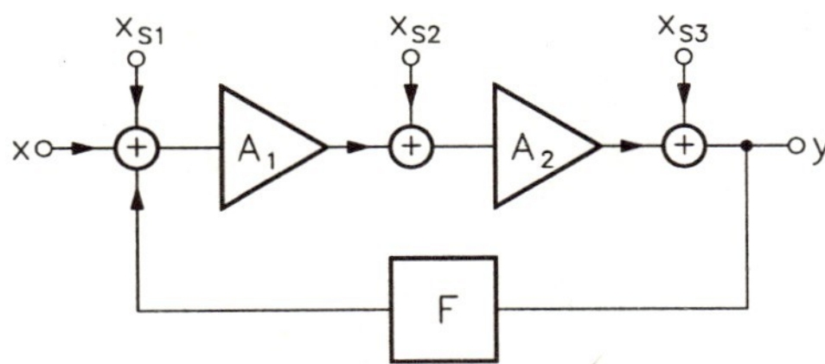

Abb. 5.5 Rückkopplungsschleife unter Einwirkung von Störsignalen

angeben. Aus Abb. 5.5 lesen wir

$$[(x + x_{S1} + Fy)A_1 + x_{S2}]A_2 + x_{S3} = y$$

ab und erhalten nach einfacher Umformung

$$y = \frac{A_1 A_2 (x + x_{S1})}{1 - A_1 A_2 F} + \frac{A_2 x_{S2}}{1 - A_1 A_2 F} + \frac{x_{S3}}{1 - A_1 A_2 F} \,. \tag{5.14}$$

Unter der Annahme einer hohen Schleifenverstärkung, also für $|A_1 A_2 F| \gg 1$, ergibt sich daraus näherungsweise

$$y = -\frac{x + x_{S1}}{F} - \frac{x_{S2}}{A_1 F} - \frac{x_{S3}}{A_1 A_2 F} \,. \tag{5.15}$$

Diese Gleichung zeigt, daß man bei der Entwicklung eines gemäß Abb. 5.5 rückgekoppelten Verstärkers dafür Sorge tragen muß, daß Verzerrungen nach Möglichkeit erst in den Ausgangsstufen auftreten, da sie dann am stärksten durch die Rückkopplung abgeschwächt werden.

Das in Abb. 5.5 wiedergegebenen Blockschaltbild haben wir zwar unter der Annahme entwickelt, daß die Störsignale x_{S1}, x_{S2}, x_{S3} durch nichtlineare Verzerrungen hervorgerufen werden, jedoch ist die Anwendung dieser Anordnung nicht auf diesen Fall beschränkt. Auch andere Störsignale, wie etwa das Rauschen, werden durch die negative Rückkopplung vermindert, solange sie nicht am Eingang des Verstärkers vorhanden sind, was besonders durch (5.15) verdeutlicht wird.

Bei den bisherigen Betrachtungen hatten wir stets stillschweigend unterstellt, daß die Verstärkung des nicht rückgekoppelten Verstärkers frequenzunabhängig ist. Insbesondere das Vorhandensein parasitärer Kapazitäten ruft aber bei realen Schaltungen immer eine mehr oder weniger starke Frequenzabhängigkeit der Verstärkung hervor; wie durch die Rückkopplung eine Verringerung der Frequenzabhängigkeit erreicht wird, wollen wir jetzt an einem Beispiel demonstrieren. Wir gehen dazu von Abb. 5.1 aus, nehmen jedoch nun zusätzlich eine Eingangskapazität für den Verstärker an; so erhalten wir Abb. 5.6. Die Quelle liefere eine Spannung der Form $E\,\mathrm{e}^{st}$ mit $E, s \in \mathbb{C}$; die

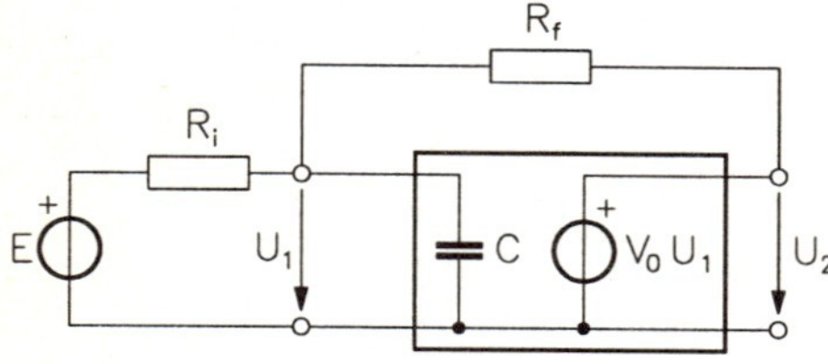

Abb. 5.6 Rückgekoppelter Verstärker mit einer Eingangskapazität C

Verstärkung V_0 sei weiterhin reell. Für diese Schaltung gilt

$$\frac{U_2}{E} = \frac{V_0}{1 + (1 - V_0)\,\dfrac{R_i}{R_f} + sCR_i} \,, \tag{5.16}$$

wobei $V_0 < 0$ vorausgesetzt ist. Mit den Abkürzungen

$$V = \frac{U_2}{E} \qquad \omega_g = \frac{1}{CR_i}$$

folgt aus (5.16) für $s = j\omega$

$$V = \frac{V_0}{1 + (1 - V_0)\dfrac{R_i}{R_f} + j\dfrac{\omega}{\omega_g}} \,. \tag{5.17}$$

Diese Gleichung veranschaulichen wir grafisch. Unter der Annahme von $V_0 = -1000$, $f_g = \omega_g/(2\pi = 500)\,kHz$ ist in Abb. 5.7 der Betrag der Verstärkung V

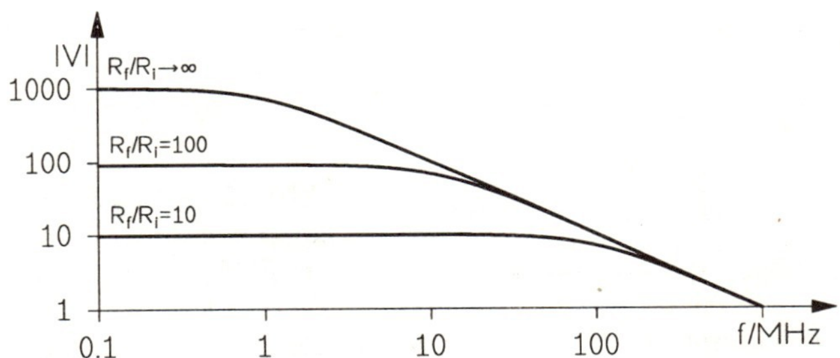

Abb. 5.7 Frequenzgang des in Abb. 5.6 dargestellten Verstärkers

als Funktion der Frequenz aufgetragen, und zwar für drei verschiedene Werte des Verhältnisses R_f/R_i; Abszisse und Ordinate sind logarithmisch geteilt. Aus der Abb. wird deutlich, daß durch die Rückkopplung — auf Kosten der Höhe der Verstärkung — die Frequenzabhängigkeit vermindert wird.

Durch die Einführung einer Rückkopplung werden auch die Eingangs– und Ausgangsimpedanz beeinflußt, sofern sie nicht gleich null sind. Wir untersuchen dieses Verhalten ebenfalls anhand eines Beispiels, für das wir wieder den Verstärker in Abb. 5.1 verwenden; dieses Mal speisen wir ihn jedoch aus einer Stromquelle I_0. Abb. 5.8 zeigt die betrachtete Anordnung. (Es sei an dieser

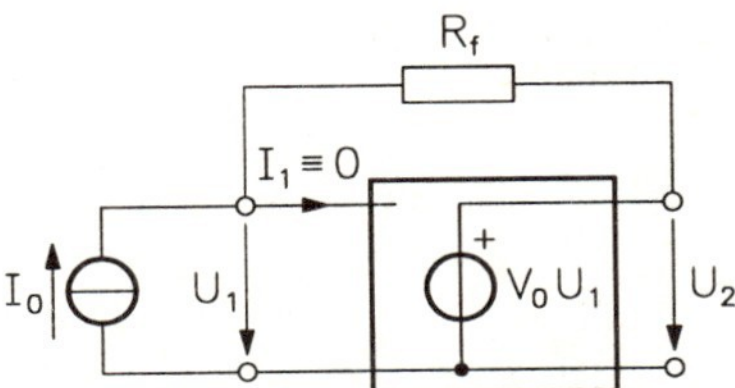

Abb. 5.8 Zur Berechnung der Eingangsimpedanz eines rückgekoppelten Verstärkers

Stelle darauf aufmerksam gemacht, daß ohne den Rückkopplungswiderstand R_f die Speisung eines Verstärkers mit der Eingangsadmittanz Null aus einer Stromquelle sinnlos ist.) Für die Summe der Ströme an der Eingangsklemme gilt

$$I_0 + G_f(V_0 - 1)U_1 = 0\ .$$

Damit lautet die Eingangsimpedanz

$$Z_e = \frac{U_1}{I_0} = \frac{R_f}{1 - V_0}\ . \tag{5.18}$$

Da $V_0 < 0$ ist, wird die Eingangsimpedanz mit wachsendem Betrag der Leerlaufverstärkung immer kleiner; einen Sonderfall dieses Prinzips — den Miller–Effekt — haben wir schon früher kennengelernt.

Wir untersuchen nun noch den Einfluß der Rückkopplung auf den Ausgangswiderstand eines Verstärkers; Abb. 5.9 zeigt die betrachtete Anordnung.

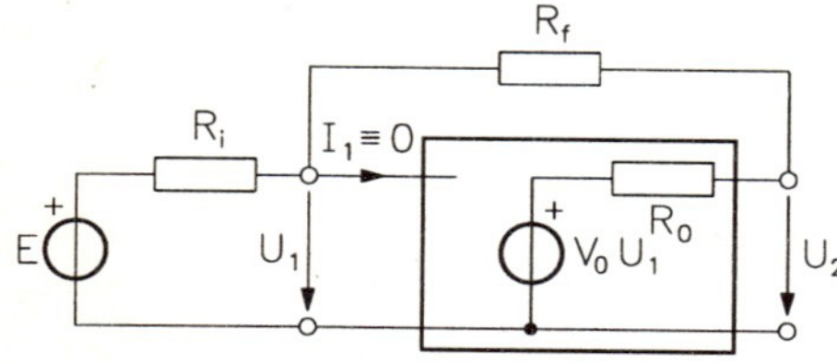

Abb. 5.9 Zum Einfluß der Rückkopplung auf den Ausgangswiderstand eines Verstärkers

Den Ausgangswiderstand R_a berechnen wir über die Beziehung

$$R_a = \frac{U_2}{I_k}\ , \tag{5.19}$$

wobei I_k der Kurzschlußstrom ($U_2 = 0$) am Ausgang ist. Aus

$$\begin{aligned}
\frac{E - U_1}{R_i} + \frac{V_0 U_1 - U_1}{R_0 + R_f} &= 0 \\
\frac{V_0 U_1 - U_2}{R_0} + \frac{U_1 - U_2}{R_f} &= 0
\end{aligned}$$

ergibt sich nach kurzer Rechnung für die Leerlaufspannung U_2 die Beziehung

$$U_2 = \frac{(R_0 + V_0 R_f)E}{R_0 + R_f + (1 - V_0)R_i}\ . \tag{5.20}$$

Für den Kurzschlußstrom lesen wir zunächst

$$I_k = \frac{E}{R_i + R_f} + \frac{V_0 R_f E}{R_0(R_i + R_f)}$$

ab, woraus

$$I_k = \frac{(R_0 + V_0 R_f)E}{R_0(R_i + R_f)} \tag{5.21}$$

folgt. Werden die Gleichungen (5.20, 5.21) in (5.19) eingesetzt, so ergibt sich

$$R_a = \frac{R_0}{1 + \dfrac{R_0 - V_0 R_i}{R_i + R_f}} \qquad V_0 < 0 \; . \tag{5.22}$$

Durch die Rückkopplung wird der Ausgangswiderstand R_0 also um den Faktor

$$1 + \frac{R_0 - V_0 R_i}{R_i + R_f}$$

herabgesetzt; für sehr hohe Verstärkung ergibt sich wegen

$$\lim_{|V_0| \to \infty} R_a = 0$$

ein sehr kleiner Ausgangswiderstand.

5.3 Rückkopplungs–Strukturen

Wenn wir das in Abb. 5.2 dargestellte allgemeine Prinzip in Verstärkerschaltungen anwenden wollen, so ist dabei zu berücksichtigen, daß diese Art von Schaltungen häufig nicht aus Baugruppen aufgebaut ist, die gegenseitig entkoppelt sind. Vielmehr sind Verstärker, Rückkopplungsnetzwerk und Summierer vielfach derart miteinander verbunden — oft ist eine getrennte Anordnung gar nicht erkennbar —, daß die zugehörigen Spannungen und Ströme miteinander verkoppelt sind (Schaltungen mit Operationsverstärkern bilden in dieser Hinsicht eine Ausnahme). In diesen Fällen sind also die Strom–Spannungs–Beziehungen an den Ein– und Ausgängen zu berücksichtigen. Dies geschieht am besten in der Weise, daß man die einzelnen Teilschaltungen als Zweitore behandelt. Wir stellen daher die verschiedenen grundsätzlich möglichen Rückkopplungsstrukturen auf dieser Basis dar und geben zur Veranschaulichung auch jeweils eine prinzipielle Schaltungsrealisierung als Beispiel an.

Gemäß Abb. 5.2 findet bei einem rückgekoppelten Verstärker einerseits hinter dem Verstärker A eine Signalaufteilung statt, zum anderen eine Addition von Signalen davor. Da diese Signale jeweils Spannungen oder Ströme sein können, ergeben sich insgesamt vier verschiedene Konfigurationen für die Zusammenschaltung von Verstärker und Rückkopplungsnetzwerk, die in den Abbildungen 5.10a ... 5.13a dargestellt sind.

Wenden wir die Überlegungen des Unterabschnitts 3.3.7 an, so erkennen wir, daß für die vier Anordnungen wegen der jeweiligen Art der Zusammenschaltung vorzugsweise folgende Matrizen verwendet werden:

Abb. 5.10a: Impedanzmatrix $\boldsymbol{Z}$ Abb. 5.12a: Hybridmatrix $\boldsymbol{H}$

Abb. 5.11a: Admittanzmatrix $\boldsymbol{Y}$ Abb. 5.13a: Hybridmatrix $\boldsymbol{G}$.

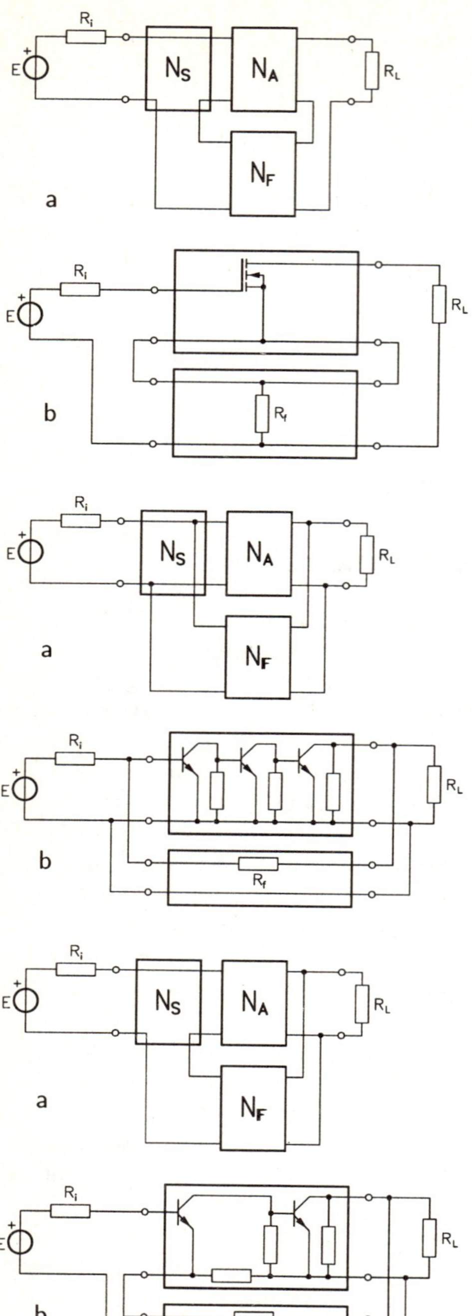

Abb. 5.10 Reihenschaltung von Verstärker und Rückkopplungsnetzwerk am Eingang und Ausgang a. Prinzip b. Schaltungsbeispiel

Abb. 5.11 Parallelschaltung von Verstärker und Rückkopplungsnetzwerk am Eingang und Ausgang a. Prinzip b. Schaltungsbeispiel

Abb. 5.12 Reihenschaltung von Verstärker und Rückkopplungsnetzwerk am Eingang und Parallelschaltung am Ausgang a. Prinzip b. Schaltungsbeispiel

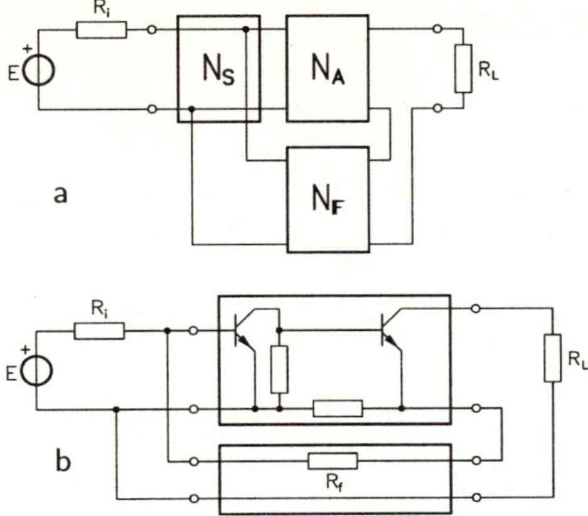

Abb. 5.13 Parallelschaltung von Verstärker und Rückkopplungsnetzwerk am Eingang und Reihenschaltung am Ausgang a. Prinzip b. Schaltungsbeispiel

In den Abb. 5.11b ... 5.13b sind als Beispiele jeweils auch rückgekoppelte Transistorschaltungen dargestellt. Die Schaltungen in Abb. 5.12b und Abb. 5.13b enthalten neben der gesondert eingezeichneten noch eine weitere negative Rückkopplung in Form von Widerständen in der Emitterleitung. Dies sind Beispiele von Mehrfachrückkopplungen, die wegen ihrer Effizienz häufig angewendet werden.

Abgesehen von dem Beispiel gemäß Abb. 5.6 haben wir bisher unterstellt, daß die Eigenschaften der Schaltungen frequenzunabhängig sind; insbesondere haben wir immer eine frequenzunabhängige Leerlaufverstärkung angenommen. In realen Schaltungen ist diese Annahme natürlich nicht erfüllt, und daraus resultieren auch beträchtliche Schwierigkeiten; dieser Gesichtspunkt wird im folgenden Abschnitt behandelt.

5.4 Stabilität

5.4.1 Einführung

Der wesentliche Nachteil von Rückkopplung besteht darin, daß in rückgekoppelten Schaltungen eine unerwünschte Erscheinung auftreten kann, die als Instabilität bezeichnet wird. Durch sie werden Schaltungen unbrauchbar, so daß der Stabilität des Schaltungsverhaltens besondere Bedeutung zukommt.

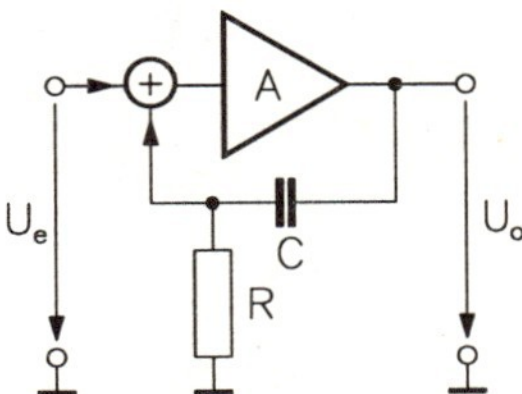

Abb. 5.14 Rückgekoppelter Verstärker

Als einführendes Beispiel betrachten wir die in Abb. 5.14 wiedergegebene Schaltung. Das Rückkopplungsnetzwerk F (vgl. Abb. 5.2a) ist hier frequenzabhängig und es gilt

$$F = F(s) = \frac{s}{s+\sigma_1} \qquad \sigma_1 = \frac{1}{RC} \; . \tag{5.23}$$

Zur Realisierung des Summierers brauchen wir in diesem Zusammenhang keine Aussage zu machen. Der Verstärker habe die Gleichspannungsverstärkung A_0 und er soll eine Frequenzabhängigkeit der Form

$$A = A(s) = \frac{A_0\sigma_2}{s+\sigma_2} \qquad \sigma_2 > 0 \tag{5.24}$$

aufweisen. Aufgrund von (5.4) können wir dann

$$G(s) = \frac{A(s)}{1 - A(s)F(s)}$$

schreiben und unter Verwendung von (5.23, 5.24) ergibt sich

$$G(s) = \frac{A_0\sigma_2(s+\sigma_1)}{s^2 + [\sigma_1 + (1-A_0)\sigma_2]\, s + \sigma_1\sigma_2} \; . \tag{5.25}$$

Beispiel 5.2

Gegeben sei die Schaltung gemäß Abb. 5.14 und es gelte $\sigma_2 = 10\sigma_1$. Dann ergibt sich für die Übertragungsfunktion

$$G(s) = \frac{10A_0\sigma_1(s+\sigma_1)}{s^2 + (11-10A_0)\sigma_1 s + 10\sigma_1^2} \; .$$

Für

1. $A_0 = 1$ 2. $A_0 = 1.1$ 3. $A_0 = 1.2$

und $\sigma_1 = 10^3(1/s)$ sind im folgenden die Sprungantworten dargestellt.

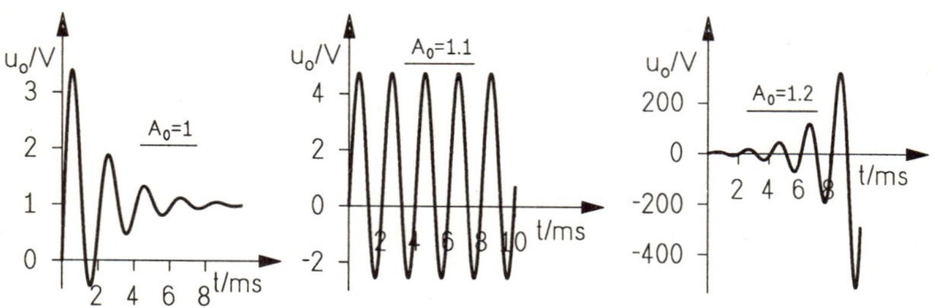

Wir wenden uns nun der Interpretation der unterschiedlichen Verhaltensweisen zu, die sich in Beispiel 5.2 aufgrund der verschiedenen Werte von A_0 ergeben haben. Dazu schreiben wir die Übertragungsfunktion $G(s)$ in der allgemeinen Form

$$G(s) = K \cdot \frac{s+a}{s^2 + b_1 s + b_0}$$

oder äquivalent.

$$G(s) = K \cdot \frac{s+a}{(s - s_{\infty 1})(s - s_{\infty 2})} \tag{5.26}$$

mit

$$s_{\infty 1,2} = -\frac{b_1}{2} \pm \sqrt{\frac{b_1^2}{4} - b_0} \ . \tag{5.27}$$

Für die drei A_0–Werte in Beispiel 5.2 ergibt sich

$$\begin{array}{lll}
A_0 = 1: & s_{\infty 1} = (-5 + j31.2)\dfrac{10^2}{s} & s_{\infty 2} = s_{\infty 1}^* = (-5 - j31.2)\dfrac{10^2}{s} \\
A_0 = 1.1: & s_{\infty 1} = j3.16 \cdot \dfrac{10^3}{s} & s_{\infty 2} = s_{\infty 1}^* = -j3.16 \cdot \dfrac{10^3}{s} \\
A_0 = 1.2: & s_{\infty 1} = (5 + j31.2)\dfrac{10^2}{s} & s_{\infty 2} = s_{\infty 1}^* = (5 - j31.2)\dfrac{10^2}{s} \ .
\end{array}$$

In allen drei Fällen ergeben sich also konjugiert komplexe Polpaare. Bezüglich der Realteile der Pole gilt für das Beispiel:

$$\begin{array}{rcl}
A_0 = 1 & \Longrightarrow & \mathrm{Re}\ s_{\infty 1} = \mathrm{Re}\ s_{\infty 2} < 0 \\
A_0 = 1.1 & \Longrightarrow & \mathrm{Re}\ s_{\infty 1} = \mathrm{Re}\ s_{\infty 2} = 0 \\
A_0 = 1.2 & \Longrightarrow & \mathrm{Re}\ s_{\infty 1} = \mathrm{Re}\ s_{\infty 2} > 0 \ .
\end{array}$$

Die Pole der Übertragungsfunktion sind identisch mit den Eigenwerten der Systemmatrix (siehe Unterabschnitt 3.3.5). Also sind die Eigenschwingungen der Schaltung gemäß Abb. 5.14 von der Form

$$\mathrm{e}^{s_{\infty 1} t} \qquad \text{bzw.} \qquad \mathrm{e}^{s_{\infty 2} t} \ .$$

Sie können für $t \to \infty$ nur dann abklingen, wenn die Realteile der Eigenwerte (Pole) negativ sind.

Für eine praktisch brauchbare Schaltung müssen einmal angeregte Eigenschwingungen wieder abklingen, eine Ausnahme bilden Oszillatoren, in denen sinusförmige Schwingungen mit konstanter Amplitude erzeugt werden. Eine Schaltung mit abklingenden Eigenschwingungen wird als stabil bezeichnet.

Im Falle einfacher Eigenwerte λ ist die Zeitabhängigkeit der Eigenschwingungen von der Form $\mathrm{e}^{\lambda t}$ und bei n–fachen Eigenwerten gilt entsprechend $t^{n-1}\,\mathrm{e}^{\lambda t}/(n-1)!$. Somit läßt sich die folgende Stabilitätsbedingung formulieren:

Eine lineare Schaltung ist dann und nur dann asymptotisch stabil, wenn die Eigenwerte der Systemmatrix negativen Realteil haben.

Da die Eigenwerte der Systemmatrix mit den Polen der Übertragungsfunktion identisch sind, gilt gleichbedeutend:

Eine lineare Schaltung ist dann und nur dann asymptotisch stabil, wenn die Pole der Übertragungsfunktion negativen Realteil haben.

Bezogen auf das Beispiel 5.2 ergibt sich also:

$A_0 = 1$: Die Schaltung ist asymptotisch stabil.
$A_0 = 1.1$: Die Schaltung ist bedingt stabil.
$A_0 = 1.2$: Die Schaltung ist instabil.

Ist die Übertragungsfunktion einer linearen Schaltung gegeben oder die Beschreibung durch ein Differentialgleichungs–System, so kann die Stabilitätsprüfung über die Berechnung der Pole bzw. Eigenwerte vorgenommen werden. Häufig sind jedoch auch globalere Stabilitätsbetrachtungen von Interesse, beispielsweise, "wie weit" eine Schaltung von der Instabilität "entfernt" ist. Mit derartigen Aspekten werden wir uns im folgenden beschäftigen.

Im folgenden wollen wir unter Stabilität immer asymptotische Stabilität verstehen.

5.4.2 Das Nyquist–Kriterium

Aus der Stabilitätsbedingung, daß die Pole von $H(s)$ negativen Realteil haben müssen, läßt sich direkt keine meßtechnische Bedingung zur Stabilitätsprüfung ableiten. Der Grund dafür ist, daß die komplexe Frequenz $s = \sigma + j\omega$ meßtechnisch nicht realisierbar ist. Die meisten dynamischen Meßverfahren für lineare Schaltungen beruhen darauf, daß die interessierenden Parameter als Funktion von $\omega = \mathrm{Im}\, s$ untersucht werden. Daher sind Verfahren nötig, um etwa aus $H(j\omega)$ Rückschlüsse auf das Stabilitätsverhalten ziehen zu können.

Die Information, ob Pole in der rechten Halbebene liegen oder nicht, ist bei der Entwicklung von Schaltungen eine im allgemeinen zu dürftige Aussage. Durch negative Rückkopplung soll unter anderem die Wirkung von Parameterschwankungen reduziert werden; das heißt, man geht von vornherein davon aus, daß verschiedenen Schaltungsparameter nicht genau bekannt sind oder stark unter dem Einfluß von sich ändernden Randbedingungen variieren können. Folglich muß man sichergehen können, daß eine genügende "Stabilitätsreserve" vorhanden ist, so daß eine Schaltung auch unter den ungünstigsten zugelassenen Bedingungen nicht schwingt. Abgesehen von Schaltungen, bei denen die sehr genaue Einhaltung eines vorgeschriebenen Pol–Nullstellen–Musters essentiell für ihr Verhalten ist — zu diesen Schaltungen gehören insbesondere frequenzselektive Filter — bedeutet dies, daß die Pole in der linken Halbebene möglichst großen Abstand zur imaginären Achse haben müssen.

Das Nyquist–Kriterium ist ein Mittel zur Stabilitätsprüfung, das den beiden vorgenannten Aspekten Rechnung trägt. Mit der Herleitung dieses Kriteriums wollen wir uns hier nicht beschäftigen, sondern nur das Ergebnis angeben; es sollen jedoch zunächst einige Bemerkungen zum Hintergrund dieses Kriteriums gemacht werden.

Aufgrund des Cauchyschen Integralsatzes verschwindet das Integral über die Funktion einer komplexen Variablen längs einer geschlossene Kurve, die ein Gebiet berandet, in dem (einschließlich des Randes) die Funktion holomorph ist. Also kann zunächst einmal auf dem Wege der Integration über eine geschlossenen Kontur festgestellt werden, ob die betrachtete Funktion in einem Gebiet Pole hat oder nicht. Sind Pole vorhanden, so kann der Residuensatz zur Herleitung weiterer Ergebnisse herangezogen werden. Es läßt sich der folgende Satz angeben:

Gegeben sei in einem Gebiet $G \subset \mathbb{C}$ *eine Funktion* $f(z) : G \to \mathbb{C}$, *die, abgesehen von endlich vielen Stellen in* G, *an denen möglicherweise Pole vorhanden sind, in* G *und auf dem Rand von* G *holomorph ist. Durchläuft* z *den Rand von* G *im Uhrzeigersinn, so umkreist der zu* $f(z)$ *gehörige Graph den Ursprung der* $f(z)$*–Ebene im Gegenuhrzeigersinn, und zwar so oft, wie es der Zahl der Pole von* $f(z)$ *in* G, *vermindert um die Zahl der Nullstellen in* G, *entspricht; dabei werden Pole und Nullstellen entsprechend ihrer Vielfachheit gezählt.*

Dieser Satz ist gewissermaßen die Grundlage des Nyquist–Kriteriums, dem wir uns nun unter der Annahme eines Systems mit einer Rückkopplungsschleife gemäß Abb. 5.2a zuwenden. Setzen wir zur Abkürzung

$$T = -AF \ , \tag{5.28}$$

so gilt nach (5.4) für die Verstärkung des rückgekoppelten Verstärkers

$$G = \frac{A}{1+T} \ .$$

Es ist für die nachfolgende Beschreibung sinnvoll, die Größe

$$Q = 1 + T \tag{5.29}$$

einzuführen. Da wir uns hier auf Schaltungen aus konzentrierten Elementen beschränken, ist $Q = Q(s)$ eine rationale Funktion in der Frequenzvariablen s, und wir können

$$Q(s) = 1 + T(s) = K \cdot \frac{\prod_{\mu=1}^{m}(s - s_{0\mu})}{\prod_{\nu=1}^{n}(s - s_{\infty\nu})} \tag{5.30}$$

schreiben. Zähler und Nenner von $Q(s)$ werden als teilerfremd vorausgesetzt.

Im weiteren Verlauf werden wir zwei Voraussetzungen zugrunde legen, die im folgenden erklärt werden. Wir erinnern uns zunächst, daß bei hinreichend hoher Schleifenverstärkung $|AF|$ die Genauigkeit der Verstärkung G im wesentlichen von der Präzision des Rückkopplungsnetzwerks abhängt; wir gehen davon aus, daß es aus Widerständen besteht und das somit F eine reelle Konstante ist. Dann sind die Pole von $Q(s)$ gemäß (5.30) identisch mit den Polen von $A = A(s)$, der Verstärkung des nichtrückgekoppelten Verstärkers. Wir setzen voraus, daß dieser Verstärker asymptotisch stabil ist; mithin gilt für die Pole von $Q(s)$

$$\text{Re } s_{\infty\nu} < 0 \qquad \nu = 1, 2, \ldots, n \; .$$

Kehren wir nun zu dem zuvor angegebenen Satz zurück. Die dort für $f(z)$ festgelegten Aussagen lassen sich direkt auf $Q(s)$ übertragen; es ist jedoch nützlicher, entsprechende Aussagen über $T(s)$ zu machen. Dies ist nicht schwierig, denn die sich dadurch ergebende Änderung besteht im wesentlichen darin, daß in diesem Fall der Punkt $(-1, j0)$ die Rolle des Ursprungs übernimmt [vgl. (5.30)].

Man bezeichnet die mit der Frequenz ω parametrierte Ortskurve für $T(j\omega)$ als Nyquist–Diagramm. Dann lautet unter den angegebenen Voraussetzungen das Nyquist–Kriterium:

> *Ein rückgekoppelter Verstärker ist dann stabil, wenn das Nyquist–Diagramm nicht den Punkt* $(-1, j0)$ *umschlingt.*

Wir betrachten nun ein Beispiel, anhand dessen wir uns einige für die Stabilität wichtige Zusammenhänge verdeutlichen wollen. Grundlage für dieses Beispiel ist die in Abb. 5.2a wiedergegebene Struktur eines rückgekoppelten Verstärkers. Der Verstärker habe bei der Frequenz $\omega = 0$ die Verstärkung

$$A(0) = -A_0 \; , \tag{5.31}$$

wobei

$$A_0 \gg 1 \tag{5.32}$$

gelten soll. Das Frequenzverhalten der Verstärkung $A = A(s)$ sei durch drei Pole $s_{\infty 1}, s_{\infty 2}, s_{\infty 3}$ auf der negativen reellen Achse der komplexen s–Ebene bestimmt. Es sei also

$$s_{\infty 1} = \sigma_1 \qquad s_{\infty 2} = \sigma_2 \qquad s_{\infty 3} = \sigma_3 \qquad\qquad \sigma_1, \sigma_2, \sigma_3 < 0 \,. \tag{5.33}$$

Somit können wir

$$A(s) = \frac{A_0 \sigma_1 \sigma_2 \sigma_3}{(s - \sigma_1)(s - \sigma_2)(s - \sigma_3)} \tag{5.34}$$

schreiben. Das Rückkopplungsnetzwerk bestehe aus ohmschen Widerständen, so daß

$$F = const. > 0 \tag{5.35}$$

gilt. Dann lautet die Übertragungsfunktion $G(s)$ des rückgekoppelten Verstärkers gemäß (5.4) unter Berücksichtigung von (5.34, 5.35)

$$G(s) = \frac{A_0 \sigma_1 \sigma_2 \sigma_3}{(s - \sigma_1)(s - \sigma_2)(s - \sigma_3) - A_0 F \sigma_1 \sigma_2 \sigma_3} \,. \tag{5.36}$$

Es sei hier darauf hingewiesen, daß wegen (5.33) die Bedingung $\sigma_1 \sigma_2 \sigma_3 < 0$ gilt. Wir präzisieren nun das Beispiel. Dazu nehmen wir an, daß alle Frequenzen normiert seien, verwenden jedoch für die nomierten Größen weiterhin dieselben Bezeichnungen. Es sei

$$\sigma_1 = -1 \qquad \sigma_2 = -10 \qquad \sigma_3 = -100 \,. \tag{5.37}$$

Damit gilt für die Übertragungsfunktion $G(s)$ gemäß (5.36)

$$G(s) = -\frac{1000 A_0}{(s+1)(s+10)(s+100) + 1000 A_0 F} \,. \tag{5.38}$$

Wir werden drei Fälle betrachten, die durch unterschiedliche Schleifenverstärkungen bei der Frequenz $\omega = 0$ gekennzeichnet sind, nämlich

Fall 1 : $A_0 F = 10$ Fall 2 : $A_0 F = 100$ Fall 3 : $A_0 F = 1000$.

Zunächst bestimmen wir die Pole der Übertragungsfunktion $G(s)$ aus

$$(s+1)(s+10)(s+100) + 1000 A_0 F = 0 \,.$$

Sie lauten, auf eine Stelle nach dem Komma gekürzt, im

Fall 1: $s_1 = -101.1$ $s_{2,3} = -5.0 \pm j9.2$

Fall 2: $s_1 = -109.3$ $s_{2,3} = -0.9 \pm j30.4$

Fall 3: $s_1 = -148.8$ $s_{2,3} = 18.9 \pm j79.8$.

Die Lage der Pole für die drei verschiedenen Fälle ist in Abb. 5.15 dargestellt. Im ersten Fall ist der rückgekoppelte Verstärker zweifellos stabil, da

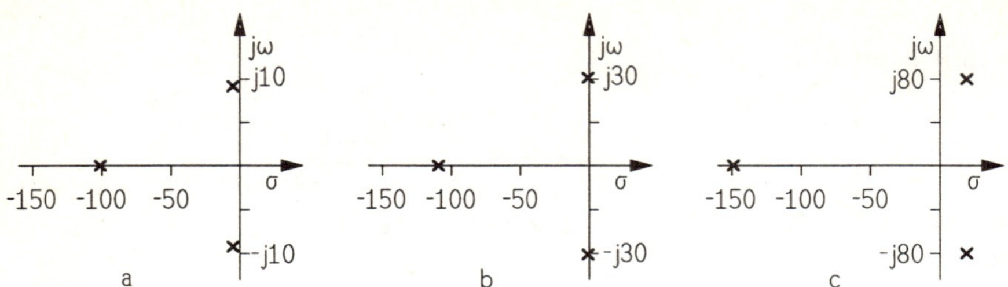

Abb. 5.15 Lage der Pole für verschiedene Verstärkungen a. $A_0F = 10$ b. $A_0F = 100$ c. $A_0F = 1000$

alle Pole der Übertragungsfunktion $G(s)$ in der linken Halbebene liegen und außerdem hinreichende Abstände zur $j\omega$–Achse aufweisen. Der zweite Fall ist sicherlich kritisch: zwar haben alle Pole (noch) negative Realteile, aber eine verhältnismäßig geringe Erhöhung der Verstärkung A_0 würde zur Instabilität führen. Im dritten Fall schließlich liegt ein konjugiert komplexes Polpaar in der rechten Halbebene; also ist der rückgekoppelte Verstärker für $A_0F = 1000$ nicht stabil.

An dieser Stelle soll noch eine kurze Bemerkung eingefügt werden, die sich aus der Beobachtung der Gleichungen (5.34, 5.36) ergibt. Diese für das hier betrachtete Beispiel gültigen Beziehungen zeigen folgende interessante Erscheinung auf: Die Übertragungsfunktion des nichtrückgekoppelten Verstärkers besitzt nur Pole auf der negativen reellen Achse; durch Einfügen dieses Verstärkers in eine rückgekoppelte Schaltung ergibt sich eine Übertragungsfunktion mit einem konjugiert komplexen Polpaar.

Eine Betrachtung der Abb. 5.15 legt folgende Vermutung nahe, die auch durch eine genauere Untersuchung erhärtet werden kann. Durch die Rückkopplung wird eine Wanderung der drei Pole der Übertragungsfunktion des nichtrückgekoppelten Verstärkers hervorgerufen, und zwar in der Weise, daß der Pol bei $s = \sigma_3$ auf der reellen Achse zu negativeren Werten hin verschoben wird und aus den beiden anderen (reellen) Polen ab einem bestimmten Wert für A_0F ein konjugiert komplexes Polpaar gebildet wird; die konjugiert komplexen Pole bewegen sich dann in Abhängigkeit von der Schleifenverstärkung A_0F auf einer parabelförmigen Kurve.

Wir gehen nun zur Konstruktion des Nyquist–Diagramms über. Unter Verwendung der Gleichungen (5.28) und (5.34) sowie der in (5.37) angegebenen Pole ergibt sich für das hier betrachtete Beispiel

$$T = T(s) = \frac{1000 A_0 F}{(s+1)(s+10)(s+100)} \ . \tag{5.39}$$

Die drei daraus folgenden Nyquist–Diagramme sind in Abb. 5.16 dargestellt. Für die Fälle $A_0F = 100$ und $A_0F = 1000$ sind dabei nur die entscheidenden Kurvenstücke gezeichnet. Das Diagramm zeigt deutlich, daß die Ortskurve für den Fall $A_0F = 10$ immer in relativ großem Abstand zum kritischen

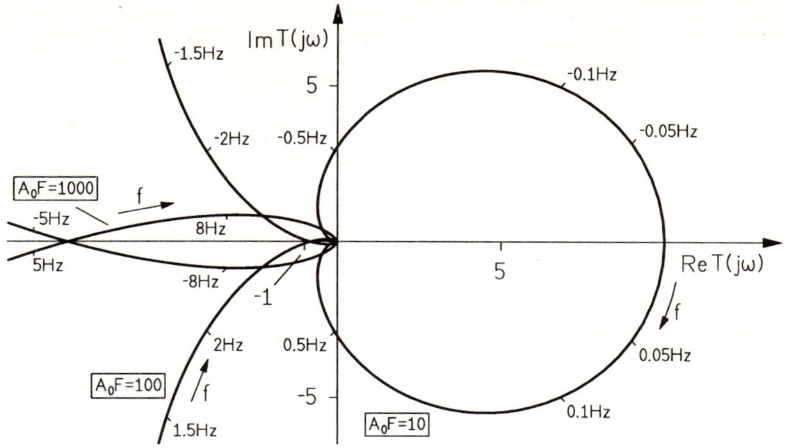

Abb. 5.16 Nyquist–Diagramme gemäß Gl. (5.39) für drei verschiedene Schleifen–Verstärkungen

Punkt $(-1, j0)$ verläuft. Für $A_0F = 100$ wird dieser Punkt fast gestreift, und das Diagramm für $A_0F = 1000$ endlich umschlingt den Punkt $(-1, j0)$ und signalisiert auf diese Weise die Instabilität des rückgekoppelten Verstärkers.

Wir haben festgestellt, daß für den durch $A_0F = 10$ gekennzeichneten Fall eine (möglicherweise) ausreichende Stabilitätsreserve vorhanden ist, während sie bei $A_0F = 100$ nur noch minimal ist. Es ist natürlich wünschenswert, diese Reserve quantifizieren zu können. Für eine geeignete Definition gehen wir von Abb. 5.17 aus. Hier ist ein Ausschnitt aus einem Nyquist–Diagramm

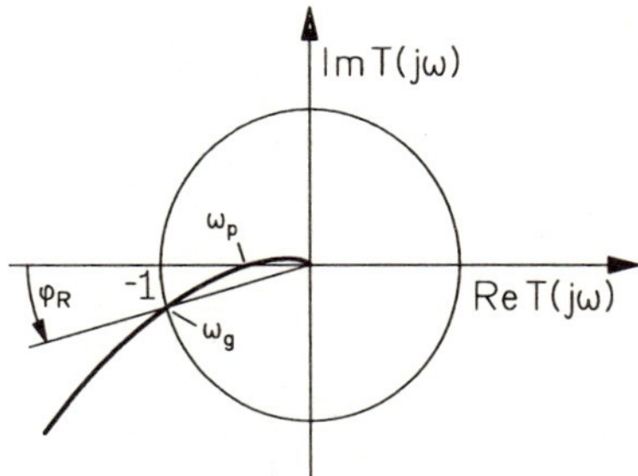

Abb. 5.17 Zur Definition der Stabilitätsreserve

gezeichnet. Die Frequenz ω_g ist durch $|T(j\omega_g)| = 1$ definiert und die Frequenz ω_p durch $\arg T(j\omega_p) = 180^0$, wobei die Darstellung

$$T(j\omega) = |T(j\omega)|\, \mathrm{e}^{j \arg T(j\omega)} \tag{5.40}$$

zugrunde gelegt worden ist. Unter Verwendung dieser Frequenzen definieren wir zunächst die Verstärkungsreserve A_R; bei einer Erhöhung der Schleifenverstärkung um diesen Betrag würde gerade die Stabilitätsgrenze erreicht. Ausgehend von Abb. 5.17 ergibt sich, wenn A_R in dB gemessen wird,

$$A_R = -20 \log |T(j\omega_p)| \qquad [dB] \ . \tag{5.41}$$

Die Phasenreserve φ_R ist die zusätzliche Phasendrehung, die für das Erreichen der Stabilitätsgrenze notwendig wäre:

$$\varphi_R = 180^0 + \arg T(j\omega_g) \ . \tag{5.42}$$

Für stabile Schaltungen ist $A_R > 0$ und, falls die Schleifenverstärkung keine Nullstellen in der rechten Halbebene hat, ebenfalls $\varphi_R > 0$.

Verstärkungs– und Phasenreserve lassen sich sehr gut bestimmen, wenn man $T(j\omega)$ nach Betrag und Phase darstellt (dieses Verfahren läßt sich z. B. beim Einsatz von Schaltungssimulatoren verwenden). Dies ist für das betrachtete Beispiel in Abb. 5.18 geschehen. Es ergeben sich drei verschiedene

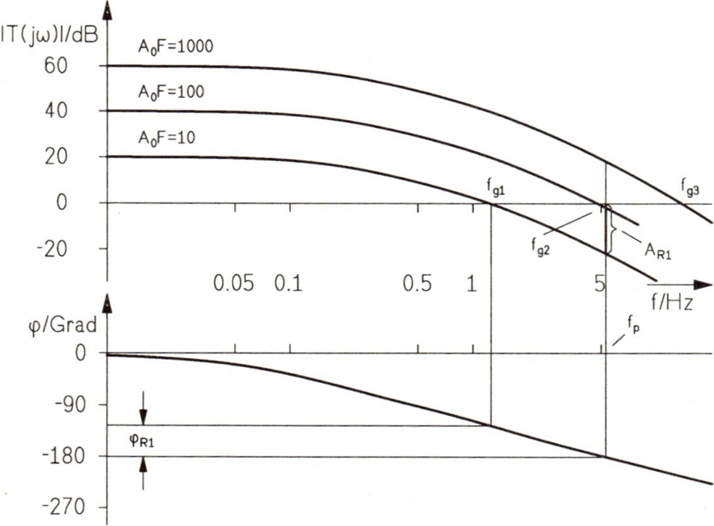

Abb. 5.18 Darstellung von $T(j\omega)$ nach Betrag und Phase

Betragsverläufe, die logarithmisch dargestellt sind, der Phasenverlauf ist jedoch für alle drei Fälle derselbe [vgl. Gleichung (5.39) für $s = j\omega$]. Nur für $A_0F = 10$ erhalten wir eine nennenswerte Verstärkungsreserve A_{R1} und eine Phasenreserve φ_{R1} von etwa 55^0. Für $A_0F = 100$ sind Verstärkungs– und Phasenreserve nur wenig von Null verschieden, und für $A_0F = 1000$ Fall weisen sie sogar negative Werte auf.

Aus den Kurven gemäß Abb. 5.18 lassen sich die Werte für die Stabilitätsreserve besonders einfach ablesen; diese Darstellung ist insbesondere auch wegen ihrer im nächsten Abschnitt beschriebenen einfachen näherungsweisen Konstruktion von besonderer Bedeutung.

Es sei noch vermerkt, daß in der Praxis die Phasenreserve bevorzugt als Maß verwendet wird; gewöhnlich versucht man, Phasenreserven von wenigstens 45^0 zu realisieren, häufig strebt man $\varphi_R > 60^0$ an. Hohe Werte für die Phasenreserve resultieren nicht nur aus Stabilitätsforderungen, sondern auch aus der häufig zu erfüllenden Forderung, daß die Sprungantwort möglichst geringe Überschwinger aufweisen soll.

Neben den Vorteilen, aufgrund von gemessenen oder mit Hilfe eines Analyse–Programms simulierten Kurven Stabiltätsaussagen machen zu können und Information über die Stabilitätsreserve zu erhalten, ist noch eine weitere vorteilhafte Eigenschaft des Nyquist–Kriteriums zu nennen: die Stabilität des rückgekoppelten Verstärkers kann durch Messung der Verstärkung bei aufgetrennter Rückkopplungsschleife geprüft werden.

5.4.3 Das Bode–Diagramm

Zur Darstellung einer Übertragungsfunktion für $s = j\omega$, wie sie für ein Beispiel in Abb. 5.18 wiedergegeben ist, kann man näherungsweise auf sehr einfache Weise dadurch gelangen, daß man die tätsächlichen Kurven durch ihre Asymptoten in bestimmten Punkten approximiert [8]. Der Herleitung dieses Verfahrens werden wir uns im folgenden zuwenden.

Wir gehen von der Darstellung der Übertragungsfunktion in Pol–Nullstellen–Form gemäß Gleichung (3.155) aus:

$$H(s) = K \cdot \frac{\prod_{\mu=0}^{m}(s - s_{0\mu})}{\prod_{\nu=0}^{n}(s - s_{\infty\nu})} \qquad K \in \mathbb{R},\ m \leq n\ . \tag{5.43}$$

Die Nullstellen $s = s_{0\mu}$ und die Pole $s = s_{\infty\nu}$ sind entweder reell, oder sie treten in konjugiert komplexen Paaren auf. Fassen wir die konjugiert komplexen Pole und Nullstellen jeweils zusammen, dann können wir die Übertragungsfunktion in der Form

$$H(s) = K \cdot \frac{\prod_{i}(s - s_{0i})\prod_{k}(s - s_{0k})(s - s_{0k}^*)}{\prod_{j}(s - s_{\infty j})\prod_{l}(s - s_{\infty l})(s - s_{\infty l}^*)} \tag{5.44}$$

schreiben. Nach dem Ausmultiplizieren der Klammerausdrücke ergibt sich

$$H(s) = K \cdot \frac{\prod_i (s - s_{0i}) \prod_k \left[s^2 - (s_{0k} + s_{0k}^*)s + |s_{0k}|^2\right]}{\prod_j (s - s_{\infty j}) \prod_l \left[s^2 - (s_{\infty l} + s_{\infty l}^*)s + |s_{\infty l}|^2\right]} \; . \tag{5.45}$$

Da

$$s_{0k} + s_{0k}^* = 2\,\mathrm{Re}\; s_{0k} \qquad s_{\infty l} + s_{\infty l}^* = 2\,\mathrm{Re}\; s_{\infty l}$$

gilt, können wir hierfür zur Abkürzung der Schreibweise reelle Koeffizienten einführen; zur Vereinheitlichung der Darstellung definieren wir insgesamt:

$$\begin{array}{lcllcl} a_{1k} & = & -(s_{0k} + s_{0k}^*) & a_{0k} & = & |s_{0k}|^2 \\ b_{1l} & = & -(s_{\infty l} + s_{\infty l}^*) & b_{0l} & = & |s_{\infty l}|^2 \\ \alpha_i & = & -s_{0i} & \beta_j & = & -s_{\infty j} \; . \end{array} \tag{5.46}$$

Damit können wir anstelle von (5.45) schreiben:

$$H(s) = K \cdot \frac{\prod_i (s + \alpha_i) \prod_k (s^2 + a_{1k}s + a_{0k})}{\prod_j (s + \beta_j) \prod_l (s^2 + b_{1l}s + b_{0l})} \; . \tag{5.47}$$

Es gelten, da sonst die entsprechenden Pole und Nullstellen reell wären, die Bedingungen

$$a_{0k} > \frac{a_{1k}^2}{4} \qquad b_{0l} > \frac{b_{1l}^2}{4} \; . \tag{5.48}$$

Zuerst untersuchen wir die asymptotische Darstellung von $|H(j\omega|$ für den Fall reeller Pole und betrachten dazu als Beispiel die Übertragungsfunktion

$$H(s) = \frac{K\beta_1\beta_2}{(s + \beta_1)(s + \beta_2)} \; , \tag{5.49}$$

mit $\beta_2 > \beta_1 > 0$ und $K > 0$. Für $s = j\omega$ erhalten wir nach geringer Umformung

$$H(j\omega) = \frac{K}{(1 + j\omega/\beta_1)(1 + j\omega/\beta_2)} \; . \tag{5.50}$$

Die Frequenz s bzw. ω sehen wir hier als normiert an. Schreiben wir die Übertragungsfunktion als

$$H(j\omega) = |H(j\omega)|\, \mathrm{e}^{j\varphi} \; , \tag{5.51}$$

so gilt

$$|H(j\omega)| = \frac{K}{|(1+j\omega/\beta_1)(1+j\omega/\beta_2)|} \ . \tag{5.52}$$

und

$$\varphi = \varphi_1 + \varphi_2 \ , \tag{5.53}$$

mit

$$\tan\varphi_1 = -\frac{\omega}{\beta_1} \qquad \tan\varphi_2 = -\frac{\omega}{\beta_2} \ . \tag{5.54}$$

Wir führen jetzt eine logarithmische Darstellung für $|H(j\omega)|$ ein und erhalten aus (5.52) zunächst

$$20\log|H(j\omega)| = 20\log K - 20\log|1+j\omega/\beta_1| - 20\log|1+j\omega/\beta_2| \tag{5.55}$$

und nach Bildung der Beträge der beiden komplexen Größen

$$20\log|H(j\omega)| = 20\log K - 10\log\left[1+(\omega/\beta_1)^2\right] - 10\log\left[1+(\omega/\beta_2)^2\right] \ ; \tag{5.56}$$

$20\log|H(j\omega)|$ geben wir in "dB" an. Den Ausdruck $10\log[1+(\omega/\beta_1)^2]$ untersuchen wir nun ein wenig näher; es ist

$$10\log\left[1+(\omega/\beta_1)^2\right] \approx \begin{cases} 0 & \text{für} \quad (\omega/\beta_1)^2 \ll 1 \\ 20\log\omega - 20\log\beta_1 & \text{für} \quad (\omega/\beta_1)^2 \gg 1 \ . \end{cases} \tag{5.57}$$

Für sehr niedrige Frequenzen ergibt sich also näherungsweise eine Konstante und für Frequenzen weit oberhalb von β_1 eine lineare Abhängigkeit von $\log\omega$. Eine Veränderung der Frequenz um den Faktor 10 (Erhöhung um eine Dekade) bewirkt für $\omega \gg \beta_1$ wegen

$$20\log(10\omega) - 20\log(\omega) = 20$$

eine Änderung um $20\,dB$; wird die Frequenz um den Faktor 2 geändert (Oktave), resultiert daraus eine Änderung von $6\,dB$ (genauer: $6.02\,dB$). wir gehen im folgenden davon aus, daß β_1 und β_2 weit auseinander liegen, etwa $\beta_2 \geq 10\beta_1$.

Gemäß (5.57) können wir also den Verlauf von $10\log[1+(\omega/\beta_1)^2]$ durch zwei Geraden (Asymptoten) approximieren, die sich für $\log\omega = \log\beta_1$ schneiden. Die näherungsweise Darstellung von (5.56) durch Asymptoten lautet dann

$$20\log|H(j\omega)| \approx \begin{cases} 20\log K & \log\omega \leq \log\beta_1 \\ 20(\log K + \log\beta_1) - 20\log\omega & \log\beta_1 \leq \log\omega \leq \log\beta_2 \\ 20[\log K + \log(\beta_1\beta_2)] - 40\log\omega & \log\omega \geq \log\beta_2 \ . \end{cases} \tag{5.58}$$

Die Annäherung des Funktionsverlaufs durch Asymptoten veranschaulicht das nächste Beispiel.

Beispiel 5.3

Wir betrachten die Übertragungsfunktion

$$H(j\omega) = \frac{K}{(1 + j\omega/\beta_1)(1 + j\omega/\beta_2)}$$

mit den Parametern $K = 10^4$, $\beta_1 = 10$, $\beta_2 = 10^3$; ω und β_1, β_2 werden als auf $1\,s^{-1}$ normiert angesehen.

Der Verlauf von 20 log $|H(j\omega)|$ kann durch die drei folgenden Asymptoten angenähert werden:

$$\begin{array}{lll} \omega \leq \beta_1 : & 20 \log K & = 80 \\ \beta_1 \leq \omega \leq \beta_2 : & 20(\log K + \log \beta_1) - 20 \log \omega & = 100 - 20 \log \omega \\ \omega \geq \beta_2 : & 20[\log K + \log(\beta_1 \beta_2)] - 40 \log \omega & = 160 - 40 \log \omega \; . \end{array}$$

Diese drei Geraden sind in der folgenden Abbildung dargestellt; die jeweiligen Teilstücke zur Approximation von 20 log $|H(j\omega)|$ sind stärker ausgezogen. Zum Vergleich ist auch der exakte Verlauf von 20 log $|H(j\omega)|$ eingezeichnet, der auch zeigt, daß die größten Fehler bei β_1 und β_2 auftreten.

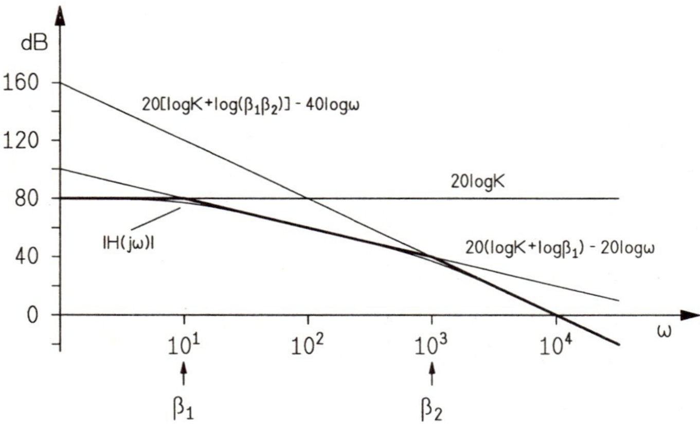

Wie das Beispiel zeigt, müssen zur Approximation lediglich bei den "Knickfrequenzen" β_1 und β_2 die entsprechenden Geradenstücke aneinandergefügt werden. Abb. 5.19 zeigt dies noch einmal in etwas allgemeinerer Form.

Wir wenden uns nun der Untersuchung des Phasenwinkels φ zu, wobei wir von (5.53, 5.54) ausgehen und $\beta_2 \gg \beta_1$ annehmen. Es ergibt sich

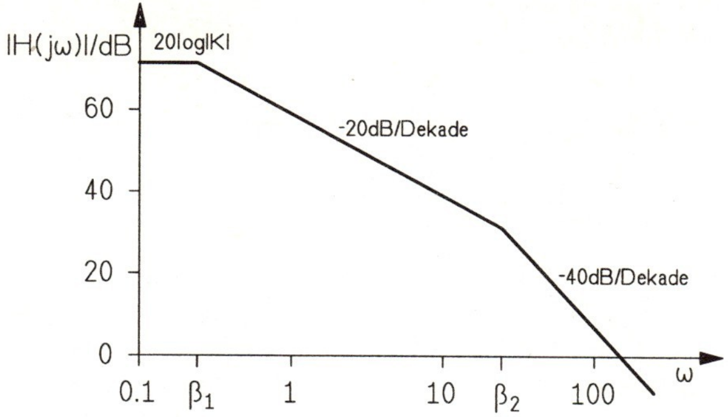

Abb. 5.19 Darstellung von 20 log $|H(j\omega)|$ durch Asymptoten [Beispiel gemäß Gl. (5.58)]

$$\varphi = \begin{cases} 0^0 & \omega \ll \beta_1 \\ -45^0 & \omega = \beta_1 \\ -135^0 & \omega = \beta_2 \\ -180^0 & \omega \gg \beta_2 \, . \end{cases} \tag{5.59}$$

Auch den Verlauf des Phasenwinkels können wir somit in gewissem Umfang auf einfache Weise approximativ darstellen, wie es für das betrachtete Beispiel in Abb. 5.20 geschehen ist.

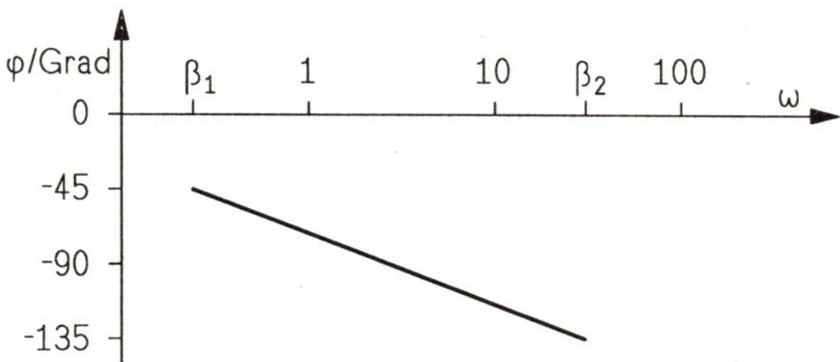

Abb. 5.20 Approximative Darstellung der Phase von $H(j\omega)$

Aus der Untersuchung des soeben betrachteten Beispiels läßt sich leicht ableiten, wie man bei reellen Nullstellen der Übertragungsfunktion vorgehen muß: in diesem Fall wird das Zählerpolynom in entsprechender Weise behandelt. Eine reelle Nullstelle bewirkt also eine Gerade mit der (positiven) Steigung 20 *dB/Dekade*.

Wir untersuchen nun die Wirkung der Terme zweiter Ordnung in (5.47) und zwar ebenfalls an einem Beispiel, das wir der Einfachheit halber als

$$H(s) = \frac{1}{s^2 + b_1 s + b_0} \tag{5.60}$$

ansetzen. Für $s = j\omega$ nehmen wir dabei wieder eine Darstellung der Form (5.51) an und können dann

$$20\log|H(j\omega)| = -10\log\left[(b_0-\omega^2)^2 + (\omega b_1)^2\right] \tag{5.61}$$

sowie

$$\tan\varphi = \frac{-\omega b_1}{b_0-\omega^2} \tag{5.62}$$

schreiben. Zunächst wenden wir uns dem Betragsverhalten zu und formen dazu (5.61) entsprechend um:

$$20\log|H(j\omega)| = -20\log\left[b_0\sqrt{1+\frac{\omega^4}{b_0^2}+\left(\frac{b_1^2}{b_0}-2\right)\frac{\omega^2}{b_0}}\right] \tag{5.63}$$

beziehungsweise

$$20\log|H(j\omega)| = -40\log\left[\omega\sqrt[4]{1+\frac{b_0^2}{\omega^4}+\frac{b_0}{\omega^2}\left(\frac{b_1^2}{b_0}-2\right)}\right]\ . \tag{5.64}$$

Ausgehend von diesen beiden Gleichungen erhalten wir

$$20\log|H(j\omega)| \approx \begin{cases} -20\log b_0 & (\omega^2/b_0) \ll 1 \\ -40\log\omega & (\omega^2/b_0) \gg 1\ , \end{cases} \tag{5.65}$$

wobei auch (5.48) entsprechend berücksichtigt wurde. Somit finden wir hier als Asymptoten bis zur Frequenz $\omega = \sqrt{b_0}$ eine Gerade parallel zur Frequenzachse und von da ab eine weitere mit dem Abfall von $40\,dB/Dekade$.

Zur Untersuchung des Phasenverlaufs schreiben wir (5.62) in der Form

$$\tan\varphi = \frac{b_1/\omega}{1-b_0/\omega^2} \tag{5.66}$$

und gewinnen daraus, unter Berücksichtigung von (5.48)

$$\varphi \approx \begin{cases} 0^0 & \omega^2 \ll b_0 \\ -90^0 & \omega^2 = b_0 \\ -180^0 & \omega^2 \gg b_0\ . \end{cases} \tag{5.67}$$

Als Beispiel betrachten wir noch die zu Abb. 5.20 gehörige Näherung durch Asymptoten.

Es ist besonders wichtig, bei der Approximation durch Asymptoten daran zu denken, daß hinreichende Genauigkeit nur dann erreicht wird, wenn die Pole und Nullstellen genügenden Abstand voneinander haben, da sonst die zugrunde liegenden Vernachlässigungen keine Gültigkeit haben. Im Falle reeller Pole oder Nullstellen entsteht die maximale Abweichung von $3\,dB$ an

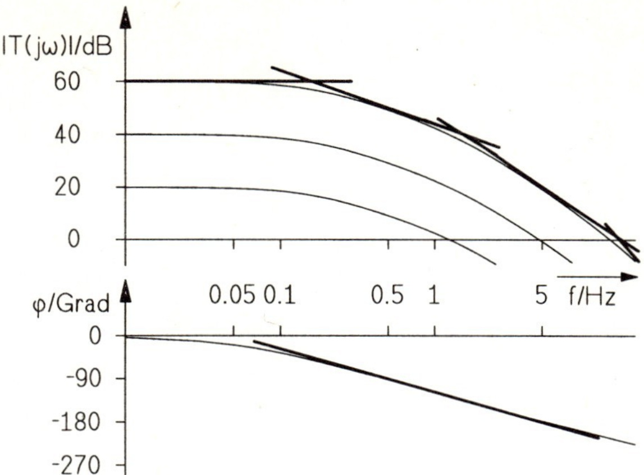

Abb. 5.21 Zur approximativen Darstellung von Abb. 5.18 durch Asymptoten

den Schnittstellen der Asymptoten. Dagegen können sich wesentlich größere Abweichungen an diesen Stellen ergeben, wenn die Übertragungsfunktion konjugiert komplexe Pol– oder Nullstellenpaare hat; der Fehler wächst mit sinkendem Quotienten b_1^2/b_0. Dazu betrachten wir als Beispiel die Verstärkungsfunktion

$$A(s) = \frac{10^2\omega_0^2}{s^2 + \dfrac{1}{Q}s\omega_0 + \omega_0^2}$$

für $s = j\omega$ und normieren auf ω/ω_0:

$$A(j\omega/\omega_0) = \frac{10^2}{1 - \left(\dfrac{\omega}{\omega_0}\right)^2 + \dfrac{j}{Q}\cdot\dfrac{\omega}{\omega_0}} \,.$$

Der Parameter Q wird als Polgüte bezeichnet. Betrags– und Phasenverläufe von $A(j\omega/\omega_0)$ sind für vier verschiedene Q–Werte in der folgenden Abbildung wiedergegeben.

Wir sehen, daß sich bei den Beträgen für $Q = 1$ die geringste Abweichung gegenüber der (nicht eingezeichneten) asymptotischen Näherung ergibt.

Mit Hilfe entsprechender Bode–Diagramme und unter Verwendung von (5.41, 5.42) läßt sich damit relativ einfach ein Überblick über die Stabilitätsreserve eines rückgekoppelten Verstärkers verschaffen. Bei der Behandlung des Operationsverstärkers werden wir häufiger auf diese Möglichkeit zurückgreifen.

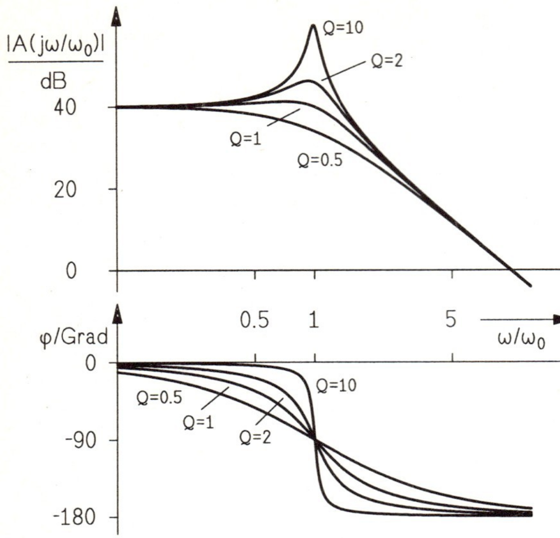

Abb. 5.22 Betrag und Phase einer Übertragungsfunktion zweiter Ordnung für verschiedene Q–Werte

5.5 Zusammenfassung

Gezielt eingesetzt, läßt sich Rückkopplung dazu verwenden, Verstärkereigenschaften günstig zu beeinflussen. Aufgrund unerwünschter Effekte (z. B. parasitärer Kapazitäten) kann die positve Beeinflussung in instabiles Verhalten umschlagen. Wir haben in diesem Kapitel das Prinzip der Rückkopplung und verschiedene Einflüsse auf das Schaltungsverhalten behandelt. Stabilität von elektronischen Schaltungen und die dafür erforderlichen Bedingungen wurden gesondert untersucht. Es wurden Maße für die Stabilitätsreserve eingeführt und ihre Bestimmung mit Hilfe des Bode–Diagramms für die Schleifenverstärkung erläutert.

5.6 Aufgaben

Aufgabe 5.1 Im folgenden Bild ist eine Schaltungsstruktur mit zwei Rückkopplungsschleifen dargestellt. Für die Verstärkungen gilt $A_1 < 0,\ A_2 > 0$.

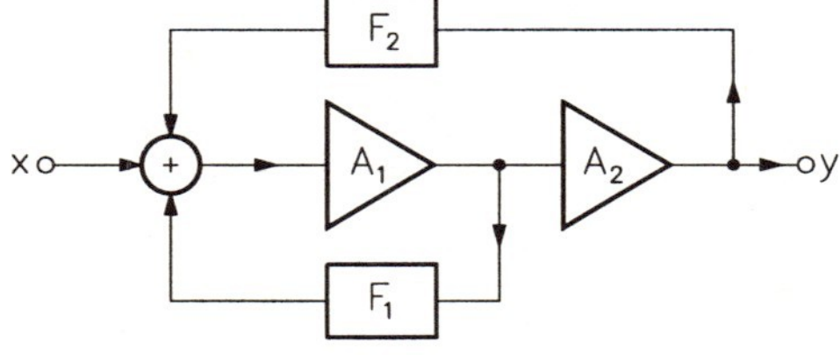

Berechnen Sie das Verhältnis von Ausgangssignal y zu Eingangssignal x.

Aufgabe 5.2 Betrachtet wird das Kleinsignalverhalten eines Emitterfolgers, für den das nebenstehende Modell gilt.

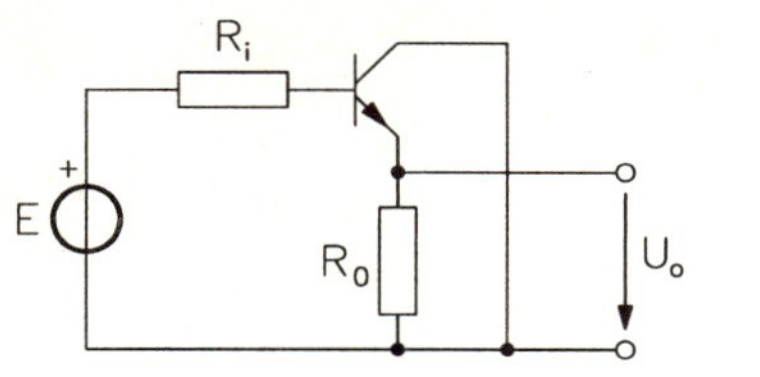

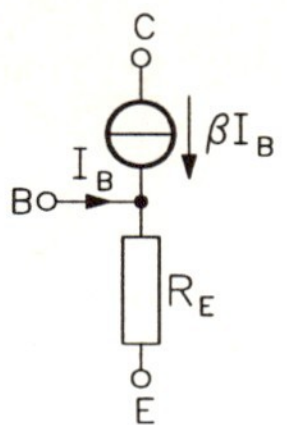

a. Stellen Sie die Spannungsverstärkung $V = U_o/E$ in der Form

$$V = \frac{A}{1 + AF}$$

dar; drücken Sie A und F mit Hilfe der Schaltungsgrößen aus.

b. Wie lauten die entsprechenden Beziehungen für $R_i = 0$?

Aufgabe 5.3 Die folgende rückgekoppelte Schaltung enthält einen Verstärker, der durch eine nichtideale spannungsgesteuerte Spannungsquelle ($K < 0$) modelliert ist.

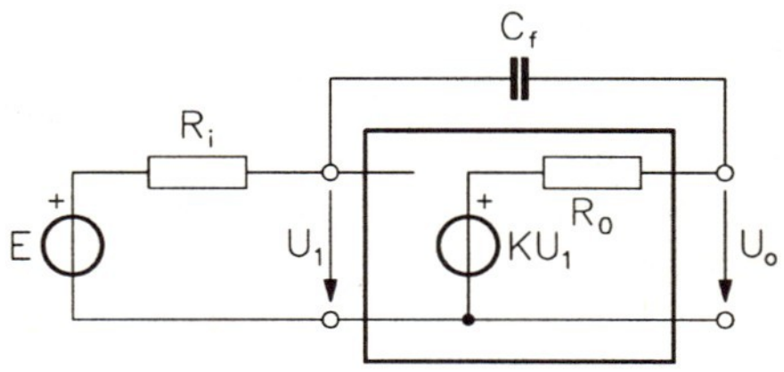

a. Berechnen Sie die Verstärkung $V = U_o/E$.

b. Zeichnen Sie das Bode–Diagramm des Betrages $|V| = |U_o/E|$ für $K = -100$, $R_i = R_0 = 1\,k\Omega$, $C_f = 10\,nF$.

c. Berechnen Sie die Schleifenverstärkung. Wo muß die Rückkkopplungsschleife aufgetrennt werden? Welche Begründung gibt es dafür?

Aufgabe 5.4 Gegeben sei ein rückgekoppelter Verstärker gemäß Bild 5.3a. Der nicht rückgekoppelte Verstärker sei durch

$$A = A(s) = -\frac{A_0\sigma_1\sigma_2}{(s - \sigma_1)(s - \sigma_2)}$$

gekennzeichnet, mit $A_0 > 0$ und σ_1, $\sigma_2 < 0$. Ferner gelte $F > 0$.

a. Berechnen Sie die Pole der Übertragungsfunktion des rückgekoppelten Verstärkers

b. Kann der rückgekoppelte Verstärker instabil werden?

Aufgabe 5.5 Intuitiv ist man sicherlich davon überzeugt, daß eine nur aus Widerständen und Kondensatoren aufgebaute Schaltung keine Spannungsverstärkung > 1 besitzen kann. Als Folge davon könnte ein über eine RC–Schaltung rückgekoppelter Verstärker mit einer Leerlaufverstärkung < 1 nicht instabil werden. Diese Annahmen sind aber nicht richtig.

a. Berechnen Sie das Spannungsverhältnis $F = U_o/E$ der folgenden Schaltung.

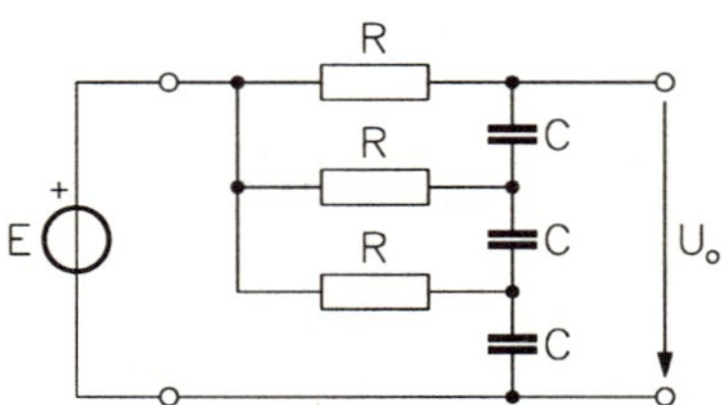

b. Bestimmen Sie diejenige Frequenz ω, bei der Zähler und Nenner von $F(j\omega)$ rein imaginär werden. Wie groß ist $F(j\omega)$ bei dieser Frequenz?

c. Diese RC–Schaltung wird nun gemäß der folgenden Abbildung in den Rückkopplungszweig eines Verstärkers gelegt, und eine sinusförmige Quelle mit der komplexen Amplitude E wird hinzugefügt. Der Verstärker wird mit Hilfe einer spannungsgesteuerten Spannungsquelle mit reellem K modelliert. Berechnen Sie für diese Schaltung die Spannung U_o.

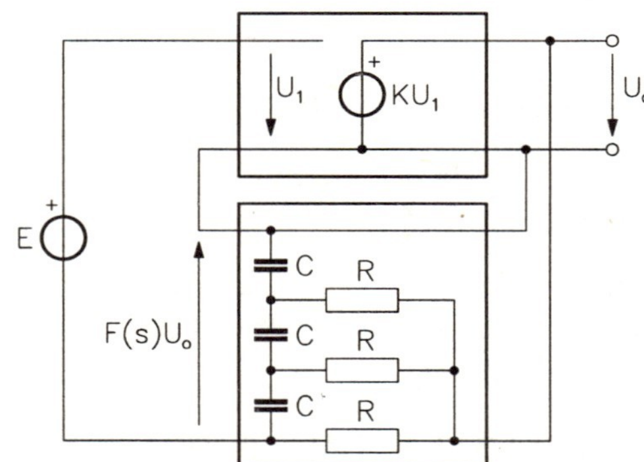

d. Um die Berechnung der Nullstellen eines Polynoms dritten Grades zu vermeiden, demonstrieren wir die potentielle Instabilität der unter c. betrachteten Schaltung für $K < 1$ indirekt. Zeigen Sie, daß die Übertragungsfunktion $H(s) = U_o/E$ für $K = 29/30$ ein Polpaar auf der $j\omega$–Achse besitzt. Wo liegen insgesamt die Pole von $H(s)$ für $K = 29/30$?

6 Rauschen in elektronischen Schaltungen

In diesem Kapitel werden wir den Einfluß des Rauschens in elektronischen Schaltungen und entsprechende modellmäßige Darstellungen behandeln.

Wir beginnen mit der Zusammenstellung einiger grundlegender Definitionen und werden danach dann zunächst die wichtigsten Rauschursachen zusammenfassen. Auf die Herleitung der angegebenen Resultate aus den physikalischen Vorgängen verzichten wir jedoch; eine recht umfassende Darstellung dazu findet man z. B. in [9]. Anschließend werden wir dann verschiedene Aspekte des Rauschverhaltens elektronischer Schaltungen im einzelnen behandeln; den besonderen Belangen von Operationsverstärker–Schaltungen wird im 8. Kapitel Rechnung getragen.

6.1 Autokorrelationsfunktion und Leistungsdichtespektrum

Die Autokorrelationsfunktion $r(\tau)$ und das Leistungsdichtespektrum $R(\omega)$ stellen die Basis für die Beschreibung des Rauschens dar. Bezüglich dieser beiden Größen knüpfen wir an die Ergebnisse der Unterabschnitte 2.7.3 und 2.7.4 an. Dort hatten wir uns allgemein mit Leistungsbeziehungen beschäftigt, die natürlich auch hier Gültigkeit haben. An dieser Stelle kommen wir noch einmal auf einige Resultate zurück, da verschiedene Darstellungen nebeneinander existieren, was beim praktischen Arbeiten möglicherweise zu Verwirrungen führen könnte.

Ausgehend von (2.185, 2.186) schreiben wir zunächst noch einmal

$$r(\tau) \quad = \quad \frac{1}{2\pi} \int_{-\infty}^{\infty} R(\omega)\, \mathrm{e}^{j\omega\tau}\, d\omega \tag{6.1}$$

$$R(\omega) = \int_{-\infty}^{\infty} r(\tau)\, e^{-j\omega\tau}\, d\tau\ . \tag{6.2}$$

Setzen wir $\omega = 2\pi f$ ein, ergibt sich die äquivalente Darstellung

$$r(\tau) = \int_{-\infty}^{\infty} R(f)\, e^{j2\pi f\tau}\, df \tag{6.3}$$

$$R(f) = \int_{-\infty}^{\infty} r(\tau)\, e^{-j2\pi f\tau}\, d\tau\ . \tag{6.4}$$

Wir hatten im Unterabschnitt 2.7.3 festgestellt, daß $r(\tau)$ eine gerade Funktion ist und infolgedessen ist $R(f)$ ebenfalls gerade. Folglich gilt auch

$$r(\tau) = 2\int_{0}^{\infty} R(f) \cos(2\pi f\tau)\, df \tag{6.5}$$

$$R(f) = 2\int_{0}^{\infty} r(\tau) \cos(2\pi f\tau)\, d\tau\ . \tag{6.6}$$

In der Praxis bevorzugt man diese Darstellung, die nur positive Frequenzen enthält. Setzt man noch

$$S(f) = 2R(f)\ , \tag{6.7}$$

so erhält man

$$r(\tau) = \int_{0}^{\infty} S(f) \cos(2\pi f\tau)\, df \tag{6.8}$$

$$S(f) = 4\int_{0}^{\infty} r(\tau) \cos(2\pi f\tau)\, d\tau\ . \tag{6.9}$$

Auf der Basis dieser sogenannten Wiener–Khintchine–Beziehung werden wir im folgenden die Rauschberechnungen durchführen. $S(f)$ wird dabei ebenfalls als Rauschleistungsdichte bezeichnet.

6.2 Rauschursachen

6.2.1 Thermisches Rauschen

Durch die Wärmebewegung von Ladungsträgern in einem Festkörper wird Rauschen hervorgerufen; die nichtideale Gitterstruktur spielt dabei ebenfalls eine wesentliche Rolle.

Da die Ladungsträger auf zufällige Weise miteinander kollidieren und da die Gitterfehler keine Regelmäßigkeit aufweisen, kann der durch die Wärme bewirkte Strom $i(t)$ in einem Festkörper als reeller stochastischer Prozeß modelliert werden. Seine Autokorrelationsfunktion $r_i(\tau)$ läßt sich mit Methoden der Festkörperphysik berechnen. Aus ihr kann dann unter Verwendung von (6.9) das Leistungsdichtespektrum $S_i(f)$ berechnet werden.

Für das Leistungsdichtespektrum eines durch termisches Rauschen erzeugten Stromes $i(t)$ in einem Leiter mit dem Leitwert G ergibt sich (für den im allgemeinen bei elektronischen Schaltungen interessierenden Frequenzbereich) die Beziehung (Nyquist–Beziehung)

$$S_i(f) = 4kTG \; . \tag{6.10}$$

($k = 1.3806 \cdot 10^{-23}\, VAs/K \,\hat{=}$ Boltzmann–Konstante, $T \,\hat{=}$ absolute Temperatur). Da das Leistungsdichtespektrum frequenzunabhängig ist, handelt es sich bei dem thermischen Rauschen um "Weißes Rauschen".

Besonders zu bemerken ist, daß das thermische Rauschen auftritt, ohne daß ein von außen erzeugter Strom durch den Leiter fließt. Der Mittelwert des thermischen Rauschens ist null.

6.2.2 Schrot–Rauschen ("shot noise")

Immer dann, wenn Ladungsträger eine Potentialschwelle zu überwinden haben, wie z. B. in Halbleitern, tritt Schrot–Rauschen (engl. shot noise) auf. Die Bezeichnung entstammt der Vorstellung, daß sich der Strom aus einzelnen Ladungsträgern zusammensetzt wie eine mit Schrotkugeln gefüllte Patrone.

Ist I der fließende Gleichstrom, so beträgt die Leistungsdichte des Schrot–Rauschens (Schottky–Beziehung)

$$S_i(f) = 2qI \; , \tag{6.11}$$

wobei $q = 1.62 \cdot 10^{-19} As$ die Elektronenladung ist. Das Leistungsdichtespektrum ist wie im Fall des thermischen Rauschens frequenzunabhängig.

6.2.3 1/f–Rauschen

In Halbleitern, Metallschichten, Kohleschichtwiderständen usw. tritt neben anderen Rauscharten auch ein Rauschen mit einem Leistungsdichtespektrum der Form

$$S_i(f) = \frac{KI^\beta}{f^\alpha} \tag{6.12}$$

auf; darin ist K eine Konstante, I der durch das Element fließende Gleichstrom und für die Konstanten α, β gilt $\alpha \approx 1, \beta \approx 2$.

Da die Leistungsdichte umgekehrt proportional zur Frequenz f ist, wird dieses Rauschen als $1/f$–Rauschen (Funkel–Rauschen, flicker–noise) bezeichnet. Das 1/f–Rauschen läßt sich nicht auf einfache Weise erklären, da es verschiedene Ursachen hat.

6.2.4 Weitere Rauscharten

Neben den genannten gibt es weitere Rauscharten, die jedoch nur kurz erwähnt werden sollen.

Wird ein pn–Übergang in Sperrichtung betrieben, so tritt bei hohen Spannungen ein Lawinen–Durchbruch auf; wir haben dieses Phänomen im 1. Kapitel erwähnt. Es ist anschaulich klar, daß der Lawinen–Effekt einen unregelmäßigen Strom zur Folge hat. In der Nähe der (Lawinen–) Durchbruchsspannung ist also mit einem zusätzlichen Rauschen zu rechnen; im Falle des "echten" Zener–Durchbruchs tritt dieses Rauschen nicht auf.

Unterhalb 100 Hz kann ein Rauschen auftreten, das sehr anschaulich als Popcorn–Rauschen bezeichnet wird, da es im Lautsprecher eine Art Aufplatz–Geräusch verursacht.

6.3 Rauschberechnungen in linearen Schaltungen

Grundsätzlich gilt die Feststellung, daß die Rauschleistungen derart niedrig sind, daß für Rauschberechnungen immer nur das Kleinsignal–Verhalten der Schaltungen berücksichtigt werden muß.

6.3.1 Eintore

Wir betrachten zuerst einen Widerstand $R = 1/G$. Aufgrund der Wärmebewegung kann (bei Kurzschluß) an seinen Klemmen ein Rauschstrom abgenommen werden, dessen Leistungsdichtespektrum gemäß (6.10) durch

$$S_i(f) = 4kTG$$

gegeben ist. Wie bereits im Abschnitt 2.6 erläutert, läßt sich dieser Rauschstrom $i = i(t)$ natürlich nicht in Form einer Funktion angeben. Er ist vielmehr ein reeller stochastischer Prozeß, für dessen Autokorrelationsfunktion gemäß (2.182)

$$r_i(\tau) = \mathrm{E}\{i(t+\tau)i(t)\}$$

gilt. Für $\tau = 0$ folgt daraus

$$r_i(0) = \mathrm{E}\{i^2(t)\} = \overline{i^2(t)} \; . \tag{6.13}$$

Unter Berücksichtigung von (6.8) ergibt sich dann aufgrund dieses Ergebnisses

$$\overline{i^2(t)} = \int_0^\infty S_i(f)df \; . \tag{6.14}$$

Betrachten wir nur ein endliches Frequenzband zwischen den Frequenzen f_1 und $f_1 + \Delta f$, so erhalten wir allgemein für den quadratischen Mittelwert des Rauschstroms

$$\overline{i^2(t)} = \int_{f_1}^{f_1+\Delta f} S_i(f)df \ . \tag{6.15}$$

Der Effektivwert des Rauschstroms ist die Wurzel aus seinem quadratischen Mittelwert. Setzen wir noch Gl. (6.10) ein, so erhalten wir nach Ausführung der Integrationen

$$I_{eff} = \sqrt{\overline{i^2(t)}} = \sqrt{4kTG\Delta f} \ . \tag{6.16}$$

Damit können wir einen rauschenden Widerstand bezüglich des thermischen Rauschens durch einen rauschfreien Widerstand R und eine parallelgeschaltete

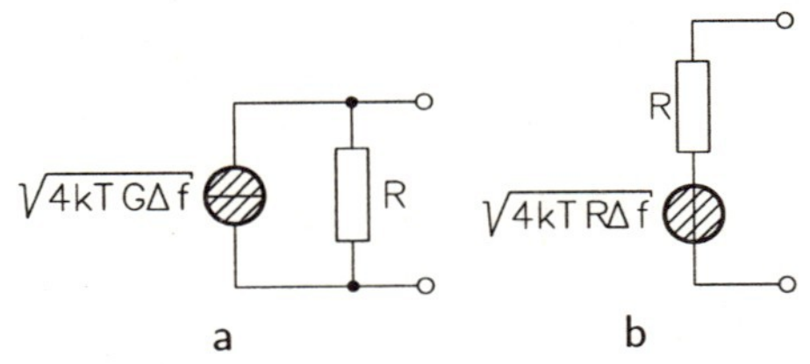

Abb. 6.1 Modellierung des thermischen Widerstandsrauschens a. durch eine Stromquelle b. durch eine Spannungsquelle

ideale Rauschstromquelle modellieren. Abb. 6.1a zeigt diese Anordnung.

Wird ein rauschender Widerstand R an seinen Klemmen nicht kurzgeschlossen, so kann kein Rauschstrom fließen, dafür kann aber an seinen Klemmen eine Rauschspannung $u(t)$ abgenommen werden. Ihre Rauschleistungsdichte beträgt

$$S_u(f) = 4kTR \ . \tag{6.17}$$

Die Berechnung des Effektivwertes der Rauschspannung verläuft analog zur Berechnung des Effektivwertes des Rauschstromes und es ergibt sich

$$U_{eff} = \sqrt{\overline{u^2(t)}} = \sqrt{4kTR\Delta f} \ . \tag{6.18}$$

Ein realer rauschender Widerstand R läßt sich hinsichtlich des thermischen Rauschens also auch durch eine Rauschspannungsquelle und einen nichtrauschenden Widerstand (Abb. 6.1b) modellieren.

Mit Rauschquellen kann ähnlich gerechnet werden wie mit deterministischen Quellen, wie das folgende Beispiel zeigt.

Beispiel 6.1

Wir betrachten eine Rauschspannungsquelle, die mit einem Widerstand R_L belastet ist. Unter der idealisierenden Annahme, daß dieser Lastwiderstand keine

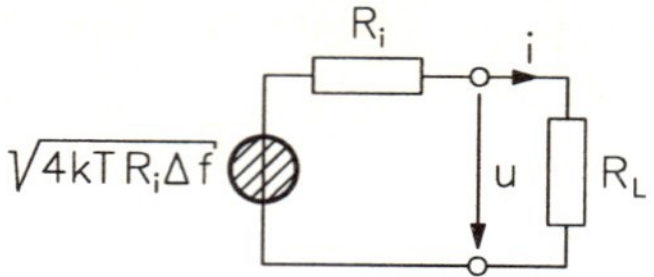

Rauschleistung erzeugt, ergibt sich für diese Schaltung

$$
\begin{aligned}
I_{eff} &= \sqrt{\overline{i^2(t)}} = \frac{\sqrt{4kTR_i\Delta f}}{R_i + R_L} \\
U_{eff} &= \sqrt{\overline{u^2(t)}} = \frac{R_L}{R_i + R_L} \cdot \sqrt{4kTR_i\Delta f} \; .
\end{aligned}
$$

Im Unterabschnitt 2.7.3 hatten wir unter anderem den Fall betrachtet, daß ein reeller Prozeß $f(t)$ mit einer Funktion $h(t)$ gefaltet wird. Für die durch die Faltungsoperation entstehende Funktion $x(t)$ ergab sich [vgl. (2.171)]

$$
r_x(t) = r_f(t) * h(t) * h(-t) \; ,
$$

wobei $r_x(t)$ und $r_f(t)$ die Autokorrelationsfunktionen von $x(t)$ bzw. $f(t)$ sind. Für das Leistungsdichtespektrum $R_x(f) \bullet\!\!-\!\!\circ\; r_x(t)$ hatte sich [vgl. (2.172)]

$$
R_x(\omega) = |H(j\omega)|^2 R_f(\omega)
$$

mit $H(j\omega) \bullet\!\!-\!\!\circ\; h(t)$ und $R_f(f) \bullet\!\!-\!\!\circ\; r_f(t)$ ergeben. Wir werden im folgenden die äquivalente Gleichung

$$
S_x(f) = |H(j\omega)|^2 S_f(f) \tag{6.19}
$$

verwenden. Sie stellt eine wichtige Beziehung für Rauschberechnungen dar, wie im folgenden anhand eines Beispiels ausgeführt wird.

Wir betrachten eine Quelle gemäß Abb. 6.1b, die mit einer Kapazität C belastet wird (Abb. 6.2a).

Abb. 6.2 a. Rauschquelle, mit einer Kapazität C belastet b. äquivalente Schaltung

Rein reaktive Elemente erzeugen keine Rauschleistung, also liefert die Kapazität C keinen Rauschbeitrag. Die gewählte Anordnung können wir als rauschfreie Schaltung mit der Übertragungsfunktion

$$H(j\omega) = \frac{1}{j\omega CR + 1}$$

auffassen, die durch eine Rauschquelle gespeist wird (Abb. 6.2b). Unter entsprechender Verwendung von (6.10) und (6.19) können wir das Leistungsdichtespektrum der Ausgangsspannung u_o als

$$S_{uo}(f) = |H(j\omega)|^2 4kTR = \frac{4kTR}{(\omega CR)^2 + 1}$$

angeben. Damit läßt sich dann das mittlere Rauschspannungs–Quadrat, das sich bei Berücksichtigung aller Frequenzen ergibt, berechnen:

$$\begin{aligned} \overline{u_o^2(t)} &= 4kTR \int_0^\infty \frac{df}{(2\pi CR)^2 f^2 + 1} \\ &= \frac{2kT}{\pi C} \Big[\arctan 2\pi CRf \Big]_0^\infty = \frac{kT}{C} \\ U_{eff} &= \sqrt{\frac{kT}{C}} \, . \end{aligned}$$

Es ist noch zu bemerken, daß dieser Wert von R unabhängig ist.

Wir betrachten nun den Fall, daß zwei (rauschende) Widerstände parallel geschaltet sind (Abb. 6.3a) Zunächst ersetzen wir die beiden Widerstände

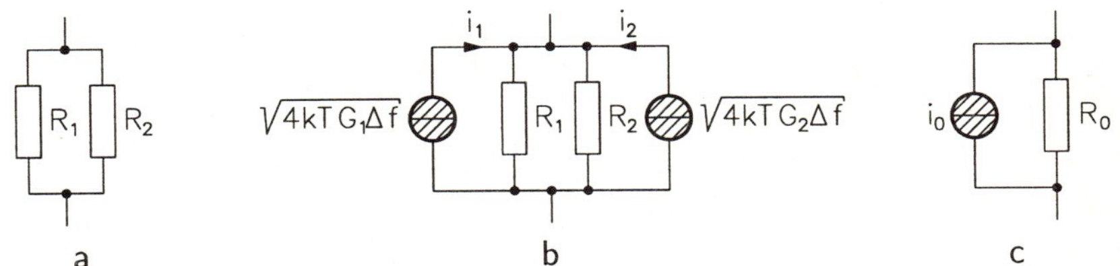

Abb. 6.3 a. Parallelschaltung von zwei rauschenden Widerständen b. Modell mit zwei rauschfreien Widerständen und zwei Stromquellen c. äquivalentes Modell zu b

jeweils durch ein Modell gemäß Abb. 6.1a und erhalten so die Schaltung in Abb. 6.3b, die zwei rauschfreie Widerstände und zwei Rausch–Stromquellen enthält. Wir bestimmen nun die Größen des äquivalenten Modells in Abb. 6.3c. Für den Widerstand R_0 ergibt sich selbstverständlich

$$R_0 = \frac{R_1 R_2}{R_1 + R_2} \, .$$

Bei der Berechnung des Rauschquellen–Stroms i_0 gehen wir von einem mittelwertfreien Rauschen mit einem Leistungsdichtespektrum gemäß (6.10) aus. Die beiden Ströme $i_1(t)$ und $i_2(t)$ in Abb. 6.3b stellen stationäre stochastische Prozesse dar, aus denen wir den Prozeß

$$i(t) = i_1(t) + i_2(t)$$

bilden. Die Autokorrelationsfunktion $r_i(\tau)$ lautet dann unter Verwendung von (2.182)

$$\begin{aligned} r_i(\tau) &= \mathrm{E}\{i(t)i(t+\tau)\} \\ &= \mathrm{E}\{[i_1(t)+i_2(t)][i_1(t+\tau)+i_2(t+\tau)]\} \\ &= \mathrm{E}\{i_1(t)i_1(t+\tau)\} + \mathrm{E}\{i_1(t)i_2(t+\tau)\} + \\ &\quad\ \mathrm{E}\{i_2(t)i_1(t+\tau)\} + \mathrm{E}\{i_2(t)i_2(t+\tau)\} \ . \end{aligned}$$

Wir berücksichtigen nun, daß die beiden Widerstände R_1 und R_2 in Abb. 6.3a unabhängig voneinander rauschen; somit sind die stochastischen Prozesse $i_1(t)$ und $i_2(t)$ in Abb. 6.3b unkorreliert. Daher und unter Berücksichtigung der Eigenschaft, daß $i_1(t)$ und $i_2(t)$ stationäre Prozesse sind, gilt dann

$$\begin{aligned} \mathrm{E}\{i_1(t)i_2(t+\tau)\} &= \mathrm{E}\{i_1(t)\}\,\mathrm{E}\{i_2(t)\} \\ \mathrm{E}\{i_2(t)i_1(t+\tau)\} &= \mathrm{E}\{i_1(t)\}\,\mathrm{E}\{i_2(t)\} \ . \end{aligned}$$

Da das thermische Rauschen mittelwertfrei ist, ergibt sich schließlich

$$\begin{aligned} \mathrm{E}\{i_1(t)i_2(t+\tau)\} &= 0 \\ \mathrm{E}\{i_2(t)i_1(t+\tau)\} &= 0 \ . \end{aligned}$$

Bezeichnen wir die Autokorrelationsfunktionen der Ströme i_1 und i_2 mit $r_{11}(\tau)$ bzw. $r_{22}(\tau)$, so können wir folglich

$$r_i(\tau) = r_{11}(\tau) + r_{22}(\tau) \tag{6.20}$$

schreiben. Mit (6.9) ergibt sich dann für die Leistungsdichtespektren

$$\begin{aligned} S_{11}(f) &= 4\int_0^\infty r_{11}(\tau)\cos(2\pi f\tau)d\tau \\ S_{22}(f) &= 4\int_0^\infty r_{22}(\tau)\cos(2\pi f\tau)d\tau \ . \end{aligned} \tag{6.21}$$

Für das Leistungsdichtespektrum des gesamten Rauschstroms $i(t)$ erhalten wir

$$S_i(f) = S_{11}(f) + S_{22}(f) \; .$$

Damit kann der quadratische Mittelwert des Stromes $i(t)$ im interessierenden Frequenzintervall $f_1 \ldots f_1 + \Delta f$ berechnet werden:

$$\begin{aligned} \overline{i^2(t)} &= \int_{f_1}^{f_1+\Delta f} S_i(f)df \\ &= \underbrace{\int_{f_1}^{f_1+\Delta f} S_{11}(f)df}_{\overline{i_1^2(t)}} + \underbrace{\int_{f_1}^{f_1+\Delta f} S_{22}(f)df}_{\overline{i_2^2(t)}} \; . \end{aligned} \tag{6.22}$$

Wir erhalten also

$$\overline{i^2(t)} = \overline{i_1^2(t)} + \overline{i_2^2(t)} \tag{6.23}$$

und

$$\overline{i^2(t)} = 4kT(G_1 + G_2)\Delta f \tag{6.24}$$

mit $G_1 = 1/R_1$ und $G_2 = 1/R_2$. Damit gilt für den Strom i_0 in Abb. 6.3c

$$\sqrt{\overline{i_0^2}} = \sqrt{4kT(G_1 + G_2)\Delta f} \; . \tag{6.25}$$

Sind zwei Widerstände R_1 und R_2 in Reihe geschaltet (Abb. 6.4a), so läßt

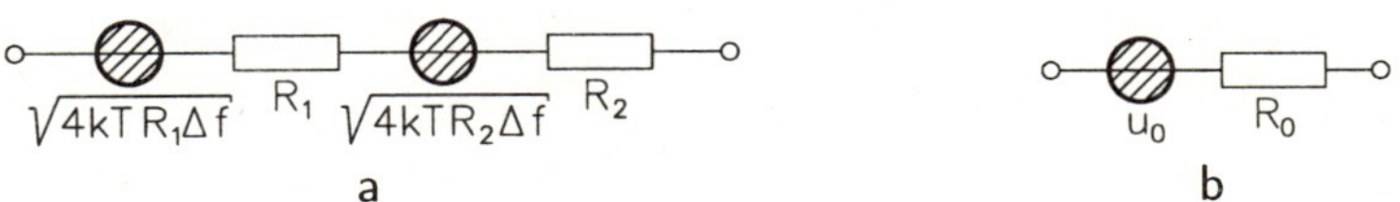

Abb. 6.4 a. Modell zweier in Reihe geschalteter rauschender Widerstände b. Äquivalentes Modell

sich analog zu der soeben beschriebenen Herleitung das Modell in Abb. 6.4b gewinnen mit

$$R_0 = R_1 + R_2 \tag{6.26}$$

und

$$\overline{u_0^2} = \overline{u_1^2} + \overline{u_2^2} = 4kT(R_1 + R_2)\Delta f \; , \tag{6.27}$$

wobei die letzte Beziehung wieder unter der Bedingung unkorrelierter stationärer Prozesse hergeleitet wurde.

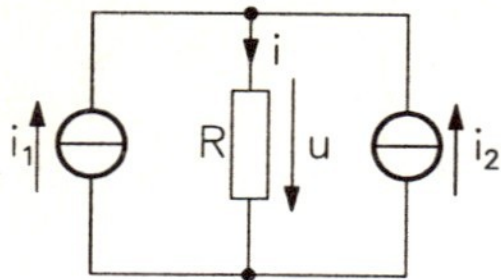

Abb. 6.5 Parallelschaltung aus einem Widerstand und zwei sinusförmigen Stromquellen

Gleichung (6.23) bietet einen direkten Ansatz zur Vereinfachung der Rauschberechnung. Wir betrachten einen Widerstand R, dem zwei sinusförmige Stromquellen parallel geschaltet sind (Abb. 6.5). Die Stromquellen seien durch

$$i_1 = \mathrm{Re}\, I_1\, \mathrm{e}^{j\omega t} \qquad i_2 = \mathrm{Re}\, I_2\, \mathrm{e}^{j\omega t} \qquad I_1, I_2 \in \mathbb{C}$$

gegeben, so daß der Strom i im stationären Zustand von der allgemeinen Form

$$i = \mathrm{Re}\, I\, \mathrm{e}^{j\omega t} \qquad I \in \mathbb{C}$$

ist. Für die vom Widerstand R aufgenommene Wirkleistung gilt

$$P = \frac{1}{2} R|I|^2 \ .$$

Wird $i_2 = 0$ gesetzt, so erzeugt i_1 allein die Wirkleistung

$$P_1 = \frac{1}{2} R|I_1|^2 \ .$$

Entsprechend ergibt sich für $i_2 = 0,\ i_1 \neq 0$

$$P_2 = \frac{1}{2} R|I_2|^2 \ .$$

Summieren wir die so gewonnenen Leistungen P_1 und P_2 und setzen sie gleich $R|I|^2/2$, so erhalten wir

$$|I|^2 = |I_1|^2 + |I_2|^2 \ . \tag{6.28}$$

Diese Beziehung entspricht (6.23). Wir müssen uns aber darüber im klaren sein, daß Gl. (6.28) durch die Summierung der Einzelwirkungen zustande gekommen ist. Dies korrespondiert mit der Unkorreliertheit der Einzelrauschströme.

Aus dem Vergleich von (6.28) mit (6.23) ergibt sich folgendes einfache Verfahren zur Berechnung des quadratischen Mittelwertes des Rauschstroms. Die Rauschquellen werden durch sinusförmige Quellen ersetzt und mit Hilfe der komplexen Rechnung wird die komplexe Amplitude der jeweils interessierenden Ergebnisgröße berechnet.

Beispiel 6.2

Es wird der in der folgenden Abbildung a. wiedergegebene Parallel–Schwingkreis betrachtet, der aus einem verlustbehafteten Kondensator und einer verlustbehafteten Spule aufgebaut ist; die Kondensator–Verluste werden durch R_C, die Spulen–Verluste werden durch R_L repräsentiert. Gesucht ist das mittlere Rauschspannungsquadrat $\overline{u_C^2}$.

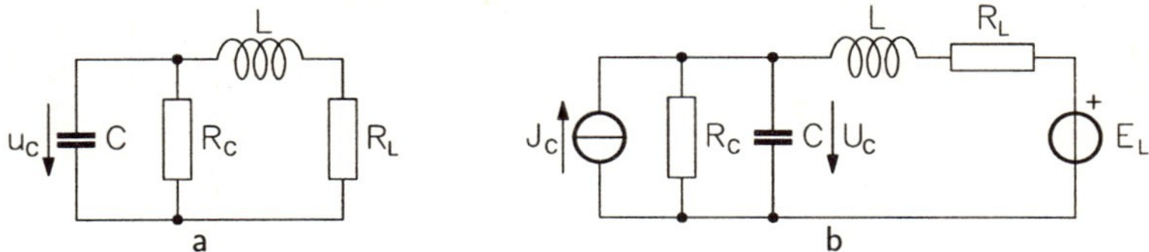

Wir ersetzen zunächst in Gedanken die beiden rauschenden Widerstände durch Modelle gemäß Abb. 6.1. Anstelle der Rauschquellen setzen wir jedoch die komplexen Amplituden sinusförmiger Quellen ein und erhalten auf diese Weise Abb. b. Für die komplexe Amplitude der Spannung am Kondensator ergibt sich dann (z. B. mit Hilfe der Knotenanalyse)

$$U_C = \frac{G_L E_L + (1 + j\omega L G_L) J_C}{G_L + G_C - \omega^2 L C G_L + j\omega(C + L G_L G_C)} .$$

Nach kurzer Rechnung erhalten wir daraus für die Summe der durch J_C bzw. E_L jeweils einzeln bewirkten Betragsquadrats–Komponenten

$$|U_C(E)|^2 + |U_C(J)|^2 = \frac{G_L^2 |E_L|^2 + (1 + \omega^2 L^2 G_L^2)|J_C|^2}{(G_L + G_C - \omega^2 L C G_L)^2 + \omega^2 (C + L G_L G_C)^2} .$$

Daraus folgt das gesuchte Ergebnis, wenn wir die Zuordnungen

$$|E|^2 \to 4kTR_L\Delta f \qquad |J_C|^2 \to 4kTG_C\Delta f$$

vornehmen und berücksichtigen, daß die Widerstände R_C und R_L unabhängig voneinander rauschen. Auf diese Weise ergibt sich

$$\overline{u_C^2(t)} = \frac{[G_L + (1 + \omega^2 L^2 G_L^2) G_C] 4kT\Delta f}{(G_L + G_C - \omega^2 L C G_L)^2 + \omega^2 (C + L G_L G_C)^2} .$$

Dieses Ergebnis hätte sich natürlich auch unter entsprechender Verwendung von (6.19) und des Superpositionsprinzips gewinnen lassen.

Beispiel 6.3

Wir betrachten noch einmal die Schaltung in Abb. 6.5.

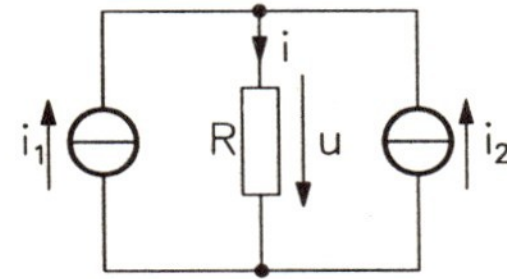

Die Stromquellen seien wieder durch

$$i_1 = \mathrm{Re}\, I_1 \, \mathrm{e}^{j\omega t} \qquad i_2 = \mathrm{Re}\, I_2 \, \mathrm{e}^{j\omega t} \qquad I_1, I_2 \in \mathbb{C}$$

gegeben, so daß die Spannung u und der Strom i im stationären Zustand die Form

$$u = \mathrm{Re}\, U \, \mathrm{e}^{j\omega t} \qquad i = \mathrm{Re}\, I \, \mathrm{e}^{j\omega t} \qquad U, I \in \mathbb{C}$$

haben. Mit (2.139) gilt dann für die vom Widerstand R aufgenommene Wirkleistung

$$P = \frac{1}{2} \mathrm{Re}\, U I^* = \frac{1}{2} \mathrm{Re}\, U(I_1^* + I_2^*) \ .$$

Wegen $U = RI = R(I_1 + I_2)$ sowie $P = R|I|^2/2$ folgt daraus nach kurzer Rechnung

$$|I|^2 = |I_1|^2 + |I_2|^2 + 2\, \mathrm{Re}\, I_1 I_2^* \ .$$

Wir betrachten nun den Fall, daß i_1 und i_2 zwei Rauschquellen repräsentieren, die miteinander korreliert sind. Aus den beiden Strömen $i_1(t)$ und $i_2(t)$ bilden wir den Prozeß

$$i(t) = i_1(t) + i_2(t) \ ,$$

dessen Autokorrelationsfunktion $r_i(\tau)$

$$\begin{aligned} r_i(\tau) &= \mathrm{E}\{i(t)i(t+\tau)\} \\ &= \mathrm{E}\{[i_1(t) + i_2(t)][i_1(t+\tau) + i_2(t+\tau)]\} \\ &= \mathrm{E}\{i_1(t)i_1(t+\tau)\} + \mathrm{E}\{i_1(t)i_2(t+\tau)\} + \\ &\quad\ \mathrm{E}\{i_2(t)i_1(t+\tau)\} + \mathrm{E}\{i_2(t)i_2(t+\tau)\} \ . \end{aligned}$$

lautet. Bezeichnen wir die Autokorrelationsfunktionen der Ströme i_1 und i_2 mit $r_{11}(\tau)$ bzw. $r_{22}(\tau)$, so können wir

$$r_i(\tau) = r_{11}(\tau) + r_{22}(\tau) + \mathrm{E}\{i_1(t)i_2(t+\tau)\} + \mathrm{E}\{i_2(t)i_1(t+\tau)\}$$

schreiben. Führen wir noch die beiden Kreuzkorrelationsfunktionen

$$\begin{aligned} r_{12}(\tau) &= \mathrm{E}\{i_1(t+\tau)i_2(t)\} \\ r_{21}(\tau) &= \mathrm{E}\{i_2(t+\tau)i_1(t)\} = r_{12}(-\tau) \end{aligned}$$

ein, so gilt schließlich

$$r_i(\tau) = r_{11}(\tau) + r_{22}(\tau) + r_{12}(\tau) + r_{21}(\tau) \ .$$

Das zugehörige Leistungsdichtespektrum lautet

$$S_i(f) = S_{11}(f) + S_{22}(f) + S_{12}(f) + S_{21}(f) \ .$$

Für die einzelnen Komponenten gilt

$$\begin{aligned}
S_{11}(f) &= 4\int_0^\infty r_{11}(\tau)\cos(2\pi f\tau)d\tau \\
S_{22}(f) &= 4\int_0^\infty r_{22}(\tau)\cos(2\pi f\tau)d\tau \\
S_{12}(f) &= 2\int_{-\infty}^\infty r_{12}(\tau)\,\mathrm{e}^{-j2\pi f\tau}\,d\tau \\
S_{21}(f) &= 2\int_{-\infty}^\infty r_{21}(\tau)\,\mathrm{e}^{-j2\pi f\tau}\,d\tau \\
&= 2\int_{-\infty}^\infty r_{12}(\tau)\,\mathrm{e}^{+j2\pi f\tau}\,d\tau = S_{12}^*(f) \ .
\end{aligned}$$

Wegen der Beziehung $S_{21}(f) = S_{12}^*(f)$ ergibt sich

$$S_i(f) = S_{11}(f) + S_{22}(f) + 2\,\mathrm{Re}\ S_{12}(f) \ .$$

Der quadratische Mittelwert des Stromes $i(t)$ lautet

$$\overline{i^2(t)} = \int_{f_1}^{f_1+\Delta f} S_i(f)df \ .$$

Nehmen wir $S_i(f)$ im Frequenzintervall $f_1 \ldots f_1+\Delta f$ als konstant an, so erhalten wir

$$\overline{i^2(t)} = [S_{11}(f) + S_{22}(f) + 2\,\mathrm{Re}\ S_{12}(f)]\Delta f \ .$$

Da i_1 und i_2 in diesem Fall korreliert sind, muß also neben den Autokorrelationsfunktionen auch die Kreuzkorrelationsfunktion (bzw. das entsprechende Leistungsdichtespektrum) bekannt sein.

6.3.2 Zweitore

Bei der Zweitorbeschreibung im Unterabschnitt 3.3.7 sind wir von der Quellfreiheit der Zweitore ausgegangen; diese Voraussetzung betraf natürlich Signalquellen, und sie soll auch weiterhin aufrecht erhalten werden. Enthält ein Zweitor Widerstände, so stellen sie Rauschquellen dar, deren Einfluß zusätzlich zum Signalverhalten berücksichtigt werden muß. Entsprechendes gilt beim Vorhandensein von Halbleitern für deren Kleinsignal–Modelle.

Wir gehen von Abb. 3.15 aus und betrachten die Beschreibung durch die Admittanzmatrix gemäß (3.172), die wir hier wiederholen:

$$\begin{aligned} I_1 &= Y_{11}U_1 + Y_{12}U_2 \\ I_2 &= Y_{21}U_1 + Y_{22}U_2 \; . \end{aligned}$$

Werden Ein– und Ausgang des Zweitors kurzgeschlossen, so daß $U_1 = U_2 = 0$ ist, dann fließen auch keine Signalströme, es gilt also $I_1 = I_2 = 0$. Infolge des Rauschens innerhalb des Zweitors fließen jedoch Rauschströme durch die kurzgeschlossenen Eingangs– und Ausgangsklemmen (Abb. 6.6a). Dieses Verhalten kann mit Hilfe eines rauschfreien Zweitors und zweier Rauschstromquellen modelliert werden, wie Abb. 6.6b zeigt. Da die Ströme i_{r1} und i_{r2} im allgemeinen durch die Überlagerung mehrerer Rauschquellen hervorgerufen werden, sind i_{r1} und i_{r2} im allgemeinen auch korrelierte Prozesse.

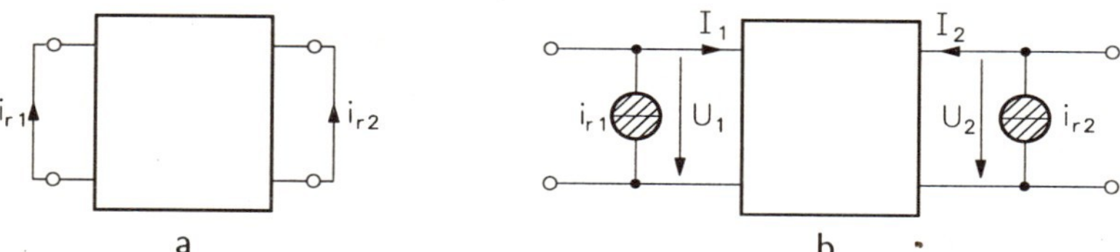

Abb. 6.6 a. Zweitor mit internen Rauschquellen b. Rauschfreies Zweitor mit äußeren Rausch–Stromquellen

Bei offenen Eingangs– und Ausgangsklemmen des rauschenden Zweitors kann an beiden Toren eine Rauschspannung gemessen werden (Abb. 6.7a).

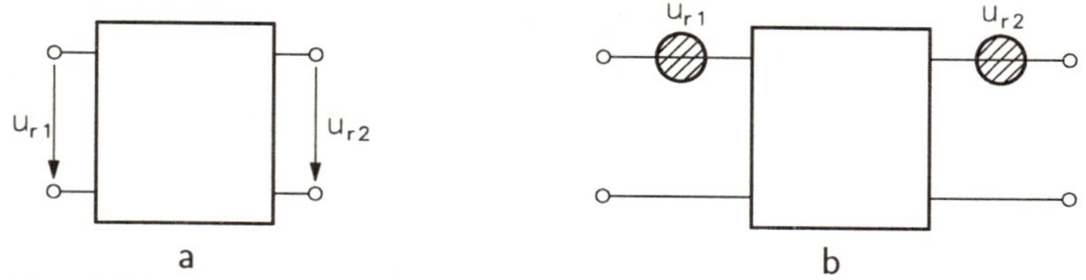

Abb. 6.7 a. Zweitor mit internen Rauschquellen b. Rauschfreies Zweitor mit äußeren Rausch–Spannungsquellen

Damit bietet sich eine Modellierung des Rauschverhaltens gemäß Abb. 6.7b an; zu beachten ist wieder die Korrelation zwischen u_{r1} und u_{r2}.

Die Modelle gemäß Abb. 6.6b bzw. Abb. 6.7b sind in den meisten Fällen äquivalent und lassen sich daher ineinander umrechnen. Dazu gehen wir von Abb. 6.8 aus. In dieser Abbildung sind anstelle der Rauschspannungen und

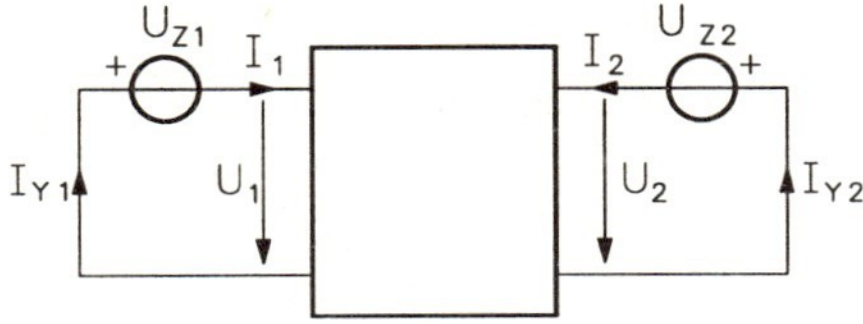

Abb. 6.8 Zur Berechnung der Äquivalenz der Modelle in Abb. 6.6b und 6.7b

–ströme komplexe Amplituden entsprechender sinusförmiger Größen eingesetzt, so daß mit den Methoden der Zweitor–Theorie gearbeitet werden kann. Für das rauschfreie Zweitor gilt gemäß (3.172) bzw. (3.174)

$$\begin{pmatrix} I_1 \\ I_2 \end{pmatrix} = \begin{pmatrix} Y_{11} & Y_{12} \\ Y_{21} & Y_{22} \end{pmatrix} \begin{pmatrix} U_1 \\ U_2 \end{pmatrix} \tag{6.29}$$

oder, unter Verwendung der Impedanzmatrix,

$$\begin{pmatrix} U_1 \\ U_2 \end{pmatrix} = \begin{pmatrix} Z_{11} & Z_{12} \\ Z_{21} & Z_{22} \end{pmatrix} \begin{pmatrix} I_1 \\ I_2 \end{pmatrix} . \tag{6.30}$$

Wir schließen bei unseren weiteren Betrachtungen diejenigen Zweitore aus, die durch $\det \boldsymbol{Y} = 0$ bzw. $\det \boldsymbol{Z} = 0$ gekennzeichnet sind und sich somit nicht ineinander umrechnen lassen. Aus (6.29) folgt

$$\begin{aligned} |I_{Y1}|^2 &= (Y_{11}U_1 + Y_{12}U_2)(Y_{11}^*U_1^* + Y_{12}^*U_2^*) \\ &= |Y_{11}|^2|U_1|^2 + |Y_{12}|^2|U_2|^2 + 2\,\mathrm{Re}\;Y_{11}Y_{12}^*U_1U_2^* \ . \end{aligned} \tag{6.31}$$

Unter Verwendung des Ergebnisses von Beispiel 6.3 erhalten wir

$$\overline{i_{r1}^2} = |Y_{11}|^2\overline{u_{r1}^2} + |Y_{12}|^2\overline{u_{r2}^2} + 2\,\mathrm{Re}\;Y_{11}Y_{12}^*S_{12u}\Delta f \ . \tag{6.32}$$

Dabei wurde konstantes $S_{12u}(f)$ für das betrachtete Intervall Δf vorausgesetzt.

Analog erhalten wir

$$|I_{Y2}|^2 = |Y_{21}|^2|U_1|^2 + |Y_{22}|^2|U_2|^2 + 2\,\mathrm{Re}\;Y_{22}Y_{21}^*U_2U_1^* \tag{6.33}$$

und

$$\overline{i_{r2}^2} = |Y_{21}|^2|\overline{u_{r1}^2} + |Y_{22}|^2\overline{u_{r2}^2} + 2\,\mathrm{Re}\;Y_{22}Y_{21}^*S_{12u}^*\Delta f \ . \tag{6.34}$$

Neben der Möglichkeit, ein rauschendes Zweitor mit Hilfe von Rauschquellen am Ein– und Ausgang zu modellieren, kann auch ein Modell mit zwei Quellen

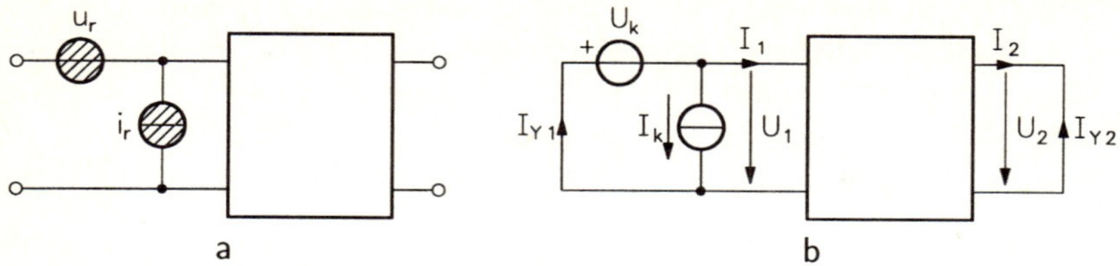

Abb. 6.9 a. Rauschfreies Zweitor mit zwei (korrelierten) Rauschquellen am Eingang b. Zur Umrechnung der Quellen

am Eingang entwickelt werden; Abb. 6.9a zeigt diese Anordnung. Mit Hilfe von Abb. 6.9b können die Zusammenhänge zwischen den Modellen in den Abbildungen 6.6a, 6.7a und 6.9a ermittelt werden; der Index "k" stellt den Bezug zur Kettenmatrix her — zu beachten ist auch die Richtung von I_2 —, die wir hier verwenden wollen. Gemäß (3.181) laute die Kettengleichungen

$$\begin{aligned} U_1 &= K_{11}U_2 + K_{12}I_2 \\ I_1 &= K_{21}U_2 + K_{22}I_2 \ . \end{aligned}$$

Aus Abb. 6.9b folgt

$$U_1 = -U_k \qquad U_2 = 0 \qquad I_1 = I_{Y1} - I_k \qquad I_2 = -I_{Y2} \ .$$

Einsetzen dieser Beziehungen in die Kettengleichungen liefert direkt den Zusammenhang zwischen U_k, I_k und Kurzschlußströmen in Abb. 6.8:

$$\begin{aligned} U_k &= K_{12}I_{Y2} \\ I_k &= I_{Y1} + K_{22}I_{Y2} \ . \end{aligned}$$

Mit

$$\begin{aligned} I_{Y1} &= -Y_{11}U_{Z1} - Y_{12}U_{Z21} \\ I_{Y2} &= -Y_{21}U_{Z1} - Y_{22}U_{Z21} \end{aligned}$$

und unter Verwendung von Tabelle 3.1 kann daraus wiederum

$$\begin{aligned} U_k &= U_{Z1} - K_{11}U_{Z2} \\ I_k &= -K_{21}U_{Z2} \end{aligned} \tag{6.35}$$

abgeleitet werden. Wir sehen im übrigen, daß die beiden Rauschquellen (natürlich) auch wieder korreliert sind. Für $K_{11} = 0$ (z. B. bei Operationsverstärkern) ist die Korrelation nicht vorhanden.

6.3.3 Rauschzahl, Rauschanpassung und Signal–Rausch–Verhältnis

Im folgenden ist es für die Vorstellung oft hilfreich, in erster Linie an lineare Verstärker zu denken; allerdings sind die Ergebnisse nicht auf diese Klasse linearer Schaltungen beschränkt, sondern sie gelten für Zweitore allgemein. Abb. 6.10 zeigt die betrachtete Anordnung. Das Zweitor hat die Aufgabe,

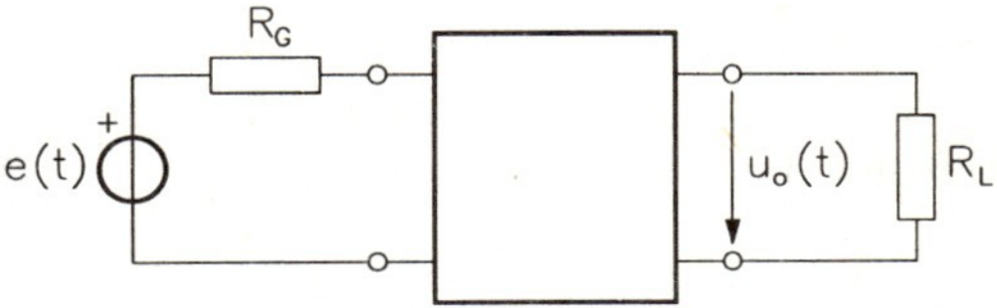

Abb. 6.10 Lineares Zweitor mit Generator und Lastwiderstand

eine lineare Abbildung vom Eingang auf den Ausgang — z. B. eine (frequenzabhängige) Verstärkung — zu bewirken. Das Rauschen des Zweitors und des Generatorwiderstandes R_G erzeugen eine Rauschspannung, die dem Nutzsignal $u_o(t)$ überlagert ist; den Widerstand R_L rechnen wir für diese Betrachtungen zweckmäßigerweise dem Zweitor zu, so daß sein Rauschen dort mit berücksichtigt wird. Da das Rauschen eine Störung darstellt, wird man versuchen, das Zweitor möglichst rauschfrei zu halten. Deshalb ist es sinnvoll, ein Maß einzuführen, um das Rauschen eines Zweitors quantitativ erfassen zu können. Dazu vergleicht man die am Zweitor–Ausgang tatsächlich abgegebene Rauschleistung mit der minimal möglichen; letztere wird gebildet aus der Rauschleistung des Generatorwiderstandes multipliziert mit der Leistungsverstärkung des Zweitors.

Bezeichnet man die Rauschleistung des Generatorwiderstandes mit P_G, die des Zweitors mit P_Z und die Leistungsverstärkung mit A_p, so ist die Rauschzahl F durch die Beziehung

$$F = \frac{A_p P_G + P_Z}{A_p P_G} = 1 + \frac{P_Z}{A_p P_G} \tag{6.36}$$

definiert. Es ist üblich, als logarithmisches Maß

$$F_{log} = 10 \log F \qquad [dB] \tag{6.37}$$

zu verwenden. Für die Berechnung der Rauschzahl F ist es sinnvoll, das Zweitor–Rauschen durch ein Zweiquellen–Modell gemäß Abb. 6.9 zu erfassen; dann kürzt sich die Leistungsverstärkung A_p heraus. Das Rauschen des Generatorwiderstandes wird in diesem Fall zweckmäßigerweise gemäß Abb. 6.1b modelliert. Auf diese Weise erhalten wir Abb. 6.11; das Zweitor, das auch den Widerstand R_L enthält, ist jetzt rauschfrei. Der Generatorwiderstand R_G und der Eingangswiderstand R des Zweitors werden als reell angenommen.

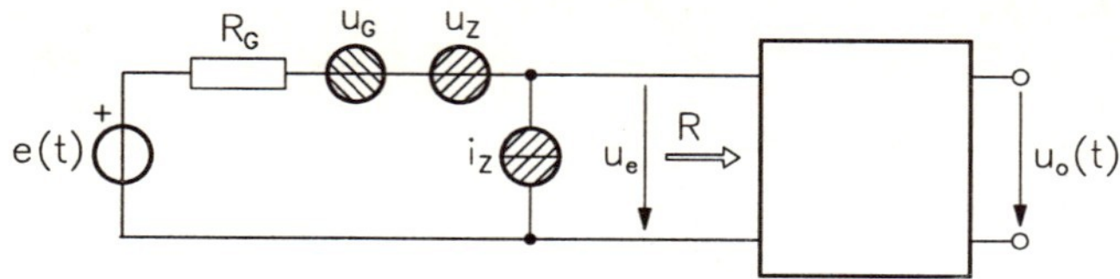

Abb. 6.11 Zur Berechnung der Rauschzahl F

Es ist zu beachten, daß u_Z und i_Z korreliert sind, während zwischen diesen Größen und u_G keine Korrelation besteht.

Wir ersetzen die Rauschquellen zunächst durch die komplexen Amplituden entsprechender sinusförmiger Quellen und setzen $e(t) = 0$. Dann folgt aus Abb. 6.11

$$U_e = \frac{R}{R+R_G}(U_G - U_Z - R_G I_Z) \ .$$

Die Vorzeichen sind willkürlich angenommen, sie müssen aber — einmal gewählt — beibehalten werden. Damit bilden wir

$$\begin{aligned} U_e U_e^* = |U_e|^2 &= \left(\frac{R}{R+R_G}\right)^2 [|U_G|^2 - U_G(U_Z^* + R_G I_Z^*) + |U_Z|^2 - \\ &\quad U_Z(U_G^* - R_G I_Z^*) + R_G^2 |I_Z|^2 - R_G I_Z(U_G^* - U_Z^*)] \\ &= \left(\frac{R}{R+R_G}\right)^2 [|U_G|^2 + |U_Z|^2 + R_G^2|I_Z|^2 + 2R_G \,\mathrm{Re}\, U_Z I_Z^* - \\ &\quad \underbrace{U_G(U_Z^* + R_G I_Z^*) - U_G^*(U_Z + R_G I_Z)}_{\text{Produkte unkorrelierter Größen}}] \ . \end{aligned}$$

Die Bezeichnung "Produkte unkorrelierter Größen" bezieht sich auf den Übergang auf Rauschgrößen. Unter entsprechender Verwendung der Ergebnisse von Beispiel 6.3 erhalten wir

$$\overline{u_e^2} = \left(\frac{R}{R+R_G}\right)^2 [S_{u_G}(f) + S_{u_Z}(f) + R_G^2 S_{i_Z}(f) + 2R_G \,\mathrm{Re}\, S_{u_Z i_Z}(f)] \,\Delta f \ , \tag{6.38}$$

mit

S_{u_G}	Leistungsdichtespektrum von u_G $(= 4kTR_G)$
S_{u_Z}	Leistungsdichtespektrum von u_Z
S_{i_Z}	Leistungsdichtespektrum von i_Z
$S_{u_Z i_Z}$	Kreuzleistungsspektrum von u_Z und i_Z .

Die an den Eingang des Zweitors abgegebene Rauschleistung beträgt

$$P_e = \frac{\overline{u_e^2}}{R} \ .$$

Für ein rauschfreies Zweitor ($u_Z = i_Z = 0$) würde

$$P_e = \left(\frac{R}{R+R_G}\right)^2 \cdot \frac{\overline{u_G^2}}{R} = \left(\frac{R}{R+R_G}\right)^2 \cdot \frac{4kTR_G\Delta f}{R}$$

gelten. Damit lautet dann die Rauschzahl

$$F = 1 + \frac{S_{u_Z}(f) + R_G^2 S_{i_Z}(f) + 2R_G \,\mathrm{Re}\, S_{u_Z i_Z}(f)}{4kTR_G} \,. \tag{6.39}$$

Sie ist also eine Funktion der Frequenz f und des Generatorwiderstandes R_G. In Abhängigkeit von R_G durchläuft F ein Minimum. Aus $dF/dR_G = 0$ folgt, daß dieses Minimum für

$$R_G = \sqrt{\frac{S_{u_Z}}{S_{i_Z}}} \tag{6.40}$$

erreicht wird. Wählt man diesen optimalen Wert für R_G, so spricht man von Rauschanpassung. Zu bemerken ist, daß das Optimum unabhängig vom Kreuz–Leistungsspektrum $S_{u_Z i_Z}$ ist; dies gilt allerdings nur unter der hier gemachten Voraussetzung, daß R_G und R reell sind.

Die Rauschzahl ist ein Maß für die Güte — hinsichtlich niedrigen Rauschens — eines Zweitors, wobei $F_{min} = 1$ gilt. Bei der Signalübertragung ist eine weitere Größe wichtig, nämlich das Verhältnis der Nutzsignal–Leistung P_0 zur Rauschleistung P_n. Dieses Signal–Rausch–Verhältnis (engl. **S**ignal–to–**N**oise–**R**atio) ist durch

$$SNR = 10 \log \frac{P_0}{P_n} \qquad [dB] \tag{6.41}$$

definiert; je höher es ist, desto weniger störend ist das Rauschen.

Beispiel 6.4

Eine nichtideale Spannungsquelle sei mit einem nichtrauschen Widerstand R_L (dies ist eine idealisierende Annahme) abgeschlossen, wie in der folgenden Abbildung dargestellt.

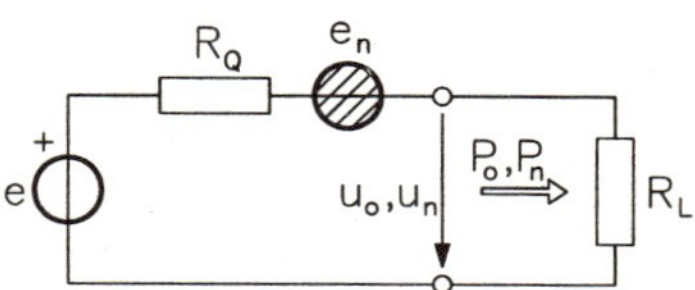

P_0 sei die Signalleistung, P_n die Rauschleistung, die an den Lastwiderstand R_L abgegeben wird. Für die Rauschquelle gilt $\overline{e_n^2} = 4kTR_Q\Delta f$.

Durch einfache Analysen erhalten wir

$$P_0 = \frac{\overline{u_o^2}}{R_L} = \frac{R_L \overline{e^2}}{(R_Q + R_L)^2}$$

$$P_n = \frac{\overline{u_n^2}}{R_L} = \frac{R_L \overline{e_n^2}}{(R_Q + R_L)^2} = \frac{4kT\Delta f R_Q R_L}{(R_Q + R_L)^2} .$$

Für das Signal–Rausch–Verhältnis am Widerstand R_L gilt damit

$$SNR = 10 \log \frac{\overline{e^2}}{4kT\Delta f R_Q} .$$

Aus dieser Gleichung ergibt sich unter anderem, daß R_Q unter Rausch–Gesichtspunkten möglichst klein sein sollte.

Für ein reales Übertragungssystem sind zwei Grenzen bezüglich der zu übertragenden Signale wichtig. Der Rauschpegel eines Systems setzt eine untere Grenze für die Signalamplituden, die obere Grenze ist durch das Einsetzen nichtlinearen Systemverhaltens gegeben. Durch Rauschen und Nichtlinearitäten ist damit der Dynamikbereich eines Übertragungssystems festgelegt.

6.4 Rauschen in Halbleitern

6.4.1 Sperrschichtdioden

Die Funktion einer Diode wird im wesentlichen durch das Verhalten des pn–Übergangs bestimmt. Liegt an einem idealen pn–Übergang die Spannung U, so gilt für den Strom [vgl. (1.23) für $\gamma = 1$]

$$I = I_S \left(\mathrm{e}^{U/U_T} - 1 \right) . \tag{6.42}$$

Dieser Strom enthält einerseits die Komponente

$$I_1 = I_S \, \mathrm{e}^{U/U_T} , \tag{6.43}$$

die durch die Majoritäts–Ladungsträger hervorgerufen wird und zum anderen den durch die Minoritätsträger gebildeten Anteil

$$I_2 = -I_S . \tag{6.44}$$

Letzterer ist unabhängig von der am pn–Übergang liegenden Spannung, er kann also mit Hilfe einer idealen Konstantstromquelle modelliert werden.

Da die Ladungsträger eine Potentialschwelle zu überwinden haben, tritt Schrot–Rauschen auf. Die Rauschströme, die durch Majoritäts– bzw. Minoritätsträger hervorgerufen werden, sind voneinander unabhängig. Daher gilt mit (6.11) und (6.15) sowie unter Berücksichtigung von $I_1 = I + I_S$

$$\overline{i_1^2}(t) = 2q(I + I_S)\Delta f \tag{6.45}$$
$$\overline{i_2^2}(t) = 2qI_S\Delta f \; . \tag{6.46}$$

Im Hinblick auf das Rauschen muß noch ein weiterer Ladungstransport berücksichtigt werden, der jedoch zum Strom I_1 gemäß (6.43) keinen Beitrag liefert. Hierbei handelt es sich um Löcher, die — wie die Majoritätsträger — aus der p–Zone in das n–Gebiet diffundieren, dann aber wieder in das p–dotierte Gebiet zurückkehren. Bevor wir auf ihren Rauschbeitrag eingehen, soll zunächst die Berücksichtigung dieses Ladungstransports im Diodenmodell beschrieben werden. Nehmen wir (als Näherung) an, daß allen derartigen Ladungsträgern dieselbe Verzögerungszeit (Verweilzeit) τ gemeinsam ist, dann können wir die durch das betrachtete Phänomen hervorgerufene Stromkomponente durch

$$i_3(t) = i_3'(t) - i_3'(t - \tau) \tag{6.47}$$

beschreiben. Unter der Annahme eines sinusförmigen Stromes gilt dann für die zugehörigen komplexen Amplituden

$$I_3 = I_3' \left(1 - \mathrm{e}^{-j\omega\tau}\right) \; . \tag{6.48}$$

Für $\omega = 0$ verschwindet der Strom I_3, was auch mit der Anschauung in Einklang ist: die Komponente I_3 liefert keinen Beitrag zum Dioden–Gleichstrom, wohl aber zum Stromfluß bei höheren Frequenzen. Für den Strom I_3' können wir den Ansatz

$$I_3' = I_{S3} \left(\mathrm{e}^{U_3/U_T} - 1\right)$$

machen. Wir bilden nun $Y_3 = dI_3/dU_3$ und erhalten, wenn die Komponente $-I_{S3}$ vernachlässigt wird,

$$Y_3 = \frac{I_3'}{U_T} \left(1 - \mathrm{e}^{-j\omega\tau}\right) \tag{6.49}$$

ableiten. Es soll noch einmal betont werden, daß dies eine Näherung ist, da konstantes τ für alle Ladungsträger unterstellt wurde. Mit $G_3 = \mathrm{Re}\; Y_3$ kann dann der aus $i_3(t)$ resultierende Rauschbeitrag durch

$$\overline{i_3^2} = 4kTG_3\Delta f \tag{6.50}$$

gekennzeichnet werden; Schrotrauschen geht von dieser Stromkomponente nicht aus.

Wir kommen nun zum Gesamtrauschen des pn–Übergangs. Zunächst führen wir den Rauschleitwert

$$G = \mathrm{Re}\; Y = G_1 + G_3 \tag{6.51}$$

ein; der Leitwert G_2 verschwindet, da I_2 mit Hilfe einer idealen Stromquelle modelliert werden kann. Für G_1 ergibt sich aus (6.43)

$$G_1 = \frac{dI_1}{dU} = \frac{I_s}{U_T} \cdot \mathrm{e}^{U/U_T} \; . \tag{6.52}$$

Da die drei Rauschanteile voneinander unabhängig sind, folgt für das Gesamtrauschen unter Berücksichtigung von (6.45, 6.46, 6.51, 6.52)

$$\begin{aligned} \overline{i^2} &= \overline{i_1^2} + \overline{i_2^2} + \overline{i_3^2} \\ &= 2q(I + 2I_s)\Delta f + 4kT(G - G_1)\Delta f \; . \end{aligned} \tag{6.53}$$

Wegen $U_T = kT/q$ und (6.53) gilt in Verbindung mit (6.43)

$$4kTG_1\Delta f = 4q(I + I_s)\Delta f \; .$$

Damit folgt aus (6.53)

$$\overline{i^2} = 4kTG\Delta f - 2qI\Delta f \; . \tag{6.54}$$

Mit Hilfe dieser Ergebnisse kann das Rauschen des pn–Übergangs gemäß Abb. 6.12a modelliert werden; darin ist $G = \mathrm{Re}\, Y$.

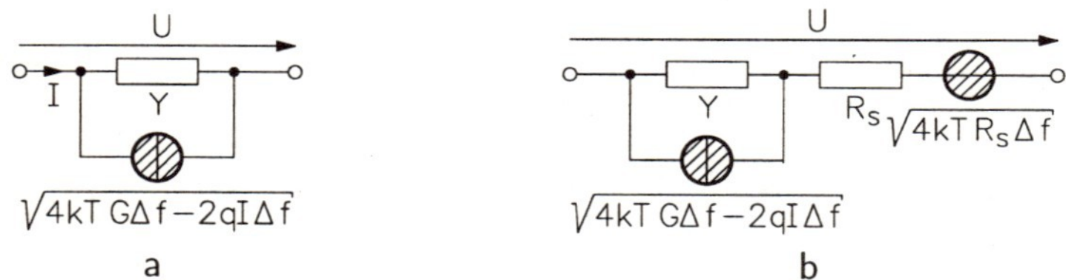

Abb. 6.12 a. Rauschmodell eines pn–Übergangs b. Rauschmodell einer Diode

Ein idealer pn–Übergang läßt sich nicht realisieren; bei einer realen Diode muß neben dem pn–Übergang mindestens noch ein Reihenwiderstand

$$R_S = R_S(I) = R_{S0} + I \cdot \frac{\partial R_S}{\partial I} \tag{6.55}$$

Berücksichtigung finden. Er setzt sich aus einem konstanten Anteil R_{S0} und einer mit zunehmendem Strom abnehmender Komponente $I\partial R_S/\partial I$ zusammen. Dieser Reihenwiderstand kann bezüglich des Rauschens mit Hilfe einer Spannungsquelle gemäß Abb. 6.1b modelliert werden. Damit ergibt sich dann das Rauschmodell einer Sperrschichtdiode (für nicht zu hohe Frequenzen) gemäß Abb. 6.12b.

6.4.2 Bipolar–Transistoren

Wir betrachten hier Bipolar–Transistoren im aktiven Bereich vorwärts, die Emitterdiode wird also in Durchlaß–, die Kollektordiode in Sperrichtung betrieben; dieser Bereich ist für Anwendungen in linearen Schaltungen der wichtigste und somit ist es gerechtfertigt, für das Rauschen eine Beschränkung auf diesen Bereich vorzunehmen.

Bezüglich des thermischen Rauschens gilt, daß alle ohmschen Widerstände, die im Transistor vorhanden sind, gemäß Abb. 6.1 modelliert werden können; den wichtigsten Anteil am thermischen Gesamtrauschen liefert der Basis–Bahn–Widerstand.

Schrotrauschen bei tiefen Frequenzen

Für das hier zu untersuchende Rauschen sind drei Stromkomponenten zu berücksichtigen, die durch Abb. 6.13 veranschaulicht werden. Ausgehend von

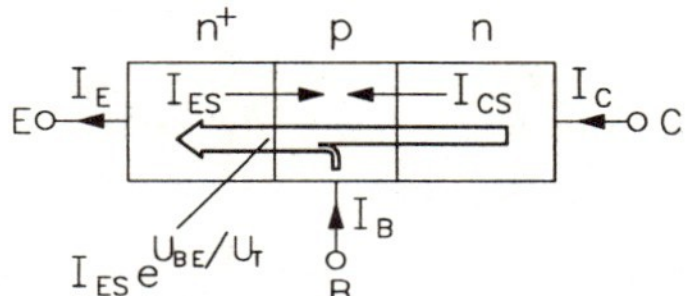

Abb. 6.13 Schematische Darstellung der Ströme in einem npn–Transistor, der im aktiven Bereich vorwärts betrieben wird

den für einen npn–Transistor gültigen Ebers–Moll–Gleichungen ergibt sich im vorliegenden Fall

$$\begin{aligned} I_E &= I_{ES}\,\mathrm{e}^{U_{BE}/U_T} - I_{ES} + \alpha_R I_{CS} \\ I_C &= \alpha_V I_{ES}\,\mathrm{e}^{U_{BE}/U_T} - \alpha_V I_{ES} + I_{CS} \;. \end{aligned}$$

Setzen wir zur Abkürzung

$$\begin{aligned} I'_E &= I_{ES} - \alpha_R I_{CS} \\ I'_C &= I_{CS} - \alpha_V I_{ES} \end{aligned}$$

und ersetzen α_V durch α, so lauten die Gleichungen

$$I_E = I_{ES}\,\mathrm{e}^{U_{BE}/U_T} - I'_E \tag{6.56}$$

$$I_C = \alpha I_{ES}\,\mathrm{e}^{U_{BE}/U_T} + I'_C \;. \tag{6.57}$$

Mit (6.11) und (6.15) ergibt sich dann für die quadratischen Mittelwerte der Rauschströme [vgl. (6.45)]

$$\overline{i_{nE}^2} = 2q\Delta f(I_{ES}\,\mathrm{e}^{U_{BE}/U_T} + I'_E)$$

$$= \quad 2q\Delta f(I_E + 2I'_E) \tag{6.58}$$

$$\overline{i_{nC}^2} \quad = \quad 2q\Delta f(\alpha I_{ES}\,\mathrm{e}^{U_{BE}/U_T} + I'_C)$$

$$= \quad 2q\Delta f I_C\ . \tag{6.59}$$

Damit läßt sich das in Abb. 6.14 gezeigte Kleinsignal–Modell angeben, bei

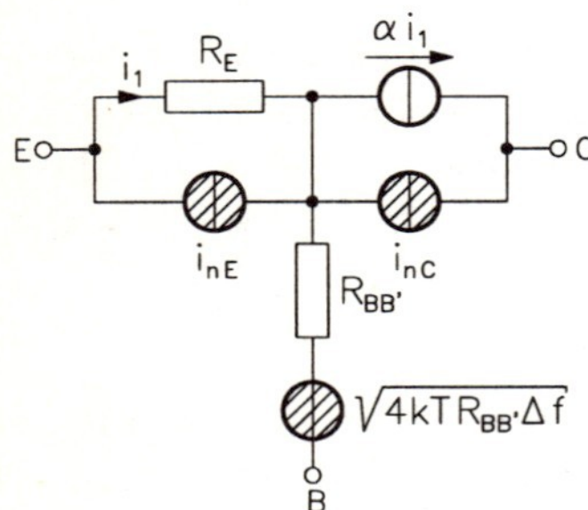

Abb. 6.14 Kleinsignal–Transistormodell mit Rauschquellen, von denen zwei stark korreliert sind

dem auch das thermische Rauschen des Basis–Bahnwiderstandes berücksichtigt ist. Für eine genauere Modellierung müßte man auch noch einen Widerstand R_C zwischen Basis und Kollektor berücksichtigen (Early–Effekt).

Da I_C und I_E fast die gleichen Werte haben, herrscht auch eine starke Korrelation zwischen i_{nE} und i_{nC}. Die dem Emitter– und Kollektorstrom gemeinsame Komponente ist $\alpha I_{ES}\,\mathrm{e}^{U_{BE}/U_T}$. Bezeichnen wir den resultierenden (Schrot–) Rauschstrom mit i_{n0}, so können wir

$$i_{nE} = i_{n0} + i'_n \qquad\qquad i_{nC} = i_{n0} + i''_n$$

schreiben, wobei i_{n0}, i'_n, i''_n voneinander unabhängig sind. Wegen dieser Unabhängigkeit ergibt sich aus [vgl. (2.192)]

$$\overline{i_{nE}i_{nC}} = \overline{i_{n0}^2} + \overline{i_{n0}i'_n} + \overline{i_{n0}i''_n} + \overline{i'_n i''_n}$$

die Beziehung

$$\overline{i_{nE}i_{nC}} = \overline{i_{n0}^2} \quad = \quad 2q\Delta f\alpha I_{ES}\,\mathrm{e}^{U_{BE}/U_T}$$

$$= \quad 2q\Delta f\alpha(I_E + I'_E)$$

$$= \quad 2q\Delta f(I_C - I'_C)\ . \tag{6.60}$$

Der Strom i_1 durch den dynamischen Emitterwiderstand setzt sich aus dem (nicht eingezeichneten) Signalstrom in den Emitter und dem von der Rauschquelle gelieferten Strom i_{nE} zusammen. Also liefert die gesteuerte Stromquelle im Kollektorzweig auch eine Komponente αi_{nE}.

Es bietet sich an, diese Komponente mit der Stromquelle i_{nC} zusammenzufassen, wobei die Vorzeichen zu berücksichtigen sind. Gleichzeitig ist es

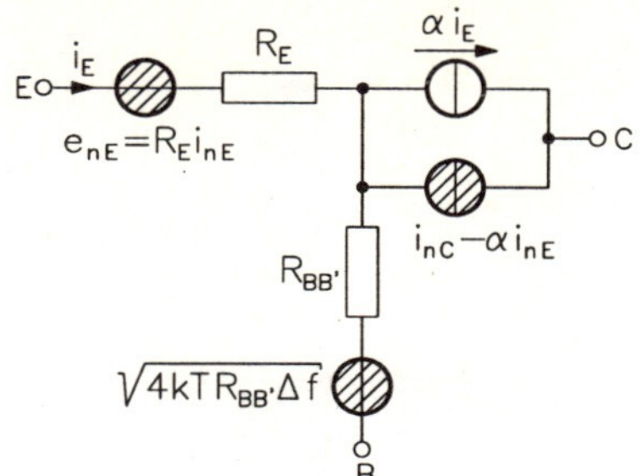

Abb. 6.15 Transistor–Rauschmodell mit schwach korrelierten Quellen

sinnvoll, die Stromquelle im Emitterzweig durch eine äquivalente Spannungsquelle zu ersetzen. Auf diese Weise entsteht Abb. 6.15.

Aus

$$\overline{e_{nE}^2} = R_E^2 \cdot \overline{i_{nE}^2}$$

ergibt sich wegen

$$R_E = (dI_E/dU_{BE})^{-1} = \frac{kT}{q(I_E + I_E')} \tag{6.61}$$

$$\overline{e_{nE}^2} = 2kTR_E\Delta f \cdot \frac{I_E + 2I_E'}{I_E + I_E'} \tag{6.62}$$

$$\approx 2kTR_E\Delta f \ . \tag{6.63}$$

Ein besonderer Vorteil der Schaltung in Abb. 6.15 besteht in der schwachen Korrelation zwischen der Emitter– und der Kollektorrauschquelle. Unter Berücksichtigung von (6.58, 6.60) können wir

$$\begin{aligned} \overline{e_{nE}(i_{nC} - \alpha i_{nE})} &= R_E\left(\overline{i_{nE}i_{nC}} - \alpha\overline{i_{nE}^2}\right) \\ &= 2q\Delta f R_E(I_C - I_C' - I_E - 2I_E') \end{aligned}$$

bilden, woraus mit den Ebers–Moll–Gleichungen und den Gln. (6.56, 6.57)

$$\overline{e_{nE}(i_{nC} - \alpha i_{nE})} = 2q\Delta f R_E\left[(\alpha - 1)I_{ES}\,\mathrm{e}^{U_{BE}/U_T} - I_{ES} + \alpha_R I_{CS}\right] \tag{6.64}$$

folgt. Der Ausdruck in eckigen Klammern ist betragsmäßig sehr klein, infolgedessen ist auch die Korrelation zwischen den beiden Rauschquellen klein.

Beispiel 6.5

Es werde die folgende für das Kleinsignal–Verhalten gültige Schaltung einer Basis–Stufe betrachtet. Berechnet werden soll das Signal–Rausch–Verhältnis am Verstärkerausgang. Dafür bildet das folgende Modell den Ausgangspunkt.

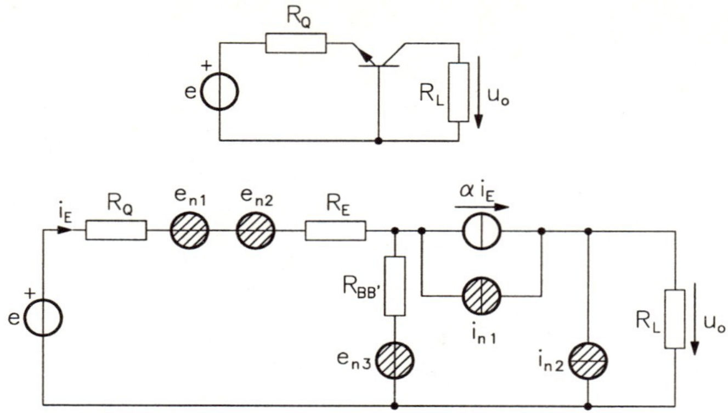

In diesem Modell gelten für die Rauschquellen die Beziehungen

$$\begin{aligned} \overline{e_{n1}^2} &= 4kTR_Q\Delta f & \overline{i_{n1}^2} &= 2q\alpha(1-\alpha)I_E\Delta f \\ \overline{e_{n2}^2} &= 2kTR_E\Delta f & \overline{i_{n2}^2} &= 4kTG_L\Delta f \\ \overline{e_{n3}^2} &= 4kTR_{BB'}\Delta f \; . \end{aligned}$$

I_E ist der Emitter–Gleichstrom im gewählten Arbeitspunkt, die Ströme I'_E und I'_C werden vernachlässigt.

Zuerst berechnen wir die Signal–Ausgangsleistung. Eine einfache Analyse liefert für $e_{n1} = e_{n2} = e_{n3} = i_{n1} = i_{n2} = 0$ die Beziehung

$$u_o = \frac{\alpha R_L e}{R_E + R_Q + (1-\alpha)R_{BB'}} \; ,$$

woraus die mittlere Signalleistung

$$P_0 = \frac{\overline{u_o^2}}{R_L} = \frac{\alpha^2 R_L \overline{e^2}}{[R_E + R_Q + (1-\alpha)R_{BB'}]^2}$$

folgt. Da alle Rauschquellen unkorreliert sind — hier zeigt sich beispielsweise der Vorteil des Modells in Abb. 6.15 gegenüber dem in Abb. 6.14 —, kann die Rauschleistung am Ausgang durch Addition der einzelnen Beiträge gewonnen werden; die Quellen e_{n1} und e_{n2} werden dabei zweckmäßigerweise zusammengefaßt.

$\underline{e = e_{n3} = i_{n1} = i_{n2} = 0 :}$

$$\begin{aligned} \overline{u_{n1}^2} &= \frac{\alpha^2 R_L^2 (\overline{e_{n1}^2} + \overline{e_{n2}^2})}{[R_E + R_Q + (1-\alpha)R_{BB'}]^2} \\ P_{n1} &= \frac{\overline{u_{n1}^2}}{R_L} = \frac{\alpha^2 2kT\Delta f R_L (R_E + 2R_Q)}{[R_E + R_Q + (1-\alpha)R_{BB'}]^2} \; . \end{aligned}$$

$e = e_{n1} = e_{n2} = i_{n1} = i_{n2} = 0$:

$$\begin{aligned} \overline{u_{n2}^2} &= \frac{\alpha^2 R_L^2 4kT R_{BB'} \Delta f}{[R_E + R_Q + (1-\alpha)R_{BB'}]^2} \\ P_{n2} &= \frac{\overline{u_{n2}^2}}{R_L} = \frac{\alpha^2 R_L 4kT R_{BB'} \Delta f}{[R_E + R_Q + (1-\alpha)R_{BB'}]^2} \ . \end{aligned}$$

$e = e_{n1} = e_{n2} = e_{n3} = i_{n2} = 0$:

Da der Einfluß von i_{n1} auf die Ausgangs–Rauschleistung nicht ganz einfach überschaubar ist, werden wir hier eine etwas detailliertere Betrachtung vornehmen. Ausgangspunkt ist das folgende Modell.

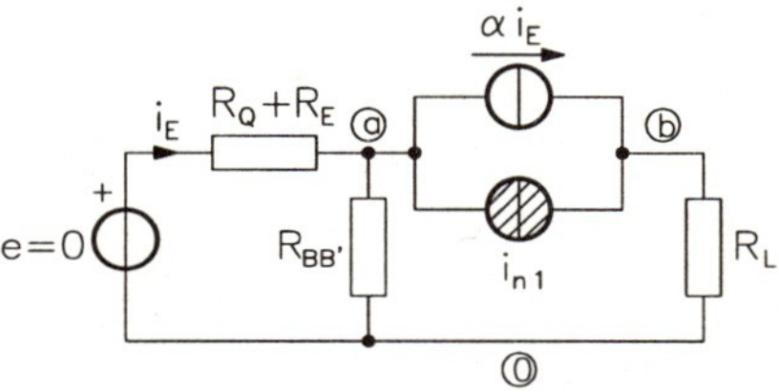

Bezeichnen wir die Knotenspannungen mit u_{na}, u_{nb}, so ergibt sich wegen $i_E = -u_{na}/(R_E + R_Q)$ das folgende Gleichungssystem

$$\begin{pmatrix} G_{BB'} + \dfrac{1-\alpha}{R_E + R_Q} & 0 \\ \dfrac{\alpha}{R_E + R_Q} & G_L \end{pmatrix} \begin{pmatrix} u_{na} \\ u_{nb} \end{pmatrix} = \begin{pmatrix} -i_{n1} \\ i_{n1} \end{pmatrix} ,$$

woraus

$$u_{nb} = \frac{(R_E + R_Q + R_{BB'}) R_L i_{n1}}{R_E + R_Q + (1-\alpha) R_{BB'}}$$

folgt. Damit kann die Rauschleistung P_{n3} berechnet werden:

$$P_{n3} = \frac{\overline{u_{nb}^2}}{R_L} = \left(\frac{R_E + R_Q + R_{BB'}}{R_E + R_Q + (1-\alpha) R_{BB'}} \right)^2 \cdot R_L 2q\alpha(1-\alpha) I_E \Delta f \ .$$

$e = e_{n1} = e_{n2} = e_{n3} = i_{n1} = 0$:

$$P_{n4} = \overline{i_{n2}^2} R_L = 4kT\Delta f \ .$$

Damit sind alle Teil–Leistungen bekannt und es kann das Signal–Rausch–Verhältnis gemäß (6.41) berechnet werden. Nach einigen Umformungen und unter Verwendung von $G_E = 1/R_E = I_E/U_T$ erhält man

$$\begin{aligned}SNR &= -10\log\left(\frac{1}{P_0}\sum_{i=1}^{4}P_{ni}\right)\\ &= -10\log\frac{2kT\Delta f}{\overline{e^2}}\left[R_E+2R_Q+2R_{BB'}+\right.\\ &\quad \left.\frac{(R_E+R_Q+R_{BB'})^2}{\beta R_E}+\frac{2[R_E+R_Q+(1-\alpha)R_{BB'}]^2}{\alpha^2 R_L}\right] .\end{aligned}$$

Betrachten wir beispielsweise eine Schaltung mit

$$R_Q=75\,\Omega \quad R_E=25\,\Omega \quad R_{BB'}=100\,\Omega \quad R_L=10\,k\Omega \quad \alpha=0.99 ,$$

so erhalten wir

$$SNR=-10\log\frac{2kT\Delta f}{\overline{e^2}}(25\,\Omega+150\,\Omega+200\,\Omega+16\,\Omega+2\,\Omega) .$$

Aus den Zahlen in der Klammer gewinnt man auch einen qualitativen Eindruck in bezug auf das Gewicht der einzelnen Rauschquellen.

Das Modell in Abb. 6.15 gilt für alle drei Grundschaltungen. Für die Emitterschaltung ist jedoch ein Modell günstiger, bei dem der Emitter als Bezugsklemme gewählt wird. Dieses Modell leiten wir nun aus Abb. 6.14 ab. Bezeichnen wir den in die Basis fließenden Rauschstrom mit i_{nB}, so gilt

$$i_{nB}=i_{nC}-i_{nE} \qquad \text{und} \qquad \overline{i_{nB}^2}=\overline{i_{nC}^2}-2\overline{i_{nC}i_{nE}}+\overline{i_{nE}^2} .$$

Einsetzen von (6.56, 6.57, 6.60) liefert nach kurzer Rechnung

$$\overline{i_{nB}^2}=2q\Delta f(I_E-I_C+2I'_E+2I'_C) , \tag{6.65}$$

oder, wegen $I_B=I_E-I_C$ (vgl. Abb. 6.13),

$$\overline{i_{nB}^2}=2q\Delta f(I_B+2I'_E+2I'_C) . \tag{6.66}$$

Der Rauschstrom i_{nC} ist durch (6.59) gegeben. Unter Verwendung des Kleinsignal–Modells in Abb. 1.32, erweitert um den Basis–Bahnwiderstand $R_{BB'}$, kann dann das folgende Rauschmodell angegeben werden.
Für das Produkt

$$\overline{i_{nB}i_{nC}}=\overline{(i_{nC}-i_{nE})i_{nC}}=\overline{i_{nC}^2}-\overline{i_{nE}i_{nC}}$$

ergibt sich unter Verwendung von (6.57, 6.58)

$$\overline{i_{nB}i_{nC}}=2q\Delta f I'_C ,$$

woraus eine schwache Korrelation von i_{nB} und i_{nC} folgt, da I'_C sehr klein ist.

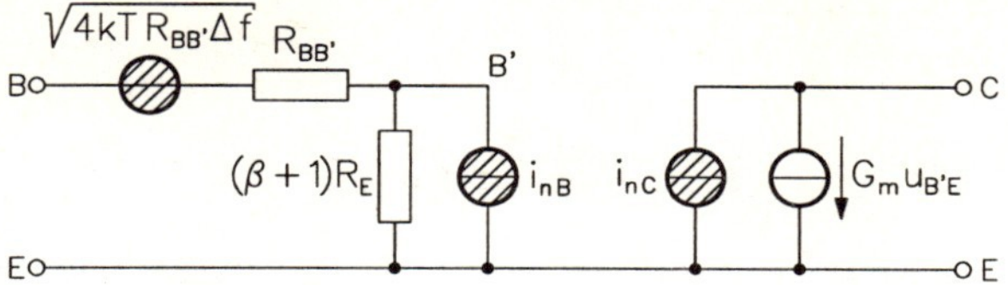

Abb. 6.16 Transistor–Rauschmodell mit schwach korrelierten Rauschquellen

Beispiel 6.6

Das Signal–Rausch–Verhältnis der folgenden Emitterstufe soll berechnet werden.

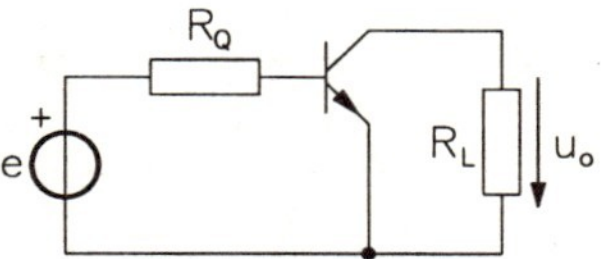

Wir setzen zuerst das Modell gemäß Abb. 6.16 in die Schaltung ein:

$$\begin{aligned} \overline{e_{n1}^2} &= 4kTR_Q\Delta f & \overline{i_{nB}^2} &= 2q\Delta f I_B \quad 2(I_C' + I_E') \text{ vernachlässigt} \\ \overline{e_{n2}^2} &= 4kTR_{BB'}\Delta f & \overline{i_{nC}^2} &= 2q\Delta f I_C \\ & & \overline{i_{n1}^2} &= 4kTG_L\Delta f \end{aligned}$$

Aus den Schaltungsanalysen ergeben sich zunächst die folgenden Teilergebnisse; dabei wurde $G_m = \beta G_E/(\beta + 1) = \alpha G_E$ berücksichtigt.

$\underline{e_{n1} = e_{n2} = i_{nB} = i_{nC} = i_{n1} = 0:}$

$$u_0 = -\frac{\beta R_L}{R_Q + R_{BB'} + (\beta+1)R_E} \cdot e$$

$$P_0 = \frac{\overline{u_0^2}}{R_L} = \left(\frac{\beta}{R_Q + R_{BB'} + (\beta+1)R_E}\right)^2 \cdot R_L\overline{e^2} .$$

$\underline{e = e_{n2} = i_{nB} = i_{nC} = i_{n1} = 0:}$

$$u_{n1} = -\frac{\beta R_L}{R_Q + R_{BB'} + (\beta+1)R_E} \cdot e_{n1}$$

$$P_{n1} = \frac{\overline{u_{n1}^2}}{R_L} = \left(\frac{\beta}{R_Q + R_{BB'} + (\beta+1)R_E}\right)^2 \cdot R_L\overline{e_{n1}^2} .$$

$\underline{e = e_{n1} = i_{nB} = i_{nC} = i_{n1} = 0:}$

$$\begin{aligned} u_{n2} &= -\frac{\beta R_L}{R_Q + R_{BB'} + (\beta+1)R_E} \cdot e_{n2} \\ P_{n2} &= \frac{\overline{e_{n2}^2}}{R_L} = \left(\frac{\beta}{R_Q + R_{BB'} + (\beta+1)R_E}\right)^2 \cdot R_L\overline{e_{n2}^2} \,. \end{aligned}$$

$\underline{e = e_{n1} = e_{n2} = i_{nC} = i_{n1} = 0:}$

$$\begin{aligned} u_{n3} &= -\frac{(R_Q + R_{BB'})\beta R_L}{R_Q + R_{BB'} + (\beta+1)R_E} \cdot i_{nB} \\ P_{n3} &= \frac{\overline{u_{n3}^2}}{R_L} = \left(\frac{(R_Q + R_{BB'})\beta}{R_Q + R_{BB'} + (\beta+1)R_E}\right)^2 \cdot R_L\overline{i_{nB}^2} \,. \end{aligned}$$

$\underline{e = e_{n1} = e_{n2} = i_{nB} = i_{n1} = 0:}$ $\qquad P_{n4} = R_L\overline{i_{nC}^2} \,.$

$\underline{e = e_{n1} = e_{n2} = i_{nB} = i_{nC} = 0:}$ $\qquad P_{n5} = 4kT\Delta f \,.$

Nach dem Einsetzen der Ausdrücke für die quadratischen Mittelwerte und einigen einfachen Umformungen erhalten wir zunächst:

$$\begin{aligned} \frac{P_{n1}}{P_0} &= \frac{4kTR_Q\Delta f}{\overline{e^2}} \\ \frac{P_{n2}}{P_0} &= \frac{4kTR_{BB'}\Delta f}{\overline{e^2}} \\ \frac{P_{n3}}{P_0} &= \frac{(R_Q + R_{BB'})^2 2qI_B\Delta f}{\overline{e^2}} \\ \frac{P_{n4}}{P_0} &= \left(\frac{R_Q + R_{BB'} + (\beta+1)R_E}{\beta}\right)^2 \cdot \frac{2q\Delta f I_C}{\overline{e^2}} \\ \frac{P_{n5}}{P_0} &= \left(\frac{R_Q + R_{BB'} + (\beta+1)R_E}{\beta}\right)^2 \cdot \frac{4kT\Delta f}{R_L\overline{e^2}} \,. \end{aligned}$$

Wir ersetzen nun I_B und I_C in diesen Ausdrücken. Unter Vernachlässigung von I'_E und I'_C folgt aus (6.54, 6.57)

$$I_C = \alpha I_E$$

und unter Berücksichtigung (s. Abb. 6.13) von $I_E = I_C + I_B$

$$I_B = (1-\alpha)I_E = I_E/(\beta+1) \,.$$

Wegen $R_E = U_T/I_E = kT/qI_E$ ergibt sich dann

$$\frac{P_{n3}}{P_0} = \frac{(R_Q + R_{BB'})^2 2kT\Delta f}{(\beta+1)R_E\overline{e^2}}$$
$$\frac{P_{n4}}{P_0} = \frac{[R_Q + R_{BB'} + (\beta+1)R_E]^2 2kT\Delta f}{(\beta+1)\beta R_E\overline{e^2}} .$$

Für das Signal–Rausch–Verhältnis am Ausgang des Verstärkers erhalten wir damit in guter Näherung den folgenden Ausdruck, wenn $\beta \gg 1$ berücksichtigt wird:

$$\begin{aligned} SNR &= -10\log\frac{2kT\Delta f}{\overline{e^2}}\left[2(R_Q + R_{BB'}) + \frac{(R_Q + R_{BB'})^2}{\beta R_E} + \right. \\ &\left.\left(\frac{R_Q + R_{BB'} + \beta R_E}{\beta}\right)^2\left(\frac{1}{R_E} + \frac{2}{R_L}\right)\right] . \end{aligned}$$

Wählen wir wieder

$$R_Q = 75\,\Omega \quad R_E = 25\,\Omega \quad R_{BB'} = 100\,\Omega \quad R_L = 10\,k\Omega \quad \alpha = 0.99 ,$$

so lautet für dieses Beispiel das Signal–Rausch–Verhältnis

$$\begin{aligned} SNR &= -10\log\frac{2kT\Delta f}{\overline{e^2}}(350\,\Omega + 12\,\Omega + 29\,\Omega) \\ &= -10\log\frac{2kT\Delta f}{\overline{e^2}}(391\,\Omega) . \end{aligned}$$

Auch hier wird wieder aus den Zahlenwerten deutlich, an welchen Stellen die hauptsächlichen Rauschanteile entstehen.

Schrotrauschen bei höheren Frequenzen

Ausgehend von (6.54) berechnen wir zuerst den dynamischen Emitterleitwert

$$\begin{aligned} G_E = \frac{dI_E}{dU_{BE}} &= \frac{I_E + I'_E}{U_T} \\ &= \frac{q}{kT}(I_E + I'_E) . \end{aligned} \tag{6.67}$$

Damit kann (6.58) auf die Form

$$\overline{i_{nE}^2} = 4kT\Delta f G_E - 2qI_E\Delta f \tag{6.68}$$

gebracht werden. Aus (6.57) ergibt sich für die Steilheit

$$G_m = \frac{dI_C}{dU_{BE}} = \frac{I_C - I'_C}{U_T} = \frac{q}{kT}(I_C - I'_C) , \tag{6.69}$$

so daß wir aus (6.60)

$$\overline{i_{nE} i_{nC}} = 2kTG_m \Delta f \tag{6.70}$$

erhalten.

Vergleichen wir (6.68) mit dem Rauschstrom eines pn–Übergangs gemäß Gleichung (6.54), so stellen wir fest, daß wir bei höheren Frequenzen die Gleichung (6.68) um eine Komponente der Form (6.48) ergänzen müssen. Es ergibt sich dann also

$$\overline{i_{ne}^2} = 4kT\Delta f(G_E + G_3) - 2qI_E \Delta f , \tag{6.71}$$

wobei $G_3 = \text{Re } Y_3$ aus (6.49) folgt.

Gleichung (6.70) muß für höhere Frequenzen ebenfalls modifiziert werden, da die aus den statischen Gleichungen abgeleitete Steilheit G_m als Parameter nicht mehr genau genug die Realität modelliert. Sie wird durch die komplexe Übertragungsadmittanz Y_{CE} ersetzt; i_{nC} und i_{nE} sind dann nicht mehr reell. Für die Kreuzkorrelation muß bei höheren Frequenzen

$$\overline{i_{nE}^* i_{nC}} = 2kTY_{CE} \Delta f \tag{6.72}$$

gesetzt werden.

1/f–Rauschen

Wie bereits erwähnt, gibt es keine geschlossene Theorie für das $1/f$–Rauschen. In erster Linie ist die Basis–Emitter–Diode für das $1/f$–Rauschen in Bipolar–Transistoren verantwortlich. Der Einfluß der verschiedenen Effekte läßt sich in einem Basis–Rauschstrom i_{nB} zusammenfassen, für den

$$\overline{i_{nB}^2} = 4kT\Delta f C \frac{I_B^2}{f} \tag{6.73}$$

gilt. Darin ist C eine Transistorkonstante, welche typenabhängig ist, und I_B bezeichnet den Basis–Gleichstrom.

Die Berücksichtigung des Terms (6.73) geschieht durch Addition zu der durch (6.66) gegebenen Komponente des Schrotrauschens.

6.4.3 Feldeffekt–Transistoren

Bei Feldeffekt–Transistoren kann man eine Aufteilung des Rauschens aufgrund des jeweiligen Entstehungsortes in folgender Weise vornehmen:

1. Thermisches Rauschen des Drain–Source–Kanals.

2. Gate–Rauschen.

3. Thermisches Rauschen der ohmschen Verbindungswiderstände zwischen "innerem" und "äußeren" Transistor.

Abgesehen von dem unter 3. aufgeführten Rauschen ist die theoretische Behandlung ziemlich umfangreich und erfordert zudem ein tieferes Eingehen auf die physikalischen Grundlagen des Feldeffekt–Transistors; dies würde über den hier gesteckten Rahmen hinausgehen. An dieser Stelle sollen nur Ergebnisse angegeben werden; Einzelheiten können z. B. [9] entnommen werden.

Bei der Herleitung der im folgenden wiedergegebenen Ergebnisse wurden eine Reihe von Annahmen gemacht, die nicht in jedem Fall zutreffen müssen. Insofern stellt das hier angegebene Modell nur eine erste Näherung zur Beschreibung des FET–Rauschens dar.

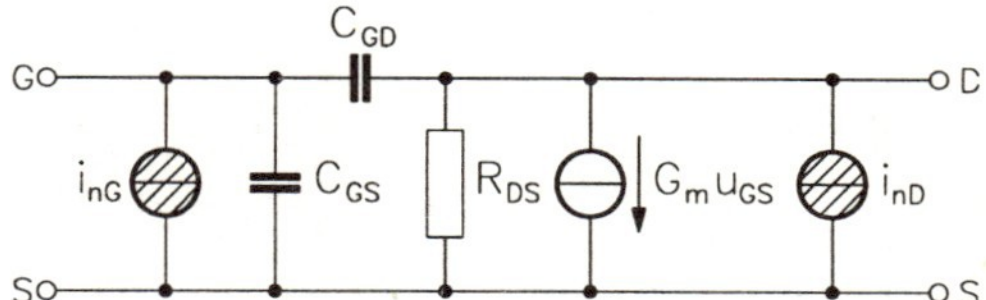

Abb. 6.17 Rauschmodell eines Feldeffekt–Transistors

Für lineare Anwendungen ist der Bereich III [vgl. Gl. (1.93)] der wichtigste; daher beziehen sich die folgenden Gleichungen, deren Näherungscharakter noch einmal betont werden soll, auf ihn.

$$\overline{i_{nG}^2} = \frac{16(2\pi f C_{GS})^2}{135 G_m} \cdot 4kT\Delta f \tag{6.74}$$

$$\overline{i_{nD}^2} = \frac{2G_m}{3} \cdot 4kT\Delta f \tag{6.75}$$

$$\overline{i_{nG}^* i_{nD}} = \frac{j2\pi f C_{GS}}{9} \cdot 4kT\Delta f \; . \tag{6.76}$$

Darin ist G_m die Steilheit des Feldeffekt–Transistors. Die Frequenz f taucht im Zusammenhang mit einer Rauschkomponente auf, die vom Kanal kapazitiv auf das Gate übertragen wird; die Gleichungen sind im übrigen für $f < G_m/(2\pi C_{GS})$ zu verwenden.

6.5 Zusammenfassung

Zu Beginn des Kapitels haben wir mit einer kurzen Beschreibung der für elektronische Schaltungen wichtigen Rauschursachen begonnen und die entsprechenden Ausdrücke für die Rauschleistungsdichten angegeben. Anschließend sind wir sehr ausführlich auf die modellmäßige Behandlung des Rauschens von Widerständen und Einzelhalbleitern eingegangen und haben gezeigt, auf welche Weise damit das Ausgangsrauschen berechnet werden kann; das Rauschen von Operationsverstärker–Schaltungen wird im 7. Kapitel behandelt. Die Begriffe Rauschzahl, Rauschanpassung und Signal–Rausch–Verhältnis wurden eingeführt und ihre Anwendungen erläutert.

6.6 Aufgaben

Aufgabe 6.1 Gegeben ist die Zusammenschaltung aus einem idealen Transformator und zwei Widerständen, die dieselbe Temperatur haben.

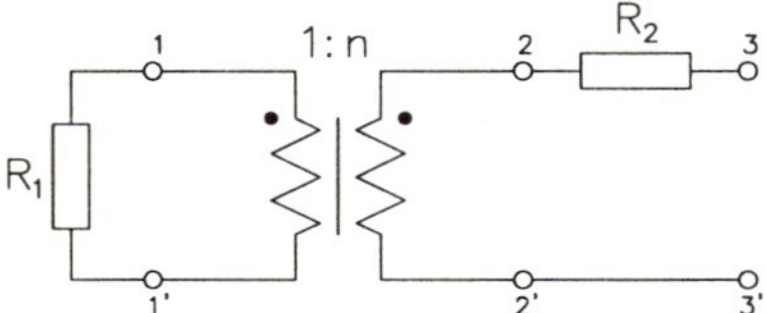

Entwickeln Sie bezüglich der Klemmen 3 – 3' ein Rauschmodell in Form einer Spannungsquelle.

Aufgabe 6.2 Das sogenannte Nyquist–Theorem besagt folgendes: Ein Eintor, das nur aus Widerständen, Kapazitäten und Induktivitäten besteht und dessen Eingangsimpedanz $Z_e(j\omega)$ ist, weist an seinen Eingangsklemmen eine Rauschspannung mit dem Leistungsdichtespektrum $S_u(f) = 4kT\,\mathrm{Re}\ Z_e(j\omega)$ auf.

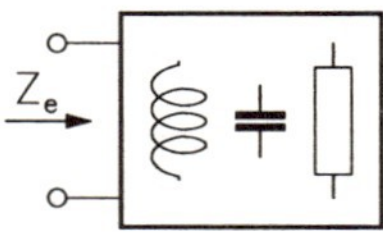

Ein elegantes Verfahren zur Herleitung dieses Ergebnisses beruht auf der Anwendung des zweiten Hauptsatzes der Thermodynamik. Hier soll aber die Gültigkeit dieses Satzes von Nyquist mit Methoden der Schaltungstheorie für den Fall gezeigt werden, daß das Eintor nur einen einzigen Widerstand R enthält. Gehen Sie dabei in folgender Weise vor.

1. Ziehen Sie den Widerstand R in der Weise aus dem Eintor heraus, daß ein rein reaktives Zweitor entsteht, das an seinen Ausgangsklemmen mit dem Widerstand R abgeschlossen ist.

2. Verwenden Sie im folgenden für die Zweitorbeschreibung die Impedanzgleichungen.

3. Berechnen Sie den quadratischen Mittelwert der Rauschspannung am Eingang des Zweitors in allgemeiner Form, indem Sie die Rauschübertragung vom Widerstand R zum Eingang berechnen.

4. Berechnen sie die Eingangsimpedanz $Z_e(j\omega)$ des mit dem Widerstand R abgeschlossenen Zweitors.

5. Verwenden Sie nun die Eigenschaften,

   a. daß das Zweitor nur aus Kapazitäten und Induktivitäten besteht und daher

   b. reziprok ist,

um die Gültigkeit des Nyquist–Theorems zu zeigen.

Aufgabe 6.3 Gegeben ist ein (rauschender) Verstärker mit der frequenzunabhängigen Spannungsverstärkung K, der durch eine ideale spannungsgesteuerte Spannungsquelle modelliert wird. Er wird aus einer Spannungsquelle mit dem Innenwiderstand R_i gespeist und ist an seinem Ausgang mit dem Widerstand R_L belastet; R_i und R_L haben dieselbe Temperatur.

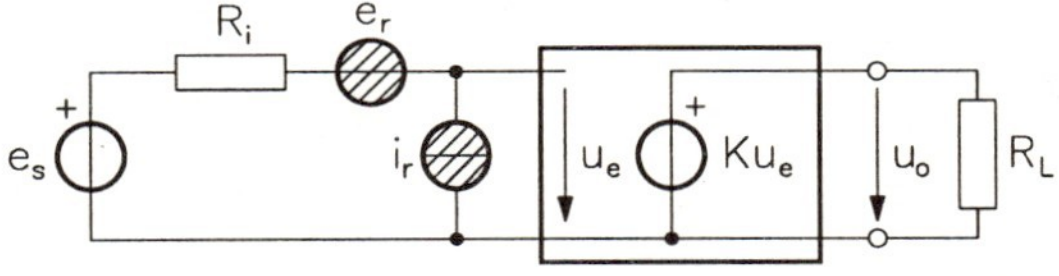

Das Rauschen des Verstärkers wird durch die Quellen e_r und i_r repräsentiert; sie werden als unkorreliert angenommen.

a. Berechnen Sie die den Wert der gesamten Rauschspannung am Eingang des Verstärkers.

b. Berechnen Sie die den Wert der gesamten Rauschspannung am Ausgang des Verstärkers.

c. Wie groß ist die Rauschleistung P_r am Widerstand R_L?

d. Wie groß ist die Signalleistung P_s am Widerstand R_L?

e. Berechnen Sie das Signal–Rausch–Verhältnis am Ausgang.

Aufgabe 6.4 Eine Diode ist über einen Widerstand mit einer Spannungsquelle verbunden.

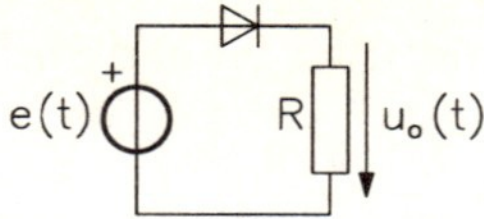

Die Quelle liefert die Spannung

$$e(t) = 5\,V + 1\,V \cdot \sin(2\pi 1\,kHz \cdot t).$$

Der Widerstand hat den Wert $R = 1\,k\Omega$. Die Diode ist durch

$$I = I_S \left(\mathrm{e}^{U/U_T} - 1 \right)$$

gekennzeichnet, mit $I_S = 0.1\,pA$ und $U_T = 26\,mV$; ferner weist die Diode noch einen Reihenwiderstand $R_s = 15\,\Omega$ auf, der hier als konstant angenommen wird.

Berechnen Sie den Effektivwert der Rauschspannung am Widerstand R für niedrige Frequenzen, so daß die Admittanz Y in Abb. 6.12b durch G_1 ersetzt werden kann.

Aufgabe 6.5

a. Berechnen Sie analog zum Beispiel 6.5 das Signal–Rausch–Verhältnis der in der folgenden Abbildung dargestellten Kollektorschaltung (Emitterfolger).

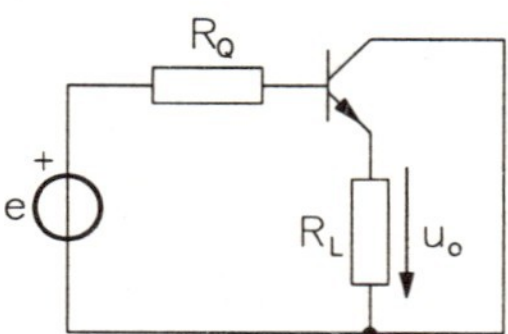

b. Nehmen Sie als Zahlenbeispiel

$$R_Q = 75\,\Omega \quad R_E = 25\,\Omega \quad R_{BB'} = 100\,\Omega \quad R_L = 10\,k\Omega \quad \alpha = 0.99$$

an.

Literatur

[1] Ebers, J. J., and Moll, J. L., Large–Signal Behavior of Junction Transistors, Proc. IRE, vol. 42, S. 1761 - 1778, Dec. 1954.

[2] Early, J. M., Effects of Space Charge Layer Widening in Junction Transistors, Proc. IRE 40 (1952), S. 1401 - 1406.

[3] Shichman, H., Hodges, D. A., Modeling and Simulation of Insulated–Gate Field–Effect Transistor Switching Circuits, IEEE J. Solid–State Circuits, vol. SC–3, Sept. 1968, pp. 285 - 289.

[4] Fettweis, A., Elemente nachrichtentechnischer Systeme, B. G. Teubner Stuttgart, 1990.

[5] Böhme, J. F., Stochastische Signale, B. G. Teubner, Stuttgart 1993.

[6] Ho, C. W., Ruehli, A. E., Brennan, P. A., The Modified Nodal Approach to Network Analysis, IEEE Trans. Circuits and Systems, CAS–22, June 1975, pp. 504–509.

[7] Miller, J. M., Dependance of the Input Impedance in a Three–Electrode Vacuum Tube upon the Load in the Plate Circuit, Nat. Bur. Stand. Sci. Papers, 15 (1919 - 1920), Nr. 351, S. 367 - 385.

[8] Bode, H. W., Network Analysis and Feedback Amplifier Design, D. Van Nostrand Company, Inc., Princeton, N.J., 1945.

[9] Ambrózy, A., Electronic Noise, McGraw–Hill International Book Company, 1982.

Ergänzende Literatur

Hering, Ekbert, Bressler, Klaus, Gutekunst, Jürgen, Elektronik für Ingenieure, VDI–Verlag, Düsseldorf 1992.

Köstner, Roland, Möschwitzer, Albrecht, Elektronische Schaltungen, Carl Hanser Verlag, München/Wien 1993.

McCalla, W., Fundamentals of Computer–Aided Circuit Simulation, Kluwer Academic Publishers, Boston, 1988.

Schiek, Burkhard, Siweris, Heinz–Jürgen, Rauschen in Hochfrequenzschaltungen, Hüthig Buch Verlag, Heidelberg 1990.

Schumacher, Klaus, Integrationsgerechter Entwurf analoger MOS Schaltungen, R. Oldenbourg Verlag, München 1987.

Tietze, Ulrich, Schenk, Christoph, Halbleiter–Schaltungstechnik, Springer-Verlag, Berlin/Heidelberg 1993.

Tuinenga, Paul W., Spice — A Guide to Circuit Simulation and Analalysis Using PSpice, Englewood Cliffs 1988.

Sachverzeichnis

Lösungsvorschläge zu den Aufgaben

Kapitel 1

Lösung 1.1

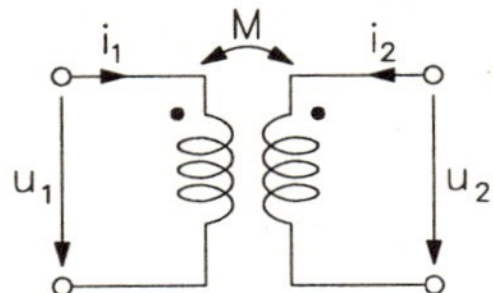

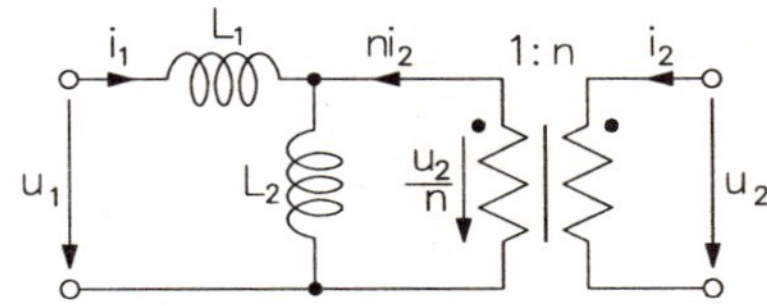

Für die gekoppelten Induktivitäten gilt das Gleichungssystem

$$u_1 = L_{11}\frac{di_1}{dt} + M\frac{di_2}{dt} \qquad u_2 = M\frac{di_1}{dt} + L_{22}\frac{di_2}{dt}$$

und für die äquivalente Schaltung

$$u_1 = L_1\frac{di_1}{dt} + \frac{u_2}{n} \qquad \frac{u_2}{n} = L_2\left(\frac{di_1}{dt} + n\frac{di_2}{dt}\right) .$$

Dieses Gleichungssystem wird umgewandelt in

$$u_1 = (L_1 + L_2)\frac{di_1}{dt} + nL_2\frac{di_2}{dt} \qquad u_2 = nL_2\frac{di_1}{dt} + n^2L_2\frac{di_2}{dt} .$$

Durch Vergleich finden wir

$$L_1 = L_{11} - \frac{M^2}{L_{22}} \qquad L_2 = \frac{M^2}{L_{22}} \qquad n = \frac{L_{22}}{M} .$$

Wegen $L_{11} > 0$, $L_{22} > 0$, $L_{11}L_{22} \geq M^2$ können sich für L_1, L_2 keine negativen Werte ergeben.

Lösung 1.2

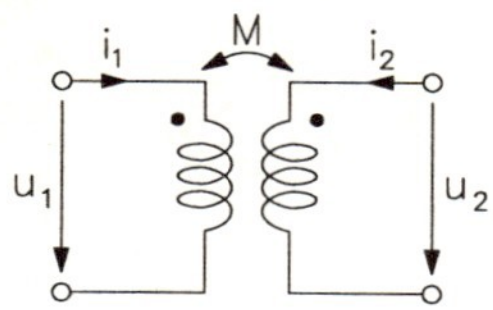

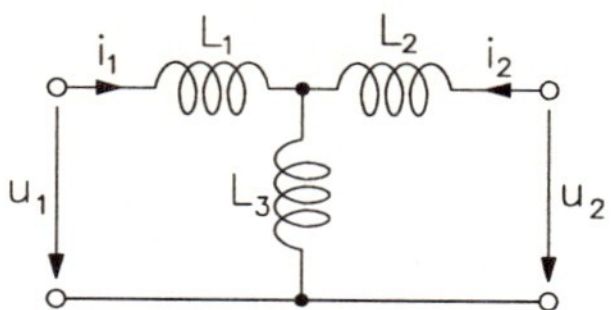

Für die gekoppelten Induktivitäten gilt wieder

$$u_1 = L_{11}\frac{di_1}{dt} + M\frac{di_2}{dt} \qquad u_2 = M\frac{di_1}{dt} + L_{22}\frac{di_2}{dt}$$

und für die äquivalente Schaltung

$$u_1 = L_1\frac{di_1}{dt} + L_3\frac{d\,(i_1+i_2)}{dt} \qquad u_2 = L_3\frac{d(i_1+i_2)}{dt} + L_2\frac{di_2}{dt}\ .$$

Nach geringförmiger Umwandlung ergibt sich daraus

$$u_1 = (L_1+L_3)\,\frac{di_1}{dt} + L_3\frac{di_2}{dt} \qquad u_2 = L_3\frac{di_1}{dt} + (L_2+L_3)\,\frac{di_2}{dt}\ .$$

Aus dem Vergleich folgt

$$L_1 = L_{11} - M \qquad L_2 = L_{22} - M \qquad L_3 = M\ .$$

Es gilt die Beziehung $M^2 \leq L_{11}L_{22}$. Führen wir den Kopplungsfaktor k über die Beziehung $M = k\sqrt{L_{11}L_{22}}$ ein, so erhalten wir

$$L_1 = L_{11} - k\sqrt{L_{11}L_{22}} \qquad L_2 = L_{22} - k\sqrt{L_{11}L_{22}}$$

beziehungsweise

$$L_1 = L_{11}\left(1 - k\sqrt{L_{22}/L_{11}}\right) \qquad L_2 = L_{22}\left(1 - k\sqrt{L_{11}/L_{22}}\right)\ .$$

Daraus folgt

$$\begin{aligned} \sqrt{L_{11}/L_{22}} < k \quad &\Longrightarrow \quad L_1 < 0 \\ \sqrt{L_{22}/L_{11}} < k \quad &\Longrightarrow \quad L_2 < 0 \\ k < 0 \quad &\Longrightarrow \quad L_3 < 0\ . \end{aligned}$$

Bei einer Beschränkung auf positive Induktivitäten sind die beiden Zweitore nicht in jedem Fall äquivalent.

Lösung 1.3

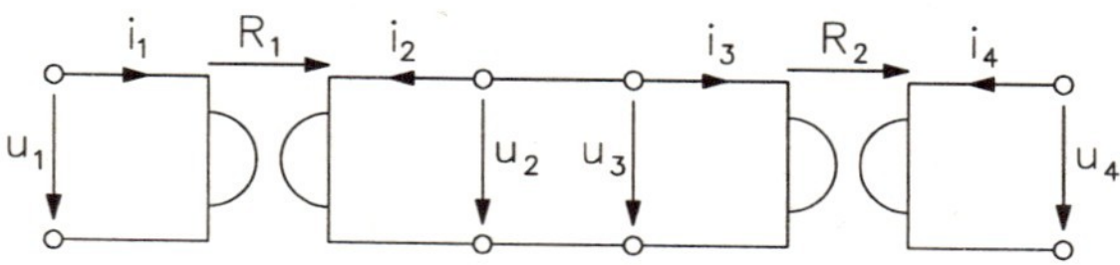

Es gelten die Definitionsgleichungen

$$u_1 = -R_1 i_2 \qquad u_2 = R_1 i_1 \qquad u_3 = -R_2 i_4 \qquad u_4 = R_2 i_3 \ .$$

Wegen $u_3 = u_2$, $i_3 = -i_2$ folgt daraus

$$u_4 = \frac{R_2}{R_1} u_1 \qquad i_1 = -\frac{R_2}{R_1} i_4 \ .$$

Dies sind die Gleichungen für einen idealen Transformator mit dem Übersetzungsverhältnis $n = R_2/R_1$.

Lösung 1.4

Zuerst wird die Spannungsquelle (E, R_1) in eine Stromquelle (Leitwert $G_1 = 1/R_1$, Quellenstrom $G_1 E$) umgewandelt, die dann mit der bereits vorhandenen Stromquelle zu $G_1 E - J$ zusammengefaßt wird. Nach kurzer Umrechnung ergibt sich dann bezüglich der Klemmen $1 - 1'$ eine Stromquelle mit

$$J' = \frac{R_1}{R_1 + R_2} (G_1 E - J) \qquad R' = \frac{(R_1 + R_2) R_3}{R_1 + R_2 + R_3} \ .$$

Lösung 1.5 Aus der Schaltung lesen wir

$$i_2 = -G u_1 \qquad i_1 = G u_2$$

ab. Mit $R = 1/G$ ergibt sich dann

$$u_1 = -R i_2 \qquad u_2 = R i_1 \ .$$

Lösung 1.6

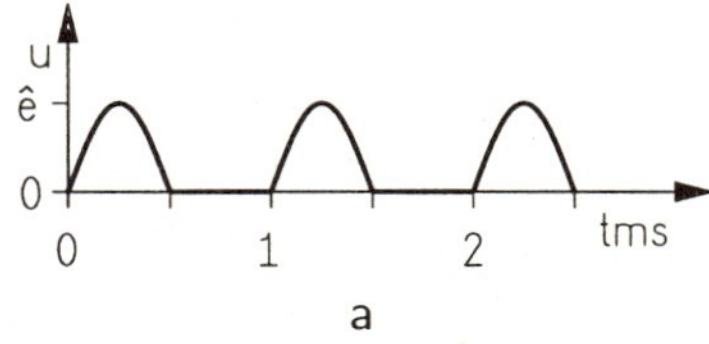

a

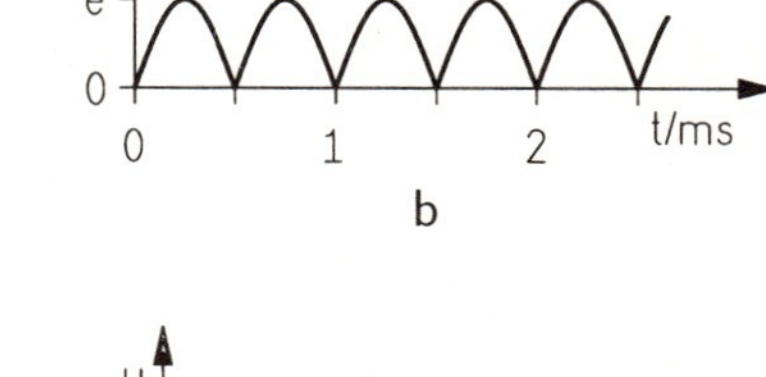

b

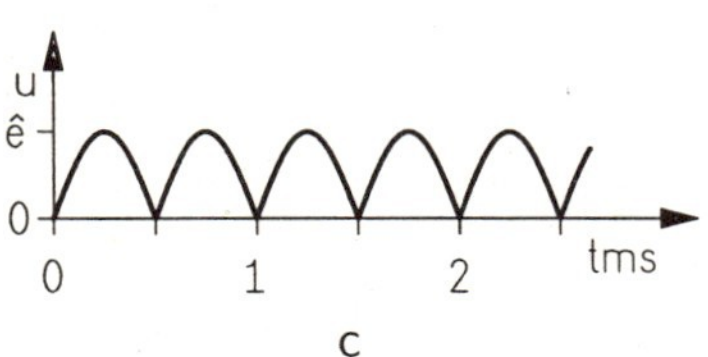

c

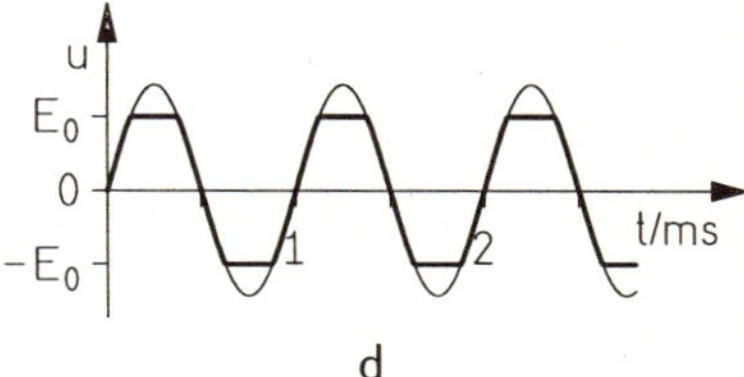

d

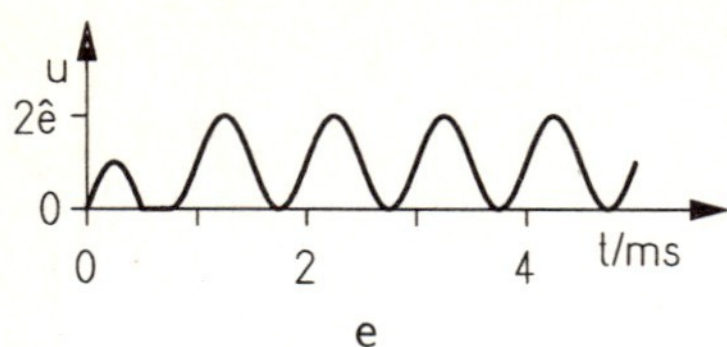

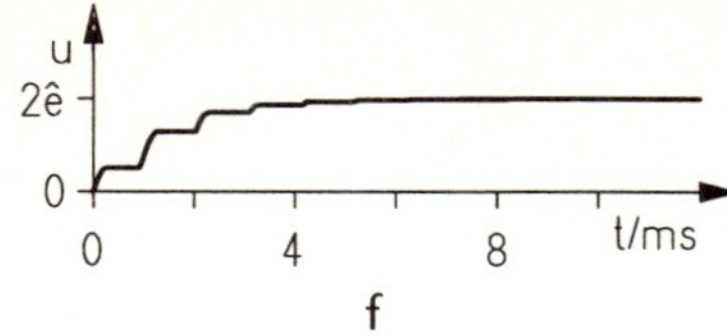

Lösung 1.7

a. Wir gehen von dem Näherungswert $U_D = 600\,mV$ aus, so daß sich für den Diodenstrom $I_D = 1\,mA$ ergibt.

b. Für das Signal stellt die Diode einen Widerstand mit dem Wert

$$R_D = \frac{26\,mV}{1\,mA} = 26\,\Omega$$

dar. Folglich kann der umrandete Kasten durch einen Widerstand mit dem Wert $R' = R_D || R_0 = 25.9\,\Omega$ ersetzt werden.

c.

$$\hat{u} = \frac{25.9}{1025.9} \cdot 1\,V = 25.3\,mV \; .$$

Lösung 1.8 Über jeder der beiden Dioden liegt die Spannung $e_0(t) = \hat{e} \sin \omega t$. Daher gilt für den Diodenstrom

$$i = I_S \left(\mathrm{e}^{e_0/U_T} - 1 \right) - I_S \left(\mathrm{e}^{-e_0/U_T} - 1 \right) = 2 I_S \sinh(e_0/U_T) \; .$$

Wir entwickeln den Hyperbelsinus in eine Potenzreihe:

$$i = 2 I_S \left[\frac{e_0}{U_T} + \frac{1}{3!} \left(\frac{e_0}{U_T} \right)^3 + \frac{1}{5!} \left(\frac{e_0}{U_T} \right)^5 + \ldots \right] \; .$$

Wegen $5! = 120$ brauchen nur die beiden ersten Terme berücksichtigt zu werden:

$$i = \frac{2 \hat{e}_0}{U_T} I_S \sin \omega t + \frac{1}{3} \left(\frac{\hat{e}_0}{U_T} \right)^3 I_S \sin^3 \omega t \; .$$

Lösung 1.9

a.

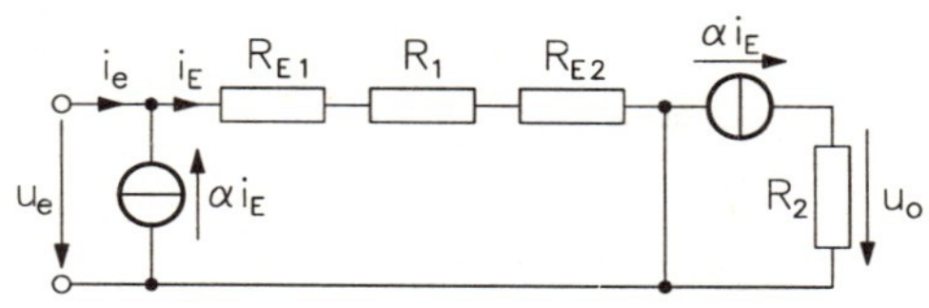

$$i_E = \frac{u_e}{R_1 + R_{E1} + R_{E2}} \qquad u_o = R_2 \alpha i_E = \frac{\alpha R_2}{R_1 + R_{E1} + R_{E2}} \cdot u_e \ .$$

b.

$$\begin{aligned} R_e &= \frac{u_e}{i_e} \qquad i_e = (1-\alpha) i_E \\ \Longrightarrow \quad R_e &= \frac{R_1 + R_{E1} + R_{E2}}{1-\alpha} \approx \beta \left(R_1 + R_{E1} + R_{E2}\right) \ . \end{aligned}$$

Kapitel 2

Lösung 2.1

a.

$$\begin{aligned} z_1 + z_2 &= \underbrace{a+c}_{=0} + j \underbrace{(b+d)}_{=0} \\ &\Longrightarrow \quad c = -a \qquad d = -b \ . \end{aligned}$$

b.

$$z_1 z_3 = (a+jb)(e+jf) = \underbrace{ae - bf}_{=1} + j \underbrace{(af + be)}_{=0}$$

$$\begin{pmatrix} a & -b \\ b & a \end{pmatrix} \begin{pmatrix} e \\ f \end{pmatrix} = \begin{pmatrix} 1 \\ 0 \end{pmatrix} \ .$$

Cramersche Regel:

$$e = \frac{a}{a^2 + b^2} \qquad f = -\frac{b}{a^2 + b^2} \ .$$

Lösung 2.2

a.

$$w = (x + jy)^2 = \underbrace{x^2 - y^2}_{u(x,y)} + j \underbrace{2xy}_{v(x,y)} \ .$$

b.

$$w = \frac{1 - x - jy}{1 + x + jy} \ .$$

Zähler und Nenner werden mit dem konjugiert Komplexen des Nenners multipliziert:

$$\begin{aligned} w &= \frac{(1-x-jy)(1+x-jy)}{(1+x+jy)(1+x-jy)} = \frac{1-x^2-y^2-j2y}{(1+x)^2+y^2} \\ u(x,y) &= \frac{1-x^2-y^2}{(1+x)^2+y^2} \qquad v(x,y) = \frac{-2y}{(1+x)^2+y^2} \,. \end{aligned}$$

Lösung 2.3

a.

$$|\,\mathrm{e}^{j\varphi}\,| = \sqrt{\cos^2\varphi + \sin^2\varphi} = 1 \,.$$

b.

$$\frac{1}{z} = \frac{1}{|z|\,\mathrm{e}^{j\varphi}} = \frac{\mathrm{e}^{-j\varphi}}{|z|} \,.$$

c.

$$z^* = |z|(\cos\varphi - j\sin\varphi) = |z|\,\mathrm{e}^{-j\varphi} \,.$$

Lösung 2.4

a.

$$|z_1 z_2| = \left||z_1|\,\mathrm{e}^{j\varphi_1}\,|z_2|\,\mathrm{e}^{j\varphi_2}\right| = |z_1||z_2|\left|\mathrm{e}^{j(\varphi_1-\varphi_2)}\right| = |z_1||z_2| \,.$$

b.

$$\left|\frac{z_1}{z_2}\right| = \left|\frac{|z_1|\,\mathrm{e}^{j\varphi_1}}{|z_2|\,\mathrm{e}^{j\varphi_2}}\right| = \frac{|z_1|}{|z_2|}\left|\mathrm{e}^{j(\varphi_1-\varphi_2)}\right| = \frac{|z_1|}{|z_2|} \,.$$

c.

$$(\alpha z_1)^* = (\alpha x_1 + j\alpha y_1)^* = (\alpha x_1 - j\alpha y_1) = \alpha\,(x_1 - jy_1) = \alpha\,(z_1)^* \,.$$

d.

$$(z_1 z_2)^* = \left[|z_1||z_2|\,\mathrm{e}^{j(\varphi_1+\varphi_2)}\right]^* = |z_1||z_2|\,\mathrm{e}^{-j(\varphi_1+\varphi_2)} = z_1^* z_2^* \,.$$

e.

$$\left(\frac{z_1}{z_2}\right)^* = \left[\frac{|z_1|}{|z_2|}\,\mathrm{e}^{j(\varphi_1-\varphi_2)}\right]^* = \frac{|z_1|}{|z_2|}\,\mathrm{e}^{-j(\varphi_1-\varphi_2)} = \frac{z_1^*}{z_2^*} \,.$$

f.

$$(z_1 + z_2)^* = (x_1 + jy_1 + x_2 + jy_2)^* = x_1 - jy_1 + x_2 - jy_2 = z_1^* + z_2^* \,.$$

g.

$$(z_1^\alpha)^* = \left(|z_1|^\alpha\,\mathrm{e}^{j\alpha\varphi}\right)^* = |z_1|^\alpha\,\mathrm{e}^{-j\alpha\varphi} = (z_1^*)^\alpha \,.$$

Lösung 2.5

$$[P(z)]^* = \left(\sum_{i=0}^{m} a_i z^i\right)^* \,.$$

Wir wenden nacheinander die Beziehungen f, c, g der vorhergehenden Übungsaufgabe an und erhalten auf diese Weise

$$[P(z)]^* = \sum_{i=0}^{m} a_i (z^*)^i = P(z^*) \ .$$

Lösung 2.6 Unter Verwendung der Beziehung e in Aufgabe 2.4 und des Ergebnisses von Aufgabe 2.5 folgt $[Q(z)]^* = Q(z^*)$.

Lösung 2.7 Wir zeigen, daß die Behauptung $P(z_0^*) = 0$ erfüllt ist, falls $P(z_0) = 0$ gilt. Wenn $P(z_0) = 0$ gelten soll, muß auch $[P(z_0)]^* = 0$ gelten. Dann hat aber wegen $[P(z_0)]^* = P(z_0^*)$ das Polynom $P(z)$ eine Nullstelle für $z = z_0^*$ (Ist z_0^* eine reelle Nullstelle, so ist $z_0^* = z_0$).

Lösung 2.8 a. Allgemein gilt

$$x(t) = \sum_{n=-\infty}^{\infty} X_n \, \mathrm{e}^{jn\Omega t} \qquad \Omega T = 2\pi \ .$$

Als Integrationsintervall wird $-\tau/2 \leq t < \tau/2$ gewählt:

$$\begin{aligned}
X_n &= \frac{A}{T} \int_{-\tau/2}^{\tau/2} \mathrm{e}^{-jn\Omega t} \, dt \\
n \neq: 0 \quad X_n &= \frac{A}{T} \cdot \frac{\mathrm{e}^{jn\Omega\tau/2} - \mathrm{e}^{-jn\Omega\tau/2}}{jn\Omega} \\
&= A \cdot \frac{\sin n\pi\tau/T}{n\pi} \\
n = 0: \quad X_0 &= \frac{A}{T} \int_{-\tau/2}^{\tau/2} dt \\
&= A \cdot \frac{\tau}{T}
\end{aligned}$$

$$x(t) = \frac{A\tau}{T} + \frac{A}{\pi} \sum_{n=1}^{\infty} \frac{\sin n\pi\tau/T}{n} \cdot \left(\mathrm{e}^{jn\Omega t} + \mathrm{e}^{-jn\Omega t}\right) \ .$$

b.

$$x(t) = \frac{A\tau}{T} + \frac{2A}{\pi} \sum_{n=1}^{\infty} \frac{\sin n\pi\tau/T}{n} \cdot \cos n\Omega t \ .$$

Lösung 2.9 a. Der Beweis ist trivial: die Konstanten a und b können jeweils vor das Integral gezogen werden.

b. Aus

$$Z(j\omega) = \int_{-\infty}^{\infty} x(t - t_0) \, \mathrm{e}^{-j\omega t} \, dt$$

folgt mit der Substitution $t - t_0 = \tau$

$$\begin{aligned} Z(j\omega) &= \int_{-\infty}^{\infty} x(\tau)\,\mathrm{e}^{-j\omega(\tau+t_0)}\,d\tau \\ &= \mathrm{e}^{-j\omega t_0} \underbrace{\int_{-\infty}^{\infty} x(\tau)\,\mathrm{e}^{-j\omega\tau}\,d\tau}_{\mathcal{F}\{x(\tau)\}} . \end{aligned}$$

c.

$$\mathcal{F}\{x(t)\,\mathrm{e}^{j\omega_0 t}\} = \int_{-\infty}^{\infty} x(t)\,\mathrm{e}^{-j\omega t}\,\mathrm{e}^{j\omega_0 t}\,dt = \underbrace{\int_{-\infty}^{\infty} x(t)\,\mathrm{e}^{-j(\omega-\omega_0)t}\,dt}_{X(j\omega - j\omega_0)} .$$

d. Wir gehen zunächst von $a > 0$ aus und machen die Substitution $at = \tau$:

$$\mathcal{F}\{x(at)\} = \underbrace{\frac{1}{a}\int_{-\infty}^{\infty} x(\tau)\,\mathrm{e}^{-j(\omega/a)\tau}\,d\tau}_{X(j\omega/a)} .$$

Für $a < 0$ kehrt sich die Reihenfolge der Integrationsgrenzen um, so daß in diesem Fall das Resultat mit einem Minuszeichen versehen werden muß.
e. Wir bestimmen die zu $X(j\omega) * Y(j\omega)$ gehörende Zeitfunktion:

$$z(t) = \frac{1}{2\pi}\int_{-\infty}^{\infty}\left[\int_{-\infty}^{\infty} X(ju)Y(j\omega - ju)du\right]\mathrm{e}^{j\omega t}\,d\omega .$$

Substituieren wir $\omega - u = v$ und setzen wir die Vertauschbarkeit der Integrationen voraus, so erhalten wir

$$z(t) = \underbrace{\frac{1}{2\pi}\int_{-\infty}^{\infty} X(ju)\,\mathrm{e}^{jut}\,du}_{x(t)} \underbrace{\int_{-\infty}^{\infty} Y(jv)\,\mathrm{e}^{jvt}\,dv}_{2\pi y(t)} .$$

f.

$$\begin{aligned} \mathcal{F}\left\{\frac{d^n[x(t)]}{dt^n}\right\} &= \frac{d^n}{dt^n}\left(\frac{1}{2\pi}\int_{-\infty}^{\infty} X(j\omega)\,\mathrm{e}^{j\omega t}\,d\omega\right) \\ &= (j\omega)^n\left(\frac{1}{2\pi}\int_{-\infty}^{\infty} X(j\omega)\,\mathrm{e}^{j\omega t}\,d\omega\right) . \end{aligned}$$

g. Aus

$$\frac{d^n}{d\omega^n}\left[\int_{-\infty}^{\infty} x(t)\,\mathrm{e}^{-j\omega t}\,dt\right] = \int_{-\infty}^{\infty} (-jt)^n x(t)\,\mathrm{e}^{-j\omega t}\,dt$$

folgt die gesuchte Beziehung.

h. Die Beziehung $X(j\omega) = \mathcal{F}\{x(t)\}$ muß nicht näher erläutert werden. Betrachten wir nun die inverse Transformation:

$$x(t) = \frac{1}{2\pi} \int_{-\infty}^{\infty} X(j\omega)\, \mathrm{e}^{j\omega t}\, d\omega \; .$$

Sie setzt zwei Variable in eine formale Beziehung, nämlich t und $j\omega$. Diese formale Beziehung ändert sich nicht, wenn die Variablen andere Bezeichnungen erhalten. Sie gilt also auch, wenn man t durch $j\omega$ ersetzt und umgekehrt:

$$x(j\omega) = \frac{1}{2\pi} \int_{-\infty}^{\infty} X(t)\, \mathrm{e}^{j\omega t}\, \frac{dt}{j} \; .$$

Daraus läßt sich

$$j2\pi x(-j\omega) = \underbrace{\int_{-\infty}^{\infty} X(t)\, \mathrm{e}^{-j\omega t}\, dt}_{\mathcal{F}\{X(t)\}}$$

gewinnen.

Lösung 2.10

a.

$$F(j\omega) = \int_{-\infty}^{\infty} \delta(t)\, \mathrm{e}^{-j\omega t}\, dt = 1 \; .$$

Dieses Ergebnis folgt direkt aus der Ausblendeigenschaft der δ–Funktion.
b. Aus $\mathcal{F}\{\delta(t)\} = 1$ ergibt sich zusammen mit der Zeitverschiebung

$$\mathcal{F}\{\delta(t - t_0)\} = \mathrm{e}^{-j\omega t_0} \quad .$$

Mit Hilfe der Symmetriebeziehung folgt daraus

$$\mathcal{F}\left\{\mathrm{e}^{jt\omega_0}\right\} = 2\pi\delta(\omega - \omega_0) \; .$$

c. und d. Wegen

$$\begin{aligned} \sin \omega_0 t &= \frac{\mathrm{e}^{j\omega_0 t} - \mathrm{e}^{-j\omega_0 t}}{2j} \\ \cos \omega_0 t &= \frac{\mathrm{e}^{j\omega_0 t} + \mathrm{e}^{-j\omega_0 t}}{2} \end{aligned}$$

folgen die gesuchten Beziehungen direkt aus dem unter b. berechneten Ergebnis.

e.

$$\begin{aligned} F(j\omega) &= \frac{1}{2}\int_0^\infty \left(e^{-[a+j(\omega-\omega_0)]t} + e^{-[a+j(\omega+\omega_0)]t}\right) dt \\ &= \frac{a+j\omega}{(a+j\omega)^2+\omega_0^2} \ . \end{aligned}$$

f.

$$\begin{aligned} F(j\omega) &= \frac{1}{2j}\int_0^\infty \left(e^{-[a+j(\omega-\omega_0)]t} - e^{-[a+j(\omega+\omega_0)]t}\right) dt \\ &= \frac{\omega_0}{(a+j\omega)^2+\omega_0^2} \ . \end{aligned}$$

g. Auf direktem Wege ergibt sich:

$$\begin{aligned} \mathcal{F}\{u(t+T)-u(t-T)\} &= \left(\frac{1}{j\omega}+\pi\delta(\omega)\right)e^{j\omega T} - \left(\frac{1}{j\omega}+\pi\delta(\omega)\right)e^{-j\omega T} \\ &= \frac{2\sin\omega T}{\omega} + j2\pi\delta(\omega)\sin\omega T \ . \end{aligned}$$

Wegen $\varphi(\omega)\delta(\omega) = \varphi(0)\delta(\omega)$ folgt daraus das gesuchte Ergebnis.
h. Aufgrund der Linearität gilt

$$\mathcal{F}\left\{\sum_{m=-\infty}^{\infty}\delta(t+mT)\right\} = \sum_{m=-\infty}^{\infty}\mathcal{F}\{\delta(t+mT)\} \ .$$

Mit Hilfe des Verschiebungssatzes folgt daraus

$$F(j\omega) = \sum_{m=-\infty}^{\infty} e^{jm\omega T} \ .$$

Mit

$$\sum_{m=-\infty}^{\infty}\delta(\omega-m\Omega) = \frac{1}{\Omega}\sum_{m=-\infty}^{\infty} e^{jm\omega T}$$

erhalten wir dann

$$F(j\omega) = \Omega\sum_{m=-\infty}^{\infty}\delta(\omega-m\Omega) \ .$$

Lösung 2.11 Wir führen zunächst die beiden Schaltfunktionen $p_1(t)$ und $p_2(t)$ sowie ihre Fourier–Reihenentwicklungen ein:

$$p_1(t) = \sum_{n=-\infty}^{\infty} P_n \, \mathrm{e}^{jn\Omega t} \qquad \Omega T = 2\pi$$

$$p_2(t) = p_1(t - T/2) = \sum_{n=-\infty}^{\infty} P_n \, \mathrm{e}^{-jn\pi} \, \mathrm{e}^{jn\Omega t}$$

$$\begin{aligned} P_n &= \frac{1}{T} \int_0^{aT} \mathrm{e}^{-jn\Omega t} \, dt \\ P_0 &= a \\ P_n &= \frac{1 - \mathrm{e}^{-jna2\pi}}{jn2\pi} \qquad n \neq 0 \end{aligned}$$

$$\begin{aligned} u_o(t) &= p_1(t)e(t) - p_2(t)e(t) \\ &= e(t) \sum_{n=-\infty}^{\infty} [1 - (-1)^n] \, P_n \, \mathrm{e}^{jn\Omega t} \\ &= 2e(t) \sum_{\substack{n=-\infty \\ n \; unger.}}^{\infty} P_n \, \mathrm{e}^{jn\Omega t} \end{aligned}$$

$$U_o(j\omega) = 2 \sum_{\substack{n=-\infty \\ n \; unger.}}^{\infty} P_n E(j\omega - jn\Omega) \; .$$

Lösung 2.12 Zunächst schreiben wir

$$\begin{aligned} \int\limits_{-T+T_1}^{T+T_1} x^*(\tau)x(t+\tau)d\tau &= \int\limits_{-T}^{T} x(\tau)^* x(t+\tau)d\tau + \\ & \int\limits_{T}^{T+T_1} x^*(\tau)x(t+\tau)d\tau - \int\limits_{-T}^{-T+T_1} x^*(\tau)x(t+\tau)d\tau \; . \end{aligned}$$

Betrachten wir das zweite Integral auf der rechten Seite, ersetzen τ durch Tu und anschließend u wieder durch τ, so ergibt sich

$$\int_T^{T+T_1} x^*(\tau)x(t+T\tau)d\tau = T \int_1^{1+T_1/T} x^*(T\tau)x(t+T\tau)d\tau \; .$$

Es ist aber

$$\lim_{T\to\infty} \frac{1}{2} \int_1^{1+T_1/T} x^*(T\tau)x(t+T\tau)d\tau = 0 \; .$$

Entsprechend verschwindet das Integral von $-T$ bis $-T+T_1$ für $T\to\infty$.

Das Ergebnis ist auch anschaulich verständlich. Verschiebt man nämlich das Integrationsintervall um einen Wert T_1 und läßt dann das Intervall gegen Unendlich gehen, so hat die Verschiebung keinen Einfluß.

Kapitel 3

Lösung 3.1 Allgemein gilt

$$\boldsymbol{Ai} = \boldsymbol{0} \qquad \boldsymbol{u} = \boldsymbol{A}^T\boldsymbol{v} \; .$$

Für die Lösung ergibt sich

$$\begin{aligned} \sum_{m=1}^{b} u_m i_m &= \boldsymbol{u}^T\boldsymbol{i} \\ &= \left(\boldsymbol{A}^T\boldsymbol{v}\right)^T \boldsymbol{i} \\ &= \boldsymbol{v}^T \left(\boldsymbol{A}^T\right)^T \boldsymbol{i} \\ &= \boldsymbol{v}^T \underbrace{\boldsymbol{Ai}}_{=\boldsymbol{0}} = 0 \; . \end{aligned}$$

Lösung 3.2

a.

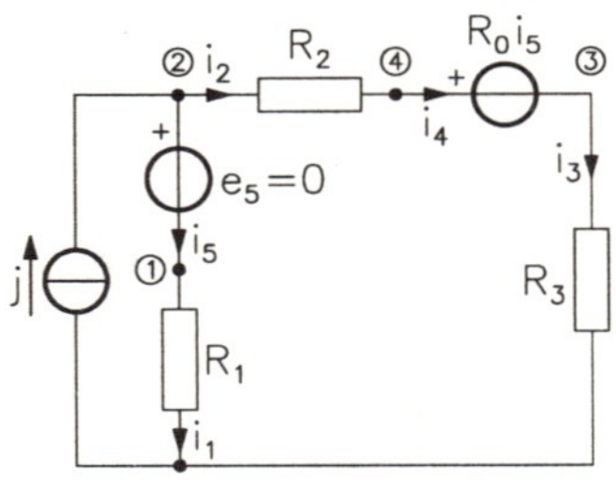

$$\begin{pmatrix} G_1 & 0 & 0 & 0 & 0 & -1 \\ 0 & G_2 & 0 & -G_2 & -1 & 0 \\ 0 & 0 & G_3 & 0 & -1 & 0 \\ 0 & -G_2 & 0 & G_2 & 1 & 0 \\ -1 & 1 & 0 & 0 & 0 & 0 \\ 0 & 0 & -1 & 1 & 0 & -R_0 \end{pmatrix} \begin{pmatrix} v_1 \\ v_2 \\ v_3 \\ v_4 \\ i_4 \\ i_5 \end{pmatrix} = \begin{pmatrix} 0 \\ j \\ 0 \\ 0 \\ 0 \\ 0 \end{pmatrix}$$

b.

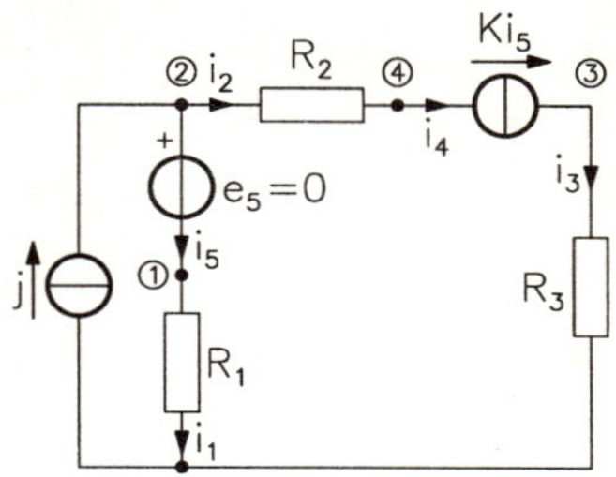

$$\begin{pmatrix} G_1 & 0 & 0 & 0 & 0 & -1 \\ 0 & G_2 & 0 & -G_2 & 0 & 1 \\ 0 & 0 & G_3 & 0 & -1 & 0 \\ 0 & -G_2 & 0 & G_2 & 1 & 0 \\ -1 & 1 & 0 & 0 & 0 & 0 \\ 0 & 0 & 0 & 0 & 1 & -K \end{pmatrix} \begin{pmatrix} v_1 \\ v_2 \\ v_3 \\ v_4 \\ i_4 \\ i_5 \end{pmatrix} = \begin{pmatrix} 0 \\ j \\ 0 \\ 0 \\ 0 \\ 0 \end{pmatrix}$$

Lösung 3.3 a. Wird das Transistormodell eingesetzt, so ergibt sich zunächst das folgende Bild.

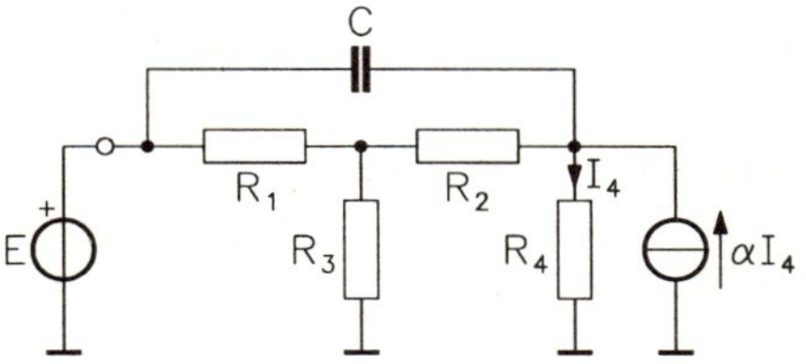

Als nächstes muß die ideale Spannungsquelle am Eingang ersetzt werden. Dazu werden der Widerstand R_1 bzw. die Kapazität C der Spannungquelle als Innenimpedanzen zugeschlagen, so daß zwei nichtideale Spannungsquellen gebildet werden können, wie das nächste Bild zeigt.

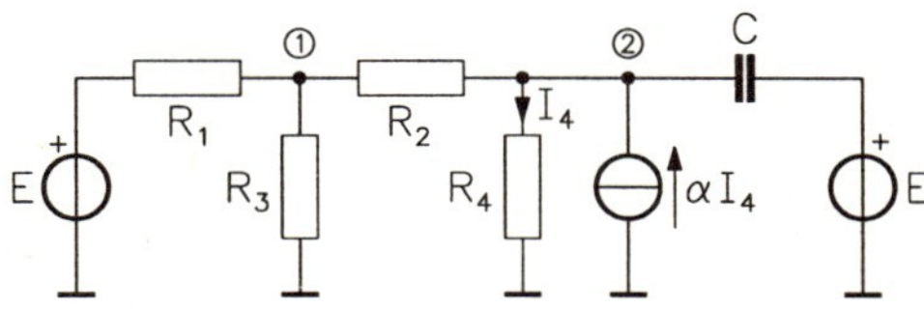

Nun bleibt nur noch die Umwandlung der beiden Spannungsquellen in Stromquellen:

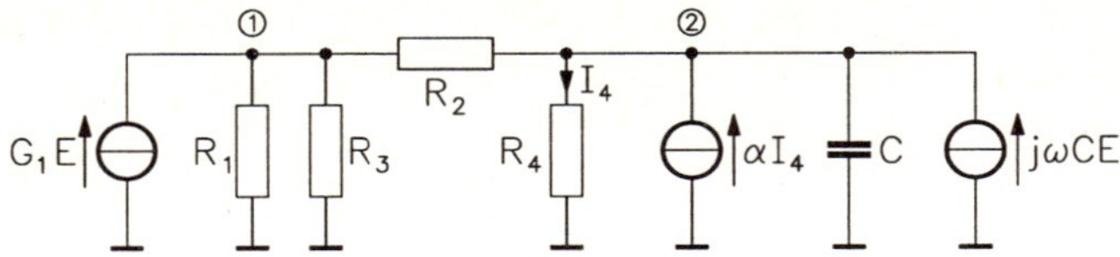

b. Aus dem letzten Bild kann das Gleichungssystem direkt abgelesen werden, wobei $I_4 = G_4U_2$ berücksichtigt wird.

$$\begin{pmatrix} G_1 + G_2 + G_3 & -G_2 \\ -G_2 & G_2 + G_4 + j\omega C \end{pmatrix} \begin{pmatrix} U_1 \\ U_2 \end{pmatrix} = \begin{pmatrix} G_1 E \\ j\omega CE + \alpha G_4 U_2 \end{pmatrix} .$$

Das Gleichungssystem wird in folgender Weise verändert:

$$\begin{pmatrix} G_1 + G_2 + G_3 & -G_2 \\ -G_2 & G_2 + G_4(1-\alpha) + j\omega C \end{pmatrix} \begin{pmatrix} U_1 \\ U_2 \end{pmatrix} = \begin{pmatrix} G_1 E \\ j\omega CE \end{pmatrix} .$$

c. Aus diesem Gleichungssystem kann $U_o = U_2$ berechnet werden. Hier wird die Cramersche Regel verwendet:

$$U_o = \frac{\begin{vmatrix} G_1 + G_2 + G_3 & G_1 \\ -G_2 & j\omega C \end{vmatrix}}{\begin{vmatrix} G_1 + G_2 + G_3 & -G_2 \\ -G_2 & G_2 + G_4(1-\alpha) + j\omega C \end{vmatrix}} \cdot E .$$

Daraus ergibt sich

$$U_o = \frac{G_1 G_2 + j\omega C(G_1 + G_2 + G_3)}{G_2(G_1 + G_3) + (G_1 + G_2 + G_3)[G_4(1-\alpha) + j\omega C]} \cdot E .$$

Lösung 3.4 Ausgangspunkt ist die folgende Schaltung, in der der Transistor durch sein Modell ersetzt worden ist; ferner wurde im Emitterzweig eine Spannungsquelle $e_5 = 0$ eingefügt, durch die der Strom $i_5 = i_E$ fließt.

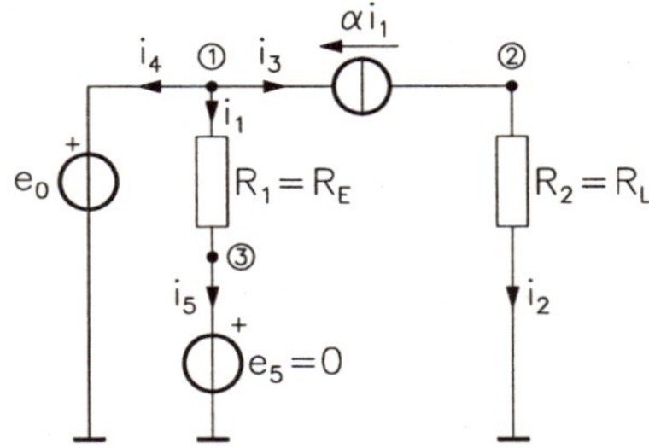

a.

$$\begin{pmatrix} 1 & 0 & 1 & 1 & 0 \\ 0 & 1 & -1 & 0 & 0 \\ -1 & 0 & 0 & 0 & 1 \end{pmatrix} \begin{pmatrix} i_1 \\ i_2 \\ i_3 \\ i_4 \\ i_5 \end{pmatrix} = \begin{pmatrix} 0 \\ 0 \\ 0 \\ 0 \\ 0 \end{pmatrix} .$$

b.

$$\begin{aligned} i_1 &= G_E v_1 - G_E v_3 \\ i_2 &= G_L v_2 \\ i_3 &= -\alpha i_1 \\ e_0 &= v_1 \\ e_5 &= v_3 = 0 \end{aligned}$$

c.

$$\begin{pmatrix} (1-\alpha)G_E & 0 & -(1-\alpha)G_E & 1 & 0 \\ \alpha G_E & G_L & -\alpha G_E & 0 & 0 \\ -G_E & 0 & G_E & 0 & 1 \\ 1 & 0 & 0 & 0 & 0 \\ 0 & 0 & 1 & 0 & 0 \end{pmatrix} \begin{pmatrix} v_1 \\ v_2 \\ v_3 \\ i_4 \\ i_5 \end{pmatrix} = \begin{pmatrix} 0 \\ 0 \\ 0 \\ e_0 \\ 0 \end{pmatrix} .$$

d. Nach etwas umständlicher Rechnung folgt aus dem unter c. gefundenen Gleichungssystem $i_E = e_0/R_E$.

Lösung 3.5

$$E + RI + U = 0$$

$$E - RI_Z \, \mathrm{e}^{(U-U_Z)/15U_T} + U = 0$$

$$\underbrace{\frac{E}{15U_T}}_{a} - \underbrace{\frac{RI_Z \, \mathrm{e}^{U_Z/15U_T}}{15U_T}}_{b} \cdot \mathrm{e}^{-U/15U_T} + \underbrace{\frac{U}{15U_T}}_{x} = 0$$

$$f(x) = a - b\,\mathrm{e}^{-x} + x = 0 \qquad a = 25.64 \quad b = 1.41 \cdot 10^{-4}$$

$$x_{m+1} = x_m - \frac{f(x_m)}{f'(x_m)} = x_m - \frac{a - b\,\mathrm{e}^{-x_m} + x_m}{b\,\mathrm{e}^{x_m} + 1} .$$

Wegen $U_Z = -4.7\,V$ wird

$$x_0 = -\frac{4.7\,V}{15 \cdot 26\,mV} = -12.05$$

als Startwert gewählt. Damit ergibt sich dann

$$\begin{array}{ll} x_0 = -12.05 & f(x_0) = -10.5350 \\ x_1 = -11.6307 & f(x_1) = -1.8531 \\ x_2 = -11.5208 & f(x_2) = -0.0923 \\ x_3 = -11.5147 & f(x_3) = f(x_4) = 2.57 \cdot 10^{-4} \\ x_4 = -11.5147 & \end{array}$$

Die gesuchten Werte lauten

$$U = -11.5147 \cdot 15 \cdot 26\,mV = -4.491\,V \quad \Longrightarrow \quad I = -1.96\,mA\ .$$

Lösung 3.6 a. Nach dem Einsetzen des Transistormodells ergibt sich folgendes Bild:

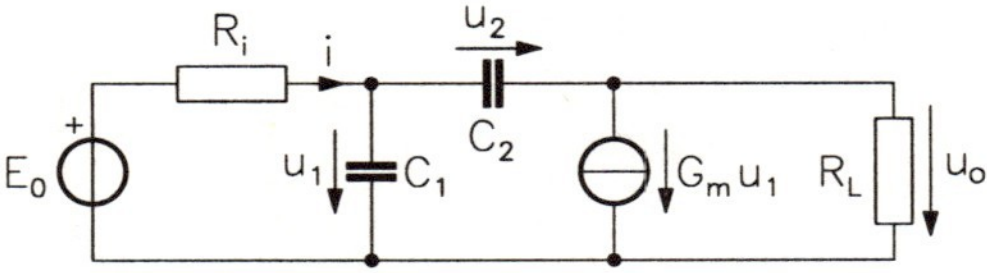

Daraus lassen sich die zugehörigen Gleichungen ablesen:

$$\begin{aligned} u_1 + R_i i &= E_0 \\ C_1 \dot{u}_1 + C_2 \dot{u}_2 &= i \\ u_1 - u_2 - u_o &= 0 \\ G_m u_1 + G_L u_o &= C_2 \dot{u}_2\ . \end{aligned}$$

Nach dem Eliminieren von u_o und i sowie anschließendem Sortieren erhalten wir dann

$$\begin{pmatrix} R_i C_1 & R_i C_2 \\ 0 & R_L C_2 \end{pmatrix} \begin{pmatrix} \dot{u}_1 \\ \dot{u}_2 \end{pmatrix} = \begin{pmatrix} -1 & 0 \\ 1 + R_L G_m & -1 \end{pmatrix} \begin{pmatrix} u_1 \\ u_2 \end{pmatrix} + \begin{pmatrix} E_0 \\ 0 \end{pmatrix}\ .$$

b. $\omega_1 = 1/R_i C_1$, $\omega_2 = 1/R_L C_1$, $\omega_3 = 1/R_L C_2$, $R_L G_m = V_0 \gg 1$:

$$\underbrace{\begin{pmatrix} \dot{u}_1 \\ \dot{u}_2 \end{pmatrix}}_{\dot{\boldsymbol{u}}} = \underbrace{\begin{pmatrix} -(\omega_1 + \omega_2 V_0) & \omega_2 \\ \omega_3 V_0 & -\omega_3 \end{pmatrix}}_{\boldsymbol{A}} \underbrace{\begin{pmatrix} u_1 \\ u_2 \end{pmatrix}}_{\boldsymbol{u}} + \underbrace{\begin{pmatrix} \omega_1 \\ 0 \end{pmatrix}}_{\boldsymbol{b}} E_0\ .$$

c. Aus

$$\begin{vmatrix} -(\omega_1 + \omega_2 V_0) - \lambda & \omega_2 \\ \omega_3 V_0 & -\omega_3 - \lambda \end{vmatrix} = 0$$

folgt

$$\lambda_{1,2} = -\frac{\omega_1 + \omega_2 V_0 + \omega_3}{2} \pm \sqrt{\frac{(\omega_1 + \omega_2 V_0 + \omega_3)^2}{4} + \omega_1\omega_3} \;.$$

d. Die allgemeine Form der Lösung lautet

$$\boldsymbol{u} = \left(\mathrm{e}^{\boldsymbol{A}t} - \mathbf{1}\right) \boldsymbol{A}^{-1}\boldsymbol{b}E_0 \;.$$

Die Inversion der Matrix $\boldsymbol{A}$ läßt sich ohne Schwierigkeiten durchführen, der Vektor $\boldsymbol{b}$ ist bekannt. Bleibt also noch die Berechnung von $\mathrm{e}^{\boldsymbol{A}t}$. Aus dem Ansatz

$$\mathrm{e}^{\boldsymbol{A}t} = \alpha_0 \mathbf{1} + \alpha_1 \boldsymbol{A}t$$

ergibt sich unter Berücksichtigung des Caley–Hamiltonschen Satzes zunächst

$$\begin{pmatrix} 1 & \lambda_1 t \\ 1 & \lambda_2 t \end{pmatrix} \begin{pmatrix} \alpha_0 \\ \alpha_1 \end{pmatrix} = \begin{pmatrix} \mathrm{e}^{\lambda_1 t} \\ \mathrm{e}^{\lambda_2 t} \end{pmatrix}$$

und daraus

$$\begin{aligned} \alpha_0 &= \frac{\lambda_2 \,\mathrm{e}^{\lambda_1 t} - \lambda_1 \,\mathrm{e}^{\lambda_2 t}}{\lambda_2 - \lambda_1} \\ \alpha_1 &= \frac{\mathrm{e}^{\lambda_2 t} - \mathrm{e}^{\lambda_1 t}}{(\lambda_2 - \lambda_1)t} \;. \end{aligned}$$

Lösung 3.7 a. Aus der Schaltung lesen wir die folgenden Gleichungen ab:

$$\begin{aligned} u_1 + R_1 i_1 &= e \\ u_1 + u_2 + R_2 i_2 &= e \\ C_1\dot{u}_1 - C_2\dot{u}_2 &= i_1 \\ C_2\dot{u}_2 &= i_2 \;. \end{aligned}$$

Daraus ergibt sich

$$\begin{pmatrix} C_1R_1 & -C_2R_1 \\ 0 & C_2R_2 \end{pmatrix} \begin{pmatrix} \dot{u}_1 \\ \dot{u}_2 \end{pmatrix} = \begin{pmatrix} -1 & 0 \\ -1 & -1 \end{pmatrix} \begin{pmatrix} u_1 \\ u_2 \end{pmatrix} + \begin{pmatrix} 1 \\ 1 \end{pmatrix} e$$

$$\begin{pmatrix} \dot{u}_1 \\ \dot{u}_2 \end{pmatrix} = \frac{1}{C_1C_2R_1R_2} \begin{pmatrix} C_2R_2 & C_2R_1 \\ 0 & C_1R_1 \end{pmatrix} \begin{pmatrix} -1 & 0 \\ -1 & -1 \end{pmatrix} \begin{pmatrix} u_1 \\ u_2 \end{pmatrix} + \frac{1}{C_1C_2R_1R_2} \begin{pmatrix} C_2R_2 & C_2R_1 \\ 0 & C_1R_1 \end{pmatrix} \begin{pmatrix} 1 \\ 1 \end{pmatrix} e$$

$$\begin{pmatrix} \dot{u}_1 \\ \dot{u}_2 \end{pmatrix} = \frac{1}{C_1 C_2 R_1 R_2} \begin{pmatrix} -C_2(R_1 + R_2) & -C_2 R_1 \\ -C_1 R_1 & -C_1 R_1 \end{pmatrix} \begin{pmatrix} u_1 \\ u_2 \end{pmatrix} + \frac{1}{C_1 C_2 R_1 R_2} \begin{pmatrix} C_2(R_1 + R_2) \\ C_1 R_1 \end{pmatrix} e\,.$$

b. $C_1 = C_2 = C$, $R_1 = R_2 = R$, $\omega_0 = 1/RC$

$$\begin{pmatrix} \dot{u}_1 \\ \dot{u}_2 \end{pmatrix} = -\omega_0 \begin{pmatrix} 2 & 1 \\ 1 & 1 \end{pmatrix} \begin{pmatrix} u_1 \\ u_2 \end{pmatrix} + \omega_0 \begin{pmatrix} 2 \\ 1 \end{pmatrix} e$$

$$u_o = (-1 \ \ -1) \begin{pmatrix} u_1 \\ u_2 \end{pmatrix} + e$$

$$H(j\omega) = \boldsymbol{c}^T (j\omega \mathbf{1} - \boldsymbol{A})^{-1} \boldsymbol{b} + d$$

$$\boldsymbol{c}^T = (-1 \ \ -1) \quad \boldsymbol{A} = \begin{pmatrix} -2\omega_0 & -\omega_0 \\ -\omega_0 & -\omega_0 \end{pmatrix} \quad \boldsymbol{b} = \begin{pmatrix} 2\omega_0 \\ \omega_0 \end{pmatrix} \quad d = 1$$

$$j\omega \mathbf{1} - \boldsymbol{A} = \begin{pmatrix} j\omega + 2\omega_0 & \omega_0 \\ \omega_0 & j\omega + \omega_0 \end{pmatrix}$$

$$\begin{pmatrix} j\omega + 2\omega_0 & \omega_0 \\ \omega_0 & j\omega + \omega_0 \end{pmatrix}^{-1} = \frac{1}{\omega_0^2 - \omega^2 + j3\omega_0\omega} \begin{pmatrix} j\omega + \omega_0 & -\omega_0 \\ -\omega_0 & j\omega + 2\omega_0 \end{pmatrix}$$

$$(j\omega \mathbf{1} - \boldsymbol{A})^{-1} \boldsymbol{b} = \frac{\omega_0}{\omega_0^2 - \omega^2 + j3\omega_0\omega} \begin{pmatrix} j2\omega + \omega_0 \\ j\omega \end{pmatrix}$$

$$\begin{aligned} \boldsymbol{c}^T (j\omega \mathbf{1} - \boldsymbol{A})^{-1} \boldsymbol{b} &= -\frac{\omega_0}{\omega_0^2 - \omega^2 + j3\omega_0\omega} (1 \ 1) \begin{pmatrix} j2\omega + \omega_0 \\ j\omega \end{pmatrix} \\ &= -\frac{\omega_0^2 + j3\omega_0\omega}{\omega_0^2 - \omega^2 + j3\omega_0\omega} \end{aligned}$$

$$H(j\omega) = -\frac{\omega^2}{\omega_0^2 - \omega^2 + j3\omega_0\omega}\,.$$

c.

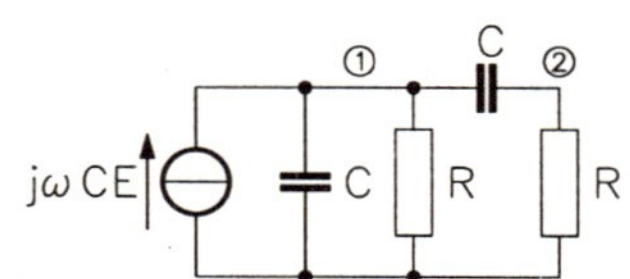

$$\begin{pmatrix} G + j2\omega C & -j\omega C \\ -j\omega C & G + j\omega C \end{pmatrix} \begin{pmatrix} U_1 \\ U_2 \end{pmatrix} = \begin{pmatrix} j\omega C E \\ 0 \end{pmatrix}$$

$$H(j\omega) = \frac{U_2}{E} = -\frac{(\omega/\omega_0)^2}{1 - \left(\dfrac{\omega}{\omega_0}\right)^2 + j3\dfrac{\omega}{\omega_0}} .$$

Lösung 3.8 Wird das Eingangssignal $e(t) = E\,\mathrm{e}^{j\omega t}$ auf eine Schaltung mit der Impulsantwort $h(t)$ gegeben, so ergibt sich das Ausgangssignal $u_o(t)$ durch Faltung von $e(t)$ mit $h(t)$:

$$\begin{aligned} u_o(t) &= \int_{-\infty}^{\infty} E\,\mathrm{e}^{j\omega(t-\tau)}\, h(\tau) d\tau \\ &= E\,\mathrm{e}^{j\omega t} \underbrace{\int_{-\infty}^{\infty} \mathrm{e}^{-j\omega\tau}\, h(\tau) d\tau}_{H(j\omega)} . \end{aligned}$$

Lösung 3.9 a.

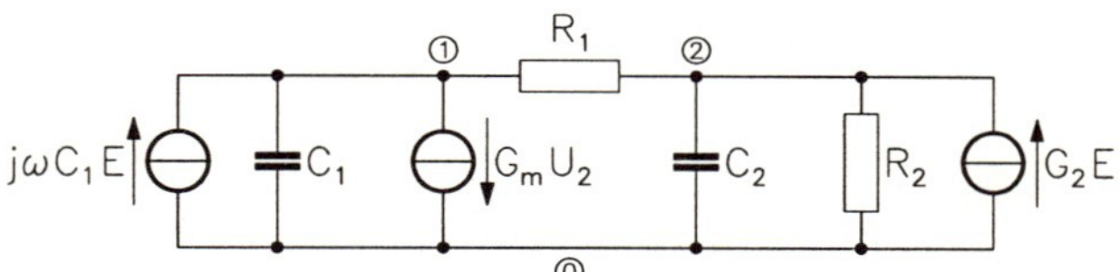

$$\begin{pmatrix} G_1 + j\omega C_1 & G_m - G_1 \\ -G_1 & G_1 + G_2 + j\omega C_2 \end{pmatrix} \begin{pmatrix} U_1 \\ U_2 \end{pmatrix} = \begin{pmatrix} j\omega C_1 E \\ G_2 E \end{pmatrix} .$$

Wegen $U_o = U_2$ ergibt sich aus diesem Gleichungssystem

$$H(j\omega) = \frac{U_2}{E} = \frac{1 + j\omega C_1(R_1 + R_2)}{1 + R_2 G_m - \omega^2 C_1 C_2 R_1 R_2 + j\omega[C_1(R_1 + R_2) + C_2 R_2]} .$$

b.

$$\begin{aligned} H(s) &= \frac{sC_1(R_1 + R_2) + 1}{s^2 C_1 C_2 R_1 R_2 + s[C_1(R_1 + R_2) + C_2 R_2] + 1 + R_2 G_m} \\ &= \frac{\dfrac{R_1 + R_2}{C_2 R_1 R_2} s + \dfrac{1}{C_1 C_2 R_1 R_2}}{s^2 + s\left(\dfrac{R_1 + R_2}{C_2 R_1 R_2} + \dfrac{1}{C_1 R_1}\right) + \dfrac{1 + R_2 G_m}{C_1 C_2 R_1 R_2}} \end{aligned}$$

$$H(s) = \frac{a_1 s + a_0}{s^2 + b_1 s + b_0}$$

$$a_0 = \frac{1}{C_1 C_2 R_1 R_2} \quad a_1 = \frac{R_1 + R_2}{C_2 R_1 R_2} \quad b_0 = \frac{1 + R_2 G_m}{C_1 C_2 R_1 R_2} \quad b_1 = \frac{R_1 + R_2}{C_2 R_1 R_2} + \frac{1}{C_1 R_1} \; .$$

c. Pole von $H(s)$:

$$\begin{aligned} s^2 + b_1 s + b_0 &= 0 &\Longrightarrow&\quad s_{\infty 1,2} = -\frac{b_1}{2} \pm \sqrt{\frac{b_1^2}{4} - b_0} \\ \frac{b_1^2}{4} &> b_0 &\Longrightarrow&\quad \text{zwei verschiedene reelle Pole} \\ \frac{b_1^2}{4} &< b_0 &\Longrightarrow&\quad \text{konjugiert komplexes Polpaar:} \end{aligned}$$

$$s_{\infty 1} = -\frac{b_1}{2} + j\sqrt{b_0 - \frac{b_1^2}{4}} \qquad s_{\infty 2} = s_{\infty 1}^* \; .$$

Nullstelle von H(s):

$$a_1 s + a_0 = 0 \quad \Longrightarrow \quad s_0 = -\frac{a_0}{a_1} \; .$$

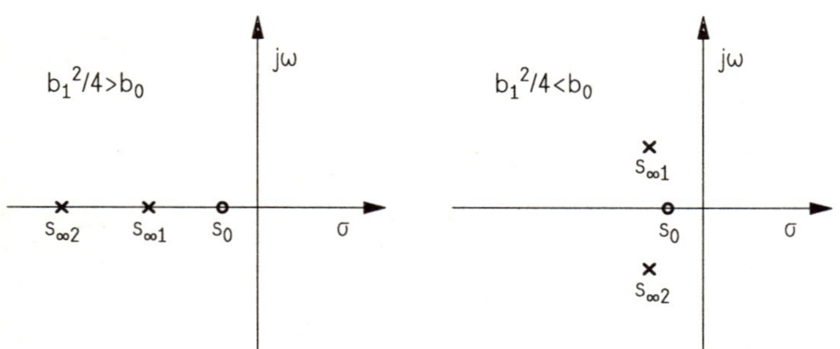

Lösung 3.10

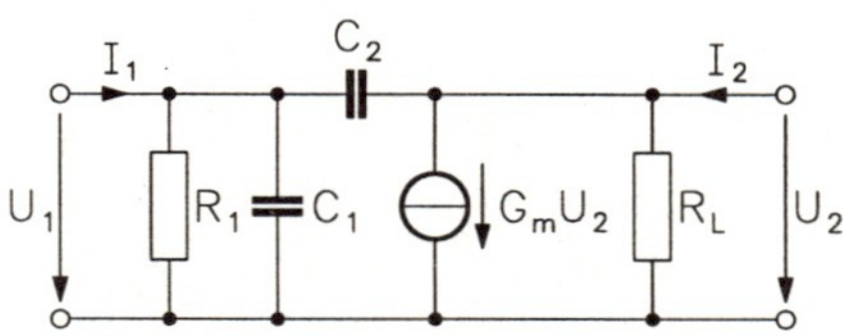

a. Admittanzmatrix mit Hilfe der Knotenanalyse:

$$\underbrace{\begin{pmatrix} G_1 + s(C_1 + C_2) & -sC_2 \\ G_m - sC_2 & G_L + sC_2 \end{pmatrix}}_{\boldsymbol{Y}} \begin{pmatrix} U_1 \\ U_2 \end{pmatrix} = \begin{pmatrix} I_1 \\ I_2 \end{pmatrix} .$$

Kettenmatrix unter Verwendung der Umrechnungstabelle:

$$\boldsymbol{K} = \frac{1}{sC_2 - G_m} \times$$
$$\begin{pmatrix} sC_2 + G_L & 1 \\ C_1C_2s^2 + [C_1G_L + C_2(G_1 + G_L + G_m)]s + G_1G_L & (C_1 + C_2)s + G_1 \end{pmatrix} .$$

b.

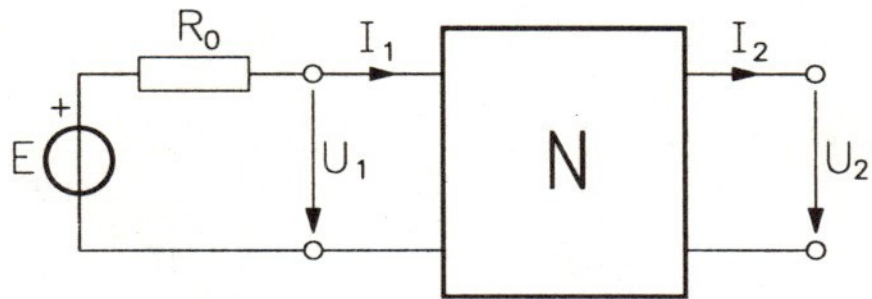

$\boldsymbol{K}'$ sei die Kettenmatrix des Zeitors N:

$$H(s) = \frac{1}{K'_{11} + R_0 K'_{21}} .$$

$\boldsymbol{K}' = \boldsymbol{K}^2$:

$$H(s) = \frac{1}{K_{11}^2 + [K_{12} + R_0(K_{11} + K_{22})]K_{21}} .$$

Lösung 3.11 a.

$$\boldsymbol{R}^{-1/2} \begin{pmatrix} U_1 - R_1 I_1 \\ U_2 - R_2 I_2 \end{pmatrix} = \boldsymbol{S}\boldsymbol{R}^{-1/2} \begin{pmatrix} U_1 + R_1 I_1 \\ U_2 + R_2 I_2 \end{pmatrix}$$

$$\boldsymbol{R}^{-1/2} \left[\begin{pmatrix} U_1 \\ U_2 \end{pmatrix} - \begin{pmatrix} R_1 & 0 \\ 0 & R_2 \end{pmatrix} \begin{pmatrix} I_1 \\ I_2 \end{pmatrix} \right] =$$
$$\boldsymbol{S}\boldsymbol{R}^{-1/2} \left[\begin{pmatrix} U_1 \\ U_2 \end{pmatrix} + \begin{pmatrix} R_1 & 0 \\ 0 & R_2 \end{pmatrix} \begin{pmatrix} I_1 \\ I_2 \end{pmatrix} \right]$$

$$\begin{aligned} \boldsymbol{R}^{-1/2}(\boldsymbol{U} - \boldsymbol{R}\boldsymbol{Y}\boldsymbol{U}) &= \boldsymbol{S}\boldsymbol{R}^{-1/2}(\boldsymbol{U} + \boldsymbol{R}\boldsymbol{Y}\boldsymbol{U}) \\ \boldsymbol{S} &= \boldsymbol{R}^{-1/2}(\boldsymbol{1} - \boldsymbol{R}\boldsymbol{Y})(\boldsymbol{1} + \boldsymbol{R}\boldsymbol{Y})^{-1}\boldsymbol{R}^{1/2} . \end{aligned}$$

b.

$$\begin{aligned} \boldsymbol{S}\boldsymbol{R}^{-1/2} + \boldsymbol{S}\boldsymbol{R}^{1/2}\boldsymbol{Y} &= \boldsymbol{R}^{-1/2} - \boldsymbol{R}^{1/2}\boldsymbol{Y} \\ (\boldsymbol{S}+\boldsymbol{1})\boldsymbol{R}^{1/2}\boldsymbol{Y} &= (\boldsymbol{1}-\boldsymbol{S})\boldsymbol{R}^{-1} \\ \boldsymbol{Y} &= \boldsymbol{R}^{-1/2}(\boldsymbol{1}+\boldsymbol{S})^{-1}(\boldsymbol{1}-\boldsymbol{S})\boldsymbol{R}^{-1/2} \; . \end{aligned}$$

Lösung 3.12

a.

$$Z_1 = R_1 + jX_1 \qquad Z_2 = R_2 + jX_2$$

$$U = \frac{(R_2 + jX_2)E}{R_1 + R_2 + j(X_1 + X_2)} \qquad I = \frac{E}{R_1 + R_2 + j(X_1 + X_2)}$$

$$\begin{aligned} P = \frac{1}{2}\,\mathrm{Re}\,UI^* &= \frac{1}{2}\,\mathrm{Re}\,\frac{(R_2 + jX_2)|E|^2}{(R_1 + R_2)^2 + (X_1 + X_2)^2} \\ &= \frac{|E|^2}{2} \cdot \frac{R_2}{(R_1 + R_2)^2 + (X_1 + X_2)^2} \; . \end{aligned}$$

Maximale Leistung: $X_2 = -X_1$ und $R_2 = R_1$, also $Z_2 = Z_1^*$:

$$P_{max} = \frac{|E|^2}{8R_1} \; .$$

b.

$$S_{21} = 2\sqrt{\frac{R_1}{R_2}} \cdot \frac{U_2}{E} \quad \Longrightarrow \quad |S_{21}|^2 = \frac{4R_1}{|E|^2} \cdot \frac{|U_2|^2}{R_2} \; .$$

Wegen

$$P_{max} = \frac{|E|^2}{8R_1} \qquad P_2 = \frac{|U|^2}{2R_2}$$

ist $|S_{21}|^2 = P_2/P_{max}$.
An das Tor 1 abgegebene Wirkleistung:

$$P_1 = \frac{1}{2}\,\mathrm{Re}\,U_1 I_1^* \; .$$

W_1 sei die Eingangsimpedanz des mit R_2 abgeschlossenen Zweitors. Dann gilt:

$$U_1 = \frac{W_1 E}{R_1 + W_1} \qquad I_1 = \frac{E}{R_1 + W_1}$$

$$P_1 = \frac{|E|^2}{2} \operatorname{Re} \frac{W_1}{(R_1 + W_1)(R_1 + W_1^*)}$$

$$(R_1 + W_1)(R_1 + W_1^*) \in \mathbb{R} \quad \Longrightarrow \quad P_1 = P_{max} \cdot \frac{4R_1 \operatorname{Re} W_1}{(R_1 + W_1)(R_1 + W_1^*)} \; .$$

Für die Reflektanz S_{11} gilt

$$S_{11} = \left. \frac{B_1}{A_1} \right|_{A_2=0} \; .$$

Da der Lastwiderstand R_2 gleich dem Torwiderstand R_2 ist, ist $A_2 = 0$ erfüllt.

$$S_{11} = \frac{U_1 - R_1 I_1}{U_1 + R_1 I_1} = \frac{W_1 - R_1}{W_1 + R_1}$$

$$1 - |S_{11}|^2 = 1 - \frac{(W_1 - R_1)(W_1^* - R_1)}{(W_1 + R_1)(W_1^* + R_1)} = \frac{4R_1 \operatorname{Re} W_1}{(W_1 + R_1)(W_1^* + R_1)}$$

Wegen

$$\frac{P_2}{P_{max}} = |S_{21}|^2 \qquad \frac{P_1}{P_{max}} = 1 - |S_{11}|^2$$

und mit $\Delta P = P_1 - P_2$

$$1 - \frac{\Delta P}{P_{max}} = |S_{11}|^2 + |S_{21}|^2 \; .$$

Lösung 3.13

$$\begin{pmatrix} Y_{11} & Y_{12} & Y_{13} \\ Y_{21} & Y_{22} & Y_{23} \\ Y_{31} & Y_{32} & Y_{33} \end{pmatrix} \begin{pmatrix} U_1 \\ U_2 \\ U_3 \end{pmatrix} = \begin{pmatrix} I_1 \\ I_2 \\ I_3 \end{pmatrix}$$

$$I_1 = Y_1(E - U_1) \quad I_2 = -Y_2 U_2 \quad I_3 = -Y_3 U_3$$

$$\begin{pmatrix} Y_{11} + Y_1 & Y_{12} & Y_{13} \\ Y_{21} & Y_{22} + Y_2 & Y_{23} \\ Y_{31} & Y_{32} & Y_{33} + Y_3 \end{pmatrix} \begin{pmatrix} U_1 \\ U_2 \\ U_3 \end{pmatrix} = \begin{pmatrix} Y_1 E \\ 0 \\ 0 \end{pmatrix}$$

$$\frac{U_3}{E} = \frac{[Y_{21} Y_{32} - (Y_{22} + Y_2) Y_{31}] Y_1}{\begin{vmatrix} Y_{11} + Y_1 & Y_{12} & Y_{13} \\ Y_{21} & Y_{22} + Y_2 & Y_{23} \\ Y_{31} & Y_{32} & Y_{33} + Y_3 \end{vmatrix}} \; .$$

Kapitel 4

Lösung 4.1 a. Die Differenz zwischen Kollektor– und Basisspannung beträgt $10\,V$. Um diesen Spannungsbereich symmetrisch ausnutzen zu können, wird $U_{CB0} = 10\,V$ gewählt.

$$R_5 = \frac{15\,V - 10\,V}{1\,mA} = 5\,k\Omega \qquad R_2 = \frac{5\,V - 0.7\,V}{1\,mA} = 4.3\,k\Omega\ .$$

b.

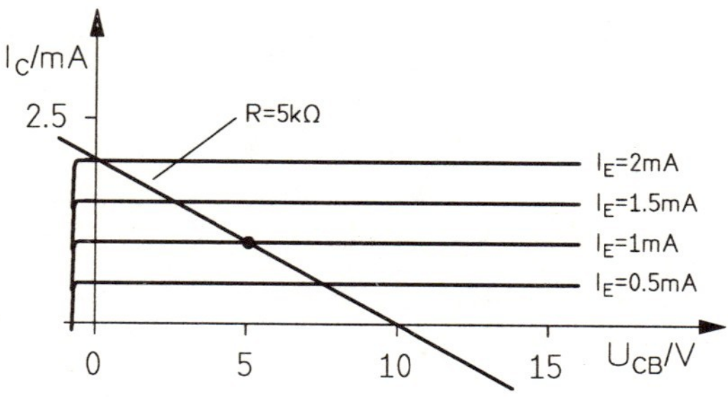

c. Der Strom durch den Basis–Spannungsteiler wird zehnmal so groß wie der Basisstrom $I_B \approx 1\,mA/100$ gewählt $\Longrightarrow 100\,\mu A$:

$$R_3 = \frac{5\,V}{0.1\,mA} = 50\,k\Omega \qquad R_4 = \frac{10\,V}{0.1\,mA} = 100\,k\Omega\ .$$

d.

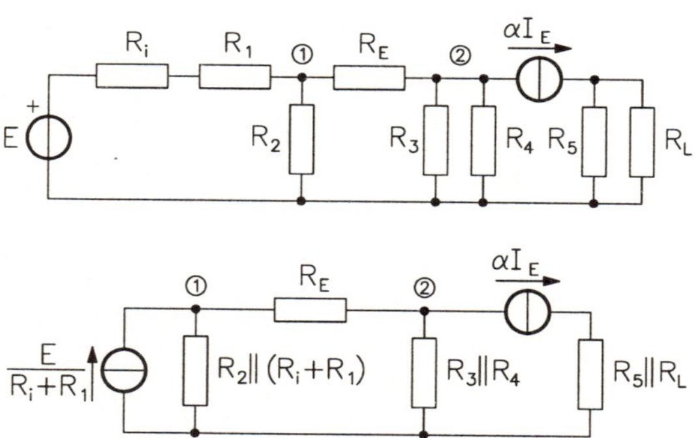

e. Mit

$$R_a = R_2||(R_1 + R_i) \qquad R_b = R_3||R_4 \qquad R_c = R_5||R_L$$

und $I_E = (U_1 - U_2)/R_E$:

$$\begin{pmatrix} G_a + G_E & -G_E & 0 \\ -G_E(1-\alpha) & G_b + G_E(1-\alpha) & 0 \\ -\alpha G_E & \alpha G_E & G_c \end{pmatrix} \begin{pmatrix} U_1 \\ U_2 \\ U_3 \end{pmatrix} = \begin{pmatrix} E/(R_i + R_1) \\ 0 \\ 0 \end{pmatrix}$$

$$\frac{U_3}{E} = \frac{\alpha R_c}{R_i + R_1 + \left(1 + \frac{R_i + R_1}{R_2}\right)[R_E + (1-\alpha)R_b]}$$

$$R_E = 26\,\Omega \qquad R_b = 33.33\,k\Omega \qquad R_c = 3.33\,k\Omega \qquad R_2 = 4.3\,k\Omega$$

$$\begin{aligned} R_1 &= \frac{\alpha R_c}{20\left(1 + \frac{R_E + (1-\alpha)R_b}{R_2}\right)} - R_i - \frac{R_E + (1-\alpha)R_b}{1 + \frac{R_E + (1-\alpha)R_b}{R_2}} \\ &= 152\,\Omega - 50\,\Omega - 332\,\Omega = -230\,\Omega\,. \end{aligned}$$

Die Schaltung ist also in dieser Form nicht realisierbar.
f. Wird die Basis über einen Kondensator, dessen Impedanz bei der tiefsten Frequenz genügend klein ist, mit Masse verbunden, so kann man in den Gleichungen unter e. näherungsweise $R_b = 0$ setzen. Dann erhalten wir

$$R_1 = 164\,\Omega - 50\,\Omega - 26\,\Omega = 88\,\Omega\,.$$

Lösung 4.2 a. Die Spannung zwischen Emitter und Masse muß $> 5\,V$ sein, die Differenz $V_{CC} - \hat{u}$ muß größer als die Basisspannung (gegen Masse) bleiben; gewählt wird die Basisspannung $7.5\,V$.
b. Der Emitter–Gleichstrom im Arbeitspunkt muß größer sein als die Amplitude des Signalstroms:

$$G_3(7.5\,V - 0.7\,V) > (G_3 + G_L)\,5\,V \quad\Longrightarrow\quad R_3 < \frac{1.8}{5} \cdot R_L\,.$$

R_3 muß also kleiner als $3.6\,k\Omega$ sein; gewählt wird $R_3 = 2.7\,k\Omega$, so daß sich ein Emitter–Ruhestrom von $2.5\,mA$ ergibt.
c. Der Strom durch den Spannungsteiler soll wieder das Zehnfache des Basisstroms betragen:

$$\begin{aligned} R_1 = R_2 &= \frac{7.5\,V}{2.5\,mA/30} \\ &= 90\,k\Omega\,. \end{aligned}$$

d. Der Eingangswiderstand der Schaltung beträgt

$$45\,k\Omega||300 \cdot (2.7\,k\Omega||10\,k\Omega) = 42\,k\Omega \ .$$

(Der dynamische Emitterwiderstand kann in diesem Fall vernachlässigt werden.) Der Koppelkondensator wird beispielsweise so gewählt, daß der Betrag seiner Reaktanz bei der tiefsten Frequenz f_u weniger als 1 % des Eingangswiderstandes (der Innenwiderstand der Quelle wird als null angenommen) beträgt:

$$C_1 > \frac{100}{2\pi f_u 42\,k\Omega} \ .$$

Der Ausgangswiderstand der Kollektorstufe hat den Wert

$$R_E + \frac{R_1||R_2}{\beta} = 160\,\Omega \ .$$

Entsprechend zum Koppelkondensator C_1 ergibt sich

$$C_2 > \frac{100}{2\pi f_u 10.16\,k\Omega} \ .$$

Lösung 4.3 Der Kollektorstrom des linken Transistors wird mit I_{C1} bezeichnet. Für den Referenzstrom gilt

$$I_{Ref} = I_{C1} + \frac{I_{C1}}{\beta} + \frac{I_{C2}}{\beta} \ .$$

Daraus folgt

$$\frac{I_{Ref}}{I_{C2}} = \frac{1}{\beta} + \left(1 + \frac{1}{\beta}\right)\frac{I_{C1}}{I_{C2}} \ .$$

Für die Kollektorströme gilt

$$I_{C1} = \alpha I_S\,\mathrm{e}^{U_{BE1}/U_T} \qquad I_{C2} = \alpha I_S\,\mathrm{e}^{U_{BE2}/U_T} \ .$$

Ferner ergibt sich aus der Schaltung

$$U_{BE1} - U_{BE2} = \frac{R_0 I_{C2}}{\alpha} \ .$$

Kombinieren wir diese beiden Gleichungen und berücksichtigen $\beta/(\beta+1) = \alpha$, so erhalten wir

$$I_{C2} = \frac{\alpha U_T}{R_0} \cdot \ln\left[\alpha\left(\frac{I_{Ref}}{I_{C2}} - \frac{1}{\beta}\right)\right] \ .$$

Lösung 4.4 Einsetzen der Transistormodelle liefert folgendes Bild:

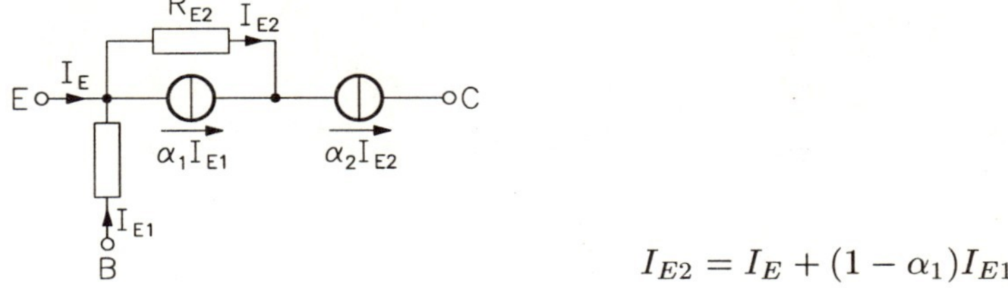

$$I_{E2} = I_E + (1 - \alpha_1)I_{E1}$$

Diese Schaltung wird umgeformt:

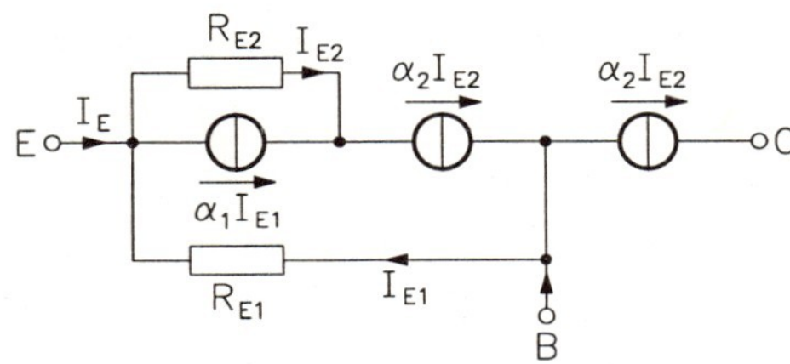

Die nächste Umformung liefert

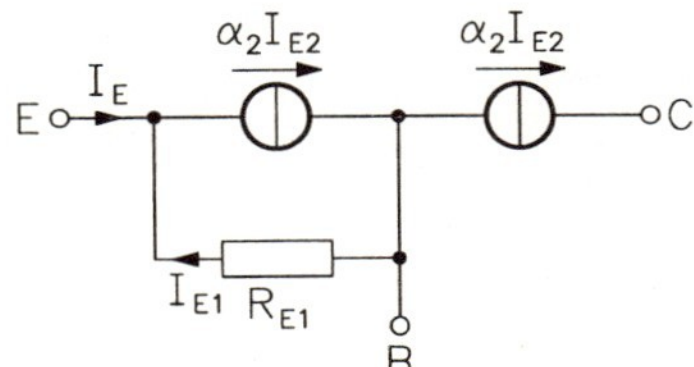

$$I_E = \alpha_2 I_{E2} - I_{E1}$$

Aus der Beziehung

$$\alpha_2 I_{E2} = \frac{\alpha_1 \alpha_2}{1 - (1 - \alpha_1)\,\alpha_2} I_E$$

folgt für den Ersatztransistor

$$\alpha = \frac{\alpha_1 \alpha_2}{1 - (1 - \alpha_1)\,\alpha_2} \,.$$

Zur Bestimmung des dynamischen Emitterwiderstandes des Ersatztransistors gehen wir vom letzten Bild aus und ersetzen dort die parallel zu R_{E1} liegende Stromquelle durch einen Widerstand R'.

$$\begin{aligned} \alpha_2 I_{E2} &= -\frac{R_{E1} I_{E1}}{R'} \\ \Longrightarrow \quad R' &= -R_{E1} \frac{I_{E1}}{\alpha_2 I_{E2}} \end{aligned}$$

$$= \quad R_{E1}\frac{1-\alpha_2}{\alpha_1\alpha_2} \; .$$

Daraus ergibt sich dann

$$R_E = R_{E1}\frac{1-\alpha_2}{1-\alpha_2+\alpha_1\alpha_2} \; .$$

Lösung 4.5 Die Transistoren werden durch Dioden (I_{S1}, I_{S2}) im Emitter– und Stromquellen (α_1, α_2) im Kollektorzweig ersetzt:

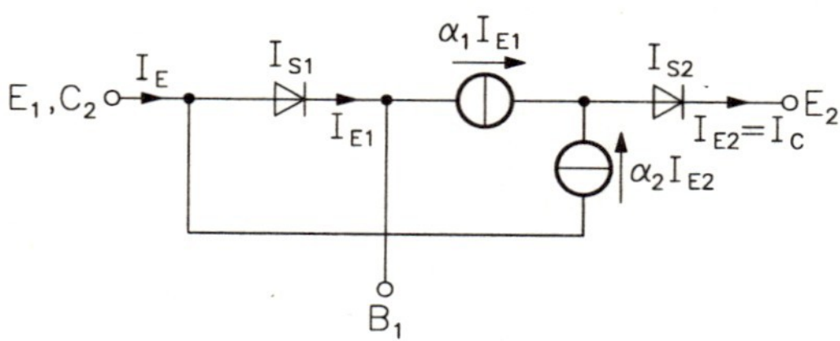

Durch Umformung ergibt sich das nächste Bild:

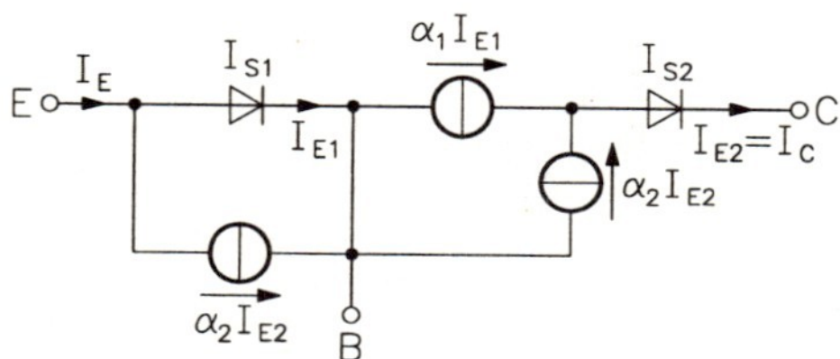

Daraus ergeben sich die Gleichungen

$$\begin{aligned}
I_{E1} &= I_{S1}\,\mathrm{e}^{-U_{BE}/U_T} \\
I_C &= I_{E2} \\
I_C &= \alpha_1 I_{E1} + \alpha_2 I_{E2} = \alpha_1 I_{E1} + \alpha_2 I_C \\
\Longrightarrow \quad I_{E2} &= \frac{\alpha_1}{1-\alpha_2}\cdot I_{S1}\,\mathrm{e}^{-U_{BE}/U_T}
\end{aligned}$$

$$I_E = I_{E1} + \alpha_2 I_{E2} = \left(1 + \frac{\alpha_1\alpha_2}{1-\alpha_2}\right) I_{S1}\,\mathrm{e}^{-U_{BE}/U_T} \; .$$

Mit $I_C = \alpha I_E$ ergibt sich für den Stromverstärkungsfaktor des Ersatztransistors

$$\alpha = \frac{\alpha_1}{1-\alpha_2+\alpha_1\alpha_2} \; .$$

Der Sättigungsstrom der Diode im Emitterzweig des Ersatztransistors hat den Wert

$$I_S = \left(1 + \frac{\alpha_1 \alpha_2}{1 - \alpha_2}\right) I_{S1} \; .$$

Lösung 4.6 Verschwindender Basisstrom bedeutet $\alpha = 1$. Unter dieser Bedingung lauten der Kollektorstrom

$$I_C = I_{ES}\, \mathrm{e}^{U_{BE}/U_T}$$

und die Basis–Emitter–Spannung

$$U_{BE} = \frac{R_2}{R_1 + R_2} \cdot U = \frac{U}{m} \; .$$

Wird der Basis–Spannungsteiler hochohmig ausgeführt, so ist $I_C \approx I$ und wir erhalten

$$I \approx I_{ES}\, \mathrm{e}^{U/mU_T} \; .$$

Über den Faktor m läßt sich dann die Schwellenspannung einstellen.

Lösung 4.7

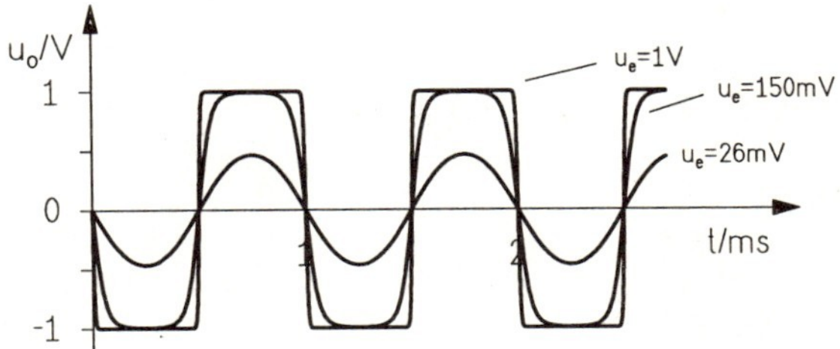

Kapitel 5

Lösung 5.1 Wird die bei der einschleifigen Rückkopplungsstruktur verwendete Methode hier entsprechend eingesetzt, ergibt sich

$$\frac{y}{x} = \frac{A_1 A_2}{1 - A_1 F_1 - A_1 A_2 F_2} \; .$$

Lösung 5.2 a. Nach dem Einsetzen des Transistormodells finden wir zunächst

$$I_B = \frac{E}{R_i + (\beta + 1)(R_E + R_0)} \qquad U_o = (\beta + 1) R_0 I_B \; .$$

Daraus ergibt sich dann

$$U_o = \frac{(\beta+1)R_0}{R_i + (\beta+1)(R_E + R_0)} \cdot E \,.$$

Durch einfache Umformung folgt daraus die gesucht Beziehung

$$V = \frac{U_o}{E} = \frac{\dfrac{(\beta+1)R_0}{R_i + (\beta+1)R_E}}{1 + \dfrac{(\beta+1)R_0}{R_i + (\beta+1)R_E}} \,.$$

Es gilt also hier

$$A = \frac{(\beta+1)R_0}{R_i + (\beta+1)R_E} \qquad F = 1 \,.$$

b. Für $R_i = 0$ lauten die entsprechenden Beziehungen

$$V = \frac{R_0/R_E}{1 + R_0/R_E} \qquad A = \frac{R_0}{R_E} \qquad F = 1 \,.$$

Lösung 5.3 a. Aus der Schaltung folgt direkt das Gleichungssystem

$$\begin{aligned} G_i(E - U_1) + sC(U_0 - U_1) &= 0 \\ sC(U_0 - U_1) + G_0(U_0 - KU_1) &= 0 \end{aligned}$$

beziehungsweise

$$\begin{pmatrix} G_i + sC & -sC \\ -(KG_0 + sC) & G_0 + sC \end{pmatrix} \begin{pmatrix} U_1 \\ U_o \end{pmatrix} = \begin{pmatrix} G_iE \\ 0 \end{pmatrix} .$$

Nach einiger Rechnung erhalten wir daraus

$$V = \frac{U_o}{E} = \frac{R_0}{R_0 + (1-K)R_i} \cdot \frac{s + K/CR_0}{s + \dfrac{1}{C[R_0 + (1-K)R_i]}} \,.$$

b. Wir schreiben V in der Form

$$V = V' \cdot \frac{s + s_0}{s + s_\infty} \qquad V' = V(s=0) \cdot \frac{s_\infty}{s_0}$$

mit

$$s_0 = \frac{K}{CR_0} = 10^7 \frac{1}{s} \qquad s_\infty = \frac{1}{C[R_0 + (1-K)R_i} = 980 \frac{1}{s} \,.$$

Werden $|V|$ und f logarithmisch aufgetragen, so sieht das Bode–Diagramm folgendermaßen aus:

$$\begin{aligned} f < 156\,Hz &: \text{Parallele zur } f\text{–Achse durch } |V| = 40\,dB \\ 156\,Hz \leq f < 1.6\,MHz &: \text{Gerade mit } -20\,dB/Dekade \\ f \geq 1.6\,MHz &: \text{Parallele zur } f\text{–Achse durch } |V| = -37\,dB \ . \end{aligned}$$

c. Für die Berechnung der Schleifenverstärkung muß die Rückkopplungsschleife am Verstärkereingang aufgetrennt werden. Eine Auftrennung am Verstärkerausgang würde wegen $R_0 \neq 0$ zu Fehlern führen.

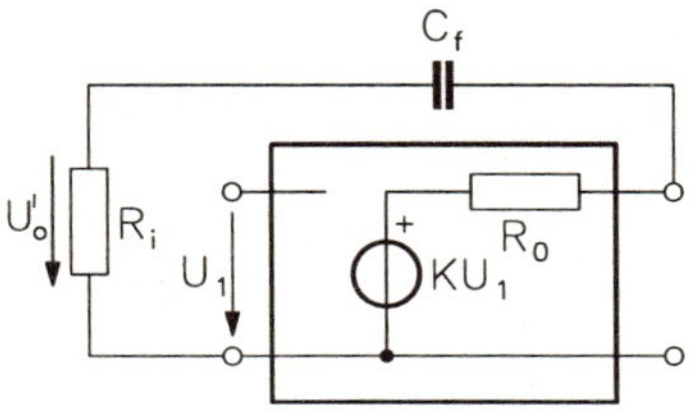

Es ergibt sich

$$\frac{U'_o}{U_1} = \frac{KR_i}{R_i + R_0 + \dfrac{1}{sC}} = \frac{KsCR_i}{1 + sC(R_i + R_0)} \ .$$

Lösung 5.4 a. Die Übetragungsfunktion des rückgekoppelten Verstärkers lautet

$$G(s) = -\frac{A_0\sigma_1\sigma_2}{s^2 - (\sigma_1 + \sigma_2)s + (1 + FA_0)\sigma_1\sigma_2} \ .$$

Durch Nullsetzen des Nenners erhalten wir die Pole:

$$s_{\infty 1,2} = \frac{\sigma_1 + \sigma_2}{2} \pm \sqrt{\frac{(\sigma_1 - \sigma_2)^2}{4} - FA_0\sigma_1\sigma_2} \ .$$

b. Falls der Ausdruck unter der Wurzel negativ ist, erhalten wir ein konjugiert komplexes Polpaar, das wegen $\sigma_1, \sigma_2 < 0$ negativen Realteil hat. Im anderen Fall gilt wegen $\sigma_1, \sigma_2 < 0$ und $A_0, F > 0$ stets

$$\frac{(\sigma_1 - \sigma_2)^2}{4} - FA_0\sigma_1\sigma_2 < \frac{(\sigma_1 + \sigma_2)^2}{4} \ .$$

Damit liegen die Pole immer in der offenen linken Halbebene und somit ist die rückgekoppelte Schaltung auch immer stabil.

Dies hätten wir auch sofort aus dem Nennerpolynom von $G(s)$ ersehen können. Dieses Polynom ist 2. Grades und wegen $\sigma_1, \sigma_2 < 0$ haben alle Koeffizienten dasselbe Vorzeichen; also ist das Nennerpolynom ein Hurwitzpolynom.

Lösung 5.5 a. Für die Anwendung der Knotenanalyse wird die Spannungsquelle zusammen mit den drei Widerständen in drei Stromquellen umgewandelt; die Knoten werden von oben nach unten mit $1, 2, 3$ numeriert. Dann ergibt sich sofort das Gleichungssystem

$$\begin{pmatrix} G+sC & -sC & 0 \\ -sC & G+s2C & -sC \\ 0 & -sC & G+s2C \end{pmatrix} \begin{pmatrix} U_1 \\ U_2 \\ U_3 \end{pmatrix} = \begin{pmatrix} G \\ G \\ G \end{pmatrix} \cdot E \,.$$

Nach einiger Rechnung erhalten wir wegen $U_o = U_1$ aus dieser Gleichung

$$F(s) = \frac{6GC^2s^2 + 5G^2Cs + G^3}{C^3s^3 + 6GC^2s^2 + 5G^2Cs + G^3} \,.$$

b. Für $s = j\omega$ gilt

$$F(j\omega) = \frac{G^3 - 6GC^2\omega^2 + j\omega 5G^2C}{G^3 - 6GC^2\omega^2 + j\omega C\left(5G^2 - \omega^2C^2\right)} \,.$$

Bei der Frequenz $\omega = G/\sqrt{6}C$ verschwinden die Realteile von Zähler und Nenner und es ergibt sich

$$F\left(j\frac{G}{\sqrt{6}C}\right) = \frac{30}{29} \,.$$

Somit liefert die Schaltung bei der Frequenz $\omega = G/\sqrt{6}C$ eine reelle Spannungsverstärkung > 1.

c. Aus der Schaltung lesen wir

$$U_o = KU_1 \quad \text{und} \quad U_1 = E + F(s)U_o$$

ab, woraus sich

$$U_o = \frac{KE}{1 - KF(s)}$$

ergibt. Unter Verwendung des unter a. berechneten Ausdrucks für $F(s)$ gewinnen wir daraus

$$U_o = \frac{\left(C^3s^3 + 6GC^2s^2 + 5G^2Cs + G^3\right)KE}{C^3s^3 + (1-K)\left(6GC^2s^2 + 5G^2Cs + G^3\right)} \,.$$

d. Die Behauptung lautet, daß die Gleichung

$$s^3 + \frac{s^2}{5RC} + \frac{s}{6R^2C^2} + \frac{1}{30R^3C^3} = 0$$

ein konjugiert komplexes Nullenstellenpaar für imaginäre s–Werte hat; wir nehmen an, dieses Nullstellenpaar sei durch

$$s_1 = j\omega_0 \quad \text{und} \quad s_2 = -j\omega_0$$

gegeben.Einsetzen liefert die beiden Gleichungen

$$\frac{1}{6R^2C^2} - \omega_0^2 = 0 \quad \text{und} \quad \pm\, j\omega_0 \left(\frac{1}{6R^2C^2} - \omega_0^2 \right) = 0\ .$$

Sie sind für $\omega_0 = \pm 1/\sqrt{6}RC$ erfüllt. Nachdem zwei Pole bekannt sind, läßt sich leicht der dritte

$$s_3 = -\frac{1}{5RC}$$

ermitteln.

Kapitel 6

Lösung 6.1 Der Widerstand R_1 erscheint an den Klemmen $2 - 2'$ mit dem Wert n^2R_1, so daß der (nichtrauschende) Gesamtwiderstand der gesuchten Rauschquelle $R_2 + n^2R_1$ beträgt.

Zum Widerstand R_1 gehört das Leistungsdichtespektrum $S_u(f) = 4kTR_1$. Es wird mit $|H(j\omega)|^2 = n^2$ an die Klemmen $2 - 2'$ transformiert. Der quadratische Mittelwert der Rauschspannung des gesuchten Modells ergibt sich damit als

$$n^2 4kTR_1\Delta f + 4kTR_2\Delta f = \left(n^2R_1 + R_2\right) 4kT\Delta f\ .$$

$R_2+n^2 R_1$

$\sqrt{(R_2+n^2 R_1)4kT\Delta f}$

Lösung 6.2 1. Das Eintor wird in der angebenen Weise in ein Zweitor umgewandelt. Zusätzlich wird in Reihe zum Widerstand R eine Spannungsquelle mit der komplexen Amplitude E geschaltet.

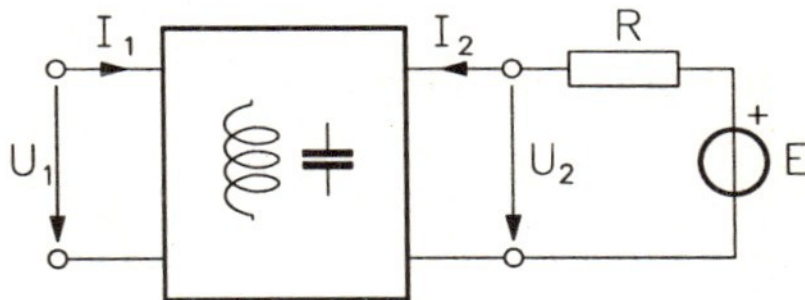

2. Die Impedanzgleichungen lauten

$$\begin{aligned} U_1 &= Z_{11}I_1 + Z_{12}I_2 \\ U_2 &= Z_{21}I_1 + Z_{22}I_2 \ . \end{aligned}$$

3. Zuerst wird die Spannung U_1 berechnet, die sich als Wirkung der Quelle E ergibt. Wegen $I_1 = 0$ erhalten wir

$$U_1 = Z_{12}I_2 \ .$$

Ferner gilt

$$U_2 = Z_{22}I_2 \qquad U_2 = E - RI_2 \quad \Longrightarrow \quad I_2 = \frac{E}{R + Z_{22}} \ .$$

Damit ergibt sich dann

$$U_1 = \frac{Z_{12}}{R + Z_{22}} \cdot E$$

und

$$U_1 U_1^* = |U_1|^2 = \frac{|Z_{12}|^2}{R^2 + |Z_{22}|^2 + 2R\,\mathrm{Re}\ Z_{22}} \cdot |E|^2 \ .$$

Unter Verwendung dieses Ergebnisses kann der quadratische Mittelwert der Eingangs–Rauschspannung als

$$\overline{u_1^2} = \frac{|Z_{12}|^2}{R^2 + |Z_{22}|^2 + 2R\,\mathrm{Re}\ Z_{22}} \cdot 4kTR\Delta f$$

angegeben werden.

4. Es wird $E = 0$ gesetzt. Weiterhin gelten die Impedanzgleichungen

$$\begin{aligned} U_1 &= Z_{11}I_1 + Z_{12}I_2 \\ U_2 &= Z_{21}I_1 + Z_{22}I_2 \ . \end{aligned}$$

und $U_2 = -RI_2$. Die Eingangsimpdanz kann nun berechnet werden:

$$Z_e = \frac{U_1}{I_1} = Z_{11} - \frac{Z_{12}Z_{21}}{R + Z_{22}} \ .$$

5. Für die Elemente der Impedanzmatrix gilt

a. $Z_{11} = jX_{11}$, $Z_{12} = jX_{12}$, $Z_{21} = jX_{21}$, $Z_{22} = jX_{22}$.

b. $X_{21} = X_{12}$.

Damit erhalten wir dann für den Realteil der Eingangsimpedanz

$$\begin{aligned}\mathrm{Re}\ Z_e &= \mathrm{Re}\ jX_{11} - \mathrm{Re}\ \frac{(-X_{12}^2)(R - jX_{22})}{R^2 + X_{22}^2 + 2R\,\mathrm{Re}\ jX_{22}} \\ &= \frac{X_{12}^2}{R^2 + X_{22}^2} \cdot R\ .\end{aligned}$$

Unter denselben Bedingungen lautet der quadratische Mittelwert der Eingangs–Rauschspannung

$$\overline{u_1^2} = \frac{X_{12}^2}{R^2 + X_{22}^2} \cdot 4kTR\Delta f = 4kTR\Delta f\,\mathrm{Re}\ Z_e\ .$$

Aus dem Vergleich der beiden Beziehungen folgt also die Gültigkeit des Nyquist–Theorems.

Lösung 6.3 a. Die Eingangsrauschspannung setzt sich aus dem thermischen Rauschen von R_i, der Rauschspannung e_r und der durch i_r an R_i hervorgerufenen Rauschspannung zusammen:

$$\overline{u_{er}^2} = 4kTR_i\Delta f + \overline{e_r^2} + R_i^2 \cdot \overline{i_r^2}\ .$$

b. Für die Ausgangsrauschspannung gilt

$$\overline{u_{or}^2} = 4kTR_L\Delta f + K^2 \cdot \overline{u_{er}^2}\ .$$

c. $P_r = \dfrac{\overline{u_{or}^2}}{R_L}$.

d. $P_{sig} = \dfrac{K^2\overline{e^2}}{R_L}$.

e.

$$SNR = \frac{K^2\overline{e^2}}{4kTR_L\Delta f + K^2\left(4kTR_i\Delta f + \overline{e_r^2} + R_i^2 \cdot \overline{i_r^2}\right)}\ .$$

Lösung 6.4 Das Gesamtrauschen setzt sich aus dem Rauschen des Widerstandes und dem der Diode zusammen. Für die Bestimmung des Diodenrauschens ist die Kenntnis des Diodengleichstroms I erforderlich. Daher wird er zuerst berechnet. Aus

$$\begin{aligned}E_0 &= RI + U \\ I &= I_S\,\mathrm{e}^{U/U_T} \qquad \text{wegen } \mathrm{e}^{U/U_T} \gg 1\end{aligned}$$

läßt sich

$$\underbrace{\frac{E_0}{U_T}}_{b} = \underbrace{\frac{RI_S}{U_T}}_{a} \cdot \mathrm{e}^{U/U_T} + \underbrace{\frac{U}{U_T}}_{x}$$

gewinnen. Mit den angegebenen Zahlenwerten ergibt sich $a = 3.8 \cdot 10^{-9}$, $b = 192$. Es ist also die Gleichung

$$x + a\,\mathrm{e}^{x} - b = 0$$

zu lösen. Zur iterativen Lösung machen wir den Ansatz

$$\begin{aligned} x_{m+1} = x_m - \frac{x_m + a\,\mathrm{e}^{x_m} - b}{1 + a\,\mathrm{e}^{x_m}} &= x_m - 1 - \frac{x_m - b - 1}{1 + a\,\mathrm{e}^{x_m}} \\ &= x_m - 1 - \frac{x_m - 193}{1 + 3.8 \cdot 10^{-9} \cdot \mathrm{e}^{x_m}} \ . \end{aligned}$$

Beginnend mit einem Startwert $x_0 = 25$, erhalten wir $x_1 = 24.6$, $x_2 = 24.51$, $x_3 = 24.509$. Die Diodengleichspannung beträgt also $637\,mV$ und der Diodengleichstrom $4.36\,mA$.

Unter Verwendung von Bild 6.12b ergibt sich folgende Schaltung zur Berechnung der Rauschspannung über dem Widerstand R.

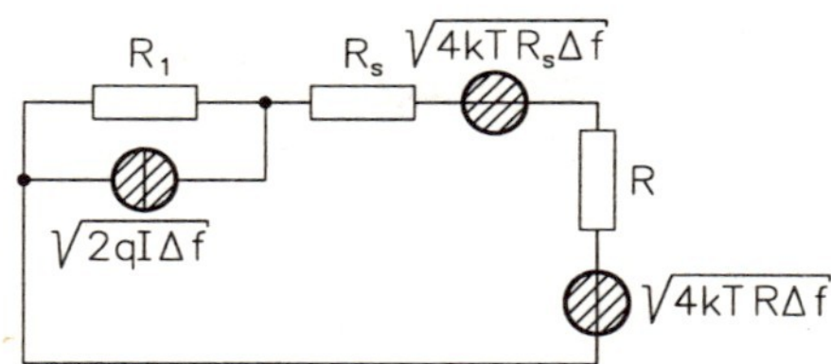

Die Komponente $4qI_S\Delta f$ wurde darin vernachlässigt. Der Widerstand R_1 hat den Wert $R_1 = U_T/I \approx 6\,\Omega$. Als nächstes wird die Stromquelle in eine Spannungsquelle mit dem Innenwiderstand R_1 und der Quellenspannung $U_T\sqrt{2q\Delta f/I}$ umgewandelt. Alle Spannungsquellen können dann zusammengefaßt werden indem die quadratischen Mittelwerte der drei Quellenspannungen addiert werden. Danach kann der Effektivwert der Rauschspannung am Widerstand R berechnet werden. Wir erhalten

$$U_{eff} = \frac{R}{R + R_1 + R_s} \cdot \sqrt{(R + R_s + R_1/2)\,4kT\Delta f} \ .$$

Lösung 6.5 Ausgehend von der folgenden Abbildung ergibt sich für die Rauschanalyse das nachstehende Modell

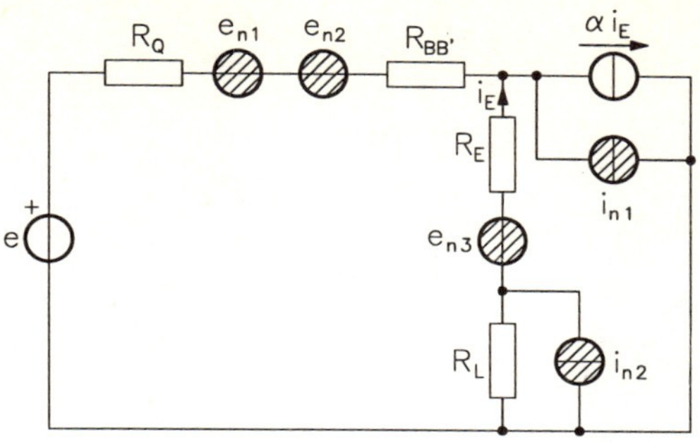

$$\begin{aligned} \overline{e_{n1}^2} &= 4kTR_Q\Delta f & \overline{i_{n1}^2} &= 2q\alpha(1-\alpha)I_E\Delta f \\ \overline{e_{n2}^2} &= 4kTR_{BB'}\Delta f & \overline{i_{n2}^2} &= 4kTG_L\Delta f \\ \overline{e_{n3}^2} &= 2kTR_E\Delta f & & . \end{aligned}$$

$\underline{e_{n1} = e_{n2} = e_{n3} = i_{n1} = i_{n2} = 0:}$

$$\begin{aligned} u_o &= \frac{R_L e}{R_L + R_E + (R_Q + R_{BB'}) \cdot (1-\alpha)} \\ P_0 &= \frac{\overline{u_o^2}}{R_L} = \frac{R_L \overline{e^2}}{[R_L + R_E + (R_Q + R_{BB'}) \cdot (1-\alpha)]^2} \end{aligned}$$

$\underline{e = e_{n3} = i_{n1} = i_{n2} = 0:}$

Da e_{n1} und e_{n2} unkorreliert sind, ergibt sich analog zu P_0

$$P_{n1} = \frac{R_L(\overline{e_{n1}^2} + \overline{e_{n2}^2})}{[R_L + R_E + (R_Q + R_{BB'}) \cdot (1-\alpha)]^2} .$$

$\underline{e = e_{n1} = e_{n2} = i_{n1} = i_{n2} = 0:}$

$$P_{n2} = \frac{R_L \overline{e_{n3}^2}}{[R_L + R_E + (R_Q + R_{BB'}) \cdot (1-\alpha)]^2}$$

$\underline{e = e_{n1} = e_{n2} = e_{n3} = i_{n2} = 0:}$

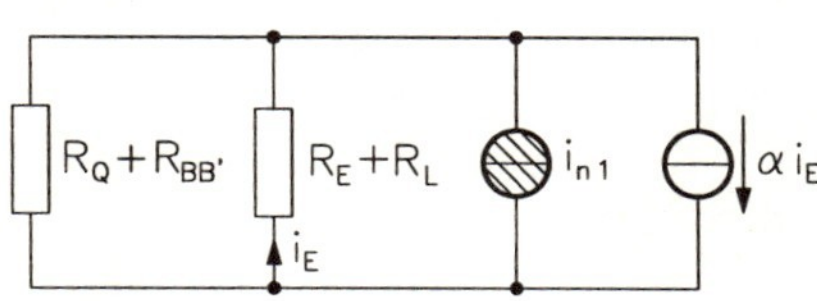

$$i_E = \frac{i_{n1} + \alpha i_E}{\left(\frac{1}{R_Q + R_{BB'}} + \frac{1}{R_E + R_L}\right)(R_E + R_L)}$$

$$= \frac{i_{n1} + \alpha i_E}{1 + \dfrac{R_E + R_L}{R_Q + R_{BB'}}} = \frac{i_{n1}}{1 - \alpha + \dfrac{R_E + R_L}{R_Q + R_{BB'}}}$$

$$P_{n3} = R_L \overline{i_E^2} = \frac{R_L \overline{i_{n1}^2}}{\left(1 - \alpha + \dfrac{R_E + R_L}{R_Q + R_{BB'}}\right)^2}$$

$\underline{e = e_{n1} = e_{n2} = e_{n3} = i_{n1} = 0:}$

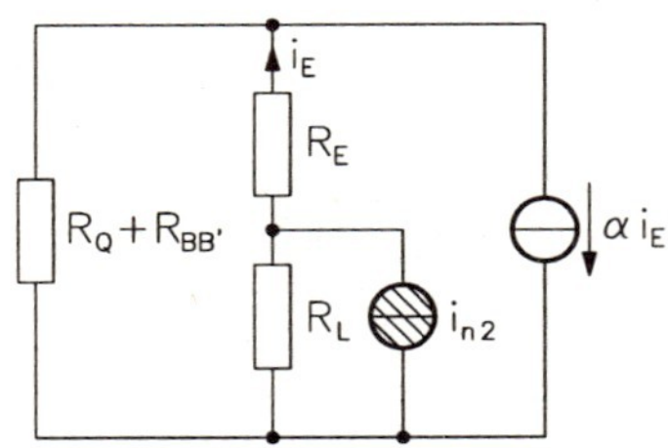

$$i_E = \frac{R_L i_{n2}}{R_L + R_E + (1-\alpha)(R_Q + R_{BB'})}$$

$$P_{n4} = \overline{(i_E - i_{n2})^2} R_L$$

$$= \left(\frac{R_E + (1-\alpha)(R_Q + R_{BB'})}{R_L + R_E + (1-\alpha)(R_Q + R_{BB'})}\right)^2 4kT\Delta f \ .$$

Nach dem Einsetzen der quadratischen Mittelwerte und einigen kleinen Umformungen erhalten wir für das Signal–Rausch–Verhältnis

$$SNR = -10 \log \frac{2kT\Delta f}{\overline{e^2}} \Big[2R_Q + 2R_{BB'} + R_E + \frac{\alpha(1-\alpha)(R_Q + R_{BB'})^2}{R_E} + \frac{2[R_E + (1-\alpha)(R_Q + R_{BB'})]^2}{R_L}\Big]$$

Für das Zahlenbeispiel

$$R_Q = 75\,\Omega \quad R_E = 25\,\Omega \quad R_{BB'} = 100\,\Omega \quad R_L = 10\,k\Omega \quad \alpha = 0.99$$

gilt dann im vorliegenden Fall

$$SNR = -10 \log \frac{2kT\Delta f}{\overline{e^2}} (150\,\Omega + 200\,\Omega + 25\,\Omega + 12\,\Omega + 0.07\,\Omega) \ .$$

Druck: Mercedesdruck, Berlin
Verarbeitung: Buchbinderei Lüderitz & Bauer, Berlin